全国计算机技术与软件专业技术资格（水平）考试指定用书

# 信息系统管理工程师教程

陈禹 主编　　殷国鹏 副主编

全国计算机技术与软件专业技术资格（水平）考试办公室　组编

清华大学出版社
北京

# 内 容 简 介

本书按照人事部、信息产业部全国计算机技术与软件专业资格（水平）考试的要求编写，内容紧扣《信息系统管理工程师考试大纲》。全书分为三个部分：信息系统的基础知识、信息系统的开发过程、信息系统的管理。第一部分主要讲述信息系统工程师必备的数据库、计算机网络等相关基础知识；第二、三部分针对信息系统的开发建设及运营管理阶段，分别介绍了信息系统的开发方法及步骤，信息系统管理的整体规划、关键功能及流程的必备知识。

本书是全国计算机技术与软件专业资格（水平）考试的指定教材，既可供考生备考使用，也可作为大中专学校相关课程的教材，同时还可作为相关技术人员的自学教材。

本书扉页为防伪页，封面贴有清华大学出版社防伪标签，无上述标识者不得销售。
版权所有，侵权必究。举报：010-62782989，beiqinquan@tup.tsinghua.edu.cn。

图书在版编目(CIP)数据

信息系统管理工程师教程 / 陈禹主编. —北京：清华大学出版社，2006.1（2024.3重印）
（全国计算机技术与软件专业技术资格（水平）考试指定用书）
ISBN 978-7-302-12261-6

Ⅰ.①信… Ⅱ.①陈… Ⅲ.①管理信息系统-工程技术人员-资格考核-教材 Ⅳ.①C931.6

中国版本图书馆 CIP 数据核字（2005）第 153546 号

责任编辑：柴文强　赵晓宁
责任印制：丛怀宇

出版发行：清华大学出版社
网　　址：https://www.tup.com.cn，https://www.wqxuetang.com
地　　址：北京清华大学学研大厦 A 座　　　邮　编：100084
社 总 机：010-83470000　　　　　　　　　　邮　购：010-62786544
投稿与读者服务：010-62776969，c-service@tup.tsinghua.edu.cn
质 量 反 馈：010-62772015，zhiliang@tup.tsinghua.edu.cn
印 装 者：涿州汇美亿浓印刷有限公司
经　　销：全国新华书店
开　　本：185mm×230mm　　印张：35　　防伪页：1　　字数：783 千字
版　　次：2006 年 1 月第 1 版　　　　　　　　　印次：2024 年 3 月第 26 次印刷
定　　价：88.00 元

产品编号：019682-04

# 序

在国务院鼓励软件产业发展政策的带动下，我国软件业一年一大步，实现了跨越式发展，销售收入由 2000 年的 593 亿元增加到 2003 年的 1633 亿元，年均增长速度 39.2%；2000 年出口软件仅 4 亿美元，2003 年则达到 20 亿美元，三年中翻了两番多；全国"双软认证工作体系"已经规范运行，截止 2003 年 11 月底，认定软件企业 8582 家，登记软件产品 18287 个；11 个国家级软件产业基地快速成长，相关政策措施正在落实；我国软件产业的国际竞争力日益提高。

在软件产业快速发展的带动下，人才需求日益迫切，队伍建设与时俱进，而作为规范软件专业人员技术资格的计算机软件考试已在我国实施了十余年，累计报考人数超过一百万，为推动我国软件产业的发展做出了重要贡献。

软件考试在全国率先执行了以考代评的政策，取得了良好的效果。为贯彻落实国务院颁布的《振兴软件产业行动纲要》和国家职业资格证书制度，国家人事部和信息产业部对计算机软件考试政策进行了重大改革：考试名称调整为计算机技术与软件专业技术资格（水平）考试；考试对象从狭义的计算机软件扩大到广义的计算机软件，涵盖了计算机技术与软件的各个主要领域（5 个专业类别、3 个级别层次和 20 个职业岗位资格）；资格考试和水平考试合并，采用水平考试的形式（与国际接轨，报考不限学历与资历条件），执行资格考试政策（各用人单位可以从考试合格者中择优聘任专业技术职务）；这是我国人事制度改革的一次新突破。此外，将资格考试政策延伸到高级资格，使考试制度更为完善。

信息技术发展快，更新快，要求从业人员不断适应和跟进技术的变化，有鉴于此，国家人事部和信息产业部规定对通过考试获得的资格（水平）证书实行每隔三年进行登记的制度，以鼓励和促进专业人员不断接受新知识、新技术、新法规的继续教育。考试设置的专业类别、职业岗位也将随着国民经济与社会发展而动态调整。

目前，我国计算机软件考试的部分级别已与日本信息处理工程师考试的相应级别实现了互认，以后还将继续扩大考试互认的级别和国家。

为规范培训和考试工作，信息产业部电子教育中心组织一批具有较高理论水平和丰富实践经验的专家编写了全国计算机技术与软件专业技术资格（水平）考试的教材和辅导用书，按照考试大纲的要求，全面介绍相关知识与技术，帮助考生学习和备考。

我们相信，经过全社会的共同努力，全国计算机技术与软件专业技术资格（水平）考试将会更加规范、科学，进而对培养信息技术人才，加快专业队伍建设，推动国民经济和社会信息化做出更大的贡献。

信息产业部副部长　娄勤俭

# 前　言

为适应国家信息化建设的需要，规范计算机技术与软件专业人才评价工作，促进计算机技术与软件专业人才队伍建设，人事部、信息产业部制定了计算机技术与软件专业技术资格和水平考试有关规定，并将该考试纳入全国专业技术人员职业资格证书制度统一规划。规定指出，通过考试并获得相应级别计算机专业技术资格（水平）证书的人员，表明其已具备从事相应专业岗位工作的水平和能力，用人单位可择优聘任相应专业技术职务；计算机专业技术资格（水平）实施全国统一考试后，不再进行计算机技术与软件相应专业和级别的专业技术职务任职资格评审工作，即实行专业技术职称晋升的以考代评政策。无疑，这是我国人事制度改革的一次新突破，它对贯彻落实国务院颁布的《振兴软件产业行动纲要》，促进我国软件人才辈出必将产生深远的影响。

编者受全国计算机技术与软件专业技术资格（水平）考试办公室委托，按照信息系统类别的《信息系统管理工程师考试大纲》的要求编写了《信息系统管理工程师教程》一书。与信息系统管理工程师考试内容相对应，《信息系统管理工程师教程》一书分为三大部分，即信息系统基础知识、信息系统开发过程和信息系统管理。信息系统基础知识主要介绍计算机基础知识以及数据结构、数据库、计算机网络等核心技术知识；信息系统开发过程重点介绍信息系统的开发管理、需求分析、系统设计、系统实施、系统测试的整个建设过程。信息系统管理重点介绍系统管理的各个方面，包括有系统管理规划、IT组织职能设计、IT财务管理、系统日常作业管理、IT资源管理、故障管理、性能管理、安全管理、系统转换、系统维护、用户支持等内容。为了方便读者学习，在每章的概述部分，以本章学习目标的形式将内容要点罗列出来，在每章结束部分提供了复习思考题。

应当承认，承担此项任务是具有相当难度的。首先，信息系统的文理渗透学科交叉的特点决定了考试大纲涉及的内容多、知识面广，其中任何一个考点，本应系统地写成一本书，但限于篇幅，我们无法详细地展开论述。好在读者一般都受过系统的大学教育，具有相当的基础和一定的实践经验，但愿我们提纲挈领式的叙述能起到帮助读者复习的作用；其次，由于经济及IT技术的飞速发展，信息系统的应用和管理模式也在不断的变化和发展着，尽管我们努力在书中体现这些变化，但仍无法做到包罗万象。我们希望读者不要仅囿于本书的知识范围，更应关注和跟踪信息系统最新的发展动态，我们也力争通过不断修订以弥补缺憾。

本书由陈禹教授确定写作技术路线和整体结构并最终审查定稿，殷国鹏具体负责组织确定写作提纲、全书的写作实施等工作。具体分工如下：

殷国鹏：第1章~第4章，第16章，第17章，及第18章部分小节。

谢胤：第 13 章、第 14 章、第 19 章、第 21 章、及第 22 章、第 24 章部分小节。
接靖：第 6 章~第 9 章，第 20 章、第 22 章、第 23 章。
任娟：第 5 章、第 7 章、第 15 章，第 18 章、第 24 章、第 25 章。
蔡曦：第 10 章~第 12 章。

因水平有限加之时间仓促，疏漏和不妥之处，诚望各位同仁和读者指正。

编　者

2005 年 5 月于中国人民大学

# 目 录

## 第一篇 信息系统基础知识

### 第1章 计算机硬件基础 ········· 2
- 1.1 计算机基本组成 ········· 2
  - 1.1.1 中央处理器 ········· 3
  - 1.1.2 存储器 ········· 4
  - 1.1.3 常用 I/O 设备 ········· 5
- 1.2 计算机的系统结构 ········· 9
  - 1.2.1 并行处理的概念 ········· 9
  - 1.2.2 流水线处理机系统 ········· 10
  - 1.2.3 并行处理机系统 ········· 11
  - 1.2.4 多处理机系统 ········· 12
  - 1.2.5 CISC/RISC 指令系统 ········· 14
- 1.3 计算机存储系统 ········· 15
  - 1.3.1 存储系统概述及分类 ········· 15
  - 1.3.2 存储器层次结构 ········· 15
  - 1.3.3 主存储器 ········· 16
  - 1.3.4 高速缓冲存储器 ········· 18
  - 1.3.5 辅助存储器 ········· 18
- 1.4 计算机应用领域 ········· 21
  - 1.4.1 科学计算 ········· 21
  - 1.4.2 信息管理 ········· 21
  - 1.4.3 计算机图形学与多媒体技术 ········· 22
  - 1.4.4 语言与文字的处理 ········· 22
  - 1.4.5 人工智能 ········· 22
- 选择题 ········· 23
- 思考题 ········· 23

### 第2章 操作系统知识 ········· 24
- 2.1 操作系统简介 ········· 24
  - 2.1.1 操作系统的定义与作用 ········· 25
  - 2.1.2 操作系统的功能及特征 ········· 25
  - 2.1.3 操作系统的类型 ········· 27
- 2.2 处理机管理 ········· 29
  - 2.2.1 进程的基本概念 ········· 29
  - 2.2.2 进程的状态和转换 ········· 29
  - 2.2.3 进程的描述 ········· 31
  - 2.2.4 进程的同步与互斥 ········· 32
  - 2.2.5 死锁 ········· 34
- 2.3 存储管理 ········· 35
  - 2.3.1 存储器的层次 ········· 35
  - 2.3.2 地址转换与存储保护 ········· 36
  - 2.3.3 分区存储管理 ········· 37
  - 2.3.4 分页式存储管理 ········· 38
  - 2.3.5 分段式存储管理的基本原理 ········· 40
  - 2.3.6 虚拟存储管理基本概念 ········· 42
- 2.4 设备管理 ········· 42
  - 2.4.1 I/O 硬件原理 ········· 43
  - 2.4.2 I/O 软件原理 ········· 44
  - 2.4.3 Spooling 系统 ········· 46
  - 2.4.4 磁盘调度 ········· 47
- 2.5 文件管理 ········· 47
  - 2.5.1 文件与文件系统 ········· 48
  - 2.5.2 文件目录 ········· 49
  - 2.5.3 文件的结构和组织 ········· 51
  - 2.5.4 文件的共享和保护 ········· 54
- 2.6 作业管理 ········· 55
  - 2.6.1 作业及作业管理的概念 ········· 55

2.6.2 作业调度 ·············· 56
2.6.3 多道程序设计 ·········· 57
选择题 ······················ 57
思考题 ······················ 58

## 第 3 章  程序设计语言 ········ 59

3.1 程序设计语言基础知识 ········ 59
    3.1.1 程序设计语言基本概念 ···· 59
    3.1.2 程序设计语言的基本成分 ·· 60
3.2 程序编译、解释系统 ·········· 64
    3.2.1 程序的编译及解释 ········ 64
    3.2.2 编译程序基本原理 ········ 64
    3.2.3 解释程序基本原理 ········ 64
选择题 ······················ 66
思考题 ······················ 66

## 第 4 章  系统配置和方法 ······ 67

4.1 系统配置技术 ················ 67
    4.1.1 系统架构 ················ 67
    4.1.2 系统配置方法 ············ 69
    4.1.3 系统处理模式 ············ 73
    4.1.4 系统事务管理 ············ 76
4.2 系统性能 ···················· 78
    4.2.1 系统性能定义和指标 ······ 78
    4.2.2 系统性能评估 ············ 79
4.3 系统可靠性 ·················· 80
    4.3.1 可靠性定义和指标 ········ 80
    4.3.2 计算机可靠性模型 ········ 80
选择题 ······················ 82
思考题 ······················ 82

## 第 5 章  数据结构与算法 ······ 83

5.1 数据结构与算法简介 ·········· 83
    5.1.1 什么是数据结构 ·········· 83
    5.1.2 数据结构基本术语 ········ 84

5.1.3 算法描述 ················ 84
5.1.4 算法评价 ················ 86
5.1.5 算法与数据结构的关系 ···· 86
5.2 线性表 ······················ 87
    5.2.1 线性表的定义和逻辑结构 ·· 87
    5.2.2 线性表的顺序存储结构 ···· 88
    5.2.3 线性表的链式存储结构 ···· 90
5.3 栈和队列 ···················· 90
    5.3.1 栈的定义和实现 ·········· 90
    5.3.2 表达式求值 ·············· 93
    5.3.3 队列 ···················· 93
5.4 数组和广义表 ················ 96
    5.4.1 数组 ···················· 96
    5.4.2 广义表的定义和存储结构 ·· 97
5.5 树和二叉树 ·················· 99
    5.5.1 树的定义 ················ 99
    5.5.2 树的存储结构 ············ 100
    5.5.3 树的遍历 ················ 102
5.6 图 ·························· 103
    5.6.1 图的定义和术语 ·········· 103
    5.6.2 图的存储结构 ············ 103
    5.6.3 图的遍历 ················ 104
选择题 ······················ 105
思考题 ······················ 105

## 第 6 章  多媒体基础知识 ······ 107

6.1 多媒体技术概论 ·············· 107
    6.1.1 多媒体技术基本概念 ······ 107
    6.1.2 多媒体关键技术和应用 ···· 108
6.2 多媒体压缩编码技术 ·········· 110
    6.2.1 多媒体数据压缩的
          基本原理 ················ 110
    6.2.2 多媒体数据压缩的基本
          编码方法 ················ 111

6.2.3 编码的国际标准 ………… 112
6.3 多媒体技术应用 ………………… 113
    6.3.1 数字图像处理技术 ………… 113
    6.3.2 数字音频处理技术 ………… 117
    6.3.3 多媒体应用系统的创作 …… 120
选择题 ………………………………… 121
思考题 ………………………………… 121

## 第7章 网络基础知识 ……………… 122

7.1 网络的基础知识 ………………… 122
    7.1.1 计算机网络的概念和分类 … 122
    7.1.2 计算机网络的组成 ………… 124
7.2 计算机网络体系结构与协议 …… 125
    7.2.1 计算机网络体系结构 ……… 126
    7.2.2 TCP/IP 协议 ……………… 128
7.3 计算机网络传输 ………………… 129
    7.3.1 数据通信模型 ……………… 129
    7.3.2 数据通信编码 ……………… 131
    7.3.3 传输介质 …………………… 133
    7.3.4 多路复用技术 ……………… 134
    7.3.5 数据交换技术 ……………… 135
    7.3.6 差错控制与流量控制 ……… 136
7.4 计算机局域网 …………………… 137
    7.4.1 局域网的介质访问控制方式 … 137
    7.4.2 局域网的组网技术 ………… 139
7.5 网络的管理与管理软件 ………… 141
    7.5.1 网络的管理 ………………… 141
    7.5.2 网络管理软件 ……………… 143
7.6 网络安全 ………………………… 144
    7.6.1 计算机网络的安全问题 …… 144
    7.6.2 数据的加密与解密 ………… 145
    7.6.3 防火墙技术 ………………… 146
    7.6.4 网络安全协议 ……………… 147
7.7 网络性能分析与评估 …………… 148
    7.7.1 服务质量 QoS ……………… 148
    7.7.2 服务等级协议（SLA: service-level agreement）…… 148
    7.7.3 流量管理 …………………… 149
    7.7.4 网络性能评价指标体系 …… 149
7.8 因特网基础知识及其应用 ……… 150
    7.8.1 IP 地址和子网掩码 ………… 151
    7.8.2 DNS 和代理服务器 ………… 153
    7.8.3 万维网服务 ………………… 154
    7.8.4 因特网其他服务 …………… 156
思考题 ………………………………… 159

## 第8章 数据库技术 ………………… 160

8.1 数据库技术基础 ………………… 160
    8.1.1 数据库系统概述 …………… 160
    8.1.2 数据模型 …………………… 161
    8.1.3 数据库系统结构 …………… 164
8.2 关系数据库的数据操作 ………… 166
    8.2.1 关系数据库 ………………… 166
    8.2.2 关系运算 …………………… 168
    8.2.3 关系数据库标准语言（SQL）… 171
8.3 数据库管理系统 ………………… 180
    8.3.1 数据库管理系统概述 ……… 180
    8.3.2 数据库系统的控制功能 …… 181
选择题 ………………………………… 187
思考题 ………………………………… 188

## 第9章 安全性知识 ………………… 189

9.1 安全性简介 ……………………… 189
    9.1.1 安全性基本概念和特征 …… 189
    9.1.2 安全性要素 ………………… 189
9.2 访问控制和鉴别 ………………… 190
    9.2.1 鉴别 ………………………… 190
    9.2.2 访问控制的一般概念 ……… 191
    9.2.3 访问控制的策略 …………… 191

9.3 加密 ·················· 192
    9.3.1 保密与加密 ·············· 192
    9.3.2 加密与解密机制 ··········· 192
    9.3.3 密码算法 ················ 193
    9.3.4 密钥及密钥管理 ··········· 194
9.4 完整性保障 ················ 194
    9.4.1 完整性概念 ·············· 194
    9.4.2 完整性保障策略 ··········· 195
9.5 可用性保障 ················ 196
    9.5.1 事故响应与事故恢复 ······· 196
    9.5.2 减少故障时间的高可用性系统 ·················· 197
9.6 计算机病毒的防治与计算机犯罪的防范 ·············· 197
    9.6.1 计算机病毒概念 ··········· 197
    9.6.2 计算机病毒的防治 ········· 198
    9.6.3 计算机犯罪的防范 ········· 199
9.7 安全分析 ··················· 199
    9.7.1 识别和评估风险 ··········· 199
    9.7.2 控制风险 ················ 200
9.8 安全管理 ··················· 200
    9.8.1 安全管理政策法规 ········· 201
    9.8.2 安全机构和人员管理 ······· 201
    9.8.3 技术安全管理 ············ 201
    9.8.4 网络管理 ················ 202
    9.8.5 场地设施安全管理 ········· 203
选择题 ·························· 203
思考题 ·························· 203

## 第二篇 信息系统开发过程

### 第10章 信息系统开发的基础知识 ····· 206

10.1 信息系统概述 ············· 206
    10.1.1 信息系统的概念 ········· 206
    10.1.2 信息系统的结构 ········· 207
    10.1.3 信息系统的主要类型 ····· 213
    10.1.4 信息系统对企业的影响 ······ 215
10.2 信息系统工程概述 ··········· 217
    10.2.1 信息系统工程的概念 ····· 217
    10.2.2 信息系统工程的研究范围 ··· 218
    10.2.3 信息系统工程的基本方法 ··· 218
10.3 信息系统开发概述 ··········· 219
    10.3.1 信息系统的开发阶段 ····· 219
    10.3.2 信息系统开发方法 ······· 222
选择题 ·························· 227
思考题 ·························· 227

### 第11章 信息系统开发的管理知识 ····· 228

11.1 信息系统项目 ··············· 228
    11.1.1 项目的基本概念 ········· 228
    11.1.2 信息系统项目的概念 ····· 229
11.2 信息系统中的项目管理 ······· 230
11.3 信息系统开发的管理工具 ····· 234
    11.3.1 Microsoft Project 98/2000 ··· 234
    11.3.2 P3/P3E ·················· 235
    11.3.3 ClearQuest ·············· 236
思考题 ·························· 237

### 第12章 信息系统分析 ··············· 238

12.1 系统分析的任务 ············· 238
12.2 系统分析的步骤 ············· 240
12.3 结构化分析方法 ············· 241
    12.3.1 结构化分析方法的内容 ··· 241
    12.3.2 结构化分析方法的工具 ··· 242
12.4 系统说明书 ················· 259
    12.4.1 系统说明书的内容 ······· 259
    12.4.2 系统说明书的审议 ······· 262
12.5 系统分析工具——统一建模语言（UML） ················ 263

12.5.1　统一建模语言（UML）
　　　　　的概述 …………………… 263
　　12.5.2　统一建模语言(UML)
　　　　　的内容 …………………… 265
　　12.5.3　统一建模语言（UML）
　　　　　的建模过程 ……………… 270
　　12.5.4　统一建模语言(UML)
　　　　　的应用 …………………… 271
思考题 ……………………………………… 272

## 第 13 章　信息系统设计 …………………… 274

13.1　系统设计概述 …………………………… 274
　　13.1.1　系统设计的目标 …………… 274
　　13.1.2　系统设计的原则 …………… 275
　　13.1.3　系统设计的内容 …………… 276
13.2　结构化设计方法和工具 ………………… 277
　　13.2.1　结构化系统设计的
　　　　　基本原则 ………………… 277
　　13.2.2　系统流程图 …………………… 278
　　13.2.3　模块 …………………………… 279
　　13.2.4　HIPO 技术 …………………… 279
　　13.2.5　控制结构图 …………………… 281
　　13.2.6　模块结构图 …………………… 281
13.3　系统总体设计 …………………………… 282
　　13.3.1　系统总体布局方案 …………… 283
　　13.3.2　软件系统结构设计
　　　　　的原则 …………………… 286
　　13.3.3　模块结构设计 ………………… 287
13.4　系统详细设计 …………………………… 294
　　13.4.1　代码设计 ……………………… 294
　　13.4.2　数据库设计 …………………… 296
　　13.4.3　输入设计 ……………………… 300
　　13.4.4　输出设计 ……………………… 303
　　13.4.5　用户接口界面设计 …………… 304
　　13.4.6　处理过程设计 ………………… 307

13.5　系统设计说明书 ………………………… 309
　　13.5.1　系统设计引言 ………………… 309
　　13.5.2　系统总体技术方案 …………… 310
选择题 ……………………………………… 313
思考题 ……………………………………… 314

## 第 14 章　信息系统实施 …………………… 315

14.1　系统实施概述 …………………………… 315
　　14.1.1　系统实施阶段的特点 ……… 315
　　14.1.2　系统实施的主要内容 ……… 316
　　14.1.3　系统实施的方法 …………… 317
　　14.1.4　系统实施的关键因素 ……… 317
14.2　程序设计方法 …………………………… 319
　　14.2.1　程序设计基础知识 ………… 319
　　14.2.2　结构化程序设计 …………… 323
　　14.2.3　面向对象的程序设计 ……… 325
　　14.2.4　可视化程序设计 …………… 326
14.3　系统测试 ………………………………… 327
　　14.3.1　系统测试概述 ……………… 327
　　14.3.2　测试的原则 ………………… 329
　　14.3.3　测试的方法 ………………… 330
　　14.3.4　测试用例设计 ……………… 332
　　14.3.5　系统测试过程 ……………… 339
　　14.3.6　排错调试 …………………… 348
　　14.3.7　系统测试报告 ……………… 349
14.4　系统的试运行和转换 …………………… 350
14.5　人员培训 ………………………………… 351
选择题 ……………………………………… 352
思考题 ……………………………………… 352

## 第 15 章　信息化与标准化 ………………… 353

15.1　信息化战略和策略 ……………………… 353
　　15.1.1　信息化 ……………………… 353
　　15.1.2　国家信息化 ………………… 354
　　15.1.3　企业信息化 ………………… 355

15.1.4 我国信息化政策法规……356
15.2 信息化趋势……359
  15.2.1 远程教育……360
  15.2.2 电子商务……360
  15.2.3 电子政务……361
15.3 企业信息资源管理……362
  15.3.1 信息资源管理的含义……362
  15.3.2 信息资源管理的内容……363
  15.3.3 信息资源管理的组织……363
  15.3.4 信息资源管理的人员……363
15.4 标准化基础……364
  15.4.1 标准化的发展……364
  15.4.2 标准化的定义……366
  15.4.3 标准化的过程模式……367
  15.4.4 标准化的级别和种类……368
15.5 标准化应用……370
  15.5.1 标准的代号和编号……370
  15.5.2 信息技术标准化……372
  15.5.3 标准化组织……373
思考题……375

# 第三篇 信息系统的管理

## 第 16 章 系统管理规划……378

16.1 系统管理的定义……378
  16.1.1 管理层级的系统管理要求……378
  16.1.2 运作层级的系统管理要求……381
16.2 系统管理服务……383
  16.2.1 为何引入 IT 服务理念……383
  16.2.2 服务级别管理……384
16.3 IT 财务管理……385
  16.3.1 为何引入 IT 财务管理……385
  16.3.2 IT 部门的角色转换……386
  16.3.3 IT 财务管理流程……386
16.4 制定系统管理计划……388
  16.4.1 IT 部门的职责及定位……388
  16.4.2 运作方的系统管理计划……389
  16.4.3 用户方的系统管理计划……390
思考题……391

## 第 17 章 系统管理综述……392

17.1 系统运行……392
  17.1.1 系统管理分类……392
  17.1.2 系统管理规范化……393
  17.1.3 系统运作报告……393
17.2 IT 部门人员管理……394
  17.2.1 IT 组织及职责设计……394
  17.2.2 IT 人员的教育与培训……396
  17.2.3 第三方/外包的管理……396
17.3 系统日常操作管理……398
  17.3.1 系统日常操作概述……398
  17.3.2 操作结果管理及改进……400
  17.3.3 操作人员的管理……400
17.4 系统用户管理……400
  17.4.1 统一用户管理……400
  17.4.2 用户管理的功能……402
  17.4.3 用户管理的方法……403
  17.4.4 用户管理报告……404
17.5 运作管理工具……404
  17.5.1 运作管理工具的引入……404
  17.5.2 自动化运作管理的益处……405
  17.5.3 运行管理工具功能及分类……406
17.6 成本管理……408
  17.6.1 系统成本管理范围……408
  17.6.2 系统预算及差异分析……408

17.6.3 TCO 总成本管理 ………… 410
17.7 计费管理 ……………………… 410
   17.7.1 计费管理的概念 ………… 410
   17.7.2 计费管理的策略 ………… 411
   17.7.3 计费定价方法 …………… 411
   17.7.4 计费数据收集 …………… 412
17.8 系统管理标准简介 …………… 414
   17.8.1 ITIL 标准 ……………… 414
   17.8.2 COBIT 标准 …………… 415
   17.8.3 HP ITSM 参考模型和
          微软 MOF ……………… 416
17.9 分布式系统的管理 …………… 416
   17.9.1 分布式系统的问题 ……… 416
   17.9.2 分布式环境下的系统
          管理 …………………… 417
   17.9.3 分布式系统中的安全
          管理 …………………… 418
思考题 ……………………………… 419

## 第 18 章 资源管理 ……………… 420

18.1 资源管理概述 ………………… 420
   18.1.1 资源管理概念 …………… 420
   18.1.2 配置管理 ……………… 420
18.2 硬件管理 ……………………… 421
   18.2.1 硬件管理的范围 ………… 421
   18.2.2 硬件配置管理 …………… 422
   18.2.3 硬件资源维护 …………… 423
18.3 软件管理 ……………………… 424
   18.3.1 软件管理的范围 ………… 424
   18.3.2 软件生命周期和资源
          管理 …………………… 424
   18.3.3 软件构件管理 …………… 425
   18.3.4 软件分发管理 …………… 426
   18.3.5 文档管理 ……………… 427
   18.3.6 软件资源的合法保护 …… 427

18.4 网络资源管理 ………………… 428
   18.4.1 网络资源管理的范围 …… 428
   18.4.2 网络资源管理与维护 …… 428
   18.4.3 网络配置管理 …………… 429
   18.4.4 网络管理 ……………… 431
   18.4.5 网络审计支持 …………… 431
18.5 数据管理 ……………………… 433
   18.5.1 数据生命周期 …………… 433
   18.5.2 信息资源管理 …………… 433
   18.5.3 数据管理 ……………… 434
   18.5.4 公司级的数据管理 ……… 434
   18.5.5 数据库审计支持 ………… 436
18.6 设施和设备管理 ……………… 436
   18.6.1 电源设备管理 …………… 436
   18.6.2 空调设备管理 …………… 437
   18.6.3 通信应急设备管理 ……… 437
   18.6.4 楼宇管理 ……………… 438
   18.6.5 防护设备管理 …………… 438
   18.6.6 信息系统安全性措施
          标准 …………………… 439
思考题 ……………………………… 439

## 第 19 章 故障及问题管理 ……… 440

19.1 故障管理概述 ………………… 440
   19.1.1 概念和目标 …………… 440
   19.1.2 故障管理的范围 ………… 440
19.2 故障管理流程 ………………… 441
   19.2.1 故障监视 ……………… 442
   19.2.2 故障调研 ……………… 443
   19.2.3 故障支持和恢复处理 …… 445
   19.2.4 故障分析和定位 ………… 445
   19.2.5 故障终止 ……………… 447
   19.2.6 故障处理跟踪 …………… 447
19.3 主要故障处理 ………………… 448
   19.3.1 故障的基本处理 ………… 448

19.3.2 主机故障恢复措施……………448
19.3.3 数据库故障恢复措施…………450
19.3.4 网络故障恢复措施……………451
19.4 问题控制与管理………………………451
19.4.1 概念和目标………………………452
19.4.2 相关逻辑关系……………………452
19.4.3 问题管理流程……………………453
19.4.4 问题控制…………………………454
19.4.5 错误控制…………………………457
19.4.6 问题预防…………………………458
19.4.7 管理报告…………………………459
选择题……………………………………460
思考题……………………………………460

## 第 20 章 安全管理……………………461

20.1 概述……………………………………461
20.1.1 安全策略…………………………461
20.1.2 安全管理措施……………………462
20.1.3 安全管理系统……………………463
20.1.4 安全管理范围……………………464
20.1.5 风险管理…………………………465
20.2 物理安全措施…………………………466
20.2.1 环境安全…………………………466
20.2.2 设施和设备安全…………………467
20.2.3 介质安全…………………………469
20.3 技术安全措施…………………………471
20.3.1 系统安全措施……………………471
20.3.2 数据安全性措施…………………474
20.4 管理安全措施…………………………476
20.4.1 运行管理…………………………476
20.4.2 防犯罪管理………………………477
20.5 相关的法律法规………………………478
20.6 安全管理的执行………………………479
20.6.1 安全性管理指南…………………480
20.6.2 入侵检测…………………………480

20.6.3 安全性强度测试…………………481
20.6.4 安全性审计支持…………………481
选择题……………………………………482
思考题……………………………………482

## 第 21 章 性能及能力管理……………483

21.1 系统性能评价…………………………483
21.1.1 性能评价概述……………………483
21.1.2 性能评价指标……………………483
21.1.3 设置评价项目……………………487
21.1.4 性能评价的方法和工具…………488
21.1.5 评价结果的统计与比较…………491
21.2 系统能力管理…………………………491
21.2.1 能力管理概述……………………492
21.2.2 能力管理活动……………………492
21.2.3 设计和构建能力数据库…………493
21.2.4 能力数据监控……………………496
21.2.5 能力分析诊断……………………497
21.2.6 能力调优和改进…………………498
21.2.7 实施能力变更……………………499
21.2.8 能力管理的高级活动项目………499
21.2.9 能力计划、考核和报告…………500
选择题……………………………………501
思考题……………………………………501

## 第 22 章 系统维护……………………502

22.1 概述……………………………………502
22.1.1 系统维护的任务和内容…………502
22.1.2 系统维护的方法…………………502
22.2 制定系统维护计划……………………503
22.2.1 系统的可维护性…………………503
22.2.2 系统维护的需求…………………504
22.2.3 系统维护计划……………………505
22.2.4 系统维护的实施形式……………507
22.3 维护工作的实施………………………507

  22.3.1 执行维护工作的过程 ……… 507
  22.3.2 软件维护 ………………… 509
  22.3.3 硬件维护 ………………… 510
 选择题 …………………………………… 511
 思考题 …………………………………… 511

## 第 23 章 新系统运行及系统转换 ……… 512

 23.1 制定计划 …………………………… 512
  23.1.1 系统运行计划 …………… 512
  23.1.2 系统转换计划 …………… 512
 23.2 制定系统运行体制 ………………… 513
 23.3 系统转换测试与运行测试 ………… 513
  23.3.1 系统转换测试 …………… 513
  23.3.2 运行测试 ………………… 516
 23.4 系统转换 …………………………… 517
  23.4.1 系统转换计划 …………… 517
  23.4.2 系统转换的执行 ………… 520
  23.4.3 系统转换评估 …………… 521
 23.5 开发环境管理 ……………………… 521
  23.5.1 开发环境的配置 ………… 522
  23.5.2 开发环境的管理 ………… 522
  23.5.3 系统发行及版本管理 …… 523
 思考题 …………………………………… 523

## 第 24 章 信息系统评价 ………………… 524

 24.1 信息系统评价概述 ………………… 524
  24.1.1 信息系统评价的概念
     和特点 …………………… 524

  24.1.2 信息系统的技术性能
     评价 ……………………… 525
  24.1.3 信息系统的管理效益
     评价 ……………………… 525
  24.1.4 信息系统成本的构成 …… 525
  24.1.5 信息系统经济效益来源 … 526
  24.1.6 信息系统经济效益评价
     的方法 …………………… 527
  24.1.7 信息系统的综合评价 …… 528
 24.2 信息系统评价项目 ………………… 528
  24.2.1 建立评价目标 …………… 528
  24.2.2 设置评价项目 …………… 530
 24.3 评价项目的标准 …………………… 531
  24.3.1 性能评价标准 …………… 531
  24.3.2 运行质量评价标准 ……… 533
  24.3.3 系统效益评价标准 ……… 534
 24.4 系统改进建议 ……………………… 535
 思考题 …………………………………… 536

## 第 25 章 系统用户支持 ………………… 537

 25.1 用户角度的项目 …………………… 537
 25.2 用户支持 …………………………… 537
 25.3 用户咨询 …………………………… 538
 25.4 帮助服务台 ………………………… 540
 25.5 人员培训服务 ……………………… 542
 思考题 …………………………………… 543

## 参考文献 …………………………………… 544

# 第一篇

## 信息系统基础知识

# 第 1 章  计算机硬件基础

本章主要介绍计算机硬件的基础知识,包括计算机基本组成、中央处理器、存储器、I/O 设备等主要部件的性能和基本工作原理,以及计算机体系结构、计算机存储系统等内容。

## 1.1  计算机基本组成

自 1946 年世界上出现第一台计算机以来,计算机的硬件结构和软件系统都已发生了惊人的变化。但就其基本组成而言,仍为冯·诺伊曼型计算机的设计思想。即一个完整的计算机硬件系统由:运算器、控制器、存储器、输入设备和输出设备 5 大部分组成。如图 1-1 所示。

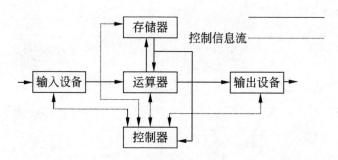

图 1-1  计算机的基本组成

其中运算器与控制器合称为中央处理器。内存储器和中央处理器合在一起称为主机。在计算机硬件系统中不属于主机的设备都属于外部设备,简称外设,包括输入、输出设备及外存储器。

- 运算器。进行算术和逻辑运算的部件,运算数据以二进制格式给出,它可从存储器取出或来自输入设备,运算结果或写入存储器,或通过输出设备输出;
- 控制器。协调整个计算机系统的正常工作。它主要包括指令寄存器、指令译码及时序控制等部件;运算器与控制器一般又称为中央处理部件(Central Processing Unit,CPU),它是计算机的核心部件。
- 存储器。存放数据和程序的部件,它通过地址线和数据线与其他部件相连。
- 输入/输出部件。包括各类输入/输出设备及相应的输入/输出接口。

### 1.1.1 中央处理器

**1. 运算器**

运算器是计算机中用于信息加工的部件。它能对数据进行算术逻辑运算。算术运算按算术规则进行运算，如加、减、乘、除及它们的复合运算。逻辑运算一般泛指非算术性运算，例如：比较、移位、逻辑加、逻辑乘、逻辑取反及"异或"操作等。

运算器通常由算术逻辑运算部件（ALU）和一些寄存器组成。如图 1-2 所示是一个最简单的运算器示意图。ALU 是具体完成算术逻辑运算的部件。寄存器主要用于存放操作数、结果及操作数地址。累加器除了存放参加运算的操作数外，在连续运算中，还用于存放中间结果和最终结果。寄存器的数据一般是从存储器中取得，累加器的最后结果也应存放到存储器中。现代计算机的运算器中用多个寄存器，如 8 个、16 个、32 个或者更多，构成一个通用寄存器组，以减少访问存储器的次数，提高运算器的速度。

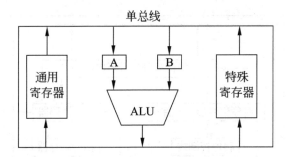

图 1-2 运算器简单示意图

**2. 控制器**

控制器是指挥、协调计算机各大部件工作的指挥中心。控制器工作的实质就是解释、执行指令。它每次从存储器中取出一条指令，经分析译码，产生一串微操作命令，发向各个执行部件并控制各部件，使整个计算机连续地、有条不紊地工作。

为了使计算机能够正确执行指令，CPU 必须能够按正确的时序产生操作控制信号，这是控制器的主要任务。

如图 1-3 所示，控制器主要由下列部分组成。

（1）程序计数器（PC）。又称指令计数器或指令指针（IP），在某些类型的计算机中用来存放正在执行的指令地址；在大多数机器中则存放要执行的下一条指令的地址。指令地址的形成有两种可能：一是顺序执行的情况，每执行一条指令，程序计数器加"1"以形成下条指令的地址。该加"1"计数的功能，有的机器是 PC 本身具有的，也有的机器是借用运算器完成的；二是在某些条件下，需要改变程序执行的顺序，这常由转移类指令形成转移地址送到 PC 中，作为下条指令的地址。

（2）指令寄存器（IR）。用以存放现行指令，以便在整个指令执行过程中，实现一条指令的全部功能控制。

（3）指令译码器。又称操作码译码器，它对指令寄存器中的操作码部分进行分析解释，产生相应的控制信号提供给操作控制信号形成部件。

（4）脉冲源及启停控制线路。脉冲源产生一定频率的脉冲信号作为整个机器的时钟脉冲，是周期、节拍和工作脉冲的基准信号。启停线路则是在需要的时候保证可靠地开放或封锁时钟脉冲，控制时序信号的发生与停止，实现对机器的启动与停机。

（5）时序信号产生部件。以时钟脉冲为基础，产生不同指令相对应的周期、节拍、工作脉冲等时序信号，以实现机器指令执行过程的时序控制。

（6）操作控制信号形成部件。综合时序信号、指令译码信息、被控功能部件反馈的状态条件信号等，形成不同指令所需要的操作控制信号序列。

（7）中断机构。实现对异常情况和某些外来请求的处理。

（8）总线控制逻辑。实现对总线信息传输的控制。

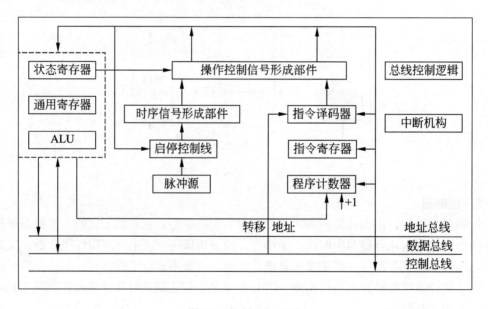

图 1-3 控制器组成图

## 1.1.2 存储器

存储器是存放二进制形式信息的部件。在计算机中它的主要功能是存放程序和数据。程序是计算机操作的依据，数据是计算机操作的对象。不论是程序和数据，在存储器中都以二进制形式的"1"或"0"表示，统称为信息。我们可以对存储器中的内容进行读或写操作。

按存储器在计算机中的功能分类：

（1）高速缓冲存储器（Cache）。目前由双极型半导体组成，构成计算机系统中的一个高速小容量存储器。其存取速度能接近 CPU 的工作速度，用来临时存放指令和数据。

（2）主存储器。主存储器是计算机系统中的重要部件，用来存放计算机运行时的大量程序和数据，主存储器目前一般用 MOS 半导体存储器构成。

CPU 能够直接访问的存储器称内存储器，高速缓存和主存都是内存储器。在配置了高速缓存的计算机内，主存储器和高速缓存之间要不断交换数据。

如果计算机没有配置高速缓存，内存储器就是主存储器，两个名称可以换用。

（3）辅助存储器。辅助存储器又称外存储器。外存储器主要由磁表面存储器组成，近年来，光存储器应用已很广泛，渐渐成为一种重要的辅助存储器。外存储器的内容需要调入主存后才能被 CPU 访问。外存储器的特点是容量大，所以可存放大量的程序和数据。

## 1.1.3 常用 I/O 设备

**1. 输入输出设备概述及分类**

输入输出设备（又称外围设备）是计算机系统与人或其他设备之间进行信息交换的装置。输入设备的功能是把数据、命令、字符、图形、图像、声音和电流、电压等信息，变成计算机可以接收和识别的二进制数字代码，供计算机进行运算处理。输出设备的功能是把计算机处理的结果，变成人最终可以识别的数字、文字、图形、图像和声音等信息，打印或显示出来，以供人们分析与使用。

由于计算机技术的迅速发展与应用领域的不断扩大，输入输出设备种类日益增多，所处理的信息类型也不断增加。输入输出设备智能化程度越来越高，从而使得输入输出的速度、精度、质量、可靠性以及应用的灵活性，方便性不断提高。

输入输出设备有多种分类的方法。如果按信息的传输方向来分可以分成输入、输出与输入/输出三类设备。

（1）输入设备。

键盘、鼠标、光笔、触摸屏、跟综球、控制杆、数字化仪、扫描仪、语言输入、手写汉字识别、以及光学字符阅读机（OCR）等。这类设备又可以分成两类：采用媒体输入的设备和交互式输入设备。采用媒体输入的设备如纸带输入机、卡片输入机、光学字符阅读机等，这些设备把记录在各种媒体（如纸带、卡片……）上的信息送入计算机。一般成批输入，输入过程中使用者不作干预。交互式设备有键盘、鼠标、触屏、光屏、跟踪对球等。这些设备由使用者通过操作直接输入信息，不借助于记录信息的媒体。输入信息可立即显示在屏幕上，操作员可以即时进行删除、修改、移动等操作。交互式输入设备是近年来研究的热门话题之一，通过它们以建立人机之间的友好界面。

（2）输出设备。

显示器、打印机、绘图仪、语音输出设备，以及卡片穿孔机、纸带穿孔机等。将计算机输出的数字信息转换成模拟信息，送往自动控制系统进行过程控制，这种数模转换设备也可以视为一类输出设备。

（3）输入输出设备。

磁盘机、磁带、可读/写光盘、CRT 终端、通信设备等。这类设备既可以输入信息，又可以输出信息。

输入输出设备如果按功能分，也可以分成以下 3 类。

① 用于人机接口。

键盘、鼠标、显示器、打印机等。这类设备用于人机交互信息，且操作员往往可以直接加以控制。这类设备又可以称为字符型设备，或面向字符的设备，即输入输出设备与主机交换信息以字符为单位，这时主机对外设的控制方法往往不同于其他类型设备。

② 用于存储信息。

磁盘、光盘、磁带机等。这类设备用于存储大容量数据，作为计算机的外存储器使用。这类设备又可以称为面向信息块的设备，即主机与外设交换信息时不以字符为单位，而以由几十或几百个字节组成的信息块为单位，这时主机对外设的控制也不同于字符型设备。

③ 机—机联系。

通信设备（包括调制解调器）、数/模、模/数转换设备，主要用于机—机通信。

**2．输入设备**

输入设备最常用的是键盘与鼠标。

（1）键盘。

键盘是由一组按键和相应的键盘控制器组成的输入设备，其功能是使用者可通过击各键向计算机输入数据、程序和命令等，是计算机不可缺少的最常用输入设备。按键开关的作用是将操作员的按键动作转换成与该按键对应的字符或控制功能的电信号。按键开关可归纳成两类：一类是触点式按键，它借助由机械簧片构成的触点开关的接通或断开，来产生电信号；另一类是非触点式开关，利用电压、电流或电磁场的变化产生输出信号。计算机中基本上使用后一类开关。

键盘控制器由一些逻辑电路或单片机组成，其功能是进行扫描，判断按键的位置，然后将键盘上的位置码转换成相应的 ASCII 码，输入计算机。由于键盘控制器的构成方式不同，键盘可以分成编码键盘和非编码键盘两类。

键盘上也可以输入如汉字等非西文字符，这由各种汉字输入法自行定义。键盘位置码输入计算机，经过汉字输入软件的处理，转换成该汉字所对应的内码，再进行显示、存储等其他操作。

（2）鼠标器。

鼠标器（mouse）是一种相对定位设备。它不像键盘那样能进行字符或数字的输入，主要是在屏幕上定位或画图用。它在计算机上的应用要比键盘晚，随着计算机图形学与图像处理技术的发展，鼠标得以广泛应用。

鼠标器是由于其外形如老鼠而得名，通过电缆与主机相连接。鼠标器在桌上移动，其底部的传感器检测出运动方向和相对距离,送入计算机,控制屏幕上的鼠标光标作相应移动,对准屏幕上的图标或命令,按下鼠标上的相应按钮,完成指定的操作。

根据鼠标器所采用传感器技术的不同,鼠标器可以分成两类:机械式与光电式。

- **机械式鼠标器**:其底部有一个圆球,鼠标移动时,圆球滚动带动与球相连的圆盘。圆盘上的编码器把运动方向与距离送给主机,经软件处理,控制光标作相应移动。该类鼠标器简单,使用方便,但容易磨损,精度差。
- **光电式鼠标器**:其底部无圆球,而是由光敏元件和光源组成。使用时,光源发射光线在网格上反射后为光敏器件所接收,测出移动方向和距离,送入计算机,控制光标的移动。这类鼠标器精度高,可靠性好,但要有专门的网格板。

鼠标器与主机相连有两种方式,通过总线接口或通信接口。总线接口需要鼠标接口板,通信接口则是把鼠标器接在通信口上。目前大部分个人计算机把鼠标器接在串行通信口COM1 或 COM2 上。

**3. 输出设备**

(1) 打印机。

打印机是计算机系统中最基本的输出设备。由于打印机打印结果直观、易阅读,便于永久保存,且由于目前打印机的打印质量不断提高,能打印单色或彩色的高清晰度的文字、图形或图像。目前使用的打印机,以印字原理可以分成击打式打印机和非击打式打印机两类,以输出方式又可分为串行打印机和并行打印机两种。

① 击打式打印机。

击打式打印机是以机械力量击打字锤从而使字模隔着色带在纸上打印出字来的设备,这是最早研制成功的计算机打印设备。该类设备按字锤或字模的构成方式来分,又可以分成整字形击打印设备和点阵打印设备两类。

整字形击打设备利用完整字形的字模每击打一次印出一完整字形。这类设备的优点是印字美观自然,可同时复印数份。缺点是噪音大,印字速率低,字符种类少,无法打印汉字或图形,且易磨损,这类打印设备若按字模载体的形态分,又可以分成球形、菊花瓣形、轮式、鼓式等打印机。点阵式击打设备是利用多根针经色带在纸上打印出点阵字符的印字设备,它又称为针式打印机。目前有 7 针、9 针、24 针或 48 针的印字头。这类打印设备结构简单,印字速度快,噪声小,成本低,且可以打印汉字或图形、图像,是目前仍在广泛使用的一类打印设备。

② 非击打式印字机。

非击打式印字机是一种利用物理的(光、电、热、磁)或化学的方法实现印刷输出的设备。与击打式打印设备不同,这类设备的印字头不与纸或其他媒体接触,或虽接触但无击打动作。这类设备打印无噪声,印字速度快,可以打印汉字、图形与图像等,不少设备还可以实现彩色打印。由于该类设备价格已逐步降低,所以深受用户欢迎。

非击打式印字机还可以分成多种类型:

- 激光印字机：是利用激光打印出精美文字和图片的一种输出设备。激光印字机印刷速度快，印字质量好，噪音低，分辨率高，印刷输出成本低，这是目前应用最广泛的一种非击打式印字机。
- 喷墨打印机：是利用喷墨头喷射出可控的墨滴从而在打印纸上形成文字或图片的一种设备。这也是目前应用较多的一种打印输出设备。
- 热敏打印机：有热印纸式和热转印式两种。利用印字头上多个电热元件在特殊的热敏纸上瞬时加热形成字符的设备叫热敏纸打印机；利用转印色带将字符转印到纸上的设备叫热转印打印机。热敏打印机可以印刷出色彩精美逼真的图像。

（2）显示器。

显示器是用来显示数字、字符、图形和图像的设备，它由监视器和显示控制器组成，是计算机系统中最常用的输出设备之一。

监视器由阴极射线管（CRT）、亮度控制电路（控制栅）、以及扫描偏转电路（水平/垂直扫描偏转线圈）等部件构成，工作原理如图1-4所示。

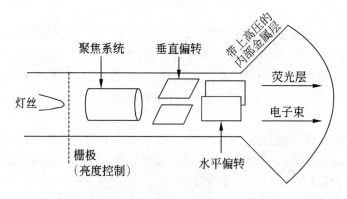

图1-4 监视器工作原理

由热发射产生的电子流在真空中在几千伏高压的影响下射向CRT前部，控制栅的电压决定有多少电子被允许通过，经过聚焦的电子束在水平与垂直偏转电路控制下射向屏幕，轰击涂有荧光粉的CRT屏幕，产生光点。通过控制栅电压强弱的控制，达到控制光点有无的目的，从而形成显示图像。

在光栅扫描显示器中，为了保证屏幕上显示的图像不产生闪烁，图像必须以50帧/秒至70帧/秒的速度进行刷新。这样，固定分辨率的图形显示器其行频、水平扫描周期、每像素读出时间，均有一定要求。例如当分辨率为640×480时，且假定水平回扫期和垂直回扫期各占水平扫描周期和垂直扫描周期的20%。

则行频为　480 线 ÷ 80/100 × 50 帧/s=30kHz

水平扫描周期　HC=1/30kHz=33μs

每一像素读出时间为　33μs × 80% ÷ 640 = 40~50ns

若分辨率提高到 1024×768，帧频为 60 帧/秒，则行频提高到 57.6kHz，水平扫描周期 HC=17.4μs，每像素读出时间减少到 13.6μs。从这里可以清楚看到，分辨率越高，为保证图像不闪烁，则时间要求越高（每一像素读出、显示的时间越短），成本也随之迅速上升。另外，光栅扫描显示器的扫描方式还可以分成逐行扫描与隔行扫描方式两种。

## 1.2 计算机的系统结构

围绕着如何提高指令的执行速度和计算机系统的性能价格比，出现了多种计算机的系统结构，如流水线处理机、并行处理机、多处理机及精简指令系统计算机等。尽管这些计算机在结构上有较大的改进，但仍没有突破冯·诺伊曼型计算机的体系结构，都是基于并行处理技术来提高计算机速度。为此，本节先介绍并行处理的概念及计算机系统的分类，然后分别简要介绍流水线处理机、并行处理机、多处理机，最后介绍精简指令系统计算机。

### 1.2.1 并行处理的概念

所谓并行性，是指计算机系统具有可以同时进行运算或操作的特性，它包括同时性与并发性两种含义。同时性指的是两个或两个以上的事件在同一时刻发生，并发性指的是两个或两个以上的事件在同一时间间隔发生。计算机系统中提高并行性的措施多种多样，就其基本思想而言，可归纳为如下 3 条途径：

（1）时间重叠。在并行性概念中引入时间因素，即多个处理过程在时间上相互错开，轮流重叠地使用同一套硬件设备的各个部分，以加快硬件周转时间而赢得速度。因此时间重叠可称为时间并行技术。

（2）资源重复。在并行性概念中引入空间因素，以数量取胜的原则，通过重复设置硬件资源，大幅度提高计算机系统的性能。随着硬件价格的降低，这种方式在单处理机中广泛使用，而多处理机本身就是实施"资源重复"原理的结果。因此资源重复可称为空间并行技术。

（3）资源共享。这是一种软件方法，它使多个任务按一定时间顺序轮流使用同一套硬件设备。例如多道程序、分时系统就是遵循"资源共享"原理而产生的。资源共享既降低了成本，又提高了计算机设备的利用率。

上述三种并行性反映了计算机系统结构向高性能发展的自然趋势：一方面在单处理机内部广泛采用多种并行性措施，另一方面发展各种多计算机系统。

计算机的基本工作过程是执行一串指令，对一组数据进行处理。通常，把计算机执行的指令序列称为"指令流"，指令流调用的数据序列称为"数据流"，把计算机同时可处理的指令或数据的个数称为"多重性"。根据指令流和数据流的多重性可将计算机系统分为下列 4 类（S-single、单一的，I-instruction、指令，M-multiple、多倍的，D-data、数据）。

（1）单指令流单数据流（SISD）：这类计算机的指令部件一次只对一条指令进行译码，并且只对一个操作部件分配数据。传统的单处理机属于 SISD 计算机。

（2）单指令流多数据流（SIMD）：这类计算机有多个处理单元，它们在同一个控制部件的管理下执行同一指令，但向各个处理单元分配各自需要的不同数据。并行处理机属于这类计算机。

（3）多指令流单数据流（MISD）：这类计算机包含有多个处理单元，按多条不同指令的要求对同一数据及其中间结果进行不同的处理。这类计算机实际上很少见。

（4）多指令流多数据流（MIMD）：这类计算机包含有多个处理机、存储器和多个控制器，实际上是几个独立的 SISD 计算机的集合，它们同时运行多个程序并对各自的数据进行处理。多处理机属于这类计算机。

## 1.2.2 流水线处理机系统

计算机中的流水线是把一个重复的过程分解为若干个子过程，每个子过程与其他子过程并行进行。由于这种工作方式与工厂中的生产流水线十分相似，因此称为流水线技术。流水线技术是一种非常经济、对提高计算机的运算速度非常有效的技术。采用流水线技术只需增加少量硬件就能把计算机的运算速度提高几倍，成为计算机中普遍使用的一种并行处理技术。从本质上讲，流水线技术是一种时间并行技术。

一条指令的执行过程可以分为多个阶段（或子过程），具体分法随计算机不同而不同。图 1-5（a）中把一条指令的执行过程分成以下 3 个阶段：

（1）取指令。按照指令计数器的内容访问主存储器，取出一条指令送到指令寄存器。

（2）指令分析。对指令操作码进行译码，按照给定的寻址方式和地址字段中的内容形成操作数的地址，并用这个地址读取操作数。

（3）指令执行。根据操作码的要求，完成指令规定的功能，即把运算结果写到通用寄存器或主存中。

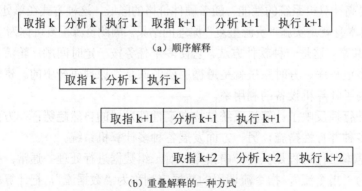

图 1-5 指令的顺序执行和重叠执行

若假定图 1-5（a）中取指令、分析指令和执行指令的时间相同，均为 t，则完成 n 条指令所需时间 T1 为：

$$T1 = n*3t = 3nt$$

若将一条指令的各个操作步与其后指令（一条或若干条）的各个操作步适当重叠执行，即形成指令执行的流水线，若假定图 1-5（b）中取指令、分析指令和执行指令的时间相同，均为 t，则完成 n 条指令所需时间 T2 为：

$$T2 = 3t + (n-1)t = (n+2)t$$

传统的串行执行方式，优点是控制简单，节省设备。主要的缺点有两个：一是处理机执行指令的速度很慢，只有当上一条指令全部执行完毕后下一条指令才能够开始执行，即在任何时刻，处理机中只有一条指令在执行；二是功能部件的利用率很低，如取指令时主存是忙碌的，而指令执行部件是空闲的。而执行指令时指令执行部件是忙碌的，而主存又是空闲的。

采用重叠执行方式后带来了两个优点：一是程序的执行时间大大缩短；二是功能部件的利用率明显提高。主存基本上可以处于忙碌状态，其他功能部件的利用率也得到提高。但是为此需要付出一定的代价，即需要增加一些硬件，控制过程也变得复杂一些。指令重叠执行方式实际上就是指令流水线，指令流水线是多条指令并行执行的一种实现技术。

## 1.2.3 并行处理机系统

### 1. 并行处理机的基本概念

并行处理机也称为阵列式计算机，它将大量重复设置的处理单元按一定方式互连成阵列，在单一控制部件（Control Unit，CU）控制下对各自所分配的不同数据并行执行同一指令规定的操作，是操作并行的 SIMD 计算机。它采用资源重复的措施开发并行性，是以 SIMD（单指令流多数据流）方式工作的。并行处理机的基本结构和操作模型，如图 1-6 所示。

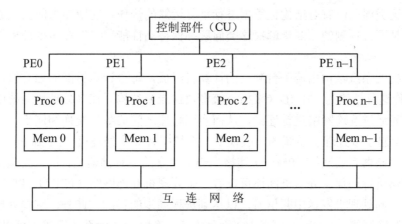

图 1-6 并行处理机结构

并行处理机通常由一个控制器 CU、N 个处理器单元（Processing Element，PE）（包括处理器和存储模块）以及一个互连网络部件（IN）组成。

**2．并行处理机的主要特点**

（1）并行处理机是以单指令流多数据流方式工作的。

（2）并行处理机采用资源重复方法引入空间因素，即在系统中设置多个相同的处理单元来开发并行性，这与利用时间重叠的向量流水线处理机是不一样的。此外，它利用的是并行性中的同时性，所有处理单元必须同时进行相同操作。

（3）并行处理机是以某一类算法为背景的专用计算机。这是由于并行处理机中通常都采用简单、规整的互连网络来实现处理单元间的连接操作，从而限定了它所适用的求解算法类别。因此，对互连网络设计的研究就成为并行处理机研究的重点之一。

（4）并行处理机的研究必须与并行算法的研究密切结合，以使它的求解算法的适应性更强一些，应用面更广一些。

（5）从处理单元来看，由于结构都相同，因而可将并行处理机看成是一个同构型并行机。但它的控制器实质上是一个标量处理机，而为了完成 I/O 操作以及操作系统的管理，尚需一个前端机，因此实际的并行处理机系统是由上述三部分构成的一个异构型多处理机系统。

## 1.2.4 多处理机系统

**1．多处理机系统的基本概念**

流水线处理器通过若干级流水的时间并行技术来获得高性能。并行处理器由多台处理机组成，每台处理机执行相同的程序。这两类处理器都是执行单个程序，可对向量或数组进行运算。这种系统结构能高效地执行适合于 SIMD 的程序，所以这类处理器对某些应用问题非常有效。但是有些大型题目在这种 SIMD 结构的处理器上运行并不那么有效，原因是这类问题没有对结构化数据进行重复运算的操作，它所要求的操作通常是非结构化的而且是不可预测的。要想解决这类问题并保持高性能，只能在多处理机结构中寻找出路。

多处理机的系统结构由若干台独立的计算机组成，每台计算机能够独立执行自己的程序。Flynn 称这种结构为 MIMD（多指令流多数据流）结构。在多处理机系统中，处理机与处理机之间通过互连网络进行连接，从而实现程序之间的数据交换和同步。

图 1-7 给出了多处理机系统的一般模型。系统中有 n 个处理机（P1 到 Pn），它们通过一个处理机存储器互连网络（PMIN）连接到一个共享的主存储器上，这些处理机之间通过共享主存储器进行通信。处理机间还可以有一个处理机互连网络（PPIN），PPIN 通常用来从一台处理机向处理机发送中断信号，以达到进程同步的目的。此外，这些处理机还通过处理机-I/O 互连网络（PIOIN）同各 I/O 设备连接。有时为了使系统简单，可以把全部 I/O 设备连接在一台 I/O 处理机或少数几台处理机上。

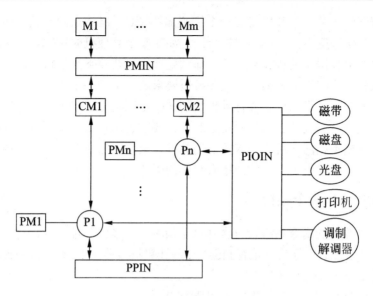

图 1-7 多处理机系统模型

**2．多处理机的特点**

多处理机属于 MIMD 计算机，它和 SIMD 计算机的并行处理机相比，有很大的差别。它们的本质差别在于并行性级别的不同：多处理机要实现任务或作业一级的并行，而并行处理机只实现指令一级的并行。下面通过与并行处理机的比较，进一步说明多处理机系统的特点。

（1）结构灵活性。并行处理机的结构主要是针对数组向量处理算法而设计的。结构特点是：处理单元（PE）数目很多甚至上万，但只需设置有限和固定的互连网络，即可满足一批并行性很高的算法的需要。而多处理机需要有较强的通用性。这就要求多处理机能适应更为多样的算法，具备更为灵活多变的系统结构以实现各种复杂的计算机间互联模式，同时还要解决共享资源的冲突问题。目前，多处理机中处理单元的数目还不可能做得很多。

（2）程序并行性。并行处理机实现操作一级的并行，其并行性存在于指令内部，一条指令可以同时对整个数组进行处理，再加上系统具有的专用性特点，就使程序并行性的识别较易实现。在多处理机中，并行性存在于指令外部，即表现在多个任务之间，再加上系统通用性的要求，就使程序并行性的识别难度增大。因此，它必须利用多种途径，如算法、程序语言、编译、操作系统以至指令、硬件等，尽量挖掘潜在的并行性。

（3）并行任务派生。并行处理机依靠单指令流对多数据流实现并行操作，即通过指令本身就可以启动多个 PE 并行工作。但多处理机处于多指令流操作方式，一个程序中就存在多个并发的程序段，需要采用专门的指令来表示并发关系，因此一个任务开始执行时能够派生出与它并行执行的另一些任务。如果任务数多于处理机数，多余的任务就进入排队器等待。

（4）进程同步。并行处理机仅有一个控制部件 CU，自然是同步的。而多处理机执行不同的指令，工作进度不会也不必保持相同。如果某个处理机先做完，那么就要停下来等待。当然如果发生数据相关和控制相关，那么处理机也要停下来等待。因此，在多处理机系统中要采取特殊的同步措施来确保程序按所要求的正确顺序进行。

（5）资源分配和进程调度。并行处理机的 PE 是固定的，采用屏蔽手段可改变实际参加操作的 PE 数目。多处理机执行并发任务，需要的处理机数目不固定，各个处理机进入或退出任务的时刻不相同，所需共享资源的品种、数量又随时变化。因此提出了资源分配和进程调度问题，它对整个系统的效率有很大的影响。

## 1.2.5 CISC/RISC 指令系统

目前许多计算机的指令系统可包含几百条指令，十多种寻址方式，这对简化汇编语言设计、提高高级语言的执行效率是有利的。这些计算机被称为复杂指令集计算机（Complex Instruction Set Computer，CISC）。

使指令系统越来越复杂的出发点有以下几点：

（1）使目标程序得到优化：例如设置数组运算命令，把原来要用一段程序才能完成的功能，只用一条指令来实现。

（2）给高级语言提供更好的支持：高级语言和一般的机器语言之间有明显的语义差别。改进指令系统，设置一些在语义上接近高级语言语句的指令，就可以减轻编译的负担，提高编译效率。

（3）提供对操作系统的支持：操作系统日益发展，其功能也日趋复杂，这就要求指令系统提供越来越复杂的功能。

但是，复杂的指令系统使得计算机的结构也越来越复杂，这不仅增加了计算机的研制周期和成本，而且难以保证其正确性，有时还可能降低系统的性能。实践证明，各种指令的使用频率相当悬殊，在如此庞大的指令系统中，只有算术逻辑运算、数据传送、转移、子程序调用等几十条基本指令才是经常使用的，它们在程序中出现的概率占到 80%以上，而需要大量硬件支持的复杂指令的利用率却很低，造成了硬件资源的大量浪费。

精简指令系统计算机（RISC）的着眼点不是简单地放在简化指令系统上，而是通过简化指令使计算机的结构更加简单合理，从而提高机器的性能。RISC 与 CISC 比较，其指令系统的主要特点如下。

（1）指令数目较少，一般都选用使用频度最高的一些简单指令。

（2）指令长度固定，指令格式种类少，寻址方式种类少。

（3）大多数指令可在一个机器周期内完成。

（4）通用寄存器数量多，只有存数/取数指令访问存储器，而其余指令均在寄存器之间进行操作。

RISC 与 CISC 技术两者的主要区别在于设计思想上的差别，RISC 的设计思想是；将那些不是最频繁使用的功能（指令）由软件来加以实现，这样就可以优化硬件，并可使其执行得更快。采用 RISC 技术后，由于指令系统简单，CPU 的控制逻辑大大简化，芯片上可设置更多的通用寄存器，指令系统也可以采用速度较快的硬连线逻辑来实现，且更适合于采用指令流水技术，这些都可以使指令的执行速度进一步提高。指令数量少，固然使编译工作量加大，但由于指令系统中的指令都是精选的，编译时间少，反过来对编译程序的优化又是有利的。CISC 和 RISC 技术都在发展，两者都各有自己的优点和缺点。但是 RISC 技术作为一种新的设计思想，无疑对计算机的发展将产生重大影响。

## 1.3 计算机存储系统

### 1.3.1 存储系统概述及分类

存储系统由存放程序和数据的各类存储设备及有关的软件构成，是计算机系统的重要组成部分，用于存放程序和数据。有了存储器，计算机就具有记忆能力，因而能自动地进行操作。存储系统分为内存储器和外存储器，两者按一定的结构有机地组织在一起，程序和数据按不同的层次存放在各级存储器中，而整个存储系统具有较好的速度、容量和价格等方面的综合性能指标。

**1. 高速缓冲存储器（Cache）**

目前由双极型半导体组成，构成计算机系统中的一个高速小容量存储器。其存取速度能接近 CPU 的工作速度，用来临时存放指令和数据。

**2. 主存储器**

主存储器是计算机系统中的重要部件，用来存放计算机运行时的大量程序和数据，主存储器目前一般由 MOS 半导体存储器构成。

CPU 能够直接访问的存储器称为内存储器，高速缓存和主存都是内存储器。在配置了高速缓存的计算机内，主存储器和高速缓存之间要不断交换数据。

如果计算机没有配置高速缓存，内存储器就是主存储器，两个名称可以换用。

**3. 辅助存储器**

辅助存储器又称外存储器。外存储器主要由磁表面存储器组成，近年来，光存储器应用已很广泛，渐渐成为一种重要的辅助存储器。外存储器的内容需要调入主存后才能被 CPU 访问。外存储器的特点是容量大，所以可存放大量的程序和数据。

### 1.3.2 存储器层次结构

采用单一工艺制造的存储器很难同时满足大容量、高速度和低成本的要求。比如双极型半导体存储器的存取速度快，但是难以构成大容量存储器。而大容量、低成本的磁表面存储器的存取速度又远低于半导体存储器，并且难以实现随机存取。

所谓存储系统的层次结构就是把各种不同容量和不同存取速度的存储器按一定的结构有机地组织在一起，程序和数据按不同的层次存放在各级存储器中，而整个存储系统具有较好的速度、容量和价格等方面的综合性能指标。

图 1-8 是存储系统层次结构示意图，该系统由三类存储器构成。主存和辅存构成一个层次，高速缓存和主存构成另一个层次。

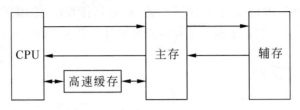

图1-8　存储系统层次结构

**1．"高速缓存—主存"层次**

这个层次主要解决存储器的速度问题。在早期的计算机中，CPU 与主存在速度上非常接近。例如 IBM704 计算机的 CPU 周期为 12μs，其主存的存取周期也为 12μs，随着所采用的器件和工艺的改进，CPU 的速度提高很快，目前 CPU 的机器周期可达几个毫微秒甚至更短，而主存的存取周期则由于种种因素的限制，只能达到几十甚至几百毫微秒。因而 CPU 和主存之间在速度上存在一定差距，主存的工作速度限制了整机运行速度的提高。为了减少两者速度差别所造成的影响，首先在 CPU 内设置通用寄存器组，尽量减少 CPU 对内存的访问。然而，CPU 寄存器数目不可能太多（一般只有几个或几十个），要根本解决存储器的速度问题，需要在 CPU 与主存之间再增设一级存储器，称为高速缓冲存储器。

**2．"主存—辅存"层次**

这个层次主要解决存储器的容量问题。在一段时间内，中央处理器运行的程序和使用的数据只是整个存储系统存储信息的一小部分，这部分程序和数据处于"活动"的状态，而其他大部分程序和数据则处于暂时不被使用的"静止"状态，因此可以把正在被 CPU 使用的"活动"的程序和数据放在主存中，其余信息则存放在容量大、但速度较慢的辅存中。当某时刻 CPU 需要用到存放在辅存中的某些信息时，可通过有关的 I/O 操作将这部分信息从辅存中调往主存。反之，原存放在主存中而现在暂时不用的部分信息也可以从主存中调往辅存，以备后用。这样，程序仍能得到较快的执行速度，而主存容量不足这一缺陷则由辅存的大容量来弥补。因此，具有"主存—辅存"层次的存储系统是一个既具有主存的存取速度又具有辅存的大容量低成本特点的一个存储器总体。

### 1.3.3　主存储器

**1．主存储器基本组成**

半导体读写存储器简称 RWM，习惯上也称为 RAM。半导体 RAM 具有体积小、存取速度快等优点，因而适合作为内存储器使用。按工艺不同可将半导体 RAM 分为双极型 RAM

和 MOS 型 RAM 两大类，这里以静态 MOS 存储器芯片为例介绍其组成。

静态 MOS 存储器芯片由存储体、读写电路、地址译码和控制电路等部分组成。

（1）存储体（存储矩阵）。

存储体是存储单元的集合。在容量较大的存储器中往往把各个字的同一位组织在一个集成片中。

（2）地址译码器。

地址译码器把用二进制表示的地址转换为译码输入线上的高电位，以便驱动相应的读写电路。地址译码有两种方式：一种是单译码方式，适用于小容量存储器；另一种是双译码方式，适用于容量较大的存储器。

（3）驱动器。

在双译码结构中，一条 X 方向的选择线要控制在其上的各个存储单元的字选线，所以负载较大，需要在译码器输出后加驱动器。

（4）I/O 控制。

它处于数据总线和被选用的单元之间，用以控制被选中单元的读出或写入，并具有放大信息的作用。

（5）片选控制。

一个存储芯片的容量往往满足不了计算机对存储器容量的要求，所以需将一定数量的芯片按一定方式连接成一个完整的存储器。在访问某个字时，必须"选中"该字所在的芯片，而其他芯片不被"选中"。因而每个芯片上除了地址线和数据线外，还有片选控制信号。在地址选择时，由芯片外的地址译码器的输入信号以及它的一些控制信号，如"访存控制"来产生片选控制信号，选中要访问的存储字所在的芯片。

（6）读/写控制。

根据 CPU 给出的信号是读命令还是写命令，控制被选中存储单元的读写。

**2. 存储器主要技术指标**

（1）存储容量。

存储容量是指每个存储芯片所能存储的二位制位数。主存储存储器按 8 位二进制位或其倍数划分存储单元，故存储容量通常以字节（8 位）为单位。主存容量大则可以运行比较复杂的程序，并可存入大量信息，可利用更完善的软件支撑环境。所以，计算机处理能力的大小在很大程度上取决于主存容量的大小。

（2）存取速度。

存储器的速度可用访问时间、存储周期或频宽来描述。

访问时间一般用读出时间 $T_A$ 及写入时间 $T_W$ 来描述。$T_A$ 是从存储器接到读命令以后至信息被送到数据总线上所需的时间。$T_W$ 是将一个字写入存储器所需的时间。

存取周期是存储器进行一次完整的读写操作所需要的全部时间，也就是存储器进行连续读写操作所允许的最短间隔时间。一般用 $T_M$ 表示，它直接关系到计算机的运算速度。

一般有 $T_M > T_A$，$T_M > T_W$，$T_M$ 的单位常采用微秒或毫微秒。

存储器的频宽 B 表示存储器被连续访问时，可以提供的数据传送速率，通常用每秒钟传送信息的位数（或字节数）来衡量。

（3）可靠性。

存储器的可靠性用平均故障间隔时间 MTBF 来描述，它可理解为两次故障之间的平均时间间隔。显然，MTBF 越长，表示可靠性越高。

### 1.3.4 高速缓冲存储器

高速缓冲存储器是一种采用和 CPU 工艺相类似的半导体器件构成的存储装置，其速度可与 CPU 相匹配，但容量较小，只能存放一小段程序和数据。由于程序具有局部性，在短时间内程序和数据各自相对集中在一小块存储区内。因此在一小段时间内 CPU 可以不必访问主存，而访问速度较快的高速缓冲存储器，从而提高了指令的执行速度。

在高档微机中为了获得更高的效率，不仅设置了独立的指令高速缓冲存储器和数据高速缓冲存储器，还把高速缓冲存储器设置成二级或三级。高速缓存通常由双极型半导体存储器或 SRAM 组成。地址映像以及和主存数据交换机构全由硬件实现，并对程序员透明。

目前，访问高速缓冲存储器的时间一般为访问主存时间的 1/4~1/10。由于半导体器件成本下降很快，高速缓冲存储器存储器已在大、中、小及微型机上普通采用。如图 1-9 所示为高速缓冲存储器的基本结构图，主存和高速缓冲存储器均是模块化的（例如以页为单位），并且两者之间交换数据以页为单位进行。CPU 访存地址送到高速缓冲存储器，经相联存储映像表的地址映射变换，如果 CPU 要访问的内容在高速缓冲存储器中，则称为"命中"，则从高速缓冲存储器中读取数据送 CPU；如果 CPU 要访问的内容不在高速缓冲存储器中，则称为"不命中"或"失靶"，则 CPU 送来地址直接到主存中读取数据。这时，访存地址是同时送到高速缓冲存储器和主存中的。如果访问"未命中"，除了本次访问对主存进行存取外，主存和高速缓冲存储器之间还要通过多字宽通路交换数据。主存内容在写入高速缓冲存储器过程中，如果高速缓冲存储器已满，要按某种替换策略将高速缓冲存储器中一页调出写回主存。这种替换算法可以是最近最少使用算法（LRU）或其他算法，这由相应的管理逻辑来实现。

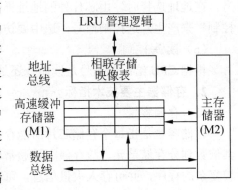

图 1-9 高速缓冲存储器基本结构图

### 1.3.5 辅助存储器

辅助存储器用于存放当前不立即使用的信息。一旦需要，辅存便与主存成批交换数据，或将信息从辅存调入主存，或将信息从主存调出到辅存。目前常用的辅助存储器包括磁带存储器、磁盘存储器及光盘存储器,这类存储器的最大特点是存储容量大、可靠性高、价格低,在脱机的情况下可以永久地保存信息。下面先介绍磁盘和磁带存储器,它们统称为磁表面存储器,然后介绍光盘存储器。

**1. 磁表面存储器的存储原理**

(1) 磁层和磁头。

磁表面存储器中信息的存取,主要由磁层和磁头来完成。磁层是存放信息的介质,它由非矩形剩磁特性的导磁材料(如氧化铁、镍钴合金等)构成。将用这种材料制成的磁胶涂敷或镀在载磁体上,其厚度通常为 0.1~5μm,以记录信息。载磁体可以是金属合金(硬质载磁体)或者是塑料(软质载磁体)。

为了获得良好的技术性能,磁层材料的剩磁(BR)要大(读出信息大),矫顽力 HC 要合适,才能有足够的抗干扰能力和使用较小的写电流。磁层厚度要薄,才能提高记录密度。此外对生成磁层的工艺、机械性能等也有一定的要求。

磁头是实现"磁—电"和"电—磁"转换的元件。它是由高导磁率的软磁性材料(如坡莫合金和具有高频特性的铁氧体)做成铁芯,在铁芯上开有缝隙并绕有线圈。当载磁体与磁头作相对运动时,当写磁头线圈通以磁化电流,则可将信息写到磁层上。当读磁头通过磁层上某一磁化单位而形成磁通回路时,磁通的变化使线圈两端产生感应电势,形成读出信号。

(2) 磁表面存储器的读写过程。

在磁表面存储器中,一般都是磁头固定,而磁层(载磁体)作高速回转或匀速直线运动。在这种相对运动中,通过磁头(其缝隙对准磁层)进行信息存取。

- 信息写入过程。磁头写线圈中通以写电流脉冲,此电流在铁芯中生成磁场,其磁头缝隙处的磁场穿过磁层中一微小区域,使该区域磁层以一定方向磁化,而写电流脉冲消失后,磁层仍保持该方向的剩磁(+BR 或-BR),这就是信息的写入过程。
- 信息读出过程。读出时,磁头与磁层同样作相对运动。当磁层中某一记录单元运动到磁头缝隙下面时,磁头与磁层便产生磁交连。由于磁头中的磁阻比其周围空气的磁阻小得多,便在磁头中产生较大的磁通变化,在读线圈的两端产生较大的感应电势 E,经读出放大电路整形和放大后成为读出信号。

**2. 磁盘存储器**

磁盘存储器是一种以磁盘或磁盘组为存储介质的记录装置,又叫磁盘机。它具有记录密度高、容量大、速度快等优点,是目前计算机存储系统中使用最普遍的一种辅助存储器,它的分类如图 1-10 所示。

(1) 硬磁盘存储器。

硬磁盘存储器的逻辑结构如图 1-11 所示。它主要由磁记录介质、磁盘驱动器、磁盘控制器三大部分组成。磁盘控制器包括控制逻辑、时序电路、"并→串"转换和"串→并"转换电路。磁盘驱动器包括读写电路、读\写转换开关、读写磁头与磁头定位伺服系统。

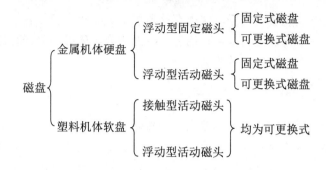

图 1-10 磁盘的分类

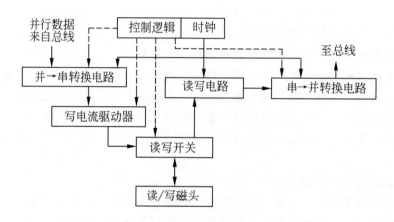

图 1-11 硬磁盘逻辑结构

（2）软磁盘存储器。

软磁盘存储器与硬磁盘存储器的差别包括：
- 硬盘（温盘）转速高，磁头与磁层不接触；而软盘转速低，磁头与磁层接触。
- 大多数硬盘采用固定盘组，软盘单片使用。
- 硬盘系统价格高，存储量大，存取速度快；软盘价廉，存储量小，存取速度较慢。
- 硬盘盘片不可拆卸，一般不能互换，软盘是可拆卸的且可互换。

### 3. 磁带存储器

磁带有许多种，按带宽分有 1/4 英寸和 1/2 英寸；按带长分有 2400 英尺、1200 英尺和 600 英尺；按外形分有开盘式和盒式磁带；按记录密度分有 800 位/英寸、1600 位/英寸、6250 位/英寸；按带面并行的磁道数分有 9 道、16 道等。

### 4. 光盘存储器

光盘存储器是一种采用聚焦激光束在盘形介质上高密度地记录信息的存储装置。具有记录密度高、存储容量大、信息保存寿命长、工作稳定可靠、环境要求低等特点，现已广泛应用于存储各种数字化信息，包括工作站、大型数据系统、办公自动化系统中的文件、声音和图像的存档与检索等领域,是磁盘机的重要后援设备。

按读写类型来分,目前光盘一般可分为只读型、一次写入型和可重写型三种。

## 1.4 计算机应用领域

由于计算机的高速性和准确性以及采用数字化的编码方式,为计算机的广泛使用奠定了基础。计算机诞生 50 多年来,计算机应用的发展大致可以分成三个阶段。计算机出现初期(20 世纪 50 年代初到末)为第一阶段,这时计算机所处理的大都是科学计算和工程计算问题,计算量大,而数据量相对较少,应用方式采用批处理方式,使用人员也只是一些经过训练的专家。50 年代末到 70 年代初为第二阶段。这时计算机开始在企业中应用,数据处理问题日益增多,这类问题数据量大,输入输出频繁,计算量相对较少,致使运算部件经常处于空闲状态,为使宝贵的计算机资源得以充分利用,提高计算机使用效率,其应用方式出现了分时处理方式和交互作用方式。使用人员普遍采用高级语言,解题环境得以改善,利用计算机的解题水平显著提高。70 年代微型机出现与 80 年代微型机的大发展,计算机应用进入了第三个阶段。这时,计算机得以进入各行各业和千家万户,大大加速了计算机的普及与应用,出现了个人计算方式。90 年代以来,计算机网络蓬勃发展,特别是 Internet 的出现,大量计算机联入网中,扩展和加速了信息的流通,增强了社会的协调与协作能力,使计算机应用方式向分布式和集群式计算发展。

概括起来,计算机信息处理技术包括了对各种信息媒体的获取、表示、加工与表现方法和技术,大致有以下几个方面内容。

### 1.4.1 科学计算

这是计算机最早的应用领域。在现代科学研究和工程技术中,有各种复杂的数学问题,如果由人工计算,不但耗时费力,而且难以及时提供准确的数据。计算机的高速度、大容量等特性为解决这些庞大、复杂的计算问题提供了可能。

在气象预报,天文研究,水利设计,原子结构分析,生物分子结构分析,人造卫星轨道计算,宇宙飞船的研制等许多方面,都显示出计算机独特的优势。

### 1.4.2 信息管理

管理信息系统是由人、计算机和管理规则等组成,以采集、加工、维护和使用信息为主要功能的人-机系统。例如金融、财会、经营、管理、教育、科研、医疗、人事、档案、物资等各方面都有大量的信息需要及时分析和处理,以便为决策提供依据。虽然在这方面应用中计算公式并不复杂,但数据量极大,在当今信息爆炸的时代,人工已难以胜任这一重任,计算机则成为信息管理的重要工具。该系统一般以数据库管理系统为核心,以其他软件和网络系统为支撑环境,而用户则通过专门的人机交互界面,进行数据的查询、修改等操作,并实现统计分析、规划、决策等功能。在信息管理方面,我们正经历着从单项事务的电子数据处理,向以数据库为基础的管理信息系统,及以数据库、模型库和方法库为基础的决策支持系统发展的过程,并且呈现出系统集成化、结构分布化、信息多元化、功能智能化等趋势。

### 1.4.3 计算机图形学与多媒体技术

图形与图像使人一目了然,它是人们认识世界的主要媒体之一,因此计算机图形学与数字图像处理技术始终是计算机应用技术中一个重点研究领域之一。计算机图形学研究如何在计算机内建立真实物体或虚拟物体的模型,并通过图形设备将这些模型转化为可视的二维或三维图形。关键技术有造型技术、人机交互技术、彩色生成与处理、真实感图形生成、动画绘制以及科学计算可视化等。多媒体技术是计算机对文本、图形、图像、声音、动画及视频信息进行综合处理,建立有机联系,并集成为一个交互性很强的系统的一门技术。其研究内容包括多媒体信息的计算机内部编码表示、输入输出的软硬件控制、软件管理及数据操作的基本环境以及为应用创作人员提供有效的非语言化的编程工具和环境等。

计算机辅助设计(CAD)是利用计算机帮助设计人员进行电路设计、建筑设计、机械设计、飞机设计等设计工作,提高设计速度和质量。计算机辅助教学(CAI)是利用计算机作为教学媒体和工具,帮助教师提高教学质量和效益的过程。它正在引起教育方法、教育思想以至教育体制的变革。

### 1.4.4 语言与文字的处理

语言与文字是人类文化交流的最主要工具,它们的处理技术直接影响到计算机在各个领域的应用及社会的信息化进程。其主要内容包括语言与文字在计算机内部的编码表示法、其输入与输出方法、文档的编辑排版、文字和语言的自动识别与合成以及自然语言的理解和机器翻译等。对于中国、日本、韩国等采用东方文字(汉字)的国家,汉字的计算机内部编码、汉字的输入/输出、软件的汉化等技术,经过十几年的努力,也已取得了突破性的进展。中文文字处理、电子出版印刷、中文全文信息检索、印刷体与手写体汉字识别、中文语音识别和合成、中外文机器翻译等方面也成果斐然,这对推动计算机在我国等东方文字国家的应用起到了非常积极的作用。

### 1.4.5 人工智能

人工智能(AI)是计算机应用的一个广阔的新领域。科学工作者正在研究如何使计算机模拟人脑,去进行理解、学习、分析、推理等各种高级思维活动,使计算机具有更多的人类智能,能够识别环境,适应环境,自动获取知识,解决问题,以便利用计算机在某些领域实现脑力劳动的自动化。

随着计算机技术的发展,计算机应用技术从最初的数值计算已逐渐渗透到人类活动的各个领域，其服务的对象从面向专业人员扩展到面向大众、面向社会。计算机应用系统也由最初的单机系统向集成化、网络化、智能化的方向发展。反过来，也正由于计算机应用的需要，推动了计算机技术的不断创新与发展。

## 选择题

1. 计算机输出设备的功能是_____。
   A）将计算机运算的二进制结果信息打印输出
   B）将计算机内部的二进制信息显示输出
   C）将计算机运算的二进制结果信息打印输出和显示输出
   D）将计算机内部的二进制信息转换为人和设备能识别的信息显示输出
2. 下列关于进程间通信的描述中，不正确的是_____。
   A）进程互斥是指每次只允许一个进程使用临界资源
   B）进程控制是通过原语实现的
   C）P、V 操作是一种进程同步机制
   D）管程是一种进程高级通信机制

## 思考题

1. 计算机由哪五部分组成？各部分的基本功能是什么？
2. 计算机系统中提高并行处理的措施有哪些？
3. CISC/RISC 指令系统的区别与联系？
4. 计算机存储器层次结构及目的？
5. 计算机的主要应用领域包括哪些？

# 第 2 章　操作系统知识

本章主要介绍操作系统的基础知识，包括操作系统概念、作用、类型以及处理机管理、存储管理、设备管理、文件管理、作业管理等基本管理功能。

## 2.1　操作系统简介

计算机系统包括硬件和软件两个组成部分。硬件是所有软件运行的物质基础；软件能充分发挥硬件潜能和扩充硬件功能，完成各种系统及应用任务，两者互相促进、相辅相成、缺一不可。图 2-1 给出了一个计算机系统的软硬件层次结构。其中，每一层具有一组功能并提供相应的接口，接口对层内掩盖了实现细节，对层外提供了使用约定。

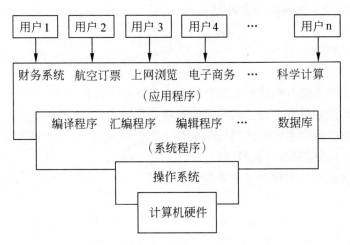

图 2-1　计算机系统软硬件层次结构

硬件层提供了基本的可计算性资源，包括处理器、寄存器、存储器，以及可被使用的各种 I/O 设施和设备，是操作系统和上层软件赖以工作的基础。

操作系统层对计算机硬件作首次扩充和改造，主要完成资源的调度和分配，信息的存取和保护，并发活动的协调和控制等许多工作。操作系统是其他软件的运行基础，并为编译程序和数据库系统等系统程序的设计者提供了有力支持。系统程序层的工作基础建立在操作系统改造和扩充过的计算机上，利用操作系统提供的扩展指令集，可以较为容易地实现各种各样的语言处理程序、数据库管理系统和其他系统程序。

应用层解决用户不同的应用问题，应用程序开发者借助于程序设计语言来表达应用问题，开发各种应用程序，既快捷又方便。而最终用户则通过应用程序与计算机交互来解决应用问题。

### 2.1.1 操作系统的定义与作用

操作系统（Operating system，OS）的出现、使用和发展是近 40 年来计算机软件的一个重大进展。尽管操作系统尚未有一个被普遍接受的定义，但普遍认为：操作系统是管理软硬件资源、控制程序执行，改善人机界面，合理组织计算机工作流程和为用户使用计算机提供良好运行环境的一种系统软件。操作系统有两个重要的作用。

**1. 通过资源管理，提高计算机系统的效率**

操作系统还是计算机系统的资源管理者。在计算机系统中，能分配给用户使用的各种硬件和软件设施总称为资源。资源包括两大类：硬件资源和信息资源。其中，硬件资源分为处理器、存储器、I/O 设备等，I/O 设备又分为输入型设备、输出型设备和存储型设备；信息资源则分为程序和数据等。操作系统的重要任务之一是有序地管理计算机中的硬件、软件资源，跟踪资源使用状况，满足用户对资源的需求，协调各程序对资源的使用冲突，为用户提供简单、有效的资源使用方法，最大限度地实现各类资源的共享，提高资源利用率，从而使得计算机系统的效率有很大提高。

**2. 改善人机界面，向用户提供友好的工作环境**

操作系统紧靠着计算机硬件并在其基础上提供了许多新的设施和能力，从而使用户能够方便、可靠、安全、高效地操纵计算机硬件和运行自己的程序。例如，改造各种硬件设施，使之更容易使用；提供原语或系统调用，扩展指令系统；操作系统还合理组织计算机的工作流程，协调各个部件有效工作，为用户提供一个良好的运行环境。经过操作系统改造和扩充过的计算机不但功能更强，使用也更为方便，用户可以直接调用操作系统提供的许多功能，而无须了解许多软硬件使用细节。

### 2.1.2 操作系统的功能及特征

**1. 操作系统的特征**

操作系统的主要特性有三条：并发性、共享性和异步性。

（1）并发性（Concurrence）。指两个或两个以上的运行程序在同一时间间隔段内同时执行。操作系统是一个并发系统，并发性是它的重要特征，它应该具有处理多个同时执行的程序的能力。发挥并发性能够消除计算机系统中部件和部件之间的相互等待，有效改善系统资源的利用率，改进系统的吞吐率，提高系统效率。

（2）共享性（sharing）。指操作系统中的资源（包括硬件资源和信息资源）可被多个并发执行的进程所使用。出于经济上的考虑，一次性向每个用户程序分别提供它所需的全部资源不但是浪费的，有时也是不可能的。现实的方法是让多个用户程序共用一套计算机系统的所有资源，因而必然会产生共享资源的需要。

共享性和并发性是操作系统两个最基本的特征，它们互为依存。一方面，资源的共享是因为运行程序的并发执行而引起的，若系统不允许运行程序并发执行，自然也就不存在资源共享问题。另一方面，若系统不能对资源共享实施有效的管理，必然会影响到运行程序的并发执行，甚至运行程序无法并发执行，操作系统也就失去了并发性，导致整个系统效率低下。

（3）异步性（Asynchronism），或称随机性。在多道程序环境中，允许多个进程并发执行，由于资源有限而进程众多，多数情况，进程的执行不是一贯到底，而是"走走停停"，系统中的进程何时执行？何时暂停？以什么样的速度向前推进？进程总共要多少时间执行才能完成？这些都是不可预知的，或者说该进程是以异步方式运行的，异步性给系统带来了潜在的危险，有可能导致与时间有关的错误，但只要运行环境相同，操作系统必须保证多次运行作业，都会获得完全相同的结果。

**2. 操作系统的功能**

资源管理是操作系统的一项主要任务，而控制程序执行、扩充及其功能、屏蔽使用细节、方便用户使用、组织合理工作流程、改善人机界面等都可以从资源管理的角度去理解。下面就从资源管理的观点来了解操作系统具有的几个主要功能。

（1）处理器管理。处理器管理的第一项工作是处理中断事件，硬件只能发现中断事件，捕捉它并产生中断信号，但不能进行处理。配置了操作系统，就能对中断事件进行处理。

处理器管理的第二项工作是处理器调度。在单用户单任务的情况下，处理器仅为一个用户的一个任务所独占，处理器管理的工作十分简单。但在多道程序或多用户的情况下，组织多个作业或任务执行时，就要解决处理器的调度、分配和回收等问题。

近年来设计出各种各样的多处理器系统，处理器管理就更加复杂。为了实现处理器管理的功能，操作系统引入了进程（process）的概念，处理器的分配和执行都是以进程为基本单位；随着并行处理技术的发展，为了进一步提高系统并行性，使并发执行单位的粒度变细，操作系统又引入了线程（thread）的概念。

（2）存储管理。存储管理的主要任务是管理存储器资源，为多道程序运行提供有力的支撑。存储管理的主要功能包括：存储分配（存储管理将根据用户程序的需要给它分配存储器资源）；存储共享（存储管理能让主存中的多个用户程序实现存储资源的共享，以提高存储器的利用率）；存储保护（存储管理要把各个用户程序相互隔离起来互不干扰，更不允许用户程序访问操作系统的程序和数据，从而保护用户程序存放在存储器中的信息不被破坏）；存储扩充（由于物理内存容量有限，难于满足用户程序的需求，存储管理还应该能从逻辑上来扩充内存储器，为用户提供一个比内存实际容量大得多的编程空间，方便用户的编程和使用）。

（3）设备管理。设备管理的主要任务是管理各类外围设备，完成用户提出的 I/O 请求，加快 I/O 信息的传送速度，发挥 I/O 设备的并行性，提高 I/O 设备的利用率；以及提供每种设备的设备驱动程序和中断处理程序,向用户屏蔽硬件使用细节。为实现这些任务,设备管理应该具有以下功能:提供外围设备的控制与处理;提供缓冲区的管理;提供外围设备的分配;提供共享型外围设备的驱动;实现虚拟设备。

(4)文件管理。上述三种管理是针对计算机硬件资源的管理。文件管理则是对系统的信息资源的管理。在现代计算机中,通常把程序和数据以文件形式存储在外存储器上,供用户使用,这样,外存储器上保存了大量文件,对这些文件如不能采取良好的管理方式,就会导致混乱或破坏,造成严重后果。为此,在操作系统中配置了文件管理,它的主要任务是对用户文件和系统文件进行有效管理,实现按名存取;实现文件的共享、保护和保密,保证文件的安全性;并提供给用户一套能方便使用文件的操作和命令。

(5)作业管理。作业管理的功能包括任务、界面管理、人机交互、图形界面、语音控制和虚拟现实等。其目的是为用户提供一个使用系统的良好环境,使用户能有效地组织自己的工作流程,并使整个系统能高效地运行。

(6)网络与通信管理。计算机网络源于计算机与通信技术的结合,近 20 年来,从单机与终端之间的远程通信,到今天全世界成千上万台计算机联网工作,计算机网络的应用已十分广泛。联网操作系统至少应具有以下管理功能。网上资源管理功能:计算机网络的主要目的之一是共享资源,网络操作系统应实现网上资源的共享,管理用户应用程序对资源的访问,保证信息资源的安全性和一致性;数据通信管理功能:计算机联网后,站点之间可以互相传送数据,进行通信,通过通信软件,按照通信协议的规定,完成网络上计算机之间的信息传送;网络管理功能包括故障管理、安全管理、性能管理、记账管理和配置管理。

## 2.1.3 操作系统的类型

### 1. 批处理操作系统

过去,在计算中心的计算机上一般所配置的操作系统采用以下方式工作:用户把要计算的应用问题编成程序,连同数据和作业说明书一起交给操作员,操作员集中一批作业,并输入到计算机中。然后,由操作系统来调度和控制用户作业的执行。通常,采用这种批量化处理作业方式的操作系统称为批处理操作系统(batch operating system)。

批处理操作系统根据一定的调度策略把要求计算的算题按一定的组合和次序执行,从而,系统资源利用率高,作业的吞吐量大。批处理系统的主要特征是:

(1)用户脱机工作。用户提交作业之后直至获得结果之前不再和计算机及作业交互。因而,作业控制语言对脱机工作的作业来说是必不可少的。这种工作方式对调试和修改程序是极不方便的。

(2)成批处理作业。操作员集中一批用户提交的作业,输入计算机成为后备作业。后备作业由批处理操作系统一批批地选择并调入主存执行。

(3)多道程序运行。按预先规定的调度算法,从后备作业中选取多个作业进入主存,并启动它们运行,实现了多道批处理。

（4）作业周转时间长。由于作业进入计算机成为后备作业后要等待选择，因而作业从进入计算机开始到完成并获得最后结果为止所经历的时间一般相当长，一般需等待数小时至几天。

### 2．分时操作系统

在批处理系统中，用户不能干预自己程序的运行，无法得知程序运行情况，对程序的调试和排错不利。为了克服这一缺点，便产生了分时操作系统。

允许多个联机用户同时使用一台计算机系统进行计算的操作系统称分时操作系统（Time Sharing Operating System）。其实现思想如下：每个用户在各自的终端上以问答方式控制程序运行，系统把中央处理器的时间划分成时间片，轮流分配给各个联机终端用户，每个用户只能在极短时间内执行，若时间片用完，而程序还未做完，则挂起等待下次分得时间片。这样一来，每个用户的每次要求都能得到快速响应，每个用户获得好像自己独占了这台计算机的印象。实质上，分时系统是多道程序的一个变种，不同之处在于每个用户都有一台联机终端。

今天，分时操作系统成为最流行的一种操作系统，几乎所有的现代通用操作系统都具备分时系统的特征。分时操作系统具有以下特性：

（1）同时性。若干个终端用户同时联机使用计算机，分时就是指多个用户分享使用同一台计算机。每个终端用户感觉上好像自己独占了这台计算机。

（2）独立性。终端用户彼此独立，互不干扰，每个终端用户感觉上好像自己独占了这台计算机。

（3）及时性。终端用户的立即型请求（即不要求大量CPU时间处理的请求）能在足够快的时间之内得到响应。这一特性与计算机CPU的处理速度、分时系统中联机终端用户数和时间片的长短密切相关。

（4）交互性。人机交互，联机工作，用户直接控制其程序的运行，便于程序的调试和排错。

### 3．实时操作系统

实时操作系统（Real Time Operating System）是指当外界事件或数据产生时，能够接收并以足够快的速度予以处理，其处理的结果又能在规定的时间内控制监控的生产过程或对处理系统做出快速响应，并控制所有实行任务协调一致运行的操作系统。由实时操作系统控制的过程控制系统，较为复杂，通常由4部分组成：

（1）数据采集。它用来收集、按收和录入系统工作必需的信息或进行信号检测。

（2）加工处理。它对进入系统的信息进行加工处理，获得控制系统工作必需的参数或做出决定，然后，进行输出、记录或显示。

（3）操作控制。它根据加工处理的结果采取适当措施或动作，达到控制或适应环境的目的。

（4）反馈处理。它监督执行机构的执行结果，并将该结果馈送至信号检测或数据接收部件，以便系统根据反馈信息采取进一步措施，达到控制的预期目的。

## 2.2 处理机管理

### 2.2.1 进程的基本概念

进程的概念是操作系统中最基本、最重要的概念。它是多道程序系统出现后，为了刻画系统内部出现的动态情况，描述系统内部各道程序的活动规律而引进的一个新概念，所有的多道程序设计操作系统都建立在进程的基础上。操作系统专门引入进程的概念，从理论角度看，是对正在运行的程序过程的抽象；从实现角度看，则是一种数据结构，目的在于清晰地刻画动态系统的内在规律，有效管理和调度进入计算机系统主存储器运行的程序。

进程的定义也是多种多样的，国内学术界较为一致的看法是：进程是一个具有一定独立功能的程序关于某个数据集合的一次运行活动（1978 年全国操作系统学术会议）。从操作系统管理的角度出发，进程由数据结构以及在其上执行的程序（语句序列）组成，是程序在这个数据集合上的运行过程，也是操作系统进行资源分配和保护的基本单位。它具有如下属性：

（1）结构性。进程包含了数据集合和运行于其上的程序。

（2）共享性。同一程序同时运行于不同数据集合上时，构成不同的进程。或者说，多个不同的进程可以共享相同的程序。

（3）动态性。进程是程序在数据集合上的一次执行过程，是动态概念，同时，它还有生命周期，由创建而产生，由撤销而消亡；而程序是一组有序指令序列，是静态概念，所以，程序作为一种系统资源是永久存在的。

（4）独立性。进程既是系统中资源分配和保护的基本单位，也是系统调度的独立单位（单线程进程）。凡是未建立进程的程序，都不能作为独立单位参与运行。通常，每个进程都可以各自独立的速度在 CPU 上进行。

（5）制约性。并发进程之间存在着制约关系，进程在进行的关键点上需要相互等待或互通消息，以保证程序执行的可再现性和计算结果的唯一性。

（6）并发性。进程可以并发地执行。

### 2.2.2 进程的状态和转换

#### 1. 三态模型

一个进程从创建而产生至撤销而消亡的整个生命周期，可以用一组状态加以刻画，为了便于管理进程，一般来说，按进程在执行过程中的不同状况至少定义 3 种不同的进程状态：

（1）运行（running）态。占有处理器正在运行。

（2）就绪（ready）态。指具备运行条件，等待系统分配处理器以便运行。

（3）等待（wait）态。又称为阻塞（blocked）态或睡眠（sleep）态，指不具备运行条件，正在等待某个事件的完成。

一个进程在创建后将处于就绪状态。每个进程在执行过程中，任一时刻当且仅当处于上述三种状态之一，同时，在一个进程执行过程中，它的状态将会发生改变。图 2-2 表示进程的状态转换。

运行状态的进程将由于出现等待事件而进入等待状态，当等待事件结束之后等待状态的进程将进入就绪状态，而处理器的调度策略又会引起运行状态和就绪状态之间的切换。引起进程状态转换的具体原因如下：

图 2-2　进程三态模型及其状态转换

运行态——等待态：等待使用资源，如等待外设传输，等待人工干预。

等待态——就绪态：资源得到满足，如外设传输结束，人工干预完成。

运行态——就绪态：运行时间片到，出现有更高优先权进程。

就绪态——运行态：CPU 空闲时选择一个就绪进程。

**2．五态模型**

在一个实际的系统里进程的状态及其转换比上节叙述的会复杂一些，例如引入专门的新建态（new）和终止态（exit）。图 2-3 给出了进程五态模型及其转换的示意图。

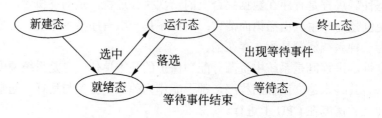

图 2-3　进程五态模型及其状态转换

引入新建态和终止态对于进程管理来说是非常有用的。新建态对应于进程刚刚被创建的状态。创建一个进程要通过两个步骤，首先，是为一个新进程创建必要的管理信息；然后，让该进程进入就绪态。此时进程将处于新建态，它并没有被提交执行，而是在等待操作系统完成创建进程的必要操作。必须指出的是，操作系统有时将根据系统性能或主存容量的限制推迟新建态进程的提交。

类似地，进程的终止也要通过两个步骤，首先，是等待操作系统进行善后；然后，退出主存。当一个进程到达了自然结束点，或是出现了无法克服的错误，或是被操作系统所终止，或是被其他有终止权的进程所终止，它将进入终止态。进入终止态的进程以后不再执行，但依然保留在操作系统中等待善后。一旦其他进程完成了对终止态进程的信息抽取之后，操作系统将删除该进程。

### 2.2.3 进程的描述

**1. 进程的组成**

当一个程序进入计算机的主存储器进行计算就构成了进程，主存储器中的进程到底是如何组成的？操作系统中把进程物理实体和支持进程运行的环境合称为进程上下文（context）。当系统调度新进程占有处理器时，新老进程随之发生上下文切换。因此，进程的运行被认为是在上下文中执行。简单地说，一个进程映像（Process Image）包括：

（1）进程程序块，即被执行的程序，规定了进程一次运行应完成的功能。通常它是纯代码，作为一种系统资源可被多个进程共享。

（2）进程数据块，即程序运行时加工处理对象，包括全局变量、局部变量和常量等的存放区以及开辟的工作区，常常为一个进程专用。

（3）系统/用户堆栈，每一个进程都将捆绑一个系统/用户堆栈。用来解决过程调用或系统调用时的地址存储和参数传递。

（4）进程控制块，每一个进程都将捆绑一个进程控制块，用来存储进程的标志信息、现场信息和控制信息。进程创建时，建立一个 PCB；进程撤销时，回收 PCB，它与进程一一对应。

用户进程在虚拟内存中的组织如图 2-4 所示。

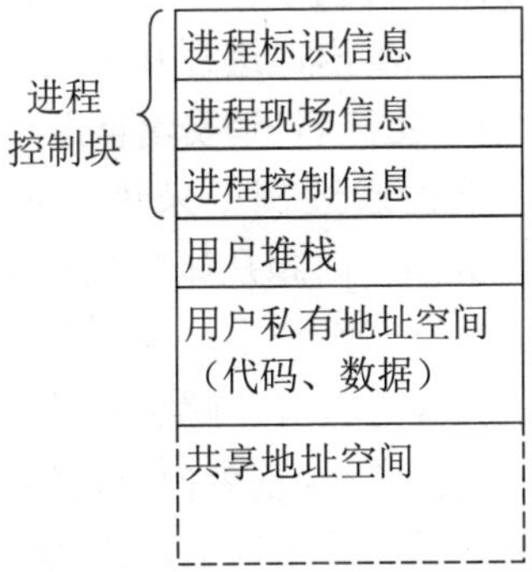

**2. 进程控制块**

进程控制块是操作系统中最为重要的数据结构，每个进程控制块包含了操作系统管理所需的所有进程信息，进程控制块的集合事实上定义了一个操作系统的当前状态。当系统创建一个进程时，就为它建立一个 PCB，当进程执行结束便回收它占用的 PCB。操作系统是根据 PCB 来对并发执行的进程进行控制和管理的，借助于进程控制块进程才能被调度执行。

图 2-4 用户进程在虚拟内存中的组织

一般说，进程控制块包含三类信息：

（1）标识信息。用于唯一地标识一个进程，常常分为由用户使用的外部标识符和被系统使用的内部标识号两种。

（2）现场信息。用于保留一个进程在运行时存放在处理器现场中的各种信息，任何一个进程在让出处理器时必须把此时的处理器现场信息保存到进程控制块中，而当该进程重新恢复运行时也应恢复处理器现场。常用的现场信息包括通用寄存器的内容、控制寄存器（如 PSW 寄存器）的内容、用户堆栈指针、系统堆栈指针等。

（3）控制信息。用于管理和调度一个进程。常用的控制信息包括：进程的调度相关信息，进程组成信息、进程间通信相关信息、进程在二级存储器内的地址、CPU 资源的占用和使用信息、进程特权信息、资源清单。

## 2.2.4 进程的同步与互斥

在多道程序设计系统中,同一时刻可能有许多进程,这些进程之间存在两种基本关系:竞争关系和协作关系。

第一种是竞争关系,系统中的多个进程之间彼此无关,它们并不知道其他进程的存在。例如,批处理系统中建立的多个用户进程,分时系统中建立的多个终端进程。由于这些进程共用了一套计算机系统资源,因而,必然要出现多个进程竞争资源的问题。当多个进程竞争共享硬设备、变量、表格、链表、文件等资源时,可能导致处理出错。

(1) 进程的互斥 (Mutual Exclusion)。

是解决进程间竞争关系的手段。指若干个进程要使用同一共享资源时,任何时刻最多允许一个进程去使用,其他要使用该资源的进程必须等待,直到占有资源的进程释放该资源。临界区管理可以解决进程互斥问题。

第二种是协作关系,某些进程为完成同一任务需要分工协作。

(2) 进程的同步 (synchronization)。

是解决进程间协作关系的手段。指一个进程的执行依赖于另一个进程的消息,当一个进程没有得到来自于另一个进程的消息时则等待,直到消息到达才被唤醒。

不难看出,进程互斥关系是一种特殊的进程同步关系,即逐次使用互斥共享资源。

**1. 生产者-消费者问题**

下面通过例子来进一步阐明进程同步的概念。著名的生产者-消费者(Producer-Consumer)问题是计算机操作系统中并发进程内在关系的一种抽象,是典型的进程同步问题。在操作系统中,生产者进程可以是计算进程、发送进程;而消费者进程可以是打印进程、接收进程等。解决好了生产者-消费者问题就解决好了一类并发进程的同步问题。

生产者-消费者问题表述如下:有 n 个生产者和 m 个消费者,连接在一个有 k 个单位缓冲区的有界缓冲上,故又叫有界缓冲问题。其中,pi 和 cj 都是并发进程,只要缓冲区未满,生产者 pi 生产的产品就可投入缓冲区;类似地,只要缓冲区不空,消费者进程 cj 就可从缓冲区取走并消耗产品。

可以把生产者-消费者问题的算法描述如下。

```
var  k:integer;
    type item:any;
    buffer:array[0..k-1] of item;
    in,out:integer:=0;
    coumter:integer:=0;
process producer
    while (TRUE)                        /* 无限循环
        produce an item in nextp;       /* 生产一个产品
```

```
        if (counter==k)  sleep ( );        /* 缓冲满时，生产者睡眠
        buffer[in]:=nextp;                  /* 将一个产品放入缓冲区
        in:= (in+1) mod k;                  /* 指针推进
        counter:=counter+1;                 /* 缓冲内产品数加1
        if (counter==1)  wakeup ( consumer );  /* 缓冲为空了，加进一件产品并唤
                                               醒消费者
    process consumer
        while （TRUE）                      /* 无限循环
        if (counter==0) sleep ( );          /* 缓冲区空，消费者睡眠
        nextc:=buffer[out];                 /* 取一个产品到nextc
        out:= (out+1) mod k;                /* 指针推进
        counter:=counter-1;                 /* 取走一个产品，计数减1
        if (counter==k-1) wakeup ( producer );  /* 缓冲满了，取走一件产品并唤
                                               醒生产者
        consume thr item in nextc;          /* 消耗产品
```

其中，假如一般的高级语言都有 sleep( )和 wakeup( )这样的系统调用。从上面的程序可以看出，算法是正确的，两进程顺序执行结果也正确。但若并发执行，就会出现错误结果，出错的根源在于进程之间共享了变量 counter，对 counter 的访问未加限制。

生产者和消费者进程对 counter 的交替执行会使其结果不唯一。例如，counter 当前值为 8，如果生产者生产了一件产品，投入缓冲区，拟做 conuter 加 1 操作。同时消费者获取一个产品消费，拟做 counter 减 1 操作。假如两者交替执行加或减 1 操作，取决于它们的进行速度，counter 的值可能是 9，也可能是 7，正确值应为 8。

操作系统实现进程同步的机制称为同步机制，它通常由同步原语组成。不同的同步机制采用不同的同步方法，迄今己设计出许多同步机制，最常用的同步机制：信号量及 PV，管程。

**2．记录型信号量与 PV 操作**

1965 年荷兰的计算机科学家 E.W.Dijkstra 提出了新的同步工具——信号量和 P、V 操作。他将交通管制中多种颜色的信号灯管理交通的方法引入操作系统，让两个或多个进程通过信号量（semaphore）展开交互。信号量仅能由同步原语对其进行操作，原语是操作系统中执行时不可中断的过程，即原子操作（Atomic Action）。Dijkstra 发明了两个同步原语：P 操作和 V 操作（荷兰语中"测试（Proberen）"和"增量（verhogen）"的头字母。利用信号量和 P、V 操作既可以解决并发进程的竞争问题，又可以解决并发进程的协作问题。

使用 PV 操作实现同步时，对共享资源的管理分散在各个进程之中，进程能直接对共享变量进行处理，因此，难以防止有意或无意的违法同步操作，而且容易造成程序设计错误。如果能把有关共享变量的操作集中在一起，就可使并发进程之间的相互作用更为清晰，更容易编写出正确的并发程序。

**3．管程**

在 1974 年和 1975 年，霍尔（Hoare）和汉森（Brinch Hansen）提出了一个新的同步机

制——管程。把系统中的资源用数据结构抽象地表示出来,因此,对资源的管理就可用数据及在其上实施操作的若干过程来表示;对资源的申请和释放通过过程在数据结构上的操作来实现。而代表共享资源的数据及在其上操作的一组过程就构成了管程,管程被请求和释放资源的进程所调用。

管程是一种程序设计语言结构成分,便于用高级语言来书写,它和信号量有同等的表达能力。管程是由若干公共变量及其说明和所有访问这些变量的过程所组成的;进程可以互斥地调用这些过程;管程把分散在各个进程中互斥地访问公共变量的那些临界区集中了起来。管程可以作为语言的一个成分,采用管程作为同步机制便于用高级语言来书写程序,也便于程序正确性验证。

### 2.2.5 死锁

**1. 死锁的概念**

计算机系统中有许多独占资源,它们在任一时刻都只能被一个进程使用,如磁带机、键盘、绘图仪等独占型外围设备,或进程表、临界区等软件资源。两个进程同时向一台打印机输出将导致一片混乱,两个进程同时进入临界区将导致数据错误乃至程序崩溃。正因为这些原因,所有操作系统都具有授权一个进程独立访问某一资源的能力。一个进程需要使用独占资源必须通过以下的次序。

(1)申请资源。

(2)使用资源。

(3)归还资源。

若申请时资源不可用,则申请进程等待。对于不同的独占资源,进程等待的方式是有差异的,如申请打印机资源、临界区资源时,申请失败将意味着阻塞申请进程;而申请打开文件资源时,申请失败将返回一个错误码,由申请进程等待一段时间之后重试。值得指出的是,不同的操作系统对于同一种资源采取的等待方式也是有差异的。

在许多应用中,一个进程需要独占访问不止一种资源。而操作系统允许多个进程并发执行共享系统资源时,此时可能会出现进程永远被阻塞的现象。例如,两个进程分别等待对方占有的一个资源,于是两者都不能执行而处于永远等待,这种现象称为"死锁"。

下面举一死锁的例子来加深对其理解:竞争资源产生死锁。

设系统有打印机、读卡机各一台,它们被进程 P 和 Q 共享。两个进程并发执行,它们按下列次序请求和释放资源。

| 进程 P | 进程 Q |
| --- | --- |
| 请求读卡机 | 请求打印机 |
| 请求打印机 | 请求读卡机 |
| 释放读卡机 | 请求读卡机 |
| 释放打印机 | 释放打印机 |

它们执行时，相对速度无法预知，当出现进程 P 占用了读卡机，进程 Q 占用了打印机后，进程 P 又请求打印机，但因打印机被进程 Q 占用，故进程 P 处于等待资源状态；这时，进程 Q 执行，它又请求读卡机，但因读卡机被进程 P 占用而也只好处于等待资源状态。它们分别等待对方占用的资源，致使无法结束这种等待，产生了死锁。

**2．死锁产生的条件**

系统产生死锁必定同时保持四个必要条件：

（1）互斥条件（Mutual Exclusion） 进程应互斥使用资源，任一时刻一个资源仅为一个进程独占，若另一个进程请求一个已被占用的资源时，它被置成等待状态，直到占用者释放资源。

（2）占有和等待条件（Hold and Wait） 一个进程请求资源得不到满足而等待时，不释放已占有的资源。

（3）不剥夺条件（No Preemption） 任一进程不能从另一进程那里抢夺资源，即已被占用的资源，只能由占用进程自己来释放。

（4）循环等待条件（Circular Wait） 存在一个循环等待链，其中，每一个进程分别等待它前一个进程所持有的资源，造成永远等待。

只要能破坏这四个必要条件之一，死锁就可防止。

## 2.3 存储管理

存储管理是操作系统的重要组成部分，它负责管理计算机系统的重要资源——主存储器。由于任何程序、数据必须占用主存空间后才能执行，因此存储管理直接影响系统的性能。主存储空间一般分为两部分：一部分是系统区，存放操作系统以及一些标准子程序，例行程序等；另一部分是用户区，存放用户的程序和数据等。存储管理主要是对主存储器中的用户区域进行管理，当然也包括对辅存储器的管理。目的是要尽可能地方便用户使用和提高主存储器的效率。具体地说，存储管理有下面几个方面的功能。

（1）主存储空间的分配和回收。
（2）地址转换和存储保护。
（3）主存储空间的共享。
（4）主存储空间的扩充。

### 2.3.1 存储器的层次

目前，计算机系统均采用分层结构的存储子系统，以便在容量大小、速度快慢、价格高低诸因素中取得平衡点，获得较好的性能价格比。计算机系统的存储器可以分为寄存器、高速缓存、主存储器、磁盘缓存、固定磁盘、可移动存储介质等 7 个层次结构。如图 2-5 所示，越往上，存储介质的访问速度越快，价格也越高。其中，寄存器、高速缓存、主存储器和磁盘缓存均属于操作系统存储管理的管辖范畴，掉电后它们存储的信息不再存在。固定磁盘和可移动存储介质属于设备管理的管辖范畴，它们存储的信息将被长期保存。而磁盘缓存本身并不是一种实际存在的存储介质，它依托于固定磁盘，提供对主存储器存储空间的扩充。

图 2-5　计算机系统存储器的层次

可执行的程序必须被保存在计算机的主存储器中，与外围设备交换的信息一般也依托于主存储器地址空间。由于处理器在执行指令时主存访问时间远大于其处理时间，寄存器和高速缓存被引入以加快指令的执行。

寄存器是访问速度最快但最昂贵的存储器，它的容量小，一般以字（word）为单位。一个计算机系统可能包括几十个甚至上百个寄存器，用于加速存储访问速度，如寄存器存放操作数，或用地址寄存器加快地址转换速度。

高速缓存的容量稍大，其访问速度快于主存储器，利用它存放主存中一些经常访问的信息可以大幅度提高程序执行速度。

由于程序在执行和处理数据时存在顺序性、局部性、循环性和排他性，因此在程序执行时有时并不需要把程序和数据全部调入内存，而只需先调入一部分，待需要时逐步调入。这样，计算机系统为了容纳更多的算题数，或是为了处理更大批量的数据，就可以在磁盘上建立磁盘缓存以扩充主存储器的存储空间。算题的程序和处理的数据可以装入磁盘缓存，操作系统自动实现主存储器和磁盘缓存之间数据的调进调出，从而向用户提供了比实际主存存储容量大得多的存储空间。

## 2.3.2　地址转换与存储保护

用户编写应用程序时，是从 0 地址开始编排用户地址空间的，把用户编程时使用的地址称为逻辑地址（相对地址）。而当程序运行时，它将被装入主存储器地址空间的某些部分，此时程序和数据的实际地址一般不可能同原来的逻辑地址一致，把程序在内存中的实际地址称为物理地址（绝对地址）。相应地构成了用户编程使用的逻辑地址空间和用户程序实际运行的物理地址空间。

为了保证程序的正确运行，必须把程序和数据的逻辑地址转换为物理地址，这一工作称为地址转换或重定位。地址转换有两种方式,一种方式是在作业装入时由作业装入程序实现地址转换,称为静态重定位;另一种方式是在程序执行时实现地址转换,称为动态重定位。动态重定位必须借助于硬件的地址转换部件实现。

### 2.3.3 分区存储管理

分区存储管理的基本思想是给进入主存的用户进程划分一块连续存储区域,把进程装入该连续存储区域,使各进程能并发执行,这是能满足多道程序设计需要的最简单的存储管理技术。

**1. 固定分区管理**

固定分区(fixed partition)存储管理如图 2-6 所示,是预先把可分配的主存储器空间分割成若干个连续区域,每个区域的大小可以相同,也可以不同。

为了说明各分区的分配和使用情况,存储管理需设置一张"主存分配表",该表如图 2-7 所示。

| 操作系统区(8KB) |
| 用户分区 1(8KB) |
| 用户分区 2(16KB) |
| 用户分区 3(16KB) |
| 用户分区 4(16KB) |
| 用户分区 5(32KB) |
| 用户分区 6(32KB) |

图 2-6 固定分区存储管理示意图

| 分区号 | 起始地址 | 长度 | 占用标志 |
| --- | --- | --- | --- |
| 1 | 8KB | 8KB | 0 |
| 2 | 16KB | 16KB | Job1 |
| 3 | 32KB | 16KB | 0 |
| 4 | 48KB | 64KB | 0 |
| 5 | 64KB | 32KB | Job2 |
| 6 | 96KB | 32KB | 0 |

图 2-7 固定分区存储管理的主存分配表

主存分配表指出各分区的起始地址和长度,表中的占用标志位用来指示该分区是否被占用了,当占用的标志位为"0"时,表示该分区尚未被占用。进行主存分配时总是选择那些标志为"0"的分区,当某一分区分配给一个作业后,则在占用标志栏填上占用该分区的作业名,如图 2-8 所示,第 2、5 分区分别被作业 Job1 和 Job2 占用,而其余分区为空闲。

**2. 可变分区管理**

可变分区(Variable Partition)存储管理是按作业的大小来划分分区。系统在作业装入主存执行之前并不建立分区,当要装入一个作业时,根据作业需要的主存量查看主存中是否有足够的空间,若有,则按需要量分割一个分区分配给该作业;若无,则令该作业等待主存空间。由于分区的大小是按作业的实际需要量来定的,且分区的个数也是随机的,所以可以克服固定分区方式中的主存空间的浪费,有利于多道程序设计,实现了多个作业对内存的共享,进一步提高了内存资源利用率。

随着作业的装入、撤离,主存空间被分成许多个分区,有的分区被作业占用,而有的分区是空闲的。当一个新的作业要求装入时,必须找一个足够大的空闲区,把作业装入该区，如果找到的空闲区大于作业需要量，则作业装入后又把原来的空闲区分成两部分，一部分被作业占用了；另一部分又分成为一个较小的空闲区。当一个作业运行结束撤离时，它归还的区域如果与其他空闲区相邻，则可合成一个较大的空闲区，以利于大作业的装入。采用可变分区方式的主存分配示例如图 2-8 所示。

图 2-8　可变分区存储管理的主存分配示例

常用的可变分区管理的分配算法有：

（1）最先适用分配算法：对可变分区方式可采用最先适用分配算法，每次分配时，总是顺序查找未分配表或链表，找到第一个能满足长度要求的空闲区为止。分割这个找到的未分配区，一部分分配给作业，另一部分仍为空闲区。这种分配算法可能将大的空间分割成小区，造成较多的主存"碎片"。作为改进，可把空闲区按地址从小到大排列在未分配表或链表中，于是为作业分配主存空间时，尽量利用了低地址部分的区域，而可使高地址部分保持一个大的空闲区，有利于大作业的装入。

（2）最优适应分配算法：可变分区方式的另一种分配算法是最优适应分配算法，它是从空闲区中挑选一个能满足作业要求的最小分区，这样可保证不去分割一个更大的区域，使装入大作业时比较容易得到满足。采用这种分配算法时可把空闲区按长度以递增顺利排列，查找时总是从最小的一个区开始，直到找到一个满足要求的分区为止。按这种方法，在回收一个分区时也必须对分配表或链表重新排列。

（3）最坏适应分配算法：最坏适应分配算法是挑选一个最大的空闲区分割给作业使用，这样可使剩下的空闲区不至于太小，这种算法对中、小作业是有利的。

### 2.3.4　分页式存储管理

**1. 分页式存储管理的基本原理**

用分区方式管理的存储器，每道程序总是要求占用主存的一个或几个连续存储区域，作业或进程的大小仍受到分区大小或内存可用空间的限制，因此，有时为了接纳一个新的作业而往往要移动已在主存的信息。这不仅不方便，而且开销不小。采用分页存储器既可免去移动信息的工作，又可尽量减少主存的碎片。分页式存储管理的基本原理如下：

（1）页框：物理地址分成大小相等的许多区，每个区称为一块（又称页框 Page Frame）。

（2）页面：逻辑地址分成大小相等的区，区的大小与块的大小相等，每个区称一个页面（page）。

（3）逻辑地址形式：与此对应，分页存储器的逻辑地址由两部分组成（页号和单元号）。逻辑地址格式如下：

| 页 号 | 单 元 号 |
|---|---|

采用分页式存储管理时，逻辑地址是连续的。所以，用户在编制程序时仍只需使用顺序的地址，而不必考虑如何去分页。由地址结构和操作系统管理的需要来决定页面的大小，从而，也就确定了主存分块的大小。用户进程在内存空间中每个页框内的地址是连续的，但页框和页框之间的地址可以不连续。存储地址由连续到离散的变化，为以后实现程序的"部分装入、部分对换"奠定了基础。

（4）页表和地址转换：在进行存储分配时，总是以块（页框）为单位进行分配，一个作业的信息有多少页，那么在把它装入主存时就给它分配多少块。但是，分配给作业的主存块可以是不连续的，即作业的信息可按页分散存放在主存的空闲块中，这就避免了为得到连续存储空间而进行的移动。那么，当作业的程序和数据被分散存放后，作业的页面与分给的页框如何建立联系呢？页式虚拟地址如何变换成页框物理地址呢？作业的物理地址空间由连续变成分散后，如何保证程序正确执行呢？采用的办法是动态重定位技术，让程序的指令执行时作地址变换，由于程序段以页为单位，所以，给每个页设立一个重定位寄存器，这些重定位寄存器的集合便称为页表（Page Table）。页表是操作系统为每个用户作业建立的，用来记录程序页面和主存对应页框的对照表，页表中的每一栏指明了程序中的一个页面和分得的页框的对应关系。通常为了减少开销，不是用硬件，而是在主存中开辟存储区存放页表，系统中另设一个页表主存起址和长度控制寄存器（Page Table Control Register），存放当前运行作业的页表起址和页表长，以加快地址转换速度。每当选中作业运行时，应进行存储分配，为进入主存的每个用户作业建立一张页表，指出逻辑地址中页号与主存中块号的对应关系，页表的长度随作业的大小而定。同时页式存储管理系统还建立一张作业表，将这些作业的页表进行登记，每个作业在作业表中有一个登记项。作业表和页表的一般格式如图2-9所示。然后，借助于硬件的地址转换部件，在作业执行过程中按页动态定位。调度程序在选择作业后，从作业表的登记项中得到被选中作业的页表始址和长度，将其送入硬件设置的页表控制寄存器。地址转换时，就可以从页表控制寄存器中找到相应的页表，再以逻辑地址中的页号为索引查页表，得到对应的块号，根据关系式：

绝对地址 = 块号 × 块长 + 单元号

| 页表 | 页号 | 块号 | | 作业表 | 作业名 | 页表始址 | 页表长度 |
|---|---|---|---|---|---|---|---|
| | 第0页 | 块号1 | | | A | XXX | XX |
| | 第1页 | 块号2 | | | B | XXX | XX |
| | ... | ... | | | ... | ... | ... |

图2-9　页表和作业表的一般格式

计算出欲访问的主存单元的地址。因此，虽然作业存放在若干个不连续的块中，但在作业执行中总是能按正确的地址进行存取。

### 2．相联存储器和快表

页表可以存放在一组寄存器中，地址转换时只要从相应寄存器中取值就可得到块号，这虽然方便了地址转换，但硬件花费代价太高，如果把页表放在主存中就可降低计算机的成本。但是，当要按给定的逻辑地址进行读/写时，必须访问两次主存。第一次按页号读出页表中相应栏内容的块号，第二次根据计算出来的绝对地址进行读/写，降低了运算速度。

为了提高运算速度，通常都设置一个专用的高速存储器，用来存放页表的一部分，这种高速存储器称为相联存储器（Associative Memory），存放在相联存储器中的页表称为快表。相联存储器的存取时间是远小于主存的，但造价高，故一般都是小容量的，例如 Intel 80486 的快表为 32 个单元。

根据程序执行局部性的特点，即它在一定时间内总是经常访问某些页，若把这些页登记在快表中，无疑将大大加快指令的执行速度。快表的格式如下：

| 页 号 | 块 号 |
|---|---|
| … | … |
| 页 号 | 块 号 |

它指出已在快表中的页及其对应主存的块号。有了快表后，绝对地址形成的过程是，按逻辑地址中的页号查快表，若该页已登记在快表中，则由块号和单元号形成绝对地址；若快表中查不到对应页号，则再查主存中的页表而形成绝对地址，同时将该页登记到快表中。当快表填满后，又要在快表中登记新页时，则需在快表中按一定策略淘汰一个旧的登记项，最简单的策略是"先进先出"，总是淘汰最先登记的那一页。

采用相联存储器的方法后，地址转换时间大大下降。假定访问主存的时间为 $100 \times 10^{-9}$ s，访问相联存储器的时间为 $20 \times 10^{-9}$ s，相联存储器为 32 个单元时查快表的命中率可达 90%，于是按逻辑地址进行存取的平均时间为：

$$(100 + 20) \times 90\% + (100 + 100 + 20) \times (1-90\%) = 130 \times 10^{-9} \text{s}$$

比两次访问主存的时间 $100 \times 10^{-9} \times 2 + 20 \times 10^{-9} = 220 \times 10^{-9}$ s 下降了四成多。

同样，整个系统也只有一个相联存储器，只有占用 CPU 者才占有相联存储器。在多道程序中，当某道程序让出处理器时，应同时让出相联存储器。由于快表是动态变化的，所以让出相联存储器时应把快表保护好以便再执行时使用。当一道程序占用处理器时，除置页表控制寄存器外还应将它的快表送入相联存储器。

### 2.3.5 分段式存储管理的基本原理

分段式存储管理是以段为单位进行存储分配，为此提供如下形式的两维逻辑地址：

段号：段内地址

在分页式存储管理中，页的划分——即逻辑地址划分为页号和单元号是用户不可见的，连续的用户地址空间将根据页框架（块）的大小自动分页；而在分段式存储管理中，地址结构是用户可见的，即用户知道逻辑地址如何划分为段号和单元号，用户在程序设计时，每个段的最大长度受到地址结构的限制，进一步，每一个程序中允许的最多段数也可能受到限制。例如，PDP-11/45 的段址结构为：段号占 3 位，单元号占 13 位，也就是一个作业最多可分 8 段，每段的长度可达 8KB。

分段式存储管理的实现可以基于可变分区存储管理的原理，为作业的每一段分配一个连续的主存空间，而各段之间可以不连续。在进行存储分配时，应为进入主存的每个用户作业建立一张段表，各段在主存的情况可用一张段表来记录，它指出主存储器中每个分段的起始地址和长度。同时段式存储管理系统包括一张作业表，将这些作业的段表进行登记，每个作业在作业表中有一个登记项。作业表和段表的一般格式如图 2-10 所示。

| 段表 | 段号 | 始址 | 长度 | | 作业表 | 作业名 | 段表始址 | 段表长度 |
|---|---|---|---|---|---|---|---|---|
| | 第 0 段 | XXX | XXX | | | A | XXX | XX |
| | 第 1 段 | XXX | XXX | | | B | XXX | XX |
| | ... | ... | ... | | | ... | ... | ... |

图 2-10 段表和作业表的一般格式

段表表目实际上起到了基址/限长寄存器的作用。作业执行时通过段表可将逻辑地址转换成绝对地址。由于每个作业都有自己的段表，地址转换应按各自的段表进行。类似于分页存储器那样，分段存储器也设置一个段表控制寄存器，用来存放当前占用处理器的作业的段表始址和长度。段式存储管理的地址转换和存储保护流程如图 2-11 所示。

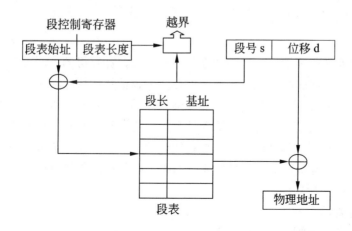

图 2-11 分段式存储管理的地址转换和存储保护

### 2.3.6 虚拟存储管理基本概念

在前面介绍的各种存储管理方式中，必须为作业分配足够的存储空间，以装入有关作业的全部信息，当然作业的大小不能超出主存的可用空间，否则这个作业是无法运行的。但当把有关作业的全部信息都装入主存储器后，作业执行时实际上不是同时使用全部信息的，有些部分运行一遍便再也不用，甚至有些部分在作业执行的整个过程中都不会被使用到（如错误处理部分）。进程在运行时不用的，或暂时不用的，或某种条件下才用的程序和数据，全部驻留于内存中是对宝贵的主存资源的一种浪费，大大降低了主存利用率。于是，提出了这样的问题：作业提交时，先全部进入辅助存储器，作业投入运行时，能否不把作业的全部信息同时装入主存储器，而是将其中当前使用部分先装入主存储器，其余暂时不用的部分先存放在作为主存扩充的辅助存储器中，待用到这些信息时，再由系统自动把它们装入到主存储器中，这就是虚拟存储器的基本思路。如果"部分装入、部分对换"这个问题能解决的话，那么当主存空间小于作业需要量时，这个作业也能执行；更进一步，多个作业存储总量超出主存总容量时，也可以把它们全部装入主存，实现多道程序运行。这样，不仅使主存空间能充分地被利用，而且用户编制程序时可以不必考虑主存储器的实际容量，允许用户的逻辑地址空间大于主存储器的绝对地址空间。对于用户来说，好像计算机系统具有一个容量很大的主存储器，把它称做为"虚拟存储器"（Virtual Memory）。

对虚拟存储器的定义如下：具有部分装入和部分对换功能，能从逻辑上对内存容量进行大幅度扩充，使用方便的一种存储器系统。实际上是为扩大主存而采用的一种设计技巧。虚拟存储器的容量与主存大小无关。虚拟存储器的实现对用户来说是感觉不到的，他们总以为有足够的主存空间可容纳他的作业。

## 2.4 设备管理

现代计算机系统中配置了大量外围设备。一般说，计算机的外围设备分为两大类：一类是存储型设备，如磁带机、磁盘机等。以存储大量信息和快速检索为目标，它在系统中作为主存储器的扩充，所以，又称为辅助存储器；另一类是输入输出型设备，如显示器、卡片机、打印机等。它们把外界信息输入计算机，把运算结果从计算机输出。

为了方便用户使用各种外围设备，设备管理要达到提供统一界面、方便使用、发挥系统并行性、提高 I/O 设备使用效率等目标。为此，设备管理通常应具有以下功能：

(1) 外围设备中断处理。
(2) 缓冲区管理。
(3) 外围设备的分配。
(4) 外围设备驱动调度。

## 2.4.1 I/O 硬件原理

作为操作系统的设计者，立足点主要是针对如何利用 I/O 硬件的功能为程序设计提供一个方便用户的实用接口，而并非研究 I/O 硬件的设计、制造和维护。

**1．输入/输出系统**

通常把 I/O 设备及其接口线路、控制部件、通道和管理软件称为 I/O 系统，把计算机的主存和外围设备的介质之间的信息传送操作称为输入输出操作。按照输入输出特性，I/O 设备可以划分为输入型外围设备、输出型外围设备和存储型外围设备三类。

**2．输入/输出控制方式**

输入输出控制在计算机处理中具有重要的地位，为了有效地实现物理 I/O 操作，必须通过硬、软件技术，对 CPU 和 I/O 设备的职能进行合理分工，以调解系统性能和硬件成本之间的矛盾。按照 I/O 控制器功能的强弱以及和 CPU 之间联系方式的不同，可把 I/O 设备的控制方式分为四类：询问方式、中断方式、DMA 方式、通道方式。

**3．询问方式**

询问方式又称为程序直接控制方式，在这种方式下，输入输出指令或询问指令测试一台设备的忙闲标志位，决定主存储器和外围设备是否交换一个字符或一个字。询问方式的主要缺点在于一旦 CPU 启动 I/O 设备，便不断查询 I/O 的准备情况，终止了原程序的执行。CPU 在反复查询过程中，浪费了宝贵的 CPU 时间；另一方面，I/O 准备就绪后，CPU 参与数据的传送工作，此时 CPU 也不能执行原程序，可见 CPU 和 I/O 设备串行工作，使主机不能充分发挥效率，外围设备也不能得到合理使用，整个系统的效率很低。

**4．中断方式**

中断机构引入后，外围设备有了反映其状态的能力，仅当操作正常或异常结束时才中断中央处理机。实现了一定程度的并行操作，这叫程序中断方式。

**5．DMA 方式**

虽然程序中断方式消除了程序查询方式的忙式测试，提高了 CPU 资源的利用率，但是在响应中断请求后，必须停止现行程序转入中断处理程序并参与数据传输操作。如果 I/O 设备能直接与主存交换数据而不占用 CPU，那么，CPU 资源的利用率还可提高，这就出现了直接存储器存取（Direct Memory Access，DMA）方式。

在 DMA 方式中，主存和 I/O 设备之间有一条数据通路，在主存和 I/O 设备之间成块传送数据过程中，不需要 CPU 干预，实际操作由 DMA 直接执行完成。

目前，在小型、微型机中的快速设备均采用这种方式，DMA 方式线路简单，价格低廉，但功能较差，不能满足复杂的 I/O 要求。因而，在中大型机中使用通道技术。

**6．通道方式**

通道方式是 DMA 方式的发展，它又进一步减少了 CPU 对 I/O 操作的干预，是对多个数据块，而不是仅仅一个数据块，及有关管理和控制的干预。同时，为了获得中央处理器和外围设备之间更高的并行工作能力,也为了让种类繁多,物理特性各异的外围设备能以标准的接口连接到系统中,计算机系统引入了自成独立体系的通道结构。通道的出现是现代计算机系统功能不断完善,性能不断提高的结果,是计算机技术的一个重要进步。

通道又称输入输出处理器。它能完成主存储器和外围设备之间的信息传送,与中央处理器并行地执行操作。采用通道技术主要解决了输入输出操作的独立性和各部件工作的并行性。由通道管理和控制输入输出操作,大大减少了外围设备和中央处理器的逻辑联系。从而,把中央处理器从琐碎的输入输出操作中解放出来。

### 2.4.2 I/O 软件原理

I/O 软件的总体设计目标是:高效率和通用性。高效率是不言而喻的,在改善 I/O 设备的效率中,最应关注的是磁盘 I/O 的效率。通用性意味着用统一标准的方法来管理所有设备,为了达到这一目标,通常,把软件组织成一种层次结构,低层软件用来屏蔽硬件的具体细节,高层软件则主要向用户提供一个简洁、规范的界面。

为了合理、高效地解决以上问题,操作系统通常把 I/O 软件组织成以下四个层次。
(1) I/O 中断处理程序(底层)。
(2) 设备驱动程序。
(3) 与设备无关的操作系统 I/O 软件。
(4) 用户层 I/O 软件。

**1. 输入/输出中断处理程序**

中断是应该尽量加以屏蔽的概念,应该放在操作系统的底层进行处理,以便其余部分尽可能少地与之发生联系。

当一个进程请求 I/O 操作时,该进程将被挂起,直到 I/O 操作结束并发生中断。当中断发生时,中断处理程序执行相应的处理,并解除相应进程的阻塞状态。

输入输出中断的类型和功能如下:
(1) 通知用户程序输入输出操作沿链推进的程度。此类中断有程序进程中断。
(2) 通知用户程序输入输出操作正常结束。当输入输出控制器或设备发现通道结束、控制结束、设备结束等信号时,就向通道发出一个报告输入输出操作正常结束的中断。
(3) 通知用户程序发现的输入输出操作异常,包括设备出错、接口出错、I/O 程序出错、设备特殊、设备忙等,以及提前中止操作的原因。
(4) 通知程序外围设备上重要的异步信号。此类中断有注意、设备报到、设备结束等。当输入输出中断被响应后,中断装置交换程序状态字引出输入输出中断处理程序。

**2. 设备驱动程序**

设备驱动程序中包括了所有与设备相关的代码。每个设备驱动程序只处理一种设备,或者一类紧密相关的设备。

笼统地说,设备驱动程序的功能是从与设备无关的软件中接收抽象的请求并执行。一条典型的请求是读第 n 块。如果请求到来时驱动程序空闲，则它立即执行该请求。但如果它正在处理另一条请求，则它将该请求挂在一个等待队列中。

执行一条 I/O 请求的第一步，是将它转换为更具体的形式。例如对磁盘驱动程序，它包含：计算出所请求块的物理地址、检查驱动器电机是否在运转、检测磁头臂是否定位在正确的柱面等。简而言之，它必须确定需要哪些控制器命令以及命令的执行次序。

一旦决定应向控制器发送什么命令，驱动程序将向控制器的设备寄存器中写入这些命令。某些控制器一次只能处理一条命令，另一些则可以接收一串命令并自动进行处理。

**3．与硬件无关的操作系统 I/O 软件**

尽管某些 I/O 软件是设备相关的，但大部分独立于设备。设备无关软件和设备驱动程序之间的精确界限在各个系统都不尽相同。对于一些以设备无关方式完成的功能，在实际中由于考虑到执行效率等因素，也可以考虑由驱动程序完成。

下面罗列了一般由设备无关软件完成的功能：

（1）对设备驱动程序的统一接口。
（2）设备命名。
（3）设备保护。
（4）提供独立于设备的块大小。
（5）缓冲区管理。
（6）块设备的存储分配。
（7）独占性外围设备的分配和释放。
（8）错误报告。

设备无关软件的基本功能就是执行适用于所有设备的常用 I/O 功能，并向用户层软件提供一个一致的接口。

**4．用户空间的 I/O 软件**

尽管大部分 I/O 软件属于操作系统，但是有一小部分是与用户程序链接在一起的库例程，甚至是在核心外运行的完整的程序。系统调用，包括 I/O 系统调用通常先是库例程调用。如下 C 语言程序语句：

count = write(fd，buffer，nbytes);

中，所调用的库函数 write 将与程序链接在一起，并包含在运行时的二进制程序代码中。这一类库例程显然也是 I/O 系统的一部分。

此类库例程的主要工作是提供参数给相应的系统调用并调用之。但也有一些库例程，它们确实做非常实际的工作，例如格式化输入输出就是用库例程实现的。C 语言中的一个例子是 printf 函数，它的输入为一个格式字符串，其中可能带有一些变量，它随后调用 write，输出格式化后的一个 ASCII 码串。与此类似的 scanf，它采用与 printf 相同的语法规则来读取输入。标准 I/O 库包含相当多的涉及 I/O 的库例程，它们作为用户程序的一部分运行。

### 2.4.3 Spooling 系统

外围设备联机操作（Simultaneous Peripheral Operations On Line，Spooling），简称为 Spooling 系统或假脱机系统。所谓 Spooling 技术实际上是用一类物理设备模拟另一类物理设备的技术，是使独占使用的设备变成多台虚拟设备的一种技术，也是一种速度匹配技术。

如图 2-12 所示为 Spooling 系统的组成和结构。为了实现联机同时外围操作功能，必须具有能将信息从输入设备输入到辅助存储器缓冲区域的"预输入程序"；能将信息从辅助存储器输出缓冲区域输出到输出设备的"缓输出程序"以及控制作业和辅助存储器缓冲区域之间交换信息的"井管理程序"。

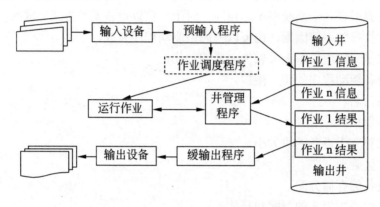

图 2-12  Spooling 系统的组成和结构

为了存放从输入设备输入的信息以及作业执行的结果，系统在辅助存储器上开辟了输入井和输出井。"井"是用作缓冲的存储区域，采用井的技术能调节供求之间的矛盾，消除人工干预带来的损失。

预输入程序的主要任务是控制信息从输入设备输入到输入井存放，并填写好输入表以便在作业执行中要求输入信息量，可以随时找到它们的存放位置。

系统拥有一张作业表用来登记进入系统的所有作业的作业名、状态、预输入表位置等信息。每个用户作业拥有一张预输入表用来登记该作业的各个文件的情况，包括设备类、信息长度及存放位置等。

输入井中的作业有 4 种状态：
（1）输入状态：作业的信息正从输入设备上预输入。
（2）收容状态：作业预输入结束但未被选中执行。
（3）执行状态：作业已被选中，它可从输入井读取信息可向输出井写信息。
（4）完成状态：作业已经撤离，该作业的执行结果等待缓输出。

作业表指示了哪些作业正在预输入，哪些作业已经预输入完成，哪些作业正在执行等。作业调度程序根据预定的调度算法选择收容状态的作业执行，作业表是作业调度程序进行作业调度的依据，是 Spooling 系统和作业调度程序共享的数据结构。

### 2.4.4 磁盘调度

磁盘是可供多个进程共享的设备。当多个进程都请求访问磁盘时，为了保证信息的安全，系统每一时刻只允许一个进程启动磁盘进行 I/O 操作，其余的进程只能等待。因此，操作系统应采用一种适当的调度算法，使各进程对磁盘的平均访问（主要是寻道）时间最小。磁盘调度分为移臂调度和旋转调度两类，首先是进行移臂调度，然后再进行旋转调度。由于访问磁盘最耗时的是寻道时间，因此磁盘调度的目标应使磁盘的平均寻道时间最少。

**1. 移臂调度**

移臂调度有若干策略，"电梯调度"算法是简单而实用的一种算法。按照这种策略每次总是选择沿臂的移动方向最近的那个柱面；如果沿这个方向没有访问的请求时，就改变臂的移动方向，使用移动频率极小化。每当要求访问磁盘时，操作系统查看磁盘机是否空闲。如果空闲就立即移臂，然后将当前移动方向和本次停留的位置都登记下来。如果不空，就让请求者等待并把它要求访问的位置登记下来，按照既定的调度算法对全体等待者进行寻查定序，下次按照优化的次序执行。如果有多个盘驱动器的请求同时到达时，系统还必须有优先启动哪一个盘组的 I/O 请求决策。

**2. 旋转调度算法**

当移臂定位后，有多个进程等待访问该柱面时，应如何决定这些进程的访问顺序？这就是旋转调度所要考虑的问题，显然系统应该选择延迟时间最短的进程对磁盘的扇区进行访问。当有若干等待进程请求访问磁盘上的信息时，旋转调度应考虑如下情况：

（1）进程请求访问的是同一磁道上的不同编号的扇区。

（2）进程请求访问的是不同磁道上的不同编号的扇区。

（3）进程请求访问的是不同磁道上具有相同编号的扇区。

对于（1）和（2）的情况，旋转调度总是让首先到达读写磁头位置下的扇区先进行传送操作；对于（3）的情况，旋转调度可以任选一个读写磁头位置下的扇区进行传送操作。

## 2.5 文件管理

文件系统是操作系统中负责存取和管理信息的模块，它用统一的方式管理用户和系统信息的存储、检索、更新、共享和保护，并为用户提供一整套方便有效的文件使用和操作方法。对于用户来说，可按自己的愿望并遵循文件系统的规则来定义文件信息的逻辑结构，由文件系统提供"按名存取"来实现对用户文件信息的存储和检索。可见，使用者在处理他的信息时，只需关心所执行的文件操作及文件的逻辑结构，而不必涉及存储结构。

### 2.5.1 文件与文件系统

**1．文件的基本概念**

文件是由文件名字标识的一组相关信息的集合。文件名是字母或数字组成的字母数字串，它的格式和长度因系统而异。

组成文件的信息可以是各式各样的：一个源程序、一批数据、各类语言的编译程序都可以各自组成一个文件。文件可以按各种方法进行分类，如按用途可分成：系统文件、库文件和用户文件；按保护级别可分成：只读文件、读写文件和不保护文件；按信息流向可分成：输入文件、输出文件和输入输出文件等。

**2．文件的命名**

文件是一个抽象机制，它提供了一种把文件保存在磁盘上而且便于以后读取的方法，用户不必了解信息存储的方法、位置以及存储设备实际运作方式等细节。在这一抽象机制中最重要的是文件命名，当一个进程创建一个文件时必须给出文件名字，以后这个文件将独立于进程存在直到它被显式地删除；当其他进程要使用这一文件时必须显式地指出该文件名字；操作系统也将根据该文件名字对文件进行保护。

**3．文件类型**

在现代操作系统中，对于文件乃至设备的访问都是基于文件进行的，例如，打印一批数据就是向打印机设备文件写数据，从键盘接收一批数据就是从键盘设备文件读数据。操作系统一般支持以下几种不同类型的文件：

（1）普通文件：即前面所讨论的存储在外存储设备上的数据文件。

（2）目录文件：管理和实现文件系统的系统文件。

（3）块设备文件：用于磁盘、光盘或磁带等块设备的 I/O。

（4）字符设备文件：用于终端、打印机等字符设备的 I/O。

一般来说，普通文件包括 ASCII 文件或者二进制文件，ASCII 文件由多行正文组成，在 DOS、Windows 等系统中每一行以回车换行结束，整个文件以 CTRL+Z 结束；在 Unix 等系统中每一行以换行结束，整个文件以 CTRL+D 结束。ASCII 文件的最大优点是可以原样显示和打印，也可以用通常的文本编辑器进行编辑。另一种正规文件是二进制文件，它往往有一定的内部结构，组织成字节的流，如可执行文件是指令和数据的流，记录式文件是逻辑记录的流。

**4．文件系统**

对文件系统本身来说，必须采用特定的数据结构和有效算法，实现文件的逻辑结构到存储结构的映射，实现对文件存储空间和用户信息的管理，提供多种存取方法。

所以，文件系统面向用户的功能是：

（1）文件的按名存取。

（2）文件目录建立和维护。

（3）实现从逻辑文件到物理文件的转换。
（4）文件存储空间的分配和管理。
（5）提供合适的文件存取方法。
（6）实现文件的共享、保护和保密。
（7）提供一组可供用户使用的文件操作。

为了实现这些功能，操作系统必须考虑文件目录的建立和维护、存储空间的分配和回收、数据的保密和监护、监督用户存取和修改文件的权限、在不同存储介质上信息的表示方式、信息的编址方法、信息的存储次序、以及怎样检索用户信息等问题。

**5．文件的存取**

从用户使用观点来看，关心的是数据的逻辑结构，即记录及其逻辑关系，数据独立于物理环境；从系统实现观点来看，数据则被文件系统按照某种规则排列和存放到物理存储介质上。那么，输入的数据如何存储？处理的数据如何检索？数据的逻辑结构和数据物理结构之间怎样接口？谁来完成数据的成组和分解操作？这些都是存取方法的任务。存取方法是操作系统为用户程序提供的使用文件的技术和手段。

（1）顺序存取。

按记录顺序进行读/写操作的存取方法称为顺序存取。固定长记录的顺序存取是十分简单的。读操作总是读出下一次要读出的文件的下一个记录，同时，自动让文件记录读指针推进，以指向下一次要读出的记录位置。如果文件是可读可写的。再设置一个文件记录指针，它总指向下一次要写入记录的存放位置，执行写操作时，将一个记录写到文件未端。允许对这种文件进行前跳或后退 N（整数）个记录的操作。顺序存取主要用于磁带文件，但也适用于磁盘上的顺序文件。

（2）直接存取。

很多应用场合要求以任意次序直接读写某个记录，例如，航空订票系统，把特定航班的所有信息用航班号作标识，存放在某物理块中，用户预订某航班时，需要直接将该航班的信息取出。直接存取方法便适合于这类应用，它通常用于磁盘文件。

（3）索引存取。

第三种类型的存取是基于索引文件的索引存取方法。由于文件中的记录不按它在文件中的位置，而按它的记录键来编址，所以，用户提供给操作系统记录键后就可查找到所需记录。通常记录按记录键的某种顺序存放，例如，按代表健的字母先后次序来排序。对于这种文件，除可采用按键存取外，也可以采用顺序存取或直接存取的方法。信息块的地址都可以通过查找记录键而换算出来。实际的系统中，大都采用多级索引，以加速记录查找过程。

## 2.5.2 文件目录

**1．文件目录的概念**

文件系统怎样实现文件的"按名存取"？如何查找文件存储器中的指定文件？如何有

效地管理用户文件和系统文件？文件目录便是用于这些操作的重要手段。文件系统的基本功能之一就是负责文件目录的建立、维护和检索，要求编排的目录便于查找、防止冲突，目录的检索方便迅速。

有了文件目录后，就可实现文件的"按名存取"。每一个文件在文件目录中登记一项。文件目录项一般应该包括以下内容：

（1）有关文件存取控制的信息。如文件名、用户名、授权者存取权限；文件类型和文件属性，如读写文件、执行文件、只读文件等。

（2）有关文件结构的信息。文件的逻辑结构，如记录类型、记录个数、记录长度、成组因子数等。文件的物理结构，如记录存放相对位置或文件第一块的物理块号，也可指出文件索引的所在位置。

（3）有关文件管理的信息。如文件建立日期、文件最近修改日期、访问日期、文件保留期限、记账信息等。

有了文件目录后，就可实现文件的"按名存取"。当用户要求存取某个文件时，系统查找目录项并比较文件名就可找到所寻文件的目录项。然后，通过目录项指出的文件名就可找到所寻文件的目录项，然后通过目录项指出文件的文件信息相对位置或文件信息首块物理位置等就能依次存取文件信息。

**2. 一级目录结构**

如图 2-13 所示，最简单的文件目录是一级目录结构，在操作系统中构造一张线性表，与每个文件有关的属性占用一个目录项就成了一级目录结构。单用户微型机操作系统 CP/M 的软盘文件便采用这一结构，每个磁盘上设置一张一级文件目录表，不同磁盘驱动器上的文件目录互不相关。文件目录表由长度为 32 字节的目录项组成，目录项 0 称目录头，记录有关文件目录表的信息，其他每个目录项又称文件控制块。文件目录中列出了盘上全部文件的有关信息。CP/M 操作系统中文件目录项包括：盘号、文件名、扩展名、文件范围、记录数、存放位置等。

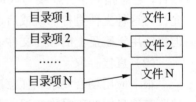

图 2-13 一级目录结构示意图

一级文件目录结构存在若干缺点：一是重名问题，它要求文件名和文件之间有一一对应关系，但要在多用户的系统中，由于都使用同一文件目录，一旦文件名用重，就会出现混淆而无法实现按名存取。如果人为地限制文件名命名规则，对用户来说又极不方便；二是难以实现文件共享，如果允许不同用户使用不同文件名来共享同一个文件，这在一级目录中是很难实现的，为了解决上述问题，操作系统往往采用二级目录结构，使得每个用户有各自独立的文件目录。

**3. 二级目录结构**

在二级目录中，第一级为主文件目录，它用于管理所有用户文件目录，它的目录项登记了系统接受的用户的名字及该用户文件目录的地址。第二级为用户文件目录，它为该用户的每个文件保存一登记栏，其内容与一级目录的目录项相同。每一用户只允许查看自己的文件目录。图 2-14 是二级文件目录结构示意。当一个新用户作业进入系统执行时，系统为其在主文件目录中开辟一个区域的地址填入主文件目录中的该用户名所在项。当用户需要访问某个文件时系统根据用户名从主文件目录中找出该用户的文件目录的物理位置，其余的工作与一级文件目录类似。

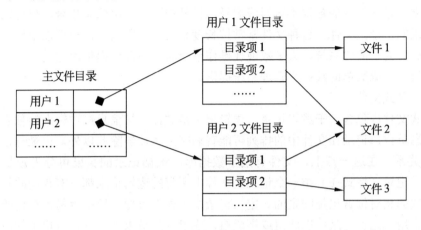

图 2-14 二级目录结构示意图

采用二级目录管理文件时，因为任何文件的存取都通过主文件目录，于是可以检查访问文件者的存取权限，避免一个用户未经授权就存取另一个用户的文件，使用户文件的私有性得到保证，实现了对文件的保密和保护。

**4．树型目录结构**

二级目录的推广形成了多级目录。每一级目录可以是下一级目录的说明，也可以是文件的说明，从而，形成了层次关系。多级目录结构通常采用树型结构，它是一棵倒立的有根的树，树根是根目录；从根向下，每一个树枝是一个子目录；而树叶是文件。树型多级目录有许多优点：较好地反映现实世界中具有层次关系的数据集合和较确切地反映系统内部文件的分支结构；不同文件可以重名，只要它们不在同一末端的子目录中，易于规定不同层次或子树中文件的不同存取权限，便于文件的保护、保密和共享等。

## 2.5.3 文件的结构和组织

文件的组织是指文件中信息的配置和构造方式，通常应该从文件的逻辑结构和组织及文件的物理结构和组织两方面加以考虑。文件的逻辑结构和组织是从用户观点出发，研究用户概念中的抽象的信息组织方式，这是用户能观察到的，可加以处理的数据集合。由于数据可独立于物理环境加以构造，所以称为逻辑结构。文件的物理结构和组织是指逻辑文件在物理存储空间中的存放方法和组织关系。这时，文件被看作物理文件，即相关物理块的集合。文件的存储结构涉及块的划分、记录的排列、索引的组织、信息的搜索等许多问题。

**1. 文件的逻辑结构**

文件的逻辑结构分两种形式：一种是流式文件，另一种是记录式文件。

（1）流式文件。

流式文件指文件内的数据不再组成记录，只是依次的一串信息集合，也可以看成是只有一个记录的记录式文件。这种文件常常按长度来读取所需信息，也可以用插入的特殊字符作为分界。为了简化系统，大多数现代操作系统对用户仅仅提供流式文件，记录式文件往往由高级语言或简单的数据库管理系统提供。

（2）记录式文件。

记录式文件内包含若干逻辑记录，逻辑记录是文件中按信息在逻辑上的独立含意划分的一个信息单位，记录在文件中的排列可能有顺序关系，但除此以外，记录与记录之间不存在其他关系。在这一点上，文件有别于数据库。根据记录的长度可分为定长和不定长两类：定长记录（格式 F）指一个记录式文件中所有的逻辑记录都具有相同的长度，同时所有数据项的相对位置也是固定的。定长记录由于处理方便、控制容易，在传统的数据处理中普遍采用。定长记录可以成组或不成组，成组时除最末一块外，每块中的逻辑记录数为一常数。

变长记录（格式 V）指一个记录式文件中，逻辑记录的长度不相等，但每个逻辑记录的长度处理之前能预先确定。有两种情况会造成变长记录：包含一个或多个可变的长度的数据项；包含了可变数目的定长数据项。

**2. 文件的物理结构**

文件系统往往根据存储设备类型、存取要求、记录使用频度和存储空间容量等因素提供若干种文件存储结构。用户看到的是逻辑文件，处理的是逻辑记录，按照逻辑文件形式去存储，检索和加工有关的文件信息，也就是说数据的逻辑结构和组织是面向应用程序的。然而，这种逻辑上的文件总得以不同方式保存到物理存储设备的存储介质上去，所以，文件的物理结构和组织是指逻辑文件在物理存储空间中存放方法和组织关系。

（1）顺序文件。

将一个文件中逻辑上连续的信息存放到存储介质的依次相邻的块上便形成顺序结构，这类文件叫顺序文件，又称连续文件。显然，这是一种逻辑记录顺序和物理记录顺序完全一致的文件，通常，记录按出现的次序被读出或修改。

顺序文件的基本优点是：顺序存取记录时速度较快。顺序文件的主要缺点是：建立文件前需要能预先确定文件长度，以便分配存储空间；修改、插入和增加文件记录有困难；对直接存储器作连续分配，会造成少量空闲块的浪费。

（2）连接文件。

连接结构的特点是使用连接字，又叫指针来表示文件中各个记录之间的关系。如图 2-15

所示，第一块文件信息的物理地址由文件目录给出，而每一块的连接字指出了文件的下一个物理块。通常，连接字内容为 0 时，表示文件至本块结束。这种文件叫连接文件，又称串联文件。

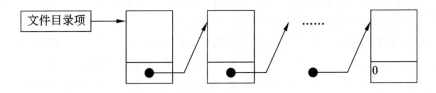

图 2-15　连接文件结构示意图

指向其他数据的连接表示是计算机程序设计的一种重要手段，是表示复杂数据关系的一种重要方法，使用指针可以将文件的逻辑记录顺序与它所在存储空间联系起来。

（3）索引结构。

索引结构是实现非连续存储的另一种方法，适用于数据记录保存有随机存取存储设备上的文件。如图 2-16 所示，它使用了一张索引表，其中每个表目包含一个记录的键及其记录数据的存储地址，存储地址可以是记录的物理地址，也可以是记录的符号地址，这种类型的文件称为索引文件。通常，索引表的地址可由文件目录指出，查阅索引表先找到的相应记录键，然后获得数据存储地址。

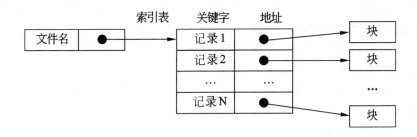

图 2-16　索引文件结构示意图

索引文件在文件存储器上分两个区：索引区和数据区。访问索引文件需两步操作：第一步查找文件索引，第二步以相应键登记项内容作为物理或符号地址而获得记录数据。这样，至少需要两次访问辅助存储器，但若文件索引已预先调入主存储器，那么就可减少一次内外存信息交换。

索引结构是连接结构的一种扩展，除了具备连接文件的优点外，还克服了它只能作顺序存取的缺点，具有直接读写任意一个记录的能力，便于文件的增加、删除和修改。索引文件的缺点是：增加了索引表的空间开销和查找时间，索引表的信息量甚至可能远远超过文件记录本身的信息量。

### 2.5.4 文件的共享和保护

**1. 文件的保护**

文件保护是指防止文件被破坏，它包括两个方面：一是防止系统崩溃所造成的文件破坏；二是防止其他用户的非法操作所造成的文件破坏。

为防止系统崩溃造成文件破坏，定时转储是一种经常采用的方法，系统的管理员每隔一段时间，或一日、或一周、或一月、或一个期间，把需要保护的文件保存到另一个介质上，以备数据破坏后恢复。如一个单位建立了信息系统，往往会准备多个磁带，以便数据库管理员每天下班前把数据库文件转储到磁带上，这样即使出现了数据库损坏，最多只会丢失一天的数据。由于需要备份的数据文件可能非常多，增量备份是必需的，为此操作系统专门为文件设置了档案属性，用以指明该文件是否被备份过。

至于要防止其他用户的非法操作所造成的文件破坏，这往往通过操作系统的安全性策略来实现，其基本思想是建立如下的三元组。

（用户、对象、存取权限）

其中：

（1）用户是指每一个操作系统使用者的标识。

（2）对象在操作系统中一般是文件，因为操作系统把对资源的统一到文件层次，如通过设备文件使用设备、通过 socket 关联文件使用进程通信等。

（3）存取权限定义了用户对文件的访问权，如读、写、删除、创建、执行等。一个安全性较高的系统权限划分得较多较细。

要实现这一机制必须建立一个如图 2-17 所示的存取控制矩阵，它包括两个维，一维列出所有用户名，另一维列出全部文件，矩阵元素的内容是一个用户对一个文件的存取权限，如用户 1 对文件 1 有读权 R，用户 3 对文件 1 既有读权 R，又有写权 W 和执行权 X。

|      | 用户 1 | 用户 2 | 用户 3 | ……  |
| ---- | ------ | ------ | ------ | ---- |
| 文件 1 | R--    | ---    | RWX    | …… |
| 文件 2 | RW-    | RWX    | ---    | …… |
| 文件 3 | ---    | ---    | R-X    | …… |
| ……   | ……     | ……     | ……     | …… |

图 2-17 存取控制矩阵

**2. 文件的保密**

文件保密的目的是防止文件被窃取。主要方法有设置密码和使用密码。

密码分成两种：文件密码是用户为每个文件规定一个密码，它可写在文件目录中并隐蔽起来，只有提供的密码与文件目录中的密码一致时，才能使用这个文件。另一种是终端密码，由系统分配或用户预先设定一个密码，仅当回答的密码相符时才能使用该终端。但是它有一个明显的缺点，当要回收某个用户的使用权时，必须更改密码，而更改后的新密码又必须通知其他的授权用户，这无疑是不方便的。

使用密码是一种更加有效的文件保密方法，它将文件中的信息翻译成密码形式，使用时再解密。在网络上进行数据传输时，为保证安全性，经常采用密码技术；进一步还可以对在网络上传输的数字或模拟信号采用脉码调制技术，进行硬加密。

## 2.6 作业管理

### 2.6.1 作业及作业管理的概念

**1. 作业**

作业（Job）是用户提交给操作系统计算的一个独立任务。一般每个作业必须经过若干个相对独立又相互关联的顺序加工步骤才能得到结果，其中，每一个加工步骤称一个作业步（Job Step），例如，一个作业可分成编译、连接装配和运行三个作业步，往往上一个作业步的输出是下一个作业步的输入。作业由用户组织，作业步由用户指定，一个作业从提交给系统，直到运行结束获得结果，要经过提交、收容、执行和完成四个阶段。

**2. 作业管理**

作业管理可以采取脱机和联机两种方式运行。采用脱机控制方式，它提供一个作业控制语言，用户使用作业控制语言书写作业说明书，它是按规定格式书写的一个文件，把用户对系统的各种请求和对作业的控制要求集中描述，并与程序和数据一起提交给系统（管理员）。计算机系统成批接受用户作业输入，把它们放到输入井，然后在操作系统的管理和控制下执行。在联机方式下，操作系统为用户提供了一组联机命令，用户可以通过终端键入命令，将自己想让计算机干什么的意图告诉计算机，以控制作业的运行过程。因此整个作业的运行过程是需要人工干预的。

当一个作业被操作系统接受，就必须创建一个作业控制块，并且这个作业在它的整个生命周期中将顺序地处于以下四个状态，如图 2-18 所示。

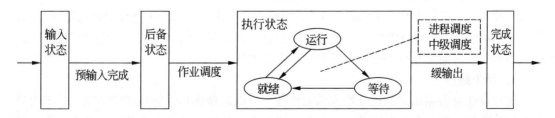

图 2-18 作业状态及其转换

(1) 输入状态：此时作业的信息正在从输入设备上预输入。
(2) 后备状态：此时作业预输入结束但尚未被选中执行。
(3) 执行状态：作业已经被选中并构成进程去竞争处理器资源以获得运行。
(4) 完成状态：作业已经运行结束，正在等待缓输出。

### 2.6.2 作业调度

对成批进入系统的用户作业，按一定的策略选取若干个作业使它们可以获得处理器运行，这项工作称为作业调度。常用的作业调度算法包括以下几种。

**1．先来先服务算法**

先来先服务（First Come，First Served）算法是按照作业进入系统的先后次序来挑选作业，先进入系统的作业优先被挑选。这种算法容易实现，但效率不高，只顾及到作业等候时间，而没考虑作业要求服务时间的长短。显然这不利于短作业而优待了长作业，或者说有利于 CPU 繁忙型作业不利于 I/O 繁忙型作业。

**2．最短作业优先算法**

最短作业优先（Shortest Job First）算法是以进入系统的作业所要求的 CPU 时间为标准，总是选取估计计算时间最短的作业投入运行。这一算法也易于实现，但效率也不高，它的主要弱点是忽视了作业等待时间。由于系统不断地接受新作业，而作业调度又总是选择计算时间短的作业投入运行，因此，使进入系统时间早但计算时间长的作业等待时间过长，会出现饥饿现象。

**3．响应比最高者优先（HRN）算法**

先来服务算法与最短作业优先算法都是比较片面的调度算法。先来先服务算法只考虑作业的等候时间而忽视了作业的计算时间，而最短作业优先算法恰好与之相反，它只考虑用户估计的作业计算时间而忽视了作业的等待时间。响应比最高者优先算法是介乎这两种算法之间的一种折衷的算法，既考虑作业等待时间，又考虑作业的运行时间，这样既照顾了短作业又不使长作业的等待时间过长，改进了调度性能。把作业进入系统后的等待时间与估计运行时间之比称做响应比，定义：

响应比 = 已等待时间/估计计算时间

显然，计算时间短的作业容易得到较高的响应比，因为，这时分母较小，使得 HRN 较高，因此本算法是优待短作业的。但是，如果一个长作业在系统中等待的时间足够长后，由于分子足够大，使得 HRN 较大，那么它也将获得足够高的响应比，从而可以被选中执行，不至于长时间地等待下去，饥饿的现象不会发生。

**4．优先数法**

这种算法是根据确定的优先数来选取作业，每次总是选择优先数高的作业。规定用户作业优先数的方法是多种多样的。一种是由用户自己提出作业的优先数。有的用户为了自己的作业尽快地被系统选中就设法提高自己作业的优先数，这时系统可以规定优先数越高则需付出的计算机使用费就越多,以作限制。另一种是由系统综合考虑有关因素来确定用户作业的优先数。例如,根据作业的缓急程度作业的类型,作业计算时间的长短、等待时间的多少、资源申请情况等来确定优先数。确定优先数时各因素的比例应根据系统设计目标分析这些因素在系统中的地位而决定。上述确定优先数的方法称为静态优先数法;如果在作业运行过程中,根据实际情况和作业发生的事件动态地改变其优先数,称为动态优先数法。

### 2.6.3 多道程序设计

在早期的单道批处理系统中,内存中仅有单作业在运行,致使系统中仍有许多资源空闲,设备利用率低,系统性能较差。如图 2-19 所示,当 CPU 工作时,外部设备不能工作;而外部设备工作时,CPU 必须等待。

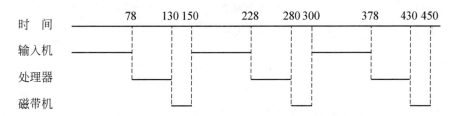

图 2-19 单道算题运行时处理器的使用效率

多道程序设计(multiprogramming)是指允许多个程序同时进入一个计算机系统的主存储器并启动进行计算的方法。从宏观上看,多道程序都处于运行过程中,但都未运行完成;从微观上看,各道程序轮流占用 CPU,交替地执行。引入多道程序设计技术的根本目的是提高 CPU 的利用率,充分发挥系统部件的并行性。

操作系统中引入多道程序设计的好处:一是提高了 CPU 的利用率,二是提高了内存和 I/O 设备的利用率,三是改进了系统的吞吐率,四是充分发挥了系统的并行性。其主要缺点是作业周转时间延长。

## 选择题

1. 进程是操作系统中一个重要的概念。下列有关进程的叙述中,错误的是_____。
A)进程是指程序处于一个执行环境中在一个数据集上的运行过程
B)系统资源的分配主要是按进程进行的
C)进程在执行过程中通常会不断地在就绪、运行和阻塞这 3 种状态之间进行转换
D)在 Windows 98 中,所有的进程均在各自的虚拟机中进行,即进程的数目等于虚拟机的数目

2. 在信号量 P、V 操作中，对信号量执行一次 P 操作，意味着要求_____。
   A）使用一个资源　　　　　　B）分配一个资源
   C）释放一个资源　　　　　　D）共享一个资源
3. 某单道批处理系统中有四个作业 JOB1、JOB2、JOB3 和 JOB4，它们到达输入井的时刻和所需要的运行时间如下表所示。

| 作业 | 进入系统时间 | 估计运行时间（分钟） |
|---|---|---|
| JOB1 | 8:30 | 80 |
| JOB2 | 8:50 | 20 |
| JOB3 | 9:20 | 40 |
| JOB4 | 9:30 | 35 |

假设 9:30 开始作业调度，按照最高响应比作业优先算法，首先被调度的作业是_____。
   A）JOB1　　　　　　　　　　B）JOB2
   C）JOB3　　　　　　　　　　D）JOB4

## 思考题

1. 操作系统的主要功能包括哪些？
2. 试比较批处理和分时操作系统的不同点？
3. 进程最基本的状态有哪些？哪些事件可能引起不同状态之间的转换？
4. 试说明进程的互斥和同步两个概念之间的区别。
5. 什么是临界区和临界资源？对临界区管理的基本原则是什么？
6. 试比较分页式存储管理和分段式存储管理。
7. 简述各种 I/O 控制方式及其主要优缺点。
8. 叙述 Spooling 系统和作业调度的关系。
9. 什么叫"按名存取"？文件系统是如何实现按名存取文件的？

# 第 3 章  程序设计语言

本章主要是程序设计语言基础知识，包括基本概念、基本成分、汇编语言、编译原理、解释原理等方面概括性的介绍。

## 3.1  程序设计语言基础知识

### 3.1.1  程序设计语言基本概念

程序设计语言是为了书写计算机程序而人为设计的符号语言，用于对计算过程进行描述、组织和推导。程序设计语言的广泛使用始于 1957 年，经过四十多年的发展，目前世界上流行的程序设计语言有上百种之多，程序设计语言的演化速度已经超越了运行它们的机器。

下面即是程序设计语言的演进过程，同时也表明其分为低级语言和高级语言两大类。低级语言包括机器语言和汇编语言，它们都是面向机器的语言，用这种语言编制的程序只适用于某种特定类型的计算机。高级语言又包括面向过程的语言和面向问题的语言。

**1. 机器语言**

机器语言是用二进制代码表示的计算机能直接识别和执行的一种机器指令的集合。它是计算机的设计者通过计算机的硬件结构赋予计算机的操作功能。机器语言具有灵活、直接执行和速度快等特点。

用机器语言编写程序，编程人员要首先熟记所用计算机的全部指令代码和代码的涵义。手编程序时，程序员需要自己处理每条指令和每一数据的存储分配和输入输出，还得记住编程过程中每步所使用的工作单元处在何种状态。现在，除了计算机生产厂家的专业人员外，绝大多数程序员已经不再去学习机器语言了。

**2. 汇编语言**

为了克服机器语言难读、难编、难记和易出错的缺点，人们就用与代码指令实际含义相近的英文缩写词、字母和数字等符号来取代指令代码（如用 ADD 表示运算符号"+"的机器代码），于是就产生了汇编语言。所以说，汇编语言是一种用助记符表示的仍然面向机器的计算机语言，汇编语言亦称符号语言。汇编语言由于是采用了助记符号来编写程序，比用机器语言的二进制代码编程要方便些，在一定程度上简化了编程过程。汇编语言的特点是用符号代替了机器指令代码，而且助记符与指令代码一一对应，基本保留了机器语言的灵活性。使用汇编语言能面向机器并较好地发挥机器的特性，得到质量较高的程序。

汇编语言中由于使用了助记符号，用汇编语言编制的程序送入计算机，计算机不能像用机器语言编写的程序一样直接识别和执行，必须通过预先放入计算机的"汇编程序"的加工和翻译，才能变成能够被计算机识别和处理的二进制代码程序。用汇编语言等非机器语言书写好的符号程序称源程序，运行时汇编程序要将源程序翻译成目标程序。目标程序是机器语言程序，它一经被安置在内存的预定位置上，就能被计算机的 CPU 处理和执行。

汇编语言像机器指令一样，是硬件操作的控制信息，因而仍然是面向机器的语言，使用起来还是比较繁琐费时，通用性也差。汇编语言是低级语言。但是，汇编语言用来编制系统软件和过程控制软件，其目标程序占用内存空间少，运行速度快，有着高级语言不可替代的用途。

**3. 高级语言**

不论是机器语言还是汇编语言都是面向硬件的具体操作的，语言对机器的过分依赖，要求使用者必须对硬件结构及其工作原理都十分熟悉，非计算机专业人员是难以做到的，对于计算机的推广应用是不利的。计算机事业的发展，促使人们去寻求一些与人类自然语言相接近且能为计算机所接受的语意确定、规则明确、自然直观和通用易学的计算机语言。这种与自然语言相近并为计算机所接受和执行的计算机语言称高级语言。高级语言是面向用户的语言，每一种高级（程序设计）语言，都有自己人为规定的专用符号、英文单词、语法规则和语句结构（书写格式）。高级语言与自然语言（英语）更接近，而与硬件功能相分离（彻底脱离了具体的指令系统），便于广大用户掌握和使用。高级语言的通用性强，兼容性好，便于移植。

高级语言主要是相对于汇编语言而言，它并不是特指某一种具体的语言，而是包括了很多编程语言。它又可分为面向过程的语言和面向问题的语言，前者在编程时不仅要告诉计算机"做什么"，而且要告诉计算机"怎么做"，如 Basic，Pascal，Fortran，C 等高级语言。后者只要告诉计算机做什么，如 Lisp，Prolog 等高级语言，也常称为人工智能语言。

### 3.1.2 程序设计语言的基本成分

**1. 数据成分**

程序语言的数据成分指的是一种程序语言的数据类型。数据对象总是对应着应用系统中某些有意义的东西，数据表示则指定了程序中值的组织形式。数据类型用于代表数据对象，同时还可用于检查表达始终对运算的应用是否正确。

数据是程序操作的对象，具有存储类别、类型、名称、作用域和生存期等属性，使用时要为它分配内存空间。数据名称由用户通过标识符命名，标识符是由字母、数字和称为下划线的特殊符号"_"组成的标记；类型说明数据占用内存的大小和存放形式；存储类别说明数据在内存中的位置和生存期；作用域则说明可以使用数据的代码范围；生存期说明数据占用内存的时间范围。从不同角度可将数据进行不同的划分。

(1) 常量和变量。

按照程序运行过程中数据的值能否改变，将数据分为常量和变量。常量的分类包括有整型常量、实型常量、字符常量、符号常量。

变量包括两个主要要素：

① 变量名，每个变量都必须有一个名字——变量名，变量命名遵循标识符命名规则。

② 变量值，在程序运行过程中，变量值存储在内存中。在程序中，通过变量名来引用变量的值。

(2) 全局量和局部量。

按数据的作用域范围，可分为全局量和局部量。系统为全局变量分配的存储空间在程序运行的过程中一般是不改变的。而为局部变量分配的存储单元是动态改变的。

(3) 数据类型。

按照数据组织形式的不同可将数据分为基本类型、构造类型、指针类型和空类型四种。

(4) 基本类型。

分为整型、实型（又称浮点型）、字符型和枚举型四种。

(5) 构造类型。

分为数组类型、结构类型和共用类型三种。

(6) 指针类型。

一个变量的地址称为该变量的指针，指针变量是指专门用于存储其他变量地址的变量。指针变量的值就是变量的地址。指针与指针变量的区别，就是变量值与变量的区别。

(7) 空类型。

指空值或无意义的值。

**2．运算成分**

程序语言的运算成分指明允许使用的运算符号及规则。大多数程序设计语言的基本运算可分为算术运算、关系运算和逻辑运算，有些语言如 C（C++）还提供位运算。运算符号的使用与数据类型密切相关。为了确保运算结果的惟一性，运算符号要规定优先级和结合性。

**3．控制成分**

控制成分指明语言允许表达的控制结构，程序员使用控制成分来构造程序中的控制逻辑。理论上已经表明，可计算问题的程序都可以用顺序、选择和循环这三种控制结构来描述。

(1) 顺序结构。

在顺序结构程序中，各语句（或命令）是按照位置的先后次序，顺序执行的，且每个语句都会被执行到，执行顺序示意图如图 3-1 所示。

(2) 选择结构。

选择结构提供了在两种或多种分支中选择其中一个的逻辑。基本的选择结构是通过指定一个关系表达式 P，然后根据关系表达式的值来决定控制流走程序块 ST 或 SF，从两个分支中选择一个执行，示意图如图 3-2 所示。

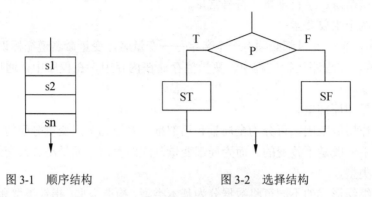

图 3-1　顺序结构　　　　　　　图 3-2　选择结构

(3) 循环结构。

循环结构描述了重复计算的过程，通常由三个部分组成：初始化、需要重复计算的部分和重复的条件。其中初始化部分有时在控制的逻辑结构中并无显式表示。重复结构主要有两种形式：while 型重复结构和 do-while 型重复结构。While 型结构的逻辑含义是首先计算关系表达式 P，若为真则执行需要重复的程序块 A，然后再计算关系表达式 P，以决定是否继续。do-while 型结构的逻辑含义是先执行需要重复的程序块 A，然后计算关系表达式 P，若为真则继续执行程序块 A，然后再来计算关系表达式 P，以决定是否继续，示意图如图 3-3 所示。

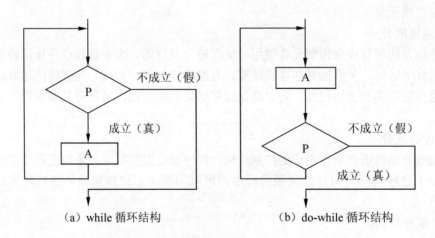

(a) while 循环结构　　　　　　(b) do-while 循环结构

图 3-3　循环结构

4. 函数

C 语言由一个或多个函数组成，每个函数都有名字标示，其中 main 函数是作为程序运行的起点。函数是程序模块的主要成分，它是一段具有独立功能的程序。

(1) 函数定义。

函数的定义描述了函数做什么和怎么做，因此任何函数（包括主函数 main（））都是由函数说明和函数体两部分组成。函数定义的一般格式如下：

```
返回值的类型    函数名（形式参数表）    //函数说明
{
        函数体
}
```

函数说明包括函数返回值的数据类型、函数名字和函数运行时所需的参数及类型。函数所实现的功能在函数体中详细定义。根据函数是否需要参数，可将函数分为无参函数和有参函数两种，形式参数表列举了函数调用者提供的参数的个数、类型和顺序，是函数实现功能时所必需的。无参函数则以 void 说明。C 语言的函数兼有其他语言中的函数和过程两种功能，从这个角度看，又可把函数分为有返回值函数和无返回值函数两种。

(2) 函数调用。

当需要在一个函数（称为主调函数）中使用另一个函数（称为被调函数）实现的功能时，便以函数名字进行调用，称为函数调用。在使用一个函数时，只要知道如何调用就可以了，不需要关心被调函数的内部实现。因此，主调函数需要知道被调函数的名字、返回值和需要向被调函数传递的参数（个数、类型和顺序）等信息。

函数调用的一般形式为：函数名（实参表）；

C 函数的参数传递全部采用传值，它没有 Pascal 中的变量形参，所以只能传递实参变量的值，而不能隐含传地址。传值调用实际上重新复制了一个副本给形参，因此，可以把函数形参看作是局部变量。传值的好处是传值调用不会改变调用函数实参变量的内容，因此，可避免不必要的副作用。

在 C 程序的执行过程中，通过函数调用可以实现函数定义时描述的功能。函数体若调用自身，则称为递归调用。

下述程序段为函数调用的简单例子。

```
void swap ( int x, int y)
{int   temp;
temp = x; x = y; y = temp;
}
```

函数调用：

```
main ( )
{int a = 2, b = 3;
```

```
swap(a, b);
}
```

## 3.2 程序编译、解释系统

### 3.2.1 程序的编译及解释

计算机并不能直接地接受和执行用高级语言编写的源程序，源程序在输入计算机时，通过"翻译程序"翻译成机器语言形式的目标程序，计算机才能识别和执行。

这种"翻译"通常有两种方式，即编译方式和解释方式。编译方式是：事先编好一个称为编译程序的机器语言程序，作为系统软件存放在计算机内，当用户由高级语言编写的源程序输入计算机后，编译程序便把源程序整个地翻译成用机器语言表示的与之等价的目标程序，然后计算机再执行该目标程序，以完成源程序要处理的运算并取得结果。解释方式是：源程序进入计算机时，解释程序边扫描边解释做逐句输入逐句翻译，计算机一句句执行，并不产生目标程序。Pascal、Fortran、Cobol 等高级语言执行编译方式；Basic 语言则以执行解释方式为主；而 Pascal、C 语言是能书写编译程序的高级程序设计语言。

### 3.2.2 编译程序基本原理

编译程序的功能是指在应用源程序执行之前，就将程序源代码"翻译"成目标代码（机器语言），因此其目标程序可以脱离其语言环境独立执行，使用比较方便、效率较高。但应用程序一旦需要修改，必须先修改源代码，再重新编译生成新的目标文件（＊.OBJ）才能执行，只有目标文件而没有源代码，修改很不方便。现在大多数的编程语言都是编译型的，例如 Visual C++、Visual Foxpro、Delphi 等。

编译程序大致分为 6 个阶段（phase），如图 3-4 所示，它们执行不同的逻辑操作。将这些阶段设想为编译器中一个个单独的片断是很有用的，尽管在应用中它们是经常组合在一起的，但它们确实是作为单独的代码操作来编写的。

### 3.2.3 解释程序基本原理

解释程序的执行方式类似于日常生活中的"同声翻译"，应用程序源代码一边由相应语言的解释器"翻译"成目标代码（机器语言），一边执行，因此效率比较低，而且不能生成可独立执行的可执行文件，应用程序不能脱离其解释器，但这种方式比较灵活，可以动态地调整、修改应用程序。解释程序基本上执行与编译程序相同的功能，只是方式上不同而已。解释程序按顺序翻译并执行每一条源程序语句。解释程序的优点是当语句出现语法错误时，可以立即引起程序员注意，而程序员在程序开发期间就能进行校正。解释程序的缺点是不能像编译程序那样充分地利用计算机资源。

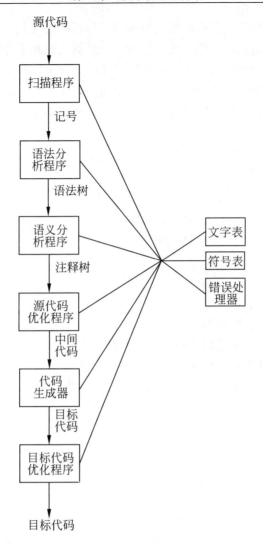

图 3-4　编译过程

解释执行的语言因为解释器不需要直接同机器码打交道所以实现起来较为简单、而且便于在不同的平台上面移植，这一点从现在的编程语言解释执行的居多就能看出来，如 Visual Basic、Visual Foxpro、Power Builder、Java 等。编译执行的语言因为要直接同 CPU 的指令集打交道，具有很强的指令依赖性和系统依赖性，但编译后的程序执行效率要比解释语言高得多，现在的 Visual C/C++、Delphi 等都是很好的编译语言。

对于解释语言与编译语言所编制出来的代码在安全性上而言，可以说是各有优缺点。曾经在 Windows 下跟踪调试过 VB 程序的一般都知道，程序代码 99%的时间里都是在 VBRUNxx 里转来转去，根本看不出一个所以然来。这是因为跟踪的是 VB 的解释器，要从解释器中看出代码的目的是什么是相当困难的。但解释语言有一个致命的弱点,那就是解释语言的程序代码都是以伪码的方式存放的,一旦被人找到伪码与源码之间的对应关系,就很容易做出一个反编译器出来,源程序等于被公开了。而编译语言因为直接把用户程序编译成机器码,再经过优化程序的优化,很难从程序返回到源程序的状态,但对于熟悉汇编语言的解密者来说,也很容易通过跟踪代码来确定某些代码的用途。

## 选择题

float *Pf,此 C 语言语句定义了_____类型变量。
A)整数            B)浮点数
C)指针            D)数组

## 思考题

1. 程序设计语言包括哪些基本类别?
2. 程序设计语言的控制逻辑结构包括哪几种?
3. 编译程序包括哪些基本过程?它们的主要功能?
4. 编译程序与解释程序的区别及联系?

# 第4章 系统配置和方法

本章主要包括三部分内容，系统架构、配置方式、处理模式等系统配置技术；性能定义和评估等系统性能；可靠性的定义和设计。

## 4.1 系统配置技术

### 4.1.1 系统架构

**1．客户机/服务器系统**

C/S（Client/Server）结构，即大家熟知的客户机和服务器结构。它是软件系统体系结构，通过它可以充分利用两端硬件环境的优势，将任务合理分配到客户机端和服务器端来实现，降低了系统的通信开销。目前大多数应用软件系统都是客户机/服务器形式的两层结构，由于现在的软件应用系统正在向分布式的 Web 应用发展，Web 和客户机/服务器应用都可以进行同样的业务处理，应用不同的模块共享逻辑组件；因此，内部的和外部的用户都可以访问新的和现有的应用系统，通过现有应用系统中的逻辑可以扩展出新的应用系统。这也就是目前应用系统的发展方向。

**2．浏览器/服务器系统**

B/S（Browser/Server）结构即浏览器和服务器结构。它是随着 Internet 技术的兴起，对 C/S 结构的一种变化或者改进的结构。在这种结构下，用户工作界面是通过 WWW 浏览器来实现，极少部分事务逻辑在前端（浏览器）实现，但是主要事务逻辑在服务器端（服务器）实现，形成所谓三层 3-tier 结构。这样就大大简化了客户端电脑载荷，减轻了系统维护与升级的成本和工作量，降低了用户的总体成本（TCO）。以目前的技术看，局域网建立 B/S 结构的网络应用，并通过 Internet/Intranet 模式下数据库应用，相对易于把握，成本也是较低的。它是一次性到位的开发，能实现不同的人员，从不同的地点，以不同的接入方式（如 LAN，WAN，Internet/Intranet 等）访问和操作共同的数据库；它能有效地保护数据平台和管理访问权限，服务器数据库也很安全。

**3．多层分布式系统（Multi-tier System）**

（1）概念。

随着中间件与 Web 技术的发展，三层或多层分布式应用体系越来越流行。在多层体系中，各层次按照以下方式进行划分，实现明确分工：

① 瘦客户：提供简洁的人机交互界面，完成数据的输入/输出。

② 业务服务：完成业务逻辑，实现客户与数据库对话的桥梁。同时，在这一层中，还应实现分布式管理、负载均衡、Fail/Recover、安全隔离等。

③ 数据服务：提供数据的存储服务。一般就是数据库系统。

（2）多层系统主要特点。

多层系统主要特点是：

- 安全性。中间层隔离了客户直接对数据服务器的访问，保护了数据库的安全。
- 稳定性。对于要求 24×7 工作的业务系统，多层分布式体系提供了更可靠的稳定性。一是中间层缓冲 Client 与数据库的实际连接，使数据库的实际连接数量远小于 Client 应用数量。当然，连接数越少，数据库系统就越稳定。二是 Fail/Recover 机制能够在一台服务器宕机的情况下，透明地把客户端工作转移到其他具有同样业务功能的服务上。
- 易维护。由于业务逻辑在中间服务器，当业务规则变化后，客户端程序基本不做改动。
- 快速响应。通过负载均衡以及中间层缓存数据能力，可以提高对客户端的响应速度。
- 系统扩展灵活。基于多层分布体系，当业务增大时，可以在中间层部署更多的应用服务器，提高对客户端的响应，而所有变化对客户端透明。

（3）多层系统举例。

目前最为流行的两类多层应用架构为 Sun 的 J2EE 和 Microsoft.Net，下面简单介绍 J2EE 的多层架构。

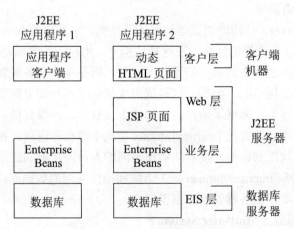

图 4-1 J2EE 多层应用架构

（4）客户层。

客户层用于与企业信息系统的用户进行交互以及显示根据特定商务规则进行计算后

的结果。基于 J2EE 规范的客户端可以是基于 Web 的，也可以是不基于 Web 的独立（Stand Alone）应用程序。

在基于 Web 的 J2EE 客户端应用中，用户在客户端启动浏览器后，从 Web 服务器中下载 Web 层中的静态 HTML 页面或由 JSP 或 Servlets 动态生成的 HTML 页面。

在不基于 Web 的 J2EE 客户端应用中，独立的客户端应用程序可以运行在一些基于网络的系统中，例如手持设备或汽车电话等。同样，这些独立的应用也可以运行在客户端的 Java Applet 中。这种类型的客户端应用程序可以在不经过 Web 层的情况下直接访问部署在 EJB 容器（EJB Container）中的 EJB 组件。

（5）Web 层。

J2EE 规范定义的 Web 层由 JSP 页面、基于 Web 的 Java Applets 以及用于动态生成 HTML 页面的 Servlets 构成。这些基本元素在组装过程中通过打包来创建 Web 组件。运行在 Web 层中的 Web 组件依赖 Web 容器来支持诸如响应客户请求以及查询 EJB 组件等功能。

（6）业务层。

在基于 J2EE 规范构建的企业信息系统中，将解决或满足特定业务领域商务规则的代码构建成为业务层中的 Enterprise JavaBean（EJB）组件。EJB 组件可以完成从客户端应用程序中接收数据、按照商务规则对数据进行处理、将处理结果发送到企业信息系统层进行存储、从存储系统中检索数据以及将数据发送回客户端等功能。

部署和运行在业务层中的 EJB 组件依赖于 EJB 容器来管理诸如事务、生命期、状态转换、多线程及资源存储等。这样由业务层和 Web 层构成了多层分布式应用体系中的中间层。

（7）企业信息系统层。

在企业应用系统的逻辑层划分中，企业信息系统层通常包括企业资源规划（ERP）系统、大型机事务处理（Mainframe Transaction Processing）系统、关系数据库系统（RDMS）及其他在构建 J2EE 分布式应用系统时已有的企业信息管理软件。

## 4.1.2 系统配置方法

企业在计划购买、部署引进高端系统时必须考虑到任何解决方案在计划内外的宕机成本，对于关键应用来说宕机所造成的损失甚至超过系统的直接购买成本！造成系统宕机的原因是多方面的，除了突发性的天灾人祸之外，计划内的维护和升级同样是造成停机时间的主要因素。计划内的停机并不意味着它们不应算作停机时间，任何时候的系统离线，都会使企业由于无法满足客户的要求而产生较大的损失。因此，尽最大可能减少计划内外的停机时间已成为关键业务领域追求的主要目标。研究系统配置的主要目的就是提高系统的可用性、鲁棒性，下面简单介绍几种常用的系统配置方法。

**1．双机互备**

所谓双机热备援就是两台主机均为工作机，在正常情况下，两台工作机均为信息系统提供支持，并互相监视对方的运行情况，如图 4-2 所示。当一台主机出现异常时，不能支持信息系统正常运营,另一主机则主动接管(Take Over)异常机的工作,继续主持信息的运营,从而保证信息系统能够不间断的运行,而达到不停机的功能(Non-Stop),但正常运行主机的负载(Loading)会有所增加。此时必须尽快将异常机修复,以缩短故障时间。

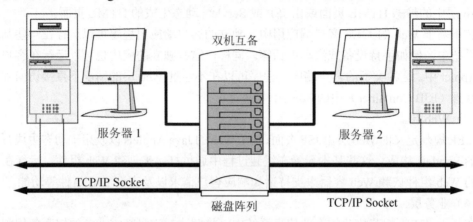

图 4-2 双机互备

切换时机(Take Over)如下:
(1)系统软件或应用软件造成服务器宕机。
(2)服务器没有宕机,但系统软件或应用软件工作不正常。
(3)SCSI 卡损坏,造成服务器与磁盘阵列无法存取数据。
(4)服务器内硬件损坏,造成服务器宕机。
(5)服务器不正常关机。

**2. 双机热备**

所谓双机热备份就是一台主机为工作机(Primary Server),另一台主机为备份机(Standy Server),如图 4-3 所示。在系统正常情况下,工作机为信息系统提供支持,备份机监视工

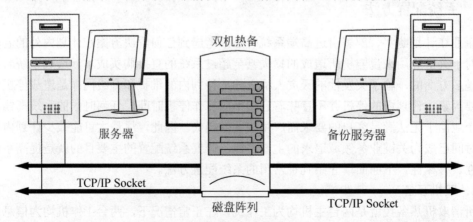

图 4-3 双机热备

作机的运行情况（工作机也同时监视备份机是否正常，有时备份机因某种原因出现异常，工作机可尽早通知系统管理员解决，确保下一次切换的可靠性）。当工作机出现异常，不能支持信息系统运营时，备份机主动接管（Take Over）工作机的工作，继续支持信息的运营，从而保证信息系统能够不间断地运行（Non-Stop）。宕工作机经过修复正常后，系统管理员通过管理命令或经由以人工或自动的方式将备份机的工作切换回工作机；也可以激活监视程序，监视备份机的运行情况，此时，原来的备份机就成了工作机，而原来的工作机就成了备份机。

切换时机与双机互备的情况相同。

**3．群集系统**

（1）群集系统的概念。

对应用程序基础结构进行相应设计，将若干服务器集合为一个独立且统一的群集，可在用户或管理员无需知道群集中有多个服务器的情况下实现对计算负荷的共享，使服务器对用户和应用程序表现为虚拟统一计算资源，如图4-4所示。

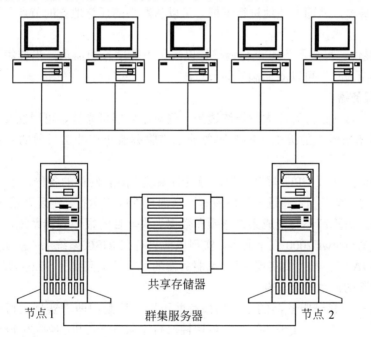

图 4-4　群集概念示意

群集系统中的各个服务器既是其他服务器的主系统，又是其他服务器的热备份系统。在某个服务器由于故障或计划停机而无法使用时，通过确保群集中其他服务器可以承担工作负载，群集服务器可以实现提高可用性的目标。此类群集可避免向访问该群集的用户或应用程序所提供服务的损失，还可透明进行服务器转移而不为用户所知。此外，可以使用群集增强可伸缩性。服务器群集可以在当前性能级别支持更多用户，或通过向多个服务器分散工作负载来提高当前数量的用户的应用程序性能。群集技术不同于双机热备技术，二者本质上的区别是能否实现并行处理和某节点失效后的应用程序的平滑接管。此外，双机热备技术只是在两台服务器上实现的。

（2）群集服务优点。

① 高可用性。使用群集服务，资源的所有权，如磁盘驱动器和 IP 地址将自动地从有故障的服务器上转到可用的服务器上。当群集中的系统或应用程序出现故障时，群集软件将在可用的服务器上重启失效的应用程序，或将失效节点上的工作分配到剩余的节点上。结果是用户只是觉得服务暂时停顿了一下。

② 修复返回。当失效的服务器连回来时，群集服务将自动在群集中平衡负荷。

③ 易管理性。可以使用群集管理器来管理群集（如同在同一个群集中），并管理应用程序（就像它们运行在同一个服务器上）。可以通过拖放群集对象，在群集里的不同服务器移动应用程序。也可以通过同样的方式移动数据。可以通过这种方式来手工地平衡服务器负荷，卸载服务器，从而方便地进行维护。可以从网络的任意地方的节点和资源处，监视群集的状态。

④ 可扩展性。群集服务可进行调整，以满足不断增长的需求。当群集的整体负荷超过群集的实际能力时，可以添加额外的节点。

**4．容错服务器**

容错服务器目前已经开始大规模渗透到一些对服务器可靠性、可用性要求更为苛刻的行业，具有容错技术，能提供不间断服务的容错服务器正在冲击目前的双机热备和集群技术。

容错服务器是通过 CPU 时钟锁频，通过对系统中所有硬件的备份，包括 CPU、内存和 I/O 总线等的冗余备份，通过系统内所有冗余部件的同步运行，实现真正意义上的容错。系统任何部件的故障都不会造成系统停顿和数据丢失。目前很多容错系统是基于 IA 架构的服务器，与 Windows 2000 完全兼容，实现以前只有在 RISC 系统上才能实现的容错。这种容错技术在 IA 服务器上的实现，将 IA 服务器的可靠性提高到了 99.999％，同时服务器的运行是不间断的，也就是 100％。

双机热备份和容错服务器的定位稍微有些不同，这是由两者实现的可用性差别决定的。双机热备份一般可以实现 99.9％的可用性，容错服务器可以实现 99.999％的可用性。这样，双机热备份大多应用在业务连续性不是很严格的行业，比如说公安系统、部队系统或者个别的制造企业，这些行业的应用允许数据有一小段时间的中断。而如交通、金融证券等要求高的行业则是容错服务器的天下了。

容错服务器是趋势，信息数据的爆炸性增长以及业务连续性的需求不断增加，都有力地证明容错服务器会是以后的一个发展趋势。双机备份方式由于需要至少 2 台服务器，导致在软件采购（操作系统、中间件、双机备份软件等）、软件维护升级、系统硬件升级都需要比单机容错方式多 1 倍的额外投入,而且在双机备份软件出现故障后,其维修的难度是业界众所周知的,对客户和代理商都会带来很大的困难。因此虽然单机容错服务器的硬件成本高于双机备份方式的硬件投入,其总成本(TCO)却远远低于双机备份方式的成本。

### 4.1.3 系统处理模式

**1. 集中式及分布式计算**

自上世纪 50 年代后期开始,人们及各种组织机构以迅速增长的速度使用计算机来管理信息。限于技术条件,早期的计算机都非常庞大且非常昂贵,任何机构都不可能为其成员提供整个计算机的使用,主机一定是共享的,它被用来存储和组织数据,集中控制和管理整个系统。所有用户都是通过系统的终端设备将数据录入到主机中处理,或者是将主机中的处理结果,通过集中控制的输出设备取出来。通过专用的通信服务器,系统也可以构成一个集中式的网络环境,使一台主机可以为多个配有 I/O 设备的终端用户(包括远程用户)服务。这就是早期的集中式计算机网络,一般也称为集中式计算模式。

集中式计算模式最典型的特征是:通过主机系统形成大部分的通信流程,构成系统的所有通信协议都是系统专有的,大型主机在系统中占据着绝对的支配作用,所有控制和管理功能都由主机来完成。

随着计算机技术的不断发展,尤其是大量功能先进的个人计算机的问世,使每一个人都可以完全控制自己的计算机,进行所希望的作业处理。以个人计算机(PC)方式呈现的计算能力发展成为独立的平台,导致了一种新的计算结构——分布式计算模式的诞生。

分布式计算模式与以前的集中式有很大的区别,它对计算机网络的发展起到了决定性的影响。一般认为,从八十年代到今天,分布式计算经历了三个阶段:

第一阶段称为桌上计算(Desktop Computing)。它属于 PC 分布式计算的初级阶段。几乎所有简单的多用户微机系统和以低版本 DOS 为核心的共享硬盘系统均为该阶段的内容。

第二阶段为工作组计算(Workgroup Computing)。用户在这个网络环境中,可以共享打印机及服务器的硬盘资源,并能够访问多种主机资源,获得各种通信服务。

第三阶段为网络计算(Network Computing)。这种网络环境提供了更多的开放性、更高的效能、可靠性、保密性以及对各种标准的支持;它对用户提供了透明的服务,用户可以将各类主机、网络工作站和通信服务器作为一个整体。

**2. 批处理及实时处理**

批处理(Batch Processing)是定期的周期性的收集源文件,然后进行成批处理。如银行存款处理,白天一天所收到的存款单等到下班后一起交给数据处理部门,由他们进行累加和其他分析。这里处理周期就是一天。

批处理的优缺点:当要处理大量的数据时批处理是一种比较经济的方法。每笔业务处理时没有必要翻动主文件。错开白天的时间,计算机可以在晚上处理,能充分利用计算机的资源。计算机的速度不一定很高,计算机档次和设备费用可以大大降低。但批处理确有很多缺点,主文件经常是过时的,打出的报告也是这样,马上查出当前的情况也是不可能的。所以,许多业务转向实时处理。某些实时处理系统中还保留着某些业务的批处理。

实时处理在处理业务时是及时的处理完这笔业务后,主文件已经进行了更新,因而这时的统计数据就反映现时的真实情况。实时处理也叫做联机处理(Online Transaction Processing,OLTP)。这时数据只要输入、记录、转换、更新主文件一气呵成,响应顾客的查询也是即时的。

实时处理的优点:实时处理能及时处理、及时更新和及时响应顾客。因而在要求及时的情况下,只有实时系统能满足要求。实时处理缺点是由于联机,直接存取必须采取特殊的措施保护数据库,以及时防止病毒和闯入者。在许多实时系统中,也使用磁带来控制日记和恢复文件。因而在设备上要付出高成本。所以实时优点必须和它的成本、安全的问题相平衡,现在由于技术的发展,要更好的满足顾客需求,越来越多的公司欢迎实时处理。

批处理与实时处理的特性对比如表 4-1 所示。

表 4-1 批处理与实时处理对比

| 特性 | 批处理 | 实时处理 |
| --- | --- | --- |
| 业务处理 | 记录业务数据累计成批,排序周期处理 | 数据产生立即处理 |
| 文件更新 | 批处理时 | 业务处理时 |
| 响应时间(周转时间) | 几小时或几天 | 几秒钟 |

### 3. Web 计算

随着 Internet 的不断普及和技术的进步,使得以浏览器作为用户界面进行分布式计算成为可能,这种基于网络浏览器的分布式计算方式通常被称为 Web 计算(Web Computing)。作为一种新兴的网络计算方式,Web 计算是对分布式计算的一种扩展,它的出现最终将分布式计算扩展到 Internet 之上。分布式对象和网络技术的集成称为对象 Web,由此可以构造分布式系统模型,这已成为现代 Web 计算的基础。Web 作为互联网最普遍的应用,成千上万的个人计算机通过它达到互通互访,这促使科学家们寄望 Web 计算来将无数闲散的 CPU 通过 Web 利用起来,以提供高效且廉价的计算。

Web 计算也可以视为协同计算的一种形式,在其中广泛分布且为数众多的匿名用户(称为"志愿者")协作进行由各自独立的小任务组合成的庞大计算集合。一个 Web 计算项目的执行,本质上这样的:感兴趣的志愿者在特定的 Web 计算服务器上进行注册。随后,每个注册的志愿者时常访问这个站点来获取需要计算的任务。完成任务后的某时,志愿者返回任务结果并获取一个新的任务。这样的循环一直进行下去直到计算任务完成。

作为一种新兴的计算方式,Web 计算虽然隶属于分布式计算方式,但与传统的 C/S 结构的计算方式,以及当前的网格计算、对等计算等概念都具有一定的区别和联系。Web 计算的魅力主要体现在以下一些方面：

（1）统一的用户界面。

任何用户只要拥有浏览器，并可以顺利上网，就可以接受 Web 计算提供的服务，而不用顾及 Web 计算方式具体实现的细节，因此这种计算方式又被称为 B/S 结构的计算方式。而对于 C/S 结构的计算方式来说，则必须要为用户开发定制的用户端系统。统一的用户界面成为 Web 计算廉价性的基石。

（2）经济性、可维护性。

B/S 结构是一种瘦客户机模式，因此 Web 计算对硬件配置的要求比较低，同时，由于系统没有涉及到用户端系统，因此，升级和维护只需要集中于服务器端。B/S 结构的升级、维护成本则相对的要低得多，即使是三层 C/S 结构的瘦客户模式，其升级、维护的成本也无法与之相比。

（3）鲁棒性。

HTTP 协议的应用使得 Web 计算方式可以同时为更多的用户提供服务，并可以根据需要对系统进行扩展，体现出很好的系统鲁棒性；同时当某台应用服务器发生故障或失效时，分布式系统会自动把该应用服务器正在处理的事务请求移交给另外一台工作正常的服务器。

（4）可伸缩性。

借用分布式技术，Web 计算将复杂的业务处理分割成相互之间可交互调用和通信的若干业务功能部件或对象，并可将其分配到多个网络互联的应用服务器中实现负荷分担。这样一来 Web 计算方式将全部操作分散到系统的各个部分，最大限度地平衡系统负载，从而可以使系统的运行更加稳定。

（5）兼容性。

由于对象可以建成与现有系统接合的方式，所以分布式对象是可以与现有系统一道工作的。一个对象如果具有现有系统的接口，就可以在分布式系统中调用以前的程序。同时，使用分布式对象时，不必重建传统的应用程序。这样便大大加快了系统的开发速度，也节省了大量资金。

（6）安全性。

严密的安全管理。Web 计算中，对业务处理对象的调用和数据库的存取权限是按层次设置的。即使外部入侵者突破了客户机层的安全防线，若在应用服务器层中备有另外的安全机构，系统也可阻止入侵者进入其他部分。

（7）适应网络的异构、动态环境。

所有终端的计算都是通过网络浏览器进行的，能跨越多个平台进行，能很好适应网络的异构环境；分布的 Web 计算对象可访问不同的后台服务器数据库，适合多种异构数据库环境，达到分布数据开放的效果。

### 4.1.4 系统事务管理

**1. 事务的概念**

所谓事务是用户定义的一个数据库操作序列，这些操作要么全做要么全不做，是一个不可分割的工作单位。事务和程序是两个概念。一般地讲，一个程序中包含多个事务。例如，在关系数据库中，一个事务可以是一条 SQL 语句、一组 SQL 语句或整个程序。

事务的开始与结束可以由用户显式控制。如果用户没有显式地定义事务，则由 DBMS 按默认规定自动划分事务。在 SQL 语言中，定义事务的语句有三条：

BEGIN TRANSACTION

COMMIT

ROLLBACK

事务通常是以 BEGIN TRANSACTION 开始，以 COMMIT 或 ROLLBACK 结束。COMMIT 表示提交，即提交事务的所有操作。具体地说就是将事务中所有对数据库的更新写回到磁盘上的物理数据库中去，事务正常结束。ROLLBACK 表示回滚，即在事务运行的过程中发生了某种故障，事务不能继续执行，系统将事务中对数据库的所有已完成的操作全部撤销，滚回到事务开始时的状态。这里的操作指对数据库的更新操作。

事务具有 4 个特性：原子性（atomicity）、一致性（consistency）、隔离性（isolation）和持续性（durability），这四个特性也简称为 ACID 特性。

（1）原子性。

事务是数据库的逻辑工作单位，事务中包括的诸操作要么都做，要么都不做。

（2）一致性。

事务执行的结果必须是使数据库从一个一致性状态变到另一个一致性状态。因此当数据库只包含成功事务提交的结果时，就说数据库处于一致性状态。如果数据库系统运行中发生故障，有些事务尚未完成就被迫中断，这些未完成事务对数据库所做的修改有一部分已写入物理数据库，这时数据库就处于一种不正确的状态，或者说是不一致的状态。

（3）隔离性。

一个事务的执行不能被其他事务干扰。即一个事务内部的操作及使用的数据对其他并发事务是隔离的，并发执行的各个事务之间不能互相干扰。

（4）持续性。

持续性也称永久性（permanence），指一个事务一旦提交，它对数据库中数据的改变就应该是永久性的。接下来的其他操作或故障不应该对其执行结果有任何影响。

事务是恢复和并发控制的基本单位。所以下面的讨论均以事务为对象。

**2. 事务的并发控制**

事务可以一个一个地串行执行，即每个时刻只有一个事务运行，其他事务必须等到这个事务结束以后方能运行。事务在执行过程中需要不同的资源，有时需要 CPU，有时需要存取数据库，有时需要 I/O，有时需要通信。如果事务串行执行，则许多系统资源将处于空闲状态。因此，为了充分利用系统资源发挥数据库共享资源的特点，应该允许多个事务并行地执行。在单处理机系统中，事务的并行执行实际上是这些并行事务的并行操作轮流交叉运行。这种并行执行方式称为交叉并发方式（Interleaved Concurrency）。当多个用户并发地存取数据库时就会产生多个事务同时存取同一数据的情况。若对并发操作不加控制就可能会存取和存储不正确的数据，破坏数据库的一致性。所以数据库管理系统必须提供并发控制机制。并发控制机制是衡量一个数据库管理系统性能的重要标志之一。

事务是并发控制的基本单位，保证事务 ACID 特性是事务处理的重要任务，而事务 ACID 特性可能遭到破坏的原因之一是多个事务对数据库的并发操作造成的。为了保证事务的隔离性和数据库的一致性，DBMS 需要对并发操作进行正确调度。这些就是数据库管理系统中并发控制机制的责任。并发操作带来的数据不一致性包括三类。丢失修改、不可重复读和读"脏"数据。产生上述三类数据不一致性的主要原因是并发操作破坏了事务的隔离性。并发控制就是要用正确的方式调度并发操作，使一个用户事务的执行不受其他事务的干扰，从而避免造成数据的不一致性。

封锁是实现并发控制的一个非常重要的技术。所谓封锁就是事务 T 在对某个数据对象例如表、记录等操作之前，先向系统发出请求，对其加锁。加锁后事务 T 就对该数据对象有了一定的控制，在事务 T 释放它的锁之前，其他的事务不能更新此数据对象。

确切的控制由封锁的类型决定。基本的封锁类型有两种：排它锁（Exclusive Locks，简称 X 锁）和共享锁（Share Locks，S 锁）。

排它锁又称为写锁。若事务 T 对数据对象 A 加上 X 锁，则只允许 T 读取和修改 A，其他任何事务都不能再对 A 加任何类型的锁，直到 T 释放 A 上的锁。这就保证了其他事务在 T 释放 A 上的锁之前不能再读取和修改 A。

共享锁又称为读锁。若事务 T 对数据对象 A 加上 S 锁，则事务 T 可以读 A 但不能修改 A，其他事务只能再对 A 加 S 锁，而不能加 X 锁，直到 T 释放 A 上的 S 锁。这就保证了其他事务可以读 A，但在 T 释放 A 上的 S 锁之前不能对 A 做任何修改。

尽管数据库系统中采取了各种保护措施来防止数据库的安全性和完整性被破坏，保证并发事务的正确执行，但是计算机系统中硬件的故障、软件的错误、操作员的失误以及恶意的破坏仍是不可避免的，这些故障轻则造成运行事务非正常中断，影响数据库中数据的正确性，重则破坏数据库，使数据库中全部或部分数据丢失，因此数据库管理系统必须具有把数据库从错误状态恢复到某一已知的正确状态（亦称为一致状态或完整状态）的功能，这就是数据库的恢复。恢复子系统是数据库管理系统的一个重要组成部分，而且还相当庞大，常常占整个系统代码的百分之十以上。数据库系统所采用的恢复技术是否行之有效，不仅对系统的可靠程度起着决定性作用，而且对系统的运行效率也有很大影响，是衡量系统性能优劣的重要指标。

事务内部的故障有的是可以通过事务程序本身发现，有的是非预期的，不能由事务程序处理的。事务内部更多的故障是非预期的，是不能由应用程序处理的。如运算溢出、并发事务发生死锁而被选中撤销该事务、违反了某些完整性限制等。以后，事务故障仅指这类非预期的故障。

事务故障意味着事务没有达到预期的终点（commit 或者显式的 rollback），因此，数据库可能处于不正确状态。恢复程序要在不影响其他事务运行的情况下，强行回滚（rollback）该事务，即撤销该事务已经做出的任何对数据库的修改，使得该事务好像根本没有启动一样。这类恢复操作称为事务撤销（undo）。

发生系统故障时，一些尚未完成的事务的结果可能已送入物理数据库，从而造成数据库可能处于不正确的状态。为保证数据一致性，需要清除这些事务对数据库的所有修改。恢复子系统必须在系统重新启动时让所有非正常终止的事务回滚，强行撤销（undo）所有未完成事务。

另一方面，发生系统故障时，有些已完成的事务可能有一部分甚至全部留在缓冲区，尚未写回到磁盘上的物理数据库中，系统故障使得这些事务对数据库的修改部分或全部丢失，这也会使数据库处于不一致状态，因此应将这些事务已提交的结果重新写入数据库。所以系统重新启动后，恢复子系统除需要撤销所有未完成事务外，还需要重做（redo）所有已提交的事务，以将数据库真正恢复到一致状态。

## 4.2 系统性能

### 4.2.1 系统性能定义和指标

计算机系统性能指标以系统响应时间和作业吞吐量为代表。响应时间（Elapsed Time）是指用户从输入信息到服务器完成任务给出响应的时间，即计算机系统完成某一任务（程序）所花费的时间，比如存储器访问、输入/输出等待、操作系统开销等。作业吞吐量是整个服务器在单位时间内完成的任务量。假定用户不间断地输入请求，则在系统资源充裕的情况下，单个用户的吞吐量与响应时间成反比，即响应时间越短，吞吐量越大。为了缩短某一用户或服务的响应时间，可以分配给它更多的资源。性能调整就是根据应用要求和服务器具体运行环境和状态，改变各个用户和服务程序所分配的系统资源，充分发挥系统能力，用尽量少的资源满足用户要求，达到为更多用户服务的目的。

计算机性能的其他常用指标还包括 MIPS（Million Instruction Per Second）和 MFLOPS（Million Floating-point Instruction Per Second）。

（1）MIPS=指令数/（执行时间×1000000）。

其主要特点如下：

① MIPS 大小和指令集有关，不同指令集的计算机间的 MIPS 不能比较。

② 在同一台计算机上 MIPS 是变化的，因程序不同而变化。

③ 有时 MIPS 指标会出现矛盾。
④ 主要适用于带有硬件浮点处理器的计算机。
⑤ MIPS 中,除包含运算指令外,还包含取数、存数、转移等指令在内。
⑥ MIPS 只适宜于评估标量机。
⑦ 相对 MIPS 指相对参照机而言的 MIPS,通常用 VAX-11/780 机处理能力为 1MIPS。
(2) MFLOPS=浮点指令数/(执行时间×1000000)。
① 与机器和程序有关。
② 测量浮点运算时,比 MIPS 准确。
③ MFLOPS 比较适宜于评估向量计算机。
④ MFLOPS 与 MIPS 关系:1MFLOPS≈3MIPS。
⑤ MFLOPS 仅仅只能用来衡量计算机浮点操作的性能,而不能体现计算机的整体性能。例如编译程序,不管计算机的性能有多好,它的 MFLOPS 不会太高。
⑥ MFLOPS 是基于操作而非指令的,所以它可以用来比较两种不同的计算机。
⑦ MFLOPS 依赖于操作类型。例如 100%的浮点加要远快于 100%的浮点除。
⑧ 单个程序的 MFLOPS 值并不能反映计算机的性能。

## 4.2.2 系统性能评估

计算机性能评价技术可用于开发中和开发后的系统评价。主要包括三种技术:分析技术、模拟技术、测量技术。

**1. 分析技术**

分析技术是在一定假设条件下,计算机系统参数与性能指标参数之间存在着某种函数关系,按其工作负载的驱动条件列出方程,用数学方法求解。其特点是具有理论的严密性,节约人力和物力,可应用于设计中的系统。它的数学工具主要是利用排队论模型进行分析。

**2. 模拟技术**

模拟技术首先是对于被评价系统的运行特性建立系统模型,按系统可能有的工作负载特性建立工作负载模型;随后编写模拟程序,模仿被评价系统的运行;设计模拟实验,依照评价目标,选择与目标有关因素,得出实验值,再进行统计、分析。其特点在于可应用于设计中或实际应用中的系统,可与分析技术相结合,构成一个混合系统。分析和模拟技术最后均需要通过测量技术验证。

**3. 测量技术**

测量技术则是对于已投入使用的系统进行测量,通常采用不同层次的基准测试程序评估。其评估层次包括实际应用程序、核心程序、合成测试程序三个层次,但必须均为国际性组织认可的程序,同时需要对评估结果进行分析和统计以保证其准确性。

常用的国际认可的用来测试机器性能的测试基准测试程序(按评价准确性递减的顺序):

(1) 实际的应用程序方法。

运行例如 C 编译程序、Tex、字处理软件、CAD 工具等。

(2) 核心基准程序方法。

从实际的程序中抽取少量关键循环程序段，并用它们来评价计算机的性能。

(3) 简单基准测试程序。

简单基准测试程序通常只有 10~100 行而且运行结果是可以预知的。

(4) 综合基准测试程序。

为了体现平均执行而人为编制的，类似于核心程序，没有任何用户真正运行综合基准测试程序。

## 4.3 系统可靠性

### 4.3.1 可靠性定义和指标

计算机系统的硬件故障通常是由元器件的失效引起的。对元器件进行寿命试验并根据实际资料统计得知，元器件的可靠性可分为三个阶段。首先，器件工作处于不稳定期，失效率较高；第二阶段，器件进入正常工作期，失效率最低，基本保持常数；第三阶段，元器件开始老化，失效率又重新提高；这就是所谓的"浴盆模型"。因此，应保证在计算机中使用的元器件处于第二阶段。在第一阶段，对元器件应进行老化筛选，而到了第三个阶段则应淘汰计算机。

计算机系统的可靠性用平均无故障时间（MTTF）来度量，即计算机系统平均能够正常运行多长时间，才发生一次故障。系统的可靠性越高，平均无故障时间越长。可维护性用平均维修时间（MTTR）来度量，即系统发生故障后维修和重新恢复正常运行平均花费的时间。系统的可维护性越好，平均维修时间越短。

计算机系统的可用性定义为：MTTF/（MTTF+MTTR）×100%。由此可见，计算机系统的可用性定义为系统保持正常运行时间的百分比。这里涵盖了衡量计算机系统的三个重要指标，即可靠性、可维护性、可用性。可用性高不仅意味着设备和系统故障频率低，还意味着故障后的不可用时间很短，能给用户提供更多正常使用的时间。人们常常对可靠性与可用性之间的差异产生误解，两者的定义似乎非常相似。但是两者有一个重要的差别，那就是系统是可维修的还是不可维修的。可靠性通常低于可用性，因为可靠性要求系统在[0, t]的整个时间段内必须正常运行；而对于可用性，要求就没有那么高，系统可以发生故障，然后在时间段[0, t]内修复。

### 4.3.2 计算机可靠性模型

计算机系统是一个复杂系统，而且影响其可靠性的因素相当之多，很难直接对其进行可靠性分析。但通过建立适当的数学模型，把大系统分割成若干子系统，可以简化其分析过程。常见的系统可靠性数学模型有以下三种。

**1．串联系统可靠性**

串联系统是组成系统的所有单元中任一单元失效就会导致整个系统失效的系统。图 4-5 为串联系统的可靠性框图。假定各单元是统计独立的，则其可靠性数学模型为：

$$R_a = \prod_{i=1}^{n} R_i \quad (i=1,2,\cdots,n)$$

式中，$R_a$——系统可靠度；$R_i$——第 i 单元可靠度。

**2．并联系统可靠性**

并联系统是组成系统的所有单元都失效时才失效的系统。图 4-6 为并联轴系统的可靠性框图。假定各单元是统计独立的，则其可靠性数学模型为

$$R_a = 1 - \prod_{i=1}^{n} F_i = 1 - \prod_{i=1}^{n}(1-R_i) \quad (i=1,2,\cdots,n)$$

式中　$R_a$——系统可靠度；

　　　$F_i$——第 i 单元不可靠度；

　　　$R_i$——第 i 单元可靠度。

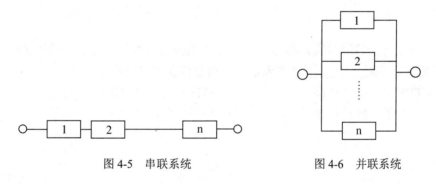

图 4-5　串联系统　　　　　图 4-6　并联系统

并联系统对提高系统的可靠度有显著的效果。

**3．混联系统**

混联系统的两个典型情况为串并联系统如图 4-7 所示和并串联系统如图 4-8 所示。

串并联系统的数学模型为 $R_s = \prod_{j=1}^{n}\left[1 - \prod_{i=1}^{m_j}(1-R_{ij})\right]$，当各单元可靠度都相等，均为 $R_{ij} = R$，且 $m_1=m_2\cdots=m_n=m$，则 $R_s = \left[1-(1-R)^m\right]^n$。

并串联系统的数学模型为 $R_s = 1 - \prod_{i=1}^{m}(1-\prod_{j=1}^{n_j}R_{ij})$，当各单元可靠度都相等，均为 $R_{ij}=R$，

且 $n_1=n_2=\cdots=n_m=n$，则 $R_s=1-(1-R^n)^m$。

一般串并联系统的可靠度，对单元相同的情况，高于并串联系统的可靠度。

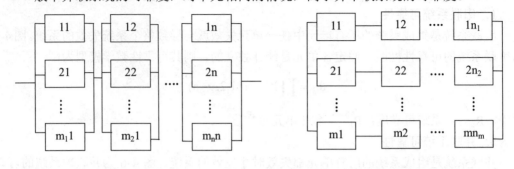

图 4-7　串并联系统　　　　　　　　图 4-8　并串联系统

提高计算机的可靠性一般采取两项措施：

（1）提高元器件质量，改进加工工艺与工艺结构，完善电路设计。

（2）发展容错技术，使得在计算机硬件有故障的情况下，计算机仍能继续运行，得出正确的结果。

## 选择题

MTBF（平均无故障时间）和 MTTR（平均故障修复时间）分别表示计算机系统的可靠性和可用性，下列_____选项表示系统可靠性高和可用性好。

A）MTBF 高，MTTR 高　　　　B）MTBF 高，MTTR 低

C）MTBF 低，MTTR 高　　　　D）MTBF 低，MTTR 低

## 思考题

1. 系统配置的双机互备、双机热备的概念及区别？
2. 试述 Brower/Server 架构与 Client/Server 架构相比而具有的优缺点。
3. 事务 ACID 特性及保证这些特性的主要措施？
4. Web 计算及其主要优势在何处？
5. 计算机性能评价的主要方法和指标是什么？

# 第 5 章　数据结构与算法

21 世纪以来，计算机科学和软硬件技术得到了飞速的发展，计算机应用领域也从最初的科学计算逐步发展到了人类活动的各个领域，人们已经认识到，计算机知识已成为人类当代文化的一个重要组成部分。今天，计算机的应用已经渗透到了生活中的各个领域，无处不在。要开发出一种性能良好的软件，不仅需要根据实际的需要掌握至少一种适合的计算机高级语言或者软件开发工具，也要通过比较和分析选出较好的设计方案才可以，这正是数据结构和算法要解决的问题。

本章通过对数据结构的基础、线性表、栈、数组、树和图以及算法的描述和评价等内容，简要介绍了数据结构和算法的基础知识。

## 5.1　数据结构与算法简介

### 5.1.1　什么是数据结构

随着计算机技术的飞速发展，再把计算机简单地看作是进行数值计算的工具，把数据仅理解为纯数值性的信息，就显得太狭隘了。现代计算机科学的观点，是把计算机程序处理的一切数值的、非数值的信息，乃至程序统称为数据（Data），而电子计算机则是加工处理数据（信息）的工具。

由于数据的表示方法和组织形式直接关系到程序对数据的处理效率，而系统程序和许多应用程序的规模很大，结构相当复杂，处理对象又多为非数值性数据。因此，单凭程序设计人员的经验和技巧已难以设计出效率高、可靠性强的程序。于是，就要求人们对计算机程序加工的对象进行系统的研究，即研究数据的特性以及数据之间存在的关系——数据结构（Date Structure）。

计算机解决一个具体问题时，大致需要经过下列几个步骤：首先要从具体问题中抽象出一个适当的数学模型，然后设计一个解此数学模型的算法（Algorithm），最后编出程序、进行测试、调整直至得到最终解答。寻求数学模型的实质是分析问题，从中提取操作的对象，并找出这些操作对象之间含有的关系，然后用数学的语言加以描述。

计算机算法与数据的结构密切相关，算法无不依附于具体的数据结构，数据结构直接关系到算法的选择和效率。

## 5.1.2 数据结构基本术语

下面介绍一下数据结构的常用名词和术语的含义。

数据（Data）是人们利用文字符号、数字符号以及其他规定的符号对现实世界的事物及其活动所做的抽象描述。

数据元素（Data Element）简称元素，是数据的基本单位，通常作为一个整体进行考虑和处理。对于一个文件而言，每个记录就是它的数据元素；对于一个字符串而言，每个字符就是它的数据元素。数据和数据元素是相对而言的。有时，一个数据元素可以由若干个数据项（Data Item）组成。

数据记录（Data Record）简称记录，它是数据处理领域组织数据的基本单位，数据中的每个数据元素在许多应用场合被组织成记录的结构。一个数据记录由一个或多个数据项组成，每个数据项可以是简单数据项，也可以是组合数据项。

关键项（Key Item）指的是在一个表或者文件中，若所有记录的某个数据项的值都不同，也就是每个值能唯一标识一个记录时，则可以把这个数据项作为记录的关键数据项，简称关键项。其中关键项的每一个值称做所在记录的关键字（Key Word 或 Key）。

数据处理（Data Processing）是指对数据进行查找、插入、删除、合并、排序、统计、简单计算、转换、输入、输出等的操作过程。

数据结构（Data Structure），简单地说，指数据以及相互之间的关系。它是研究数据元素（Data Element）之间抽象化的相互关系和这种关系在计算机中的存储表示（即所谓数据的逻辑结构和物理结构），并对这种结构定义相适应的运算，设计出相应的算法，而且确保经过这些运算后所得到的新结构仍然是原来的结构类型。

数据类型（Data Type）是对数据的取值范围、每一数据的结构以及允许施加操作的一种描述。换言之，它是一个值的集合和定义在这个值集上的一组操作的总称。

数据对象（Data Object）简称对象，是性质相同的数据元素的集合，是数据的一个子集。如 25 为一个整形数据对象，'A' 为一个字符数据对象等。

除了上述常见概念之外，数据结构还有许多别的概念，例如算法、线性结构、集合、图、树等，这些都将在以后的章节中一一介绍。

## 5.1.3 算法描述

算法（algorithm）就是解决特定问题的方法。描述一个算法可以采用文字描述，也可以采用传统流程图、N-S 图或 PAD 图等。作为一个算法应该具备以下 5 个特性：

- 有穷性。一个算法必须在执行有穷步之后结束。
- 确定性。算法的每一步都应该具有确切的含义，没有二义性。
- 可行性。算法的每一步都必须是可行的。
- 输入。一个算法可以有 0 个或者 0 个以上的输入量。

● 输出。一个算法执行结束后至少要有一个输出量,表示算法对输入量进行运算和处理的结果。

注意,算法和程序是有区别的——程序未必能满足有穷性。在本书中,只讨论满足动态有穷的程序,因此"算法"和"程序"是通用的。

算法可以借助各种工具描述出来。一个算法可以是用自然语言、数字语言或约定的符号来描述,也可以用计算机高级程序语言来描述,如流程图、Pascal 语言、C 语言、伪代码或决策表等。下面以从 n 个元素中查找最大值为例,来讲解用流程图和伪代码这两种常见方法对算法的不同描述:

(1)用流程图描述算法。

从 n 个整数元素中查找出最大值,若用流程图描述如图 5-1 所示。

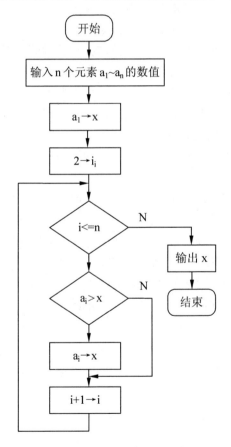

图 5-1 用流程图描述算法

(2)用伪代码描述算法。

除了可以用流程图描述之外,还可以用伪代码来进行描述。

```
X←a[0]
for i←1 To n
do
    if(a[i]>x)
        then x←a[i];
```

### 5.1.4 算法评价

一般地说,设计一个"好"的算法应该考虑达到以下目标。

(1) 正确性(correctness)。算法应该是满足具体问题的需求。

(2) 可读性(readability)。算法主要是为了便于人的阅读和交流。可读性好的算法有利于人的理解。

(3) 健壮性(robustness)。指的是,当输入数据非法时,算法也能适当地做出反应或对它进行处理,而不会产生莫名其妙的输出结果。

(4) 效率和低存储量需求。效率指的是算法执行的时间。对于同一个问题,执行时间短的算法效率高。存储量需求指的是算法执行过程中所需要的最大存储空间。

一个算法的复杂性的高低体现在运行该算法所需要的计算机资源的多少上,所需资源越多,该算法的复杂性越高;反之,所需资源越少,该算法的复杂性越低。其中最重要的就是算法的时间复杂性和空间复杂性。

一般情况下,算法中的基本操作重复执行的次数是问题规模 n 的某个函数 f(n),算法的时间量度记作

$$T(n) = O(f(n))$$

它表示随问题规模 n 的增大,算法执行时间的增长率和 f(n) 的增长率相同,称做算法的渐进时间复杂度(Asymptotic Time Complexity),简称时间复杂度。被称为问题的基本操作的原操作应是其重复执行次数和算法的执行时间成正比的原操作。语句的频度(Frequency Count)指的是该语句重复执行的次数。

和算法的时间复杂度类似的,空间复杂度(Space Complexity)指的是算法所需存储空间的量度,记作:

$$S(n) = O(f(n))$$

其中,n 为问题的规模或大小。根据算法的时间复杂度和空间复杂度,可以对算法进行评价。

### 5.1.5 算法与数据结构的关系

在计算机领域,一个算法实质上是针对所处理的问题的需要,在数据的逻辑结构和存储结构的基础上施加的一种运算。由于数据的逻辑结构和存储结构不是唯一的,在很大程度上可以由用户自行选择和设计,所以处理同一问题的算法也并不是唯一的。况且,即使是相同的逻辑结构和存储结构,算法的设计思想和技巧也不一定相同,编写出来的算法也

大不相同。

学习数据结构就是要学会根据数据处理问题的需要，为待处理的数据选择合适的逻辑结构和存储结构，进而按照结构化、模块化以及面向对象的程序设计方法设计出比较满意的算法。

## 5.2 线性表

### 5.2.1 线性表的定义和逻辑结构

线性表（linear_list）是最常用且最简单的一种数据结构。一个线性表是 n 个数据元素的有限序列。一个数据元素可以由若干个数据项（item）组成，通常称为记录（record），含有大量记录的线性表又被称为文件（file）。设序列中第 i 个元素为 $a_i$（$1{\leqslant}i{\leqslant}n$），则线性表一般表示为：

$(a_1, a_2, \cdots, a_{i-1}, a_i, a_{i+1}, \cdots, a_n)$

其中，$a_{i-1}$ 在 $a_i$ 的前面，称为 $a_i$ 的直接前驱元素。$a_{i+1}$ 在 $a_i$ 的后面称为 $a_i$ 的直接后继元素。线性表中元素的个数 n（n≥0）称为线性表的长度。当 n=0 时，线性表成为空表。

一个线性表也可以用标志符来命名，例如用 A 命名上面的线性表，则：

A=$(a_1, a_2, \cdots, a_{i-1}, a_i, a_{i+1}, \cdots, a_n)$

用二元组表示为：

linear_list=（A,R）

其中：

数据对象 A={$a_i$ | $1{\leqslant}i{\leqslant}n,n{\geqslant}0$, $a_i$ 为数据元素}

数据关系 R={ <$a_i, a_{i+1}$> | $1{\leqslant}i{\leqslant}n-1$}

对应的逻辑结构如图 5-2 所示：

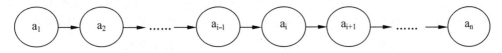

图 5-2　线性表的逻辑结构

线性表是一个非常灵活的数据结构，对线性表的数据元素不仅可以访问，还可以对其进行诸如插入、删除等操作。因此，线性表的抽象数据类型包括了数据对象和数据关系两大部分，抽象数据类型的线性表定义如下所示：

```
ADT LinearList {
    数据对象: D={ a_i | a_i 属于数据元素,i=1,2,…,n,n≥0}
    数据关系: R1={ <a_i, a_{i+1}> | a_i, a_{i+1}∈D,i=1,…,n-1 }
```

基本操作:
```
    InitList(&L);          //初始化空线性表 L
    DestroyList(&L);       //销毁线性表 L
    ClearList(&L);         //清除数据表 L 内的所有元素
    ListEmpty(L);          //检查线性表 L 是否为空,为空则返回 true
    ListLength(L);         //返回线性表 L 的数据元素个数
    GetElement(L,i);       //返回线性表 L 的第 i 个元素
    LocateElement(L,e);    //返回 L 中第一个与 e 的值相等的数据元素的位置
    PriorElement(L,e);     //返回 L 中第一个与 e 值相等的数据元素的前一个元素值
    NextElement(L,e);      //返回 L 中第一个与 e 值相等的数据元素的后一个元素值
    TraverseList(&L);      //遍历线性表 L
    Update(&L,i,e);        //将线性表 L 的第 i 个元素值更改为 e
    InsertPrior(&L,i,e);   //在线性表 L 的第 i 个元素的前面插入值 e
    InsertNext(&L,i,e);    //在线性表 L 的第 i 个元素的后面插入值 e
    Delete(&L,i);          //删除线性表 L 的第 i 个元素
    Sort(&L);              //给线性表 L 排序
}ADT LinearList
```

### 5.2.2 线性表的顺序存储结构

线性表的存储结构有顺序、链接、散列等多种方式,顺序存储结构是其中最简单、最常见的一种。线性表的顺序存储结构就是用一组地址连续的存储单元依次存储线性表中的所有元素。因此,假设一个线性表中的每个元素需要占用 k 个存储单元,并且以该元素的第一个存储单元的地址作为该元素的存储位置。线性表中的第 i 个元素和第 i+1 个元素的存储位置有如下关系:

$$LOC(a_{i+1}) = LOC(a_i) + k;$$

也就是说:$LOC(a_i) = LOC(a_1) + (i-1) * k;$

线性表的特点就在于它为线性表中相邻元素赋以了相邻的存储位置。只要确定了线性表的起始位置,就可以获得线性表的任意元素的存储位置。它的顺序存储结构图如图 5-3 所示。

为了便于线性表的操作,可以用记录类型来定义一个线性表 List:

```
#define n 100    //线性表存储空间初始分配量
#define k 10     //分配增量
Typedef struct{
    ElemType *elem;    //基址
    int length;        //长度
    int size;          //存储容量
}List;
```

下面给出在顺序存储方式下,线性表操作的具体实现:

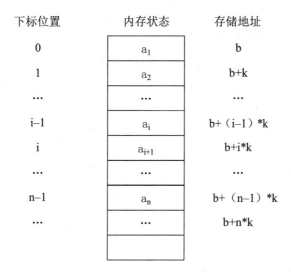

图 5-3 线性表的存储结构图

## 初始化线性表

```
Status InitList(List &L)
    {
        L.elem = (ElemType *)malloc(LIST_INIT_SIZE*sizeof(ElemType));
        if (!L.elem) return OK;        // 存储分配失败
        L.length = 0;                  // 空表长度为 0
        L.size = n;                    // 初始存储容量
        return OK;
    }
```

## 删除线性表的所有元素

```
Void ClearList(List &L)
    {
        L.length=0;
    }
```

## 检查线性表是否为空

```
bool ListEmpty(List &L)
    {
        return (L.length==0);
    }
```

## 5.2.3 线性表的链式存储结构

线性表的顺序存储结构使得线性表的存储位置可以用一个简单、直观的公式来表示，但是在插入或删除操作的时候，需要移动大量的元素，十分不便。链式存储结构弥补了它的这个缺点。链式存储结构的特点是可以用一组任意的存储单元来存储线性表中的元素的存储结构，这些存储单元可以连续，也可以不连续。所以，为了表示数据元素 $a_i$ 与它的直接后继元素 $a_{i+1}$ 的逻辑关系，除了元素 $a_i$ 的基本信息之外，还存储了一个可以指明它的直接后继元素 $a_{i+1}$ 的存储位置的内容。它们共同组成 $a_i$ 的存储映像，称为结点（node）。存储元素 $a_i$ 的信息，被称为数据域，存储直接后继元素的存储位置的域，被称为指针域。n 个结点（$a_i$（$1 \leq i \leq n$））组成一个链表，也就是线性表（$a_1, a_2, \cdots, a_n$）的链式存储结构。其结构示意图如图 5-4 所示。

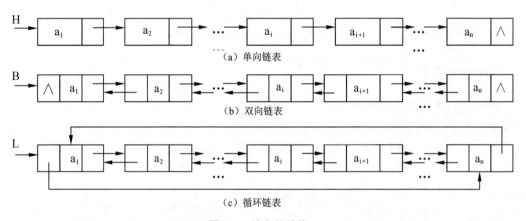

图 5-4 链表的结构

图 5-4 分别画出了链表的三种不同链式存储结构。若一个指针域的值为空，则在图形中通常用符号"∧"表示，由于线性表中的第一个元素没有前驱元素，最后一个元素没有后继元素，所以用"∧"表示。

循环链表是另一种形式的链式存储结构，它的特点是表中的最后一个结点的指针域指向头结点，整个链表形成一个环状结构，从表中任意一个结点出发都可以到达其他节点。操作与线性链表基本一致。

## 5.3 栈和队列

### 5.3.1 栈的定义和实现

栈（Stack）是一种特殊的线性表，是限定仅在表尾进行插入或者删除操作的线性表。进行插入和删除的那一端称为栈顶（top），另一端称为栈底（bottom）。栈的插入操作和删除操作也分别简称进栈和出栈。

如果栈中有 n 个结点 $\{k_0, k_1, k_2, \cdots, k_{n-1}\}$，$k_0$ 为栈底，$k_{n-1}$ 是栈顶，则栈中结点的进栈顺序为 $k_0, k_1, k_2, \cdots, k_{n-1}$，而出栈的顺序为 $k_{n-1}, k_{n-2}, \cdots, k_1$，$k_0$，如图 5-5 所示。

栈的主要操作是栈的初始化、插入和删除运算、判断栈是否为空以及读取栈顶结点的值等操作。栈的类型的描述如下：

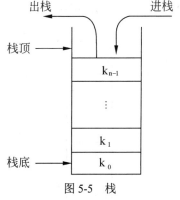

图 5-5　栈

```
ADT sequence_stack {
    数据集合 K: K={k1, k2,…, kn},n≥0, K 中的元素是
    datatype 类型
    数据关系 R: R={r}
            r={ <ki, ki+1>| i=1,2,…,n-1}
    基本操作:
        void init_sequence_stack(sequence_stack *st)
            （顺序存储）初始化
        int is_empty_stack(sequence_stack st)
            判断栈（顺序存储）是否为空
        void print_sequence_stack(sequence_stack st)
            打印栈（顺序存储）的结点值
        datatype get_top(sequence_stack st)
            取得栈顶（顺序存储）结点值
        void push(sequence_stack *st,datatype x)
            栈（顺序存储）的插入操作
        void pop(sequence_stack *st)
            栈（顺序存储）的删除操作
}ADT sequence_stack
```

和顺序表类似，栈的实现方式一般也有两种：顺序存储和链式存储。下面主要介绍顺序栈。由于栈的顺序存储方式就是在顺序表的基础上对插入和删除操作限制，使得它们仅能在顺序表的同一端进行，所以同顺序表一样也可用一维数组表示。一般地，可以设定一个足够大的一维数组存储栈，数组中下标为 0 的元素就是栈底，对于栈顶，可以设一个指针 top 指示它。为了方便，设定 top 所指的位置是下一个将要插入的结点的存储位置，这样，当 top=0 时就表示是一个空的栈。一个栈的几种状态以及在这些状态下栈顶指针 top 和栈中结点的关系如图 5-6 所示。

栈的顺序存储结构用 C 语言描述如下：

```
#define MAXSIZE 100
typedef int datatype;
```

```
typedef struct{
    datatype a[MAXSIZE];
    int top;
    }sequence_stack;
```

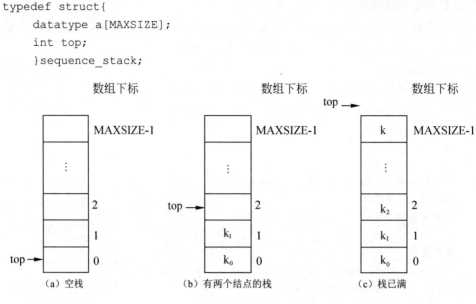

图 5-6  栈的状态

顺序存储栈的几个基本操作的具体实现，具体如下所示：

```
//栈（顺序存储）初始化
void init_sequence_stack(sequence_stack *st)
  { st->top=0; }
//判断栈（顺序存储）是否为空
  int is_empty_stack(sequence_stack st)
    {   return(st.top? 0:1);   }
//取得栈顶（顺序存储）结点值
datatype get_top(sequence_stack st)
{   if(empty_stack(st))  {printf("\n栈是空的!");exit(1);}
    else   return st.a[st.top-1];
}
//栈（顺序存储）的插入操作
void push(sequence_stack *st,datatype x)
{   if(st->top==MAXSIZE)
       {printf("\nThe sequence stack is full!");exit(1);}
    st->a[st->top]=x;
    st->top++;
}
//栈（顺序存储）的删除操作
void pop(sequence_stack *st)
```

```
    {   if(st->top==0)
            {printf("\nThe sequence stack is empty!");exit(1);}
        st->top--;
    }
```

## 5.3.2 表达式求值

表达式求值是程序设计语言编译中的一个最基本问题。它的实现方法是栈的一个典型的应用实例。

在计算机中，任何一个表达式都是由操作数（operand）、运算符（operator）和界限符（delimiter）组成的。其中操作数可以是常数，也可以是变量或常量的标识符；运算符可以是算术运算体符、关系运算符和逻辑符；界限符为左右括号和标识表达式结束的结束符。在本节中，仅讨论简单算术表达式的求值问题。在这种表达式中只含加、减、乘、除四则运算，所有的运算对象均为单变量。表达式的结束符为"#"。

表达式一般分为中缀表达式和后缀表达式，具体如下：

**1．中缀表达式**

中缀表达式是通常使用的一种表达式，中缀表达式的计算规则如下：

（1）括号内的操作先执行，括号外的操作后执行。如有多层括号，则先执行内层括号内的操作，再执行外括号内的操作。

（2）先乘除，后加减。

（3）在有多个乘除或加减运算可选择时，按从左到右的顺序执行，即优先级相同的操作符按先后次序进行。

**2．后缀表达式**

后缀表达式中只有操作数和操作符，它不再含有括号，操作符在两个操作数之后。它的计算规则非常简单，严格按照从左向右的次序依次执行每一个操作。每遇到一个操作符，就将前面的两个操作数执行相应的操作。

## 5.3.3 队列

队列（queue）是一种只允许在一端进行插入，而在另一端进行删除的线性表，它是一种操作受限的线性表。在表中只允许进行插入的一端称为队尾（rear），只允许进行删除的一端称为队头（front）。队列的插入操作通常称为入队列或进队列，而队列的删除操作则称为出队列或退队列。当队列中无数据元素时，称为空队列。队头元素总是最先进队列的，也总是最先出队列；队尾元素总是最后进队列，因而也是最后出队列。这种表是按照先进先出（FIFO, first in first out）的原则组织数据的，因此，队列也被称为"先进先出"表。下面用 C 语言描述队列类型为：

```
ADT sequence_queue {
```

数据集合 K：K={$k_1$, $k_2$, …, $k_n$}, n≥0, K 中的元素是 datatype 类型
数据关系 R：R={r}
r={ <$k_i$, $k_{i+1}$>| i=1,2,…,n-1}
基本操作：
```
void init_sequence_queue(sequence_queue *sq)
```
    队列（顺序存储）初始化
```
int is_empty_sequence_queue(sequence_queue sq)
```
    判断队列（顺序存储）是否为空
```
void print_sequence_queue(sequence_queue sq)
```
    打印队列（顺序存储）的结点值
```
datatype get_first(sequence_queue sq)
```
    取得队列（顺序存储）的队首结点值
```
void insert_sequence_queue(sequence_queue *sq,datatype x)
```
    队列（顺序存储）插入操作
```
void delete_sequence_queue(sequence_queue *sq)
```
    队列（顺序存储）的删除操作
}ADT sequence_queue;

队列分为链队列和循环队列。链队列主要采取顺序存储方式，下面主要介绍链队列的顺序存储。队列的顺序存储在 C 语言中可以用一维数组表示，为了标识队首和队尾，需要附设两个指针 front 和 rear，front 指示的是队列中最前面，即队首结点在数组中元素的下标，rear 指示的是队尾结点在数组中元素的下标的下一个位置，也就是说 rear 指示的是即将插入的结点在数组中的下标。图 5-7 所示的是队列的几种状态：

队列的顺序存储结构用 C 语言描述如下：

```c
#define MAXSIZE 100
typedef int datatype;
typedef struct{
    datatype a[MAXSIZE];
    int front;
    int rear;
}sequence_queue;
```

下面介绍顺序队列的基本运算操作：
（1）初始化队列。
```c
int initQueue(sqqueue *q)
{   /*创建一个空队列由指针 q 指出*/
    if ((q=(sqqueue*)malloc(sizeof(sqqueue))==NULL) return FALSE;
    q->front= -1;
```

```
        q->rear=-1;
        return TRUE;
}
```

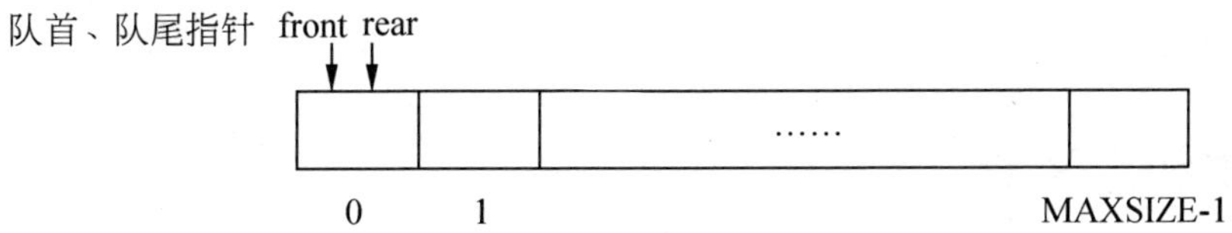

队首、队尾指针 front rear

```
           0  1                           MAXSIZE-1
```
（a）初始状态-空队列

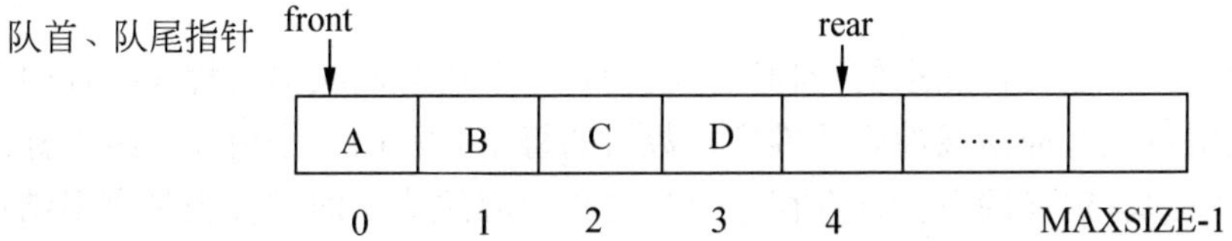

队首、队尾指针 front       rear

```
           A  B  C  D
           0  1  2  3  4                  MAXSIZE-1
```
（b）连续插入几个结点后的状态

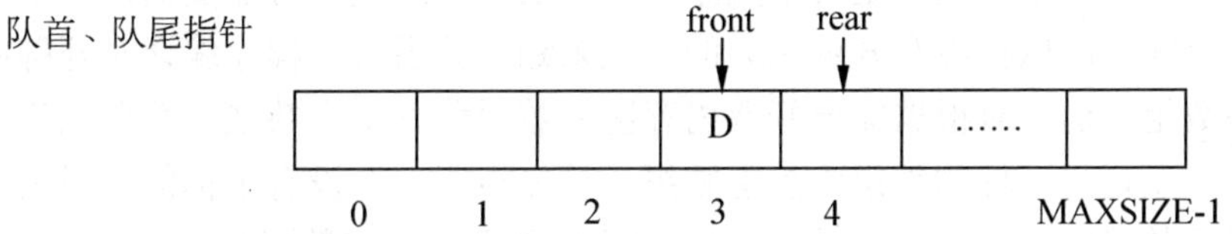

队首、队尾指针      front rear

```
                       D
           0  1  2  3  4                  MAXSIZE-1
```
（c）连续删除几个结点后的状态-此时队列中只有一个结点

图 5-7　队列的状态

（2）入队列操作。

```
int append(sqqueue *q,Elemtype x)
{   /*将元素 x 插入到队列 q 中，作为 q 的新队尾*/
    if(q->rear>=MAXNUM-1) return FALSE; /*队列满*/
    q->rear++;
    q->queue[q->rear]=x;
    return TRUE;
}
```

（3）出队列操作。

```
Elemtype delete(sqqueue *q)
{   /*若队列 q 不为空，则返回队头元素*/
    Elemtype x;
    if(q->rear==q->front) return NULL; /*队列空*/
    x=q->queue[++q->front];
```

```
    return x;
}
```

链队列还有链式存储结构，与顺序表的链式存储结构类似。循环队列的操作与链队列相似，这里就不再累述了。

## 5.4 数组和广义表

### 5.4.1 数组

数组是大家都已经很熟悉的一种数据类型，几乎所有高级语言程序设计中都设定了数组类型。数组可以看成是线性表的推广，数组的每个元素由一个值和一组下标确定，在数组中，对于每组有定义的下标都存在一个与之相对应的值；而线性表是有限结点的有序集合，若将其每个结点的序号看成下标，线性表就是一维数组（向量）；当数组为多维数组时，其对应线性表中的每个元素又是一个数据结构而已。数组使用时需要的内存空间远远大于普通变量的空间，所以按内存开辟空间的时机来划分数组，在程序编译时开辟内存区的数组称为静态数组，运行时根据需要开辟内存区的数组称做动态数组。简单来说，使用数值常量或符号常量定义下标的数组为静态数组，首先声明一个没有下标的数组名，然后在使用时再次声明数组的下标，称为动态数组。用 C 语言来描述数组如下：

```
ADT array {
    数据对象：$j_i=0,\cdots,b_i-1, i=1,2,\cdots,n$
        D={$a_{j_1j_2\cdots j_n}$ | n>0 称为数组的维数，$b_i$ 是数组第 i 维的长度，$j_i$ 是数组元素的第 i 维下标，$a_{j_1j_2\cdots j_n} \in$ ElemSet}
    数据关系 R={$R_1,R_2,\cdots,R_n$}
        Ri={<$a_{j_1\cdots j_i\cdots j_n},a_{j_1\cdots j_i+1\cdots j_n}$> | $0 \leqslant j_k \leqslant b_k-1, 1 \leqslant k \leqslant n$ 且 $k \neq i, 0 \leqslant j_i \leqslant b_i-2$,
        $a_{j_1\cdots j_i\cdots j_n}, a_{j_1\cdots j_i+1\cdots j_n} \in D, i=2,\cdots,n$}
    基本操作：
        1.Initarray (A, n, index1,index2, …, index n)
            新建立一个 n 维数组 A
        2.Destroyarray(A)
            若数组 A 已经存在，则销毁数组 A，将其占用的空间收回。
        3.Value (A, index1,index2, …, index n, x)
            取出 A[index1][index2]…[index n]数组元素的值存入变量 x。
        4.Assign (A, e, index1,index2, …, index n)
            将表达式 e 的值赋给数组元素 A[index1][index2]…[index n]。
} ADT array
```

由于数组一般不做插入或删除操作，也就是说，一旦建立了数组，则结构中的数组元素个数和元素之间的关系就不再发生变动,即它们的逻辑结构就固定下来了,不再发生变化。因此,一般采用顺序存储结构表示数组。多维数组的顺序存储有两种形式:以列序为主序和以行序为主序。

**1. 存放规则**

行优先顺序也称为低下标优先或左边下标优先于右边下标。具体实现时,按行号从小到大的顺序,先将第一行中元素全部存放好,再存放第二行元素,第三行元素,依次类推……

在 Basic 语言、Pascal 语言、C/C++语言等高级语言程序设计中,都是按行优先顺序存放的。例如,对刚才的 $A_{m×n}$ 二维数组,可用如下形式存放到内存:$a_{00}$, $a_{01}$,…$a_{0\,n-1}$, $a_{10}$, $a_{11}$, …, $a_{1\,n-1}$, …, $a_{m-1\,0}$, $a_{m-1\,1}$, …, $a_{m-1\,n-1}$。即二维数组按行优先存放到内存后,变成了一个线性序列(线性表)。

因此,可以得出多维数组按行优先存放到内存的规律:最左边下标变化最慢,最右边下标变化最快,右边下标变化一遍,与之相邻的左边下标才变化一次。因此,在算法中,最左边下标可以看成是外循环,最右边下标可以看成是最内循环。

**2. 地址计算**

由于多维数组在内存中排列成一个线性序列,因此,若知道第一个元素的内存地址,如何求得其他元素的内存地址?可以将它们的地址排列看成是一个等差数列,假设每个元素占 1 个字节,元素 $a_{ij}$ 的存储地址应为第一个元素的地址加上排在 $a_{ij}$ 前面的元素所占用的单元数,而 $a_{ij}$ 的前面有 i 行(0~i–1)共 i×n 个元素,而本行前面又有 j 个元素,故 $a_{ij}$ 的前面一共有 i×n+j 个元素,设 $a_{00}$ 的内存地址为 LOC($a_{00}$),则 $a_{ij}$ 的内存地址按等差数列计算为 LOC($a_{ij}$)=LOC($a_{00}$)+(i×n+j)×l。同理,三维数组 $A_{m×n×p}$ 按行优先存放的地址计算公式为:LOC($a_{ijk}$)=LOC($a_{000}$)+(i×n×p+j×p+k)×l。

## 5.4.2 广义表的定义和存储结构

广义表是 5.2 节提到的线性表的推广。线性表中的元素仅限于原子项,即不可以再分,而广义表中的元素既可以是原子项,也可以是子表(即另一个线性表)。它是 n≥0 个元素 $a_1$, $a_2$, …, $a_n$ 的有限序列,其中每一个 $a_i$ 或者是原子,或者是一个子表。广义表通常记为 LS=($a_1$, $a_2$, …, $a_n$),其中 LS 为广义表的名字,n 为广义表的长度,每一个 $a_i$ 为广义表的元素。但在习惯中,一般用大写字母表示广义表,小写字母表示原子。

广义表一般表示为:

(1) 用 LS=($a_1$, $a_2$, …, $a_n$)形式,其中每一个 $a_i$ 为原子或广义表。

例如:A=(b,c);B=(a,A)都是广义表。

(2) 将广义表中所有子表写到原子形式,并利用圆括号嵌套。

例如:上面提到的广义表 A、B 可以描述为:

A(b,c);B(a,A(b,c))

(3) 将广义表用树和图来描述,一个广义表的深度指的是该广义表展开后所含括号的层数。例如，A=(b,c) 的深度为 1，B=(A,d) 的深度为 2，C=(f,B,h) 的深度为 3；如图 5-8 所示。

由于广义表的元素类型不一定相同，因此，难以用顺序结构来存储表中的元素，通常采用链接存储方法来存储广义表中元素，并称之为广义链表。广义表需要两种结构的结点，一种是表结点，表示列表；一种是原子节点，表示原子。一个表结点可以由标志域、指示表头的指针域和指示表尾的指针域组成；而原子结点由标志域和值域组成，如图 5-9 所示。

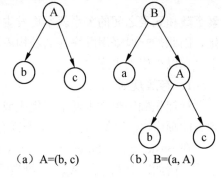

(a) A=(b, c)　　(b) B=(a, A)

图 5-8　广义表的深度

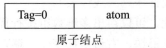

表结点　　　　　　原子结点

图 5-9　广义表的结构

数据类型描述如下：

```
Typedef enum{Atom,List}ElemTag;//atom==0 原子，list==1 子表
Typedef struct node
        { ElemTag tag;//公共部分，用于区分原子结点和表结点
            Union{
                AtomType atom;
                struct { struct node *hp,*tp;}ptr;
                //ptr 表结点指针域
            };
        } *List;
```

广义表的存储结构如图 5-10 所示。

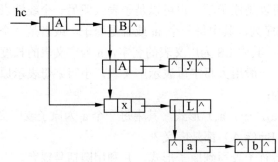

图 5-10　广义表的存储结构

## 5.5 树和二叉树

### 5.5.1 树的定义

树（tree）是 n（n≥0）个结点的有限集。n=0 的树称为空树；当 n≠0 时，树中的结点应该满足以下两个条件：

（1）有且仅有一个特定的结点称之为根。

（2）其余结点分成 m（m≥0）个互不相交的有限集合 $T_1, T_2, \cdots, T_m$，其中每一个集合又都是一棵树，称 $T_1, T_2, \cdots, T_m$ 为根结点的子树。

以上定义是一个递归定义，它反映了树的固有特性，因为一棵树是由根和它的子树构成，而子树又是由子树的根和更小的子树构成。如图 5-11 所示的树中，A 是根结点，其余结点分成三个互不相交的子集：$S_1=\{B, E, F\}$，$S_2=\{C\}$，$S_3=\{D, G, H, I, J, K\}$，这三个集合分别构成了 A 的三棵子树；在 S3 构成的子树中，D 是根结点，D 又具有三棵子树，这三棵子树的根结点分别是 G，H 和 I；对于结点 G 和 I，它们的子树均为空。

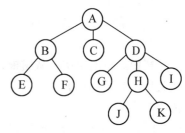

图 5-11 树

图中树的表示类似于自然界中一棵倒长的树，"树型结构"由此得名，这种表示方法比较形象、直观，因而容易为人们所接受，是树的一种最常用的表示方法。树型结构除以上表示方法外，还有括号表示法、凹入表示法和嵌套集合表示形式。图 5-12 给出了图 5-11 中树的这三种表示形式。

A(B(E,F),C,D(G,H(J,K),I))

(a) 括号表示法

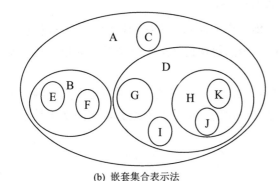

(b) 嵌套集合表示法

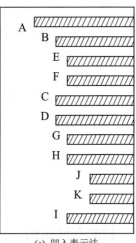

(c) 凹入表示法

图 5-12 树的表示

在图 5-11 的树中，采用线段连接两个相关联的结点，如 A 和 B，D 和 H 等。其中 A 和 D 是上端结点，B 和 H 是下端结点。称 A、D 分别是 B、H 的双亲（或父母或前件），B 和 H 分别为 A 和 D 的子女（或孩子或后件）。由于 E 和 F 的双亲为同一结点，称 E 和 F 互为兄弟。在任何一棵树中，除根结点外，其他任何一个结点有且仅有一个双亲，有 0 个或多个子女，且它的子女恰巧为其子树的根结点。将一结点拥有的子女数称为该结点的度，树中所有结点度的最大值称为树的度。称树中连接两个结点的线段为树枝。在树中，若从结点 $K_i$ 开始沿着树枝自上而下能到达结点 $K_j$，则称从 $K_i$ 到 $K_j$ 存在一条路径，路径的长度等于所经过的树枝的条数。在图 5-11 中，从结点 A 到结点 J 存在一条路径，路径的长度为 3；从 D 到 K 也存在一条路径，路径的长度为 2。将从树根到某一结点 $K_i$ 的路径中 $K_i$ 前所经过的所有结点称为 $K_i$ 的祖先；反之，以某结点 $K_i$ 为根的子树中的任何一个结点都称为 $K_i$ 的子孙。图 5-11 中，A、D、H 均为 J 和 K 的祖先，而 G、H、I、J 和 K 均为 D 的子孙。

树中结点的层次：从树根开始定义，根结点为第一层，根的子女结点构成第二层，依次类推，若某结点 $K_j$ 位于第 i 层，则其子女就位于第 i+1 层。称树中结点的最大层次数为树的深度或高度。图 5-11 中，A 结点位于第一层，B、C、D 位于第 2 层，E、F、G、H 和 I 位于第三层等，整棵树的高度为 4。

如果树中任意结点的子树均看成是从左到右有次序的，不能随意交换，则称该树是有序树；否则称之为无序树。如图 5-13 所示的两棵树，若看成是有序树，它们是不等价的；若看成是无序树，两者相等。

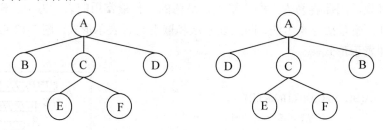

图 5-13　树

由 m（m≥0）棵互不相交的树构成的集合称为森林。森林和树的概念十分相近，每个结点的子树的集合即为一个森林；而在森林中的每棵树之上加一个共同的根，森林就成为了一棵树。

二叉树（Binary Tree）是另一种树型结构，它的特点是每个结点至多只有两棵子树，在二叉树中不存在度大于 2 的结点，并且二叉树的子树有左右之分，它的次序是不能任意颠倒的。

## 5.5.2　树的存储结构

存储结构的选择不仅要考虑数据元素如何存储，更重要的是要考虑数据元素之间的关系如何体现。根据数据元素之间关系的不同表示方式，常用的树存储结构主要有三种：双亲表示法、孩子表示法和孩子兄弟表示法。本节主要讨论树的双亲表示法，如图 5-14 所示。

在树中，除根结点没有双亲外，其他每个结点的双亲是唯一确定的。因此，根据树的这种性质，存储树中结点时，应该包含两个信息：结点的值 data 和体现结点之间相互关系的属性——该结点的双亲 parent。借助于每个结点的这两个信息便可唯一地表示任何一棵树。这种表示方法称为双亲表示法，为了查找方便，可以将树中所有结点存放在一个一维数组中，具体类型定义如下。

```
# define MAXSIZE 100         /*树中结点个数的最大值*/
typedef char datatype;       /*结点值的类型*/
typedef struct node          /*结点的类型*/
{
    datatype data;
    int parent;              /*结点双亲的下标*/
} node;
typedef struct tree
{
    node treelist[MAXSIZE];  /*存放结点的数组*/
    int length, root ;       /* 树中实际所含结点的个数及根结点的位置*/
} tree;                      /* 树的类型*/
```

其中 datatype 应根据结点值的具体类型给出定义，在此假设为字符型。这里值得一提的是，根结点在树中有着与其他结点不同的地位，树根的位置是非常关键的，正如单链表中抓住了表头指针，就掌握了整个链表一样，树中只要知道树根在哪里，便可以访问到树中所有的结点，因此树的存储结构中要特别考虑根结点的存储。

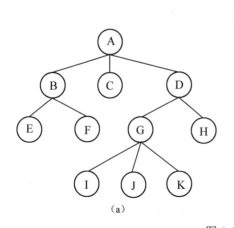

|   | data | parent |
|---|------|--------|
| 0 | A | –1 | ← root
| 1 | B | 0 |
| 2 | C | 0 |
| 3 | D | 0 |
| 4 | E | 1 |
| 5 | F | 1 |
| 6 | G | 3 |
| 7 | H | 3 |
| 8 | I | 6 |
| 9 | J | 6 |
| 10 | K | 6 |

(a)　　　　　　　　　　(b)

图 5-14　树的表示

其中 parent 的值为 –1 表示结点的双亲不存在。本树中 root 域的值为 0，表示树的根结点存放在数组的第一个元素中。

### 5.5.3 树的遍历

所谓树的遍历，指按某种规定的顺序访问树中的每一个结点一次，且每个结点仅被访问一次。根据根结点的访问位置不同，树的遍历可以分为前序遍历和后序遍历；又由于树具有层次性，遍历树中结点时可以按层次自上而下访问每个结点，因此树的遍历方式分为以下三种：

**1．树的前序遍历**

首先访问根结点，再依次按前序遍历的方式访问根结点的每一棵子树。

**2．树的后序遍历**

首先按后序遍历的方式访问根结点的每一棵子树，然后再访问根结点。

**3．树的层次遍历**

首先访问第一层上的根结点，然后从左到右依次访问第二层上的所有结点，再以同样的方式访问第三层上的所有结点……最后访问树中最低一层的所有结点。

如图 5-15 所示的树对其进行三种遍历的结果分别为：前序遍历的结果——ABCEFHIGD；后序遍历的结果——BEHIFGCDA；层次遍历的结果——ABCDEFGHI。

显然，树的前序遍历和后序遍历的定义具有递归性，因此采用递归方式实现树的前、后序遍历算法十分方便，只要按照其各自规定的顺序，访问根结点时就输出根结点的值，访问子树时进行递归调用即可。以下以指针方式的孩子表示法作为树的存储结构，分别给出树的前序遍历和后序遍历算法的实现。

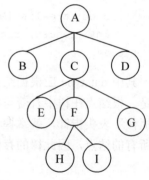

图 5-15　树

**4．树的前序遍历的递归算法**

```
void preorder ( tree p )        /*p 为指向树根结点的指针*/
{
    int i;
    if (p!=NULL)                /*树不为空*/
    {
        printf("%c",p->data);   /*输出根结点的值*/
        for (i=0;i<m;++i)       /*依次递归实现各子树的前序遍历*/
            preorder(p->child[i]);
    }
}
```

**5. 树的后序遍历的递归算法**

```
void postorder ( tree p )          /*p 为指向树根结点的指针*/
{
    int i;
    if (p!=NULL)                   /*树不为空*/
    {
        for (i=0;i<m;++i)          /*依次递归实现各子树的后序遍历*/
        postorder (p->child[i]);
            printf ("%c",p->data); /*输出根结点的值*/
    }
}
```

## 5.6 图

### 5.6.1 图的定义和术语

图是由一个非空的顶点集合和一个描述顶点之间多对多关系的边（或弧）集合组成的一种数据结构，它可以形式化地表示为：

$$图=（V，E）$$

其中 V= {x|xÎ 某个数据对象集}，它是顶点的有穷非空集合；E={（x, y）|x, yÎ V} 或 E={<x, y>|x, yÎ V 且 Path（x, y）}，它是顶点之间关系的有穷集合，也称为边集合，PathP（x, y）表示从 x 到 y 的一条单向通路。

通常，也将图 G 的顶点集和边集分别记为 V（G）和 E（G）。E（G）可以是空集，若 E（G）为空，则图 G 只有顶点而没有边。

若图 G 中的每条边都是有方向的，则称 G 为有向图。在有向图中，一条有向边是由两个顶点组成的有序对，有序对通常用尖括号表示。例如，有序对有向边<$v_i$, $v_j$>表示一条由 $v_i$ 到 $v_j$ 的有向边。有向边又称为弧，也称为边弧，边弧的始点 $v_i$ 称为弧尾（Tail），边弧的终点 $v_j$ 称为弧头（Head）。若图 G 中的每条边都是没有方向的，则称 G 为无向图。无向图中的边均是顶点的无序对，无序对通常用圆括号表示。

### 5.6.2 图的存储结构

设 G=（V，E）是有 n（n³1）个顶点的图，在图的邻接矩阵表示法中，可用两个表格分别存储数据元素（顶点）的信息和数据元素之间的关联（边）信息。通常用一维数组（顺序表）存储数据元素的信息，用二维数组（邻接矩阵）存储数据元素之间的关系。

$$A[i,j]=\begin{cases}1: 若（v_i, v_j）或<v_i, v_j>是 E（G）中的边\\0: 若（v_i, v_j）或<v_i, v_j>不是 E（G）中的边\end{cases}$$

给定图 G=(V, E), 其中 V(G)={$v_0$, …, $v_i$, …, $v_{n-1}$}, G 邻接矩阵（Adjacency Matrix）是表示顶点之间相邻关系的矩阵，G 的邻接矩阵是具有如下性质的 n 阶方阵：

```
# define n 6              / * 图的顶点数 * /
# define e 8              / * 图的边（弧）数 */
typedef char vextype;     / * 顶点的数据类型 * /
typedef float adjtype;    / * 权值类型 * /
typedef struct
{        vextype vexs[n];
         adjtype arcs[n][n];
}graph;
```

若图中顶点信息是 0 至 n–1 的编号，则仅需令权值为 1，存储一个邻接矩阵就可以表示图。若是网络，则 adjtype 为权的类型。由于无向图或无向网络的邻接矩阵是对称的，故可采用压缩存储的方法，仅存储下三角阵（不包括对角线上的元素）中的元素即可。显然，邻接矩阵表示法的空间复杂度 S(n) = O($n^2$)。

### 5.6.3 图的遍历

给定图 G=（V，E）和 V（G）中的某一顶点 v，从 v 出发访问 G 中其余顶点，且使每个顶点位置仅被访问一次，这一过程称为图的遍历。

深度优先遍历和广度优先遍历是最为重要的两种遍历图的方法，它们对无向图和有向图均适用。

**1．深度优先遍历**

深度优先搜索（Depth-First Search）的基本思想是：对于给定的图 G =（V，E），首先将 V 中每一个顶点都标记为未被访问，然后，选取一个源点将 v 标记为已被访问，再递归地用深度优先搜索方法，依次搜索 v 的所有邻接点 w。若 w 未曾访问过，则以 w 为新的出发点继续进行深度优先遍历。如果从 v 出发有路的顶点都已被访问过，则从 v 的搜索过程结束。此时，如果图中还有未被访问过的顶点（该图有多个连通分量或强连通分量），则再任选一个未被访问过的顶点，并从这个顶点开始做新的搜索。上述过程一直进行到 V 中所有顶点都已被访问过为止。

**2．广度优先遍历**

图的广度优先遍历的基本思想是：给定图 G =（V，E），从图中某个源点 v 出发，在访问了顶点 v 之后，接着尽可能先在横向搜索 v 的所有邻接点。在依次访问 v 的各个未被访问过的邻接点 $w_1$, $w_2$, …, $w_k$ 之后，分别从这些邻接点出发依次访问与 $w_1$, $w_2$, …, $w_k$ 邻接的所有未曾访问过的顶点。依此类推，直至图中所有和源点 v 有路径相通的顶点都已访问过为止，此时从 v 开始的搜索过程结束。若 G 是连通图，则遍历完成；否则，在图 G 中另选一个尚未访问的顶点作为新源点继续上述的搜索过程，直至图 G 中所有顶点均已被访问为止。采用广度优先搜索法遍历图的方法称为图的广度优先遍历。

为确保先访问的顶点其邻接点亦先被访问，在搜索过程中可使用队列来保存已访问过的顶点。当访问 v 和 u 时，这两个顶点相继入队，此后，当 v 和 u 相继出队时，分别从 v 和 u 出发搜索其邻接点 $v_1, v_2, \cdots, v_s$ 和 $u_1, u_2, \cdots, u_t$，对其中未访者进行访问并将其入队。这种方法是将每个已访问的顶点入队，保证了每个顶点至多只有一次入队。

## 选择题

1. 双链表的每个结点中包括两个指针：link1 指向结点的后继结点，link2 指向结点的前驱结点。现要将指针 q 指向的新结点插入到指针 p 指向的双链表结点之后，下面的操作序列哪一个是正确的？（　　）

  A）q↑.link1:=p↑.link1;p↑.link1:=q;
    q↑.link2:=p;q↑.link1↑.link2:=q;
  B）q↑.link1:=p↑.link;q↑.link2:=p;
    q↑.link1↑.link2:=q;p↑.link1:=q;
  C）q↑.link2:=p;p↑.link1:=q;
    q↑.link1:=p↑.link1;q↑.link1↑.link2:=q;
  D）q↑.link2:=p;q↑.link:=p↑.link1;
    p↑.link1:=q;q↑.link1↑.link2:=q;

2. 在顺序表（2,5,7,10,14,15,18,23,35,41,52）中，用二分法查找关键码值 12，所需的关键码比较次数为（　　）。

  A）2      B）3
  C）4      D）5

## 思考题

1. 请简述数据结构与算法的关系。
2. 用学过的算法的知识，编写把一个字符串插入到另一个字符串的某个位置的算法。
3. 论述题：要求设计一个学生试卷成绩输入、查询和成绩单输出系统（简称 SRS）的数据结构和算法要点。问题描述如下：

要输入到 SRS 系统中的每一份试卷成绩反映一个学生选修一门课程的考试结果，它包括以下数据项：学号、姓名、课程名、成绩。由于实行了灵活的选课制度，所以每个学生选修多少门课程，选修哪些课程都可以不同。要输入的多份试卷成绩并未按任何数据项排列顺序，它们以任意的顺序被输入到系统中来。SRS 系统要具有以下功能：①试卷成绩插入，将试卷成绩逐个插入到 SRS 系统的数据结构中。②学生成绩查询，给出学号查找该学生所选修的各门课程的考试成绩。③成绩单输出。按学号递增的顺序依次输出所有学生的学号、姓名，及其所选修的各门课程的课程名和成绩。（为简单起见，假设上述所有工作都在计算机内存中进行。）请设计 SRS 系统的数据结构和算法要点，使上述三项操作都有较高的执行效率。从以下方面阐述你的设计：

① SRS 系统的数据结构
② SRS 系统的算法要点
③ 简单陈述上述设计的理由

# 第 6 章  多媒体基础知识

## 6.1  多媒体技术概论

从字面上理解，所谓"多媒体"就是"多种媒体的综合"。多媒体技术出现于 20 世纪 80 年代初期，它将计算机技术、声像处理技术、通信技术、出版技术等结合在一起，综合处理"图、文、声、像"多种信息，使计算机的应用更为直观、容易。

### 6.1.1  多媒体技术基本概念

**1．多媒体的概念**

"多媒体"一词译自英文 Multimedia，由 multiple 和 media 复合而成，核心词是媒体。媒体在计算机领域有两种含义：一是指存储信息的实体，如磁盘、光盘、磁带等，中文常译为媒质；二是指传递信息的载体，如数字、文字、声音、图形和图像等，中文译作媒介，多媒体技术中的媒体是指后者。从多媒体所要实现的功能角度来定义，"多媒体"是一个集合很多传播媒体的沟通系统和方法，可以使用一个以上的传播媒体方式对任一事物进行介绍或发表。

**2．多媒体计算机技术**

多媒体计算机技术的定义是：计算机综合处理多种媒体信息（文本、图形、图像、音频和视频），使多种信息建立逻辑连接，集成为一个系统并具有交互性。它具有下列特性：

（1）集成性。多媒体技术的集成性是指将多种媒体有机地组织在一起，共同表达一个完整的多媒体信息，使声、文、图像一体化。

（2）交互性。交互性是指人和计算机能"对话"，以便进行人工干预控制，这是它和传统媒体最大的不同。不但可以使使用者按照自己的意愿来解决问题，还可以借助这种交谈式的沟通来帮助学习、思考，以达到增进知识及解决问题的目的。

（3）实时性。多媒体技术是多种媒体集成的技术，其中某些媒体（例如声音和图像）是与时间密切相关的，所以多媒体技术必须要支持实时处理。

（4）数字化。数字化是指多媒体中的各种媒体都是以数字的形式存放在计算机中。

**3．多媒体计算机系统**

多媒体计算机是指能综合处理多媒体信息，使多种信息建立联系并具有交互性的计算机系统。多媒体计算机系统一般由支持多媒体应用的计算机硬件系统和多媒体计算机软件系统组成。

多媒体计算机硬件系统主要包括以下几部分：多媒体主机（如个人机、工作站等）、多媒体输入设备（如摄像机、麦克风、扫描仪等）、多媒体输出设备（如打印机、绘图仪、音响等）、多媒体存储设备（如硬盘、光盘等）、多媒体功能卡（如视频卡、声音卡等）、操纵控制设备（如鼠标、键盘、触摸屏等）。

多媒体计算机的软件系统是以操作系统为基础的。除此之外，还有多媒体数据库管理系统、多媒体压缩/解压缩软件、多媒体声像同步软件、多媒体通信软件等。特别需要指出的是，多媒体系统在不同领域中的应用需要有多种开发工具，而多媒体开发和创作工具为多媒体系统提供了方便直观的创作途径，一些多媒体开发软件包提供了图形、色彩板、声音、动画、图像及各种媒体文件的转换与编辑手段。

## 6.1.2 多媒体关键技术和应用

**1. 多媒体计算机技术的主要组成**

多媒体技术是依靠许多基础技术的进步而发展起来的，它涉及到声音、图像、视频处理、数字处理、网络通信、数据库等技术。可以把多媒体技术的主要组成归纳为以下几个方面：各种媒体信息的处理技术和信息压缩技术；多媒体计算机技术；多媒体网络通信技术；多媒体数据库技术。

**2. 多媒体计算机系统的关键技术**

（1）视频和音频数据的压缩和解压缩技术。

研制多媒体计算机需要解决的关键问题之一是要使计算机能够实时地综合处理声、文、图信息，此外，由于数字化的图像、声音等多媒体数据量非常大，而且视频、音频信号还要求快速的传输处理，这就使得在一般计算机产品（特别是个人计算机系列）上开展多媒体应用变得难以实现。因此，视频、音频数字信号的编码和压缩算法是一个重要的研究课题。

在研究和选用编码时，主要有两个问题：编码方法能用计算机软件或集成电路芯片快速实现；要符合压缩编码/解压缩编码的国际标准。

（2）多媒体专用芯片技术。

多媒体专用芯片基于大规模集成电路（VLSI）技术，它是多媒体硬件系统体系结构的关键技术。因为，要实现音频、视频信号的快速压缩、解压缩和播放处理，和实现图像许多特殊效果、图像生成、绘制等处理以及音频信号的处理等，都需要大量的快速计算，只有采用专用芯片，才能取得满意效果。除专用处理器芯片外，多媒体系统还需要其他集成电路芯片支持，如数/模和模/数转换器、音频、视频芯片、彩色空间变换器及时钟信号产生器等。

（3）多媒体系统软件技术。

多媒体系统软件技术主要包括多媒体操作系统、多媒体编辑系统、多媒体数据库管理技术、多媒体信息的混合与重叠技术等。

多媒体操作系统要能够像处理文本、图形文件一样方便灵活地处理动态音频和视频。在控制功能上，要扩展到对录像机、音响、MIDI 等声像设备以及 CD-ROM 光盘存储技术等。多媒体操作系统要能处理多任务,易于扩充。要求数据存取与数据格式无关,提供统一友好的界面。

多媒体信息在计算机中大多是存储在数据库中,这样的数据库就要能够管理音频、视频、静态和动态图像等多媒体信息。多媒体数据库的关键技术是解决多媒体数据的模型、表示方式,多媒体数据的压缩及解压缩,多媒体数据的存储管理和存储方法等。

(4) 大容量信息存储技术。

多媒体的音频、视频、图像等信息即使是经过了压缩处理,但仍需相当大的存储空间,大容量只读光盘存储器 CD-ROM 真正地解决了多媒体信息存储空间问题。而新一代光盘标准 DVD 又使得基于计算机的数字视盘驱动器能够从单个盘面上读取 4.7GB 至 17GB 的数据量。另外,作为数据备份的存储设备也有了发展。常用的备份设备有磁带、磁盘和活动式硬盘等。

磁盘管理技术可以避免磁盘损坏而造成的数据丢失,例如,磁盘阵列就是在这种情况下诞生的一种数据存储技术。这些大容量存储设备为多媒体应用提供了便利条件。

(5) 多媒体网络通信技术。

多媒体网络系统就是将多个多媒体计算机连接起来以实现多媒体通信和多媒体数据的共享。多媒体网络的网络节点必须是多媒体计算机,它能够综合、集成、实时地处理多媒体信息,多媒体网络必须要有较大的带宽和传输速率。多媒体网络通信的关键技术是多媒体数据的压缩技术和高速的数据通信技术。

(6) 超文本与超媒体技术。

超文本指的是一种按人脑的联想思维非线性地存储、管理和浏览文字信息的技术。当超文本系统所管理的信息不仅是文字,而且还包括图形、图像、声音等其他的媒体信息时,就需要运用超媒体技术来解决。也就是说,超媒体技术是超文本加多媒体。

**3. 多媒体计算机技术的应用**

计算机多媒体的应用领域比传统多媒体更加广阔,如 CAI、有声图书、商情咨询等,都是计算机多媒体的应用范围。另外,具有多种技术的系统集成性,基本上可以说是包含了当今计算机领域内最新的硬件技术和软件技术。

多媒体技术的应用主要有以下几个方面。

(1) 教育与培训。

世界各国的教育学家们正努力研究用先进的多媒体技术改进教学与培训。以多媒体计算机为核心的现代教育技术使教学手段丰富多彩,使计算机辅助教学(CAI)如虎添翼。实践已证明,多媒体教学系统使感官整体交互、学习效率高、效果好,教学信息的集成使教学内容丰富,各种媒体与计算机结合可以使人类的感官与想象力相互配合,从而产生前所未有的思维空间与创造资源。

(2) 桌面出版与办公自动化。

桌面出版物主要包括印刷品、表格、布告、广告、宣传品、海报、市场图表、蓝图及商品图等。许多采用了多媒体技术的应用程序都是为提高工作人员的工作效率而设计的,并产生了许多新型的办公自动化系统。采用先进的数字影像和多媒体计算机技术,把文件扫描仪、图文传真机、文件资料微缩系统等和通信网络等现代化办公设备综合管理起来,将构成全新的办公自动化系统,成为新的发展方向。

(3) 多媒体电子出版物。

电子出版物的内容可分为电子图书、文档资料、报刊杂志、教育培训、娱乐游戏、宣传广告、信息咨询等,许多作品是多种类型的混合。电子出版物的特点是:①具有集成性和交互性,即使用媒体种类多;②表现力强:信息的检索和使用方式更加灵活方便,特别是信息的交互性不仅能向读者提供信息,而且能接受读者的反馈。

(4) 多媒体通信。

多媒体通信是指在一次呼叫过程中能够同时提供多种媒体信息(例如声音、图像、图形、数据、文本等)的新型通信方式。它是通信技术和计算机技术相结合的产物。多媒体通信具有分布性、同步性和交互性三个特点。与电话、电报、传真、计算机通信等传统的单一媒体通信方式相比较,多媒体通信可以使相隔万里的用户声像图文并茂地交流信息,分布在不同地点的多媒体信息还可以步调一致地作为一个完整的信息呈现在用户面前,此外,用户对通信全过程还具有完备的交互控制能力。

(5) 多媒体声光艺术品的创作。

多媒体技术有助于专业的声光艺术作品创作,包括影片剪接、文本编排、音响、画面等特殊效果的制作,专业艺术家也可以通过多媒体系统的帮助增进作品的品质。例如,MIDI的数字乐器合成接口让设计者可以利用音乐器材、键盘等合成音响输入,然后可以进行剪接、编辑并制作出许多特殊效果;电视工作者可以使用媒体系统制作电视节目;美术工作者可以制作出动画的特殊效果;将制作的节目存储到 VCD 视频光盘上,使信息便于保存,图像质量好,价格也已为人们所接受。

## 6.2 多媒体压缩编码技术

### 6.2.1 多媒体数据压缩的基本原理

数字化的视频图像和数字音频信号的数据量非常巨大,这样大的数据量对计算机的速度、存储器的容量和通信线路都提出了很高的要求。数据压缩技术可以将数据量大大减少,节省了存储空间,提高了通信线路的传输效率。所以说,对多媒体数据进行压缩是非常必要的。此外,由于多媒体的图、文、声、像等信息源的数据存在着大量的冗余信息,这就使得数据压缩是可行的。信息压缩比是指压缩前后所需的多媒体数字信息存储量之比。压缩比越大,数据量减少得就越多,压缩技术就越复杂。一般来说,可以用如下 4 个指标衡量一种数据压缩技术的好坏:压缩比、压缩后多媒体信息的质量、压缩和解压缩速度、压缩所需的软硬件开销。

多媒体数据压缩处理包括编码（压缩）过程和解码（解压缩）过程。多媒体压缩系统的工作过程如图 6-1 所示。

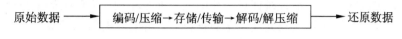

图 6-1 多媒体数据的压缩和解压缩过程

在压缩技术中，压缩速度和解压缩速度是两项单独的性能指标。在视频会议的图像传输过程中，压缩和解压缩要实时进行，而在 CD-ROM 的使用中，压缩是提前进行的，解压缩是在播放的时候进行的。一般来说，压缩的计算量比解压缩的计算量大。

## 6.2.2 多媒体数据压缩的基本编码方法

**1．多媒体压缩编码分类**

数据压缩方法种类繁多，可以分为无损压缩法（冗余压缩法）和有损压缩法（熵压缩法）两大类。

无损压缩利用数据的统计冗余进行压缩，可完全恢复原始数据而且不失真，但压缩率受到数据统计冗余度的限制，一般为 2:1 到 5:1。常用的无损压缩方法有哈夫曼编码、算术编码、行程编码等，使用统计的方法或字典查找等方法进行压缩。这类方法广泛用于文本数据、程序和特殊应用场合的图像数据（例如指纹图像、医学图像等）的压缩。由于压缩比的限制，仅使用无损压缩方法不可能解决图像和数字视频的存储和传输问题。

有损压缩方法允许压缩过程中损失一定的信息，从而得到大得多的压缩比。常用的有损压缩方法有预测编码、变换编码、子带编码、矢量量化编码、混合编码、小波编码等方法。这类方法虽然不能完全恢复原始数据，但由于人类视觉对图像中的某些频率成分不敏感，所以损失的部分对理解原始图像的影响较小。有损压缩广泛应用于语音、图像和视频数据的压缩。

**2．统计编码**

（1）哈夫曼（Huffman）编码。

哈夫曼编码是对统计独立信源达到最小平均码长的编码方法，具有唯一可译性。基本原理是：按信源符号出现的概率大小进行排序，出现概率大的分配短码，出现概率小的则分配长码。编码的过程为：

① 将信源符号按概率递减顺序排列。

② 把两个最小的概率加起来，作为新符号的概率。

③ 重复步骤（1）和（2），直到概率和达到 1 为止。

④ 在每次合并消息时，将被合并的消息赋予 1 和 0 或 0 和 1。

⑤ 寻找从每一信源符号到概率为 1 的路径，记录下路径上的 1 和 0。

⑥ 对每一符号写出从码树的根到终结点 1、0 序列。

（2）算术编码。

算术编码是一种二元码的编码方法，在不考虑信源统计的情况下，只要监视在很短的一段时间内码出现的频率，不管统计是平稳的或是非平稳的，编码的码率总能趋近于信源熵值，每次迭代时的编码算法只处理一个数据符号，并且只有算术运算。

算术编码方法将被编码的符号串（数值串）表示成实数 0 到 1 之间的一个区间（区间长度为该符号出现的概率）。初始先设为整个区间，当出现一个新的待编码符号时，把完整的 0 到 1 区间映射到上一次形成的区间，然后新区间取为 0 到 1 上的新符号对应区间所映成的像。解码时则根据区间的覆盖性来逐一解出原符号串。

**3．预测编码**

预测编码方法是一种较为实用并且被广泛使用的一种压缩编码方法，它的理论基础是现代统计学和控制论，主要是通过减少数据的相关性来实现数据的压缩。

对图像数据来说，空间的冗余反映在同一帧的图像内，相邻像素点或相邻线之间的相关性较强，因此任何一个像素点均可由与其相邻的并且已经被编码的点来进行预测估计；时间的冗余反映在动态视频信号的连续帧中，帧之间也有相关性，后来的帧中保留了许多前面的帧中的内容，也可以通过预测来估计。预测编码方法就是找到一个数学模型，根据以前的内容来预测未来的内容，只传送未来与当前所不同的内容，从而实现数据的压缩。

也就是说，预测编码根据某一数学模型利用以往的样本值对新样本值进行预测，然后将样本实际值与预测值的差值进行编码。如果模型足够好，且样本序列的时间相关性较强，那么误差信号的幅度将远小于原始信号，可以用较少的值对其差值量化，得到较好的压缩效果。预测编码常用的是差分脉冲编码调制法（DPCM）和自适应的差分脉冲编码调制法（ADPCM）。

**4．变换编码**

变换编码是将通常在空间域描写的图像信号进行某种函数变换，变换到另外一些正交矢量空间（即变换域）中进行描写，而且通过选择合适的变换关系使变换域中描写的各信号分量之间相关性很小或者互不相关，从而达到数据压缩的目的。将这种变换反向进行即可恢复原来的数据。

变换编码的种类很多，例如傅立叶变换、离散余弦变换、离散正弦变换等。采用不同的变换方式，压缩的数据量和压缩速度都不相同。

## 6.2.3 编码的国际标准

国际标准化组织对静态、动态视频信号以及声音信号的压缩和编码技术制定了一系列国际标准，这对于推动多媒体系统的应用起到了至关重要的作用。

目前，被国际社会广泛认可和应用的通用压缩编码标准大致有如下四种。

（1）JPEG，全称是 Joint Photograph Coding Experts Group（联合照片专家组），是一种

基于 DCT 的静止图像压缩和解压缩算法，它由 ISO（国际标准化组织）和 CCITT（国际电报电话咨询委员会）共同制定，并在 1992 年后被广泛采纳后成为国际标准。它是把冗长的图像信号和其他类型的静止图像去掉，甚至可以减小到原图像的百分之一，但此时图像的质量并不好。一般来说，当压缩比大于 20:1 时，图像质量就开始变坏。

（2）MPEG，全称是 Moving Pictures Experts Group（动态图像专家组），它是指一组由 ITU 和 ISO 制定发布的视频、音频、数据的压缩标准。它采用一种减少图像冗余信息的压缩算法，提供的压缩比可高达 200:1，并且图像和音响的质量也非常高。现在通常有三个版本：MPEG-1、MPEG-2、MPEG-4，各适用于不同带宽和数字影像质量的要求。它有三个显著的优点：兼容性好、压缩比高、数据失真小。

（3）H.261，它是一个用于音频视频服务的视频编码解码器（也称 P×64 标准），由 CCITT（国际电报电话咨询委员会）通过。它采用了帧内和帧间两种编码方式。H.261 标准与 JPEG 及 MPEG 标准之间有明显的相似性，但关键的区别在于它是为动态使用设计的，并提供完全包含的组织和高水平的交互控制。H.261 在实时编码时比 MPEG 所占用的 CPU 运算量少得多，此算法为了优化带宽占用量，引进了在图像质量与运动幅度之间的平衡折中机制，也就是说，剧烈运动的图像比相对静止的图像质量要差。

（4）DVI，其视频图像的压缩算法的性能与 MPEG-1 相当，即图像质量可达到 VHS 的水平，压缩后的图像数据率约为 1.5Mb/s。

## 6.3 多媒体技术应用

### 6.3.1 数字图像处理技术

在多媒体技术中，对静止图像（例如图画、照片等）和活动图像（例如动画、电影等）的处理是很重要的内容。图像是人类视觉器官所感受到的形象化的媒体信息。处理图像首先要将客观世界中存在的视觉信息变成数字化图像，然后在计算机上用数学方法进行处理，从而产生了多种图像存储格式、压缩编码方法和图像处理方法。

数字图像的优点是：①精确度高；②数字图像不会被电源的波动、电磁场辐射等环境干扰所影响，并且不会因为存储、传输、复制等操作产生信息失真；③不论来自哪种信息源（例如光学系统照片、电影、动画等），数字化后的图像都可以由计算机处理。

**1．图像和视频信号的数字化**

多媒体计算机系统在处理图像和视频信号时，首先要把连续的图像函数转化为离散的数据，即将模拟图像转化为用一系列离散数值表示的数字图像。一般来说，图像的数字化过程包括采样（又称抽样）和量化两个步骤。

常见的数字图像类型有四种：①二值图像，例如文字、图形、指纹等；②黑白灰度图像，例如黑白相片；③彩色图像，例如彩色图片；④活动图像，例如动画。

(1) 几个相关概念。

下面介绍几个与数字图像有关的概念：

- 像素，指的是组成屏幕图像的基本点，也就是显示画面的最小元素。像素间的距离越小，分辨率越高。
- 屏幕分辨率，指的是在某一种显示方式下，计算机屏幕上最大的显示区域，用水平的和竖直的像素数来表示。
- 图像分辨率，指的是数字化图像的大小，用水平的和竖直的像素数来表示。
- 像素分辨率，指的是一个像素宽与长的比例。
- 色彩数和图形灰度，色彩数和图形灰度用位（bit）表示，一般写成 2 的 n 次方，n 代表位数。当图像达到 24 位时，可表现 1677 万种颜色（即真彩）。灰度的表示法与此类似。

(2) 数字图像中彩色的表示方法。

目前，在多媒体技术中，对彩色图像的处理已经达到很高的水平。

彩色可以用亮度、色调和饱和度来描述（通常把色调和饱和度通称为色度），人眼中看到的任何彩色光都是这三个特征的综合效果。亮度是用来表示某彩色光的明亮程度，而色度则表示颜色的类别与深浅程度。

在彩色图像的数字化过程中要表示离散化的彩色信息，必须选择合适的彩色表示空间，因为，彩色也是一个物理量，也可以进行计算和度量，选用不同的坐标，可以得到不同的表示的颜色值。常用的几种彩色表示空间是：①RGB 彩色空间：用 R（红）、G（绿）、B（蓝）三基色的分量来表示数字图像像素的颜色值；②HIS 彩色空间：用 H（色调）、S（饱和度）、I（光的强度）三个参数描述颜色特性；③CMYK 彩色空间：基于印刷处理的颜色模式，通过 C（青）、M（紫红）、Y（黄）、K（黑）四种颜色来组合出彩色图像；④YUV 彩色空间：彩色电视视频信号在 PAL 彩色电视制式中采用的彩色空间。

(3) 数字图像的类型和文件格式。

一般来说，目前的图像格式大致可以分为两大类：一类为位图；另一类称为矢量图形。前者是以点阵形式描述图像的，后者是以数学方法描述的一种由几何元素组成的图像。一般来说，后者对图像的表达细致、真实，缩放后图像的分辨率不变，在专业级的图像处理中运用较多。

图像与图形文件格式是有区别的。在计算机科学中，图形一般指的是用计算机绘制的画面，如直线、圆、圆弧、任意曲线和图表等；图像则是指由输入设备捕捉的实际场景画面或以数字化形式存储的任意画面。

图形文件中只记录生成图的算法和图上的某些特征点，即矢量图。在计算机还原输出时，相邻的特征点之间用特定的很多段小直线连接就形成曲线，若曲线是一条封闭的图形，则可以用着色算法来填充颜色。它的最大优点是容易进行移动、缩放、旋转和扭曲等变换，主要用于表示线框型的图画、工程制图、美术字等。常用的矢量图形文件有 3DS（用于 3D

造型）、DXF（用于 CAD）、WMF（用于桌面出版）等。

图像都是由一些排成行列的像素组成的，一般数据量都较大。它除了可以表达真实的照片，也可以表现复杂绘画的某些细节，并具有灵活和富于创造力等特点。图形文件与图像文件相比，由于图形只保存算法和特征点，所以相对于位图的大数据量来说，它占用的存储空间也较小。但由于每次屏幕显示时都需重新计算，故显示速度没有图像快。在打印输出和放大时，图形的质量较高而点阵图常会发生失真。图像文件格式分两大类：一类是静态图像文件格式，一类是动态图像文件格式。

静态图像文件格式有：GIF，TIF，BMP，PCX，JPG，PCD 等。

① BMP，PC 机上最常用的位图格式，有压缩和不压缩两种形式，该格式可表现从 2 位到 24 位的色彩，分辨率也可从 480×320 至 1024×768。该格式在 Windows 环境下相当稳定，在文件大小没有限制的场合中运用极为广泛。

② GIF，经过压缩的图形格式，并且在各种平台的各种图形处理软件上均可处理。其缺点是存储色彩最高只能达到 256 种。

③ TIF，文件体积庞大，但存储信息量也很巨大，并且细微层次的信息较多，可以存储高质量的图像。该格式有压缩和非压缩两种形式，支持的色彩数最高可达 16M。

④ JPG，一种可以大幅度压缩图像文件的图形格式。对于同一幅画面，JPG 格式存储的文件是其他类型图像文件的 1/10 到 1/20，并且色彩数最高可达 24 位，所以它被广泛地应用于 Internet 上的 homepage 或者 Internet 上的图片库。

动态图像文件格式有 AVI，MPG 等。

⑤ AVI，AVI 是将语音和影像同步组合在一起的文件格式。它对视频文件采用一种有损压缩方式，且压缩比高，因此画面质量不是很好，但其应用范围仍然非常广泛。AVI 支持 256 色和 RLE 压缩。AVI 信息主要应用在多媒体光盘上，用来保存电视、电影等各种影像信息。

⑥ MPG，MPG 文件格式是按 MPEG 标准进行压缩的全运动的视频文件，它需要专门的播放软件和硬件，目前许多视频处理软件都支持 MPG 格式的视频文件。MPG 的压缩率比 AVI 高，画面质量却比 AVI 好。

**2．数字图像处理方法**

在多媒体系统中，利用计算机可以对数字图形、图像进行各种处理，例如将图像进行放大、缩小、旋转、改变颜色、为图像加入特殊效果或者合成照片等。从实现这些操作的算法来说，图像处理的工作实际上是对像素进行各种方法的数字化处理。

常用的数字图像处理技术有如下几种。

（1）改善图像的像质。

有时原始图像并不令人满意，而图像处理可以改善图像的质量，使图像更加清晰。具体的改善措施有：

① 锐化，通过突出图像上的灰度突变的各种边缘信息来增加像素间的对比度，这样就可以使图像更加清晰。

② 增强，对图像进行对比度处理、亮度修正、噪音滤除等操作。

③ 平滑，减少图像上的毛刺，使线条更加光滑。

④ 校正，图像采集时可能会由于某些原因而导致图像产生几何失真，在图像采集后可以通过校正来修改。

（2）将图像复原。

当图像质量下降时，采取该措施可以改善图像的质量，例如复原老照片，对不满意的修改进行恢复等。复原图像时，首先要根据失真的情况来建立一个图像变质的数学模型，然后按其逆过程来恢复图像。

（3）识别和分析图像。

图像的识别是对图像进行特征抽取，并进行图像分析，从而达到识别图像的目的。其中，图像分析技术包括高频增强、检测边缘与线条、抽取轮廓、分割图像区域、测量形状特征、纹理分析、图像匹配等。图像识别技术是在提取出图像的几何和纹理特征的基础上，利用模式匹配、函数判别等理论，对图像进行分类和结构分析。

（4）重建图像。

图像重建是根据数据来构造图像，包括二维图像重建和三维图像重建。二维图像重建是指用一系列延直线投影的数据集合来重新构造二维图像。三维图像重建是指用一系列二维图像数据（即物体的横截面投影数据）的集合来重新构成物体的三维图像。典型的图像重建应用包括测绘、工业检测、医学CT投影图像重建等。

（5）编辑图像。

图像的编辑是指将现有的图像转化成为可供表现用的最终图像产品，例如彩色广告的印刷、美术照片的加工等。图像编辑包括图像的剪裁、缩放、旋转、修改、插入文字或图片等操作。

（6）图像数据的压缩编码。

从本质上来说，图像编码与压缩就是对要处理的图像源数据用一定的规则进行变换和组合，从而达到用尽可能少的代码（符号）来表示尽可能多的数据信息的目的。压缩通过编码来实现，或者说编码带来压缩的效果。所以，一般把此项处理称为压缩编码。

### 3．彩色视频信号的编码与处理

彩色视频信号是动态的图像信息。当需要将电视信号转换成计算机视频信号时，多媒体计算机系统可以将彩色电视信号数字化，即将传统的模拟信号数字化并输入计算机。

（1）彩色电视制式。

目前世界上流行的彩色电视制式（彩色电视的视频信号标准）有：PAL制、NTSC制和SECAM制。而高清晰度数字彩色电视HDTV的出现，使计算机对视频信号的获取和处理变得更加简单。

（2）彩色视频信号的编码和解码。

对彩色电视视频信号的数字化常用的方法有两种：①将模拟视频信号输入计算机系

统,对彩色视频信号的各个分量(例如 YUV)进行数字化,根据需要进行压缩编码,从而成为了数字化视频信号;②直接用数字摄像机采集视频信号,此时的视频信号是无失真的数字视频信号。彩色视频信号的编码是指多媒体计算机系统对模拟视频信号进行数字化和映射变换(压缩处理)得到二进制数字信号的处理。数字化的视频信号在信道传输后,需要进行解码(解码是编码的逆过程),然后将视频信号还原(数模转换)并经过坐标变换(将视频的 YUV 信号转换为 RGB 信号)送往显示器上显示。

(3) 多媒体视频图像的播放。

视频的显示和动画一样,也是由一幅幅的帧序列按一定的速率播放,使观察者得到连续运动的感觉。影响数字视频质量的因素有帧速、分辨率、颜色数、压缩比和关键帧。此外,视频信号的播放过程中要做到图像和声音同步。

视频图像文件的解压缩有硬件解压缩和软件解压缩两种方法。用硬件实现对数字视频信号的压缩和解压缩是通过采用专门的硬件芯片来实现的。例如 MPEG 解压缩卡就是常用的一种,卡上的 MPEG 编码算法的解码芯片可以直接从 CD-ROM 上读取按照 MPEG 压缩标准存放在 VCD 光盘上的数据,对其进行实时的解压缩,并回放图像。使用硬件解压缩具有速度快、实时性强的特点,但成本也很高,并且随着微型计算机性能的不断提高,使用软件解压缩已经成为主要的方法。目前流行的解压缩软件有"超级解霸"、"金山影霸"等。

视频卡是多媒体计算机中处理活动图像的适配器,可以实现对视频进行处理。它首先获取各种视频和音频信号源信息,然后通过编辑或各种特技处理来产生视觉效果好的画面。视频卡大致有如下几类:①视频叠加卡:作用是将计算机的 VGA 信号与视频信号叠加,把叠加后的信号在显示器上显示,用于对连续图像进行处理从而产生特技效果;②视频捕获卡:作用是从视频信号中捕获并存储一幅画面,用于从电视节目或录相带中提取一幅静止画面存储起来供编辑或演示使用;③电视编码卡:作用是将计算机 VGA 信号转换成视频信号,一般用于把计算机的屏幕内容送至电视机或录相设备;④电视选台卡:它相当于电视机的高频头,起到选台的作用,将电视选台卡和视频叠加卡配合使用就可以在计算机上收看电视节目,现在又将这两种卡合二为一,称为电视卡;⑤压缩/解压卡:用于将连续图像的数据压缩和解压。

## 6.3.2 数字音频处理技术

声音是一种模拟振动波,主要有三种类型:波形声音、语音和音乐。音调、音强和音色是声音的三要素,也是声音的质量特性。声音处理是多媒体的重要特征之一,为多媒体计算机配备上光盘驱动器 CD-ROM、声卡、话筒和扬声器等硬件,并加上相应的软件,就可以进行声音处理了,例如录音、播放、合成等。

**1. 数字音频处理技术**

多媒体涉及到多方面的音频处理技术,如音频采集、语音编码/解码、文语转换、音乐合成、语音识别与理解、音频数据传输、音频视频同步、音频效果与编辑等。而多媒体计算机要解决的第一个关键技术是视频音频信号获取问题,只有将视频音频信号获取到计算机中,才能谈到综合处理。声音信息的计算机获取过程就是声音信号的数字化处理的过程。

(1) 音频信息的数字化。

复杂的声波由许多具有不同振幅和频率的正弦波组成,代表声音的模拟信息是个连续的量,不能由计算机直接处理,必须将其数字化。

音频信息的数字化指的是:把模拟音频信号转换成有限个数字表示的离散序列,即数字音频。转换过程是:选择采样频率,进行采样(即每隔一个时间间隔在模拟声音波形上取一个幅度值),选择合适的量化精度进行量化(将样本值从模拟量转换为二进制的数字量),编码(即把声音数据写成计算机的数据格式),从而形成声音文件。数字音频信息的质量受三个因素的影响,即采样频率、量化精度和声道数。经过数字化处理之后的数字声音信息能够像文字和图形信息一样进行存储、检索、编辑和其他处理。计算机数字 CD、数字磁带(DAT)中存储的都是数字声音。

音频文件大小的计算公式为:文件的字节数/每秒=采样频率(Hz)×分辨率(位)×声道数/8,对音频的数字化来说,在相同条件下,立体声比单声道占的空间大、分辨率越高则占的空间越大、采样频率越高则占的空间越大。

(2) 音频信号的处理。

音频数据是随时间变化的一维函数。因此,与图像信号的播放(由一幅幅的帧序列按一定的速率播放)不同,声音信号的处理过程是不可以停止的。数字音频的播放要经过解码器(即数/模转换器)将二进制信息恢复成模拟声音信号,并由扬声器来播放。

音频信号可分为语音信号和非语音信号。语音是人类交流的工具,而非语音包括音乐和其他声音,不具有复杂的语义和语法,识别起来较简单。一般来说,实现计算机语音输出有两种方法:①录音/重放:是最简单的音乐合成方法,曾相继产生了应用调频(FM)音乐合成技术和波形表音乐合成技术;②文语转换:是基于声音合成技术的一种声音产生技术,它可用于语音合成和音乐合成。

由于模拟音响技术已经比较成熟,并且数字声音(例如 CD、数字电话等)也比较普及,所以音频数据的处理和压缩编码比图像数据的处理容易。

**2. 数字音频信息的编码**

数字音频信号数据量大,所以需要进行压缩。并且,由于音频数据中存在着冗余,所以可以进行压缩编码。音频冗余主要表现为:时域冗余度和频域冗余度。音频信号的编码方式主要分成如下几大类。

(1) 波形编码法:波形编码是对声音波形进行采样、量化和编码。在信号采样和量化过程中,考虑人的听觉特性,使编码后的音频信号与原始信号的波形尽可能相匹配,采样频率如果在 9.6~64kb/s 得到的声音信号的质量较高。但波形编码法容易受到量化噪声的影响,进一步降低编码率也较困难。常用的波形编码方法是 PCM(脉冲编码调制)、DPCM(差值脉冲编码调制)和 ADPCM(自适应差值编码调制)。

（2）参数编码法。参数编码法是以声音信号产生的模型为基础，提取声音信号的特征参数（基音周期、共振峰、语音谱、声强等）进行编码。利用特征参数，就不必对声音的波形进行编码，只要记录和传输这些参数就可以实现声音数据的压缩。声音的特征参数可以由声音生成机构模型通过实验得到。这类编码技术一般称为声码器，典型的有通道声码器、同态声码器和线性预测声码器。参数编码法的压缩率大，但计算量大，保真度不高，适合于语音信号的编码。

（3）混合编码法。将上述两种编码方法结合起来，就是混合编码法。此方法可以在较低的数据率上得到较高的音质。典型的有码本激励线性预测编码和多脉冲激励线性预测编码。

目前几种流行的多媒体声音文件效果是：WAVE（扩展名为 WAV）、MOD（扩展名 MOD、ST3、XT、S3M、FAR 等）、MPEG-3（扩展名 MP3）、Real Audio（扩展名 RA）、CD Audio 音乐 CD（扩展名 CDA）、MIDI（扩展名 MID）。下面就介绍其中的几种：

WAV 文件又称为波形文件格式，它来源于对声音模拟波形的采样，用不同的采样频率对声音的模拟波形进行采样，得到一系列离散的采样点，以不同的量化位数把这些采样点的值转换成二进制数并存盘，从而产生了 WAV 文件。在 WAV 文件中，声音是由采样数据组成的，所以需要很大的存储容量。

MP3 文件是现在最流行的声音文件格式，压缩率大，在网络可视电话通信方面应用广泛，但和 CD 唱片相比，音质不能令人非常满意。

RA 文件，这种格式的压缩量很大，并且失真极小。和 MP3 相同，它也是为了解决网络传输带宽资源而设计的，因此主要目标是压缩比和容错性，其次才是音质。

### 3．电子乐器数字接口（MIDI）系统

电子乐器数字接口（Musical Instrument Digital Interface，MIDI）是乐器和计算机使用的标准语言，它不是声音信号，而是一套指令，指示乐器（即 MIDI 设备）要做什么、怎么做，例如演奏音符、加大音量、生成音响效果等。标准的多媒体 PC 平台能够通过内部合成器或连接到计算机 MIDI 端口的外部合成器播放 MIDI 文件，播放时，合成器对 MIDI 信息进行解释，然后产生出相应的一段音乐或声音。MIDI 是用于在音乐合成器、乐器和计算机之间交换音乐信息的一种标准协议，可以解决不同电子乐器之间不兼容的问题。

MIDI 文件是指存放 MIDI 信息的标准格式文件。MIDI 文件中包含音符、定时和多达 16 个通道的演奏定义，还包括每个通道的演奏音符信息（键通道号、音长、音量和击键力度）。由于 MDDI 文件是一系列指令而不是波形数据的集合，所以它需要的磁盘空间非常少；并且现装载 MIDI 文件比波形文件容易得多。这样，在设计多媒体节目时，可以指定什么时候播放音乐，将有很大的灵活性。在以下几种情况下，使用 MIDI 文件比使用波形音频更合适：①长时间播放高质量音乐，如想在硬盘上存储的音乐大于 4 分钟，而硬盘又没有足够的存储容量；②需要以音乐作背景音响效果，同时从 CD-ROM 中装载其他数据，

例如图像、文字的显示；③需要以音乐作背景音响效果，同时播放波形音频，以实现音乐和语音的同时输出。

### 6.3.3 多媒体应用系统的创作

**1．多媒体应用系统开发**

多媒体应用系统开发的一般步骤如下。

（1）确定开发对象，将应用软件类型具体化。

（2）设计软件结构，并明确开发方法。

（3）准备多媒体数据。

（4）集成一个多媒体应用系统，并进行系统测试。

其中，多媒体数据的准备是多媒体系统创作的基础。不同类型数据文件的制作方法及所需软硬件环境各不相同。文本文件可以通过字处理软件（例如 Microsoft Word）录入并编辑；声音文件可以通过声卡录制后用相应的工具进行编辑；图形图像文件可以用绘图工具绘制、用摄像机捕捉、用数码相机拍摄或者用扫描仪扫入；视频文件可以用视频卡捕捉或者用视频编辑软件从 VCD 上截取视频片断；动画文件可以用动画制作软件（例如 3D Studio MAX）制作。

**2．多媒体开发环境和工具**

多媒体产品的开发涉及音频、视频、压缩等各个领域，因此不可能将多媒体系统的开发工作建立在传统的程序设计方法上，此时需要有一种适合于大多数人方便使用的强有力的工具来支持。

多媒体创作工具是指在创作应用程序时可完成一项到多项任务的计算机程序。多媒体创作工具的功能主要有：①优异的面向对象的编程环境；②具有较强的多媒体数据 I/O 能力；③动画处理能力；④超级连接能力；⑤应用程序的连接能力；⑥模块化和面向对象；⑦友好的界面、易学易用。常用的多媒体创作工具有：字处理软件 Microsoft Word、简报处理软件 Microsoft PowerPoint、图像处理软件 Adobe Photoshop 和动画制作软件 3D Studio MAX。

多媒体创作系统是用于创作多媒体应用程序的软件工具，它提供一种把内容和功能结合在一起的集成环境。多媒体创作系统大致可分为素材库、编辑、播放三个部分。它的主要功能包括：①视频图像的制作；②动画制作；③交互式演示系统；④展示系统；⑤交互式查询系统；⑥交互式的训练；⑦仿真、原型和技术的可视化。根据多媒体创作工具的创作方法和结构特点的不同，可将多媒体创作系统划分为如下几类：①基于时间的创作工具；②基于图标或流线的创作工具；③基于卡片或页面的工具；④以传统程序语言为基础的多媒体创作工具。

多媒体开发工具是跨平台的工具，其特征是：编辑特性、组织特性、编程特性、交互式特性、性能精确特性、播放特性、提交特性。比较常用的多媒体开发工具有 Visual Basic

和 Authorware。借助这些工具软件，制作者可以简单直观地编制程序、调度各种媒体信息、设计用户界面等，从而摆脱繁琐的底层设计工作，将注意力集中于创意和设计。

Authorware 是多媒体开发工具的佼佼者，采用面向对象的设计思想，使开发者可以使用文字、图形、动画、声音以及数字电影等信息来创造多媒体程序。其特点是：①基于流程的图标创作方式；②具有文字、图形、动画、声音的直接创作处理能力；③外部接口形式多样；④具有多种交互方式；⑤多媒体集成能力高效；⑥多平台支持；⑦网络支持。

## 选择题

下列的压缩方法中，____是有损压缩方法。
A）变换编码　　　　　　B）哈夫曼编码
C）子带编码　　　　　　D）算术编码
E）矢量量化编码　　　　F）预测编码

## 思考题

1．什么是多媒体？它包含哪几种类型？多媒体计算机技术的定义和主要组成是什么？多媒体计算机技术的基本特征有哪些？多媒体计算机的基本结构是什么？
2．多媒体压缩编码分为几类？分别是什么？简单说明各种编码的基本原理。
3．目前的编码国际标准都有哪几种？举例说明。
4．数字图像的类型和文件格式都有哪几种？数字图像处理方法都有什么？
5．数字音频信息的编码方法有哪些？并简述基本原理。
6．多媒体应用系统开发的一般步骤是什么？多媒体的开发工具都有哪些？举例说明。

# 第 7 章　网络基础知识

随着经济和计算机网络技术的发展，计算机网络逐渐走进人们的生活。现在，许多家庭和单位都组建了计算机网络，例如家庭网络、办公室网络和校园网络，还有许多商业性质的网吧等。作者编写本章的目的是为了使读者能够自己组建和管理计算机网络，掌握计算机网络技术的基本知识，了解组建网络所需的硬件设备和软件，以及连接 Internet 的方法。全章由浅入深、循序渐进地介绍了计算机网络的基础和原理，组建局域网的软硬件的选择、安装和设置，以及局域网与 Internet 的连接。

## 7.1　网络的基础知识

### 7.1.1　计算机网络的概念和分类

对"计算机网络"这个概念，我们并不陌生，现代社会充斥着计算机网络，干什么事情都离不开网络。然而究竟什么才是"计算机网络"呢？随着计算机网络本身的发展，人们提出了各种不同的观点，对它的定义也在不断变迁。

1969 年美国国防部研究计划局（ARPA）主持研制的 ARPAnet 计算机网络投入运行，在此之后，世界各地计算机网络的建设便如雨后春笋般迅速地发展起来。计算机网络的产生和演变过程经历了从简单到复杂、从低级到高级、从单机系统到多机系统的发展过程。早期的计算机系统是高度集中的，所有的设备安装在单独的大房间中，后来出现了批处理和分时系统，分时系统所连接的多个终端必须紧接着主计算机。50 年代中后期，许多系统都将地理上分散的多个终端通过通信线路连接到一台中心计算机上，这样就出现了第一代计算机网络。

第一代计算机网络是以单个计算机为中心的远程联机系统。典型应用是由一台计算机和全美范围内 2000 多个终端组成的飞机订票系统。人们把一台计算机的外部设备包括 CRT 控制器和键盘，无 CPU 内存，称为**终端**。随着远程终端的增多，在主机前增加了前端机 FEP 当时，人们把计算机网络定义为"以传输信息为目的而连接起来，实现远程信息处理或近一步达到资源共享的系统"，但这样的通信系统已具备了通信的雏形。

第二代计算机网络是以多个主机通过通信线路互联起来，为用户提供服务，兴起于 60 年代后期，典型代表是美国国防部高级研究计划局协助开发的 ARPAnet。主机之间不是直接用线路相连，而是接口报文处理机 IMP 转接后互联的。IMP 和它们之间互联的通信线路一起负责主机间的通信任务，构成了**通信子网**。通信子网互联的主机负责运行程序，提供资源共享，组成了**资源子网**。两个主机间通信时对传送信息内容的理解，信息表示形式以及各种情况下的应答信号都必须遵守一个共同的约定，称为**协议**。在 ARPA 网中，将协议按功能分成了若干层次，如何分层，以及各层中具体采用的协议的总和，称为**网络体系结构**，体系结构是个抽象的概念，其具体实现是通过特定的硬件和软件来完成的。70 年代至 80 年代中期第二代网络得到迅猛的发展。第二代网络以通信子网为中心。这个时期，网络概念为"以能够相互共享资源为目的互联起来的具有独立功能的计算机之集合体"，形成了计算机网络的基本概念。

  第三代计算机网络是具有统一的网络体系结构并遵循国际标准的开放式和标准化的网络。ISO 在 1984 年颁布了 OSI/RM，该模型分为七个层次，也称为 OSI 七层模型，公认为新一代计算机网络体系结构的基础。为普及局域网奠定了基础。70 年代后，由于大规模集成电路出现，局域网由于投资少，方便灵活而得到了广泛的应用和迅猛的发展，与广域网相比有共性，如分层的体系结构，又有不同的特性，如局域网为节省费用而不采用存储转发的方式，而是由单个的广播信道来连接网上计算机。

  第四代计算机网络从 80 年代末开始，局域网技术发展成熟，出现光纤及高速网络技术，多媒体，智能网络，整个网络就像一个对用户透明的大的计算机系统，发展为以 Internet 为代表的互联网。这才是今天意义上的计算机网络。

  CCITT 认为，**网络**就是一些结点和链路的集合。它提供两个或多个规定点的连接，以便于在这些点之间建立通信。**计算机网络**就是相互联接、彼此独立的计算机系统的集合。相互连接指的是两台或多台计算机通过信道互连，从而可以进行通信；彼此独立则强调的是在网络中，计算机之间不存在明显的主从关系，即网络中的计算机不具备控制其他计算机的能力，每台计算机都具有独立的操作系统。计算机网络的实现了数据通信、资源共享、集中管理以及分布式处理，为现代社会带来了极大的方便。

  从定义中，可以看出，计算机网络涉及到三个方面的问题：

（1）至少两台计算机互联。

（2）通信设备与线路介质。

（3）网络软件，通信协议和 NOS

  只有满足上面的条件的网络才能成为计算机网络。用于计算机网络分类的标准很多，如拓扑结构，应用协议等。

  网络的拓扑结构指网络中结点（设备）和链路（连接网络设备的信道）的几何形状。按照网络的拓扑结构来分类，可以分为总线状、环状、树状、网状、星状、混合状等，如图 7-1 所示。

  按照网络的覆盖范围，可以将计算机网络划分为：局域网、城域网、广域网、互联网等。其中，局域网（LAN）用于将有限范围内（如一个实验室、一幢大楼、一个校园）的各种计算机、终端与外部设备互连成网。城域网（MAN）指的是城市地区网络，它是介于广域网与局域网之间的一种高速网络。广域网（WAN）也称为远程网，它所覆盖的地理范

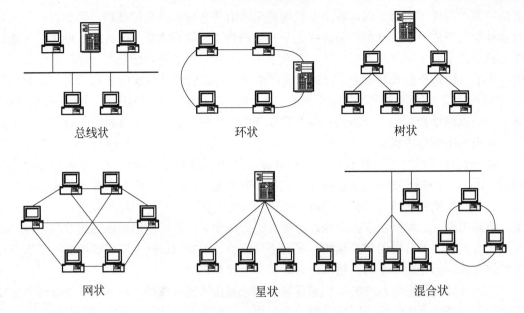

图 7-1 网络的拓扑结构

围从几十公里到几千公里。互联网（Internet）又因其英文单词"Internet"的谐音，称为"因特网"。在互联网应用如此发展的今天，它已是人们每天都要打交道的一种网络，无论从地理范围，还是从网络规模来讲它都是最大的一种网络，就是常说的 Web、WWW 和万维网等多种叫法。从地理范围来说，它可以是全球计算机的互联，这种网络的最大的特点就是不定性。从技术的观点来看，按照覆盖范围对网络进行分类不是一种十分严谨的方法。

### 7.1.2 计算机网络的组成

在介绍计算机网络的组成前，先介绍几个常见的概念。

**1．结点**

结点（Node），也称为"站"，一般是指网络中的计算机。结点可分为访问结点和转接结点两类。

**2．线路**

在两个结点间承载信息流的信道称为线路（line）。线路可以是采用电话线、电缆、光纤等有线信道，也可以是无线电信道。

**3．链路**

链路（link）指的是从发信点到收信点（即从信源到信宿）的一串结点和线路。链路通信是指端到端的通信。

计算机网络从逻辑结构上可以分成两部分：负责数据处理、向网络用户提供各种网络资源及网络服务的外层用户资源子网和负责数据转发的内层通信子网。通信子网由分组交换结点（简记为 R）及连接这些结点的链路组成，负责在主机（Host，H）间传输分组。资源子网由连在网上的主机构成，为网上用户提供共享资源，入网途径和方法。局域网中的每台主机都通过网卡连接到传输介质上，网卡负责在各个主机间传递数据，显然，网卡和传输介质构成了局域网的通信子网，而主机集合则构成了资源子网。用户子网指的是由主计算机、终端、通信控制设备、连网外设、各种软件资源等组成。通信子网分为点对点通信子网和广播式通信子网。它主要有三种组织形式：结合型、专用型和公用型，如图 7-2 所示。

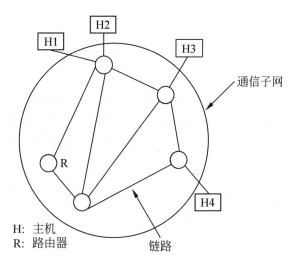

图 7-2  网络的组织形式

计算机网络也可以看作是在物理上分布的相互协作的计算机系统。其硬件部分除了单体计算机、光纤、同轴电缆以及双绞线等传输媒体之外，还包括插入计算机中用于收发数据分组的各种通信网卡（在操作系统中，这些网卡不当成一种外部设备），把多台计算机连接到一起的集线器（hub，该设备近年正逐步被相应的交换机取代），扩展带宽和连接多台计算机用的交换机（switch）以及负责路径管理、控制网络交通情况的路由器或 ATM 交换机等。其中路由器或 ATM 交换机是构成广域网络的主要设备，而交换机和集线器则是构成局域网络的主要设备。这些设备都可看作一种专用的计算机。

综上所述，计算机网络是一个由不同传输媒体构成的通信子网，与这个通信子网连接的多台地理上分散的具有唯一地址的计算机，将数据划分为不同长度分组进行传输和处理的协议软件以及应用系统所组成的传输和共享信息的系统。

## 7.2  计算机网络体系结构与协议

计算机网络系统是由各种各样的计算机和终端设备通过通信线路连接起来的复杂系统。在这个系统中，由于计算机类型、通信线路类型、连接方式、同步方式、通信方式等的不同,给网络各结点的通信带来诸多不便。要使不同的设备真正以协同方式进行通信是十分复杂的。要解决这个问题,势必涉及通信体系结构设计和各厂家共同遵守约定标准等问题,也就是计算机网络体系结构和协议问题。

### 7.2.1 计算机网络体系结构

1974 年,美国 IBM 公司首先公布了世界上第一个计算机网络体系结构(SNA,System Network Architecture),凡是遵循 SNA 的网络设备都可以很方便地进行互连。1977 年 3 月,国际标准化组织 ISO 的技术委员会 TC97 成立了一个新的技术分委会 SC16 专门研究"开放系统互连",并于 1983 年提出了开放系统互连参考模型,即著名的 ISO 7498 国际标准(我国相应的国家标准是 GB 9387),记为 OSI/RM。

在 OSI 中采用了三级抽象:参考模型(即体系结构)、服务定义和协议规范(即协议规格说明),自上而下逐步求精。OSI/RM 并不是一般的工业标准,而是一个为制定标准用的概念性框架。经过各国专家的反复研究,在 OSI/RM 中,采用了如表 7-1 所示的七个层次的体系结构。

**表 7-1 OSI/RM 七层协议模型**

| 层号 | 名称 | 英文名称 | 主要功能简介 |
| --- | --- | --- | --- |
| 7 | 应用层 | Application Layer | 作为与用户应用进程的接口,负责用户信息的语义表示,并在两个通信者之间进行语义匹配,它不仅要提供应用进程所需要的信息交换和远地操作,而且还要作为互相作用的应用进程的用户代理来完成一些为进行语义上有意义的信息交换所必须的功能 |
| 6 | 表示层 | Presentation Layer | 对源站点内部的数据结构进行编码,形成适合于传输的比特流,到了目的站再进行解码,转换成用户所要求的格式并保持数据的意义不变。主要用于数据格式转换 |
| 5 | 会话层 | Session Layer | 提供一个面向用户的连接服务,它给合作的会话用户之间的对话和活动提供组织和同步所必须的手段,以便对数据的传送提供控制和管理。主要用于会话的管理和数据传输的同步 |
| 4 | 传输层 | Transport Layer | 从端到端经网络透明地传送报文,完成端到端通信链路的建立、维护和管理 |
| 3 | 网络层 | Network Layer | 分组传送、路由选择和流量控制,主要用于实现端到端通信系统中中间结点的路由选择 |
| 2 | 数据链路层 | Data Link Layer | 通过一些数据链路层协议和链路控制规程,在不太可靠的物理链路上实现可靠的数据传输 |
| 1 | 物理层 | Physical Layer | 实现相邻计算机结点之间比特数据的透明传送,尽可能屏蔽掉具体传输介质和物理设备的差异 |

OSI/RM 模型本身不是网络体系结构的全部内容,它并未确切地描述用于各层的协议和服务,它仅仅说明了每一层应该做什么。不过,OSI 已经为各层制定了标准,但它们并不是参考模型的一部分,而是作为单独的国际标准公布的。

**1. 物理层**

物理层涉及到通信在信道上传输的原始比特流。这里的设计主要是处理机械的、电气的和过程的接口，以及物理层下的物理传输介质等问题。

**2. 数据链路层**

数据链路层的主要任务是加强物理层传输原始比特的功能，使之对网络层呈现为一条无错线路。数据链路层要解决的另一个问题是流量控制。通常流量控制和出错处理同时完成。如果线路能用于双向传输数据，数据链路软件还必须解决发送双方数据帧竞争线路的使用权问题。广播式网络在数据链路层还要处理共享信道访问的问题。数据链路层的一个特殊子层——介质访问子层，就是专门处理这个问题的。

**3. 网络层**

网络层关系到子网的运行控制，其中一个关键问题是确定分组从源端到目的端如何选择路由。如果在子网中同时出现过多的分组，它们将相互阻塞通路，形成瓶颈。此类拥塞控制也属于网络层的范围。网络层还常常设有记账功能。它还必须解决异种网络的互连问题。在广播网络中，选择路由问题很简单，因此网络层很弱，甚至不存在。

**4. 传输层**

传输层的基本功能是从会话层接收数据，并且在必要时把它分成较小的单元，传递给网络层，并确保达到对方的各段信息正确无误，传输层使会话层不受硬件技术变化的影响。传输层也要决定向会话层，最终向网络用户提供了什么样的服务。采用哪种服务是在建立连接时确定的。传输层是真正的从源到目标"端到端"的层。源端机上的某程序，利用报文头和控制报文与目标机上的类似程序进行对话。

除了将几个报文流多路复用到一条通道上，传输层还必须解决跨网络连接的建立和拆除。另外，还需要进行流量控制，主机之间的流量控制和路由器之间的流量控制不同。

**5. 会话层**

会话层允许不同计算机上的用户建立会话关系。会话层服务之一是管理对话。会话层允许信息同时双向传输，或任一时刻只能单向传输。另一种会话服务是同步。会话层在数据流中插入检查点。每次网络崩溃后，仅需要重传最后一个检查点以后的数据。

**6. 表示层**

表示层以下的各层只关心可靠地传输比特流，而表示层关心的是所传输信息的语法和语义。表示层服务的一个典型例子是对数据编码。为了让采用不同表示方法的计算机之间能进行通信，交换中使用的数据结构可以用抽象的方式来定义，并且使用标准的编码方式。表示层管理这些抽象数据结构，并且在计算机内部表示法和网络的标准表示法之间进行转换。

**7. 应用层**

应用层包含大量人们普遍需要的协议。例如，定义一个抽象的网络虚拟终端，而对每一种终端类型，都写一段软件来把网络虚拟终端映射到实际的终端。另一个应用层功能是文件传输。此外还有电子邮件、远程作业输入、名录查询和其他各种通用和专用的功能。

OSI/RM 模型的概念比较抽象，它并没有规定具体的实现方法和措施，更未对网络的性能提出具体的要求，它只是一个为制定标准用的概念性框架。OSI/RM 七层协议模型上、下大，中间小，这是因为最高层要和各种类型的应用进程接口，而最低层要和各种类型的网络接口，因此上、下两头标准特别多，而中间几层标准就稍简单些。有些层的任务过于繁重，如数据链路层和网络层，有些层的任务又太轻，如会话层和表示层。

常见的计算机网络体系结构，除了 OSI 结构外，还有 TCP/IP 结构，其模型如图 7-3 所示。

这里，就不详细介绍 TCP/2P 协议中各层的作用了，有兴趣的读者可以去查阅相关书籍。

| | OSI | TCP/IP |
|---|---|---|
| 7 | 应用层 | 应用层 |
| 6 | 表示层 | （不存在） |
| 5 | 会话层 | （不存在） |
| 4 | 传输层 | 传输层 |
| 3 | 网络层 | 互连网层 |
| 2 | 链路层 | 主机至网络 |
| 1 | 物理层 | |

图 7-3 TCP/IP 模型

## 7.2.2 TCP/IP 协议

TCP/IP（Transmission Control Protocol/Internet Protocol）是国际互联网络事实上的工业标准。ARPANET 最初设计的 TCP 称为网络控制程序 NCP，在上面传送的数据单位是报文（Message），实际上就是现在的 TPDU。随着 ARPANET 逐渐变成了 Internet，子网的可靠性也就下降了，于是 NCP 就演变成了今天的 TCP。与 TCP 配合使用的网络层协议是 IP。TCP/IP 是一组通信协议的代名词，是由一系列协议组成的协议簇。它本身指两个协议集：TCP 为传输控制协议，IP 为互连网络协议。TCP/IP 协议是常见的一种协议，它主要包括下列协议：

（1）远程登录协议（Telnet）。

Telnet 协议是用来登录到远程计算机上，并进行信息访问，通过它可以访问所有的数据库、联机游戏、对话服务以及电子公告牌，如同与被访问的计算机在同一房间中工作一样，但只能进行字符类操作和会话。

（2）文件传输协议（FTP）。

这是文件传输的基本协议，有了 FTP 协议就可将文件上传，也可从网上得到许多应用程序和信息（下载），有许多软件站点就是通过 FTP 协议来为用户提供下载任务的，俗称 FTP 服务器。最初的 FTP 程序是工作在 Unix 系统下的，而目前的许多 FTP 程序是工作在 Windows 系统下的。FTP 程序除了完成文件的传送之外，还允许用户建立与远程计算机的连接，登录到远程计算机上，并可在远程计算机上的目录间移动。

（3）简单邮件传输协议（SMTP）。

SMTP 是 TCP/IP 协议族的一个成员，这种协议认为计算机是永久连接在 Internet 上的，而且认为网络上的计算机在任何时候都是可以被访问的。它适用于永久连接在 Internet 的计算机，但无法使用通过 SLIP/PPP 协议连接的用户接收电子邮件。解决这个问题的办法是在邮件计算机上同时运行 SMTP 和 POP 协议的程序，SMTP 负责邮件的发送和在邮件计算机上的分拣和存储，POP 协议负责将邮件通过 SLIP/PPP 协议连接传送到用户的计算机上。

## 7.3　计算机网络传输

### 7.3.1　数据通信模型

一般认为信息是人对现实世界事物存在方式或运动状态的某种认识。表示信息的形式可以是数值、文字、图形、声音、图像以及动画等。数据是把事件的某些属性规范化后的表现形式，它能被识别，也可以被描述，例如十进制数、二进制数、字符等。信号是数据的具体物理表现，具有确定的物理描述，例如电压、磁场强度等。

在数据通信系统中，人们关注得更多的是数据和信号。信号可以是模拟的也可以是数字的。与信号的分类相对应，信道也分为传输模拟信号的模拟信道和传送数字信号的数字信道两大类。

数据可以是模拟的也可以是数字的。模拟是与连续相对应的，模拟数据是取某一区间的连续值，而模拟信号是一个连续变化的物理量。数字是与离散相对应的，数字数据取某一区间内有限个离散值，数字信号取几个不连续的物理状态来代表数字。

模拟信号和数字信号的区别如图 7-4 所示。

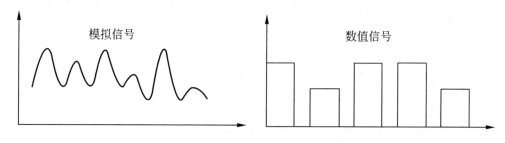

图 7-4　模拟信号和数值信号

使用数字信号传输数据时，数字信号几乎要占有整个频带。终端设备把数字信号转换成脉冲电信号时，这个原始的电信号所固有的频带，称为基本频带，简称基带。在信道中直接传送基带信号时，称为基带传输。采用模拟信号传输数据时，往往只占有有限的频谱，对应基带传输将其称为频带传输。

在计算机网络中，数据通信系统的任务是：把数据源计算机所产生的数据迅速、可靠、准确地传输到数据宿（目的）计算机或专用外设。从计算机网络技术的组成部分来看，一个完整的数据通信系统，一般由以下几个部分组成：数据终端设备，通信控制器，通信信道，信号变换器，如图 7-5 所示。

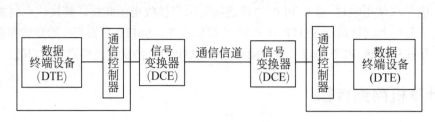

图 7-5 数据通信模型系统

数据终端设备，即数据的生成者和使用者，它根据协议控制通信的功能。最常见的数据终端设备就是网络中的计算机。此外，数据终端设备还可以是网络中的专用数据输出设备，如打印机等。

通信控制器除进行通信状态的连接、监控和拆除等操作外，还可接收来自多个数据终端设备的信息，并转换信息格式。如计算机内部的异步通信适配器（UART）、数字基带网中的网卡就是通信控制器。

通信信道是信息在信号变换器之间传输的通道，如电话线路等模拟通信信道、专用数字通信信道、宽带电缆（CATV）和光纤等。

信号变换器把通信控制器提供的数据转换成适合通信信道要求的信号形式，或把信道中传来的信号转换成可供数据终端设备使用的数据，最大限度地保证传输质量。在计算机网络的数据通信系统中，最常用的信号变换器是调制解调器和光纤通信网中的光电转换器。信号变换器和其他的网络通信设备又统称为数据通信设备（DCE），DCE 为用户设备提供入网的连接点。

上述的各项一起构成了数据通信模型。

数据通信模型按照数据信息在传输链路上的传送方向，可以作如下分类：

（1）单工通信：信号只能向一个方向传送，如广播。

（2）半双工通信：信息的传递可以是双向的，如对讲机。

（3）全双工通信：通信的双方可以同时发送和接收信息。

数据通信的主要技术指标如下所示。

**1. 波特率**

波特率又称为码元速率，是指单位时间内所传送的信号"波形"的个数，单位为波特（Baud），计算公式为：

$$B = 1/T \text{ (baud)}$$

式中，T 为波形周期。

**2. 比特率**

比特率又称位速率，是指单位时间内所传送的二进制位数。单位为位/秒（bps）。计算

公式为:

$$S = B\log_2 N$$

式中，B 为波特率，N 为一个波形的有效状态数。

**3．带宽**

带宽是指介质能传输的最高频率和最低频率之间的差值，带宽通常用 Hz 表示。

**4．信道容量**

信道容量指信道传送信息的最大能力。

**5．误码率**

误码率是指二进制数字信号在传送过程中被传错的概率。计算公式为：

Pe = 传错的比特数/传送的总比特数

**6．信道延迟**

信道延迟是指信号在信道中传播时，从信源端到信宿端的时间差。

### 7.3.2 数据通信编码

数字通信系统的任务是传输数字信息，数字信息可能来自数据终端设备的原始数据信号，也可能来自模拟信号经数字化处理后的脉冲编码信号。一般的，传输数字信息的方法是按传输波形来分类的。如何把数字信息用电信号的波形表示出来呢？一般采用基带方式和 4B/5B 编码，这里主要介绍基带方式。

数字信号是离散的，每个脉冲代表一个信号单元，或称码元。在计算机网络中主要用二进制的数据信号，可用两种码元分别代表二进制数字符号 1 和 0，也称为二元码。 表示二进制数字的码元的形式不同，便产生出不同的编码方案。编码方式分为单极性码、双极性码和曼切斯特码。

单极性码表示信号的电压或电流是单极性的，即逻辑"1"用高电平或正向电流表示，而逻辑"0"用零电平表示。它分为不归零型（NRZ）和归零型（RZ）两种，归零码（Return to Zero）指的是一个码元中，正电平到零电平的转换边表示 0，而从负电平到零电平的转换边表示 1。它的特点是噪声抑制特性比较好。不归零码（Non-Return to Zero）是在不归零码中，电平在两个码元间翻转表示 1，不翻转表示 0。它的特点是实现简单，费用低，如图 7-6 所示，这是最简单的用微机简单串行接口即能产生和检测的信号形式。

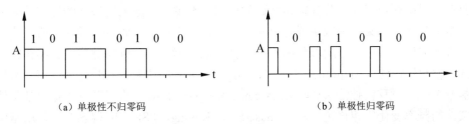

图 7-6　单极性码

双极性码指的是用正负电平来分别代表逻辑"1"和逻辑"0"。同样也有归零型和不归零型之分，如图7-7所示。

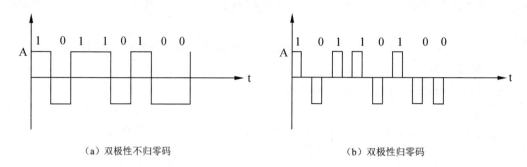

(a) 双极性不归零码　　　　　　　　　　(b) 双极性归零码

图 7-7　双极性码

常用的 RS-232 就是一种典型的不归零型双极性二元码接口电路。比起单极性码来，双极性码的可靠性要高，抗干扰性强。

在每一个码元时间间隔内，当发送 0 时，在间隔的中间时刻电平从低向高跳变；当发送 1 时，在间隔的中间时刻电平从高向低跳变，这类码被称为**曼彻斯特码**。这类码元的特点是在每一码元的时间间隔内，至少有一次跳变。改进一下，在每一个码元的时间间隔内，无论发送 1 还是 0，在间隔的中间都有电平的跳变，但发送 1 时，间隔开始时刻电平不跳变，发送 0 时，间隔开始时刻电平会跳变。这类编码被称为**差分曼彻斯特码**。它具有良好的抗干扰性能，如图7-8所示。

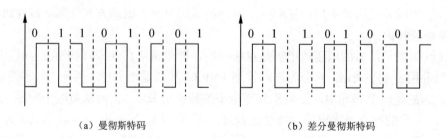

(a) 曼彻斯特码　　　　　　　　　　(b) 差分曼彻斯特码

图 7-8　曼切斯特码

目前，曼彻斯特码和差分曼彻斯特码的应用很普遍，已成为局域网的标准编码。

模拟信号通常由某一个频率或几个频率组成，它占用一个固有的频带，所以称为频带传输。数据编码方式根据调制参数的不同可分为幅移键控法、频移键控法、相移键控法三种方式。幅移键控法（Amplitude-Shift Keying，ASK）的调频方式是用基带信号来控制载波的振幅变化。频移键控法（Frequency-Shift Keying，FSK）的调频方式是用基带信号来控制载波的频率变化。相移键控法（Phase-Shift Keying，PSK）的调频方式是用基带信号来控制载波的相位变化。这里就不再具体介绍了。

### 7.3.3 传输介质

网络传输介质是网络中传输数据、连接各网络结点的实体，常见的网络传输介质有双绞线、同轴电缆、光缆等3种。其中，双绞线是经常使用的传输介质，它一般用于星状网络中，同轴电缆一般用于总线状网络，光缆一般用于主干网的连接。

**1．双绞线**

双绞线是将一对或一对以上的双绞线封装在一个绝缘外套中而形成的一种传输介质（如图7-9（a）所示），是目前局域网最常用的一种布线材料。双绞线中的每一对都是由两根绝缘铜导线相互缠绕而成的，这是为了降低信号的干扰程度而采取的措施。双绞线一般用于星状网络的布线连接，两端安装有RJ-45头（接口），连接网卡与集线器，最大网线长度为100米，如果要加大网络的范围，在两段双绞线之间可安装中继器，最多可安装4个中继器，如安装4个中继器连接5个网段，最大传输范围可达500米。

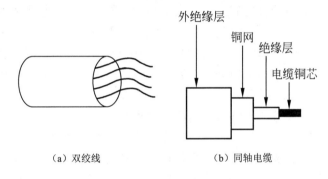

图 7-9　网络传输介质

双绞线主要是用来传输模拟声音信息的，但同样适用于数字信号的传输，特别适用于较短距离的信息传输。在传输期间，信号的衰减比较大，并且产生波形畸变。采用双绞线的局域网的带宽取决于所用导线的质量、长度及传输技术。只要精心选择和安装双绞线，就可以在有限距离内达到每秒几百万位的可靠传输率。当距离很短，并且采用特殊的电子传输技术时，传输率可达100~155Mbps。

双绞线分为分为非屏蔽双绞线（UTP）和屏蔽双绞线（STP）。目前市面上出售的UTP分为3类，4类，5类和超5类四种。STP分为3类和5类两种，STP的内部与UTP相同，外包铝箔，抗干扰能力强、传输速率高但价格昂贵。

**2．同轴电缆**

同轴电缆是由一根空心的外圆柱导体（铜网）和一根位于中心轴线的内导线（电缆铜芯）组成，并且内导线和圆柱导体及圆柱导体和外界之间都是用绝缘材料隔开，如图 7-9（b）所示。它的特点是抗干扰能力好，传输数据稳定，价格也便宜，同样被广泛使用，如闭路电视线等。

同轴电缆按直径的不同，可分为粗缆和细缆两种：

（1）粗缆：传输距离长，性能好但成本高、网络安装、维护困难，一般用于大型局域网的干线，连接时两端需要安装终接器。

（2）细缆：与 BNC 网卡相连，两端装 50 欧的终端电阻。用 T 型头，T 型头之间最小 0.5 米。细缆网络每段干线长度最大为 185 米，每段干线最多接入 30 个用户。如采用 4 个中继器连接 5 个网段，网络最大距离可达 925 米。细缆安装较容易，造价较低，但日常维护不方便，一旦一个用户出故障，便会影响其他用户的正常工作。

同轴电缆还可以根据传输频带的不同，分为基带同轴电缆和宽带同轴电缆两种类型，其中基带传送数字信号，信号占整个信道，同一时间内能传送一种信号。宽带可以传送不同频率的信号。

### 3．光缆

光缆是由一组光导纤维组成的用来传播光束的细小而柔韧的传输介质。与其他传输介质相比较，光缆的电磁绝缘性能好，信号衰变小，频带较宽，传输距离较大。光缆主要是在要求传输距离较长，用于主干网的连接。光缆通信由光发送机产生光束，将电信号转变为光信号，再把光信号导入光纤，在光缆的另一端由光接收机接收光纤上传输来的光信号，并将它转变成电信号，经解码后再处理。光缆的传输距离远、传输速度快，是局域网中传输介质的佼佼者。光缆的安装和连接需由专业技术人员完成。

现在有两种光缆：单模光缆和多模光缆。单模光缆的纤芯直径很小，在给定的工作波长上只能以单一模式传输，传输频带宽，传输容量大。多模光缆是在给定的工作波长上，能以多个模式同时传输的光纤，与单模光纤相比，多模光纤的传输性能较差。

光缆是数据传输中最有效的一种传输介质，它有频带较宽、不受电磁干扰、衰减较小、中继器的间隔较长等优点。

## 7.3.4 多路复用技术

在同一介质上，同时传输多个有限带宽信号的方法，被称为多路复用技术（multiplexing）。它的方法主要有以下两种。

### 1．频分多路复用（Frequency-Division Multiplexing，FDM）

当介质的有效带宽超过被传输的信号带宽时，可以把多个信号调制在不同的载波频率上，从而在同一介质上实现同时传送多路信号，即将信道的可用频带（带宽）按频率分割多路信号的方法划分为若干互不交叠的频段，每路信号占据其中一个频段，从而形成许多个子信道（见图 7-10）；在接收端用适当的滤波器将多路信号分开，分别进行解调和终端处理，这种技术称为频分多路复用。

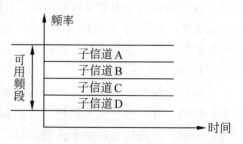

图 7-10 FDM 子信道示意图

## 2．时分多路复用（Time-Division Multiplexing，TDM）

TDM 是将传输时间划分为许多个短的互不重叠的时隙，而将若干个时隙组成时分复用帧，用每个时分复用帧中某一固定序号的时隙组成一个子信道，每个子信道所占用的带宽相同，每个时分复用帧所占的时间也是相同的（如图 7-11 所示），即在同步 TDM 中，各路时隙的分配是预先确定的时间且各信号源的传输定时是同步的。

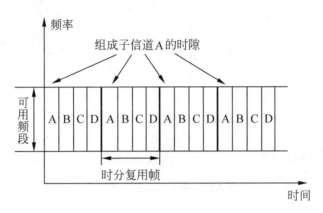

图 7-11　TDM 子信道示意图

### 7.3.5　数据交换技术

主要的数据交换技术有以下几种：

**1．线路交换（Circuit Switching）**

线路交换就是通过网络中的结点在两个站之间建立一条专用的通信线路。最普通的线路交换例子是电话系统。线路交换方式的通信包括线路建立、数据传送、线路拆除三种方式。它实时性好，但是呼叫时间大大长于数据传送时间，通信带宽不能充分利用，效率相对较低。

**2．报文交换（Message Switching）**

报文交换是采用存储转发的方式来传输数据，它不需要在两个站点之间建立一条专用的通信线路。它的线路利用率较高，一个报文可以送到多个目的站点，但是传输延迟较长。

**3．分组交换（Packet Switching）**

分组交换类似于报文交换，但每次只能发送其中一个分组。分组交换的传输时间短，传输延迟小，可靠性好，开销小，灵活性高。

这三种交换如图 7-12 所示。

除了上面三种数据交换技术外，还有数字语音插空技术（Digital Speech Interpolation，DSI）、帧中继（Frame Relay）、异步传输模式（Asynchronous Transfer Mode，ATM）等数据交换技术。

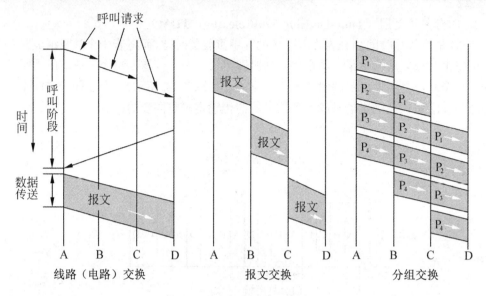

图 7-12 常见的数据交换技术

### 7.3.6 差错控制与流量控制

差错控制编码就是对网络中传输的数字信号进行抗干扰编码，目的是为了提高数字通信系统的容错性和可靠性，它在发送端被传输的信息码元序列中，以一定的编码规则附加一些校验码元，接收端利用该规则进行相应的译码，译码的结果有可能发现差错或纠正差错。

在差错控制码中，检错码是指能自动发现出现差错的编码，纠错码是指不仅能发现差错而且能够自动纠正差错的编码。当然，检错和纠错能力是用信息量的冗余和降低系统的效率为代价来换取的。

目前常用的差错控制编码有两类：奇偶检验码和循环冗余码。奇偶校验码是一种最简单也是最基本的检错码，一维奇偶校验码的编码规则是把信息码元先分组，在每组最后加一位校验码元，使该码中 1 的数目为奇数或偶数，奇数时称为奇校验码，偶数时称为偶校验码。循环冗余码（Cyclic Redundancy Code，CRC）是目前在计算机网络通信及存储器中应用最广泛的一种校验编码方法，它所约定的校验规则是：让校验码能为某一约定代码所除尽；如果除得尽，表明代码正确；如果除不尽，余数将指明出错位所在位置。

流量控制是一种协调发送站和接收站工作步调的技术，其发送速率不超过接收方的速率。它主要有 X-ON/X-OFF、DTE-DCE 流控和滑动窗口协议三种方式。X-ON／X-OFF 方案中使用 X-ON／X-OFF 一对控制字符来实现流量控制。DTE-DCE 流控是实现 DTE-DCE 接口之间流量控制的机制。滑动窗口协议的主要思想是允许连续发送多个被给予顺序编号的帧，而无需等待应答。

## 7.4 计算机局域网

局域网 LAN 不是纯计算机网络，从广义上讲，计算机化的电话交换机也属于 LAN。它支持多对多的通信，即连在 LAN 中的任何一个设备都能与网上的任何其他设备直接进行通信。它的"设备"是广义的，包括在传输介质上的任何设备。它的地域范围是适中的，通常在 10km 之内。它是通过物理信道通信的，其信道以适中的数据速率传输信息。

按拓扑结构分，局域网可分成总线状、树状、环状和星状。按使用介质分，可分为有线网和无线网两类。

### 7.4.1 局域网的介质访问控制方式

局域网的介质访问控制方式主要有载波侦听多路访问/冲突检测法、令牌环访问控制方式、令牌总线访问控制方式三种方式，下面分别介绍。

**1. 载波侦听多路访问/冲突检测法**

载波侦听多路访问（CSMA，Carrier Sense Multiple Access）是一种适合于总线型结构的具有信道检测功能的分布式介质访问控制方法，其控制手段称为"载波侦听"。

实际上，当一个站开始发送信息时，检测到本次发送有无冲突的时间很短，它不超过该站点与距离该站点最远站点信息传输时延的 2 倍。假设 A 站点与距离 A 站最远 B 站点的传输时延为 T（如图 7-13 所示），那么 2T 就作为一个时间单位。

图 7-13　传输延时示意图

CSMA/CD 又被称为"先听后讲，边听边讲"，其具体工作过程概括如下：

（1）先侦听信道，如果信道空闲则发送信息。

（2）如果信道忙，则继续侦听，直到信道空闲时立即发送。

（3）发送信息后进行冲突检测，如发生冲突，立即停止发送，并向总线上发出一串阻塞信号（连续几个字节全是 1），通知总线上各站点冲突已发生，使各站点重新开始侦听与竞争。

（4）已发出信息的各站点收到阻塞信号后，等待一段随机时间，重新进入侦听发送阶段。

CSMA/CD 的发送过程可描述如图 7-14 所示。

CSMA 按其算法的不同存在非-坚持 CSMA、P-坚持 CSMA、1-坚持 CSMA 三种方式。

**2. 令牌环访问控制方式**

令牌环是一种适用于环状网络的分布式介质访问控制方式，已由 IEEE802 委员会建议成为局域网控制协议标准之一,即 IEEE802.5 标准。

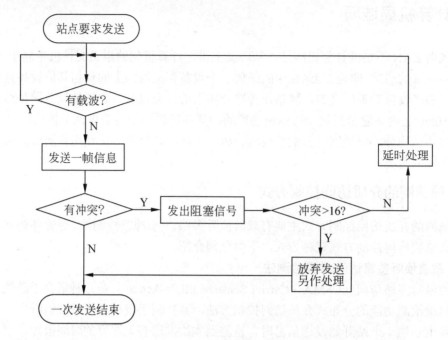

图 7-14 CSMA/CD 发送过程流程图

在令牌环网中,令牌也叫通行证,它具有特殊的格式和标记。令牌有"忙(Busy)"和"空闲(Free)"两种状态。具有广播特性的令牌环访问控制方式,还能使多个站点接收同一个信息帧,同时具有对发送站点自动应答的功能。其访问控制过程如图 7-15 所示。

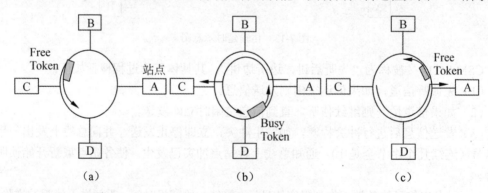

图 7-15 令牌环访问控制传送过程

### 3. 令牌总线访问控制方式

令牌总线访问控制方式(Token-Bus)是在综合了 CSMA/CD 访问控制方式和令牌环访问控制方式的优点基础上形成的一种介质访问控制方式。

令牌总线控制方式主要用于总线型或树型网络结构中。该方式是在物理总线上建立一个逻辑环。如图 7-16 所示，一个总线结构网络，如果指定每一个站点在逻辑上相互连接的前后地址，就可构成一个逻辑环，如图中 A→B→D→E→A（C 站点没有连入令牌总线中）。

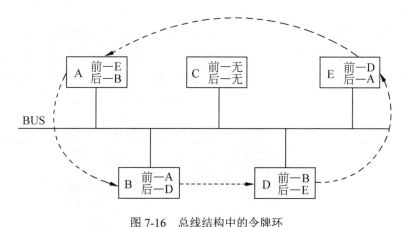

图 7-16　总线结构中的令牌环

### 7.4.2　局域网的组网技术

局域网的组网技术根据局域网的不同主要有以太网、快速以太网、千兆位以太网、令牌环网络、FDDI 光纤环网、ATM 局域网等几种，下面介绍部分常见的组网技术。

**1．以太网**

以太网（Ethernet）是由美国 Xerox 公司和 Stanford 大学联合开发并于 1975 年提出的，目的是为了把办公室工作站与昂贵的计算机资源连接起来，以便能从工作站上分享计算机资源和其他硬件设备。1983 年 IEEE802 委员会公布的 802.3 局域网络协议（CSMA/CD），基本上和 Ethernet 技术规范一致，于是，Ethernet 技术规范成为世界上第一个局域网的工业标准。它的主要技术规范如下。

- 拓扑结构：总线型。
- 介质访问控制方式：CSMA/CD。
- 传输速率：10Mbps。
- 传输介质：同轴电缆（50Ω）或双绞线。
- 最大工作站数：1024 个。
- 最大传输距离：2.5km（采用中继器）。
- 报文长度：64~1518 Byte（不计报文前的同步序列）。

它主要有两种组网方法：

（1）细缆以太网（10BASE-2）：采用 0.2 英寸 50Ω 的同轴电缆作为传输介质，传输速率为10Mbps。10BASE-2 使用网卡自带的内部收发器（MAU）和 BNC 接口，采用 T 形接头就可将两端的工作站通过细缆连接起来，组网开销低，连接方便。

（2）双绞线以太网（10BASE-T）：使用非屏蔽双绞线电缆来连接的传输速率为 10Mbps 的以太网。

**2. 快速以太网**

快速以太网是在传统以太网基础上发展的，因此它不仅保持相同的以太帧格式，而且还保留了用于以太网的 CSMA/CD 介质访问控制方式。由于快速以太网的速率比普通以太网提高了 10 倍，所以快速以太网中的桥接器、路由器和交换机都与普通以太网不同，它们具有更快的速度和更小的延时，100BASE-T 与 10BASE-T 的比较见表 7-1。

表 7-1  100BASE-T 与 10BASE-T 的比较

| 比较项目 | 100BASE-T | 10BASE-T |
| --- | --- | --- |
| 速率 | 100Mbps | 10Mbps |
| 支持标准 | IEEE802.3U | IEEE802.3 |
| 介质访问控制方式 | CSMA/CD | CSMA/CD |
| 拓扑结构 | 星型 | 总线、星型 |
| 支持的介质 | UTP 和光纤 | 同轴电缆、UTP 和光纤 |
| 集线器/站点 | 100m | 100m |

快速以太网的拓扑结构如图 7-17 所示。

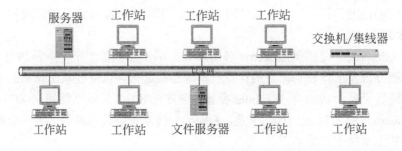

图 7-17  快速以太网的网络拓扑结构图

**3. 令牌环网络**

令牌环网络（Token-Ring）系统在 1985 年由 IBM 公司率先推出。令牌环网的拓扑结构为环状，采用专用的令牌环介质访问控制方式，传输介质为屏蔽双绞线（STP）、非屏蔽双绞线（UTP）或者光纤，传输速率为 4Mbps 或者 16Mbps。

令牌环网络系统遵循 IEEE802.2 和 IEEE802.5 标准，在传输效率、实时性、地理范围等网络性能上都优于采用 CSMA/CD 介质访问控制方式的以太网。

令牌环网络的覆盖范围没有限制，但站点数却受到一定限制。使用 STP 时可连接 2~260 台设备，而使用 UTP 时只能连接 2~72 台设备。令牌环网络的原理图如图 7-18 所示。

### 4. FDDI 光纤环网

FDDI，即光纤分布式数据接口，是以光纤传输介质的局域网标准，由美国国家标准协会 ANSI X3T9.5 委员会制定。FDDI 采用主、副双环结构，主环进行正常的数据传输，副环为冗余的备用环。

一个 FDDI 一般包括光纤、工作站、集线器和网卡等部分。在 FDDI 上所连接的工作站有双附接站（DAS）和单附接站（SAS）两类。凡是要直接连接到 FDDI 网上的设备，都应配置 FDDI 网卡。FDDI 网卡分为双附接网卡和单附接网卡两种。

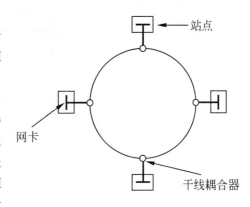

图 7-18 令牌环网的原理图

## 7.5 网络的管理与管理软件

当前计算机网络的发展特点是规模不断扩大，复杂性不断增加，异构性越来越强。一个网络往往由若干个大大小小的子网组成，集成了多种网络系统（NOS）平台，并且包括了不同厂家、公司的网络设备和通信设备等。同时，网络中还有许多网络软件提供各种服务。随着用户对网络性能要求的提高，如果没有一个高效的管理系统对网络系统进行管理，那么就很难保证向用户提供令人满意的服务。作为一种很重要的技术，网络管理对网络的发展有着很大的影响，并已成为现代信息网络中最重要的问题之一。

任何一个系统都需要管理，只是根据系统的大小、复杂性的高低，管理在整个系统中的重要性也就有重有轻。网络也是一个系统。1969 年世界上第一个计算机网络——ARPANET 就有一个相应的管理系统。随后的一些网络结构，如 IBM 的 SNA、DEC 的 DNA、SUN 的 AppleTalk 等，也都有相应的管理系统。不过，虽然网络管理很早就有，却一直没有得到应有的重视。这是因为当时的网络一是规模较小，二来复杂性不高，一个简单的网络管理系统就可以满足网络正常管理的需要，因而对其研究较少。但随着网络的发展，规模逐渐增大，复杂性增加，以前的网络管理技术已不能适应网络的迅速发展。

### 7.5.1 网络的管理

一般说来，网络管理就是通过某种方式对网络状态进行调整，使网络能正常、高效地运行。其目的很明确，就是使网络中的各种资源得到更加高效的利用，当网络出现故障时能及时作出报告和处理，并协调、保持网络的高效运行等。网络管理的结构如图 7-19 所示。

网络管理包含五部分：网络性能管理、网络设备和应用配置管理、网络利用和计费管理、网络设备和应用故障管理以及安全管理。ISO 建立了一套完整的网络管理模型，其中包含了以上五部分的概念性定义，它们保证一个网络系统正常运行的基本功能。

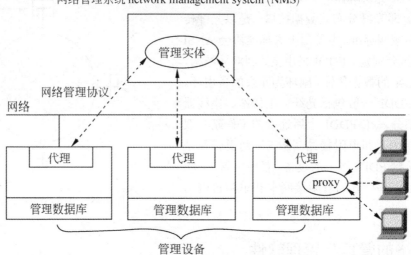

图 7-19　网络管理的结构

**1．性能管理**

衡量及利用网络性能，实现网络性能监控和优化。网络性能变量包括网络吞吐量、用户响应次数和线路利用。它指的是一种网络容量规划（Capacity Planning）过程，提供基于账单的使用，帮助理解流量的服务质量，并向客户/用户提供报告以遵循服务等级协议（SLA），从而使网络管理端获取有关网络的补充信息。

网络性能管理由两部分组成：一组功能单元，预计和报告网络设备行为以及网络或网络元素的效力；一组子功能单元，包括收集统计信息、维护和检查历史日志、决定自然条件和人为条件下的系统性能以及改变操作的系统模型。

**2．配置管理**

监控网络和系统配置信息，从而可以跟踪和管理各种版本的硬件和软件元素的网络操作。主要涉及网络设备（网桥、路由器、工作站、服务器、交换机及其他）的设置、转换、收集和修复等信息。网络配置管理的目标是节约用户时间并降低网络设备误配置引起的网络故障。目前，基本上有两种主要的网络配置工具：一种是由设备供应商提供的工具；另一种是由第三方公司提供的工具。

**3．计费管理**

衡量网络利用、个人或小组网络活动，主要负责网络使用规则和账单等。

**4．故障管理**

负责监测、日志、通告用户，（一定程度上可能）自动解决网络问题，以确保网络的高效运行，这是因为故障可能引起停机时间或网络退化等。故障管理在 ISO 网络管理单元中是使用最为广泛的一个部分。含盖了诸如检测、隔离、确定故障因素、纠正网络故障等功能。设立故障管理的目标是提高网络可用性，降低网络停机次数并迅速修复故障。典型的故障管理系统遵循以下步骤：

**5．安全管理**

控制网络资源访问权限，从而不会导致网络遭到破坏。只有被授权的用户才有权访问敏感信息。主要涉及访问控制和网络资源管理。

访问控制管理指的是安全性处理过程，即妨碍或促进用户或系统间的通信，支持各种网络资源如计算机、Web 服务器、路由器或任何其他系统或设备间的相互作用。认证过程主要包含认证和自主访问控制（Discretionary Access Control）。

安全审计是安全管理中访问控制过程的一部分。审计系统可以追踪到特殊登录用户以及其访问资源。代理服务器和防火墙是安全管理中的两个特定访问控制系统，主要用于防止公共网络如因特网成员访问内部网络资源。

常见的网络管理协议主要有由 IETF 定义的简单网络管理协议（SNMP），远程监控（RMON）是 SNMP 的扩展协议；另一种是由 ISO 定义的通用管理信息协议（CMIP）。典型地，网络管理系统包括两部分：探测器 Probe（或代理），主要负责收集众多网络结点上的数据；控制台 Console，主要负责集合并分析探测器收集的数据，提取有用信息和报告。

## 7.5.2 网络管理软件

网络管理的需求决定网管系统的组成和规模，任何网管系统无论其规模大小，基本上都是由支持网管协议的网管软件平台、网管支撑软件、网管工作平台和支撑网管协议的网络设备组成。其中网管软件平台提供网络系统的配置、故障、性能及网络用户分布方面的基本管理，也就是说，网络管理的各种功能最终会体现在网管软件的各种功能的实现上，软件是网管系统的"灵魂"，是网管系统的核心。

网管软件的功能可以归纳为三个部分：体系结构、核心服务和应用程序。

首先，从基本的框架体系方面，网管软件需要提供一种通用的、开放的、可扩展的框架体系。为了向用户提供最大的选择范围，网管软件应该支持通用平台，也就是通用操作系统。如既支持 UNIX 操作系统，又支持 Windows NT 操作系统。网管软件既可以是分布式的体系结构，也可以是集中式的体系结构，实际应用中一般采用集中管理子网和分布式管理主网相结合的方式。同时，网管软件是在基于开放标准的框架的基础上设计的，它应该支持现有的协议和技术的升级。开放的网络管理软件可以支持基于标准的网络管理协议，如 SNMP 和 CMIP，也必须能支持 TCP/IP 协议族及其他的一些专用网络协议。

其次，网管软件应该能够提供一些核心的服务来满足网络管理的部分要求。核心服务是一个网络管理软件应具备的基本功能，大多数的企业网络管理系统都用到这些服务。各厂商往往通过提供重要的核心服务来增加自己的竞争力。他们通过改进底层系统来补充核心服务，也可以通过增加可选组件对网管软件的功能进行扩充。核心服务的内容很多，包括网络搜索、查错和纠错、支持大量设备、友好操作界面、报告工具、警报通知和处理、配置管理等。

此外，为了实现特定的事务处理和结构支持，网管软件中有必要加入一些有价值的应用程序，以扩展网管软件的基本功能。这些应用程序可由第三方供应商提供，网管软件集成水平的高低取决于网络管理系统的核心服务和厂商产品的功能。常见网管软件中的应用程序主要有：高级警报处理、网络仿真、策略管理和故障标记等。

由上面的介绍可以看出：体系结构、核心服务和应用程序三者之间是相互联系、密不可分的。体系结构提供一个系统平台，一个多种资源有机联系的场所；核心服务提供最基本、最重要的服务，就像生活中维持人正常生存的部分；应用程序满足具体的、个性化的需求，有如生活中不同人的不同习惯和爱好。

## 7.6 网络安全

随着互联网的飞速发展，网络安全问题已经越来越受到大家广泛的关注，各种病毒花样繁多、层出不穷；系统、程序、软件的安全漏洞越来越多；黑客们通过不正当手段侵入他人电脑，非法获得信息资料，给正常使用互联网的用户带来不可估计的损失。由于目前网络经常受到人为的破坏，因此，网络必须有足够强的安全措施。

### 7.6.1 计算机网络的安全问题

计算机网络安全就其本质而言是网络上的信息安全。从广义上讲，凡是涉及到网络上信息的保密性、完整性、可用性、真实性和可控性的相关技术和理论，都是网络安全的研究领域。简单来讲，网络安全包括：系统不被侵入、数据不丢失以及网络中的计算机不被病毒感染三大方面。完整的网络安全要求：

- 运行系统安全
- 网络上系统信息的安全
- 网络上信息传播的安全
- 网络上信息内容的安全

网络安全应具有保密性、完整性、可用性、可控性以及可审查性几大特征。网络的安全层次分为物理安全、控制安全、服务安全和协议安全。

**1．物理安全**

物理安全包括：自然灾害、物理损坏、设备故障、意外事故、人为的电磁泄漏、信息泄漏、干扰他人、受他人干扰、乘机而入、痕迹泄露、操作失误、意外疏漏、计算机系统机房环境的安全漏洞等。

**2．控制安全**

控制安全包括：计算机操作系统的安全控制、网络接口模块的安全控制、网络互联设备的安全控制等。

**3．服务安全**

服务安全包括：对等实体认证服务、访问控制服务、数据加密服务、数据完整性服务、数据源点认证服务、禁止否认服务等。

**4．TCP/IP 协议安全**

TCP/IP 协议安全主要用于解决：TCP/IP 协议数据流采用明文传输、源地址欺骗（Source address spoofing）或 IP 欺骗（IP spoofing）、源路由选择欺骗（Source Routing spoofing）、路由信息协议攻击（RIP Attacks）、鉴别攻击（Authentication Attacks）、TCP 序列号欺骗攻击（TCP SYN Flooding Attack）、易欺骗性（Ease of spoofing）等。

计算机网络的安全威胁主要表现在：非授权访问、信息泄漏或丢失、破坏数据完整性、拒绝服务攻击、利用网络传播病毒、使用者的人为因素、硬件和网络设计的缺陷、协议和软件自身的缺陷以及网络信息的复杂性等方面。

下面介绍一些常见的信息安全技术。

### 7.6.2 数据的加密与解密

随着计算机网络不断渗透到各个领域，密码学的应用也随之扩大。数字签名、身份鉴别等都是由密码学派生出来的新技术和应用。

在计算机上实现的数据加密，其加密或解密变换是由密钥控制实现的。密钥（Keyword）是用户按照一种密码体制随机选取，它通常是一随机字符串，是控制明文和密文变换的唯一参数。

密码技术除了提供信息的加密解密外，还提供对信息来源的鉴别、保证信息的完整和不可否认等功能，而这三种功能都是通过数字签名实现。数字签名的原理是将要传送的明文通过一种函数运算（Hash）转换成报文摘要（不同的明文对应不同的报文摘要），报文摘要加密后与明文一起传送给接受方，接受方将接受的明文产生新的报文摘要与发送方的发来报文摘要解密比较，比较结果一致表示明文未被改动，如果不一致表示明文已被篡改。

数据加密技术是为提高信息系统及数据的安全性和保密性，防止秘密数据被外部破译所采用的主要技术手段之一，也是网络安全的重要技术。

根据密钥类型不同将现代密码技术分为两类：一类是对称加密（秘密钥匙加密）系统，另一类是公开密钥加密（非对称加密）系统。

对称钥匙加密系统是加密和解密均采用同一把秘密钥匙，而且通信双方都必须获得这把钥匙，并保持钥匙的秘密。它的安全性依赖于以下两个因素。第一，加密算法必须是足够强的,仅仅基于密文本身去解密信息在实践上是不可能的;第二,加密方法的安全性依赖于密钥的秘密性,而不是算法的秘密性,因此,没有必要确保算法的秘密性,而需要保证密钥的秘密性。对称加密系统的算法实现速度极快。因为算法不需要保密,所以制造商可以开发出低成本的芯片以实现数据加密。这些芯片有着广泛的应用,适合于大规模生产。对称加密系统最大的问题是密钥的分发和管理非常复杂、代价高昂。比如对于具有 n 个用户的网络,需要 n(n-1)/2 个密钥,在用户群不是很大的情况下,对称加密系统是有效的。但是对于大型网络,当用户群很大,分布很广时,密钥的分配和保存就成了大问题。对称加密算法另一个缺点是不能实现数字签名。

公开密钥加密系统采用的加密钥匙(公钥)和解密钥匙(私钥)是不同的。由于加密钥匙是公开的,密钥的分配和管理就很简单,比如对于具有 n 个用户的网络,仅需要 2n 个密钥。公开密钥加密系统还能够很容易地实现数字签名。因此,最适合于电子商务应用需要。在实际应用中,公开密钥加密系统并没有完全取代对称密钥加密系统,这是因为公开密钥加密系统是基于尖端的数学难题,计算非常复杂,它的安全性更高,但它的实现速度却远赶不上对称密钥加密系统。在实际应用中可利用二者的各自优点,采用对称加密系统加密文件,采用公开密钥加密系统加密"加密文件"的密钥(会话密钥),这就是混合加密系统,它较好地解决了运算速度问题和密钥分配管理问题。因此,公钥密码体制通常被用来加密关键性的、核心的机密数据,而对称密码体制通常被用来加密大量的数据。

### 7.6.3 防火墙技术

防火墙是指设置在不同网络(如可信任的企业内部网和不可信的公共网)或网络安全域之间的一系列部件的组合,以防止发生不可预测的、潜在破坏性的侵入。实际上,它包含着一对矛盾(或称机制):一方面它限制数据流通,另一方面它又允许数据流通。

作为内部网络与外部公共网络之间的第一道屏障,防火墙是最先受到人们重视的网络安全产品之一。虽然从理论上看,防火墙处于网络安全的最底层,负责网络间的安全认证与传输,但随着网络安全技术的整体发展和网络应用的不断变化,现代防火墙技术已经逐步走向网络层之外的其他安全层次,不仅要完成传统防火墙的过滤任务,同时还能为各种网络应用提供相应的安全服务。另外还有多种防火墙产品正朝着数据安全与用户认证、防止病毒与黑客侵入等方向发展。

常见的防火墙主要有数据包过滤型防火墙、应用级网关型防火墙、代理服务型防火墙、复合型防火墙等几种类型。典型的防火墙包括过滤器、链路级网关和应用级网关或代理服务器,如图 7-20 所示。

安装防火墙的作用在于弥补网络服务的脆弱性、控制对网络的存取、集中的安全管理、网络使用情况的记录及统计。但是它仍然有局限性,对于下列情况,它不能防范:绕过防火墙的攻击、来自内部变节者和不经心的用户带来的威胁、变节者或公司内部存在的间谍将数据复制到软盘、传送已感染病毒的软件或文件等。

在使用防火墙前,应该设计好防火墙的规则。它包括下列内容:防火墙的行为准则(拒绝没有特别允许的任何服务、允许没有特别拒绝的任何服务)、机构的安全策略、费用、系统的组件或构件。

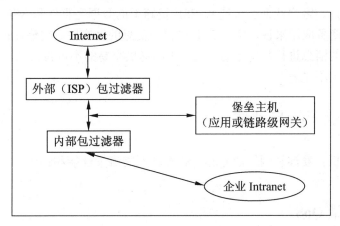

图 7-20　防火墙的组成

## 7.6.4　网络安全协议

下面介绍几种常见的网络安全协议。

**1. SSH（Secure Shell）**

由芬兰的一家公司开发的。通过使用 SSH,可以把所有传输的数据进行加密,抵御"中间人"攻击,而且也能够防止 DNS 和 IP 欺骗。由于传输的数据是经过压缩的,所以还可以加快传输的速度。

SSH 由客户端和服务端的软件组成的。从客户端来看,SSH 提供两种级别的安全验证:基于密码的安全验证和基于密匙的安全验证。

**2. PKI（Public Key Infrastructure）**

PKI 体系结构采用证书管理公钥,通过第三方的可信机构 CA,把用户的公钥和用户的其他标识信息(如名称、E-mail、身份证号等)捆绑在一起,在 Internet 网上验证用户的身份,PKI 体系结构把公钥密码和对称密码结合起来,在 Internet 网上实现密钥的自动管理,保证网上数据的机密性、完整性。一个典型、完整、有效的 PKI 应用系统至少应具有:公钥密码证书管理、黑名单的发布和管理、密钥的备份和恢复、自动更新密钥以及自动管理历史密钥等几部分。

(1) SET（Secure Electronic Transaction）。

SET 安全电子交易协议是由美国 Visa 和 MasterCard 两大信用卡组织提出的应用于 Internet 上的以信用卡为基础的电子支付系统协议。它采用公钥密码体制和 X.509 数字证书标准,主要应用于 B to C 模式中保障支付信息的安全性。SET 协议本身比较复杂,设计比较严格,安全性高,它能保证信息传输的机密性、真实性、完整性和不可否认性。

(2) SSL (Secure socket Layer & Security Socket Layer)。

安全套接层协议(SSL)是网景(Netscape)公司提出的基于 Web 应用的安全协议,包括:服务器认证、客户认证(可选)、SSL 链路上的数据完整性和 SSL 链路上的数据保密性。对于电子商务应用来说,使用 SSL 可保证信息的真实性、完整性和保密性。但由于 SSL 不对应用层的消息进行数字签名,因此不能提供交易的不可否认性,这是 SSL 在电子商务中使用的最大不足。

## 7.7 网络性能分析与评估

网络性能分析主要涉及网络的 QoS、SLA 和网络流量性能测评等三个方面。下面分别介绍这些评价指标。

### 7.7.1 服务质量 QoS

服务质量(Quality of Service,QoS)指的是网络提供更高优先服务的一种能力,包括专用带宽、抖动控制和延迟(用于实时和交互式流量情形)、丢包率的改进以及不同 WAN、LAN 和 MAN 技术下的指定网络流量等,同时确保为每种流量提供的优先权不会阻碍其他流量的进程。服务等级协议(Service-Level Agreement,SLA)是关于网络服务供应商和客户间的一份合同,其中定义了服务类型、服务质量和客户付款等术语。

QoS 技术涉及以下三个方面:

(1) QoS 识别和标志技术:主要是调整网络单元之间从终端到终端的服务质量,这是通过数据包流量分类和预留带宽完成的。识别流量的一般方法包括访问控制表(ACLs)、策略路由技术、承诺访问速率(CAR)以及基于网络应用的识别(NBAR)。

(2) 单一网络单元中的 QoS:包括拥塞控制、队列管理、链接效率等技术和分层/流量监管工具。

(3) QoS 策略、管理和计费功能:主要控制和管理终端到终端的网络流量,包括配置网络设备如 RMON 探测器。当获取网络流量及目标应用程序时,需要采用 QoS 技术来提高服务质量。通过测试目标应用程序的响应可以知道该过程是否达到 QoS 标准。

### 7.7.2 服务等级协议(SLA:service–level agreement)

服务等级协议是关于网络服务供应商和客户间的一份合同,其中定义了服务类型、服务质量和客户付款等术语。典型的 SLP 包括以下项目:

- 客户带宽极限。
- 分配给客户的最小带宽。
- 能同时服务的客户数目。

- 在可能影响用户行为的网络变化之前的通知安排。
- 拨入访问可用性。
- 运用统计学。
- 服务供应商支持的最小网络利用性能,如 99.9%有效工作时间或每天最多为 1 分钟的停机时间。
- 各类客户的流量优先权。
- 客户技术支持和服务。
- 惩罚规定,为服务供应商不能满足 SLP 需求所指定。

### 7.7.3 流量管理

流量管理主要涉及网络带宽控制和分配、通信延迟的降低和拥塞控制的最小化。流量管理通常又称为流量编整或流量工程。流量管理和流量工程的提出目标是用于高效管理网络资源,并为用户提供需要的带宽和服务等级。很多先进的统计技术诸如排队论(Queuing Theory)常用来预测大型电信网络诸如电话网络或因特网的工程师行为。以下是关于流量管理、编整和工程等方面的常见规则:

(1) 应用程序:识别和分类特定类型的网络流量,将每种特定流量只限制于特定的带宽。例如,可以基于宏观特征进行分类,如流量协议(IP、IPX、AppleTalk、DECNet)、端口、使用的应用程序、与主机的连接方式等。此外流量也可以根据流内容进行分类,而不考虑流宏观特征。

(2) 用户:设置每个用户流量限制,以确保所有用户对网络流量的公平共享使用,也可为特殊用户设置确保带宽。例如,可以决定使用的用户规则,将通向/来自每个用户的流量限制为 512 Kbps。

(3) 优先权管理:定义不同类型流量的相对重要性或优先权。只有当优先权较高的应用程序不需要带宽时,优先权较低的流量才允许获取带宽。

流量管理系统基本特征包括:
- 容量规划。
- 流量测量和建模。
- 监控所有网络设备、应用程序相和服务端口的访问和响应时间。
- 监控带宽利用和差错状况的接口流量。
- 监控 SNMP 启用设备(投票选举和陷阱接收)。
- 监控设备 Sys-Logs。

报告性能、负载平衡、服务等级协议等的系统,其中包含诸如 QoS、带宽分配等参数。

### 7.7.4 网络性能评价指标体系

除上述指标外,还可以从如表 7-2 的指标中来评价网络性能。

表 7-2 网络性能指标

| 类别 | 指标 |
| --- | --- |
| 网络设施 | 网络设备 |
| | 网络出口速度 |
| | 网络结构 |
| | 每百人计算机拥有量 |
| | 联网率 |
| | 线路利用率 |
| | 线路容量 |
| 网络管理 | 网管系统使用 |
| | 网络日志管理 |
| 网络故障应急方案与措施 | 方案制定 |
| 网络管理 | 方案实施 |
| 网络运行状态监控 | 总体监控 |
| | 事件响应 |
| 网络故障与处理 | 网络故障率 |
| 网络与信息安全投入 | 网络与信息安全投入<br>占信息化总投入比重 |
| 网络安全<br>安全系统 | 防火墙安装与配置<br>邮件加密系统<br>邮件防病毒网关<br>虚拟专网的建立 |

## 7.8 因特网基础知识及其应用

Internet 是互联的网络集合，英文单词 Internet 代表网络互联之意，首字母为大写时，Internet 则专指互联网，中文译作因特网。给 Internet 下一个确切的定义很难，一般认为，它是指通过各种通信介质和数据通信网，将世界各地的计算机局域网、广域网连接起来，共同遵守传输控制协议/互联网协议（Transfer Control Protocol/Internet Protocl，TCP/IP），从而构成的世界范围内的网际网，或者叫做网络的集合。从信息资源的观点来看，Internet 是一个集各个领域、各个学科的各种信息资源为一体，并供上网用户共享的数据资源网。它广泛地用于世界各地的大学、科研院所、政府机关、公司企业和个人用户的互联。

实际应用的互联网常常是通过广域网将局域网相互连接而成的集合。所谓广域网是跨越很大地区的一种网，通常包含多个省，甚至一个国家。它是多个局域网通过广域网中的通信子网互相连接而成的互联网。通信子网的作用是将信息从一台主机传到另一台主机，它由通信线路和路由器组成。单个主机或局域网上的主机间通过路由器进行通信。

因特网常见的网络连接设备有网卡、网桥、生成树网桥、源路由网桥、路由器、中继器、集线器、交换机等。

## 7.8.1 IP 地址和子网掩码

**1. IP 地址**

IP 地址具有固定、规范的格式。TCP/IP 协议规定，每个地址由 32 位二进制数组成，分成四段，其中每 8 位构成一段，这样每段所能表示的十进制数的范围最大不超过 255，段与段之间用"."隔开。

为了便于表达和识别，IP 地址是以十进制数形式表示的，每 8 位一组，用一个十进制数来表示，0~255。在 TCP/IP 协议中，IP 地址主要分为三类：A 类、B 类、C 类。

在 Internet 上有成千百万台主机，每台上网的计算机都有一个 IP 地址，它就像用户在网上的身份证，要查看自己 IP 地址可在 Windows 9x 的系统中单击"开始"→"运行"→敲入"winipcfg"→按回车键，就可显示自己所用的计算机的 IP 地址。IP 地址不是随机的，它跟电话号码有些类似，即处在某一网络范围的所有计算机都有相同的地址前缀。

每个 IP 地址可以分为两个组成部分：网络号标识和主机号标识。网络号标识确定了某一主机所在的网络，主机号标识确定了在该网络中特定的主机。根据适用范围的不同，IP 地址分成若干类，主要依据是网络号和主机号的数量。通常，IP 地址分为三类：

**A 类：**

| 0 | 1 | 8 | 16 | 31 |
|---|---|---|---|---|
| 0 | 网络号 | | 主机号 | |

A 类 IP 地址用 8 位来标识网络号，24 位标识主机号。最前面一位为"0"，这样 A 类 IP 地址所能表示的网络数范围为 0~127，第一段数字范围为 1~126。每个 A 类地址可连接 16387064 台主机，Internet 有 126 个 A 类地址。只要见到第一段数字为 1~126 格式的 IP 地址，都属于 A 类地址。A 类 IP 地址通常用于大型网络。

**B 类：**

| 1 | 0 | 网络号 | 主机号 |
|---|---|---|---|

一个 B 类 IP 地址由 2 个字节（16 位）的网络地址和 2 个字节（16 位）的主机地址组成，网络地址的最高位必须是"10"，因此，第一段数字范围为 128~191。每个 B 类地址可连接 64516 台主机，Internet 有 16256 个 B 类地址。通常，B 类 IP 地址适用于中等规模的网络，例如各地区和网络管理中心。

**C 类：**

| 1 | 1 | 0 | 网络号 | 主机号 |
|---|---|---|---|---|

C 类地址是由 3 个字节（24 位）的网络地址和 1 个字节（8 位）的主机地址组成，网络地址的最高位必须是"110"，因此第一段数字范围为 192~223。例如前面所举的两例都属 C 类 IP 地址。每个 C 类地址可连接 254 台主机，Internet 有 2054512 个 C 类地址。C 类

IP 地址一般适用于校园网等小型网络。

在上面三类 IP 地址中，由于 A 类 IP 地址的网络号数目有限，因此现在能够申请到的仅是 B 类（同样紧缺）或 C 类两种。当某个单位申请 IP 地址时，实际上申请到的是一个网络号，而主机号由该单位或公司自行确定分配，只要无重复的主机号即可。

除了上面三类主要的 IP 地址外，还有两类不常用的保留地址：D 类和 E 类地址。

D 类地址用于多点播送。第一个字节以"1110"开始，第一个字节的数字范围为 224~239，是多点播送地址，用于多目的地信息的传输。部分留给 Internet 体系结构委员会 IAB 作为备用。其中全零"0.0.0.0"地址对应于当前主机，全"1"的 IP 地址"255.255.255.255"是当前子网的广播地址。

E 类地址：以"11110"开始，即第一段数字范围为 240~254。E 类地址保留，仅作实验和开发用。

另外还有几种用作特殊用途的 IP 地址：

主机号全部设为"0"的 IP 地址称为网络地址，如 129.45.0.0 就是 B 类网络地址。

主机号部分全设为"1"（即 255）的 IP 地址称之为广播地址，如 129.45.255.255 就是 B 类的广播地址。

网络号不能以十进制"127"作为开头，在地址中数字 127 留给诊断使用。如 127.1.1.1 用于回路测试，同时网络号的第一个 8 位组也不能全置为"0"，全置"0"表示本地网络。网络号部分全为"0"和全部为"1"的 IP 地址被保留使用。

近年来，随着 Internet 用户数目的急剧增长，可供分配的 IP 地址数目也日益减少。大部分 B 类地址均已分配，目前只有 C 类地址尚可分配，原有 32 位长度的 IP 地址的使用已经显得相当紧张，新的 128 位长度的 IP 地址方案将会缓解目前 IP 地址的紧张状况。

**2. 子网掩码（Subnet Mask）**

从 IP 的地址构造可以清楚地看出，只有有限的对全世界有用的网络地址数。如果拥有一个网络地址（如一个 C 类地址 210.34.168.X），则只能用它来唯一标识一个物理网络，而这个网络允许最多有 255 个结点。如果有多个物理网络，每个网络中的结点数却较少，那么，可以采用子网的划分技术，用部分的结点数作为子网数来代替。

如 C 类地址 210.34.168.X，用结点数的前 2 位作为子网数，则可以区分 4 个子网了，而每个子网中最多可以有 63 个结点（结点数剩 6 位了）：

用二进制来说明：

```
11010010  00100010  10101000  00xxxxxx
11010010  00100010  10101000  01xxxxxx
11010010  00100010  10101000  10xxxxxx
11010010  00100010  10101000  11xxxxxx
```

那么，如何告知 IP 对寻址规则的修改呢？那就是使用子网掩码。子网掩码用于区分 IP 地址的网络数部分和结点数部分，即前多少位是网络数，后多少位是结点数。

方法是：与 IP 地址一样，也采用 32 位的二进制数，由两部分组成，前面一部分为全 1，后面一部分为全 0，1 的个数表示对应的 IP 地址中网络数的位数，0 的个数表示对应 IP 地址中结点数的位数。即由与 IP 地址对应的网络数部分全取 1，结点数部分全取 0 组成。

如 IP 地址 210.34.168.11，即二进制 11010010 00100010 10101000 00001011；子网掩码为 255.255.255.0，即二进制 11111111 11111111 11111111 00000000；表示 IP 的前三个字节（24 位：210.34.168）为网络数，最后一个字节（8 位：十进制 11）为结点数。

若子网掩码为 255.255.255.192，即二进制 11111111 11111111 11111111 11000000，则表示 IP 的前 24 位为网络数，接着 2 位为子网数，后 6 位为结点数了。也就是用了原结点数的前二位作为子网数了，一个网络变成四个子网，但子网内结点数的范围变小了。

### 7.8.2 DNS 和代理服务器

**1．DNS**

在 Internet 上，对于众多的以数字表示的一长串 IP 地址，人们记忆起来是很困难的。为了便于网络地址的分层管理和分配，因而采用了域名管理系统，引入域名的概念。通过为每台主机建立 IP 地址与域名之间的映射关系，用户在网上可以避开难于记忆的 IP 地址，而使用域名来唯一标识网上的计算机。

为了使计算机的域名与其 IP 地址正确地对应起来，使用户只要输入主机的名称，就可以很快地将其转换成 IP 地址，在 Internet 上有许多域名服务器来负责域名到 IP 地址的转换。从 1983 年起，Internet 开始采用一种树状、层次化的主机命名系统，即域名系统 DNS，如图 7-21 所示。

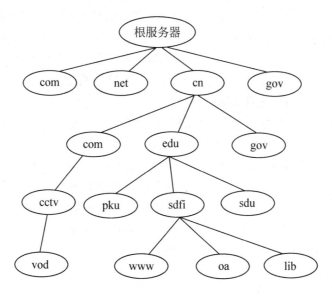

图 7-21　DNS 域名系统

域名系统 DNS 是一个遍布在 Internet 上的分布式主机信息数据库系统，采用客户机/服务器的工作模式。域名系统的基本任务是将文字表示的域名，如 www.sdfi.edu.cn 翻译成 IP 协议能够理解的 IP 地址格式，如 210.44.128.101，亦称为域名解析。域名解析的工作通常由域名服务器来完成。

要把计算机接入 Internet，必须获得网上唯一的 IP 地址和对应的域名。按照 Internet 上的域名管理系统规定，在 DNS 中，域名采用分层结构，由自底向上所有标记组成的字符串，标记之间用"."分隔。对于入网的每台计算机都有类似结构的域名，即：

计算机主机名．机构名．网络名．顶级域名

同 IP 地址格式类似，域名的各部分之间也用"."隔开。一般来说，域名分为三级，其格式为：商标名（或企业名）．单位性质代码．国家代码。作为中国国内企业，一般采用：企业名．com．cn 的格式。

一台计算机只能有一个 IP 地址，但是却可以有多个域名。

**2．代理服务器**

普通的因特网访问是一个典型的客户机与服务器结构：用户利用计算机上的客户端程序，向浏览器发出请求，远端 WWW 服务器程序响应请求并提供相应的数据。而 Proxy（代理）处于客户机与服务器之间，对于服务器来说，Proxy 是客户机，Proxy 提出请求，服务器响应；对于客户机来说，Proxy 是服务器，它接受客户机的请求，并将服务器上传来的数据转给客户机。它的作用很像现实生活中的代理服务商。因此 Proxy Server 的中文名称就是代理服务器。

Proxy Server 的工作原理是：当客户在浏览器中设置好 Proxy Server 后，使用浏览器访问所有 WWW 站点的请求都不会直接发给目的主机，而是先发给代理服务器，代理服务器接受了客户的请求以后，由代理服务器向目的主机发出请求，并接受目的主机的数据，存放于代理服务器的硬盘中，然后再由代理服务器将客户要求的数据发给客户。

代理服务器具有可以提高访问速度、相当于防火墙、通过代理服务器可以访问一些不能直接访问的网站并使得安全性提高。

要设置代理服务器，必须先知道代理服务器地址和端口号，然后在 IE 或 NC 的代理服务器设置栏中填入相应地址和端口号就可以了。假设有一个代理服务器的地址是 Proxy.net.net，端口号是 3000，在 IE 中的配置方法是使用"查看"菜单的"Internet 选项"→"连接"→"代理服务器"，然后在"通过代理服务器访问 Internet"选项前面的复选框中打上钩，在"地址框"中填入代理服务器地址，如本例中假设代理服务器地址是 proxy.net.net，再在"端口"框中填上端口号 3000，单击一下最下方的"应用"按钮，再单击"确定"，设置完成。下次再使用 IE 时用户就会发现，无论浏览什么网站，IE 总是先与代理服务器连接。

### 7.8.3 万维网服务

WWW 全称为 World Wide Web，中文名为万维网或环球信息网，是以超文本标记语言

（HTML）和超文本传输协议（HTTP）为基础，由全球各种形式的信息（文本、图片、声音、动画和多媒体等）组成的分布式超媒体信息查询系统。这些信息以网页的形式分布存储在世界各地的 Web 服务器上，就是通常所说的网站（站点），用户只需要有一个浏览器就可以非常方便地访问 Web 站点，获得所需的信息。

### 1．超文本方式和超媒体

要想了解 WWW，首先必须了解超文本（Hypertext）与超媒体（Hypermedia）的基本概念，因为它们是 WWW 的信息组织形式，也是 WWW 实现的关键技术之一。

超文本方式将菜单集成于文本信息之中，采用指针连接的网状交叉索引方式，对不同来源的信息加以链接，形成了一个非线性的网状结构。超媒体是超文本的进一步扩展，是超文本与多媒体的组合。简单的讲，就是在超媒体中，允许信息结点不仅仅能够链接文本信息，还能够链接多媒体信息（图像、音频、视频、动画和程序等）。事实上，人们并不严格区分超文本与超媒体，二者的界限已经很模糊，通常所指的超文本一般也包括超媒体的概念。

### 2．HTML 语言

有了超文本与超媒体的信息组织思想，那么如何具体实现呢？富于想象力的英国物理学家蒂姆在计算机网络中找到了超文本超媒体思想的实现机制，他开发了一种全新的文档语言——HTML 语言。

HTML 语言（Hyper Text Markup Language，又称超文本标记语言），它是一种标识性的语言，由一些特定符号和语法组成，对 Web 页的内容、格式及 Web 页中的超级链接进行描述。HTML 语言是一种专用的编程语言，用于编制要通过 WWW 显示的超文本文件页面（也就是网页）。它标注简单明了，功能强大，不仅可以编写普通的文本信息，而且还可以编辑声音、图形、视频等多媒体信息。HTML 文件是纯文本文件，它在浏览器中被解释执行，无需编译，与多种操作平台兼容。

### 3．HTTP 协议

要将网页传输到本地浏览器中，这就需要依靠 HTTP 协议。HTTP 协议（Hyper Text Transfer Protocol，超文本传输协议）是 Web 服务器与客户浏览器之间的信息传输协议，用于从 WWW 服务器传输超文本到本地浏览器，属于 TCP/IP 模型应用层协议。

### 4．URL

在 Internet 中有如此众多的 Web 服务器，每台服务器又包含很多的页面，如何找到想要的页面呢？这就需要使用统一资源定位器——URL(Uniform Resource Locators)，用 URL 来唯一的标识某个网络资源，实际上也就是网页的地址。它指出用什么方法、去什么地方、访问哪个文件。不论身处何地、用哪种计算机，只要输入同一个 URL 地址，就会连接到相同的网页。现在几乎所有 Internet 的文件或服务都可以用 URL 表示。

URL 地址由双斜线分成两大部分，前一部分指出访问方式，后一部分指明文件或服务所在服务器的地址及具体存放位置。URL 的具体表示方法为：

协议：//主机地址[：端口号]/ 路径/ 文件名

例如：URL 地址 http://www.microsoft.com/downloads/search.asp

其中，HTTP 指的是访问方式，即要使用 HTTP 协议进行访问；www.microsoft.com 指的是要访问的服务器的主机名（在本例中即域名，也可换成 IP 地址）；/downloads 指的是要访问的页面的路径；/search.asp 指的是最终访问的文件名。

**5．WWW 浏览器**

浏览器就是用来浏览信息的，它可以说是网上冲浪的"帆板"。有了浏览器，用户只需要通过点击鼠标或者键盘输入网页地址就可以轻松地获得 Internet 上丰富的资源信息。

目前，最流行的全图形界面的浏览器有两种：微软公司出品的 Microsoft Internet Explorer（IE）和网景公司出品的 Netscape。

### 7.8.4 因特网其他服务

除了 WWW 服务外，因特网还有一些其他的常见服务。

**1．电子邮件**

电子邮件（Electronic Mail，E-mail），是传统邮件的电子化，它最早出现在 ARPANET 中。电子邮件（E-mail）是 Internet 提供的最主要的应用之一，它已经成为世界上最快的邮局，成为倍受欢迎的通信方式。电子邮件通过 Internet 传送，可在几秒钟之内传到世界各地，不受时间、气候和地理的限制，而且可以附加传送计算机文件、图像、声音和视频等多种信息。与传统的信件相比，电子邮件具有速度快、价格低的优点。

电子邮件系统是一种新型的信息系统，是通信技术和计算机技术结合的产物。它是一种"存储转发式"的服务，属异步通信方式，这正是电子邮件系统的核心。利用存储转发可进行非实时通信，信件发送者可随时随地发送邮件。接收者可随时打开计算机读取信件，不受时空限制。在这里，"发送"邮件意味着将邮件放到收件人的信箱中，而"接收"邮件则意味着从自己的信箱中读取信件，信件在信箱之间进行传递和交换，也可以与另一个邮件系统进行传递和交换，信箱实际上是由文件管理系统支持的一个实体。因为电子邮件是通过邮件服务器 Mail Server 来传递文件的。通常 Mail Server 是执行多任务操作系统 Unix 的计算机，它提供 24 小时的电子邮件服务，用户只需向 Mail Server 管理人员申请一个信箱账号，就可使用这项快速的邮件服务了。

与普通信件一样，电子邮件也需要地址。这个地址就是在 Internet 电子信箱的地址。电子邮件地址就是用户在 ISP 所开设的邮件账号加上 POP3 服务器的域名。例如：liuhy@sdfi.edu.cn，在此地址中"liuhy"是用户名，也就是用户在 ISP 所提供的 POP3 服务器上所注册的电子邮件账号，"sdfi.edu.cn"是 POP3 服务器的域名。中间用"@"分隔，表示"at"的意思。用户发送电子邮件时，必须给出接收方的电子邮件地址。

电子邮件的传输则是通过电子邮件简单传输协议 SMTP（Simple Mail Transfer Protocol）这一系统软件来实现的。SMTP 协议是 TCP/IP 的一部分，它用于描述邮件是如何在 Internet 上传输的。遍布全球的邮件服务器根据 SMTP 协议来发送和接收邮件，SMTP 就像 Internet 上的通用语言一样，负责处理邮件服务器之间的消息传递。

电子邮件的发送由简单邮件传输协议（SMTP）服务器来完成。它好比是邮局的邮筒，将信投入后，由邮局定时发送。接收邮件由邮局协议（POP3）服务器来完成，来信都存放于此，用户通过电子邮件软件来取信。

当用户写好电子邮件后，可通过电子邮件软件（Outlook 等）将它发送出去。电子邮件软件使用 SMTP 协议和 TCP/IP 协议将用户的邮件打包后，加上信件头送到用户所设置的 Internet 服务商（ISP）的 SMTP 服务器上。然后 SMTP 服务器根据用户所写的电子邮件地址，通过路由器按照当前网络传输的情况，寻找一条最不拥挤的路由，将邮件传输给下一个 SMTP 服务器。该服务器也如法炮制，将邮件一直传送到接收方用户的 ISP 所提供的 POP3 服务器中，并保存在以接收方用户开设的信箱中。接收方用户可以通过电子邮件软件打开自己在 POP3 服务器上的信箱，来接收电子邮件。

**2．搜索引擎**

Internet 是一个庞大的信息海洋，要想从中找出自己所需的信息并不是一件容易的事，应运而生的搜索引擎可帮了我们的大忙。

搜索引擎是指为用户提供信息检索服务的程序，通过服务器上特定的程序把 Internet 上的所有信息分析、整理并归类，以帮助用户在 Internet 中搜索所需要的信息。当用户通过搜索引擎查找信息时，搜索引擎就会对用户的需求产生响应，并根据查找的关键字检索数据库，最后将与搜索标准匹配的站点列表返回给用户。用户可以从列表中选择需要的网站，单击链接即可进入相应的页面。搜索引擎也是一类网站，它们一般都具备分类主题查询和关键字查询两种功能：

- 按内容分类逐级检索

分类检索是从搜索首页按照树型的主题分类逐层单击来查找所需信息的方法。

- 使用关键字检索

关键字检索就是由用户指定一些词语（这些词语称为关键字），搜索引擎自动搜索和这些词语相关的网站，并按照匹配的程度由高到低排列输出给用户。使用关键字检索的核心是如何选择合适的关键字，不同的搜索引擎提供的查询方法并不完全相同。

对于经常上网查阅资料的用户来说，记住一些好的搜索网站是很重要的，在这里给大家介绍几个常用的搜索网站。

- http://www.google.com/ google 搜索引擎
- http://dir.sohu.com/ 搜狐分类搜索引擎
- http://cn.yahoo.com/ 中文雅虎
- http://search.sina.com.cn/ 新浪搜索

- http://search.163.com/ 网易搜索引擎
- http://www.baidu.com/ 百度搜索

### 3. 文件传输服务 FTP

FTP 是英文 File Transfer Protocol（文件传输协议）的缩写，用于两台计算机间的文件互传。同大多数 Internet 服务一样，FTP 也是一个客户机/服务器系统，用户通过一个客户机的 FTP 程序连接至远程计算机，通过客户机程序向服务器程序发出命令，服务器程序执行用户所发出的命令。例如，用户发出一条命令，要求服务器向用户传送某个文件的一份副本，服务器会响应这条命令，将指定文件送至用户的计算机。客户机程序代表用户接收到这个文件，将其存放在用户目录中。

虽然通过 WWW 服务可以进行简单的文件上传和下载功能，如发邮件时上传某个附件或下载某个驱动程序文件，但不能满足计算机之间批量和快捷传输文件的要求。FTP 便是解决这一问题的应用，如上传网页，下载程序等。

用 FTP 传输文件，本来用户事先应在远程计算机系统注册，但后来为了便于大家获取资源，FTP 在互联网上有一种特殊的也是非常广泛的应用是匿名 FTP（Anonymous FTP）。通过 Internet，任何用户可以使用一个公用的 FTP 账号（通常账号名是 anonymous）去获得一些公用资源。由于 FTP 操作简单实用，开放性强，且能充分利用 Internet 来进行信息传递与交流，所以目前越来越多的 FTP 服务器连入 Internet，这样越来越多的资源就可以通过匿名 FTP 来获得。

使用 FTP 可以通过多种模式传输文件，大多数系统（包括 Unix 系统）有两种模式：文本模式（ASCII）和二进制模式（BIN/IMAGE）。

文本模式传输时，会调整文件的内容，把文件解释成接收文件的计算机能够识别的 ASCII 码格式，例如将 EOF 转换为回车键和换行符。而二进制不转换或格式化字符。二进制模式比文本模式传输速度快，并且可以传输所有 ASCII 值。使用 FTP 传输文件时，应注意确保使用正确的传输模式，按文本模式传输二进制文件将导致错误。目前大多数 FTP 工具均支持自动模式，会自动为用户选择正确的文件传输模式。

可以下载相应的下载软件，如 cuteftp 等，来进行下载和上传。

### 4. 新闻组服务（Newsgroup）

新闻组/讨论组/公告牌系统能使网上的用户与其他人在望上交流思想、公布公众注意事项、寻求帮助等。

实际上 Internet 提供的服务远远不止这些，还有软件上传或下载服务、各类信息查询、网上聊天室、网上寻呼机（OICQ、ICQ 等）、BBS 电子公告栏、免费个人主页空间、网上游戏、网上炒股、网上购物或商务活动、短信服务、视频会议和多媒体娱乐（VOD 点播，网上直播，MP3、Flash 欣赏等）等，而且随着 Internet 的飞速发展，每天都在诞生新的服务，虽然 Internet 提供的服务越来越多，但这些服务一般都是基于 TCP/IP 协议的。

## 思考题

1. 什么是网络？并简述网络的分类及组成。
2. 解释 IP 地址和子网掩码的概念。
3. 请简述网络的七层协议模型。
4. 请简述局域网的组网技术。
5. 简述网络性能的评价指标体系。
6. 简述一下因特网常见的服务和软件。
7. 网络常见的管理软件有哪些？请举例说明网络是如何管理的。
8. 请论述网络是如何通信和传输的？
9. 试着论述一下网络应如何设置来保证网络的安全。

# 第 8 章　数据库技术

信息资源是各个部门的重要财富和资源，随着信息技术的迅猛发展，信息资源的重要性日益突出。数据库技术是用来进行数据管理的技术，负责存储和处理信息资源，是信息系统的核心和基础。同时，数据库的建设规模、数据库信息量的大小和使用频度也已经成为了衡量一个国家信息化程度的重要标志。

## 8.1　数据库技术基础

### 8.1.1　数据库系统概述

数据管理是指对数据进行分类、组织、编码、存储、检索和维护。数据管理技术经历了人工管理、文件系统、数据库系统三个阶段。数据库技术是应数据管理任务的需要而产生的。

数据、数据库、数据库管理系统和数据库系统是与数据库技术密切相关的四个基本概念。

**1．数据（Data）**

数据是数据库中存储的基本对象。它不仅仅是指数字，广义地说，文字、图形、图像、声音、记录、语言等描述事物的符号都是数据，可以经过数字化后存入计算机。所以，可以如下定义数据：数据是描述事物的符号记录。

**2．数据库（DataBase，DB）**

数据库是存在于计算机存储设备上的用来存放数据的仓库，人们可以运用数据库技术科学地保存并管理大量的复杂的数据，提高信息资源的利用率。可以如下定义数据库：数据库是长期储存在计算机内的、有组织的、可共享的数据集合。数据库的特征是：数据库中的数据按一定的数据模型组织、描述和储存，具有较小的冗余度、较高的数据独立性和易扩展性，并可为各种用户共享。

**3．数据库管理系统（DataBase Management System，DBMS）**

数据在数据库中是按照一定的格式存放的，为了更加高效地获取和维护数据，可以利用数据库管理系统来科学地组织和存储数据。数据库管理系统是位于用户与操作系统之间的一层数据管理软件。

**4．数据库系统（DataBase System，DBS）**

数据库系统是指在计算机系统中引入数据库后的系统，一般由数据库、数据库管理系统（及其开发工具）、应用系统、数据库管理员和用户构成，如图 8-1 所示。在一般不引起混淆的情况下，通常把数据库系统简称为数据库。

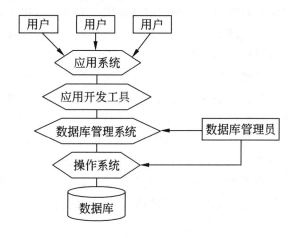

图 8-1　数据库系统

与人工管理和文件系统相比，数据库系统的特点主要有以下四个方面。

① 数据结构化：数据结构化是数据库与文件系统的根本区别。

② 数据的共享高，冗余度低，易扩充：数据库系统从整体角度看待和描述数据，数据不再面向某个应用而是面向整个系统，数据可以被多个用户、多个应用共享使用。

③ 数据独立性高：数据独立性包括数据的物理独立性和数据的逻辑独立性。

④ 数据由 DBMS 统一管理和控制。

## 8.1.2　数据模型

模型是现实世界特征的模拟和抽象，而数据模型（Data Model）也是一种模型，是对现实世界数据特征的抽象。现有的数据库系统均是基于某种数据模型的。根据模型应用的不同目的，可以将模型划分为两类：第一类是概念模型（也称信息模型），它是按用户的观点来对数据和信息建模，主要用于数据库设计；另一类是数据模型，主要包括网状模型、层次模型、关系模型等，它是按计算机系统的观点对数据建模，主要用于 DBMS 的实现。数据模型是数据库系统的核心和基础，各种计算机上实现的 DBMS 软件都是基于某种数据模型的。

**1．数据模型的组成要素**

数据模型是严格定义的一组概念的集合，这些概念精确地描述了系统的静态特性、动态特性和完整性约束条件。因此数据模型通常有数据结构、数据操作和数据的约束条件三个组成要素。

（1）数据结构。数据结构是所研究的对象类型的集合。这些对象是数据库的组成成分，包括两类，一类是与数据类型、内容、性质有关的对象；一类是与数据之间联系有关的对象。数据结构是刻画一个数据模型性质最重要的方面。因此在数据库系统中，人们通常按照其数据结构的类型来命名数据模型。例如层次结构、网状结构和关系结构的数据模型分别命名为层次模型、网状模型和关系模型。数据结构是对系统静态特性的描述。

（2）数据操作。数据操作是指对数据库中各种对象（型）的实例（值）允许执行的操作的集合，包括操作及有关的操作规则。数据库主要有检索和更新（包括插入、删除、修改）两大类操作。数据模型必须定义这些操作的确切含义、操作符号、操作规则以及实现操作的语言。数据操作是对系统动态特性的描述。

（3）数据的约束条件。数据的约束条件是一组完整性规则的集合。而数据库的完整性是指数据的正确性和相容性，例如，学生学号必须唯一、性别只能是男或女、本科学生的年龄的取值范围为 14~30 的整数。完整性规则是给定的数据模型中数据及其联系所具有的制约和依存规则，用以限定符合数据模型的数据库状态以及状态的变化，以保证数据的正确、有效、相容。

**2．概念模型和 E-R 图**

（1）基本概念。

- 实体：客观存在并可相互区别的事物。实体可以是具体的人、事、物，也可以是抽象的概念或联系。
- 属性（Attribute）：实体所具有的某一特征。一个实体可以由若干个属性来刻画。
- 码（Key）：唯一标识实体的属性集。
- 域（Domain）：属性的取值范围。
- 实体型（Entity Type）：具有相同属性的实体必然具有共同的特征和性质。用实体名及其属性名集合来抽象和刻画同类实体，称为实体型。
- 实体集（Entity Set）：同型实体的集合。
- 联系（Relationship）：分为实体（型）内部的联系和实体（型）之间的联系。实体内部的联系通常是指组成实体的各属性之间的联系。实体之间的联系通常是指不同实体集之间的联系。两个实体型之间的联系可以分为：一对一联系（记为 1:1）、一对多联系（1:n）和多对多联系（m:n）。

（2）概念模型的表示方法。

概念模型的表示方法很多，其中最为著名最为常用的是实体-联系方法（E-R 方法，也称为 E-R 模型），该方法用 E-R 图来描述现实世界的概念模型。在 E-R 图中，实体用矩形表示，矩形框内写明实体名；属性用椭圆形表示，并用无向边将其与相应的实体连接起来；联系用菱形表示，菱形框内写明联系名，并用无向边分别与有关实体连接起来，同时在无向边旁标上联系的类型（1:1，1:n 或 m:n）。同时，如果联系具有属性，则这些属性也要用无向边与该联系连接起来。

如图 8-2 所示就是用 E-R 图来表示某个工厂物资管理的概念模型。

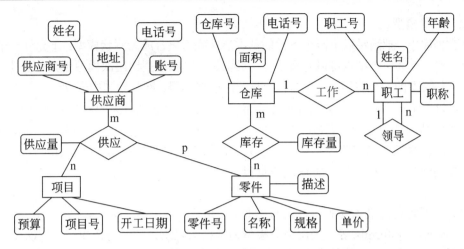

图 8-2　工厂物资管理 E-R 图

仓库、零件、供应商、项目、职工是物资管理所涉及到的实体。每个实体都有若干属性，例如，仓库的属性是仓库号、面积和电话号码。实体之间具有联系，这些联系分别是：①仓库和零件的多对多联系，一个仓库可以存放多种零件，一种零件可以存放在多个仓库当中，库存量表示某种零件在某个仓库中的数量。②仓库和职工之间的一对多联系，一个仓库有多个职工当仓库保管员，一个职工只能在一个仓库工作。③职工之间的一对多联系，即职工之间具有领导-被领导关系，例如仓库主任领导若干保管员，一个保管员被一个仓库主任领导。④供应商、项目和零件三者之间具有多对多联系，一个供应商可以供给若干项目多种零件，每个项目可以使用不同供应商供应的零件，每种零件可由不同供应商供给。

可以看出，实体-联系方法是抽象和描述现实世界的有力工具。用 E-R 图表示的概念模型独立于具体的 DBMS 所支持的数据模型，它是各种数据模型的共同基础，比数据模型更一般、更抽象、更接近现实世界。

**3. 最常用的数据模型**

目前，数据库领域中最常用的数据模型有四种：层次模型、网状模型、关系模型、面向对象模型。其中层次模型和网状模型统称为非关系模型。

（1）层次模型。

层次模型是数据库系统中最早出现的数据模型，用树型结构来表示各类实体以及实体间的联系。在数据库中定义满足下面两个条件的基本层次联系的集合为层次模型：①有且只有一个结点没有双亲结点，这个结点成为根结点；②根以外的其他结点有且只有一个双亲结点。层次数据库系统只能直接处理一对多（包括一对一）的实体联系，但在现实世界中很多联系是非层次的（例如一个结点具有多个双亲时），层次模型在处理多对多联系时，必须首先将其分解成一对多联系，分解方法有冗余结点法和虚拟结点法，但这两种处理方法较笨拙。

(2) 网状模型。

在数据库中,把满足以下两个条件的基本层次联系集合成为网状模型:①允许一个以上的结点无双亲;②一个结点可以有多于一个的双亲。网状模型比层次模型更具普遍性,层次模型是网状模型的一个特例。可以看出,与层次模型不同,网状模型中子女结点与双亲结点的联系可以不唯一,因此,要为每个联系命名,并指出与该联系有关的双亲记录和子女记录。

此类模型的结构复杂,当应用环境扩大时,数据库将变得复杂,最终用户难以掌握。记录之间的联系通过存取路径实现,用户必须了解系统结构的细节,才能在应用程序的编写中选择到适当的路径,加重了编程的负担。

(3) 关系模型。

关系模型是目前最重要的一种数据模型,关系数据库系统(例如著名的 DB2、Oracle、Ingres、Sybase、Informix 等)采用关系模型为数据的组织方式。关系模型与层次模型和网状模型不同,它建立在严格的数学概念的基础之上,应用数学方法来处理数据库中的数据。在用户观点下,关系模型中数据的逻辑结构是一张二维表,由行和列组成。关系模型概念单一,无论实体还是实体间的联系都是用关系表示,数据结构简单清晰,用户易懂易用。存取路径对用户透明,数据独立性高、安全保密性好,且简化了数据库开发工作。如图 8-3 所示是关系模型数据结构的示例。

学生登记表

| 学号 | 姓名 | 性别 | 系名 | 生日 |
|---|---|---|---|---|
| 9902 | 张军 | 男 | 法学 | 1983.7.3 |
| 9905 | 李华 | 女 | 社会学 | 1982.6.8 |
| ... | ... | ... | ... | ... |

图 8-3 关系模型数据结构

一个关系对应一张表,它表示的关系可描述为如下。

学生(学号,姓名,性别,系名,生日)

在关系模型中,实体间的联系都是用关系来表示。图 8-3 所示的学生、课程、选课的多对多联系在关系模型中可以表示为:

学生(学号,姓名,性别,系名,生日)

课程(课程号,课程名,学分)

选修(学号,课程号,成绩)

## 8.1.3 数据库系统结构

考查数据库系统结构可以从多种层次或角度来进行:从数据库管理系统角度来看,数据库系统通常采用三级模式结构,这是数据库管理系统内部的系统结构;从数据库最终用户角度来看,数据库系统的结构分为集中式结构、分布式结构、客户/服务器结构和并行结构,这是数据库系统外部的体系结构。

**1．数据库系统模式结构**

（1）数据库系统的三级模式结构。

数据库系统的三级模式结构是指数据库系统是由外模式、模式和内模式三级构成，图 8-4 所示。

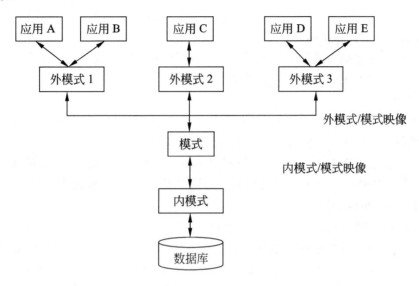

图 8-4　据库系统的三级模式结构

模式也称逻辑模式，是数据库中全体数据的逻辑结构和特征的描述，是所有用户的公共数据视图。一个数据库只有一个模式，它是数据库系统模式结构的中间层，与数据的物理存储细节和硬件环境无关，也与具体的应用程序、具体的开发工具及程序设计语言无关，它是数据库数据在逻辑级上的视图。数据库模式以某一种数据模型为基础，统一综合地考虑了所有用户的需求，并将这些需求有机地结合成一个逻辑整体。外模式也称子模式或用户模式，它是数据库用户能够看见和使用的局部数据的逻辑结构和特征的描述，是数据库用户的数据视图，是与某一应用有关的数据的逻辑表示。外模式经常是模式的子集，当不同的用户在需求等方面要求不同的时候，其外模式描述是不同的。一个数据库可以有多个外模式，同一个外模式可以为某一用户的多个应用系统使用，但一个应用程序只能使用一个外模式。内模式也称存储模式，它是数据物理结构和存储方式的描述，是数据在数据库内部的表示方式。一个数据库只有一个内模式。

（2）数据库系统的二级映像功能。

为了在内部实现三级模式的联系和转换，数据库管理系统在这三级模式之间提供了两层映像：外模式/模式映像、模式/内模式映像。对于每一个外模式，数据库系统都有一个外模式/模式映像，定义该外模式与模式之间的对应关系，该映像通常包含在各自外模式的描述中。当模式改变时，数据库管理员对各个外模式/模式映像作相应改变，可以使外模式保持不变。由于应用程序是依据数据的外模式编写的,所以应用程序不需要修改,这就保证了数据与程序的逻辑独立性。由于数据库中模式和内模式都是唯一的,所以模式/内模式映像也是唯一的,它定义了数据库全局逻辑结构与存储结构之间的对应联系,该映像定义通常包含在模式描述中。当数据库的存储结构改变了,数据库管理员对模式/内模式作相应改变,则模式可以不变,从而应用程序也不必改变,这就保证了数据与程序的物理独立性。

**2. 数据库系统体系结构**

如前所述,从数据库最终用户角度来看,数据库系统的结构分为集中式结构、分布式结构、客户/服务器结构和并行结构,这是数据库系统外部的体系结构。

(1)集中式数据库系统。

分时系统环境下的集中式数据库系统结构诞生于 20 世纪 60 年代中期,当时的硬件和操作系统的条件决定了这种体系结构成为当时的首选结构。这种系统中,不但数据是集中的,数据的管理也是集中的。数据库系统的所有功能都集中在 DBMS 所在的计算机上。目前,大多数关系 DBMS 产品都是从这种系统结构发展起来的,这种系统现在仍然有人使用。

(2)客户/服务器数据库系统。

客户/服务器结构的工作原理是,客户端的用户请求被传送到数据库服务器,数据库服务器进行处后,只将结果返回给用户(而不是整个数据)。客户/服务器结构显著减少了网络上的数据传输量,提高了系统的性能、吞吐量和负载能力,这种结构的数据库往往更加开放(多种不同的硬件和软件平台、数据库应用开发工具),应用程序具有更强的可移植性,同时也可以减少软件维护开销。

(3)分布式数据库系统。

随着计算机网络通信的迅速发展,以及地理位置上分散的公司、团体和组织对数据库更广泛应用的需求,基于集中式数据库系统成熟的技术上,产生了发展了分布式数据库系统。对于分布式数据库系统,可以如下定义:分布式数据库是由一组数据组成的,这组数据分布在计算机网络的不同计算机上,网络中的每个结点具有独立处理的能力(称为场地自治),可以执行局部应用。同时,每个结点也能通过网络通信子系统执行全局应用。分布式数据库系统分布在网络的不同计算机上,既具有高度的自治性,更要强调各场地系统间的协作性。从用户角度看,一个分布式数据库系统逻辑上如同一个集中式数据库系统,用户可以在任何一个场地执行全局应用和局部应用。

## 8.2 关系数据库的数据操作

### 8.2.1 关系数据库

**1. 关系模型概述**

关系模型由关系数据结构、关系操作集合和关系完整性约束三部分组成。关系模型的数据结构单一,现实世界的实体以及实体间的各种联系均用关系来表示。在用户看来,关系模型中数据的逻辑结构是一张二维表。关系模型中常用的关系操作包括选择、投影、连接、除、并、交、差等查询操作,和增加、删除、修改操作两大部分。早期的关系操作能力通常用关系代数和关系演算来表示,关系代数是用对关系的运算来表达查询要求的方式,关系演算是用谓词来表达查询要求的方式。另外还有一种介于关系代数和关系演算之间的语言 SQL,它不仅具有丰富的查询功能,而且具有数据定义和数据控制功能,是关系数据库的标准语言。

**2.关系数据结构及形式化定义**

首先介绍一些概念:

(1)域(Domain):域是一组具有相同数据类型的值的集合。

(2)笛卡尔积(Cartesian Product):给定一组域 D1,D2,…,Dn,这些域中可以有相同的。D1,D2,…,Dn 的笛卡尔积为:D1×D2×…×Dn={(d1, d2, …, dn)|di∈Di, i=1, 2, …, n} 其中每一个元素(d1, d2, …, dn)叫做一个 n 元组或简称元组。元素中的每一个值 di 叫做一个分量。笛卡尔积可以用来表示二维表,表中的每行对应一个元组,每列对应一个域。

(3)关系(Relation):$D_1×D_2×…×D_n$ 的子集叫做在域 $D_1, D_2, …, D_n$ 上的关系,表示为 R($D_1, D_2, …, D_n$),这里 R 表示关系的名字,n 是关系的目或度(Degree),关系中的每个元素是关系中的元组。

关系是笛卡尔积的有限子集,所以关系也是一个二维表,表的每行对应一个元组,表的每列对应一个域。一个元组就是该关系所涉及的属性集的笛卡尔积的一个元素。由于在笛卡尔积的定义中,域是可以相同的,所以为了加以区分,必须对每个列起一个名字,称之为属性,n 目关系必须有 n 个属性。若关系中的某一属性组的值能够唯一标识一个元组,则称该属性组为候选码(Candidate Key)。若一个关系有多个候选码,则选定其中之一为主码(Primary Key)。主码的各个属性称为主属性(Prime Attribute)。不包含在任何候选码中的属性称为非码属性(Non-key Attribute)。当关系模式的所有属性组是这个关系模式的候选码时,称为全码(All-Key)。

**3.关系的完整性**

(1)实体完整性。

若属性 A 是基本关系 R 的主属性,则属性 A 不能取空值。也就是说基本关系得所有主属性都不能取空值,而不仅是主码整体不能取空值。

(2)参照完整性。

现实世界中的实体之间往往存在某种联系,在关系模型中实体之间的联系用关系描述,这样就会存在着关系间的引用。例如,学生、课程、选课三个关系如下:

学生(学号,姓名,性别,专业)

课程(课程号,课程名,教师,学分)

选课(学号,课程号,成绩)

它们之间是多对多联系,存在着属性的引用,即选课关系引用了学生关系的主码和课程关系的主码，如画线所示。在选课关系中必须满足：①选课关系中的"学号"值必须是确实存在的学生的学号，即在学生关系中有该学生的记录；②选课关系中"课程号"也必须确实存在，即课程关系中有该课程的记录。也就是说，选课关系中某些属性的取值需要参照其他关系的属性的取值。

设 F 是基本关系 R 的一个或一组属性，但不是关系 R 的码。如果 F 与基本关系 S 的主码 KS 相对应，则称 F 是基本关系 R 的外码，并称基本关系 R 为参照关系，基本关系 S 为被参照关系或目标关系，关系 R 和 S 不一定是不同的关系。在上例中，"学号"和"课程号"是选课关系的外码，学生关系和课程关系是被参照关系，选课关系是参照关系。

参照完整性规则：若属性（或属性组）F 是基本关系 R 的外码，它与基本关系 S 的主码 KS 相对应（关系 R 和 S 不一定是不同的关系），则对于 R 中每个元组在 F 上的值或者取空值或者等于 S 中某个元组的主码值。

（3）用户定义的完整性

用户定义的完整性就是针对某一具体关系数据库的约束条件。例如属性的取值范围、属性间必须满足一定的函数关系等。

## 8.2.2 关系运算

关系代数是一种传统的表达方式，用对关系的运算来表达查询。关系代数的运算对象是关系，运算结果也是关系。关系代数的运算符有集合运算符、专门的关系运算符、算术比较符和逻辑运算符。集合运算符包括 $\cup$（并）、$-$（差）、$\cap$（交）；专门的关系运算符包括×（广义笛卡尔积）、$\sigma$（选择）、$\Pi$（投影）、$\bowtie$（连接）、$\div$（除）；比较运算符包括>（大于）、$\geq$（大于等于）、<（小于）、$\leq$（小于等于）、=（等于）、$\neq$（不等于）；逻辑运算符包括 $\neg$（非）、$\wedge$（与）、$\vee$（或）。按运算符的不同可将关系代数的运算分为传统的集合运算和专门的关系运算。

首先引入几个记号：

（1）设定一个关系模式 R（$A_1, A_2, \cdots, A_n$），它的一个关系为 R。$t \in R$ 表示 t 是 R 的一个元组，$t[A_i]$ 表示元组 t 中相应于属性 $A_i$ 的一个分量。

（2）设定 A={$A_{i1}, A_{i2}, \cdots, A_{ik}$}，其中 $A_{i1}, A_{i2}, \cdots, A_{ik}$ 是 $A_1, A_2, \cdots, A_n$ 中的一部分，则 A 称为属性列或域列。t[A]=（$t[A_{i1}], t[A_{i2}], \cdots, t[A_{ik}]$）表示元组 t 在属性列 A 上各个分量的集合。$\bar{A}$ 表示在{$A_1, A_2, \cdots, A_n$}中去掉{$A_{i1}, A_{i2}, \cdots, A_{ik}$}后剩余的属性组。

（3）设 R 为 n 目关系，S 为 m 目关系，$t_r \in R$，$t_s \in S$，$\widehat{t_r t_s}$ 称作元组的连接，它是 n+m 列元组，其中前 n 个分量是 R 中的一个 n 元组，后 m 个分量是 S 中的一个 m 元组。

（4）设定一个关系 R（X，Z），X 和 Z 是属性组，当 t[X]=x 时，x 在 R 中的象集为 $Z_x$={t[Z]|t∈R,t[X]=x}，它表示 R 中属性组 X 上值为 x 的诸元组在 Z 上分量的集合。

**1. 传统的集合运算**

传统的集合运算将关系看成元组的集合，运算从关系的水平方向（行）来进行，包括并、差、交、广义笛卡尔积四种运算。

设关系 R 和关系 S 都是 n 目关系并且相应属性取自同一个域。则关系 R 与关系 S 的并记作 R∪S={t|t∈R∨t∈S}，结果由属于 R 或者属于 S 的元组组成；关系 R 与关系 S 的差记作 R−S={t|t∈R∧t∉S}，结果由属于 R 而不属于 S 的所有元组组成；关系 R 与关系 S 的交记作 R∩S={t|t∈R∧t∈S}，结果由既属于 R 又属于 S 的元组组成。并、交、差的结果都是 n 目关系。

**2．专门的关系运算**

专门的关系运算不仅涉及行而且涉及列，包括选择、投影、连接、除等。

设一个学生-课程数据库，包括学生关系、课程关系和选修关系，如图 8-5 所示，下面的例题都基于这三个关系。

Student

| 学号 Sno | 姓名 Sname | 性别 Ssex | 系名 Sdept | 年龄 Sage |
|---|---|---|---|---|
| 03131005 | 张军 | 男 | CS | 19 |
| 02111008 | 李华 | 女 | IS | 20 |
| 01132016 | 赵红 | 女 | MA | 21 |
| 01131023 | 宋云 | 男 | CS | 21 |

Course

| 课程号 Cno | 课程名 Cname | 先行课 Cpno | 学分 Ccredit |
|---|---|---|---|
| 1 | 数据处理 |  | 2 |
| 2 | 数学分析 |  | 4 |
| 3 | 数据结构 | 4 | 4 |
| 4 | Java 语言 | 1 | 2 |
| 5 | 操作系统 | 1 | 4 |
| 6 | 数据库 | 3 | 4 |

SC

| 学号 Sno | 课程号 Cno | 成绩 Grade |
|---|---|---|
| 03131005 | 2 | 85 |
| 03131005 | 3 | 90 |
| 01132016 | 5 | 95 |
| 01132016 | 6 | 90 |

图 8-5　学生-课程数据库

（1）选择。

选择是在关系 R 中选择满足给定条件的诸元组，记作 $\sigma_F(R)=\{t|t\in R\wedge F(t)\}='真'\}$，其中 F 表示选择条件的逻辑表达式（F 由逻辑运算符¬、∧、∨连接各算术表达式组成，算术表达式的基本形式为 $X_1\theta Y_1$，其中θ表示比较运算符，$X_1$、$Y_1$ 是属性名或常量，或简单函数，属性名也可以用它的序号来代替），取值"真"或"假"。选择运算其实是从关系 R 中选取一些元组，这些元组可以使逻辑表达式 F 取值为真。选择运算是从行的角度进行的。

例 1：查询计算机系（CS）全体学生

$\sigma_{Sdept='CS'}$（Student）或$\sigma_{5='CS'}$（Student）

其中"5"是 Sdept 的属性序号。

（2）投影。

关系 R 上的投影是指从关系 R 中选取若干属性列并组成一个新的关系，记作 $\Pi_A$（R）={t[A]|t∈R}。投影运算是从列的角度进行的。

例 2：查询学生的学号和姓名。

$\Pi_{Sno,Sname}$（Student）或 $\Pi_{2,5}$（Student）

注意：由于投影之后取消了原关系中的某些列，所以可能会出现重复的行，应取消这些相同的行。所以投影之后不但取消原关系中的某些列，还取消了某些元组。

（3）连接。

连接是从两个关系的笛卡尔积中选取属性间满足一定条件的元组，记作 $R\underset{A\theta B}{\bowtie}S$ = $\{\widehat{t_r t_s} | t_r \in R \wedge t_s \in S \wedge t_r[A]\theta t_s[B]\}$，其中 A 和 B 分别是 R 和 S 上的属性组，θ 是比较运算符。连接运算从 R 和 S 的广义笛卡尔积 R×S 中选取一些元组，这些元组在 A 属性组上的值与在 B 属性组上的值满足比较关系 θ。连接操作是从行的角度进行的运算。

当 θ 为"="时的连接运算称为等值连接，等值连接是比较重要和常用的一种连接运算。另外一种重要并且常用的连接运算是自然连接。自然连接是一种特殊的等值连接，它要求两个关系中进行比较的分量必须是相同的属性组，并且在结果中把重复的属性列去掉，即当 R 和 S 具有相同的属性组 A，自然连接可记作：$R\bowtie S$ $\{\widehat{t_r t_s} | t_r \in R \wedge t_s \in S \wedge t_r[A] = t_s[A]\}$。由于在自然连接中还要把重复的列去掉，所以是同时从行和列的角度进行运算。

例 3：设有两个关系 R 和 S，如图 8-6（a）和（b），$R\underset{C<E}{\bowtie}S$ 的结果如图 8-6（c），等值连接 $R\underset{R.B=S.B}{\bowtie}S$ 的结果如图 8-6（d），自然连接 $R\bowtie S$ 的结果如图 8-6（e）。

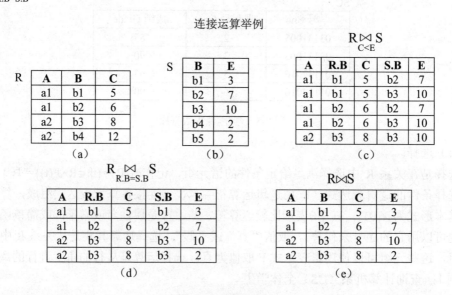

图 8-6 连接运算

## 8.2.3 关系数据库标准语言（SQL）

**1．SQL 的功能与特点**

SQL 是介于关系代数与关系演算之间的结构化查询语言，但是它的功能不仅仅是查询，还可以用来进行数据操作、数据定义和数据控制。此外，用户不必了解存取路径，只需提出"做什么"，存取路径的选择及 SQL 语句的操作过程由系统自动完成，减轻了用户的负担且提高了数据独立性。

SQL 语言是关系数据库的标准语言。目前，绝大多数流行的关系型数据库管理系统都采用 SQL 语言标准。虽然很多数据库对 SQL 语句进行了再开发和扩展，但是标准的 SQL 命令（包括 Select、Insert、Update、Delete、Create 和 Drop）仍然可以被用来完成几乎所有的数据库操作。

SQL 语言是采用面向集合的操作方式，操作对象、查找结果可以是元组的集合，并且一次插入、删除、更新操作的对象也可以是元组的集合。此外，SQL 语言既是自含式语言（独立地用于联机交互的使用方式，用户在终端键盘上直接键入 SQL 命令对数据库进行操作）又是嵌入式语言（SQL 语句中可以嵌入到高级语言程序中，例如 C、COBOL、Fortran），在两种不同的使用方式下，SQL 语言的语法结构基本上是一致的。

SQL 语言支持数据库三级模式结构，外模式对应于视图和部分基本表，模式对应于基本表，内模式对应于存储文件。基本表是本身独立存在的表，一个或多个基本表对应一个存储文件，一个表可以带若干个索引，索引也存放在存储文件中，存储文件的逻辑结构组成了关系数据库的内模式。视图是从一个或几个基本表导出的表，它是一个虚表，本身不独立存储在数据库中，数据库中只存放视图的定义，而视图相应的数据仍存放在导出视图的基本表中。用户可以用 SQL 语言对基本表和视图进行操作。

**2．数据定义**

SQL 的数据定义功能包括定义表、定义视图和定义索引，由于视图是基于基本表的虚表，索引是依附于基本表的，所以 SQL 通常不提供视图定义和索引定义的修改操作，用户只能先将它们删除然后再重建。SQL 的数据定义语句有：CREATE TABLE（创建表）、DROP TABLE（删除表）、ALTER TABLE（修改表）、CREATE VIEW（创建视图）、DROP VIEW（删除视图）、CREATE INDEX（创建索引）、DROP INDEX（删除索引）。

（1）定义、删除、修改基本表。

① 定义基本表。

表格由若干列所组成，创建表格时应当定义列并分配字段属性。定义基本表的指令是：

```
CREATE TABLE <表名>（<列名><数据类型>[列级完整性约束条件]
                [,<列名><数据类型>[列级完整性约束条件]]…
                [,<表级完整性约束条件>]）；
```

其中<表名>是所要定义的基本表的名字，建表的同时可以定义与改表有关的完整性约束条件。一些常用的数据类型：
- CHAR（n）：一个长度为 n 的固定长度字符串。
- VARCHAR（n）：一个长度不大于 n 的长度可变的字符串。
- INT：全字长二进制整数。
- DECIMAL（p[,q]）：压缩十进制数，共 p 位，小数点后有 q 位，$0\leq q\leq p\leq 15$，q=0 时可以省略不写。

② 删除基本表。

删除基本表的指令为：

```
DROP TABLE<表名>
```

基本表一旦删除，表中的数据、表的索引和视图都将自动删除。

（2）建立与删除索引。

用户可以根据需要在基本表上建立一个或多个索引，这是加快查询速度的有效手段。一般来说，数据库管理员（DBA）或建表的人来完成建立与删除索引的工作，用户不必（也不能）选择索引，系统在存取数据时会自动选择合适的索引作为存取路径。

**3．数据操作**

（1）查询。

在众多的 SQL 命令中，SELECT 语句是使用最频繁的。SELECT 语句主要是用来对数据库进行查询并返回符合用户查询标准的结果数据，一般的格式如下：

```
SELECT[ALL|DISTINCT]<目标列表达式>[,<目标列表达式>]…
FROM<表名或视图名>[,<表名或视图名>]…
[WHERE<条件表达式>]
[GROUP BY<列名 1>[HAVING<条件表达式>]]
[ORDER BY<列名 2>[ASC|DESC]];
```

SELECT 语句中位于 SELECT 关键字之后的列名用来决定哪些列将作为查询结果返回。用户可以按照自己的需要选择任意列，还可以使用通配符"*"来设定返回表格中的所有列。SELECT 语句中位于 FROM 关键字之后的表格名称用来决定将要进行查询操作的目标表格。SELECT 语句中的 WHERE 子句用来规定哪些数据值或哪些行将被作为查询结果返回或显示。如果有 GROUP 子句则将结果按<列名 1>的值进行分组，该属性值相等的元组作为一个组（通常会在每组中应用集函数），当 GROUP 子句带 HAVING 短语则只输出满足指定条件的组。如果有 ORDER 子句，则结果表还要按<列名 2>的值升序或降序排列。

① 单表查询。

单表查询是只涉及一个表的查询。

- 选择表中的若干列

例1：查询Student表中全体学生的姓名和年龄。

```
SELECT Sname, Sage
FROM Student;
```

- 选择表中的若干元组

例2：查询选修了课程的学生的学号。

```
SELECT Sno
FROM SC;
```

此时的查询结果有重复值，因为03131005和01132016两位学生都选了多门课，具有多条选课记录，所以若想取消重复的行，可以指定DISTINCT短语（没指定DISTINCT短语时，默认值为ALL）：

```
SELECT DISTINCT Sno
FROM SC;
```

在WHERE条件从句中可以使用以下一些运算符来设定查询标准：比较（=，>，<，>=，<=，!=，<>，!>，!<；NOT+上述比较运算符=、确定范围（BETWEEN AND，NOT BETWEEN AND）、确定集合（IN，NOT IN）、字符匹配（LIKE，NOT LIKE）、空值（IS NULL，IS NOT NULL）、多重条件（AND，OR）。谓词IN可以用来查找属性属于指定集合的元组。

LIKE运算符在WHERE条件从句中也非常重要，它的功能非常强大，通过使用LIKE运算符可以设定只选择与用户规定格式相同的记录。其一般的语法格式是：

```
[NOT] LIKE'<匹配串>'[ESCAPE'<换码字符>']
```

其含义是查找指定的属性列值与<匹配串>相匹配的元组。匹配串可以是一个完整的字符串，也可以含有通配符"%"（代表任何长度的字符串）和"_"（代表任意单个字符）。

例3：查询所有姓张的学生的姓名和性别。

```
SELECT Sname,Ssex
FROM Student
WHERE Sname LIKE '张%';
```

此时满足条件的可以是三个字的名字或两个字的名字。若想限定在两个字的名字则使用'张__'，限定在三个字的名字则使用'张____'（注意：一个汉字要占两个字符的位置）。若要查询所有不姓张的学生的姓名和性别，则可以使用NOT LIKE谓词。此外，"%"和"_"可以同时使用，例如"_A%B"。若用户要查询的字符串本身含有"%"或"_"，则可以使用ESCAPE'<换码字符>'对通配符进行转义。

- 对查询结果进行排序

若想对查询结果进行排序，则可以使用 ORDER BY 子句按照一个或多个属性列的升序（ASC）或降序（DESC）来对查询结果进行排序。注意，空值可以当作无穷大，在升序排列时最后显示，在降序排列时最先显示。

例4：查询选修了 6 号课程的学生的学号和成绩，按分数高低排列结果。

```
SELECT Sno,Grade
FROM SC
WHERE Cno='6'
ORDER BY Grade DESE;
```

- 使用集函数

SQL 提供的集函数有：

```
COUNT  ([DISTINCT|ALL]*)        统计元组的个数
COUNT  ([DISTINCT|ALL]<列名>)    统计一列当中值的个数
SUM    ([DISTINCT|ALL]<列名>)    计算一列（数值型的列）中所有值的总和
AVG    ([DISTINCT|ALL]<列名>)    计算一列（数值型的列）中所有值的平均值
MAX    ([DISTINCT|ALL]<列名>)    找出一列中的最大值
MIN    ([DISTINCT|ALL]<列名>)    找出一列中的最小值
```

其中，DISTINCT 短语表示取消查询结果中的重复值，ALL（ALL 为默认值）表示不取消重复值。

例5：查询 6 号课程的平均成绩。

```
SELECT AVG(Grade)
FROM SC
WHERE Cno='6';
```

- 对查询结果分组

GROUP BY 子句表示将查询结果按某一列或多列的值进行分组，值相等的为一组。

例6：查询选修了 4 门以上课程的学生的学号。

```
SELECT Sno
FROM SC
GROUP BY Sno
HAVING COUNT(*)>3;
```

本例中先用 GROUP BY 字句将元组按照 Sno 分组，相同学号的记录为一组（即一个学生的所有选课记录为一组），再用集函数 COUNT 对每组计数（即计算每个学生选课的门数）。HAVING 短语指定选择组的条件，只有选课门数大于 3 的组才符合要求。

注意，WHERE 子句与 HAVING 短语的区别在于作用对象不同，WHERE 子句作用于基本表或视图，从中选择符合条件的元组，而 HAVING 短语作用于组，从中选择符合条件的组。

② 连接查询。

前面所讲的查询都是针对一个表进行的，若一个查询同时涉及两个或两个以上的表，则称为连接查询。

- 等值与非等值连接查询

连接查询中用来连接两个表的条件成为连接条件或连接谓词，一般形式为：

[<表名1>.]<列名1> <比较运算符> [<表名2>.]<列名2>

比较运算符主要有：=、>、<、>=、<=、!=。

此外，还可以使用如下的形式：

[<表名1>.]<列名1> BETWEEN [<表名2>.]<列名2> AND [<表名2>.]<列名3>

连接运算符为"="时，称为等值连接，其他情况称为非等值连接。连接谓词中的列名称为连接字段，连接条件中的连接字段类型必须是可比的（不必是相同的）。

例 7：查询每个学生的基本信息及其选课的情况。

SELECT Student.*,SC.*
FROM Student, SC
WHERE Student.Sno=SC.Sno;

查询的结果为：

| Student.Sno | Sname | Ssex | Sdept | Sage | SC.Sno | Cno | Grade |
|---|---|---|---|---|---|---|---|
| 03131005 | 张军 | 男 | CS | 19 | 03131005 | 2 | 85 |
| 03131005 | 张军 | 男 | CS | 19 | 03131005 | 3 | 90 |
| 01132016 | 赵红 | 女 | MA | 21 | 01132016 | 5 | 95 |
| 01132016 | 赵红 | 女 | MA | 21 | 01132016 | 6 | 90 |

可以看出，查询结果中有两列学号列，此时使用自然连接则可以将重复的属性列去掉。

SELECT Student.Sno, Sname, Ssex, Sage, Sdept, Cno, Grade
FROM Student, SC
WHERE Student.Sno=SC.Sno;

由于 Sname，Ssex，Sage，Sdept，Cno 和 Grade 属性列在 Student 表和 SC 表中是唯一的，所以引用时不用加上表名前缀，而 Sno 在两个表中都存在，所以需要加上表名前缀。

- 自身连接

连接操作不仅是在两个表之间进行，也可以是一个表与自身进行连接。

例8：查询每门课程的间接先修课。

为 Course 表取两个表名 ONE 和 TWO。

```
SELECT ONE.Cno, TWO.Cpno
FROM Course ONE, Course TWO
HERE ONE.Cpno=TWO.Cno;
```

结果为：

| Cno | Cpno | Cno | Cpno |
|---|---|---|---|
| 3 | 1 | 6 | 4 |

- 外连接

先看一个例子。

例9：查询每个学生的基本信息及其选课情况，对没有选课的同学只输出其基本信息。

```
SELECT Student.Sno,Sname,Ssex,Sage,Sdept,Cno,Grade
FROM Student, SC
WHERE Student.Sno=SC.Sno(*);
```

此时，为了实现对没有选课的同学只输出其基本信息，可以使用外连接，即在连接谓词的某一边加上"*"，符号"*"所在的表（本例中是 SC 表）就好像增加了一个"万能"的行（全部由空值组成），它可以与另一个表（本例中是 Student 表）中所有不满足连接条件的元组进行连接。

- 复合条件连接

复合条件连接就是在 WHERE 子句里有多个连接条件。

例10：查询每个学生学号、姓名、系名、选修的课程的名字、学分和成绩。

```
SELECT Student.Sno,Sname,Sdept,Cname,Ccredit,Grade
FROM Student,SC,Course
WHERE Student.Sno=SC.Sno AND SC.Cno=Course.Cno
```

③ 集合查询。

由于 SELECT 语句的查询结果是元组的集合，因此可以对多个 SELECT 语句的查询结果进行集合操作，包括并操作（UNION）、交操作（INTERSECT）和差操作（MINUS）。但标准 SQL 中没有直接提供集合交操作和集合差操作，这时可以用其他方法来实现。

例11：查询选修了课程1或课程2的学生学号。

```
SELECT Sno
FROM SC
WHERE Cno='1'
UNION
```

```
SELECT Sno
FROM SC
WHERE Cno='2';
```

(2)数据更新。

SQL 语句中的数据更新包括插入数据、修改数据和删除数据这三条语句。

① 插入数据。

- 插入单个元组

插入单个元组时，INSERT 语句的格式为：

```
INSERT
INTO<表名> [(<属性列 1>[,<属性列 2>…])]
VALUES (<常量 1>[,<常量 2>…]);
```

实现将一个新的元组插入表名所指定的表中，新记录中属性列 1 的值为常量 1，属性 2 的值为常量 2，依此类推。在新记录中，INTO 子句中没有出现的属性列取空值，但表的定义中指明 NOT NULL 的属性列不能取空值。若 INTO 子句中没有指定任何列名，则新记录在每个属性上都必须有值。

例 1：插入一条选课记录（'02111008','6'）。

```
INSERT
INTO SC(Sno,Cno)
VALUES('02111008','6');
```

- 插入子查询结果

子查询不仅可以嵌套在 SELECT 语句中，还可以嵌套在 INSERT 语句中，将查询出来的批量数据插入到表中。

插入子查询结果时，INSERT 语句的格式为：

```
INSERT
INTO<表名> [(<属性列 1>[,<属性列 2>…])]
子查询；
```

例 2：对每一个系，求学生的平均年龄，并把结果存入数据库。

对于这道题，首先要在数据库中建立一个有两个属性列的新表，其中一列存放系名，另一列存放相应系的学生的平均年龄。

```
CREATE TABLE Deptage
    (Sdept CHAR(15)
     Avgage SMALLINT);
```

然后对数据库的 Student 表按系分组求平均年龄，再把系名和平均年龄存入新表中。

```
INSERT
INTO Deptage(Sdept, Avgage)
     SELECT Sdept, AVG(Sage)
     FROM Student
     GROUP BY Sdept;
```

② 修改数据。

修改操作语句的一般格式为：

```
UPDATE <表名>
SET <列名> = <表达式>[,<列名> = <表达式>]…
[WHERE <条件>];
```

语句的功能是修改指定的表中满足 WHERE 子句条件的元组，SET 子句给出<表达式>的值用于取代相应属性列原来的值，若省略了 WHERE 子句，则修改表中所有元组。

例 3：将所有学生的年龄加一岁。

```
UPDATE Student
SET Sage=Sage+1;
```

本例修改了表中多个元组的值。

例 4：将计算机系的学生所有成绩置零。

```
UPDATE SC
SET Grade=0
WHERE 'CS'=
      (SELECT Sdept
       FROM Student
WHERE Student.Sno=SC.Sno);
```

本例中带有子查询。

③ 删除数据。

删除语句的一般格式为：

```
DELETE
FROM <表名>
[WHERE <条件>];
```

删除语句的功能是从指定的表中删除满足 WHERE 子句条件的所有元组，若省略 WHERE 子句，则删除表中的所有元组（但表的定义还在数据字典中），删除语句只删除表的数据，不删除表的定义。

例 5：删除所有计算机系学生的选课记录。

```
DELETE
FROM SC
WHERE'CS'=
     (SELECT Sdept
      FROM Student
      WHERE Student.Sno=SC.Sno);
```

本例是带子查询的删除语句。

④ 触发控制。

触发器是一种特殊的存储过程，它通过事件触发而执行，可通过存储过程名来直接调用存储过程。触发器的主要特点是：①数据库程序员声明的事件（可以是插入、删除或修改）发生的时候，触发器被激活；②触发器被事件激活时，先测试触发条件，条件成立时，DBMS 执行与该触发器相连的动作（该动作可以阻止事件发生，也可以撤销事件），条件不成立时，响应该事件的触发器什么都不做。

数据库触发器有以下的作用：

- 可以基于数据库的值使用户具有操作数据库的某种权利。可以基于时间限制用户的操作，例如每学期开课以后不再允许学生选课。可以基于数据库中的数据限制用户的操作，例如某门课到达了选课人数上限后则不再允许学生选该门课程。
- 审计用户操作数据库的语句，把用户对数据库的更新写入审计表。
- 实现非标准的数据完整性检查和约束。触发器可产生比规则更为复杂的限制。与规则不同，触发器可以引用列或数据库对象。例如，触发器可回退任何企图吃进超过自己保证金的期货。提供可变的默认值。
- 实现复杂的非标准的数据库相关完整性规则。触发器可以对数据库中相关的表进行连环更新。例如，在修改或删除时，进行级联修改或删除其他表中的与之匹配的行。触发器还能够拒绝或回退那些破坏相关完整性的变化，取消试图进行数据更新的事务。
- 自动计算数据值，如果数据的值达到了一定的要求，则进行特定的处理。例如当公司的账号上的资金低于 5 万元则立即给财务人员发送警告数据。

**4．数据控制**

SQL 数据控制功能包括事务管理功能和数据保护功能，即数据库的恢复、并发控制和数据库的安全性、完整性控制。某个用户对某类数据具有何种操作权利是一个政策问题，数据库管理系统的功能是保证这些决定的执行，把授权的决定告诉系统并把授权结果存入数据字典，当用户提出操作请求时，根据已有的授权情况决定是否执行操作请求。

**5．嵌入式 SQL**

以上介绍的 SQL 语言是作为独立语言在终端交互方式下使用的，是面向集合的描述性语言,是非过程性的。而许多事务处理应用都是过程性的,需要根据不同的条件来选择执行不同的任务,这就需要将 SQL 语言嵌入到某种高级语言中使用,这种方式下使用的 SQL 语言称为嵌入式 SQL,而嵌入 SQL 的高级语言称为主语言或宿主语言。在两种使用方式下,SQL 语言的语法结构基本一致。

对宿主型数据库语言 SQL,DBMS 目前采用较多的是预编译的方法,即由 DBMS 的预处理程序对源程序进行扫描,识别出 SQL 语句,把它们转换成主语言调用语句,以使主语言编译程序能识别它,最后由主语言的编译程序将整个源程序编译成目标码。

## 8.3 数据库管理系统

### 8.3.1 数据库管理系统概述

**1. DBMS 的目标**

从计算机软件系统的构成来看,DBMS 是介于用户和操作系统之间的一组软件,它实现对共享数据的有效组织、管理和存取。由于 DBMS 实现的硬件资源和软件环境不同,所以 DBMS 的功能和性能就会有差异。但所有的 DBMS 都应该尽量满足以下系统目标:用户界面友好、功能完备、效率高、结构清晰和开放性。

**2. DBMS 的基本功能和特征**

围绕数据,DBMS 应有如下几方面的基本功能:

(1)数据库定义:数据库定义包括对数据库的结构进行描述(包括外模式、模式、内模式的定义)、数据库完整性的定义、安全保密定义(例如用户密码、级别、存取权限)、存取路径(如索引)的定义,这些定义存储在数据字典中,是 DBMS 运行的基本依据。

(2)数据存取:提供用户对数据的操作功能,如对数据库数据的检索、插入、修改和删除,这部分内容已经在前面讲述过。

(3)数据库运行管理:数据库运行管理是指 DBMS 运行控制和管理功能。包括了多用户环境下的事务管理和自动恢复、并发控制和死锁检测(或死锁防止)、安全性检查和存取控制、完整性检查和执行、运行日志的组织管理等。这些功能可以保证数据库系统的正常运行,将在后面的小节里讲述。

(4)数据组织、存储和管理:DBMS 要分类组织、存储和管理各种数据,包括数据字典、用户数据、存取路径等。要确定以何种文件结构和存取方式在存储级上组织这些数据,如何实现数据之间的联系,其基本目标是提高存储空间利用率和方便存取,提供多种存取方法(如索引查找、HASH 查找、顺序查找等)提高存取效率。

(5)数据库的建立和维护:包括数据库的初始建立、数据的转换、数据库的转储和恢复、数据库的重组织和重构造以及性能监测分析等功能。

(6)其他功能:包括 DBMS 与网络中其他软件系统的通信功能。

**3．几种常用 Web 数据库**

在 Web 服务器中，信息以文本或图像文件的形式进行存储，单纯的 www 查询速度慢，检索机制弱，而专用的数据库系统能够对大批量数据进行有序的、有规则的组织与管理，给出查询条件后很快就能得到查询结果，所以要将 Web 技术与数据库技术有机结合。Web 数据库利用浏览器作为用户输入接口来输入所需要的数据，浏览器将这些数据传送给网站，网站再对数据进行处理（例如，将数据写入后台数据库，或者查询后台数据库），然后网站将操作结果传回给浏览器。网站的后台数据库就是 Web 数据库。通过 Web 访问数据库的优点是：借用现成的浏览器软件，无需开发数据库前端；标准统一，开发过程简单；交叉平台支持。

Web 数据库的环境由硬件元素和软件元素组成。硬件元素包括：Web 服务器、客户机、数据库服务器、通信网络（Internet）。软件元素包括：①客户端必须有能够解释执行 HTML 代码的浏览器（例如 IE，Netscape 等）；②Web 服务器中必须具有能自动生成 HTML 代码的程序（例如 ASP，CGI 等）；③具有能自动完成数据操作指令的数据库系统（例如 Access，SQL Server 等）。

常见的 Web 数据库产品有：Microsoft SQL Server、Oracle Universal Server、Informix Universal Server 和 IBM DB2 通用数据库。下面介绍其中的几种：

SQL Server 开发不同类型的应用程序，其中包括：分布式数据库应用程序、数据仓库、Internet 和 Intranet 应用、管理工具、SQL Server 数据库系统。SQL Server 的优点是：管理方便、并发控制能力强、编程接口丰富、伸缩性强、充分利用 BackOffice 资源、多线程体系结构。

Oracle Universal Server 的优点是：①支持任何的数据类型；②支持广泛的平台；③支持广泛的网络协议；④稳固及可靠的资料存储与管理；⑤支持大量的数据存取；⑥内建 Web 服务器。

使用 IBM 的 DB2 的 Universal Database 所建立的基于 www 的数据库具有以下特性：①支持多种平台；②支持多 CPU 以及并行处理；③支持多媒体类型的数据；④使用 DB2 的连接，DB2UniversalDatabase 可以作为 Web 和网站后台服务器的网关，然后在 www 网上传送数据；⑤支持 JAVA 以及 JDBC，因此可以在 Web 与数据库之间，提供安全的资料传输，而不怕被别人利用网络监控程序窃取资料。

### 8.3.2 数据库系统的控制功能

数据库恢复技术和并发控制都是事务处理技术，所以在这里首先介绍一下事务的概念。事务是用户定义的一个数据库操作序列，这些操作要么全做要么全不做，是一个不可分割的工作单位，是数据库应用程序的基本逻辑单元。例如，在关系数据库中，一个事务可以是一条 SQL 语句、一组 SQL 语句或整个程序，但事务和程序是两个概念，一般来说，一个程序中可以包括多个事务。事务的开始和结束可以由用户显式控制或由 DBMS 按默认规定自动划分事务。

在SQL语言中,事务通常以BEGIN TRANSACTION开始,以COMMIT或ROLLBACK结束。COMMIT表示提交,即提交事务的所有操作,将事务中所有对数据库的更新写回到磁盘上的物理数据库中,事务正常结束。ROLLBACK表示回滚,即在事务运行的过程中发生了某种故障,事务不能继续执行下去,系统将事务中对数据库的所有已完成的操作全部撤销,滚回到事务开始时的状态。

事务具有四个特性:原子性(atomicity)、一致性(consistency)、隔离性(isolation)、持续性(durability),这四个特性简称ACID特性。原子性是指事务是数据库的逻辑工作单位,事务中的所有操作要么都做要么都不做。事务执行的结果必须是使数据库从一个一致性状态变到另一个一致性状态,当数据库只包含成功事务提交的结果时,就说数据库处于一致性状态。如果数据库系统运行中发生了故障,有些尚未完成的事务被迫中断,若这些未完成事务对数据库所做的修改有一部分已经写入物理数据库,则这时数据库就处于一种不一致的状态。隔离性是指一个事务的执行不能被其他事务干扰,即一个事务内部的操作及使用的数据对其他并发事务是隔离的,并发执行的各个事务之间不能互相干扰。持续性也称永久性,指一个事务一旦提交,它对数据库中的改变就应该是永久性的,接下来的其他操作或者故障不应该对其执行结果产生任何影响。

**1. 数据库恢复技术**

尽管数据库系统采取了各种保护措施来防止数据库的安全性和完整性被破坏,保证并发事务正确执行,但计算机系统的硬件故障、软件错误、操作员失误和恶意破坏等仍然不可避免,所以数据库管理系统还必须具有把数据库从错误状态恢复到某一已知的正确状态的功能,这就是数据库的恢复。

数据库系统中可能发生的故障可以大致分为如下几类:事物内部的故障、系统故障、介质故障和计算机病毒。

(1)恢复的实现技术。

恢复机制涉及两个关键问题:如何建立冗余数据;如何利用冗余数据实施数据库的恢复。建立冗余数据最常用的技术是数据转储和登录日志文件。

转储即DBA定期将整个数据库复制到磁带或另一个磁盘上保存起来的过程,这些备用的数据文本称为后备副本或后援副本。当数据库遭到破坏时,将后备副本装入,将系统恢复到转储时的状态,若要恢复到故障发生时的状态则需要重新运行转储后的所有更新事务。

日志文件是用来记录事务对数据库的更新操作的文件,有两种格式供数据库系统采用:以记录为单位的日志文件和以数据块为单位的日志文件。以记录为单位的日志文件包括各个事务的开始标记、结束标记和所有更新操作,每个日志记录的内容主要包括事务标识、操作的类型、操作对象、更新前数据的旧值和更新后数据的新值。以数据块为单位的日志文件记录的内容包括事务标识和被更新的数据块,由于已将更新前的整个块和更新后的整个块都放入日志文件中,所以操作的类型和操作对象等信息就不用放入日志记录中了。

登记日志文件时必须严格按照并发事务执行的时间次序来登记，且要先写日志文件后写数据库。

在一个数据库系统中，数据转储和登录日志文件这两种方法是一起使用的。

（2）恢复策略。

当系统运行过程中发生故障，利用数据库后备副本和日志文件可以将数据库恢复到故障前的某个一致性状态。不同故障的恢复方法也不同。

① 事务故障的恢复。

事务故障是指事务在运行至正常终点前被终止，此时数据库可能出于不正确的状态，恢复程序要在不影响其他事务运行的情况下强行回滚（ROLLBACK）改事务，即撤销该事务已经做出的任何对数据库的修改，使得事务好像完全没有启动一样。事务故障的恢复由系统自动完成。恢复的步骤是：

- 反向（从后向前）扫描日志文件，查找该事务的更新操作。
- 对该事务的更新操作执行逆操作，也就是将日志记录更新前的值写入数据库。如果记录中是插入操作，则相当于作删除操作，如果记录中是删除操作则做插入操作，若是修改操作则相当于用修改前的值代替修改后的值。
- 继续反向扫描日志文件，查找该事务的其他更新操作，并作同样处理。
- 如此处理下去，直到读到了此事务的开始标记，事务故障恢复就完成了。

② 系统故障的恢复。

系统故障是指造成系统停止运转的任何事件，使得系统要重新启动。例如，特定类型的硬件错误、操作系统故障、DBMS 代码错误、突然停电等。这类故障影响正在运行的所有事务，但不破坏数据库。此时主存内容（尤其是缓冲区中的内容）都被丢失，所有运行事务都非正常终止，有些已完成的事务可能有部分甚至全部留在缓冲区中尚未写入磁盘，为了保证一致性，应将这些事务已提交的结果重新写入数据库；此外，一些尚未完成的事务结果可能已经送入物理数据库，为了保证一致性，需要清除这些事务对数据库的所有修改。系统故障的恢复是由系统在重新启动时自动完成的，此时恢复子系统撤销所有未完成的事务并重做（redo）所有已提交的事务。具体的步骤是：

- 正向（从头到尾）扫描日志文件，找出故障发生前已经提交的事务（这些事务既有 BEGIN TRANSACTION 记录，也有 COMMIT 记录），将其事务标识记入重做（REDO）队列。同时找出故障发生时尚未完成的事务（这些事务只有 BEGIN TRANSACTION 记录，无相应的 COMMIT 记录），将其事务标识记入撤销（UNDO）队列。
- 反向扫描日志文件，对每个 UNDO 事务的更新操作执行逆操作，也就是将日志记录中更新前的值写入数据库。
- 正向扫描日志文件，对每个 REDO 事务重新执行日志文件登记的操作，也就是将日志记录中更新后的值写入数据库。

③ 介质故障的恢复。

系统故障常称为软故障，介质故障称为硬故障。硬故障是指外存故障，例如磁盘损坏、磁头碰撞、瞬时强磁场干扰等。这类故障将破坏数据库或部分数据库，并影响正在存取这部分数据的所有事务，日志文件也被破坏。这类故障比前两类故障发生的可能性要小，但是破坏性最大。恢复方法是重装数据库，然后重做已完成的事务，具体的步骤是：

- 装入最新的数据库后备副本，使数据库恢复到最近一次转储时的一致性状态。
- 装入相应的日志文件副本，重做已完成的事务。

介质故障的恢复需要 DBA 的介入，DBA 只需重装最近转储的数据库副本和有关的各日志文件副本，然后执行系统提供的恢复命令，具体的恢复操作仍由 DBMS 完成。

**2．并发控制**

数据库是一个共享资源，可供多个用户使用，允许多个用户同时使用的数据库系统称为多用户数据库系统。在单处理机系统中，事务的并行执行实际上是这些并行事务的并行操作轮流交叉运行；在多处理机系统中，每个处理机可以运行一个事务，多个处理机可以同时运行多个事务，实现多个事务真正的并行运行。本节讨论的是以单处理机系统为基础的，这些理论可以推广到多处理机的情况。

当多个用户并发地存取数据库时就会产生多个事务同时存取同一数据的情况，若并发操作不加控制，就可能会存取和存储不正确的数据，破坏数据库的一致性。并发操作带来的数据不一致性包括三类：丢失修改、不可重复读和读"脏"数据。丢失修改是指两个事务 T1 和 T2 读入同一数据并修改，T2 提交的结果破坏了 T1 提交的结果，导致 T1 的修改被丢失。不可重复读是指事务 T1 读取数据后，事务 T2 执行更新操作，使 T1 无法再现前一次读取结果，具体来讲还包括三种情况：①事务 T1 读取某一数据后，事务 T2 对其做了修改，当事务 T1 再次读该数据时得到与前一次不同的值；②事务 T1 按一定条件从数据库中读取了某些数据记录后，事务 T2 删除了其中部分记录，当 T1 再次按相同的条件读取数据时发现某些记录已经消失了；③事务 T1 按一定条件从数据库中读取某些数据记录后，事务 T2 插入了一些记录，当 T1 再次按照相同条件读取数据时发现多了一些记录。读"脏"数据是指事务 T1 修改某一数据并将其写回磁盘，事务 T2 读取同一数据后，T1 由于某种原因被撤销，这时 T1 修改过的数据恢复原值，T2 读到的数据就与数据库中的数据不一致，即 T2 读到了"脏"数据。

（1）封锁。

并发控制的主要技术是封锁，所谓封锁就是事务 T 在对某个数据对象（例如表、记录等）操作之前，先向系统发出请求对其加锁，加锁后事务 T 就对该数据对象有了一定的控制，在事务 T 释放它的锁之前，其他事务不能更新此数据对象。

基本的封锁类型有两种：排它锁（简称 X 锁）和 共享锁（简称 S 锁）。排它锁又称写锁，若事务 T 对数据对象 A 加上 X 锁，则只允许 T 读取和修改 A，其他任何事务都不能再对 A 加任何类型的锁，直到 T 释放 A 上的锁，这就保证了其他事务在 T 释放 A 上的锁之前就不能再读取和修改 A。共享锁又称读锁，若事务 T 对数据对象 A 加上 S 锁，则事务 T 可以读 A 但不能修改 A，其他事务只能在对 A 加 S 锁，而不能加 X 锁，直到 T 释放 A 上的 S 锁，这就保证了其他事务可以读 A，但在 T 释放 A 上的 S 锁之前不能对 A 做任何修改。

（2）封锁协议。

运用 X 锁和 S 锁这两种基本封锁时，还需要约定一些规则（例如何时申请 X 锁或者 S 锁、持锁时间、何时释放等），这些规则称为封锁协议。下面介绍的封锁协议对封锁方式规定不同的封锁规则，在不同程度上解决了对并发操作的不正确调度所带来的问题。

一级封锁协议是：事务 T 在修改数据 R 之前必须先对其加上 X 锁，直到事务结束（包括正常结束和非正常结束）时才释放。一级封锁协议可防止丢失修改，并保证事务 T 是可恢复的。在这一级的封锁协议中，如果仅仅是读数据而不对其修改的话，是不需要加锁的，所以他不能保证可重复读和不读"脏"数据。

二级封锁协议是：一级封锁协议加上事务 T 在读取数据 R 之前必须先对其加上 S 锁，读完后即可释放 S 锁。这就防止了丢失修改，还可以进一步防止读"脏"数据，但它不能保证可重复读。

三级封锁协议是：一级封锁协议加上事务 T 在读取数据 R 之前必须先对其加 S 锁，直到事务结束才释放。这就防止了丢失修改和不读"脏数据"，还进一步防止了不可重复读。

两段锁协议是：对任何数据进行读写之前必须对该数据加锁，在释放了一个封锁之后，事务不再申请和获得任何其他封锁。这就缩短了持锁时间，提高了并发性，同时解决了数据的不一致性。

（3）活锁和死锁。

举个例子来说明活锁的概念，如果事务 T1 封锁了数据 R，事务 T2 又请求封锁 R，于是 T2 等待。若 T3 也请求封锁 R，当 T1 释放了 R 上的锁之后系统首先批准了 T3 的请求，而 T2 仍等待。之后 T4 又请求封锁 R，当 T3 释放了 R 上的封锁后系统批准了 T4 的请求，如此继续下去，T2 有可能永远等待，这就形成了活锁。避免活锁的简单方法是采用先来先服务的策略。

举例来说明死锁的概念，如果事务 T1 封锁了数据 R1，T2 封锁了数据 R2，然后 T1 又请求封锁 R2，因为 T2 已经封锁了 R2，所以 T1 等待 T2 释放 R2。接着 T2 又申请封锁 R1，而 T1 已经封锁了 R1，T2 则只能等待 T1 释放 R1 上的锁。这样就出现了这样的情况，即 T1 在等待 T2，而 T2 又在等待 T1，T1 和 T2 两个事务永远不能结束，这就形成了死锁。目前在数据库中解决死锁问题主要有两种方法，一个是采取一定的措施来预防死锁的发生，另一个是允许发生死锁，并采用一定手段定期诊断系统中是否有死锁，如果发现了死锁则立即解除掉。

① 死锁的预防。

死锁的预防通常有两种方法：一次封锁法和顺序封锁法。

一次封锁法要求每个事务必须一次把所有要使用的数据全部加锁，否则就不能继续执行。这个方法虽然能够有效地防止死锁的发生，但是将全部要用到的数据加锁扩大了封锁的范围，降低了系统的并发度。此外，数据库中的数据不断变化，难以精确地确定每个事务要封锁的数据对象，为此只能扩大封锁范围并将所有可能要封锁的数据对象加锁，这就进一步降低了并发度。

顺序封锁法是预先对数据对象规定一个封锁顺序，所有事务都按这个顺序实行封锁。例如在 B 树结构的索引中，可规定封锁的顺序必须是从根结点开始，然后是下一级的子女结点，逐级封锁。顺序封锁法可以有效地防止死锁，但也同样存在问题。第一，数据库系统中封锁的数据对象极多，并且随着数据的插入、删除等操作不断变化，维护这样的资源的封锁顺序非常困难；第二，事务很难事先确定每个事务要封锁的全部对象，因此也就很难按规定的顺序施加封锁。

因此在数据库中广为采用的预防死锁的策略并不很适合数据库的特点，而 DBMS 在解决死锁问题上普遍采用的是诊断并解除死锁的方法。

② 死锁的诊断与解除。

数据库系统中死锁的诊断与解除的方法与操作系统类似，一般使用超时法或事务等待图法。

超时法是指如果一个事务的等待时间超过了规定的时限，就认为发生了死锁。超时法实现起来很简单，但它的不足之处是：①可能会误判死锁，事务可能是因为其他原因而使等待时间超过时限，系统会误认为发生了死锁；②如果时限设得太长，死锁发生后就不能及时发现。

事务等待图是一个有向图 G=(T,U)。T 为结点的集合，每个结点表示正在运行的事务，U 为边的集合，每条边表示事务等待的情况。若 T1 等待 T2，则 T1 和 T2 之间划一条从 T1 指向 T2 的有向边。事务等待图动态地反映了所有事务的等待情况。并发控制子系统周期地检测事务等待图，若发现图中存在回路，则表示系统中出现了死锁。

DBMS 的并发子系统一旦检测到系统中存在着死锁，就要设法解除。通常的办法是选择一个代价最小的事务将其撤销（恢复该事务所执行的数据修改操作），释放此事务持有的所有的锁，这样其他的事务就可以运行下去。

**3．数据库安全性**

数据库的安全性是指保护数据库以防止不合法的使用所造成的数据泄露、更改或破坏。所有的计算机系统都有安全性问题，而在数据库系统中数据集中存放并且被许多最终用户直接共享，从而使安全性问题更为突出。

在一般的计算机系统中，安全措施是一级一级地设置的。用户要求进入计算机系统时，系统首先根据输入用户标识进行用户身份鉴定，对已进入系统的用户，DBMS 还要进行存取控制，只允许用户执行合法操作。操作系统一级也有自己的保护措施。数据最后还可以以密码形式存储到数据库中。

在这里主要讲述 DBMS 的存取控制机制。数据库安全最重要的一点就是确保只授权给有资格的用户访问数据库的权限，同时令所有未被授权的人员无法接近数据。存取控制机制主要包括两部分：①定义用户权限并将用户权限登记到数据字典中，称为安全规则或授权规则；②合法权限检查：每当用户发出存取数据库的操作请求（一般应包括操作类型、操作对象和操作用户信息等信息）后，DBMS 查找数据字典，根据安全性规则进行合法权限检查。

进行存取权限控制时可以为不同的用户定义不同的视图，把数据对象限制在一定的范围内，即通过视图把要保密的数据对无权存取的用户隐藏起来，从而自动地对数据提供一定程度的安全保护。

由于任何系统的安全保护措施都不完美，蓄意盗窃、破坏数据的人总是想方设法打破控制。审计功能把用户对数据库的所有操作自动记录下来放入审计日志中，DBA 可以利用审计跟踪的信息，重现导致数据库现有状况的一系列事件，找出非法存取数据的人、时间和内容等。对于高敏感性数据还以采用数据加密技术，即根据一定的算法将原始数据变换为不可直接识别的格式，不知道解密算法的人就无法获知数据的内容。

**4. 数据库完整性**

数据库的完整性是指数据的正确性和相容性。例如学生的性别只能是男或女，百分制的成绩必须取值在 0 到 100 之间。为了维护数据库的完整性，DBMS 必须提供一种机制来检查数据库中的数据，看其是否满足语义规定的条件。

完整性约束条件的作用对象可以是行、列和关系。行约束主要是记录字段值之间联系的约束条件，例如银行账户的余额应该等于存入金额减去支出金额的值。列约束主要是对列的类型、取值范围、精度、排序、非空值以及不可重复等约束条件。关系约束是表的主码约束、表间的参照完整性约束以及表中记录间的联系约束，例如学生所选的课程必须是课程列表中已经存在的课程。

列级约束、主码约束和参照完整性约束是在数据库定义过程中定义的，对数据库进行修改时，DBMS 提供的完整性约束机制要对数据库定义的约束进行检查，拒绝不符合约束条件的修改动作。

# 选择题

1. E-R 模型设计属于数据库的（　　）。
   A）概念设计　　　　　　　　B）逻辑设计
   C）物理设计　　　　　　　　D）程序设计
2. 在数据库系统中，事务日志的作用是实现事务的（　　）。
   A）原子性　　　　　　　　　B）一致性
   C）隔离性　　　　　　　　　D）持续性

## 思考题

1. 试述数据、数据库、数据库管理系统、数据库系统的概念。试述数据库系统三级模式结构。数据库系统的体系结构有哪几种？数据库管理系统的主要功能有哪些？

2. 试述数据模型的概念、作用和三要素。试述概念模型的作用，并给出三个实际部门的 E-R 图，要求实体型之间具有一对一、一对多和多对多的各种联系。最常用的数据模型有哪些？分别举几个实例来说明。

3. 并发操作可能会产生哪几类数据不一致？用什么方法可以避免各种不一致的情况？

# 第 9 章 安全性知识

## 9.1 安全性简介

### 9.1.1 安全性基本概念和特征

信息安全是对信息、系统以及使用、存储和传输信息的硬件的保护。

信息具有三个特性：机密性、完整性和可用性。信息的机密性是防止信息暴露给未授权的人或系统质量或状态，只确保具有权限和特权的人才可以访问信息的特定集合，而未被授权的人则被禁止获得访问权。信息的完整性是指信息完整而未被腐蚀的质量和状态，在信息被暴露使其被腐蚀、损毁、破坏或其他真实状态被破坏时，信息的完整性就受到了威胁。信息的可用性使需要访问信息的用户可以在不受干涉和阻碍的情况下对信息进行访问并按所需格式接受它，这里的用户不只是一个人，而是另一个计算机系统，同时并不是说信息对任意用户都是可访问的，还需要对用户进行信息访问授权的验证。

信息系统安全是指确保信息系统结构安全，与信息系统相关的元素安全，以及与此相关的各种安全技术、安全服务和安全管理的总和。

现代信息系统架构在计算机系统、通信系统、网络系统之上，所以信息安全也要涵盖这几方面。信息系统安全的内涵是：确保以电磁信号为主要形式的，在计算机网络化系统中进行获取、处理、存储、传输和利用的信息内容，在各个物理位置、逻辑区域、存储和传输介质中，处于动态和静态过程中的机密性、完整性、可用性、可审查性和抗抵赖性的，与人、网络、环境有关的技术和管理规程的有机集合。

### 9.1.2 安全性要素

信息系统主要由物理环境及保障、硬件设施、软件设施和管理者等部分组成，因此在进行风险分析时也应从这几个方面来考虑。

（1）物理环境包括场地（包括机房场地和信息存储场地）和机房，物理保障主要考虑电力供应和灾难应急。

（2）组成信息系统的硬件设施主要有计算机（包括大型机、中型机、小型机和个人计算机）、终端设备、网络设备（包括交换机、集线器、网关设备或路由器、中继器、桥接设备和调制解调器）、传输介质和转换器（包括同轴电缆、双绞线、光缆、卫星信道和微波信道）、输入输出设备（包括键盘、磁盘驱动器、磁带机、扫描仪、打印机、显示器等），等等。硬件设施有电磁辐射、后门等可以被攻击者所利用的脆弱性,但实现起来比较困难。

(3)组成信息系统的软件设施主要有操作系统、通用应用软件、网络管理软件以及网络协议等。攻击者一旦发现了软件设施的脆弱性或弱点后,几乎不需要较大花费即可以实现对系统的攻击。所以在风险分析时,软件设施的脆弱性是考查的重点。

(4)信息系统的运行依靠系统的管理者来具体组织实施,他们是信息系统安全的主体,也是系统安全管理的对象。管理者有系统安全员、系统管理员、网络管理员、存储介质保管员、系统操作人员和软硬件维修人员等。

## 9.2 访问控制和鉴别

### 9.2.1 鉴别

鉴别机制是以交换信息的方式确认实体真实身份的一种安全机制。身份可被鉴别的实体称为主体,主体具有一个或多个与之对应的辨别标识符。可被鉴别的主体有:人类用户;进程;实开放系统;OSI 层实体;组织机构。鉴别的基本目的是防止其他实体占用和独立操作被鉴别实体的身份,这类危害被称为"冒充"。

识别将可辨别标识符与某一主体联系起来,与其他主体区别。有时候,一个主体可以拥有并使用一个或多个辨别标识符。在给定的安全域内可辨别标识符要能够将一个主体与域中的其他主体区分开来。在不同的安全域中发生鉴别时,可以将辨别标识符与安全域标识符连接使用,以区别不同安全域中使用同一可辨别标识符的实体。

鉴别提供了实体声称其身份的保证,只有在主体和验证者的关系背景下,鉴别才是有意义的。有两种重要的关系背景:①主体由申请者来代表,申请者和验证者之间存在着特定通信关系(实体鉴别);②主体为验证者提供数据项来源。其中,申请者用于描述一类实体,这类实体本身就是用于鉴别的主体或者代表用于鉴别的主体。验证者用于描述一类实体,这类实体本身就是要求被鉴别的实体或者代表要求被鉴别的实体。鉴别信息是指申请者要求鉴别至鉴别过程结束所生成、使用和交换的信息。

鉴别的方法主要有如下 5 种。

(1)用拥有的(如 IC 卡)进行鉴别。

(2)用所知道的(如密码)进行鉴别。

(3)用不可改变的特性(如生物学测定的标识特征)进行鉴别。

(4)相信可靠的第三方建立的鉴别(递推)。

(5)环境(如主机地址)。

鉴别分为单向鉴别和双向鉴别。在单项鉴别中,一个实体充当申请者,另一个实体充当验证者;在双向鉴别中,每个实体同时充当申请者和鉴别者,并且两个方向上可以使用相同或者不同的鉴别机制。

用户在被允许得到访问控制信息之前必须被鉴别,从而允许其在访问控制策略下访问资源,即鉴别服务可以将鉴别结果传送给访问控制服务。

### 9.2.2 访问控制的一般概念

访问控制决定了谁能够访问系统、能访问系统的哪些种资源和如何使用这些资源,是控制对计算机系统或网络的访问的一种方法,目的是防止对信息系统资源的非授权访问和使用。访问控制的手段包括用户识别代码、密码、登录控制、资源授权(例如用户配置文件、资源配置文件和控制列表)、授权核查、日志和审计。

访问控制是对进入系统进行控制,而选择性访问控制是进入系统后,对像文件和程序这类的资源的访问进行控制。一般来说,提供的权限有:读、写、创建、删除、修改等。安全级别指定用户所具有的权限,有管理员任务的人拥有所有的权限,最终用户只有有限的权限。

下面讨论一下访问控制和内部控制的关系。

内部控制是为了在组织内保障以下目标的实现而采取的方法。

(1)信息的可靠性和完整性。

(2)政策、计划、规程、法律、法规和合同的执行。

(3)保护资产。

(4)资源使用的经济性和有效性。

(5)业务及计划既定目的和目标的达成。

内部控制和访问控制的共同目标是保护资产。例如,内部控制涉及所有的有形资产和无形资产,包括与计算机相关的资产和与计算机无关的资产。而访问控制涉及与知识相关的无形资产(例如程序、数据和程序库)和有形资产(例如硬件和机房)。访问控制是整体安全控制的一部分。

### 9.2.3 访问控制的策略

实现访问控制的三种最常用的方法有。

(1)要求用户输入一些保密信息,如用户名和密码。

(2)采用物理识别设备,例如访问卡,钥匙或令牌。

(3)采用生物统计学系统,基于某种特殊的物理特征对人进行唯一性识别。

其中,密码是只有系统和用户自己知道的简单字符串,是进行访问控制的简单而有效的方法,但是一旦被别人知道了就不能提供任何安全了。除了密码之外,访问控制的特性还包括。

(1)多个密码:即一个密码用于进入系统,另一个密码用于规定操作权限。

(2)一次性密码:系统生成一次性密码的清单,例如,第一次用 A,第二次用 B,第三次用 C,等等。

（3）基于时间的密码：访问使用的正确密码随时间变化，变化基于时间和一个秘密的用户钥匙，密码隔一段时间就发生变化，变得难以猜测。

（4）智能卡：访问不但需要密码，还需要物理的智能卡才有权限接近系统。

（5）挑战反应系统：使用智能卡和加密的组合来提供安全访问控制/身份识别系统。

下面按类别对访问控制的手段进行举例：

物理类控制手段如下。

（1）防御型手段：文书备份、围墙和栅栏、保安、证件识别系统、加锁的门、双供电系统、生物识别型门禁系统、工作场所的选择、灭火系统。

（2）探测型手段：移动监测探头、烟感和温感探头、闭路监控、传感和报警系统。

管理类控制手段：

（1）防御型手段：安全知识培训、职务分离、职员雇用手续、职员离职手续、监督管理、灾难恢复和应急计划、计算机使用的登记。

（2）探测型手段：安全评估和审计、性能评估、强制假期、背景调查、职务轮换。

技术类控制手段：

（1）防御型手段：访问控制软件、防病毒软件、库代码控制系统、密码、智能卡、加密、拨号访问控制和回叫系统。

（2）探测型手段：日志审计、入侵探测系。

## 9.3 加密

### 9.3.1 保密与加密

保密就是保证敏感信息不被非授权的人知道。加密是指通过将信息进行编码而使得侵入者不能够阅读或理解的方法，目的是保护数据和信息。解密是将加密的过程反过来，即将编码信息转化为原来的形式。古时候的人就已经发明了密码技术，而现今的密码技术已经从外交和军事领域走向了公开，并结合了数学、计算机科学、电子与通信等诸多学科而成为了一门交叉学科。现今的密码技术不仅具有保证信息机密性的信息加密功能，而且还具有数字签名、身份验证、秘密分存、系统安全等功能，来鉴别信息的来源以防止信息被篡改、伪造和假冒，保证信息的完整性和确定性。

### 9.3.2 加密与解密机制

加密的基本过程包括对原来的可读信息（称为明文或平文）进行翻译，译成的代码称为密码或密文，加密算法中使用的参数称为加密密钥。密文经解密算法作用后形成明文，解密算法也有一个密钥，这两个密钥可以相同也可以不相同。信息编码的和解码方法可以很简单也可以很复杂，需要一些加密算法和解密算法来完成。

从破译者的角度来看,密码分析所面对的问题有三种主要的变型:①"只有密文"问题(仅有密文而无明文);②"已知明文"问题(已有了一批相匹配的明文与密文);③"选择明文"(能够加密自己所选的明文)。如果密码系统仅能经得起第一种类型的攻击,那么它还不能算是真正的安全,因为破译者完全可能从统计学的角度与一般的通信规律中猜测出一部分的明文,而得到一些相匹配的明文与密文,进而全部解密。因此,真正安全的密码机制应使破译者即使拥有了一些匹配的明文与密文也无法破译其他的密文。

如果加密算法是可能公开的,那么真正的秘密就在于密钥了,密钥长度越长,密钥空间就越大,破译密钥所花的时间就越长,破译的可能性就越小。所以应该采用尽量长的密钥,并对密钥进行保密和实施密钥管理。

国家明确规定严格禁止直接使用国外的密码算法和安全产品,原因主要有两点:①国外禁止出口密码算法和产品,目前所出口的密码算法都有破译手段,②国外的算法和产品中可能存在"后门",要防止其在关键时刻危害我国安全。

### 9.3.3 密码算法

密码技术用来进行鉴别和保密,选择一个强壮的加密算法是至关重要的。密码算法一般分为传统密码算法(又称为对称密码算法)和公开密钥密码算法(又称为非对称密码算法)两类,对称密钥密码技术要求加密解密双方拥有相同的密钥。而非对称密钥密码技术是加密解密双方拥有不相同的密钥。

对称密钥密码体制从加密模式上可分为序列密码和分组密码两大类(这两种体制之间还有许多中间类型)。

序列密码是军事和外交场合中主要使用的一种密码技术。其主要原理是:通过有限状态机产生性能优良的伪随机序列,使用该序列将信息流逐比特加密从而得到密文序列。可以看出,序列密码算法的安全强度由它产生的伪随机序列的好坏而决定。分组密码的工作方式是将明文分成固定长度的组(如64比特一组),对每一组明文用同一个密钥和同一种算法来加密,输出的密文也是固定长度的。在序列密码体制中,密文不仅与最初给定的密码算法和密钥有关,同时也是被处理的数据段在明文中所处的位置的函数;而在分组密码体制中,经过加密所得到的密文仅与给定的密码算法和密钥有关,而与被处理的明数据段在整个明文中所处的位置无关。

不同于传统的对称密钥密码体制,非对称密码算法要求密钥成对出现,一个为加密密钥(可以公开),另一个为解密密钥(用户要保护好),并且不可能从其中一个推导出另一个。公共密钥与专用密钥是有紧密关系的,用公共密钥加密的信息只能用专用密钥解密,反之亦然。另外,公钥加密也用来对专用密钥进行加密。

公钥算法不需要联机密钥服务器,只在通信双方之间传送专用密钥,而用专用密钥来对实际传输的数据加密解密。密钥分配协议简单,所以极大简化了密钥管理,但公共密钥方案较保密密钥方案处理速度慢,因此,通常把公共密钥与专用密钥技术结合起来实现最佳性能。

### 9.3.4 密钥及密钥管理

密钥是密码算法中的可变参数。有时候密码算法是公开的，而密钥是保密的，而密码分析者通常通过获得密钥来破译密码体制。也就是说，密码体制的安全性建立在对密钥的依赖上。所以，保守密钥秘密是非常重要的。

密钥管理一般包括以下 8 个内容。

（1）产生密钥：密钥由随机数生成器产生，并且应该有专门的密钥管理部门或授权人员负责密钥的产生和检验。

（2）分发密钥：密钥的分发可以采取人工、自动或者人工与自动相结合的方式。加密设备应当使用经过认证的密钥分发技术。

（3）输入和输出密钥：密钥的输入和输出应当经由合法的密钥管理设备进行。人工分发的密钥可以用明文形式输入和输出，并将密钥分段处理；电子形式分发的密钥应以加密的形式输入和输出。输入密钥时不应显示明文密钥。

（4）更换密钥：密钥的更换可以由人工或自动方式按照密钥输入和密钥输出的要求来实现。

（5）存储密钥：密钥在加密设备内采用明文形式存储，但是不能被任何外部设备访问。

（6）保存和备份密钥：密钥应当尽量分段保存，可以分成两部分并且保存在不同的地方，例如一部分存储在保密设备中，另一部分存储在 IC 卡上。密钥的备份也应当注意安全并且要加密保存。

（7）密钥的寿命：密钥不可以无限期使用，密钥使用得越久风险也就越大。密钥应当定期更换。

（8）销毁密钥：加密设备应能对设备内的所有明文密钥和其他没受到保护的重要保护参数清零。

## 9.4 完整性保障

### 9.4.1 完整性概念

完整性是指数据不以未经授权的方式进行改变或毁损的特性。完整性包括软件完整性和数据完整性两方面内容。软件完整性是指防止对程序的修改，如病毒和特洛伊木马。数据完整性是保证存储在计算机系统中或在网络上传输的数据不受非法删改或意外事件的破坏，保持数据整体的完整。

对数据完整性的五个最常见的威胁是：①人类：可能由于人类的疏忽、故意破坏等原因导致完整性被破坏；②硬件故障：包括磁盘故障、芯片和主板故障、电源故障等；③网络故障:包括网络连接问题、网络接口卡和驱动程序等问题;④灾难:例如火灾、水灾、工业破坏和蓄意破坏等;⑤逻辑问题:包括软件错误、文件损坏、容量错误、数据交换错误和操作系统错误等。

## 9.4.2 完整性保障策略

完整性机制保护数据免遭未授权篡改、创建、删除和复制。为了恢复数据完整性或防止数据完整性丧失,可以采用的技术有:备份、镜像技术、归档、分级存储管理、转储、系统安全程序、奇偶校验和故障前兆分析等。

对于由人类引起的威胁来说,受完整性保护的数据应该在控制下被实体创建、修改和删除,完整性策略要识别出受到控制的数据,并指示是否允许创建、修改和删除数据。可以通过如下行为来完成完整性服务:①屏蔽:从数据生成受完整性保护的数据;②证实:对受完整性保护的数据进行检查以检测完整性故障;③去屏蔽:从受完整性保护的数据中重新生成数据。这些行为不一定使用密码技术,当使用密码技术时就不必对数据进行变换。

有时候,一个用来存储和处理复杂输入数据的程序在执行任务(和其他没产生任何问题的任务看起来没什么不同)时意外崩溃了,这可能是因为一些内部数据被损坏(可能是语法上的损坏,也可能是语义上的损坏)了。这种数据可以无限期地存在于系统中而不引发任何问题,直到访问一段特定的数据时,损坏的数据才导致运行错误的出现。输入完整性就是针对于此类问题的治疗和预防的,具体措施是:对输入数据尽量多地并且尽量早地执行完整性检查(语法分析),最好第一次读取输入内容时就执行尽可能彻底的完整性检查,而不是在以后访问的时候才检查。此外,对于已经损坏的持久数据,也要加以研究并检查其完整性。

数据库的完整性是指数据的正确性和相容性。数据库是否具备完整性关系到数据库系统能否真实地反映现实世界,因此维护数据库的完整性是非常重要的。为维护数据库的完整性,DBMS 必须提供一种机制来检查数据库中的数据是否满足语义规定的条件。DBMS 的完整性控制机制应具有三个方面的功能:①定义功能:提供定义完整性约束条件的机制;②检查功能:检查用户发出的操作请求是否违背了完整性约束条件;③如果发现用户的操作请求使数据违背了完整性约束条件,则采取一定的动作来保证数据的完整性。DBMS 通常是在一条语句执行完后立即检查是否违背完整性约束,有时完整性检查需要延迟到整个事务执行结束后才进行,检查正确才可以提交。

现今,黑客和病毒横行,软件完整性已变得越来越重要。软件完整性测量系统在安全方面的抗攻击(包括偶然的和蓄意的攻击)能力。攻击可能发生在软件的三个主要成分上,即程序、数据和文档。软件一般来说规模都比较大,而目前的公钥算法(如 RSA)在实现上比较慢。可以采用数字签名的方法,数字签名能够保护软件的完整性,对软件在传输过程中的非法更改比较敏感。在对软件进行数字签名时,先将软件代码通过散列函数转换成信息摘要,并用用户的私钥对摘要进行签名,将签名后的摘要与软件一起传送给其他用户。当其他用户验证时,用同样的散列函数将软件代码转换成新的信息摘要,将签名解密后与新的信息摘要相比较,如果比较结果一致则说明软件没有被更改过,否则,就说明软件被非法更改了。

## 9.5 可用性保障

可用性使需要访问信息的用户(不只是一个人,而是另一计算机系统)可以在不受干涉和阻碍的情况下对信息进行访问并按所需的格式接收它。然而可用性并不意味着信息对任何用户来说都是可以访问的,可用性是对于已授权的用户来说的。

要提高系统的可用性,一般都是要配置冗余或容错部件来减少它们的不可用时间,当故障发生时,这些冗余的部件就可以介入来承担故障部件的工作。

### 9.5.1 事故响应与事故恢复

任何信息系统都不可能完全避免天灾或者人祸,当事故发生时,要有效地跟踪事故源、收集证据、恢复系统、保护数据。但除了采取所有必要的措施来应付可能发生的最坏的情况之外,还需要有事故恢复计划,以便在真正发生灾难的时候进行恢复。

紧急事故恢复计划是系统安全性的一项重要元素。系统紧急恢复计划应事先拟好,在事故发生时,按照计划以最短时间、最小的损失来恢复系统。紧急恢复计划的制定要简单明了,便于操作,同时必须确认相关人员充分了解这份系统紧急恢复计划内容。系统紧急恢复计划应说明当紧急事件发生时,应向谁报告、谁负责回应、谁来做恢复决策,并且在计划中应包括情境模拟。此外,应定期对系统做试验、检查,发现问题或环境有改变时,应立即检查计划并决定是否需要修正,以保证其可靠性和可行性。

灾难恢复措施包括:①灾难预防制度:做灾难恢复备份,自动备份系统的重要信息;②灾难演习制度:每过一段时间进行一次灾难演习,以熟练灾难恢复的操作过程;③灾难恢复:使用最近一次的备份进行灾难恢复,可以分为两类,即全盘恢复和个别文件恢复。与备份操作相比,恢复操作更容易出问题。

重建系统时,被毁坏的硬件可以用新的来代替,但是如果原来的数据丢失且没有备份,则此时就难以弥补了,系统也无法恢复了。所以,要经常对数据进行备份。备份系统的作用是,尽可能快地全盘恢复运行计算机系统所需的数据和系统信息。备份系统的组成部分有:物理主机系统(用来执行备份逻辑的机器)、逻辑主机系统(备份系统的操作系统)、备份存储介质(磁带、光盘等)、操作调度(决定每天备份时做什么)、操作执行(执行备份操作的代码)、物理目标系统(需要备份的数据)、系统监控(管理员界面),等等。

在进行灾难恢复计划时,就应当设计好备份策略,要知道哪些数据应当备份,和这些备份应当多久进行一次。备份策略常常有如下几种:①完全备份:将所有文件写入备份介质中;②增量备份:只备份上次备份之后更改过的文件;③差异备份:备份上次完全备份后更改过的所有文件;④按需备份:在正常的备份安排之外额外进行的备份。不同的备份策略的效率和可靠性不同，可以采取几种策略结合的方式来进行备份。同时，备份应有适当的实体及环境保护，并定期进行测试以保证关键时刻的可用性。备份资料的保存时间及是否永久保存由资料的拥有者来决定。

### 9.5.2 减少故障时间的高可用性系统

具有高可用性的系统应该具有较强的容错能力。注意，容错不是指系统可以容忍任何一种故障，而是指系统在排除了某些类型的故障后继续正常运行。

提供容错的途径有：①使用空闲备件：配置一个备用部件，平时处于空闲状态，当原部件出现错误时则取代原部件的功能；②负载平衡：使两个部件共同承担一项任务，当其中的一个出现故障时，另一个部件就承担两个部件的全部负载；③镜像：两个部件执行完全相同的工作，当其中的一个出现故障时，另一个则继续工作；④复现：也称为延迟镜像，即辅助系统从原系统接受数据时存在着延时，原系统出现故障时，辅助系统就接替原系统的工作，但也相应存在着延时；⑤热可更换：某一部件出现故障时，可以立即拆除该部件并换上一个好的部件，这样就不会导致系统瘫痪。

遇到线路故障或者是网络连接问题时，系统需要持续正常运行时间的备用途径，也就是说，需要能够将网络的各部分隔离开的结构良好的连接方式。即网络冗余也可以提高系统的可用性。主要途径有：①双主干：当原网络发生故障时，辅助网络就会承担数据传输的任务，两条主干线缆的物理距离应当相距较远，来减少两条线缆同时损坏的概率；②开关控制技术：由开关控制的网络可以精确地检测出发生故障的地段，并用辅助路径来分担数据流量，同时，可以通过网络管理控制程序来管理网络，部件故障可以很快显示在控制程序界面上并相应故障；③路由器：一些故障导致必须从别的路径访问别的服务器，这时路由器可以为数据指明流动的方向；④通信中件：通信中件可以使通信绕过网络中发生故障的电路，通过其他网络连接来传输数据。

## 9.6 计算机病毒的防治与计算机犯罪的防范

目前，计算机病毒在全世界传播，并且它们的数量在不断增长。计算机病毒泛滥给信息系统安全造成了巨大的损失，反病毒斗争必须坚持下去。

### 9.6.1 计算机病毒概念

计算机病毒是指编制或者在计算机程序中插入的破坏计算机功能或者摧毁计算机数据，影响计算机使用，且能自我复制的一组计算机指令或者程序代码。计算机病毒不仅破坏计算机，而且能够传播或感染能接触到的其他系统的程序。

计算机病毒是计算机黑客制造的，他们想证明有可能编写出不但可以干扰和摧毁计算机，而且可以将他们传播到其他系统上的程序。但有时病毒不具有破坏性，仅仅是一个恶作剧，例如在屏幕上显示一条有趣的消息。尽管病毒只是计算机代码，但它们是"活的"，它们可以传播和感染到其他系统上，并且可以变异或进化以躲避各种反病毒程序。

## 9.6.2 计算机病毒的防治

**1．病毒的预防**

计算机病毒的预防技术是根据病毒程序的特征对病毒进行分类处理，然后在程序运行中凡有类似的特征点出现时就认定是计算机病毒，并阻止其进入系统内存或阻止其对磁盘进行操作尤其是写操作，以达到保护系统的目的。计算机病毒的预防包括两方面：对已知病毒的预防和对未来病毒的预防。目前，对已知病毒预防可以采用特征判定技术或静态判定技术，对未知病毒的预防则是一种行为规则的判定技术即动态判定技术。计算机病毒的预防技术主要包括磁盘引导区保护、加密可执行程序、读写控制技术和系统监控技术等。

反病毒软件可以帮助防止病毒感染，在系统上扫描病毒、删除病毒甚至可以给系统一种保护性的疫苗。病毒扫描软件是一类反病毒程序，可以扫描软件并进入系统搜索病毒，不论它们在内存、硬盘还是移动磁盘中。然而，病毒的创造者也不断地和反病毒研究者们斗智，他们改进病毒程序以逃避扫描软件的检测。那么，病毒扫描软件就要不断地更新或者要有足够的能力来辨别出改进了代码的病毒。

另一类反病毒程序是完整性检查程序，它们与病毒扫描软件不同，是通过识别文件和系统的改变来发现病毒的影响的。也就是说，不是查看是否有病毒代码，而是通过检测病毒对系统做了什么来发现病毒。这种程序的缺点是在病毒正在工作并且做了一些事情时它才能起作用。此外，系统或网络可能在完整性检查程序开始工作前就已经感染了病毒。潜伏的病毒也能够逃避掉完整性检查程序的检测。

行为封锁软件的目的是防止病毒的破坏，它试图在病毒马上就开始工作时阻止它。

**2．病毒的消除**

预防病毒的攻击固然重要，但是如果有病毒出现在磁盘上时，最重要的就是要消除病毒。杀毒程序必须拥有这种病毒如何工作的信息，然后才能将病毒从磁盘上删除。对文件型病毒，杀毒程序需要知道病毒如何工作，然后计算出病毒代码的起始位置和程序代码的起始位置，然后将病毒代码从文件中清除，文件则恢复到原来的状态。

计算机病毒检测技术主要有两种，一种是根据计算机病毒程序中的关键字、特征程序段内容、病毒特征及传染方式、文件长度的变化，在特征分类的基础上建立的病毒检测技术；另一种是不针对具体病毒程序的自身检验技术，即对某文件或数据段进行检验和计算，并保存结果，以后定期或不定期地将该文件或数据段与保存的结果相比较，如果出现了差异，则表示该文件或数据段的完整性已遭到破坏，从而检测到病毒的存在。

病毒消除是在检测时发现了计算机病毒的基础上，根据具体病毒的消除方法将病毒代码从被传染的程序中清除掉并恢复文件的原有结构信息。计算机病毒的消除技术是病毒传染程序的一种逆过程。从原理上讲，只要病毒不进行破坏性的覆盖式写盘操作，那么它就可以被清除出计算机系统。安全、稳定的计算机病毒清除工作是基于准确、可靠的病毒检测工作的。

常规反病毒斗争主要把精力集中于已将文件传染了的病毒，但这已经远远不能满足网络时代的要求。需要进行多层次的反病毒斗争，这就涉及到了技术和管理两条战线，要把反病毒作为信息系统建设、管理和使用的一个重要部分，贯穿预防、检测、消毒和恢复等全过程。

### 9.6.3 计算机犯罪的防范

由于犯罪分子的攻击手段不断变化，而安全性技术与管理总滞后于攻击手段的发展，所以不论多么完善的安全机制都不能完全杜绝计算机犯罪。那么，对于违法行为就必须依靠法律进行惩处。法律是国家强制实施的、公民必须遵循的行为准则，国家和部门的管理制度也是约束人们行为强制措施，必须在相应的法律和管理制度中明确规定，禁止使用计算机病毒攻击、破坏的条文，以制约人们的行为，起到威慑的作用。

抓好安全教育可以增强人们的安全意识、提高安全素质，从而有防范计算机犯罪的意识，信息系统安全教育是信息系统安全工作的基础。教育的对象主要有：领导和管理人员、计算机工程人员、计算机厂商、一般用户等。信息安全教育的主要内容有：法规教育、安全基础知识、职业道德教育等。安全教育中，尤其要重视对青少年的教育，青少年求知欲强并且喜欢挑战和幻想，如果没有正确的引导，就容易走入歧途。要根据青少年青春期的特点，进行适当的引导，教育他们远离黑客和病毒。

## 9.7 安全分析

风险是指某种破坏或损失发生的可能性。风险管理是指识别、评估、降低风险到可以接受的程度并实施适当机制控制风险保持在此程度之内的过程。没有绝对安全的环境，每个环境都有一定程度的漏洞和风险。

### 9.7.1 识别和评估风险

风险应当被识别、分类。真实的风险是很难估量的，但是对潜在风险进行估量是可取的，这也是制定安全策略的基础与依据。

风险管理识别企业的资产，评估威胁这些资产的风险，评估假定这些风险成为现实时企业所承受的灾难和损失。进行风险评估时需要决定要保护的资产及要保护的程度，对于每一个明确要保护的资产，都应该考虑到可能面临的威胁，以及威胁可能造成的影响。仅仅确定资产是不够的，对有形资产（设备、应用软件等）及人（有形资产的用户或操作者、管理者）进行分类也是非常重要的，同时要在两者之间建立起对应关系。有形资产可以通过资产的价值进行分类，如机密级、内部访问级、共享级、未保密级。对于人员的分类类似于有形资产的分类。

潜在的风险有多种形式,并且不是只同计算机有关。考虑信息安全时,必须重视的几种风险有:物理破坏、人为错误、设备故障、内、外部攻击、数据误用、数据丢失、程序错误,等。网络本身的诸多特性(如共享性、开放性、复杂性等)、网络信息系统自身的脆弱性(如操作系统的漏洞、网络协议的缺陷、通信线路的不稳定、人为因素等)给网络信息系统的安全带来威胁。此外,在确定威胁的时候,不能只看到那些比较直接的容易分辨的外部威胁,来自内部的各种威胁也应该引起高度重视,很多时候来自内部的威胁由于具有极大的隐蔽性和透明性导致更加难以控制和防范。

风险分析的方法与途径可以分为:定量分析和定性分析。定量分析是试图从数字上对安全风险进行分析评估的方法,通过定量分析可以对安全风险进行准确的分级,但实际上,定量分析所依靠的数据往往都是不可靠的,这就给分析带来了很大的困难。定性分析是被广泛采用的方法,通过列出各种威胁的清单,并对威胁的严重程度及资产的敏感程度进行分级。定性分析技术包括判断、直觉和经验,但可能由于直觉、经验的偏差而造成分析结果不准确。风险分析小组、管理者、风险分析工具、企业文化等决定了在进行风险分析时采用哪种方式或是两者的结合。风险分析的成功执行需要高级管理部门的支持和指导。管理部门需要确定风险分析的目的和范围,指定小组进行评估,并给予时间、资金的支持。风险小组应该由企业中不同部门的人员组成,可以是管理者、程序开发人员、审计人员、系统集成人员、操作人员等。

### 9.7.2 控制风险

对风险进行了识别和评估后,可通过降低风险(例如安装防护措施)、避免风险、转嫁风险(例如买保险)、接受风险(基于投入/产出比考虑)等多种风险管理方式得到的结果来协助管理部门根据自身特点来制定安全策略。

制定安全策略时,首先要识别当前的安全机制并评估它们的有效性。由于所面临的威胁不仅仅是病毒和攻击,对于每一种威胁类型要分别对待。在采取防护措施的时候要如下一些方面:产品费用、设计/计划费用、实施费用、环境的改变、与其他防护措施的兼容性、维护需求、测试需求、修复、替换、更新费用、操作/支持费用。

控制风险的方法是:①对动作进行优先级排序,风险高的优先考虑;②评价风险评估过程中的建议,分析建议的可行性和有效性;③实施成本/收益分析;④结合技术、操作和管理类的控制元素,选择性价比最好的安全控制;⑤责任分配;⑥制定一套安全措施实现计划;⑦实现选择的安全控制。

## 9.8 安全管理

安全管理的目标是将信息资源和信息安全资源管理好。安全管理是信息系统安全能动性的组成部分。大多数事故的发生，与其说是技术原因，还不如说是由管理不善导致的。安全管理要贯穿于信息系统规划、设计、建设、运行和维护各阶段。

### 9.8.1 安全管理政策法规

信息安全管理政策法规包括国家法律和政府政策法规和机构和部门的安全管理原则。信息系统法律的主要内容有：信息网络的规划与建设、信息系统的管理与经营、信息系统的安全、信息系统的知识产权保护、个人数据保护、电子商务、计算机犯罪、计算机证据与诉讼。信息安全管理涉及的方面有：人事管理、设备管理、场地管理、存储媒体管理、软件管理、网络管理、密码和密钥管理、审计管理。

信息安全管理的总原则有：规范化、系统化、综合保障、以人为本、主要负责人负责、预防、风险评估、动态发展、注重实效、均衡防护。安全管理的具体原则有：分权制衡、最小特权、标准化、选用成熟的先进技术、失效保护、普遍参与、职责分离、审计独立、控制社会影响、保护资源和效率。

我国的信息安全管理的基本方针是：兴利除弊，集中监控，分级管理，保障国家安全。

### 9.8.2 安全机构和人员管理

国家信息安全机构是国家最上层安全机构的组成部分。国家信息安全强调的是国家整体上的信息安全性，而不仅是某一个部门或地区的信息安全。而各部门、各地区又确实存在个体差异，对于不同行业领域来说，信息安全具有不同的涵义和特征，国家的信息安全保障体系的战略性必须涵盖部门和地区信息安全保障体系的相关内容。

为保证信息系统的安全，各信息系统使用单位也应建立信息系统安全管理机构。建立信息系统安全管理机构的第一步是确定系统安全管理员的角色，并组成安全管理小组。安全管理小组制定出符合本单位需要的信息安全管理策略，具体包括：安全管理人员的义务和职责、安全配置管理策略、系统连接安全策略、传输安全策略、审计与入侵安全策略、标签策略、病毒防护策略、安全备份策略、物理安全策略、系统安全评估原则等内容。并尽量把各种安全策略要求文档化和规范化，以保证安全管理工作具有明确的依据或参照。

信息系统的运行是依靠各级机构的工作人员来具体实施的，安全人员既是信息系统安全的主体，也是系统安全管理的对象。要加强人员管理，才能增强人们的安全意识，增强他们对安全管理重视的程度和执行的力度。首先要加强人员的审查、培训和考核工作，并与安全人员签订保密合同，调离不合格的人员，并做好人员调离的后续工作，承诺调离后的保密任务，收回其权限、钥匙、证件、相关资料等。安全人员管理的原则有：从不单独一个人、限制使用期限、责任分散、最小权限。

### 9.8.3 技术安全管理

技术安全管理包括如下内容。

（1）软件管理：包括对操作系统、应用软件、数据库、安全软件和工具软件的采购、安装、使用、更新、维护和防病毒的管理等。

（2）设备管理：对设备的全方位管理是保证信息系统建设的重要条件。设备管理包括设备的购置、使用、维修和存储管理。

（3）介质管理：介质在信息系统安全中对系统的恢复、信息的保密和防止病毒方面起着关键作用。介质管理包括将介质分类、介质库的管理、介质登记和借用、介质的复制和销毁以及涉密介质的管理。

（4）涉密信息管理：包括涉密信息等级的划分、密钥管理和密码管理。

（5）技术文档管理：包括技术文档的密级管理和使用管理。

（6）传输线路管理：包括传输线路管理和网路互连管理。传输线路上传送敏感信息时，必须按敏感信息的密级进行加密处理。重要单位的计算机网络于其他网络的连接与计算机的互连需要经过国家有关单位的批准。

（7）安全审计跟踪：为了能够实时监测、记录和分析网络上和用户系统中发生的各类与安全有关的事件（如网络入侵、内部资料窃取、泄密行为等），并阻断严重的违规行为，就需要安全审计跟踪机制的来实现在跟踪中记录有关安全的信息。已知安全审计的存在可对某些潜在的侵犯安全的攻击源起到威慑作用。

（8）公共网络连接管理：是指对单位或部门通过公共网络向公众发布信息和提供有关服务的管理，和对单位或部门从网上获得有用信息的管理。

（9）灾难恢复：灾难恢复是对偶然事故的预防计划，包括制定灾难恢复策略和计划和灾难恢复计划的测试与维护。

### 9.8.4　网络管理

网络管理是指通过某种规程和技术对网络进行管理，从而实现：①协调和组织网络资源以使网络的资源得到更有效的利用；②维护网络正常运行；③帮助网络管理人员完成网络规划和通信活动的组织。网络管理涉及网络资源和活动的规划、组织、监视、计费和控制。国际标准化组织（ISO）在相关标准和建议中定义了网络管理的五种功能，即：

（1）故障管理：对计算机网络中的问题或故障进行定位，主要的活动是检测故障、诊断故障和修复故障。

（2）配置管理：对网络的各种配置参数进行确定、设置、修改、存储和统计，以增强网络管理者对网络配置的控制。

（3）安全管理：网络安全包括信息数据安全和网络通信安全。安全管理可以控制对计算机网络中的信息的访问。

（4）性能管理：性能管理可以测量网络中硬件、软件和媒体的性能，包括整体吞吐量、利用率、错误率和响应时间，帮助管理者了解网络的性能现状。

（5）计费管理：跟踪每个个人和团体用户对网络资源的使用情况，并收取合理的费用。

## 9.8.5 场地设施安全管理

信息系统的场地与设施安全管理要满足机房场地的选择、防火、火灾报警及消防措施、防水、防静电、防雷击、防辐射、防盗窃、防鼠害，以及对内部装修、供配电系统等的技术要求。并完成出入控制、电磁辐射防护和磁辐射防护工作。

# 选择题

1. 信息系统的安全性要素有哪些？_____
   A）物理环境　　　　　　　　B）硬件设施
   C）操作系统　　　　　　　　D）软件设施
   E）系统的管理者

2. 在进行灾难恢复计划时，就应当设计好备份策略，要知道哪些数据应当备份，和这些备份应当多久进行一次。一般来说，备份时有_____种备份策略：
   A）完全备份　　　　　　　　B）按需备份
   C）差异备份　　　　　　　　D）增量备份
   E）几种策略结合

# 思考题

1. 什么是信息安全？什么是信息系统安全？
2. 什么是鉴别和访问控制？怎样进行访问控制？
3. 请简要说明加密和解密机制的原理，并举几个密码算法的例子。
4. 什么是完整性？简要说明完整性保障的策略。
5. 为了提高系统的可用性，可以采取怎样的措施？
6. 什么是计算机病毒？怎样预防和消除计算机病毒？并谈谈你对防范计算机犯罪的认识。
7. 举例说明风险有哪几个类型？谈谈你对风险分析和风险控制的认识。
8. 谈谈你对安全性管理措施的认识。

# 第二篇

## 信息系统开发过程

# 第 10 章　信息系统开发的基础知识

当代的信息系统是由于计算机的出现而产生的。在反复不断的探索中信息系统逐渐形成了自己的研究方向和发展分支，建立了自己独特的理论体系和结构框架。其中信息系统的开发一直是人们关注的热点。如果从如何建立一个系统的角度来研究信息系统开发的规律，那么必须了解信息系统的定义、概念、结构等基本知识。本章将对信息系统的概念、结构、类型以及信息系统工程的概念进行简单介绍，然后简单阐述信息系统开发各阶段的内容以及几种系统开发方法，使读者对信息系统开发的基础知识有一个初步了解。

## 10.1　信息系统概述

### 10.1.1　信息系统的概念

系统（system）一词最早出现在古希腊语中，希腊文 sys-tema 指的是由部分组成的整体。从大处来说，整个宇宙是一个系统，一个地球也是一个系统；从小处来说，一个国家、一个组织、一个人都可以称为一个系统。所以系统有大有小，若各组成部分能够互相作用、互相依赖，具有特定的功能，共同组成一个有机整体就是一个系统。也就是说，系统就是由相互作用和互相依赖的若干部分组成的具有特定功能的有机整体。

那么什么是信息系统呢？信息系统权威戈登·戴维斯给信息系统下的定义是：用以收集、处理、存储、分发信息的相互关联的组件的集合，其作用在于支持组织的决策与控制。此定义中，前半部分说明了信息系统的技术构成，称作技术观，后半部分说明了信息系统在组织中的作用，称作社会观，合起来称作社会技术观。

从技术角度来看，信息系统是为了支持组织决策和管理而进行信息收集，处理，储存和传递的一组相互关联的部件组成的系统。包括三项活动如图 10-1 所示。

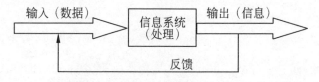

图 10-1　信息系统的三项活动

- 输入活动：从组织或外部环境中获取或收集原始数据。

- 处理活动：将输入的原始数据转换为更有意义的形式。
- 输出活动：将处理后形成的信息传递给人或需要此信息的活动。

反馈：把输出信息返回到组织内相应成员中，组织成员借助于反馈信息来评测或纠正输入阶段的活动。

从以上定义可知如下内容。

（1）信息系统的输入与输出类型明确，即输入是数据，输出是信息。

（2）信息系统输出的信息必定是有用的，即服务于信息系统的目标，它反映了信息系统的功能或目标。

（3）信息系统中，处理意味着转换或变换原始输入数据，使之成为可用的输出信息。处理也意味着计算、比较、变换或为将来使用进行存储。

（4）信息系统中，反馈用于调整或改变输入或处理活动的输出，对于管理决策者来说，反馈是进行有效控制的重要手段。

（5）计算机并不是信息系统所固有的。实际上，在计算机出现之前，信息系统就已经存在，如动物的神经信息系统。

信息系统可以由人工或计算机来完成，后者称为基于计算机的信息系统，也正是我们研究的对象。

## 10.1.2 信息系统的结构

### 1．信息系统的组成

信息系统为实现组织的目标，对整个组织的信息资源进行综合管理、合理配置与有效利用。其组成包括以下七大部分。

（1）计算机硬件系统。包括主机（中央处理器和内存储器）、外存储器（如磁盘系统，数据磁带系统，光盘系统）、输入设备、输出设备等。

（2）计算机软件系统。包括系统软件和应用软件两大部分。系统软件有计算机操作系统、各种计算机语言编译或解释软件、数据库管理系统等；应用软件可分为通用应用软件和管理专用软件两类。通用应用软件如图形处理、图像处理、微分方程求解、代数方程求解、统计分析、通用优化软件等；管理专用软件如管理数据分析软件、管理模型库软件、各种问题处理软件和人机界面软件等。

（3）数据及其存储介质。有组织的数据是系统的重要资源。数据及其存储介质是系统的主要组成部分。有的存储介质已包含在计算机硬件系统的外存储设备中。另外还有录音、录像磁带、缩微胶片以及各种纸质文件。这些存储介质不仅用来存储直接反映企业外部环境和产、供、销活动以及人、财、物状况的数据，而且可存储支持管理决策的各种知识、经验以及模型与方法，以供决策者使用。

（4）通信系统。用于通信的信息发送、接受、转换和传输的设施如无线、有线、光纤、卫星数据通信设施，以及电话、电报、传真、电视等设备；有关的计算机网络与数据通信的软件。

(5) 非计算机系统的信息收集、处理设备。如各种电子和机械的信息采集装置，摄影、录音等记录装置。

(6) 规章制度。包括关于各类人员的权力、责任、工作规范、工作程序、相互关系及奖惩办法的各种规定、规则、命令和说明文件；有关信息采集、存储、加工、传输的各种技术标准和工作规范；各种设备的操作、维护规程等有关文件。

(7) 工作人员。计算机和非计算机设备的操作、维护人员，程序设计员，数据库管理员，系统分析员，信息系统的管理人员与收集、加工、传输信息的有关人员。

**2．信息系统的结构**

信息系统的概念结构

信息系统从概念上来看是由信息源、信息处理器、信息用户和信息管理者等四大部分组成，它们之间的关系如图 10-2 所示。

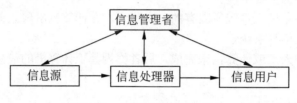

图 10-2　信息系统的概念结构

信息源是信息的产生地，包括组织内部和外界环境中的信息，这些信息通过信息处理器的传输、加工、存储，为各类管理人员即信息用户提供信息服务，而整个的信息处理活动由信息管理者进行管理和控制，信息管理者与信息用户一起依据管理决策的需求收集信息，并负责进行数据的组织与管理，信息的加工、传输等一系列信息系统的分析、设计与实现，同时在信息系统的正式运行过程中负责系统的运行与协调。

由此可见，信息用户是目标用户，信息系统的一切设计与实现都要围绕信息用户的需求；另一方面，信息管理者由于深谙信息系统的开发规律，则起到了一个明确需求、协调资源和分配资源的角色，显而易见，信息管理者的角色很重要。现在很多企业和组织设立首席信息主管（Chief Information Officer，CIO），既反映了企业对信息资源的重视，也反映了企业家开始重视信息系统的开发规律和运行规律。

(1) 信息系统的层次结构。

由于信息系统是为管理决策服务的，而管理是分层的，可以分为战略计划、战术管理和作业处理三层，因此信息系统也可以从纵向相应分解为三层子系统。在企业内部，纵向层次的划分一般按行政级别划分，比如高级经理信息系统（供副总和董事以上人员使用）、中层经理信息系统（供部门经理，部门主管使用）和作业信息系统（供一般员工使用）。

另一方面，一般管理又是按职能分条进行的，因而在每个层次上又可横向地分为研究与开发子系统、生产与制造子系统、销售与市场子系统、财务子系统、人力资源子系统等。每个子系统都支持业务处理到高层战略计划的不同层次的管理需求，一般来说，业务处理层所处理的数据量很大，加工方法固定，而高层的战略计划处理量较小，加工方法灵活，但比较复杂，因此可以将信息系统看成如图 10-3 所示的金字塔结构。在该图中，横向综合则是按三个层次划分子系统，纵向综合则是按具体的职能划分子系统。

要注意的是，这里是按通常的理解划分为战略层、战术层与作业层三个层次。在企业的实际应用中，到底要划分多少层次还是根据企业的实际来确定。管理学的研究结果说明，如果管理的层次太少，则管理幅度过宽，容易产生各自为政；如果管理的层次太多，则管理幅度过窄，容易产生反应迟钝，滋生官僚主义。

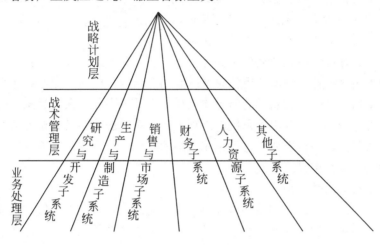

图 10-3　信息系统的层次结构

（2）信息系统的功能结构。

从信息技术的角度来看，信息系统无非是信息的输入、处理和输出等功能。因此，信息系统的功能结构从技术上来看可以表示为如图 10-4 所示的形式。所以，在开发信息系统时必须考虑这些具体功能的实现。有时还必须考虑细节，如信息的检索有指定检索和模糊检索；信息的统计有时要考虑按常规时间段如月、季统计，有时还要考虑按非常规时间段统计，如上月 13 号到本月 13 号的统计等；信息的存储既要考虑实时存储，又要考虑定期转存；信息的增加有时还要考虑让系统自动记录增加的时间点，以便对系统的操作进行追踪，等等。

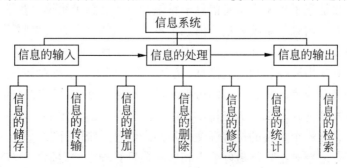

图 10-4　技术角度看信息系统功能结构

从信息用户的角度来看，信息系统应该支持整个组织在不同层次上的各种功能。各种功能之间又有各种信息联系，构成一个有机的整体及系统的业务功能结构。例如，一个企业的内部管理系统可以如图10-5所示。

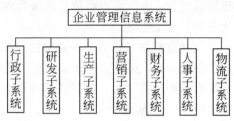

图10-5 业务角度看信息系统的功能结构

从图中可以看出，企业的信息系统分为7个子系统，除了完成各自的特定功能外，这7个子系统又有着大量的信息交换关系，其子系统之间的主要数据交换关系构成子系统之间的信息流，使得企业中的各类信息得到充分的共享，从而为企业的生产活动和管理，决策活动提供支持。

通过从技术角度和业务角度分析信息系统的功能结构，应该知道，信息系统的实现不是一朝一夕的事情，必须经过长期的努力才能得以实现。因此，在信息系统的建设过程中必须首先进行总体规划，划分出子系统，规划出各子系统的功能及其相互之间的联系，然后再逐步予以实现，其中特别要重视子系统之间的联系。只有这样才能实现信息的共享，发挥信息资源的重要作用。

（3）信息系统的软件结构。

信息系统是通过计算机、网络和软件协同作用完成一定目标的系统，如果说计算机和网络设备是信息系统的躯干的话，那么，软件则是信息系统的血肉。软件在信息系统中的组织或联系，称为信息系统的软件结构。

信息系统开发与应用中使用到的软件有：操作系统、数据库管理系统、程序设计语言、网络软件、项目管理软件、应用软件以及其他工具软件等。这里应用软件是信息系统的灵魂，工具软件是保证信息系统正常或加速开发、正常或加强维护的手段，如杀毒软件、压缩工具软件、辅助开发工具软件、网络管理软件等。

对于图10-5中提到的企业管理信息系统，有着如图10-6所示的软件结构。在图中，操作系统、通信与网络软件处于底层，数据库管理系统处于第二层，管理着信息系统的公用数据库和各子系统的专用数据库。在数据库层上则是按照功能划分的七个应用程序子系统，分别是：行政信息子系统、研发信息子系统、生产信息子系统、营销信息子系统、财务信息子系统、人事信息子系统和物流信息子系统。这些信息系统按照层次又可从纵向上分别划分为战略计划，战术管理和业务处理这样三个层次。这些应用子系统程序的执行过程中可以调用公共应用程序和相应的模型、方法。这些公用应用程序和公用模型独立出来，可以提高系统的开发速度，增强系统的可重用性和抗干扰性。应用程序的开发和运行需要程序设计语言以及其他开发工具的支持。在图中的左下角的三角形里，标注的是项目管理软件。之所以在这么一个重要的位置标注，是因为信息系统的开发也是一个项目的事实，一定要用项目管理思想来指导，最好能有相应的项目管理软件对信息系统开发的进度、质量和成本进行把关。

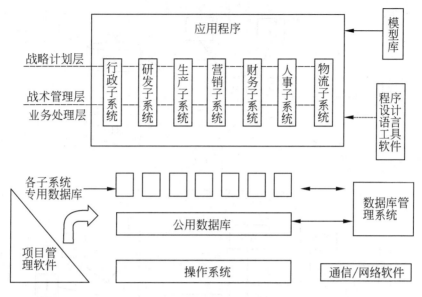

图 10-6　信息系统的软件结构

（4）信息系统的硬件结构。

信息系统的硬件结构，又称为信息系统的物理结构或信息系统的空间结构，是指系统的硬件、软件、数据等资源在空间的分布情况，或者说避开信息系统各部分的实际工作和软件结构，只抽象地考查其硬件系统的拓扑结构。信息系统的硬件结构一般有三种类型：集中式的、分布式的和分布-集中式的，如图 10-7 所示。

图中，T 为终端，WS 为工作站，M 为调制解调器。

（1）集中式。

信息资源在空间上集中配置的系统称为集中式系统。以配有相应外围设备的单台计算机为基础的系统就是典型的集中式系统。面向终端的多用户系统也是将系统的硬件、软件、数据和主要外围设备集中于一套计算机系统中，分布在不同地点的多个用户通过设在当地的分时终端享用这些资源。距离较远的用户可通过调制解调器和通信线路实现与主机通信。

集中式是信息系统早期的结构，现在已基本上被淘汰。它的优点是：信息资源集中，便于管理；缺点是主机价格昂贵，维护困难，并且运行效率低，一旦出故障，容易造成整个系统的瘫痪。

（2）分布-集中式。

由于系统内部有某些大而复杂的处理过程，微型机难以胜任，故采用一台或几台小型/超小型计算机作为整个系统的主机和信息处理交换的中枢，外加若干微电脑和网络构成。

分布-集中式的优点是数据部分（需共享的部分）集中，便于管理，各个工作站间相互独立，独立处理各自的业务，必要时又是一个整体，可相互传递信息，共享数据；缺点是因有小型机在内，故价格相对较高，系统维护较困难。

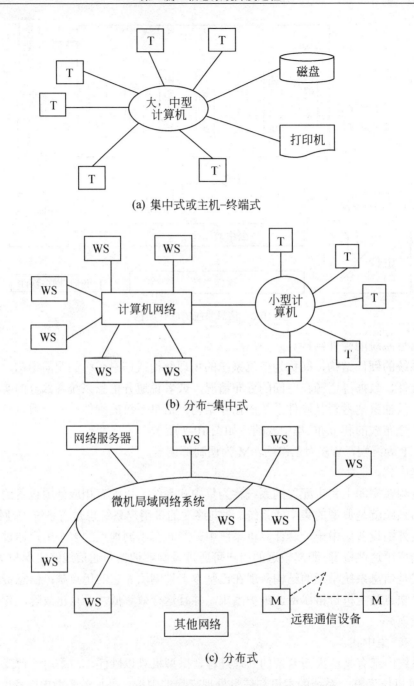

图 10-7  信息系统的三种典型硬件结构示意图

(3) 分布式。

利用计算机网络把分布在不同地点的计算机硬件、软件、数据等资源联系在一起服务于一个共同的目标而实现相互通信和资源共享，就形成了信息系统的分布式结构。

除实现不同地点的硬件、软件、数据等资源共享外，分布式结构的系统的另一个主要特征是各地与计算机网络系统相连的计算机系统既可以在计算机网络系统的统一管理下工作，又可脱离网络环境利用本地信息资源独立工作。

利用计算机局域网可以组成分布式信息系统。服务器中装有网络操作系统、数据库管理系统及其开发工具等，并配有相应的外围设备，如打印机、绘图机、外存储器等。分布在各地的网络结点上的计算机系统在网络操作系统的管理下可以共享网络系统上的信息资源。

分布式结构系统的优点是：可以根据应用需要和存取方式来配置信息资源；有利于发挥用户在系统开发、维护和信息资源管理方面的积极性和主动性，提高了系统对用户需求变更的适应性和对环境的应变能力；系统扩展方便，增加一个网络结点一般不会影响其他结点的工作，系统建设可以采取逐步扩展网络结点的渐进方式，以合理使用系统开发所需的资源；系统的健壮性好，网络上一个结点出现故障一般不会导致全系统瘫痪。

分布式结构系统的缺点是：由于信息资源分散，系统开发、维护和管理的标准、规范不易统一；配置在不同地点的信息资源一般分属信息系统的各子系统，不同子系统之间往往存在利益冲突，管理上协调有一定难度；各地的计算机系统工作条件与环境不一，不利于安全保密措施的统一实施。

现在企业组织结构正朝小型化，扁平化，网络化方向发展，信息系统必须适应这一发展。20 世纪 80 年代以来，随着计算机网络与通信技术的迅速发展，分布式系统已经成为当前信息系统结构的主流模式。有时根据需要，在一个网络系统中可把分布式和集中式两类结构结合起来，网络上部分结点采用集中式（分时终端）结构，其余的按分布式配置。

## 10.1.3 信息系统的主要类型

因为信息系统在企业中的广泛应用，这里主要介绍企业中信息系统的主要类型。一个企业在发展过程中，按不同的发展阶段和管理工作的实际需要，信息系统在某个时期可能侧重于支持某一两个层次的管理决策或管理业务活动。根据信息服务对象的不同，企业中的信息系统可以分为三类。

**1．面向作业处理的系统**

是用来支持业务处理，实现处理自动化的信息系统。

（1）办公自动化系统（Office Automation System，OAS）。它为各种类型的文案工作提供支持。从事这些工作的主要有秘书、会计、文档管理员及其他管理人员，工作性质主要不是创造信息，而是应用和处理信息。办公自动化系统的主要目的是通过应用信息技术支持办公室的各项信息处理工作，协调不同地理分布区域之间、各职能之间和各类工作者之间的信息联系，提高办公活动的工作效率和质量。典型的办公自动化系统主要通过文字处理、桌面印刷、电子化文档进行文件管理，通过数字化日历、备忘录进行计划和日程安排，通过桌面型数据库软件进行数据管理，通过基于计算机网络的电子邮件、语音信箱、数字化传真和电视会议等进行信息联络与沟通。

（2）事务处理系统（Transaction Processing System，TPS）。应用信息技术支持企业最基本的、日常的业务处理活动，例如工资核算、销售订单处理、原材料出库、费用支出报销等。

事务处理系统存在于各种基层业务职能中，企业中一些典型的事务处理系统有销售订单处理系统、生产进度报告系统、库存管理系统、费用支出报销系统、账务处理系统、考勤登记系统和人事档案管理系统等。其他类型的组织也存在各种各样的事务处理系统，典型的应用系统有：学校的学籍注册与管理系统、学生选课及成绩登记系统、课程安排系统、银行的储蓄业务处理系统、信用卡发放与结算系统、民航公司的机票预售系统、宾馆的客房预定与消费结算系统、商场的货品盘点系统、POS结算收款系统、机关的公文运转管理系统等。

事务处理系统直接支持业务职能的具体实现，它的有效性和可靠性对组织的业务运行至关重要，一旦发生故障，将会给组织带来直接的经济损失，因此系统在安全性、可靠性方面具有极高的要求。事务处理系统不仅直接支持组织的各项基础业务活动的实现，并且也为组织内各层次的管理人员提供了业务运行状况的第一手资料，同时也是组织中其他各类信息系统的主要信息来源。

（3）数据采集与监测系统（Data Acquiring and Monitoring System，DAMS）。安装于生产现场的自动化在线系统。它将生产过程中的产量、质量、故障信息转换为数字电信号，自动传送给计算机，如化工企业生产过程中的流量、压力、温度监测系统，纺织企业中的织机转速、经停、纬停监测系统等。在此基础上建立的信息系统，保证原始数据的正确性和及时性，省去大量人工录入数据的工作，大大提高管理效率。

**2．面向管理控制的系统**

是辅助企业管理、实现管理自动化的信息系统。

（1）电子数据处理系统（EDPS）有时又叫数据处理系统（DPS）或事务处理信息系统（TPS），这是支持企业作业运行层日常操作的主要系统。它主要用来进行日常业务的记录、汇总、综合、分类。它的输入往往是原始单据，它的输出往往是分类或汇总的报表。电子数据处理系统是管理信息系统的初级阶段。由于所处理的问题处于较低的管理层，因而问题比较结构化，也就是处理步骤比较固定。

（2）知识工作支持系统（Knowledge Work Support System，KWSS）。支持工程师、建筑师、科学家、律师、咨询专家等知识工作者（Knowledge Worker）的工作。知识工作者的工作主要是创造新的信息和知识，如政策制定、产品创新与设计、公关创意等，这些工作需要信息技术手段的支持，以促进新知识的创造，并将新的知识与技术集成到组织的产品、服务或管理中去。知识工作支持系统要具有强大的数据、图形、图像以及多媒体处理能力，能够在网络化条件下广泛应用多方面信息和情报资源，并为知识工作者提供多方面的知识创造工具和手段。

(3）计算机集成制造系统（Computer Integrated Manufacturing System，CIMS）。适用于制造企业，是一个基于现代管理技术、信息技术、计算机技术、柔性制造技术、自动化技术的新兴领域。它有机地集成了管理信息系统（MIS）、计算机辅助设计（CAD）、计算机辅助工艺生产（CAM）和柔性制造系统（FMS），不仅具有信息采集和处理功能，而且还具有各种控制功能，并且集成于一个系统中，将产品的订货、设计、制造、管理和销售过程，通过计算机网络综合在一起，达到企业生产全过程整体化的目的。

**3. 面向决策计划的系统**

（1）决策支持系统（Decision Support System，DSS）。DSS 的概念在 20 世纪 70 年代提出，并在 80 年代获得发展。传统的管理信息系统没能给企业带来巨大的效益，人在管理中的积极作用得不到发挥，要求更高层次的系统来直接支持决策，基于这样的原因出现了 DSS。DSS 是支持决策者解决半结构化决策问题的具有智能作用的人机系统。该系统能够为决策者迅速而准确地提供决策所需的数据、信息和背景材料，帮助决策者明确目标，建立或修改决策模型，提供各种备选方案，对各种方案进行评价和优选，通过人机对话进行分析、比较和判断，为正确决策提供有力支持。

（2）战略信息系统（Strategic Information System，SIS）。SIS 是专为企业决策层设计的面向问题的信息系统，它的主要功能是支持企业形成竞争策略，使企业获得或保持竞争优势。它通过人性化的"人机人"方式设计和战略信息资源规划设计，来增强决策者的决策水平与控制能力。战略信息系统更为人性化的表现在于，系统通过可调整的预警条件设置、自动提示等功能，使决策者对企业面临的市场环境变化风险，能够更为敏感；战略信息系统更能通过可调整的系统内部游戏规则（工作、业务流程等）设置，来提高企业决策、管理等各方面的规范性。战略信息系统与前面的 EDPS，DSS 等的重大区别就在于战略信息系统强调的重点从支持企业功能转移到支持形成与实现竞争策略。

（3）管理专家系统（Management Expert System，MES）。专家系统是人工智能与信息系统应用相结合的产物，其任务是研究怎样使计算机模拟人脑所从事的推理、学习、思考与规划等思维活动，解决需要人类专家才能处理的复杂问题，如医疗诊断、气象预报、运输调度和管理决策等问题。管理专家系统是用专家系统技术来解决管理决策中的非结构化问题。

管理专家系统把某个或几个管理决策专家解决某类管理决策问题的经验知识整理成计算机可表示的形式的知识，组织到知识库中，用人工智能程序模拟专家解决这类问题的推理过程，组成推理机，从而能在与管理人员的会话中，像管理专家一样工作，提出高水平的可供选择的决策方案。

## 10.1.4 信息系统对企业的影响

信息系统的出现，对企业的生产过程、管理过程、决策过程都产生了重大影响。尤其是，信息系统促进了企业组织结构的重大变革，下面介绍信息系统对企业组织结构的影响。

企业的组织结构与信息系统存在着相互依赖和相互促进的关系。一般情况下，企业的组织结构是相对稳定的。随着企业间竞争的加剧，对信息系统的要求和依赖越来越高，信息系统从原来的非主导地位逐渐变为主导地位。同时，这种要求和依赖对信息系统的发展起到促进作用。信息系统的应用对组织结构的影响主要体现在以下四个方面：

（1）促使组织结构的扁平化。传统的组织结构大多是集权式金字塔型的层次结构，位于组织高层的领导靠下达命令指挥工作。他们主要从中层领导那里得到关于企业运作情况的信息，却难以得到迅速及时的基层信息。现在的信息系统已能向企业各类管理人员提供越来越多的企业内外部信息以及各种经营分析和管理决策功能。当新信息系统建立后，高层领导可以方便地得到详尽的基层信息，许多决策问题也不必再由上层或专人解决。因此，对中层及基层的管理人员的需要将会减少。这种趋势导致企业决策权力向下层转移并且逐步分散化，从而使企业的组织结构由原来的金字塔型向组织结构扁平化发展。

（2）组织结构更加灵活和有效。企业为了适应市场需求瞬息万变、竞争日益激烈的环境，要求企业通过组织结构的灵活应变，实现对生产的经营管理。处于不同地域的企业部门、分支机构或管理人员可借助有关信息的分析与判断，直接对生产经营问题做出决定。这种组织结构在信息网络的环境下更加灵活和有效，因为它可以消除组织结构中的僵化和滞后效应。还有一些企业采用非固定型组织结构，借助网络和信息系统的支持，迅速建立以产品为中心的组织结构，这种灵活的组织结构使企业能够更加有效地适应市场，提高效益。

（3）虚拟办公室。随着互联网络的发展和移动通信的普及，管理人员可在旅途中处理公务，和同事或上下级进行方便的联系，甚至在家中工作。近年来，一些公司取消了固定办公室，员工们在办公室里没有固定的座位，在任何办公桌上使用计算机就可以工作。这种办公室称为虚拟办公室。有些公司干脆称为虚拟组织。由于现代社会通信和信息交换的方便性，虚拟组织可像实体组织一样进行公司业务运作。

（4）增加企业流程重组的成功率。由于企业外部环境众多因素的快速变化，企业的对策不能仅停留在原管理过程处理速度提高等要求上，而应考虑运作方式及管理过程等的彻底重新设计，其中也包括组织结构的重新设计。这也是"企业流程重组"的起因和基本思想。信息系统除了对企业管理效率的提高和成本的降低具有显著作用外，还有促进企业运作方式和管理过程的变革等更深层次的作用。这些作用是通过遵循信息的规律，采用全新的信息资源开发与利用方式，安排合理的信息流转路径来实现的。因此，信息系统对企业流程重组起到关键作用，它是企业流程重组的技术基础，也是企业流程重组成功的保证。信息系统的建设与企业流程重组同步或交错开展，可以明显地提高企业流程重组的成功率。

## 10.2 信息系统工程概述

### 10.2.1 信息系统工程的概念

信息系统工程是 20 世纪 80 年代出现的以建立信息系统为目标的新兴学科,主要研究各级各类信息系统建设和管理中的规律性问题。

信息系统工程是用系统工程的原理、方法来指导信息系统建设与管理的一门工程技术学科。它是一个特定的工程类型,是工程的理论与方法在信息系统领域的应用。

有关信息系统工程的确切含义,信息产业部 2002 年颁布的《信息系统工程监理暂行规定》特别明确了信息系统工程的概念。该规定指出信息系统工程是指信息化工程建设中的信息网络系统、信息资源系统和信息应用系统的新建、升级、改造工程。其中信息网络系统是指以信息技术为主要手段建立的信息处理、传输、交换和分发的计算机网络系统;信息资源系统是指以信息技术为主要手段建立的信息资源采集、存储、处理的资源系统;信息应用系统是指以信息技术为主要手段建立的各类业务管理的应用系统。

作为系统工程的一个分支,信息系统工程具有系统工程的共同特点,其中,最基本的特点是研究方法的整体性、技术应用上的综合性和管理上的科学化。

研究方法的整体性就是应用系统学中关于整体大于部分之和的思想,不仅把研究对象看成一个整体,而且,把研究过程也看成一个整体。把系统看成是由若干个子系统有机结合的整体来分析与设计。对各子系统的技术要求首先是从实现整个系统技术协调的观点来考虑,从总体协调的需求来制定方案。此外,还要求把所研究的系统放在更大的系统空间或系统环境中去,作为从属于更大系统的组成部分来考虑。对它的所有技术要求,都尽可能从实现与这个更大系统技术协调或适应系统环境的观点来考虑。

技术应用上的综合性就是系统学中的最优化原则,综合应用各种学科和技术领域内所取得的成就,构筑合理的技术结构,使各种技术相互配合而达到系统整体的最优化。对信息系统而言,它是信息科学、系统科学、管理科学、计算机科学、控制理论及通信科学等各领域技术的综合体。对技术的使用来说,并非每个子系统或部件都要有更好的性能才能获得系统的最佳性能。只要技术结构合理,用廉价的一般部件也可能组合出系统的最佳性能。综合不是各种技术的堆砌,而是以最优化为原则,注重各种技术的协调和结构合理。

管理上的科学化就是对工程进行科学管理。一个复杂的信息系统工程客观上总存在两个并行进程,一个是工程技术进程,另一个是对工程技术进程的管理控制进程。后者包括工程的规划、组织、控制、进度安排,对各种方案进行分析、比较和决策,评价选定方案的技术效果等。这些内容称为工程管理。管理的科学化是系统工程的关键。

## 10.2.2 信息系统工程的研究范围

一般认为，信息系统工程的目标是为以计算机和其他信息技术为手段的各类信息系统提供科学的方法、管理手段及有关的工具、标准、规范，其研究范围包括下述5个方面。

（1）信息系统建设与管理的概念、方法、评价、规划、工具、标准等一系列相关问题，即信息系统的系统工程。

（2）依据信息系统工程自身发展的规律和特点，发展和研究实现信息化建设的工程方法。

（3）数据库是信息系统的基础，一方面要研究系统核心的数据库设计与实现，另一方面要研究围绕数据库进行的各种应用软件及其他软件的设计与实现。

（4）总体数据规划，涉及数据的稳定性和共享性的统一。有了数据稳定性，才能实现数据共享，才可以实现一组数据类为多个业务服务；有了共享要求，才有建立稳定的数据管理基础的必要性。

（5）系统集成。信息系统的系统集成，就是应用先进的计算机与通信技术，将支持各个信息"孤岛"的小运行环境，集成统一在一个大运行环境中。需要研究系统集成的原则、方法、技术、工具和有关的标准、规范。

## 10.2.3 信息系统工程的基本方法

信息系统工程的研究是一个多学科领域，主要涉及计算机科学、运筹学、管理科学、社会学、心理学以及政治学等。由于信息系统是一个社会技术系统，因此，信息系统工程的研究方法不能仅限于工程技术方法。目前，信息系统工程的研究方法分为技术方法、行为方法和社会技术系统方法。

技术方法重视研究信息系统规范的数学模型，并侧重于系统的基础理论和技术手段。支持技术方法的学科有计算机科学、管理科学和运筹学。计算机科学涉及计算理论、计算方法和高效的数据存储和访问方法；管理科学着重于管理方法和决策过程的模型的建立；运筹学则强调优化组织的已选参数（如运输，库存控制和交易成本）的数学方法。

行为方法的重点一般不在技术方案上，它侧重在态度、管理和组织政策、行为方面。许多行为问题，如系统的使用程度、实施和创造性设计、不能用技术方法中采用的规范的模型表达。

社会技术系统方法从总体和全面的角度把握信息系统工程。从数据处理系统到管理信息系统再到决策支持系统，信息系统的开发是把计算机科学、数学、管理科学和运筹学的理论研究工作和应用的实践结合起来，并注重社会学、心理学的理论与实践成果。因此，从单一的视角（如技术方法或行为方法）不能有效地把握信息系统的实质，而社会技术系统方法有助于避免对信息系统采取单纯的技术或行为看法。

## 10.3 信息系统开发概述

### 10.3.1 信息系统的开发阶段

**1. 系统分析阶段**

在信息系统开发实践中,经过成功和失败的教训,使人们认识到,为了使开发出来的目标系统能满足实际需要,在着手编程之前,首先必须要有一定的时间用来认真考虑以下问题:

——系统所要求解决的问题是什么?
——为解决该问题,系统应干些什么?
——系统应该怎么去干?

在总体规划阶段,通过初步调查和可行性分析,建立了目标系统的目标,已经回答了上的第一个问题。而第二个问题的解决,正是系统分析的任务,第三个问题则由系统设计阶段解决。

要解决"系统应干些什么"的问题,系统分析人员必须与用户密切协商,这是系统分析工作的特点之一。根据现行信息系统与计算机信息系统各自的特点,认真调查和分析用户需求。所谓用户需求,是指目标系统必须满足的所有性能和限制,通常包括功能要求、性能要求、可靠性要求、安全保密要求以及开发费用、开发周期、可使用的资源等方面的限制。弄清哪些工作交由计算机完成,哪些工作仍由人工完成,以及计算机可以提供哪些新功能。这样就可以在逻辑上规定目标系统目标的功能,而不涉及具体的物理实现,也就解决了"系统应干些什么"的问题。

系统规格说明书是系统分析阶段的最后结果,它通过一组图表和文字说明描述了目标系统的逻辑模型。设计逻辑模型是系统分析工作的另一个特点。逻辑模型包括数据流程图、数据字典、基本加工说明等。它们不仅在逻辑上表示目标系统目标所具备的各种功能,而且还表达了输入、输出、数据存储、数据流程和系统环境等。逻辑模型只告诉人们目标系统要"干什么",而暂不考虑系统怎样来实现的问题。

简单说来,系统分析阶段是将目标系统目标具体化为用户需求,再将用户需求转换为系统的逻辑模型,系统的逻辑模型是用户需求明确、详细的表示。

**2. 系统设计阶段**

系统设计工作应该自顶向下地进行。首先设计总体结构,然后再逐层深入,直至进行每一个模块的设计。总体设计主要是指在系统分析的基础上,对整个系统的划分(子系统)、设备(包括软、硬设备)的配置、数据的存储规律以及整个系统实现规划等方面进行合理的安排。

### 3. 系统设计的概念

系统设计又称为物理设计，是开发信息系统的第二阶段，系统设计通常可分为两个阶段进行，首先是总体设计，其任务是设计系统的框架和概貌，并向用户单位和领导部门作详细报告并得到认可，在此基础上进行第二阶段——详细设计，这两部分工作是互相联系的，需要交叉进行，下面将这两个部分内容结合起来进行介绍。

系统设计是开发人员进行的工作，他们将系统设计阶段得到的目标系统的逻辑模型转换为目标系统的物理模型，该阶段得到的工作成果——系统设计说明书是下一个阶段系统实施的工作依据。

### 4. 系统设计的主要内容

系统设计的主要任务是进行总体设计和详细设计。下面分别说明它们的具体内容。

（1）总体设计。总体设计包括系统模块结构设计和计算机物理系统的配置方案设计。

① 系统模块结构设计。系统模块结构设计的任务是划分子系统，然后确定子系统的模块结构，并画出模块结构图。在这个过程中必须考虑以下几个问题：如何将一个系统划分成多个子系统。每个子系统如何划分成多个模块。如何确定子系统之间、模块之间传送的数据及其调用关系。如何评价并改进模块结构的质量。

② 计算机物理系统配置方案设计。在进行总体设计时，还要进行计算机物理系统具体配置方案的设计，要解决计算机软硬件系统的配置、通信网络系统的配置、机房设备的配置等问题。计算机物理系统具体配置方案要经过用户单位和领导部门的同意才可进行实施。

（2）详细设计。在总体设计基础上，第二步进行的是详细设计，主要有处理过程设计以确定每个模块内部的详细执行过程，包括局部数据组织、控制流、每一步的具体加工要求等，一般来说，处理过程模块详细设计的难度已不太大，关键是用一种合适的方式来描述每个模块的执行过程，常用的有流程图、问题分析图、IPO图和过程设计语言等；除了处理过程设计，还有代码设计、界面设计、数据库设计、输入输出设计等。

（3）编写系统设计说明书。系统设计阶段的结果是系统设计说明书，它主要由模块结构图、模块说明书和其他详细设计的内容组成。

### 5. 系统实施阶段

当系统分析与系统设计的工作完成以后，开发人员的工作重点就从分析、设计和创造性思考的阶段转入实践阶段。在此其间，将投入大量的人力、物力及占用较长的时间进行物理系统的实施、程序设计、程序和系统调试、人员培训、系统转换、系统管理等一系列工作，这个过程称为系统实施。

（1）系统实施的目标。

在系统分析与系统设计的阶段中，开发人员为新系统设计了它的逻辑模型和物理模型。系统实施阶段的目标就是把系统设计的物理模型转换成可实际运行的新系统。系统实施阶段既是成功实现新系统，又是取得用户对新系统信任的关键阶段。

(2)系统实施的主要内容和步骤。

系统实施是一项复杂的工程,信息系统的规模越大,实施阶段的任务越复杂。一般来说,系统实施阶段主要有以下几个方面的工作:物理系统的实施;程序设计;系统调试;人员培训;系统切换。

系统实施首先进行物理系统的实施,要根据计算机物理系统配置方案购买和安装计算机硬、软件系统和通信网络系统(如果购买的时间太早会带来经济上的损失),还包括计算机机房的准备和设备安装调试等一系列活动,要熟悉计算机物理系统的性能和使用方法,同时进行的工作是程序设计;接着进行的工作是收集有关数据并进行录入工作;然后是系统调试;最后是人员培训和系统切换。

**6. 系统运行和维护阶段**

(1)系统运行。

系统切换后可开始投入运行,系统运行包括系统的日常操作、维护等。任何一个系统都不是一开始就很好的,总是经过多重的开发、运行、再开发、再运行的循环不断上升的。开发的思想只有在运行中才能得到检验,而运行中不断积累问题是新的开发思想的源泉。

目前我国不够重视运行,运行组织不健全,运行组织级别不够高。随着信息作用的增加,现在国外企业中信息系统的地位越来越高,信息系统的组织也越来越健全和庞大。从信息系统在企业中的地位看,有以下几种形式:

① 为企业的某个业务部门所有。这种运行组织方式是一种古老的组织方式,信息管理部门为企业的某个业务单位所有。它使得信息不能成为全企业的资源,只能为其他单位提供计算能力,地位太低。

② 与企业的部门平行。信息资源可为全企业共享,各单位使用权限相同,信息处理支持决策的能力较弱。

③ 作为企业的参谋中心。这种组织方式有利于信息共享和支持决策,但容易造成脱离群众、服务不好的现象。现在的发展趋势是集散系统,既有全公司的信息中心又在使用计算机较多的部门配置微机。它实际是前两种方式的结合,但一定要加强信息资源管理,否则容易造成分散化。

(2)系统运行管理。

系统运行管理制度是系统管理的一个重要内容。它是确保系统按预定目标运行并充分发挥其效益的一切必要条件、运行机制和保障措施。通常它应该包括:

① 系统运行的组织机构。它包括各类人员的构成、各自职责、主要任务和管理内部组织结构。

② 基础数据管理。它包括对数据收集和统计渠道的管理、计量手段和计量方法的管理、原始数据管理、系统内部各种运行文件、历史文件(包括数据库文件)的归档管理等。

③ 运行制度管理。它包括系统操作规程、系统安全保密制度、系统修改规程、系统

定期维护制度以及系统运行状态记录和日志归档等。

④ 系统运行结果分析。分析系统运行结果得到某种能够反映企业组织经营生产方面发展趋势的信息，用以提高管理部门指导企业的经营生产的能力。

(3) 系统维护。

系统维护是指在信息系统交付使用后，为了改正错误或满足新的需要而修改系统的过程。

信息系统是一个复杂的人机系统，系统内外环境以及各种人为的、机器的因素都在不断地变化。为了使系统能够适应这种变化，充分发挥软件的作用，产生良好的社会效益和经济效益，就要进行系统维护的工作。

另外，大中型软件产品的开发周期一般为一至三年，运行周期则可达五至十年，在这么长的时间内，除了要改正软件中残留的错误外，还可能多次更新软件的版本，以适应改善运行环境和加强产品性能等需要，这些活动也属于维护工作的范畴。能不能做好这些工作，将直接影响软件的使用寿命。

维护是信息系统生命周期中花钱最多、延续时间最长的活动。有人把维护比成"墙"或"冰山"，以形容它给软件生产所造成的障碍。不少单位为了维护已有的软件，竟没有余力顾及新软件的开发。近年来，从软件的维护费用来看，已经远远超过了系统的软件开发费用，占系统硬、软件总投资的60%以上。典型的情况是，软件维护费用与开发费用的比例为2：1，一些大型软件的维护费用甚至达到了开发费用的40至50倍。

一个系统的质量高低和系统的分析、设计有很大关系，也和系统的维护有很大关系。在维护工作中常见的绝大多数问题，都可归因于软件开发的方法有缺点。在软件生存周期的头两个时期没有严格而又科学的管理和规划，必然会导致在最后阶段出现问题。下面列出维护工作中常见的问题：

① 理解别人写的程序通常非常困难，而且困难程度随着软件配置成分的减少而迅速增加。如果仅有程序代码而没有说明文档，则会出现严重的问题。

② 需要维护的软件往往没有合适的文档，或者文档资料显著不足。认识到软件必须有文档仅仅是第一步，容易理解的并且和程序代码完全一致的文档才真正有价值。

③ 当要求对软件进行维护时，不能指望由开发人员来仔细说明软件。由于维护阶段持续的时间很长，因此，当需要解释软件时，往往原来写程序的人已不在附近了。

④ 绝大多数软件在设计时没有考虑将来的修改。除非使用强调模块独立原理的设计方法，否则修改软件既困难又容易发生差错。

上述种种问题在现有的没采用结构化思想开发出来的软件中，都或多或少地存在着。使用结构化分析和设计的方法进行开发工作可以从根本上提高软件的可维护性。

### 10.3.2 信息系统开发方法

信息系统的开发是一个庞大的系统工程，它涉及到组织的内部结构、管理模式、生产加工、经营管理过程、数据的收集与处理过程、计算机硬件系统的管理与应用、软件系统的开发等各个方面。这就增加了开发一个信息系统的工程规模和难度,需要研究出科学的开发方法和过程化的开发步骤,以确保整个开发过程能够顺利进行。这正是信息系统开发方法的任务。

信息系统开发方法学研究的主要对象是信息系统开发的规律、开发过程的认知体系、分析设计的一般理论以及具体的开发工具和技术等。

下面从方法论的角度,介绍创建信息系统所需的规划方法,包括结构化开发和设计方法(SSA&D),面向对象的开发方法(OO)及原型方法(Phototyping)。

**1. 结构化系统分析与设计方法(Structured System Analysis and Design,SSA&D)**

SSA&D 是在由 Dijkstra 等人提出的结构化程序设计思想基础上发展起来的。它是一种系统化、结构化和自顶向下的系统开发方法。

其基本思想是:用系统的思想,系统工程的方法,按用户至上的原则,结构化、模块化、自顶向下对信息系统进行分析与设计。具体来说,就是先将整个信息系统开发过程划分出若干个相对独立的阶段,如系统规划、系统分析、系统设计、系统实施等。在前三个阶段坚持自顶向下地对系统进行结构化划分。在系统调查或理顺管理业务时,应从最顶层的管理业务入手,逐步深入到最基层。在系统分析,提出新系统方案和系统设计时,先考虑系统整体的优化,然后再考虑局部的优化问题。在系统实施阶段,则应坚持自底向上的逐步实施。

SSA&D 有如下特点。

(1)建立面向用户的观点。强调用户是整个信息系统开发的起源和最终归宿,即用户的参与程度和满意程度是系统成功的关键。

(2)严格区分工作阶段。强调将整个系统的开发过程分为若干个阶段,每个阶段都有其明确的任务和目标以及预期要达到的阶段成果。一般不可打乱或颠倒。

(3)结构化、模块化、自顶向下进行开发。在分析问题时,应首先站在整体的角度,将各项具体的业务和组织放到整体中加以考查。自顶向下分析设计:首先确保全局的正确,再一层层地深入考虑和处理局部的问题。

自底向上进行开发:在具体系统实现过程中,一个模块一个模块地进行开发,调试,然后再由几个模块联调(子系统联调),最后是整个系统联调。

(4)充分预料可能发生的变化。在系统的分析、设计和实现过程中,都要充分地考虑可能变化的因素。一般可能发生的变化来自于周围环境变化,来自外部的影响:如上级主管部门要的信息发生变化等。系统内部处理模式的变化,如系统内部的组织结构和鼓励体制发生的变化,工艺流程发生变化,系统内部管理形式发生变化等。用户要求发生变化:用户对系统的认识程度不断深化,又提出更高的要求。

(5)工作文件的标准化和文献化。在系统研制的每一阶段、每一步骤都要有详细的文字资料记载,需要记载的信息是:

- 系统分析过程中的调研材料。

- 同用户交流的情况。
- 设计的每一步方案（甚至包括经分析后淘汰掉的信息和资料）资料要有专人保管，要建立一整套管理、查询制度。

**2. 原型方法（Prototyping）**

原型方法是 20 世纪 80 年代随着计算机软件技术的发展，特别是在关系数据库系统（Relational Data Base System，RDBS）、第四代程序生成语言（4th Generation Language，4GL）和各种系统开发生成环境产生的基础上，提出的一种从设计思想到工具、手段都是全新的系统开发方法。

传统的结构化开发方法强调系统开发每一阶段的严谨性，要求在系统设计和实施阶段之前预先严格定义出完整准确的功能需求和规格说明。然而，对于规模较大或结构较复杂的系统，在系统开发前期，用户往往对未来的新系统仅有一个比较模糊的想法。由于专业知识所限，系统开发人员对某些涉及具体领域的功能需求也不太清楚。虽然可以通过详细的系统分析和定义得到一份较好的规格说明书，却很难做到将整个管理信息系统描述完整，且与实际环境完全相符，很难通过逻辑推断看出新系统的运行效果。因此当新系统建成以后，用户对系统的功能或运行效果往往会觉得不满意。同时随着开发工作的进行，用户会产生新的要求或因环境变化希望系统也能随之作相应更改，系统开发人员也可能因碰到某些意料之外的问题希望在用户需求中有所权衡。总之，规格说明的难以完善和用户需求的模糊性已成为传统的结构化开发方法的重大障碍。

原型方法正是对上述问题进行变通的一种新的系统开发方法。在建筑学和机械设计学中，"原型"指的是其结构、大小和功能都与某个物体相类似的模拟该物体的原始模型。在信息系统开发中，用"原型"来形象地表示系统的一个早期可运行版本，它能反映新系统的部分重要功能和特征。"原型方法"则是利用原型辅助开发系统的一种新方法。原型方法要求在获得一组基本的用户需求后，快速地实现新系统的一个"原型"，用户、开发者及其他有关人员在试用原型的过程中，加强通信和反馈，通过反复评价和反复修改原型系统，逐步确定各种需求的细节，适应需求的变化，从而最终提高新系统的质量。因此可以认为原型方法确定用户需求的策略，它对用户需求的定义采用启发的方式，引导用户在对系统逐渐加深理解的过程中作出响应。

原型法基本思想是凭借着系统分析人员对用户要求的理解，在强有力的软件环境支持下，快速地给出一个实实在在的模型（或称原型、雏形），然后与用户反复协商修改，最终形成实际系统。这个模型大致体现了系统分析人员对用户当前要求的理解和用户想要实现的形式。

原型方法虽然是在研究用户需求的过程中产生的，但更主要的是针对传统结构化方法所面临的困难，因而也面向系统开发的其他阶段和整个过程。由于软件项目的特点，运用原型的目的和开发策略的不同，原型方法可表现为不同的运用方式，一般可分为以下三种类型。

（1）探索型(Exploratory Prototying)主要是针对开发目标模糊、用户和开发人员对项目都缺乏经验的情况，其目的是弄清对目标系统的要求，确定所期望的特性并探讨多种方案的可行性。

（2）实验型(Experimental Prototying)用于大规模开发和实现之前考核、验证方案是否合适，规格说明是否可靠。

（3）演化型(Evolutionary Prototying) 其目的不在于改进规格说明和用户需求,而是将系统改造得易于变化，在改进原型的过程中将原型演化成最终系统。它将原型方法的思想贯穿到系统开发全过程，对满足需求的改动较为适合。

**3．面向对象的开发方法（Object Oriented，OO）**

从事软件开发的工程师们常常有这样的体会：在软件开发过程中，使用者会不断地提出各种更改要求，即使在软件投入使用后，也常常需要对其做出修改，在用结构化开发的程序中，这种修改往往是很困难的，而且还会因为计划或考虑不周，不但旧错误没有得到彻底改正，又引入了新的错误；另一方面，在过去的程序开发中，代码的重用率很低，使得程序员的效率并不高，为提高软件系统的稳定性、可修改性和可重用性，人们在实践中逐渐创造出软件工程的一种新途径——面向对象方法学。

面向对象方法学的出发点和基本原则是尽可能模拟人类习惯的思维方式，使开发软件的方法与过程尽可能接近人类认识世界、解决问题的方法与过程。由于客观世界的问题都是由客观世界中的实体及实体相互间的关系构成的，因此把客观世界中的实体抽象为对象（Object）。持面向对象观点的程序员认为计算机程序的结构应该与所要解决的问题一致，而不是与某种分析或开发方法保持一致，他们的经验表明，对任何软件系统而言，其中最稳定的成分往往是其相应问题论域（Problem Domain）中的成分。（例如在过去几百年中复式计账的原则未做任何实质性的改变，而其使用的工具早已从鹅毛笔变成了计算机）。

所以，"面向对象"是一种认识客观世界的世界观，是从结构组织角度模拟客观世界的一种方法。一般人们在认识和了解客观现实世界时，通常运用的一些构造法则：

- 区分对象及其属性，例如区分台式计算机和笔记本计算机。
- 区分整体对象及其组成部分，例如区分台式计算机的组成（主机、显示器等）。
- 不同对象类的形成以及区分，例如所有类型的计算机（大、中、小型计算机、服务器、工作站和普通微型计算机等）。

通俗地讲，对象指的是一个独立的、异步的、并发的实体，它能"知道一些事情"（即存储数据），"做一些工作"（即封装服务），并"与其他对象协同工作"（通过交换消息），从而完成系统的所有功能。

因为所要解决的问题具有特殊性，所以对象是不固定的。一个雇员可以作为一个对象，一家公司也可以作为一个对象，到底应该把什么抽象为对象，由所要解决的问题决定。

从以上的简单介绍中可以看出，面向对象所带来的好处是程序的稳定性与可修改性（由于把客观世界分解成一个一个的对象，并且把数据和操作都封装在对象的内部）、可复用性（通过面向对象技术，不仅可以复用代码，而且可以复用需求分析、设计、用户界面等）。

面向对象方法具有下述四个要点：

- 认为客观世界是由各种对象组成的，任何事物都是对象，复杂的对象可以由比较简单的对象以某种方式组合而成。按照这种观点，可以认为整个世界就是一个最复杂的对象。因此，面向对象的软件系统是由对象组成的，软件中的任何元素都是对象，复杂的软件对象由比较简单的对象组合而成。
- 把所有对象都划分成各种对象类（简称为类（Class）），每个对象类都定义了一组数据和一组方法，数据用于表示对象的静态属性，是对象的状态信息。因此，每当建立该对象类的一个新实例时，就按照类中对数据的定义为这个新对象生成一组专用的数据，以便描述该对象独特的属性值。例如，荧光屏上不同位置显示的半径不同的几个圆，虽然都是 Circle 类的对象，但是，各自都有自己专用的数据，以便记录各自的圆心位置、半径等。

类中定义的方法，是允许施加于该类对象上的操作，是该类所有对象共享的，并不需要为每个对象都复制操作的代码。

- 按照子类（或称为派生类）与父类（或称为基类）的关系，把若干个对象类组成一个层次结构的系统（也称为类等级）。
- 对象彼此之间仅能通过传递消息互相联系。

**4．各种开发方法的比较**

从国外最新的统计资料来看，信息系统开发工作的重心向系统调查、分析阶段偏移。系统调查、分析阶段的工作量占总开发量的 60％以上。而系统设计和实现环节仅占总开发工作量比率不到 40％。

（1）结构化方法。能够辅助管理人员对原有的业务进行清理，理顺和优化原有业务，使其在技术手段上和管理水平上都有很大提高。发现和整理系统调查、分析中的问题及疏漏，便于开发人员准确地了解业务处理过程。有利于与用户一起分析新系统中适合企业业务特点的新方法和新模型。能够对组织的基础数据管理状态、原有信息系统、经营管理业务、整体管理水平进行全面系统的分析。

（2）原型方法。它是一种基于 4GL 的快速模拟方法。它通过模拟以及对模拟后原型的不断讨论和修改，最终建立系统。要想将这样一种方法应用于大型信息系统的开发过程中的所有环节是根本不可能的，故它多被用于小型局部系统或处理过程比较简单的系统设计到实现的环节。

（3）面向对象方法。它围绕对象来进行系统分析和系统设计，然后用面向对象的工具建立系统的方法。这种方法可以普遍适用于各类信息系统开发，但是它不能涉足系统分析以前的开发环节。

## 选择题

1. 下列哪一种信息系统不属于面向决策的信息系统：_____
   A）知识工作支持系统　　　B）决策支持系统
   C）战略信息系统　　　　　D）管理专家系统
2. 下列哪项设计内容不属于系统设计阶段？_____
   A）总体设计　　　　　　　B）系统模块结构设计
   C）程序设计　　　　　　　D）详细设计

## 思考题

1. 信息系统具有哪些结构？详细论述信息系统的功能结构和软件结构。
2. 信息系统有哪些类型？除了对企业组织结构的影响外，信息系统还对企业哪些方面产生了深远的影响？
3. 知识工作支持系统与办公自动化系统有何联系和区别？
4. 比较本书介绍的几种信息系统的开发方法。
5. 简述结构化方法的指导思想。

# 第 11 章 信息系统开发的管理知识

由于人类社会的大部分活动都可以按项目来运作，因此项目管理已深入到各行各业，以不同的类型、不同的规模出现。有些项目是指大类，如世行贷款项目、城市建设项目、技术改造项目等；有些项目则是指某项具体任务，如筹办一次 IT 知识竞赛、举办一个 IT 培训班等。

对企业来说，项目管理思想可以指导其大部分生产经营活动。例如，市场调查与研究、市场策划与推广、新产品开发、新技术引进和评价、人力资源培训、劳资关系改善、设备改造或技术改造、融资或投资等，都可以被看成是一个具体项目，通过采用项目小组的方式完成。同样，信息系统的建设也构成了一类项目，必须采用项目管理的思想和方法来指导。本章从介绍信息系统作为一类项目的概念开始，详细介绍了如何在信息系统建设中采用项目管理的思想和方法，尤其是如何在成本、质量和进度方面对信息系统这一类项目进行管理，最后将介绍市场上流行的几类项目管理工具，使读者对信息系统建设中的项目管理有一个大致的了解。

## 11.1 信息系统项目

### 11.1.1 项目的基本概念

什么是项目？简单地说，安排一场演出、开发一种新产品、建一幢大房子都可以被称为一个项目。所谓项目，简单地说，就是在既定的资源和要求的约束下，为实现某种目的而相互联系的一次性工作任务。这个定义包括三层意思：一定的资源约束、一定的目标、一次性任务。这里的资源包括时间资源、经费资源、人力资源等。

对项目的概念有了一定了解的基础上，我们来看一下项目的基本特征。

**1. 明确的目标**

项目是一种有着明确目标———一种期望的产品或希望得到的服务的一次性活动。这里的目标包括几个方面。

（1）时间目标如在规定的时段内或规定的时间点之前完成。

（2）成果目标如提供某种规定的产品、服务或其他成果。

（3）其他需满足的要求包括必须满足的要求和应尽量满足的要求。

目标允许有一个变动的幅度，也就是可以修改的。不过一旦项目目标发生实质性变化，它就不再是原来的项目了，而将产生一个新的项目。

**2．独特的性质**

每一个项目都是唯一的、独特的。或者项目的成果与其他项目不同；或者项目的成果与其他项目类似，然而其时间和地点，内部和外部的环境，自然和社会条件有别于其他项目，总之项目总是独一无二的，没有两个项目是完全相同的。项目没有可以完全照搬的先例，也不会有完全相同的复制。

**3．有限的生命周期**

项目有具体的时间计划，它有一个开始时间和目标必须实现的截止日期。虽然不同项目可以划分为不同的具体阶段，不过，大多数项目的生命周期都可以划分为启动、规划、实施、结尾4个阶段。

**4．特定的委托人**

它既是项目结果的需求者，也是项目实施的资金提供者。他可能是一个人，或一个组织；委托人可能是企业外部的，被称作外部客户，也可能是企业内部的，比如企业内的别的部门，被称作内部客户。不管是外部客户还是内部客户，都是项目的委托人或项目成果的使用者。

**5．实施的一次性**

一次性是项目与其他常规运作的最大区别。项目有确定的起点和终点，项目不能重复。

**6．组织的临时性和开放性**

项目开始时要组建项目团队，项目团队在项目进展过程中，其人数、成员、职责在不断变化。某些成员是借调来的，项目终结时团队要解散，人员要转移。参与项目的组织往往有多个，甚至几十个或更多。他们通过协议或合同以及其他的社会关系结合到一起，在项目的不同时段以不同的程度介入项目活动。可以说，项目组织没有严格的边界，是有弹性的、模糊的、开放的。这一点与一般企事业单位和政府机构很不一样。

**7．项目的不确定性和风险性**

项目以所需的时间估计、成本估计、各种资源的有效性为项目计划的假定条件，这种假定带来了一定程度的不确定性，这种不确定性为项目的实现带来一定的风险。项目是一次性任务，做坏了没有机会重来。项目必须保证成功，因此必须精心设计、精心制作和精心控制，以达到预期目标。

**8．结果的不可逆转性**

不论结果如何，项目结束了，结果也就确定了。

## 11.1.2 信息系统项目的概念

通过上一节对项目的介绍，我们知道信息系统的建设也是一类项目。因为信息系统的建设符合项目的定义。我们知道，项目的定义中包含三层意思：一定的资源约束、一定的目标、一次性任务。首先，信息系统的建设是一次性的任务，有明确的任务范围和质量要求，有时间和进度的要求，有经费和资源的限制。因此，信息系统的建设是一类项目的建设过程。

信息系统项目除了具有项目的特征之外，还具有自己的特点。

**1. 信息系统项目的目标不精确、任务边界模糊，质量要求主要由项目团队定义**

在信息系统开发初期，项目团队调研时，客户只能提出一些初步的功能要求，提不出确切的需求。信息系统项目的任务范围在很大程度上取决于项目组所做的系统规划和需求分析。另外，因为大部分客户方都不是从事信息技术的人员，对信息技术的各种性能指标并不熟悉，所以，信息系统项目所应达到的质量要求也更多地由项目组定义，客户则尽可能地进行审查。为了更好地定义或审查信息系统项目的任务范围和质量要求，客户方可以聘请第三方的信息系统监理或咨询机构来监督项目的实施情况。

**2. 在信息系统项目开发过程中，客户的需求不断被激发，不断地被进一步明确，或者客户需求随项目进展而变化，从而导致项目进度、费用等计划的不断更改**

尽管已经做好了系统规划、可行性研究，签订了较明确的技术合同，然而随着项目的进展，客户的需求不断地被激发，被进一步明确，导致程序、界面以及相关文档需要经常被修改。而且在修改过程中又可能产生新的问题，这些问题很可能经过相当长的时间后才会被发现。这就要求项目经理在项目开发过程中不断监控和调整项目计划的执行情况，尤其注重项目的变更管理。

**3. 信息系统项目是智力密集、劳动密集型项目，受人力资源影响最大，项目成员的结构、责任心、能力和稳定性对信息系统项目的质量以及是否成功有决定性的影响**

信息系统项目工作的技术性很强，需要大量高强度的脑力劳动。尽管近年来信息系统辅助开发工具的应用越来越多，但是项目各阶段还是渗透了大量的手工劳动。这些劳动十分细致、复杂和容易出错，因而信息系统项目既是智力密集型项目，又是劳动密集型项目。并且，由于信息系统开发的核心成果——应用软件是不可见的逻辑实体，如果人员发生流动，对于没有深入掌握软件知识或缺乏信息系统开发实践经验的人来说，很难在短时间里做到无缝地承接信息系统的后续开发工作。

另外，信息系统的开发是项目团队整体的工作，为了高质量的完成项目，要充分发掘项目成员的才能和创新精神，不仅要求他们具有一定的技术水平和工作经验，还要求他们具有良好的心理素质和责任心，尤其要具有团队合作精神。项目经理在项目开发过程中，也应该注重项目成员之间的沟通协调，要将人力放到与进度和成本一样高的地位来看待。

## 11.2 信息系统中的项目管理

美国学者戴维·克兰德指出："在应付全球化的市场变动中，战略管理和项目管理将起到关键性的作用"。战略管理立足于长远和宏观，考虑的是企业的核心竞争力，以及围绕增强核心竞争力的企业流程再造、业务外包和供应链管理等问题；项目管理则立足于一定的时期和相对微观，考虑的是有限的目标、学习型组织和团队合作等问题。

项目管理是一种科学的管理方式。在领导方式上，它强调个人责任，实行项目经理负责制；在管理机构上，它采用临时性动态组织形式——项目小组；在管理目标上，它坚持效益最优原则下的目标管理；在管理手段上，它有比较完整的技术方法。

那么到底什么是项目管理呢？所谓项目管理，就是项目的管理者，在有限的资源约束下，运用系统的观点、方法和理论，对项目涉及的全部工作进行有效地管理。即从项目的投资决策开始到项目结束的全过程进行计划、组织、指挥、协调、控制和评价，以实现项目的目标。

项目管理具有以下基本特点。

（1）项目管理是一项复杂的工作。一个项目由多个部分组成，工作将跨越多个组织，需要多学科的知识。项目工作没有或很少有以往的经验可以借鉴；执行中涉及多个因素，每个因素又常常带有不确定性；同时，需要将不同经历、来自不同组织的人员组织在一个临时性的集体内，在技术性能、成本、进度等较为严格的约束条件下实现目标。这些因素决定了项目管理的复杂性远远高于一般的生产管理。

（2）项目管理具有创造性。项目是实现创新的事业，项目管理也就是实现创新的管理。这也是与一般重复性管理的主要区别。创新总是带有探索性的，有较高的失败率。

（3）项目管理需要集权领导并建立专门的项目组织。项目进行中出现的各种问题往往涉及多个组织部门，要求这些部门能够做出迅速而相互关联的反应。传统的职能组织难以与横向协调的需求相配合，所以需要建立专门组织，它不受现存组织的约束，由不同专业、来自不同部门的人员构成。

（4）项目负责人在项目管理中起着非常重要的作用。项目管理的主要原理之一，就是把一个时间有限、预算有限的事业委托给一个人——项目负责人。他有权独立进行计划、资源分析、协调和控制。他行使着大部分传统职能组织以外的职能。项目负责人必须能够了解、利用和管理项目的技术逻辑方面的复杂性，能够综合各种不同专业观点来考虑问题。除了具备这些技术知识和专业知识之外，项目负责人还必须具备组织能力，能够通过人的因素来熟练地运用技术因素，达到项目目标。也就是说，项目负责人必须使他的组织成为一支工作配合默契、具有积极性和责任心的高效率群体。

目前国际上存在两大项目管理研究体系：其一是以欧洲为首的体系，即国际项目管理协会（International Project Management Association，IPMA），该组织1965年在瑞士注册，是非营利性组织，成员主要是代表各个国家的项目管理研究组织；其二是以美国为首的体系，即美国项目管理协会（Project Management Institute，PMI），成员主要以企业、大学、研究机构的专家为主，IPMA和PMI相比，更注重实践能力。

目前比较流行的项目管理知识体系是美国项目管理协会（PMI）开发的项目管理知识体系（Project Management Bode of Knowledge，PMBOK）。该知识体系把项目管理划分为9个知识领域：范围管理、进度管理、成本管理、质量管理、人力资源管理、沟通管理、采购管理、风险管理和综合管理。我们简单的阐述一下项目管理这9个知识领域的内容（关于 PMBOK 的详细内容请参阅相关书籍及标准）。

**1．项目范围管理**

要保证项目成功地完成所要求的全部工作，而且只完成所要求的工作。这一知识领域包括：

（1）项目启动：对项目或项目的阶段授权。

（2）范围计划：制定一个书面的范围陈述，作为未来项目决策的基础。

（3）范围定义：把项目应提交的成果进一步分解成为更小、更易管理的组成部分。

（4）范围确认：正式地认可项目满足了范围要求。

（5）范围变更控制：控制项目范围的变更。

**2．项目时间管理**

要保证项目按时完成。这个知识领域包括：

（1）活动定义：识别出为产生项目提交成果而必须执行的特定活动。

（2）活动排序：识别并记录活动之间的相互依赖关系。

（3）活动时间估计：估计完成每一个活动将需要的工作时间。

（4）制定时间表：分析活动顺序、活动时间的估计和资源需求，建立项目时间表。

（5）时间表控制：控制项目时间表的变更。

**3．项目成本管理**

要保证项目在批准的预算内完成。这一知识领域包括：

（1）资源计划：决定为执行项目活动所需要的资源的种类（人员、设备、材料）和数量。

（2）成本估算：对于为了完成项目活动所需资源的成本进行估计。

（3）成本预算：把估算的总成本分配到每一个工作活动中。

（4）成本控制：控制项目预算的变更。

**4．项目质量管理**

要保证项目的完成能够使需求得到满足。这一领域具体包括：

（1）质量计划：找出与项目相关的质量标准，并决定如何满足标准的要求。

（2）质量保证：对项目绩效做经常性地评价，使得有信心达到质量标准的要求。

（3）质量控制：监视特定的项目结果以判定是否满足相关的质量标准，并找出方法来消除不能满足要求的原因。

**5．项目人力资源管理**

尽可能有效地使用项目中涉及的人力资源。这包括：

（1）组织的计划：识别、记录、指派项目的角色、责任和报告关系。

（2）人员获得：使项目所需的人力资源得到任命并在项目中开始工作。

（3）团队建设：开发个人的和团队的技能来提高项目的绩效。

**6．项目沟通管理：**

保证适当、及时地产生、收集、发布、储存和最终处理项目信息。其中包括：

（1）沟通计划：决定项目相关者的信息和沟通的需求，包括谁需要什么信息，什么时间需要，以及得到信息的方式。

（2）信息发布：及时地把所需的信息提供给相关者使用。

（3）绩效报告：收集、分发绩效信息，包括状态报告、进度衡量和预测。

（4）管理上的结束：产生、收集、分发信息，使项目或项目阶段正式地结束。

**7．项目风险管理**

对项目的风险进行识别、分析和响应的系统化的方法，包括使有利的事件机会和结果最大化和使不利的事件的可能和结果最小化。这一知识领域包括：

（1）风险管理计划：决定如何处理并计划项目的风险管理活动。

（2）风险识别：决定哪些风险可能会影响项目，并记录风险的特征。

（3）风险定性分析：对风险和条件进行定性分析，根据对项目目标的作用排定优先级。

（4）风险量化分析：度量风险的可能性和后果，并评估它们对项目目标的影响。

（5）风险响应计划：针对影响项目目标的风险制定过程和方法来增加机会和减少威胁。

（6）风险监视和控制：监视已知的风险，识别新的风险，执行风险减低计划，在整个项目生命周期中评价它们的有效性。

**8．项目采购管理**

为达到项目范围的要求，从外部企业获得货物和服务的过程。在这一知识领域中包括：

（1）采购计划：决定采购的内容和时间。

（2）邀请计划：记录产品需求、识别潜在来源。

（3）邀请：根据需要获得价格、报价、投标、建议书等。

（4）来源选择：从潜在的销售商中进行选择。

（5）合同管理：管理与销售商的关系。

（6）合同结束：合同的完成和结算，包括解决任何遗留问题。

**9．项目综合管理**

保证项目中不同的因素能适当协调。这一领域包括：

（1）制定项目计划：集成、协调全部的项目计划内容，形成一致的、联系紧密的文件。

（2）执行项目计划：通过执行其中的活动来执行项目计划。

（3）集成的变更控制：在整个项目中协调变更。

项目作为一个整体，要使各方面的资源能够协调一致，就要特别熟悉项目三角形的概念。所谓项目三角形，是指项目管理中范围、时间、成本三个因素之间的互相影响的关系（如图 11.1 所示）。项目三角形中的范围，除了要考虑对项目直接成果的要求，还要考虑与之相关的在人力资源管理、质量管理、沟通管理、风险管理等方面的工作要求。项目三角形中的成本，主要来自于所需资源的成本，自然也包括人力资源的成本，这些资源可通过

图 11.1　项目三角形

不同的方式获得，可以对应不同的成本，对资源的需求与工作范围和工作时间都有直接的联系。质量处于项目三角形的中心。质量会影响三角形的每条边，对三条边中的任何一条所做的更改都会影响质量。质量不是三角形的要素；它是时间、费用和范围协调的结果。

项目三角形强调的就是这三方面的这种相互影响的紧密关系。为了缩短项目时间，就需要增加项目成本（资源）或减少项目范围；为了节约项目成本（资源），可以减少项目范围或延长项目时间；如果需求变化导致增加项目范围，就需要增加项目成本（资源）或延长项目时间。因此，项目计划的制定过程是一个多次反复的过程，根据各方面的不同要求，不断调整计划来协调它们之间的关系。在项目执行过程中，当项目的某一因素发生变更时，往往会直接影响到其他因素，需要同时考虑一项变更给其他因素造成的影响，项目的控制过程就是要保证项目各方面的因素从整体上能够相互协调。

## 11.3  信息系统开发的管理工具

项目管理的最佳实践离不开好的项目管理工具。有效的项目管理工具能够帮助项目小组将所有的项目及其资源配置融合到统一的项目计划中去。任何新的意料之外的项目都能够被添加到统一的计划当中。但是作为新兴市场，项目管理工具市场还不成熟，推荐的项目管理工具有近百家，谁优谁劣，不容易看清楚，而且风险很大。接下来我们简单介绍几种常用的项目管理工具。

### 11.3.1  Microsoft Project 98/2000

作为桌面项目管理工具，微软的 Microsoft Project Project 98 以其用户界面的友好、操作的灵活性成为"杀手级"的应用，在企业中得到了广泛的应用。

在 Microsoft Project Project 98 的基础上，微软公司于 2000 年 4 月推出了 Microsoft Project 2000。目前 Microsoft Project 2000 已经是一个在国际上享有盛誉的通用的项目管理工具，占有 75%的国际市场份额，适合各个行业进行项目管理。该软件凝集了许多成熟的项目管理现代理论和方法，因此能够高质量地管理各种类型的大、中型项目。比较突出的管理技术如：

- 时间管理方面：横道图、里程碑、关键路径法（CPM）、计划评审技术（PERT）等。
- 成本管理方面：自下向上参数估算技术、成本累计曲线（S 曲线）、挣得值评价技术等。
- 人力资源管理：目标管理、责任矩阵、资源需求直方图等。
- 风险管理方面：蒙托卡罗模拟法、基础统计技术等。
- 沟通管理方面：基于电子邮件和 Web 的项目协调技术等。

Microsoft Project 2000 包括两个部分：Microsoft Project 2000 和 Project 2000 Central。

（1）Microsoft Project 2000 供项目经理使用，进行计划制定、管理和控制。Microsoft

Project 2000 不仅可以快速、准确地建立项目计划，使项目管理者从大量烦琐的计算绘图中解脱出来，而且可以帮助项目经理实现项目进度和成本分析、预测、控制等靠人工根本无法实现的功能，使项目工期大大缩短，资源得到有效利用，提高了经济效益。

（2）Project 2000 Central 包括服务器端和客户端。Microsoft Project 2000 Central 的主要功能包括：

- 项目成员接受任务。
- 工作组成员可以看到与他们相关的所有项目中的任务，并对这些任务进行分组、排序和筛选。
- 查看项目信息，工作组成员可查看整个项目的最新信息。
- 创建新任务。工作组成员可创建新任务，而且可将这些新任务发送给项目经理，由项目经理合并到项目文件中。
- 反馈任务的执行情况。项目成员可以反馈任务的完成情况，填报工时、完成百分比等。
- 工作委托。工作组成员可将任务委托给其他工作组成员，从而项目经理可以将任务发送给工作组组长或领导，再由他们将任务重新分配给各个资源。

另外，微软已经收购了另一项目管理工具供应商 Elabor 公司，准备推出 Microsoft Project 2001。据说，Microsoft Project 2001 将是一个真正的企业级项目管理工具。

## 11.3.2  P3/P3E

Primavera Project Planner（P3）工程项目管理软件是美国 Primavera 公司的产品，是国际上流行的高档项目管理软件，已成为项目管理的行业标准。

P3 软件是全球用户最多的项目进度控制软件，它在如何进行进度计划编制、进度计划优化，以及进度跟踪反馈、分析、控制方面一直起到方法论的作用。P3 软件适用于任何工程项目，能有效地控制大型复杂项目，并可以同时管理多个工程。如同世界上大部分大型工程都使用 P3 进行进度计划编制和进度控制一样，国内绝大部分大型工程也都在使用 P3，譬如三峡、小浪底、二滩等大型水利水电工程。

P3E(Primavera Project Planner for Enterpriser)是在 P3 的基础上开发的企业集成项目管理工具。P3E 的企业项目结构（EPS）使得企业可按多重属性对项目进行随意层次化的组织，使得企业可基于 EPS 层次化结构的任一点进行项目执行情况的财务分析。支持项目级别的真正多用户并发应用。

P3E 包括 4 个模块：

（1）P3E 计划模块：这是 P3E 的主模块，供项目经理使用，进行项目计划制定、管理和控制。采用 Client/Server 模式，数据库可采用 Oracle、MS SQL、InterBase 等。

（2）进度汇报模块（Progress Reporter）：供项目成员使用，用来接收任务分配，反馈任务执行的进度。基于 Web，项目成员可通过浏览器访问。

（3）Primavision 模块：项目经理使用该模块来发布项目计划，计划发布到一个 Intranet 或者 Internet 站点上，允许项目成员和其他感兴趣的人员使用 Web 浏览器查看所有项目信息；

（4）Portfolio Analyst 模块：向项目主管、高层管理者以及项目分析员提供项目总结和跟踪信息，包括丰富的图形、电子数据表和报表等。

P3E 的主要使用对象为大型的建设项目集团公司、大型设计制造企业、大型设计院、大型连续运行装置检修维护、政府投资的系列项目、公共设施系列建设、跨国公司多项目的管理。

### 11.3.3 ClearQuest

在软件开发中功能改进、版本升级变得越来越频繁，软件开发小组成员需要清楚地了解软件更新的全过程，并随时跟踪、调试等。因此，软件项目开发应该被仔细、严格地管理，如果管理不善，开发小组将很难按时、按质按量地完成软件的升级工作。也就是说，软件开发小组要建立一个完整的更新管理系统，以把握整个开发过程中的各种修改并进行详细的记录，该系统能够记录所有类型的要求、详细变更、文档更新，等等。此外，还可以让项目管理人员和开发人员跟踪和分析项目的进度，并提供详细报表。ClearQuest 就是满足以上所有要求的项目管理软件，它由瑞理软件公司提供。它使得管理人员和开发人员可以轻松了解对软件的各种修改，并方便其他开发人员快速加入到项目中来。

另外，ClearQuest 不仅仅是一个灵活的错误修改和跟踪系统，而且还可以随着软件开发的进程进行动态设计，这使得整个开发团队在从开始到结束的全部开发过程中，始终都可以掌握最新的设计和改变，并最终开发出高质量的软件。

ClearQuest 支持 Windows、Unix 和 Web，所以在企业应用中的配置是非常简单的，它可被整合到多平台的商业环境中，并保证所有开发小组的成员可以和同一个错误和修改过程相关联。但是，ClearQuest 不支持 Linux。

ClearQuest 可以和它所处平台上的大多数数据库协同工作，包括 Oracle、IBM UDB、Microsoft SQL Server 和 Access，以及与 ClearQuest 捆绑在一起的 Sybase SQL Anywhere。此外，ClearQuest 还可以和来自瑞理（Rationa）或第三方的开发方案（包括配置管理、自动测试和需求管理等）整合。例如，它可以和瑞理的软件配置管理方案，以及微软的 Visual SourceSafe 无缝整合，这种整合允许开发小组轻松地将修改要求和基本代码相关联。

ClearQuest 易于上手。因为瑞理预先定义好了数量众多的程序、窗口以及关联的规则。如果要更进一步地配置，就要使用 ClearQuest 的 Designer 组件定制单独的数据库域、程序、窗口和规则。ClearQuest 的一个特长就是通过图表或表格的突出显示来有效地实施错误跟踪和修改管理方案。另外，ClearQues 包含的 Crystal Reports 使得在 ClearQuest 中可以非常容易地实现报表，并且功能强大。

总地来说，ClearQuest 使用简单、功能强大，适用于所有的开发过程。

## 思考题

1. 下列哪项费用不属于运行维护成本？
① 运行费用
② 行政管理费用
③ 维护费用
④ 系统实施费用
2. 说说信息系统项目的特点，并谈谈你对这些特点的理解。
3. 给出项目的定义并说明项目管理三要素之间的关系。
4. 信息系统建设为什么需要全面质量控制，如何实行全面质量控制。

# 第 12 章 信息系统分析

系统分析是信息系统开发工作中最重要的一环。系统分析的内容主要包括对组织内部整体管理状况和信息处理过程（侧重于具体业务全过程角度）进行分析。在系统分析中扎扎实实地了解实际工作部门的业务情况是一个基础，只有在对业务了解得非常透彻的前提之下才有可能提出新的改进方案。本章将明确系统分析阶段的任务，并介绍系统分析的一般步骤，然后详细介绍系统分析使用的主要方法——结构化分析方法以及系统分析阶段的产出——系统规格说明书，最后将简单介绍一下系统分析的工具——UML 方法，使读者对系统分析阶段有一个详细的了解。

## 12.1 系统分析的任务

系统分析是应用系统的思想和方法，把复杂的对象分解成简单的组成部分，并找出这些部分的基本属性和彼此间的关系。

系统分析的主要任务是理解和表达用户对系统的应用需求。通过深入调查，和用户一起充分了解现行系统是怎样工作的，理解用户对现行系统的改进要求和对新系统的要求。在此基础上，把和用户共同理解的新系统用恰当的工具表达出来。其主要任务是：

- 了解用户需求。通过对现行系统中数据和信息的流程以及系统的功能给出逻辑的描述，得出现行系统的逻辑模型。
- 确定系统逻辑模型，形成系统分析报告。在调查和分析中得出新系统的功能需求，并给出明确地描述。根据需要与实现可能性，确定新系统的功能，用一系列图表和文字给出新系统功能的逻辑描述，进而形成系统的逻辑模型。完成系统分析报告，为系统设计提供依据。

系统分析阶段的基本任务是：系统分析员和用户在一起，充分理解用户的要求，并把双方的理解用书面文档（系统规格说明书）表达出来。系统分析阶段的工作成果就体现在系统规格说明书中，这是信息系统建设的必备文件。它既是给用户看的，也是下一阶段的工作依据。因此，系统规格说明书既要通俗易懂，又要准确。用户通过系统规格说明书可以了解未来系统的功能，判断它是不是其所要求的系统。系统规格说明书审核通过之后，将成为系统设计的依据和将来验收系统的依据。系统规格说明书在第 13.4 节有详细介绍。

在信息系统建设中，拟建的信息系统一般不会是一个全新的系统，而是基于一定的原系统（也就是企业的现行系统）开发的。所以，新系统既要源自原系统，又要高于原系统。

也就是说，新系统的功能要更强、效率要更高、使用要更方便。因此，系统分析员要与用户紧密配合，用系统的思想和方法，对企业的业务活动进行全面的调查分析，详细掌握有关的工作流程，分析现行系统的业务流程，指出现行系统的局限性和不足之处，找出制约现行系统的"瓶颈"，确定新系统的基本目标和逻辑功能要求，即提出新系统的逻辑模型。所以系统分析阶段又被称为逻辑设计阶段。这个阶段是整个系统建设的关键阶段，也是信息系统建设与一般工程项目的重要区别所在。

系统分析要回答新系统"做什么"这个关键性的问题。只有明确了问题，才有可能回答"怎么做"，才有可能解决问题；否则，方向不明确，等于无的放矢、吃力不讨好。实际工作中常常有这种情形，即业务人员认为信息系统的开发知识技术人员的事，开发人员根据对用户要求的肤浅理解就匆匆忙忙进行系统设计、编写程序。结果交给用户使用时，用户说"这不是我要的系统"。对系统分析缺乏足够的重视，是导致工期一再延长甚至以失败告终的重要原因，也是系统分析难以进行的主观原因。

系统分析是信息系统开发最重要的阶段，也是最困难的阶段。系统分析的困难主要来自三个方面：问题空间的理解、人与人之间的沟通和环境的不断变化。

由于系统分析员缺乏足够的对象系统的专业知识，在系统调查中往往觉得无从下手，不知道问用户一些什么问题，或者被各种具体数字、大量的资料、庞杂的业务流程搞得眼花缭乱。一个规模较大的系统，反映各种业务情况的数据、报表、账单及业务人员手中各种正规的、非正规的手册、技术资料等，数量相当大。各种业务之间的联系繁杂，不熟悉业务情况的系统分析员往往感到好像处在不见天日的大森林中，各种信息流程像一堆乱麻，不知如何理出头绪，更谈不上分析制约现行系统的"瓶颈"。

另一方面，用户往往缺乏计算机方面的足够知识，不了解计算机能做什么和不能做什么。许多用户虽然精通自己的业务，但往往不善于把业务过程明确地表达出来，不知道该给系统分析员介绍些什么。对一些具体的业务，他认为理所当然就该这样或那样做。尤其是对于某些决策问题，根据他的经验，凭直觉就应该这样或那样做。在这种情况下，系统分析员很难从业务人员那里获得充分有用的信息。如果系统分析员和用户沟通不畅，有时候用户甚至会产生排斥心理，使得系统分析工作尤其困难。

俗话说："隔行如隔山"。系统分析员与用户的知识构成不同、经历不同，使得双方交流十分困难，因而系统调查容易出现遗漏和误解，这些误解和遗漏是系统开发的隐患，会使系统开发偏离正确的方向。

最使系统分析员困惑的是环境的变化。系统分析阶段要通过调查分析，抽象出新系统的概念模型，锁定系统边界、功能、处理过程和信息结构，为系统设计奠定基础。但是，信息系统生存在不断变化的环境中，环境对它不断提出新的要求。只有适应这些要求，信息系统才能生存下去。在系统分析阶段，要完全确定系统模式是困难的，有时甚至是办不到的。

为了克服这些困难，做好系统分析工作，需要系统分析员和用户精诚合作，系统分析员应牢固树立"用户第一"的思想，同时，还要借助一定的技术和工具。这里说的工具是指一些合理的图表，直观的图表可以帮助系统分析员顺思路，也便于与用户交流。

我们可以看到，在系统开发中系统分析员起着十分重要的作用。系统分析这一重要而艰巨的任务主要由系统分析员承担。他要与各类人员打交道，是用户和技术人员之间的桥梁和"翻译"，并为管理者提供控制开发的手段。而系统分析员的知识水平和工作能力是最为重要的。一个称职的系统分析员不但应具备坚实的信息系统知识，了解计算机技术的发展，而且还必须具备管理科学的知识。缺乏必要的管理科学知识，就没有与各级管理人员打交道的"共同语言"。很难设想，缺乏财务基础知识的人能设计出实用的财务系统。系统分析员应有较强的系统观点和较好的逻辑分析能力，能够从复杂的事物中抽象出系统模型。系统分析员还应具备较好的口头和书面表达能力、较强的组织能力、善于与人共事。总之，系统分析员应是具有现代科学知识的、具有改革思想和改革能力的专家。

## 12.2 系统分析的步骤

系统分析的步骤如下。

（1）现行系统的详细调查。调查是分析与设计的基础。详细调查现行系统的情况和具体结构，并用一定的工具对现行系统进行详尽地描述，这是系统分析最基本的任务。在充分了解现行系统现状的基础上，进一步发现其存在的薄弱环节和问题，为下一步的需求分析和提出新的逻辑设计做好准备。

详细调查应强调用户的参与，部门的业务人员、主管人员、系统分析人员、系统设计人员共同参与。调查工作应从企业组织的管理层开始，逐层向下调查，确保对整个企业的管理工作全面了解。在调查的过程中，要从客观去了解企业的现状和环境，掌握企业存在的问题和薄弱环节。

为了便于分析人员和业务人员之间进行业务交流和分析问题，应尽可能使用各种形象直观的图表工具。调查工作的每一步都要事先计划好，对所有人的工作方法，调查所用的表格和图例都要统一地规范化处理。所有规范化调查结果都应整理后归档。以便以后工作中使用。对于系统实施的重点部分及近期内要先实施的局部系统进行重点调查。

（2）在详细调查的基础上，进行需求分析。需求是指用户要求新系统应具有的全部功能和特性。主要包括：功能需求、性能需求、可靠性需求、安全、保密需求、开发费用和时间，以及资源方面的限制等。

（3）提出新系统的逻辑模型。在调查分析的基础上要创建新系统的逻辑模型，对反应用户需求的新系统应具备的功能进行全面、系统、准确、详细的描述。表达系统逻辑模型需要用到许多工具，如数据流图、数据字典等，在下一节将会详细介绍这些工具。

建模过程还是进一步发现问题、解决问题以及深入分析的过程，凡在建模过程中发现情况不明、数据不全或有矛盾与冲突之处，要做进一步的调查以进行弥补和纠正。

在这一过程中，用户的直接参与起着关键作用。用户对逻辑模型的理解和确认不仅是系统分析工作成功的关键，也是今后系统设计与实施阶段用户与系统建设的其他人员相互支持与配合的基础。

（4）编写系统规格说明书。用比较形式化的术语来表示对软件功能构成的详细描述，系统规格说明书是技术合同说明，是设计和编码的基础，也是测试和验收的依据。

## 12.3 结构化分析方法

### 12.3.1 结构化分析方法的内容

系统分析是保证信息系统质量的第一步，它的任务是艰巨的、复杂的。如何分析用户需求，用什么形式表示系统规格说明书等，都需要有相应的方法、模型、语言和工具来配合。自 20 世纪 70 年代以来，逐渐出现了多种适用于系统分析阶段的方法，结构化分析方法就是其中具有代表性的一种方法。

结构化分析（Structured Analysis, SA）方法由美国 yourdon 公司在 20 世纪 70 年代提出，是一种简单实用、使用很广的方法。该方法通常与我们以后要介绍的系统设计阶段的结构化设计（SD）方法衔接起来使用，适用于大型信息系统开发使用。

那么到底什么是结构化分析方法呢？结构化分析方法是一种单纯的自顶向下逐步求精的功能分解方法，它按照系统内部数据传递，以变换的关系建立抽象模型，然后自顶向下逐层分解，由粗到细、由复杂到简单。结构化分析的核心特征是"分解"和"抽象"。"分解"就是把大问题分解成若干个小问题，然后分别解决，从而简化复杂问题的处理。"抽象"就是将一些具有某些相似性质的事物的相同之处概括出来，暂时忽略其不同之处，或者说，抽象是抽象出事物的本质特性而暂时不考虑它们的细节。分解和抽象实质上是一对相互有机联系的概念。自顶向下的过程，即从顶层到第一层再到第二层的过程，被称为"分解"；自底向上的过程，即从第二层到第一层再到顶层的过程，被称为抽象。也就是说，下层是上层的分解，上层是下层的抽象。这种层次分解使我们不必去考虑过多细节，而是逐步了解更多的细节。对于顶层不考虑任何细节，只考虑系统对外部的输入和输出，然后，一层层地了解系统内部的情况。结构化系统分析和设计方法的基本思想是：用系统的思想、系统工程的方法，按用户至上的原则，结构化、模块化、自上而下对信息系统进行分析与设计。主要指导原则有以下几点。

（1）请用户共同参与系统的开发。

（2）在为用户编写有关文档时，要考虑到他们的专业技术水平，以及阅读与使用资料的目的。

（3）使用适当的画图工具做通信媒介，尽量减少与用户交流意见时发生问题的可能性。

（4）在进行系统详细设计工作之前，就建立一个系统的逻辑模型。

(5)采用"自上而下"方法进行系统分析和设计,把主要的功能逐级分解成具体的、比较单纯的功能。

(6)采用"自顶向下"方法进行系统测试,先从具体功能一级开始测试,解决主要问题,然后逐级向下测试,直到对最低一级具体功能测试完毕为止。

(7)在系统验收之前,就让用户看到系统的某些主要输出,把一个大的负责的系统逐级分解成小的、易于管理的系统,使用户能够尽早看到结果,及时提出意见。

(8)对系统的评价不仅是指开发和运行费用的评价,而且还将是对整个系统生存过程的费用和收益的评价。

结构化分析方法利用图形来表达需求,显得清晰、简明、易于学习和掌握。而且按照自顶向下、逐层分解的方式,不论系统有多复杂、规模有多大,分析工作都可以有条不紊地开展。对于大的系统只需多分解几层,分析的复杂程度并不会随之增大。这也是结构化分析的特点。

结构化分析方法使用了以下几个工具:数据流图、数据字典、实体关系图、结构化语言、判定表和判定树,我们将介绍前4种工具。

### 12.3.2 结构化分析方法的工具

**1. 数据流图**

数据流图(Data Flow Diagram,DFD)是一种最常用的结构化分析工具,它从数据传递和加工的角度,以图形的方式刻画系统内数据的运动情况。数据流图是一种能全面地描述信息系统逻辑模型的主要工具,它可以用少数几种符号综合地反映出信息在系统中的流动、处理和存储的情况。数据流图具有抽象性和概括性。抽象性表现在它完全舍去了具体的物质,只剩下数据的流动、加工处理和存储;概括性表现在它可以把信息中的各种不同业务处理过程联系起来,形成一个整体。无论是手工操作部分还是计算机处理部分,都可以用它表达出来。因此,我们可以采用DFD这一工具来描述管理信息系统的各项业务处理过程。

(1)数据流图的基本成分。

数据流图用到4个基本符号,即外部实体、数据流、数据存储和处理逻辑,如图12-1所示。

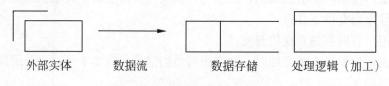

图 12-1 数据流图的基本成分

① 外部实体。外部实体指不受系统控制,在系统以外又与系统有联系的事物或人,

它表达了目标系统数据的外部来源或去处。例如，顾客、职工、供货单位，等等。外部实体也可以是另外一个信息系统。

外部实体用一个正方形，并在其左上角外边另加一个直角来表示，在正方形内写上该外部实体的名称。为了区分不同的外部实体，可以在正方形的左上角用一个字符表示。在数据流图中，为了减少线条的交叉，同一个外部实体在一张数据流图中可以出现多次，这是在该外部实体符号的右下角画斜线，表示重复。若重复的外部实体有多个，则相同的外部实体画数目相同的斜线，如图 12-2 所示。

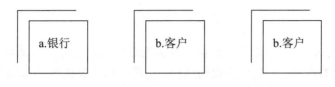

图 12-2　外部实体

② 数据流。数据流表示数据的流动方向，用一个水平箭头或垂直箭头表示。数据流可以是订单、发票等。数据流一般不会是单纯的数据，而是由一些数据项组成。例如"发票"数据流由品名、规格、单位、单价、数量等数据项组成。

一般来说，对每个数据流要加以简单地描述，使用户和系统设计员能够理解一个数据流的含义。对数据流的描述写在箭头的上方，一些含义十分明确的数据流，也可以不加以说明，如图 12-3 所示。

图 12-3　数据流的图示

③ 数据存储。数据存储表示数据保存的地方。这里的"地方"并不是指保存数据的物理地点或物理介质，而是指数据存储的逻辑描述。所以这里的数据存储是逻辑意义上的数据存储环节，即系统信息处理功能需要的，不考虑存储的物理介质和技术手段的数据存储环节。

在数据流图中，数据存储用一个右边开口的长方形条来表示，图形右部填写存储的数据和数据集的名字，名字要恰当，以便用户理解。左边填写该数据存储的标识，用字母 D 和数字组成。同一数据存储可在一张数据流图中出现多次，这时在数据存储符号上画竖线，表示重复。

指向数据存储的箭头，表示送数据到数据存储（存放、改写等）；从数据存储发出的箭头，表示从数据存储读取数据，如图12-4所示。

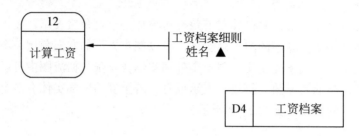

图 12-4　数据存储

④ 处理逻辑（加工）　处理逻辑指对数据的逻辑处理功能，也就是对数据的变换功能。它包括两方面的内容：一是改变数据结构；二是在原有数据内容基础上增加新的内容，形成新的数据。

在数据流图中，处理逻辑可以用一个带圆角的长方形来表示，长方形分为三个部分，如图12-5所示。

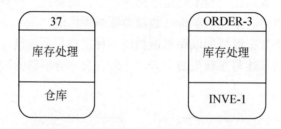

图 12-5　处理逻辑

标识部分用来标明一个功能，一般用字符串表示，如 P1，P1.1 等。

功能描述部分是必不可少的，它直接表达这个处理逻辑的逻辑功能。一般用一个动词加一个作动词宾语的名词表示。不过要恰如其分地表达一个处理的功能，有时候需要下一番功夫。

功能执行部分表示这个功能由谁来完成，可以是一个人，也可以是一个部门，甚至可以是某个计算机程序。

（2）数据流图的绘制。

由于数据流图在系统建设中的重要作用，绘制数据流图必须坚持正确的原则和运用科学的方法。绘制数据流图应遵循的主要原则如下。

① 确定外部项。一张数据流图表示某个子系统或某个系统的逻辑模型。系统分析人员要根据调查材料，首先识别出那些不受所描述的系统的控制，但又影响系统运行的外部环境，这就是系统的数据输入的来源和输出的去处。要把这些因素都作为外部项确定下来。

确定了系统和外部环境的界面，就可集中力量分析，确定系统本身的功能。

② 自顶向下逐层扩展。信息系统庞大而复杂，具体的数据加工可能成百上千，关系错综复杂，不可能用一两张数据流图明确、具体地描述整个系统的逻辑功能，自顶向下的原则为我们绘制数据流图提供了一条清晰的思路和标准化的步骤。

③ 合理布局。数据流图的各种符号要布局合理、分布均匀、整齐、清晰，使读者一目了然。这才便于交流，避免产生误解。一般要把系统数据主要来源的外部项尽量安排在左方，而要把数据主要去处的外部项尽量安排在右边，数据流的箭头线尽量避免交叉或过长，必要时可用重复的外部项和重复的数据存储符号。

④ 数据流图只反映数据流向、数据加工和逻辑意义上的数据存储，不反映任何数据处理的技术过程、处理方式和时间顺序，也不反映各部分相互联系的判断与控制条件等技术问题。这样，只从系统逻辑功能上讨论问题，便于和用户交流。

⑤ 数据流图绘制过程，就是系统的逻辑模型的形成过程，必须始终与用户密切接触、详细讨论、不断修改，也要和其他系统建设者共同商讨以求一致意见。

(3) 数据流图的改进。

对每个系统都有一个逐步熟悉和深化的过程，因此在画数据流图时难免会有这样或那样的错误，这就需要对数据流图做进一步的改进。一般可从下面两个方面着手。

① 检查数据流图的正确性。

- 数据是否守恒，即输入数据与输出数据是否匹配。数据不守恒的情况有两种。一种是某个处理过程产生输出数据，但没有输入数据给该处理过程，这肯定是某些数据流被遗漏了。另一种是有输入数据给处理过程，但没有输出数据，这种情况不一定是错误，但必须认真加以推敲：为什么将这些数据输入给这个处理过程，而处理过程却不利用它产生输出？如果确实是不必要的，就可将它去掉，以简化处理逻辑之间的联系。
- 数据存储的使用是否恰当。在一套数据流图中的任何一个数据存储，必定有流入的数据流和流出的数据流，即写文件和读文件，缺少任何一种都意味着遗漏了某些处理逻辑。
- 父图和子图是否平衡。父图中某一处理框的输入、输出数据流必须出现在相应的子图中，否则就会出现父图与子图的不平衡。父图和子图的数据流不平衡是一种常见的错误现象。尤其是在对子图进行修改时（如添加或删除某些数据流），必须仔细检查其父图是否要做相应的修改，以保持数据流的平衡。父图与子图的关系，类似于全国地图与各省地图的关系。在全国地图上标出主要的铁路、河流，在各省地图上标得则更详细，除了有全国地图上与该省相关的铁路、河流之外，还有一些次要的铁路、公路、河流等。
- 任何一个数据流至少有一端是处理框。换句话说，数据流不能从外部实体直接到数据存储，也不能从数据存储直接到外部实体，也不能在外部实体之间或数据存储之间流动。初学者往往容易违反这一规定，常常在数据存储与外部实体之间画数据流。其实，记住数据流是处理功能的输入或输出，就不会出现此类错误。

② 提高数据流图的易理解性。

数据流图是系统分析员进行业务调查，与用户沟通的重要工具。因此，数据流图应该简明易懂。这也有利于后面的设计，有利于对系统规格说明书进行维护。可以从以下几个方面提高易理解性。

- 简化处理间的联系。结构化分析的基本手段是"分解"，其目的是控制复杂性。合理的分解是将一个复杂的问题分成相对独立的几个部分，每个部分可被单独理解。在数据流图中，将一个处理逻辑分解成若干个子处理逻辑，并使各子处理逻辑尽可能地相对独立、处理逻辑间的数据流尽可能地少、每个处理逻辑的输入和输出数据流数目尽可能地少，这样每一个处理逻辑就比较容易被单独地理解，因而一个复杂的处理逻辑也就被几个较简单的子处理逻辑代替了。
- 保持分解的均匀性。理想的分解是将一个加工分成大小均匀的几个子加工。如果在一张数据流图上，某几个已经是不必再分解的基本加工，而另一些加工却还要进一步分解三四层，这样的分解就不均匀。不均匀的分解是不容易被理解的。因为其中一些已是细节，而另一些仍然是较高层次上的抽象。在这种情况下应考虑重新分解，应努力避免特别不均匀的分解。
- 适当命名。给数据流图中的各个成分取一个适当的名字无疑是提高其易理解性的重要手段之一。比如处理框的命名应能准确地表达其功能，理想的命名由一个具体的动词加一个具体的名词（宾语）组成，在下层尤其应该如此。例如"计算总工作量"、"开发票"。而最好将"存储和打印提货单"分成两个。"处理订货单"则不太好，"处理"是空洞的动词，没有说明究竟做什么。如果难以为某个成分取合适的名字，那么往往是分解不当的迹象，这时可以考虑重新分解。

数据流图也常常需要重新分解。例如画到某一层时意识到上一层或上几层所犯的错误，这时就需要对它们重新分解。重新分解可按下述步骤进行：

- 把需要重新分解的数据流图的所有子图拼接成一张图。
- 把新拼接成的图分成几个部分，使各部分之间的联系最少。
- 重新建立父图，即把第②步所得的每一部分画成一个处理框。
- 重新建立各张子图，这只需要把第②步所得的图沿各个部分边界分开即可。
- 为所有处理重新命名和编号。

（4）数据流图举例。

下面我们以高等学校学籍管理系统为例，说明画数据流图的方法。学籍管理是一项十分严肃而复杂的工作。它要记录学生从入学到离校，整个在校期间的情况，学生毕业时把学生的情况提供给用人单位。学校还要向上级主管部门报告学籍的变动情况。

图 12-6 所示概括描述了系统的轮廓、范围，标出了最主要的外部实体和数据流。它是进一步分析的出发点。学籍管理包括学生学习成绩管理、学生奖惩管理、学生异动管理三个部分。由此，图 12-6 可以展开为图 12-7。虚线框是图 12-6 中处理逻辑的放大。下面以"成绩管理"为例，说明逐层分解的思路。

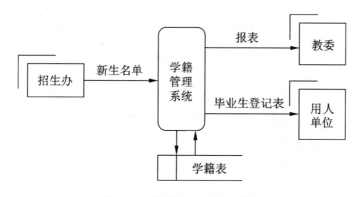

图 12-6　学籍管理系统顶层图

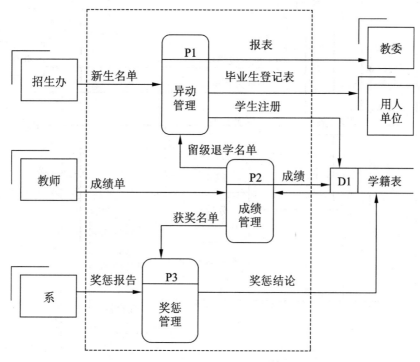

图 12-7　学籍管理系统的第一层数据流图

某校现在实行校、系两级管理学习成绩。学校教学管理科、系教务员都登记学生成绩。任课教师把学生成绩单一式两份分别送系教务员和学校教学管理科。系教务员根据成绩单登录学籍表,学期结束时,给学生发成绩通知,根据学籍管理条例确定每个学生升级、补考、留级、退学的情况。教学管理科根据收到的成绩单登录教管科存的学籍表,统计各年级各科成绩分布,报主管领导。补考成绩也做类似处理,这样 P2 框扩展成图 12-8。

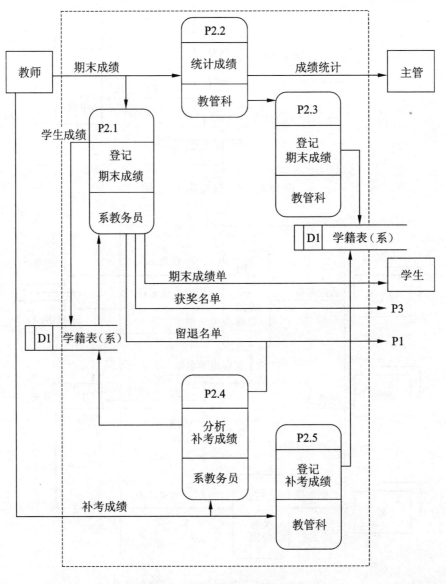

图 12-8 "成绩管理"框的展开

在图 12-8 中的一些处理，有的框还需要进一步展开，如 P2.1 框，但在这里我们不再一一展开。

**2. 数据字典**

数据流图描述了系统的分解，即描述了系统由哪几部分组成，各部分之间的联系等，但没有说明系统中各成分的含义。只有当数据流图中出现的每一成分都给出定义之后，也就是使数据流图上的数据流名字、处理逻辑名字等都具有确切地解释之后，才能真正完整、准确地描述一个系统。为此，还需要其他工具对数据流图加以补充说明。

数据字典就是这样的工具。数据字典最初用于数据库管理系统。它为数据库用户、数据库管理员、系统分析员和程序员提供某些数据项的综合信息。这种思想启发了信息系统的开发人员，使他们想到将数据字典引入系统分析。

数据字典是以特定格式记录下来的、对系统的数据流图中各个基本要素（数据流、处理逻辑、数据存储和外部实体）的内容和特征所做的完整的定义和说明。它是结构化系统分析的重要工具之一，是对数据流图的重要补充和说明。

建立数据字典的工作量很大，而且相当繁琐。但这是一项必不可少的工作。数据字典在信息系统开发中具有十分重要的意义，不仅在系统分析阶段，而且在整个开发过程中以及今后的系统运行中都要使用它。

数据字典可以用人工方式建立。事先印好表格，填好后按一定顺序排列，就是一本字典。也可以建立在计算机内，数据字典实际上是关于数据的数据库，这样使用、维护都比较方便。编写数据字典是系统开发的一项重要的基础工作。一旦建立，并按编号排序之后，就是一本可供查阅的关于数据的字典，从系统分析一直到系统设计和实施都要使用它。在数据字典的建立、修正和补充过程中，始终要注意保证数据的一致性和完整性。

（1）数据字典的条目。

数据字典中有 6 类条目：数据项、数据结构、数据流、数据存储、处理过程和外部实体。不同类型的条目有不同的属性，现分别说明如下：

① 数据项　又被称为数据元素，是系统中最基本的数据组成单位，也就是不可再分的数据单位，如学号、姓名、成绩等。一般分析数据特性应从静态和动态两个方面去进行。但在数据字典中，仅定义数据的静态特性，具体包括：

- 数据项的名称。名称要尽量反映该元素的含义，便于理解和记忆。
- 编号。一般由字母和数字组成。
- 别名。一个数据元素，可能其名称不止一个；若有多个名称，则须加以说明。
- 简述。有时候名称仍然不能很确切地反映元素的含义，则可以给该数据项加一些描述信息。
- 数据项的取值范围和取值的含义。指数据元素可能取什么值或每一个值代表的意思。

数据项的取值可分为离散型和连续型两类。如人的年龄是连续型的，取值范围可定义为 0~150 岁。而"婚姻状况"取值范围是"未婚、已婚、离异、丧偶",是离散型的。

一个数据项是离散的,还是连续的,视具体需要而定。例如在一般情况下,我们用岁数表示一个人的年龄,是连续的。但有时,我们只要用"幼年、少年、青年、壮年、老年"表示,或者区分为成年、未成年即可,这时年龄便是离散型的。

- 数据项的长度。指出该数据项由几个数字或字母组成。如学号,按某校的编法由 7 个数字组成,其长度就是 7 个字节。
- 数据类型。说明取值是字符型还是数字型等。

表 12-1 就是数据项条目的一个例子。数据字典中对"职工姓名"数据项的描述。

表 12-1 一个数据项的例子

| 数据项编号 | 数据项名称 | 别名 | 简述 | 数据类型 | 长度 | 取值范围 |
|---|---|---|---|---|---|---|
| a001 | 职工姓名 | 姓名 | 本单位在职职工的身份证姓名 | 字符 | 6 字节 | 0~999 999 |

② 数据结构  数据结构描述某些数据项之间的关系。一个数据结构可以由若干个数据项组成;也可以由若干个数据结构组成,还可以由若干个数据项和数据结构组成。在数据字典中对其定义包括:名称;编号;简述;数据结构的组成。例如表 12-2 所示订货单就是由三个数据结构组成的数据结构,表中用 DS 表示数据结构,用 I 表示数据项。

表 12-2 一个的数据结构的例子

| 数据结构编号 | 数据结构名称 | 简述 | 数据结构组成 |
|---|---|---|---|
| DS03-01 | 用户订货单 | 用户所填用户情况及订货要求等信息 | DS0302+DS03-03+DS03-04 |

如果是一个简单的数据结构,只要列出它所包含的数据项。如果是一个嵌套的数据结构(即数据结构中包含数据结构),则需列出它所包含的数据结构的名称,因为这些被包含的数据结构在数据字典的其他部分已有定义,见表 12-3。

表 12-3 用户订货单的数据结构

| DS03-01:用户订货单 | | |
|---|---|---|
| DS03-02:订货单标识<br>I1:订货单编号<br>I2:日期 | DS03-03:用户情况<br>I3:用户代码<br>I4:用户名称<br>I5:用户地址<br>I6:用户姓名<br>I7:电话<br>I8:用户银行<br>I9:账号 | DS03-04:配件情况<br>I10:配件代码<br>I11:配件名称<br>I12:配件规格<br>I3:订货数量 |

③ 数据流　数据流由一个或一组固定的数据项组成。定义数据流时，不仅要说明数据流的名称、组成等，还应指明它的来源、去向和数据流量等。在数据字典中数据流的属性包括：

- 名称。名称含义应尽量便于理解和记忆。
- 编号。一般由字母和数字组成。
- 简述。对该数据流的补充说明。
- 数据流的来源。数据流可以来自某个外部实体、数据存储或某个处理。
- 数据流的去向。某些数据流的去处可能不止一个，若有多个去处，则都需要进行说明。
- 数据流的组成。指数据流所包含的数据结构。一个数据流可包含一个或多个数据结构。若只含一个数据结构，应注意名称的统一，以免产生二义性。
- 数据流的流通量。指单位时间（每日，每小时等）里的数据传输次数。可以估计平均数或最高、最低流量各是多少。
- 高峰期流通量。

表 12-4 是一个数据流的例子。

表 12-4　一个数据流的例子

| 数据流编号 | 数据流名称 | 简述 | 数据流来源 | 数据流去向 | 数据流组成 | 数据流量 | 高峰流量 |
|---|---|---|---|---|---|---|---|
| F03-08 | 领料单 | 车间开出的领料单 | 车间 | 发料处理模块 | 材料编号+材料名称+领用数量+日期+领用单位 | 10 份/时 | 20 份/时（上午 9:00-11:00） |

④ 处理逻辑的定义　处理逻辑的定义仅对数据流程图中最底层的处理逻辑加以说明。在数据字典中对其定义包括：处理逻辑名称；编号；简述；输入；处理过程；输出；处理频率，如表 12-5 所示。

表 12-5　一个处理逻辑的例子

| 名称 | 编号 | 简述 | 输入的数据流 | 处理 | 输出的数据流 | 处理频率 |
|---|---|---|---|---|---|---|
| 计算电费 | PO2-03 | 计算应交纳的电费 | 数据流电费价格，来源于数据存储文件价格表；数据流电量和用户类别，来源于处理逻辑"读电表数字处理"和数据存储"用户文件" | 确定该用户类别、确定该用户的收费标准，得到单价；单价和用电量相乘得该用户应交纳的电费 | 一是外部实体用户；二是写入数据存储用户电费账目文件 | 对每个用户每月处理一次 |

⑤ 数据存储　数据存储在数据字典中只描述数据的逻辑存储结构，而不涉及它的物理组织。在数据字典中对其定义包括：数据存储的编号；名称；简述；组成；关键字；相关的处理。表 12-6 给出了一个数据存储定义的例子。

表 12-6　一个数据存储定义的例子

| 编号 | 名称 | 简述 | 数据存储组成 | 关键字 | 相关联的处理 |
|---|---|---|---|---|---|
| F03-08 | 库存账 | 存放配件的库存量和单价 | 配件编号+配件名称+单价+库存量+备注 | 配件编号 | P02, P03 |

⑥ 外部实体定义　外部实体是数据的来源和去向。因此，在数据字典中关于外部实体的条目，主要说明外部实体产生的数据流和传给该外部实体的数据流，以及该外部实体的数量。外部实体的数量对于估计系统的业务量有参考作用，尤其是关系密切的主要外部实体。在数据字典中对外部实体的定义包括：外部实体编号；外部实体名称；简述；输入的数据流；输出的数据流。表 12-7 给出了一个外部实体定义的例子。

表 12-7　一个外部实体定义的例子

| 编号 | 名称 | 简述 | 输入的数据流 | 输出的数据流 |
|---|---|---|---|---|
| S03-01 | 用户 | 购置本单位配件的用户 | D03-06，D03-08 | D03-01 |

（2）数据字典的作用。

数据字典实际上是"关于系统数据的数据库"。在整个系统开发过程以及系统运行后的维护阶段，数据字典都是必不可少的工具。数据字典是所有人员工作的依据、统一的标准。它可以确保数据在系统中的完整性和一致性。具体地讲，数据字典有以下作用：

① 按各种要求列表。可以根据数据字典，把所有数据元素、数据结构、数据流、数据存储、处理逻辑、外部实体，按一定的顺序全部列出，保证系统设计时不会遗漏。

如果系统分析员要对某个数据存储的结构进行深入分析，需要了解有关的细节，了解数据结构的组成乃至每个数据元素的属性，数据字典也可提供相应的　　　内容。

② 相互参照，便于系统修改。根据初步的数据流图，建立相应的数据字典。在系统分析过程中，常会发现原来的数据流图及各种数据定义中有错误或遗漏，需要修改或补充。有了数据字典，这种修改就变得容易多了。

例如，在某个库存管理系统中，"商品库存"这个数据存储的结构是：商品编号、商品名、规格、当前库存量。一般来讲，考虑能否满足用户订货，这些数据项就够了。但如果要求库存数量不能少于"安全库存量"，则这些数据项是不够的。这时，在这个结构中就要增加"安全库存量"这个数据项。以前，只要"顾客订货量小于或等于当前库存量"，就认为可以满足用户订货；现在则只有"顾客订货量小于或等于当前库存量且当前库存量大于或等于安全库存量"时才能满足顾客订货。有了数据字典，这个修改就容易了。因为在该数据存储的条目中，记录了有关的数据流，由此可以找到因数据存储的改动而可能影响到的处理逻辑，不至于遗漏而造成不一致。

③ 由描述内容检索名称。对于一个稍微复杂的系统，数据字典的量是相当大的，有时候系统分析员可能没有把握断定某个数据项在数据字典中是否已经定义，或者记不清楚其确切名字，这时可以通过内容查找其名称，就像根据书的内容查询图书的名字一样。

④ 一致性检验和完整性检验。根据各类条目的规定格式，可以检验一下一些问题。

- 是否存在没有指明来源或去向的数据流。
- 是否存在没有指明数据存储或所属数据流的数据元素。
- 处理逻辑与输入的数据元素是否匹配。
- 是否存在没有输入或输出的数据存储。

（3）数据字典的编写与管理。

数据字典的内容是随着数据流图自顶向下，逐层扩展而不断充实的。数据流图的修改与完善，将导致数据字典的修改，这样才能保证数据字典的一致性和完整性。数据字典的编写可以有两种方式：手工编写和计算机辅助编写。

手工编写的主要工具是笔和卡片，当然可以辅以计算机文字处理手段。这时计算机只是作为手工书写工具来使用，没有处理数据字典的结构、内容和格式的功能。由于数据字典各条目的定义、说明和分解细化主要靠人的知识、经验和判断，手工编写具有较大的灵活性与适应性，也就是说，可以随着系统分析工作的深入和对用户信息需求的了解的细化而不断充实、修正数据字典的内容。但手工编写效率不高、编辑困难、容易出现疏漏与错误，对数据字典的检验、维护与查询、检索、统计、分析都不方便。

计算机辅助编写数据字典时，计算机以输入的方式接受数据字典各类成分的定义和说明的原始数据，根据规范要求提供编辑、索引、完整性、一致性检查的功能。具有统计、报告、查询功能，可以定义在某些加工中使用、但数据流图上未注明的数据元素。这类计算机辅助工具称为计算机辅助系统工程（Computer-Aided Systems Engineering）工具，或称计算机辅助软件工程（Computer-Aided Software Engineering，CASE）工具。这些 CASE 工具提供 DFD 和 DD 的编制功能，具有图形处理、数据管理和文字编辑的能力，有的还能在系统设计与系统实施阶段提供辅助。

对于计算机辅助编写数据字典来说，最重要的是建立便于输入、查询与维护的数据库，称之为数据字典库。因此，除了采用商品化的 CASE 工具软件辅助编写数据字典外，也可采用通用的开发工具和数据库管理系统来创建数据字典库及相应的编辑、查询与检验程序。

但在开发初期，对于规模不太大的系统，手工编写更方便实惠。

编写数据字典的基本要求是：

- 对数据流图上各种成分的定义必须明确、唯一、易于理解。命令、编号与数据流图一致,必要时可增加编码,以方便查询、检索、维护和统计报表。
- 符合一致性和完整性的要求,对数据流图上的成分定义与说明没有遗漏。
- 数据字典中无内容重复或内容相互矛盾的条目。
- 数据流图中同类成分的数据字典条目中,无同名异义或异名同义者。
- 格式规范、风格统一、文字精炼,数字与符号正确。

数据字典的建立,对于系统分析人员、用户或是系统设计人员均有很大好处,他们可以从不同的角度分别从数据字典中得到有关的信息,便于认识整个系统并随时查询系统中的部分信息。随着系统开发工作的不断深入,数据字典所带来的效益也将越来越明显。

为了保证数据的一致性,数据字典必须由专人(数据管理员)管理。其职责就是维护和管理数据字典,保证数据字典内容的完整一致。任何人(包括系统分析员、系统设计员、程序员)要修改数据字典的内容,都必须通过数据管理员。数据管理员要把数据字典的最新版本及时通知有关人员。

### 3. 实体联系图

数据流图描述了系统的逻辑结构,数据流图中的有关处理逻辑及数据流的含义可用数据字典具体定义说明,但是对于比较复杂的数据及其之间的关系,用它们是难以描述的,在这种情况下一般采用实体联系图进行描述。

实体联系图(Entity-Relationship Diagram,ER 图),可用于描述数据流图中数据存储及其之间的关系,最初用于数据库概念设计。

图 12-9 是大学教务管理问题中对教务处进行分析调查后得到的实体联系图。其中,学生档案是有关学生情况的集合,课程档案是有关开设的课程情况集合,注册记录、选课单则分别是学生注册和选课情况的集合。它用简单的图形方式描述了学生和课程等这些教学活动中的数据之间的关系。

在实体联系图中,有实体、联系和属性三个基本成分,如图 12-10 所示。

(1)实体。实体是现实中存在的对象,有具体的,也有抽象的;有物理上存在的,也有概念性的;例如,学生、课程,等等。它们的特征是可以互相区别,否则就会被认为是同一对象。凡是可以互相区别、又可以被人们识别的事、物、概念等统统可以被抽象为实体。数据流图中的数据存储就是一种实体。实体可以分为独立实体和从属实体或弱实体,独立实体是不依赖于其他实体和联系而可以独立存在的实体,如图 12-9 中的"学生档案"、"课程档案"等,独立实体常常被直接简称为实体;从属实体是这样一类实体,其存在依赖于其他实体和联系,在实体联系图中用带圆角的矩形框表示,例如图 12-9 中的"注册记录"是从属实体,它的存在依赖于实体"学生档案","课程档案"和联系"注册","选课单"也是从属实体,它的存在依赖于实体"学生档案","课程档案"和联系"选课"。

在以下述说中,为简便起见,将图 12-9 中的实体"学生档案"和"课程档案"直接称为"学生"和"课程"。

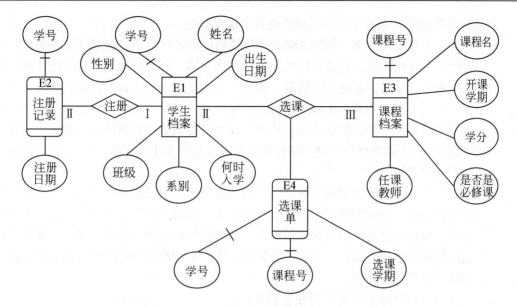

图 12-9  大学教务处教务管理问题实体联系图

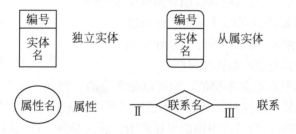

图 12-10  实体联系图的基本成分

（2）联系。实体之间可能会有各种关系。例如，"学生"与"课程"之间有"选课"的关系。这种实体和实体之间的关系被抽象为联系。在实体联系图中，联系用联结有关实体的菱形框表示，如图 12-9 所示。联系可以是一对一（1:1），一对多（1:N）或多对多（M:N）的，这一点在实体联系图中也应说明。例如在大学教务管理问题中，"学生"与"课程"是多对多的"选课"联系。

（3）属性。实体一般具有若干特征，这些特征就被称为实体的属性，例如图 12-9 中的实体"学生"，具有学号、姓名、性别、出生日期和系别等特征，这些就是它的属性。

联系也可以有属性，例如学生选修某门课程，它既不是学生的属性，也不是课程的属性，因为它依赖于某个特定的学生，又依赖于某门特定的课程，所以它是学生与课程之间的联系"选课"的属性。在图 12-9 中，联系"选课"的属性被概括在从属实体"选课单"中。联系具有属性这一概念对于理解数据的语义是非常重要的。

在实体联系图中，还有如下关于属性的几个重要概念。

- 主键，如果实体的某一属性或某几个属性组成的属性组的值能唯一地决定该实体其他所有属性的值，也就是能唯一地标识该实体，而其任何真子集无此性质，则这个属性或属性组被称为实体键。如果一个实体有多个实体键存在，则可从其中选一个最常用到的作为实体的主键。例如实体"学生"的主键是学号，一个学生的学号确定了，那么他的姓名、性别、出生日期和系别等属性也就确定了。在实体联系图中，常在作为主键的属性或属性组与相应实体的连线上加一短垂线表示，如图 12-9 所示的"学号"。
- 外键，如果实体的主键或属性（组）的取值依赖于其他实体的主键，那么该主键或属性（组）被称为外键。例如，从属实体"注册记录"的主键"学号"的取值依赖于实体"学生"的主键"学号"，"选课单"的主键"学号"和"课程号"的取值依赖于实体"学生"的主键"学号"和实体"课程"的主键"课程号"，这些主键和属性就是外键。
- 属性域，属性可以是单域的简单属性，也可以是多域的组合属性。组合属性由简单属性和其他组合属性组成。组合属性中允许包括其他组合属性意味着属性可以是一个层次结构，如图 12-11 所示通信地址就是一种具有层次结构的属性。

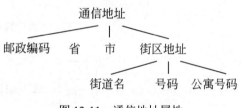

图 12-11 通信地址属性

- 属性值，属性可以是单值的，也可以是多值的。例如一个人所获得的学位可能是多值的。当某个属性对某个实体不适应或属性值未知时，可用空缺符 NULL 表示。

在画实体联系图时，为了使得图形更加清晰、易读易懂，可以将实体和实体的属性分开画，并且对实体进行编号，如图 12-12 和图 12-13 所示。

由于人们通常就是用实体、联系和属性这三个概念来理解和描述现实问题的，所以实体联系图非常接近人的思维方式。又因为实体联系图采用简单的图形来表达人们对现实的理解，所以不熟悉计算机技术的用户也都能够接受它，因此实体联系图成为了系统分析员和用户之间沟通的工具。

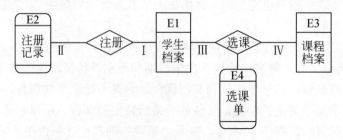

图 12-12 实体联系图

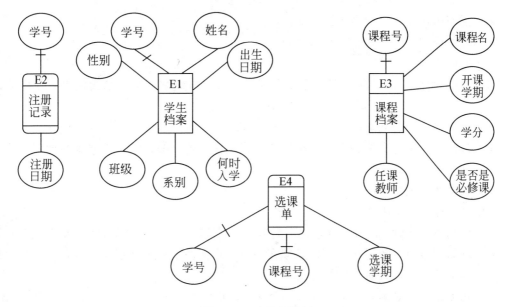

图 12-13 实体属性图

**4．描述加工处理的结构化语言**

数据流图中所有不进一步分解的加工（处理逻辑），成为基本加工。基本加工是最底层的加工，但并不都在最底层的数据流图中。上层数据流图中某些加工环节不需要进一步分解的，都属于基本加工。基本加工有父项，无子项；而非基本加工均有子项，这是识别基本加工的主要原则。在数据字典中，非基本加工可用基本加工的组合来描述，因而比较简洁。基本加工是实现系统功能的基本组成部分，准确地、清晰地描述基本加工，成为表达系统逻辑功能的关键。

由于基本加工涉及详细的数据处理功能和处理过程，为了做到准确、清晰、简洁，基本加工的描述往往需要多种手段与工具，所用工具有自然语言的文字叙述、结构化语言、决策书、决策表、数学公式或者上述工具的联合使用。接下来我们就介绍一下描述加工处理的结构化语言。

人们常用自然语言描述各种问题。自然语言语义丰富、语法灵活，可描述十分广泛而复杂的问题，表达人们丰富的感情和智慧。但自然语言没有严格的规范，理解上容易产生歧义。在信息处理中人们广泛使用的计算机语言，是一种形式化语言，各种词汇均有严格定义，语法也很严格、规范，但使用的词汇被限制在很小范围内，叙述方式繁琐，难以清晰、简洁地描述复杂问题。结构化语言的特点介于两者之间，没有严格的语法规定，使用的词汇也比形式化的计算机语言广泛，但使用的语句类型很少，结构规范，表达的内容清晰、准确、易理解，不易产生歧义。适于表达数据加工的处理功能和处理过程。

结构化语言使用的语句类型只有以下三种。

- 祈使语句。
- 条件语句。
- 循环语句。

上述语句类型可以嵌套，句中可使用逻辑关系式与数学公式。结构化语言使用的词汇有：

- 祈使语句中的动词。
- 数据字典中定义的和系统分析其他正式文件中定义的词汇，主要是名词，也可有部分名词性短语。
- 表达逻辑关系的词汇。

使用结构化语言的原则是：

- 语句意义明确，内容具体，文字简炼。不用抽象、笼统、含糊的词，如"做"、"处理"、"信息"等。所有词汇必须在系统分析文件中有确切定义，所有语言必须具有可读性，使人易于理解。
- 祈使语句中必须有一个动词和一个宾语，分别表示动作的具体内容和动作的对象。尽量不使用形容词和副词。
- 表达逻辑关系时，只使用"与"、"或"两种运算用词和"等于"、"大于"、"小于"、"大于或等于"和"小于或等于"5种关系词。
- 语句结构清晰，开始、结束之处明确，嵌套时层次分明。

下面讨论结构化语言三种句型的特点：

- 祈使语句。祈使语句说明要做什么事，如前所述，一般有一个动词和一个宾语，如：

    获取收发数据
    计算补充订货量

  也有这种结构：

    将在库数加收入数
    将在库数减发出数

- 条件语句。条件语句说明在满足一定条件时做什么事。其一般形式为：

    如果          条件 1
    则            执行 A
    否则          执行 B

  例如：

    如果          成绩>=60 分
    则            及格人数加一
    否则          不及格人数加一

条件语句中可以嵌套其他语句。如上述结构中执行 A 或执行 B 可以是一组祈使语句，也可以是一个循环语句或是另一个条件语句。
- 循环语句。循环语句说明在满足某种条件下，继续执行某项处理功能。或者继续执行某项功能直到某个条件满足为止。此语句由两部分组成，第一部分为循环条件，第二部分为重复执行的语句。第二部分的语句，可以是一个或一组祈使语句，也可以是条件语句或循环语句形成的嵌套结构，如：

   对于每个库存项目    （循环条件）
    获取收入数据
    将在库数加收入数据，更新在库数
    获取发出数据
    将在库数减发出数据，更新在库数
    如果  在库数小于或等于临界库存数
       则发出补充并订货信号

## 12.4 系统说明书

### 12.4.1 系统说明书的内容

系统说明书是系统分析阶段工作的全面总结，是这一阶段的主要成果。它又是主管人员对系统进入设计阶段的决策依据。只有系统说明书经过系统开发工作的领导部门审查批准后才能进行下一阶段的工作。系统说明书又是后续各阶段工作的主要依据之一。因此系统说明书是整个系统开发工作最重要的文档之一。编写系统说明书是系统开发中一项十分重要的工作。

系统说明书应达到的基本要求是：全面、系统、准确、详实、清晰地表达系统开发的目标、任务和系统功能。
- 全面，就是要描述整个系统的有关内容，而不只是某个局部。
- 系统，就是要着重描述系统各部分的相互联系、相互作用，正确处理部分与整体的关系。
- 准确，就是对系统的目标、任务和各项功能逻辑模型中各种成分都要给以准确的、符合实际的描述，避免错误与疏漏。
- 详实，就是要详细具体地表达用户需求与系统逻辑功能，给系统设计与实施提供反映实际需求的、可以实现的工作依据。
- 清晰，就是要表达清楚、无二义、总体上一目了然，每个具体问题又有详细清楚地说明，整个系统说明书结构合理，图文形式简洁、可读性强。便于系统开发人员之间，专业人员与用户之间的交流。

作为系统分析阶段的技术文档,系统说明书通常包括以下三方面的内容:

**1. 引言**

说明项目的名称、目标、功能、背景、引用资料(如核准的计划任务书或合同),文中所用的专业术语等。

**2. 项目概述**

(1)项目的主要工作内容。

简要说明本项目在系统分析阶段所进行的各项工作的主要内容。这些内容是建立新系统逻辑模型的必要条件,而逻辑模型是书写系统规格说明书的基础。

(2)现行系统的调查情况。

新系统是在现行系统的基础上建立起来的。设计新系统之前,必须对现行系统进行调查,掌握现行系统的真实情况,了解用户的要求和问题所在。

列出现行系统的目标、主要功能、组织结构、用户要求等,并简要指出主要问题所在。以数据流图为主要工具,说明现行信息系统的概况。

数据字典、判定表、数据立即存取图等往往篇幅较大,可作为系统说明书的附件。但是由它们得到的主要结论(如主要的业务量、总的数据存储量等)应被列在正文中。

(3)新系统的逻辑模型。

通过对现行系统的分析,找出现行系统的主要问题所在,进行必要的改动,即得到新系统的逻辑模型。

新系统的逻辑模型也要通过相应的数据流图加以说明。数据字典等有变动的地方也要做相应说明。

**3. 实施计划**

(1)工作任务的分解:指对开发中应完成的各项工作按子系统(或系统功能)划分,指定专人分工负责。

(2)进度:指给出各项工作的预定日期和完成日起,规定任务完成的先后顺序及完成的界面。可用 PERT 图或甘特图表示进度。

(3)预算:指逐项列出本项目所需要的劳务以及经费的预算,包括办公费、差旅费、资料费,等等。

**系统说明书内容指南**

1. 引言

1.1 摘要

(摘要说明所建议开发的系统的名称、目标和功能。)

1.2 背景

(1)项目的承担者

(2)用户

(3)本系统和其他系统或机构的关系和联系

1.3 参考和引用资料
(1) 本项目的经核准的计划任务书或合同、上级机关的批文
(2) 属于本项目的其他已发表的文件
(3) 本文件中各处引用的文件资料
(列出上述文件资料的标题、编号、发表日期和制定单位,说明这些文件资料的来源。)
1.4 专门术语定义
(本文件所用到的术语。)
2. 项目概述
2.1 项目的主要工作内容
(简要地说明本项目在开发中须进行的各项主要工作,这些工作是建立新系统逻辑模型的必要条件,而逻辑模型是书写系统说明书的基础。)
2.2 系统需求说明
(新系统是在现行系统的基础上建立起来的。在新系统设计工作开展之前,必须对系统调查清楚,掌握现行系统的真实情况,了解用户的新要求和问题所在。)
2.2.1 现行系统的现状调查说明
(列出现行系统的目标、主要功能、用户要求等,并简要指出问题所在。)
2.2.2 业务流程说明
(简要说明现行系统现场工作流程和事务流程概况。反映这些业务流程的业务流程图,若需要,可另附。)
2.3 系统功能说明
(在现行系统现状调查的基础上,进一步透过具体工作,分析组织内信息、数据流动的路径和过程,真正弄清用户要解决什么问题,明确系统的功能要求。)
2.3.1 新系统功能要求
(数据流程图是系统需求的高度概括,是调查研究的重要产物,它源于现行系统,又高于现行系统。这里主要通过数据流程图概况说明系统的功能要求。)
(1) 系统的目标
(从新系统数据流程图的分析中,说明新系统有哪些目标。)
(2) 新系统的功能要求
(列出新系统的主要功能)
(3) 验收
(简单说明分析员和用户一起讨论分析的验收是否达到要求。)
2.4 系统的数据要求说明
(从数据流程图和数据字典分析逻辑数据结构,标识每个数据结构中的每个数据项、记录和文件的长度以及它们之间的关系。)

2.4.1 系统的数据要求

（这里的数据是指静态数据，即在运行过程中主要作为参考的数据，它们在很长一段时间内不会变化，一般不随运行而改变。）

(1) 数据项定义

（说明数据项定义中出现的例外情况，列出作为控制或参考的主要数据项。）

(2) 容量

（本系统所有数据项的总长度。）

(3) 用户

(4) 验收

（指出验收情况。）

2.4.2 系统的数据要求的粗略估计

（粗略估算系统在运行过程中动态数据的内容。）

上述工作，再加上环境对系统影响的估计，以及研制时间和人力、物力引起的费用估计，构成系统规格说明书。

3．实施总计划

3.1 工作任务的分解

（对于项目开发中应完成的各项工作，按系统功能（或子系统）划分，指定专人（或小组）分工完成，指明每项任务的负责人。）

3.2 进度

（给出每项工作任务的预定开始日期和完成日期，规定各项工作任务完成的先后顺序以及每项工作任务完成的界面。）

3.3 预算

（逐项列出本开发项目所需要的劳务（包括工作量/人）以及经费的预算（包括办公费、差旅费、资料费等）。）

## 12.4.2 系统说明书的审议

系统说明书是系统分析阶段的技术文档，也是这一阶段的工作报告，是提交审议的一份工作文件。系统说明书一旦被审议通过，则成为有约束力的指导性文件，成为用户与技术人员之间的技术合同，成为下阶段系统设计的依据。因此，系统说明书的编写很重要。它应简明扼要、抓住本质、反映系统的全貌和系统分析员的设想。它的优劣是系统分析员水平和经验的体现，也是他们对任务和情况了解深度的体现。

对系统规格说明书的审议是整个系统研制过程中一个重要的里程碑。审议应由研制人员、企业领导、管理人员、局外系统分析专家共同进行。审议通过之后，系统说明书就将成为系统研制人员与企业对该项目共同意志的体现。作为一个工作阶段，系统分析宣告结束。若有关人员在审议中对所提方案不满意，或者发现研制人员对系统的了解有比较重大的遗漏或误解，就需要返回详细调查，重新分析。也有可能发现条件不具备、不成熟，导致项目中止或暂缓。一般说来，经过认真的可行性分析之后，不应该出现后一种情况，除非情况有重大变动。

## 12.5 系统分析工具——统一建模语言（UML）

### 12.5.1 统一建模语言（UML）的概述

UML（Unified Modeling Language）是一种定义良好、易于表达、功能强大且普遍实用的建模语言。它溶入了软件工程领域的新思想、新方法和新技术。它不仅可以支持面向对象的分析与设计，更重要的是能够有力地支持从需求分析开始的软件开发的全过程。UML是一种建模语言，而不是一种方法。

UML由信息系统和面向对象领域的三位著名的方法学家Grady Booch、Ivar Jacobson和Jim Rumbaugh提出，并得到业界的广泛支持，由OMG组织（Object Management Group）采纳作为业界标准。UML取代了目前软件业众多的分析和设计方法而成为一种标准，成为软件界的第一个统一的建模语言。目前OMG已经把UML作为公共可得到的规格说明提交给国际标准化组织（ISO）进行国际标准化，UML最终将正式成为信息技术的国际标准。

**1. UML是一种可视化语言**

对于很多程序员来说，把实现的思想变成代码，其间没有什么距离可言，就是思考和编码。事实上，对有些事情的处理最好就是直接编码。但是，软件开发并不仅仅是编码，程序员还需要做一些建模。但这其中存在几个问题：一些概念模型容易产生错误的理解，因为并不是每个人都使用相同的语言。一种有代表性的情况是：假设项目开发单位建立了自己的语言，如果你是外来者或是加入项目组的新人，你就难以理解该单位在做什么事情。除非建立了模型（不仅仅是文字的编程语言），否则你就不能够理解软件系统中的某些事情。例如，阅读一个类层次的所有代码，虽可推断出对象的物理分布和可能移动，但也不能直接领会它。如果一个开发者仅写下代码而没有写下他头脑中的模型，一旦他另寻高就，那么这些信息就会永远丢失，最好的情况也只能是通过实现而部分地重建。

针对第一个问题，UML是一组图形符号，UML表示法中的每个符号都有明确语义。UML使一个开发者可以用UML绘制一个模型，而另一个开发者（甚至工具）可以无歧义地解释这个模型。针对第二个问题，UML是一种图形化语言，它用图形建模。针对第三个问题，UML建立了清晰的模型有利于将来的重建。

**2. UML是一种构造语言**

UML不是一种可视化的编程语言，但用UML描述的模型可与各种编程语言直接相连。这意味着一种可能性，即可把用UML描述的模型映射成编程语言，如Java、C++和

Visual Basic 等，甚至映射成关系数据库的表或面向对象数据库的永久存储。对一个事物，如果表示为图形方式最为恰当，则用 UML，而如果表示为文字方式最为恰当，则用编程语言。

这种映射允许进行正向工程：从 UML 模型到编程语言的代码生成。也可以进行逆向过程：由编程语言代码重新构造 UML 模型。逆向工程并不是魔术。除非你对实现中的信息编码，否则从模型到代码会丢失这些信息。逆向工程需要工具支持和人的干预。把正向代码生成和逆向工程这两种方式结合起来就可以产生双向工程，这意味着既能在图形视图下工作，又能在文字视图下工作，这需要用工具来保持两者的一致性。

除了直接映射之外，UML 具有丰富的表达力，而且无歧义性，这允许直接执行模型，系统地模拟以及对运行系统进行操纵。

**3．UML 是一种文档化语言**

一个健壮的软件组织除了生产可执行的源代码之外，还要给出各种制品。这些制品包括内容如下。

- 需求
- 体系结构
- 设计
- 源代码
- 项目计划
- 测试
- 原型
- 发布

依靠于开发背景，有些制品或多或少地比另一些制品要正规些。这些制品不但是项目交付时所要求的，而且无论是在开发期间还是在交付使用后对控制、度量和理解系统也是关键的。

UML 适于建立系统体系结构及其所有的细节文档。UML 还提供了用于表达需求和用于测试的语言。最终 UML 提供了对项目计划和发布管理的活动进行建模的语言。

UML 的目标是：

- 易于使用、表达能力强、进行可视化建模。
- 与具体的实现无关，可应用于任何语言平台和工具平台。
- 与具体的过程无关，可应用于任何软件开发的过程。
- 简单并且可扩展，具有扩展和专有化机制，便于扩展，无需对核心概念进行修改。
- 为面向对象的设计与开发中涌现出的高级概念，例如协作框架模式和组件提供支持，强调在软件开发中对架构框架模式和组件的重用。
- 与最好的软件工程实践经验集成。
- 可升级，具有广阔的适用性和可用性。

- 有利于面对对象工具的市场成长。

## 12.5.2 统一建模语言(UML)的内容

UML 的目的是建模，在 UML 中，建立的模型有三个要素：
- 事物，事物是对模型中最具有代表性的成分的抽象。
- 关系，关系把事物结合在一起。
- 图，图聚集了相关的事物。

**1. UML 中的事物**

在 UML 中有 4 种事物。
- 结构事物。
- 行为事物。
- 分组事物。
- 注释事物。

（1）结构事物。

结构事物是 UML 模型中的静态部分，描述概念或物理元素。共有 7 种结构事物。

① 类（class）是对一组具有相同属性、相同操作、相同关系和相同语义的对象的描述。一个类实现了一个或多个接口。在图形上，把一个类画成一个矩形，通常矩形中写有类的名称、类的属性和类的操作，如图 12-14 所示。

② 接口（interface）是描述了一个类或构件的一个服务的操作集。因此，接口描述元素的外部可见行为。一个接口可以描述一个类或构件的全部行为或部分行为。接口定义了一组操作的描述（即特征标记），而不是操作的实现。在图形上，把一个接口画成一个带有名称的圆。接口很少单独存在，而是通常依附于实现接口的类或构件，如图 12-15 所示。

③ 协作（collaboration）定义了一个交互，它是由一组共同工作以提供某协作行为的角色和其他元素构成的一个群体，这些协作行为大于所有元素的各自行为的总和。因此，协作有结构、行为和维度。一个给定的类可以参与几个协作。这些协作因而表现了系统构成模式的实现。在图形上，把一个协作画成一个通常仅包含名称的虚线椭圆，如图 12-16 所示。

④ 用例（Use Case）是对一组动作序列的描述，系统执行这些动作将产生一个对特定的参与者有价值而且可观察的结果。用例用于对模型中的行为事物结构化。在图形上，把一个用例画成一个实现椭圆，通常仅包含它的名称，如图 12-17 所示。

⑤ 活动类（Active Class）也是一种类，其对象至少拥有一个进程或线程，因此它能够启动控制活动。活动类的对象所描述的元素的行为与其他元素的行为并发，除了这一点之外，它和类是一样的。在图形上，活动类很像类，只是它的外框是粗框，通常它包含名称、属性和操作，如图 12-18 所示。

图 12-14 类　　图 12-15 接口　　图 12-16 协作　　图 12-17 用例

⑥ 组件（component）是可重用的系统片段，具有良好定义接口的物理实现单元。组件包含了系统设计中某些类的实现。组件设计的原则：良好的组件不直接依赖于其他组件，而是依赖于其他组件所支持的接口。这样的好处是系统中的组件可以被支持相同接口的组件所取代。在一个系统中，你将遇到不同类型的部署组件，如 COM+构件和 Java Bean，以及在开发过程中所产生的制品组件，如源代码文件。通常组件是一个描述了一些逻辑元素（如类、接口和协作）的物理包。在图形上，把一个组件画成一个带有小方框的矩形，通常在矩形中只写该组件的名称，如图 12-19 所示。

⑦ 结点（node）是在运行时存在的物理元素，它表示了一种可计算的资源，它通常至少有一些记忆能力和处理能力。一个组件集可以驻留在一个结点内，也可以从一个结点迁移到另一个结点。在图形上，把一个结点画成一个立方体，通常在立方体内只写它的名称，如图 12-20 所示。

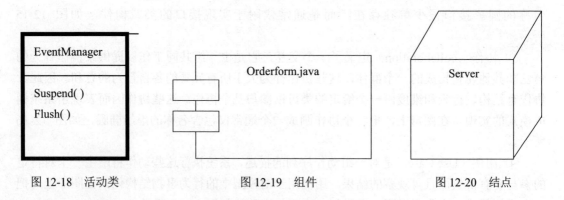

图 12-18 活动类　　图 12-19 组件　　图 12-20 结点

（2）行为事物。

行为事物是 UML 模型的动态部分，描述了跨越时间和空间的行为，共有两类主要的行为事物。

① 交互（interaction）是这样一种行为，它由在特定语境中共同完成一定任务的一组

对象之间交换的消息组成。一个对象群体的行为或单个操作的行为可以用一个交互来描述。交互涉及一些其他元素，包括消息、动作序列（由一个消息所引起的行为）和链（对象间的连接）。在图形上，把一个消息画成一条有向直线，通常在表示消息的线段上总有操作名，如图 12-21 所示。

② 状态机（state machine）是这样一种行为，它描述了一个对象或一个交互在生命期内响应事件所经历的状态序列。单个类或一组类之间协作的行为可以用状态机来描述。一个状态机涉及到一些其他元素，包括状态、转换（从一个状态到另一个状态的流）、事件（触发转换的事物）和活动（对一个转换的响应）。在图形上，把一个状态画成一个圆角矩形，通常在圆角矩形中含有状态的名称及其子状态，如图 12-22 所示。

图 12-21 消息　　　　　　　　　　图 12-22 状态

（3）分组事物。

分组事物是 UML 模型的组织部分。它们是一些由模型分解成的"盒子"。在所有的分组事物中，最主要的分组事物是包。

包（package）是把元素组织成组的机制，这种机制具有多种用途。结构事物，行为事物甚至其他的分组事物都可以放进包内。包不像构件（仅在运行时存在），它纯粹是概念上的（即它仅在开发时存在）。在图形上，把一个包画成一个左上角带有一个小矩形的大矩形，在矩形中通常仅含有包的名称，有时还有内容，如图 12-23 所示。

（4）注释事物。

注释事物是 UML 模型的解释部分。这些注释事物用来描述，说明和标注模型的任何元素。有一种主要的注释事物，称为注解。注解（note）是一个依附于一个元素或一组元素之上，对它进行约束或解释的简单符号。在图形上，把一个注解画成一个右上角是折角的矩形，其中带有文字或图形解释，如图 12-24 所示。

图 12-23 包　　　　　　　　　　图 12-24 注解

## 2. UML 中的关系

在 UML 中有 4 种关系。

- 依赖
- 关联
- 泛化
- 实现

① 依赖（dependency）是两个事物间的语义关系，其中一个事物（独立事物）发生变化会影响另一个事物（依赖事物）的语义。在图形上，把一个依赖画成一条可能有方向的虚线，偶尔在其上还有一个标记，如图 12-25 所示。

② 关联（association）是一种结构关系，它描述了一组链，链是对象之间的连接。聚合是一种特殊类型的关联，它描述了整体和部分间的结构关系。在图形上，把一个关联画成一条实线，它可能有方向，偶尔在其上还有一个标记，而且它经常还含有诸如多重性和角色名这样的修饰，如图 12-26 所示。

图 12-25　依赖　　　　　　　　　　图 12-26　关联

③ 泛化（generalization）是一种特殊/一般关系，特殊元素（子元素）的对象可替代一般元素（父元素）的对象。用这种方法，子元素共享了父元素的结构和行为。在图形上，把一个泛化关系画成一条带有空心箭头的实线，它指向父元素，如图 12-27 所示。

④ 实现（realization）是类元之间的语义关系，其中的一个类元指定了由另一个类元保证执行的契约。在两种地方要遇到实现关系：一种是在接口和实现它们的类或构件之间；另一种是在用例和实现它们的协作之间。在图形上，把一个实现关系画成一条带有空心箭头的虚线，它是泛化和依赖关系两种图形的结合，如图 12-28 所示。

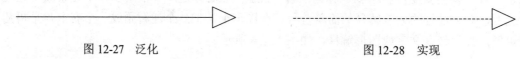

图 12-27　泛化　　　　　　　　　　图 12-28　实现

## 3. UML 中的图

图（diagram）是一组元素的图形化表示，大多数情况下把图画成顶点（代表事物）和弧（代表关系）的连通图。为了对系统进行可视化，可以从不同的角度画图，这样图是对系统的投影。除了非常微小的系统外，图是系统组成元素的省略视图。有的元素可以出现在所有图中，有的元素可以出现在一些图中（很常见），还有的元素不能出现在图中（很罕见）。在理论上，图可以包含任何事物及其关系的组合。然而，实际上仅存在着少量的常见组合，它们要与 5 种最有用的组成了软件密集型系统的体系结构的视图相一致。由于这个原因，UML 中的图可以分为几下几类：
① 第一类是用例图，从用户角度描述系统功能，并指出各功能的操作者。
② 第二类是静态图（Static Diagram），包括类图、对象图和包图。
- 类图描述系统中类的静态结构。不仅定义系统中的类，表示类之间的联系如关联、依赖、聚合等，也包括类的内部结构（类的属性和操作）。类图描述的是一种静态关系，在系统的整个生命周期都是有效的。
- 对象图是类图的实例，几乎使用与类图完全相同的标识。它们的不同点在于对象图显示类的多个对象实例，而不是实际的类。一个对象图是类图的一个实例。由于对象存在生命周期，因此对象图只能在系统某一时间段存在。
- 包由包或类组成，表示包与包之间的关系。包图用于描述系统的分层结构。

③ 第三类是行为图（Behavior Diagram），描述系统的动态模型和组成对象间的交互关系。包括状态图和活动图。
- 状态图描述类的对象所有可能的状态以及事件发生时状态的转移条件。通常，状态图是对类图的补充。在实际应用时并不需要为所有的类画状态图，仅为那些有多个状态其行为受外界环境的影响并且发生改变的类画状态图。
- 活动图描述满足用例要求所要进行的活动以及活动间的约束关系，有利于识别并行活动。

④ 第四类是交互图（Interactive Diagram），描述对象间的交互关系。包括顺序图和合作图。
- 顺序图显示对象之间的动态合作关系，它强调对象之间消息发送的顺序，同时显示对象之间的交互。
- 合作图描述对象间的协作关系，合作图跟顺序图相似，显示对象间的动态合作关系。除显示信息交换外，合作图还显示对象以及它们之间的关系。如果强调时间和顺序，则使用顺序图；如果强调上下级关系，则选择合作图。这两种图被合称为交互图。

⑤ 第五类是实现图（Implementation Diagram）。包括组件图和配置图。
- 组件图描述代码部件的物理结构及各部件之间的依赖关系。一个组件可能是一个资源代码部件、一个二进制部件或一个可执行部件。它包含逻辑类或实现类的有关信息。组件图有助于分析和理解部件之间的相互影响程度。
- 配置图定义系统中软硬件的物理体系结构。它可以显示实际的计算机和设备（用结点表示）以及它们之间的连接关系，也可显示连接的类型及部件之间的依赖性。在结点内部，放置可执行部件和对象以显示结点跟可执行软件单元的对应关系。

使用用例图、类图、对象图、构件图和配置图等 5 个图形建立的模型都是静态的，是标准建模语言 UML 的静态建模机制；使用状态图、活动图、顺序图和协作图等 4 个图形建立的模型或者可以执行,或者可以表示执行时的时序状态或交互关系,是动态的、是标准建模语言 UML 的动态建模机制。因此,标准建模语言 UML 的主要内容也可以被归纳为静态建模机制和动态建模机制两大类。

### 12.5.3 统一建模语言(UML)的建模过程

UML 是一种建模语言而不是方法,这是因为 UML 中没有过程的概念,而过程正是方法的一个重要组成部分。UML 本身独立于过程,这意味着用户在使用 UML 进行建模时,可以选用任何适合的过程。一般采用的建模过程有:瀑布开发模型和迭代递增开发模型。

瀑布开发模型和迭代递增开发模型分别如图 12-29 所示。

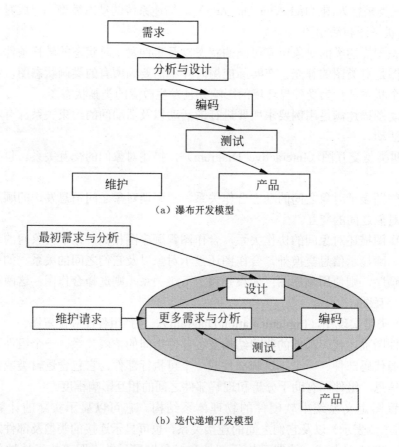

图 12-29 UML 建模过程的开发模型

我们以采取迭代递增开发模型为例,说明 UML 的建模过程。
- 需求分析 该阶段产生的最初需求规格说明应当由代表系统最终用户的人员提

供，内容包括系统基本功能需求和对计算机系统的要求。
- 分析　分析的任务是找出系统的所有需求并加以描述，同时建立模型，以定义系统中的关键领域类，应由系统用户和开发人员合作完成。

  分析的第一步是定义用例，以描述所开发系统的外部功能需求。用例分析包括阅读和分析需求说明，此时需要与系统的潜在用户进行讨论。
- 设计　设计阶段的任务是通过综合考虑所有的技术限制，以扩展和细化分析阶段的模型。设计阶段可以分为两个部分：第一部分是结构设计，结构设计是高层设计，其任务是定义包（子系统），包括包间的依赖性和主要通信机制。我们希望得到尽可能简单和清晰的结构，尽可能地减少各部分之间的依赖，并尽可能的减少双向的依赖关系。一个设计良好的系统结构是系统可扩充和可变更的基础。包实际上是一些类的集合。类图中包括有助于用户从技术逻辑中分离出应用逻辑（领域类），从而减少它们之间的依赖性；第二部分是详细设计，细化包的内容，使编程人员得到所有类的一个足够清晰的描述。详细设计的目的是通过创建新的类图、状态图和动态图（顺序图、协作图和活动图），描述新的技术类，并扩展和细化分析阶段的对象类。
- 实现　构造或实现阶段是对类进行编程的过程。可以选择某种面向对象对象编程语言（如 Java）作为实现系统的软件环境。Java 很容易实现从逻辑视图到代码部件的映射，因为类到 Java 代码文件之间是一一映射关系。在实现阶段中，可以选取各种图的说明来辅助编程，比如：类图，状态图和动态图等。
- 测试和配置　完成系统编码后，需要对系统进行测试，它通常包括：单元测试、集成测试、系统测试和验收测试。在单元测试中使用类图和类的规格说明，对单独的类或一组类进行测试；在集成测试中，使用组件图和合作图，对各组件的合作情况进行测试；在系统测试中，使用用例图，以检验所开发的系统是否满足例图所描述的需求。

## 12.5.4　统一建模语言(UML)的应用

UML 的目标是以面向对象图的方式来描述任何类型的系统，具有很宽的应用领域。其中最常用的是建立软件系统的模型，但它同样可以用于描述非软件领域的系统，如机械系统、企业机构或业务过程，以及处理复杂数据的信息系统、具有实时要求的工业系统或工业过程等。总之，UML 是一个通用的标准建模语言，可以对任何具有静态结构和动态行为的系统进行建模。

此外，UML 适用于系统开发过程中从需求规格描述到系统完成后测试的不同阶段。UML 在软件开发不同阶段的应用包括：

**1. 需求分析阶段**

在需求分析阶段，可以用用例来捕获用户需求。通过用例建模，描述对系统感兴趣的外部角色及其对系统（用例）的功能要求。建模的每个用例都指定了客户的需求（他或她需要系统干什么）。

**2. 系统分析阶段**

分析阶段主要关心问题域中的主要概念（如抽象、类和对象等）和机制，需要识别这些类以及它们相互间的关系，并用 UML 类图来描述。为实现用例，类之间需要协作，这可以用 UML 动态模型来描述。在分析阶段，只对问题域的对象（现实世界的概念）建模，而不考虑定义软件系统中技术细节的类（如处理用户接口、数据库、通信和并行性等问题的类）。这些技术细节将在设计阶段引入。

**3. 系统设计阶段**

在设计阶段把分析阶段的结果扩展成技术解决方案，加入新的类来提供技术基础结构。用户接口、数据库操作等分析阶段的领域问题类被嵌入在这个技术基础结构中，设计阶段的结果是构造阶段的详细的规格说明。

**4. 系统实施阶段**

实施是一个独立的阶段，其任务是用面向对象编程语言将来自设计阶段的类转换成实际的代码。在用 UML 建立分析和设计模型时，应尽量避免考虑把模型直接转换成某种特定的编程语言。因为在早期阶段，模型仅仅是理解和分析系统结构的工具，过早考虑编码问题十分不利于建立简单正确的模型。

**5. 系统测试阶段**

UML 模型可作为测试阶段的依据。系统的测试通常分为单元测试、集成测试、系统测试和验收测试几个不同级别。

- 单元测试是对几个类或一组类的测试，通常由程序员进行。
- 集成测试集成组件和类确认它们之间是否恰当的协作。
- 系统测试将系统当成一个黑箱，验证系统是否具备用户所要求的所有功能。
- 验收测试由客户完成，与系统测试类似，验证系统是否满足所有的需求。

不同的测试小组使用不同的 UML 图作为测试依据：单元测试使用类图和类规格说明；集成测试使用组件图和合作图；系统测试使用用例图来验证系统的行为；验收测试由用户进行，以验证系统测试的结果是否满足在分析阶段确定的需求。

## 思考题

1. 系统分析员的职责是什么？他应具备哪些知识和能力？
2. 用数据流描述到银行存款的过程。
3. 试述数据流图（DFD）的组成与基本符号以及在系统分析中的作用。
4. 结合图 12-7，画出"异动管理"、"奖惩管理"的数据流图。
5. 对所在学校的图书馆出纳台业务进行系统分析：

① 画出数据流图
② 编写数据字典
6. 系统规格说明书包括哪些内容？
7. 述采用迭代递增开发模型建模的过程。
8. 简述 UML 在软件开发不同阶段的应用。

# 第 13 章　信息系统设计

信息系统的设计主要包括总体设计（或者概要设计）和详细设计两大部分。本章讨论系统设计阶段的任务和内容以及系统设计的方法和工具。

## 13.1　系统设计概述

系统分析阶段要回答的中心问题是系统"做什么"，即要明确系统的功能和用途，为系统的具体设计和实现提供一个逻辑模型。因而系统设计阶段要回答的中心问题就是系统"怎么做"，即如何实现系统规格说明书所规定的系统功能，满足业务的功能处理需求。在进行系统设计时，要根据实际的技术、人员、经济和社会条件确定系统的实施方案，建立起信息系统的物理模型。

### 13.1.1　系统设计的目标

一般来讲，系统设计的目标就是在保证实现系统分析建立的逻辑模型的基础上，尽可能地提高系统的可靠性、运行效率、易更改性、灵活性和经济性，更快、更准、更多地提供资料，拥有更多、更细致的处理功能以及更有效、更科学的管理方法。系统设计主要应当追求以下的目标。

**1. 系统的可靠性**

系统的可靠性是只保证系统正常工作的能力。这是对系统的基本要求，系统在工作时，应当对所有可能发生的情况都予以考虑，并采取适当的防范措施，提高系统的可靠性。系统的可靠性主要分系统硬件和软件的可靠性。衡量系统可靠性的重要指标是系统的平均故障间隔时间（Mean Time Between Failure，MTBF）和平均维护时间（Mean Time To Repair，MTTR）。前者指平均的系统前后两次发生故障的间隔时间，后者指发生故障后平均没修复所需要的时间。系统平均故障间隔时间越长，系统可靠性就越高；系统平均维护时间越短，则说明系统的可维护性就越高。

要提高系统的可靠性需要从多个方面进行考察，采取多种相应的措施，可以选用可靠性较高的设备；在设计中尽可能地避免出错，在程序中设置各种检验措施，防止误操作和非法使用；采取软件和硬件的各种安全保障措施和操作，例如，对输入数据进行完整性检验，建立运行日志和审计跟踪，规定文件存取权限以及定期备份，等等。

## 2. 较高的系统运行效率

系统的运行效率体现在以下三个方面。
- 处理能力指在单位时间内能够处理的事务数。
- 处理速度指处理单个事务所耗费的平均时间。
- 响应时间指从客户端发出处理要求到系统返回处理结果所用的时间。

而影响系统运行效率主要是以下两方面的因素：
- 系统硬件结构的影响。硬件可利用的资源的多少以及硬件设备的处理能力，比如处理机的运行时间、外部设备的运行时间和通信线路的通信质量好坏等对系统的运行效率都有很大的影响。
- 计算机处理过程的设计质量的影响。计算机处理过程的设计质量标志着系统设计方案的优劣，也直接影响着系统的运行效率。

## 3. 系统的可变更性

系统在投入运行之后，会因为系统环境的不断变化而遇到这样那样的新问题，进而不可避免地会浮现出一些设计上的缺陷和功能上的不完善。因此在进行系统设计时要充分考虑系统的可变更性，即降低修改和维护系统的难度。对系统的更改是否方便直接关系到系统的生命周期。一个变更性好的系统，维护相对容易、生命周期较长。采取结构化和模块化的设计方式，将会使系统的结构清晰明了，便于系统的维护和修改，提高系统的适应性。

## 4. 系统的经济性

考虑系统的经济性就是指要考虑系统的收益与支出之间的比例关系。系统的设计不是去追求最佳的设计效果，而是一个寻求经济效益和系统产出平衡的可接受的设计方案的过程。

上述系统设计的主要目标相互联系，又彼此制约，有些在一定程度上还会相互冲突，例如对于一个对安全性要求较高的涉及机密信息的信息系统，为了提高该系统的可靠性，就要采取一些校验和控制措施，成本会相应增加，经济性会相对下降；另外，要增强系统的可变更性，可采用模块化的结构，系统的运行效率会有所损失。在进行实际的系统设计时，应当根据系统的具体情况有所侧重。对于涉及机密信息的系统要不惜增加一定成本和损失系统效率来保障系统的可靠性和安全性，而对于实时处理要求较高的订票系统则不妨增加存储的开销，首先保证系统的运行效率。

## 13.1.2 系统设计的原则

### 1. 系统性原则

信息系统是作为统一整体而存在的。因此，在系统设计中，要从整个系统的角度进行考虑。比如，系统的代码要统一、设计规范要标准；传递语言要尽可能一致；对系统的数据采集要做到数出一处，全局共享，使一次输入得到多次利用等。

### 2. 简单性原则

在系统达到预定目标的情况下，应该尽量简单，避免一切不必要的设计。因此在设计过程中，要尽量使输入数据的形式容易理解和掌握，使数据处理过程简化，力求系统结构清晰、合理、保证使用者操作方便，修改容易等。

**3．开放性原则**

为保持系统的长久生命力，要求系统具有很强的环境适应性。为此，系统应具有较好的开放性和结构的可变性。在系统设计中，应尽量采用模块化结构，提高各模块的独立性，尽可能减少模块间的数据耦合，是各子系统间的数据依赖降至最低限度。这样，既便于模块的修改，又便于增加新的内容，提高系统适应环境变化的能力。

**4．管理可接受原则**

一个信息系统是否能发挥作用和具有较强的生命力，很大程度上取决于管理是否可接受。这要受业务管理水平、人员素质、传统思想等多方面因素的影响。

**5．其他原则**

系统设计还应该遵循经济性、安全性的原则。不同类型的信息系统的设计原则应该有所侧重。比如办公自动化系统应该强调可靠性和安全性的原则。对于一个服务性质的公众服务系统又应该强调系统的简单易用原则。

### 13.1.3 系统设计的内容

系统设计的内容和任务因系统目标的不同和处理问题不同而各不同，但一般而言，系统设计包括总体设计（也被称为概要设计）和详细设计。在实际系统设计工作中，这两个设计阶段的内容往往是相互交叉和关联的。

**1．总体设计**

总体设计也被称为概要设计，是系统开发过程中关键的一步。系统的质量及一些整体特性基本上是由这一步的成果所决定的。总体设计的主要任务是完成对系统总体结构和基本框架的设计。系统总体结构设计包括两方面的内容，系统总体布局设计和系统模块化结构设计。

模块化设计的工作任务包括如下内容。

- 按需求和设计原则将系统划分为若干功能模块。
- 决定每个模块的具体功能和职责。
- 分析和确定模块间的调用关系。
- 确定模块间的信息传递。

系统总体布局方案包括系统网络拓扑结构设计和系统资源配置设计方案。

**2．详细设计**

总体设计只是为整个信息系统提供了一个设计思路和框架，框架内的血肉需要系统的设计人员在详细设计这个阶段充实。总体设计完成后，设计人员要向用户和有关部门提交一份详细的报告，说明设计方案的可行程度和更改情况，得到批准后转入系统详细设计。详细设计阶段主要是在总体设计的基础上，将设计方案进一步详细化、条理化和规范化，为各个具体任务选择适当的技术手段和处理方法。系统的详细设计一般包括如下。

（1）代码设计。

代码设计就是信息分类和编码的工作，是将系统中有某些共同属性或特征的信息归并在一起，并利用便于计算机和人识别和处理的符号来表示这些信息的设计工作。

（2）数据库设计。

数据库设计就是构建既能客观、准确地反映外部世界，又便于人类大脑认识的概念模型，并在此基础上对数据进行建模，转化为数据库管理系统所支持的数据模型；选择合适的存储结构和存储方法，最终完成数据库的设计工作。

（3）输入/输出设计。

输入/输出设计主要是对以记录为单位的各种输入输出报表格式的描述。另外，对人机对话格式的设计和输入输出装置的选择也在这一步完成。

（4）用户界面设计。

用户界面设计是指在用户与系统之间架起一座桥梁。主要内容包括：定义界面形式；定义基本的交互控制形式；定义图形和符号；定义通用的功能键和组合键的含义及其操作内容；定义帮助策略，等等。

（5）处理过程设计。

总体设计将系统分解为许多模块，并基本决定了每个模块的功能和界面。处理过程设计则定义每个模块的内部执行过程，包括数据的组织、控制流、每一步的具体加工要求和实施细节。通过处理过程设计，为编写程序制定一个周密的计划。一般来说，每一个功能模块都应设计一个处理流程。

**3．其他设计任务**

详细设计完成以后，也需要编制系统设计文档，主要工作包括系统标准化设计、描述系统设计结果、拟定系统实施方案。

系统标准化设计是指各类数据编码、数据库（文件）和功能模块的命名要有相应规则，符合标准化的要求。另外，为了保证系统安全可靠的运行，还要对数据进行保密设计和可靠性设计。

描述系统设计的结果是编制系统设计说明书、程序设计说明书、系统测试说明书以及各种设计图表等，并将它们汇集成册，交给有关人员和部门审核批准。

拟定系统实施方案是在系统设计结果得到有关人员和部门认可之后，拟定系统实施计划，详细确定实施阶段的工作内容、时间和具体要求。实施方案得到批准后，就可以正式转入系统实施阶段。

## 13.2 结构化设计方法和工具

### 13.2.1 结构化系统设计的基本原则

结构化方法规定了一系列模块的分解协调原则和技术，提出了结构化设计的基础是模块化,即将整个系统分解成相对独立的若干模块,通过对模块的设计和模块之间关系的协调来实现整个软件系统的功能。

## 13.2.2 系统流程图

系统流程图是表达系统执行过程的描述工具。

**1. 系统流程图的特点**

系统流程图的特点在于它着重表达的是数据在系统中传输时所通过的存储介质和工作站点,与物理技术有密切的联系。

系统流程图的缺点在于它不能反映系统结构和每个模块的功能,无法评审系统是否符合用户的逻辑要求,也不可能知道系统的大小,是否易于维护和修改。

**2. 绘制系统流程图的主要依据**

- 信息处理的步骤和内容。
- 每一步骤所涉及的物理过程。
- 各步骤之间的物理和逻辑关系。

**3. 系统流程图常用符号**

如图 13-1 所示。

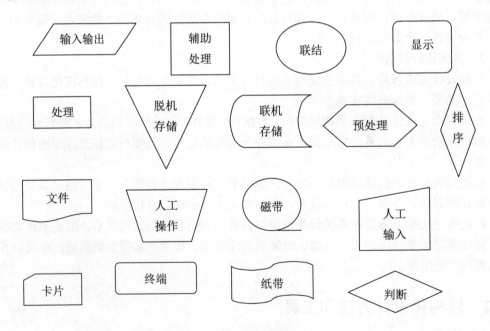

图 13-1 系统流程图主要符号

如图 13-2 所示是一个描述仓库发料业务流程的系统流程图。

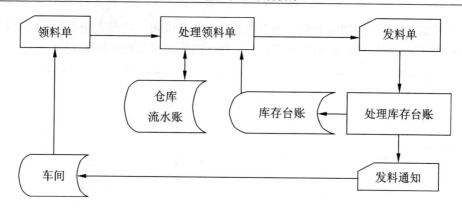

图 13-2　仓库发料系统流程图

### 13.2.3　模块

模块（module）是通过一个名字就可以调用的一段程序语言。包括输入和输出、逻辑功能、内部数据及其运行程序 4 部分。输入和输出、逻辑功能是模块的外部特征，说明系统如何从外界获得数据，然后如何处理、如何反馈的过程。运行程序和内部数据是模块的内部特征。模块用程序代码实现，内部数据是仅供该模块引用的数据。

模块一般用长方形表示。模块的名字写在长方形中，名字应该恰如其分地表达着一个模块的功能，如图 13-3 所示。

模块最显著的也是我们所关心的两个特点是抽象性和信息隐蔽性。

图 13-3　模块的表示方法

**1．抽象性**

从信息系统规划到信息系统的分析和设计是一个抽象程度不断降低的过程。系统可行性分析阶段的抽象层次最高，我们要以概括的方式叙述问题的解决方案；在较低的抽象层次，我们采用过程性的方法对系统进行描述；当系统实现之后，专用术语直接用于系统表述和交流，抽象层次最低。

**2．信息隐蔽性**

模块的信息隐蔽性指一个模块内所包含的信息（过程和数据），对其他那些不需要这些信息的外部模块的不可获取和不可访问性。因此好的模块可以通过定义一组独立的模块来实现。这些独立的模块彼此之间仅仅交换那些为了完成系统整体功能所必需交换的信息。

### 13.2.4　HIPO 技术

**1．IPO 图**

IPO 图是一种反映模块的输入、处理和输出的图形化表格。其中 I、P、O 分别代指输入（input）、处理（process）和输出（output）。它描述了模块的输入输出关系、处理内容、模块的内部数据和模块的调用关系，是系统设计的重要成果，也是系统实施阶段编制程序设计任务书和进行程序设计的出发点和依据。IPO 图的内容和形式如图 13-4 所示。

```
IPO 图
系统名：                          制图者：
模块名：                          日期：

  ┌─────────────────┐          ┌─────────────────┐
  │ 由以下模块调用  │          │ 调用以下模块    │
  └─────────────────┘          └─────────────────┘

  ┌─────────────────┐          ┌─────────────────┐
  │ 输入：          │          │ 输出：          │
  └─────────────────┘          └─────────────────┘

  ┌───────────────────────────────────────────┐
  │ 处理内容：                                │
  └───────────────────────────────────────────┘

  ┌───────────────────────────────────────────┐
  │ 内部数据元素：                            │
  └───────────────────────────────────────────┘
```

图 13-4　IPO 图的内容和形式

**2．HIPO 分层示意图**

分层次自顶向下分解系统，将每个模块的输入、处理和输出关系表示出来就得到了 HIPO 图，如图 13-5 所示。

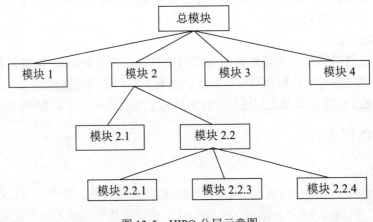

图 13-5　HIPO 分层示意图

## 13.2.5 控制结构图

控制结构图描述了模块之间的调用方式,体现了模块之间的控制关系。基本调用方式主要有三种:直接调用、条件调用和重复调用,分别如图 13-6 所示。

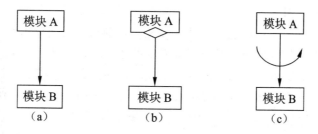

图 13-6　模块调用方式

如图 13-7 所示的调用方式是双重重复调用,它的含义是外层模块 B、D 被模块 A 每调用一次,内层模块 C 将被模块 A 调用多次。

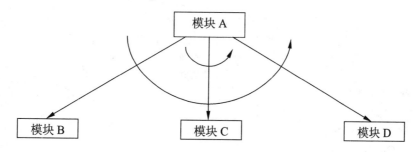

图 13-7　模块的双重嵌套重复调用

## 13.2.6 模块结构图

结构化设计采用结构图(Structured Chart)描述系统的模块结构及模块间的联系。从数据流图出发,绘制 HIPO 图,再加上控制结构图中的模块控制与通信标志,实际上就构成了模块结构图。

结构图简明易懂,是系统设计阶段最主要的表达工具和交流工具。它可以由系统分析阶段绘制的数据流程图转换而来。但是,结构图与数据流程图有着本质的差别:数据流程图着眼于数据流,反映系统的逻辑功能,即系统能够"做什么";结构图着眼于控制层次,反映系统的物理模型,即怎样逐步实现系统的总功能。从时间上说,数据流程图在前,控制结构图在后。数据流程图是绘制结构图的依据。总体设计阶段的任务就是要针对数据流程图规定的功能,设计一套实现办法。因此,绘制结构模块图的过程就是完成这个任务的过程。

结构图也不同于程序框图（Flow Chart），后者用于说明程序的步骤，先做什么，再做什么。结构图描述各模块的"责任"，例如一个组织机构图用于描述各个部门的隶属关系与职能。

结构图中的组成部分包括：
- 模块，用长方形表示。
- 调用，从一个模块指向另一模块的肩头表示前一个模块调用后一个模块。箭尾的菱形表示有条件地调用，弧形箭头表示循环调用。
- 数据，带空心圆圈的小箭头表示一个模块传递给另一个模块的数据。
- 控制信息，带实心圆圈的小箭头表示一个模块传递给另一个模块的控制信息。

模块结构图的层数称为深度。一个层次上的模块总数称为宽度。深度和宽度反映了系统的大小和复杂程度。

如图 13-8 所示是模块结构图的一个例子。该例子描述报表生成系统，从读入数据、经过计算到按一定格式打印出报表的过程。EOF 是结束标志。

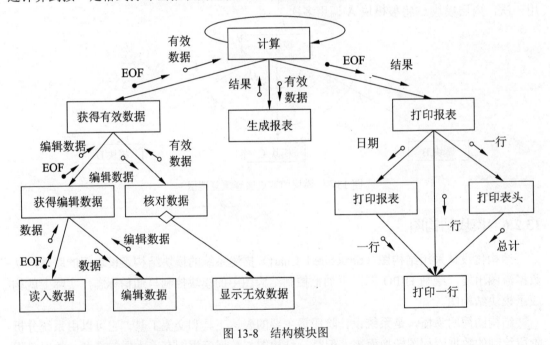

图 13-8　结构模块图

## 13.3　系统总体设计

系统总体结构设计是指整个系统由哪些部分组成，各部分在逻辑上、物理上的相互关系，包括硬件部分和软件部分。

## 13.3.1 系统总体布局方案

系统总体布局是指系统的平台设计，即系统类型、信息处理方式设计、网络系统结构、软硬件配置以及数据资源在空间上的分布设计。

设计出来的系统总体布局方案应当满足处理功能和存储功能的要求，满足系统易用性、可维护性、可扩展性、可变更性和可靠性好的要求，并考虑到系统的经济性。

在进行系统总体布局方案设计时，有若干个问题应当进行考虑，主要包括：
- 系统类型，集中式还是分布式。
- 处理方式，根据实际情况采取其中一种，或者混合使用。
- 数据存储，根据数据量的大小决定何种存储方式，即分布存储还是集中存储。
- 网络结构，逻辑结构设计，网络协议选择。
- 硬件配置，考虑机器类型、性能价格指标等。
- 软件配置，自行开发、外包或者整体购买。

**1．系统选型**

从信息资源管理的集中程度来看，信息系统包括集中式系统和分布式系统。

（1）集中式系统。

集中式系统是一种及设备、软件资源和数据于一体的集中式管理系统。主要类型如下。
- 单机批处理系统。
- 单机多终端分时系统。
- 主机-智能终端系统。

集中式系统的优点如下。
- 管理与维护控制方便。
- 安全保密性较好。
- 人员集中使用。
- 资源利用率高。

其缺点如下。
- 应用范围与功能受限制。
- 可变更性、灵活性和扩展性较差。
- 对终端用户来说，由于集中式系统对用户需求的响应并不很及时，所以不利于调动他们的积极性。

（2）分布式系统。

分布式系统是一个在若干个地域上分散设置、在逻辑上具有独立处理能力，但在统一的工作规范、技术要求和协议指导下工作、通信和控制的一些相互联系且资源共享的子系统。根据网络组成的规模和方式可以分为局域网形式、广域网形式以及局域网和广域网的混合形式。
分布式系统的优点主要如下。
- 资源的分散管理与共享使用，可减轻主机的压力，与应用环境匹配较好。
- 具有一定的独立性和自治性，利于调动各节点所在部门的积极性。
- 并行工作的特性使负载分散，因而对主机性能要求降低。
- 可行性高，个别节点机的故障不会导致整个系统的瘫痪。
- 可变性、灵活性高，易于调整。

分布式系统也有它的缺点，主要体现如下。
- 资源的分散管理降低了系统的安全性，并给系统数据的一致性维护带来了困难。
- 地域上的分散设置，使得系统的维护工作比较困难。
- 管理分散，加重管理工作的负担。

**2．计算机处理方式**

计算机处理方式可以根据系统功能、业务处理的特点、性能/价格比等因素进行考虑选择，其主要处理方式如下。
- 批处理。
- 联机实时处理。
- 联机成批处理。
- 分布式处理等方式。
- 混合使用各种方式。

**3．数据存储设计及数据库管理系统选型**

（1）数据存储设计。

进行数据存储总体设计的需要考虑的原则包括数据结构的合理性、数据存储的安全性和维护和管理方便性。数据存储总体设计的内容主要如下。
- 数据存储方式的设计，它包括对各类数据项的规范化逻辑描述，各类数据文件的组织方式以及各类数据文件之间的逻辑关系。
- 数据存储的规模设计。
- 数据存储空间的分布。
- 数据库管理系统的特点。

（2）数据库管理系统选型。

数据库管理系统的选择是一个关键问题。因为一般信息系统的核心任务是信息的采集、存储、加工处理，选择数据库管理系统时，应着重考虑所选数据库管理系统。
- 数据存储能力。
- 数据查询速度。
- 数据恢复与备份能力。

- 分布处理能力。
- 与其他数据库的互联能力。

**4．网络系统设计**

（1）网络计算模式。

网络计算模式是指采用的是客户机/服务器（C/S）模式还是浏览器/Web 服务器/数据库服务器（B/W/D）模式。

（2）网络拓扑结构。

网络拓扑结构一般有总线型、星型、环形、混合型等。在网络选择上应根据应用系统的地域分布、信息流量进行综合考虑。一般来说，应尽量将信息流量最大的应用放在同一网段上。

（3）网络的逻辑设计。

通常首先按软件将系统从逻辑上分为各个分系统或子系统，然后按需要配备设备，如主服务器、主交换机、分系统交换机、子系统集线器（HUB）、通信服务器、路由器和调制解调器等，并考虑各设备之间的连接结构。

（4）网络操作系统。

目前，流行的网络操作系统有 Unix、Netware、Windows NT 等。

**5．软硬件配置**

硬件的配置选择包括计算机主机、外围设备、联网设备，软件包括操作系统数据库管理系统、网络操作系统和其他一些应用软件和中间件产品。进行计算机系统的软硬件及附属设备的配置的总的原则应该是技术上具有先进性、实现上具有可行性、使用上具有灵活性、发展上具有可扩充性和投资上具有受益性。

从系统需求角度看进行软硬件配置选择时要做以下考虑。

（1）功能要求。

系统配置能满足新系统的各种功能要求，包括联网要求。

（2）性能要求。

根据用户提出的对系统的处理速度、精确度等要求，确定计算机的运行速度、网络的传输速度等指标。

（3）容量要求。

根据系统要处理的最大数据量以及若干年以后的发展规划，配置计算机内存、外存容量。

具体的配置项目包括如下内容。

① 操作系统。

单机操作系统、网络操作系统。

② 使用的网络协议。

常用的 TCP/IP、OSI 等。

③ 数据库产品。

说明系统所使用的数据库管理产品，常见的有 Oracle、DB2、Sybase、Microsoft SQLServer、Informix、Foxpro，等。

（4）应用软件。

罗列信息系统所使用的其他应用软件或中间件产品，说明其功能和相关技术支持。

### 13.3.2 软件系统结构设计的原则

软件总体结构设计的主要任务是将整个系统合理划分成各个功能模块，正确地处理模块之间与模块内部的联系以及它们之间的调用关系和数据联系，定义各模块的内部结构等。总体结构设计的主要原则有：

**1. 分解-协调原则**

解决复杂问题的一个重要原则是把复杂的问题分解成多个易于解决、易于理解的小问题分别进行处理，在处理过程中根据系统的总体要求协调各部分的关系。进行分解的依据如下。

- 按系统的功能进行分解。
- 按系统运动和管理活动客观规律进行分解。
- 按信息处理的方式和手段分解。
- 按系统的工作规程分解。
- 按用户的特殊需求进行分解。
- 按系统开发、维护和变更的方便性进行分解。

协调的主要依据如下。

- 目标协调。
- 工作进程协调。
- 工作规范和技术规范协调。
- 信息协调。
- 业务内容协调。

**2. 信息隐蔽和抽象的原则**

上层模块只规定下层模块做什么和所属模块间的协调关系，并不规定怎么做，以保证各模块的相对独立性和内部结构的合理性，使得模块之间层次分明、易于理解、易于实施和维护。

**3. 自顶向下原则**

抓住总的功能目标然后逐层分解。先确定上层模块的功能，再确定下层模块的功能。

### 4. 一致性原则

要保证整个软件设计过程中具有统一的规范、统一的标准、统一的文件模式。

### 5. 面向用户原则

明确每一个模块的功能和模块间的接口，坚决清除多重功能和无用接口。

## 13.3.3 模块结构设计

### 1. 模块独立性

（1）模块化。

模块化是将系统化分为若干模块的工作。模块化设计可以使整个系统设计简单，结构清晰，可维护性增强。模块化设计的目标是：每个模块完成一个相对独立的特定功能；模块之间的结构简单。简而言之就是要保证模块之间的独立性，提高每个模块的独立程度。

（2）模块独立性的度量。

功能独立而且和其他模块之间没有过多相互作用和信息传递的模块被称为独立的模块。模块的独立程度可有两个定性标准度量：聚合（cohesion）和耦合（coupling）。聚合衡量模块内部各元素结合的紧密程度。耦合度量不同模块间互相依赖的程度。

- 聚合，聚合度量模块内部各元素的关系，即其紧凑程度，表现在模块内部各元素为了执行处理功能而组合在一起的程度。模块的聚合有 7 种不同的类型，其中前三种聚合属于弱聚合。
- 偶然聚合，如果模块所要完成的动作之间没有任何关系，或者仅仅是一种非常松散的关系，我们就称之为偶然聚合。例如，设计模块 A、B、C 均具有相同的部分代码 $\alpha$，则把 $\alpha$ 抽出作为一个单独的公用模块，如图 13-9 所示，这种聚合便被称为偶然聚合。

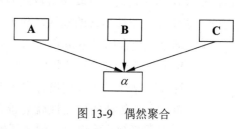

图 13-9　偶然聚合

- 逻辑聚合，如果一个模块内部的各个组成部分在逻辑上具有相似的处理动作，但是功能上、用途上却彼此无关，则被称为逻辑聚合。
- 时间聚合，时间聚合又称为经典内聚。如果一个模块内部的各个组成部分所包含的处理动作必须在同一时间内执行，则被称为时间聚合。
- 过程聚合，模块内部各个组成部分所要完成的动作虽然彼此间没什么关系，但是必须以特定的次序（控制流）执行，这种情况属于过程聚合。
- 通信聚合，如果一个模块的各个组成部分所完成的动作都使用了同一个输入数据或产生同一输出数据，则被称为通信聚合。
- 顺序聚合，对于一个模块内部的各个组成部分，如果前一部分处理动作的最后输出是后一部分处理动作的输入,则被称为顺序聚合。例如,模块 A 由两部分组成,一部分为编辑,另一部分为输出。编辑部分将其输出数据作为输出部分的输入,模块 A 即为顺序聚合模块。如图 13-10 所示。

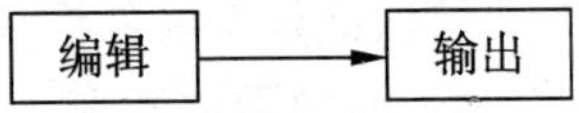

图 13-10 顺序聚合

- 功能聚合,如果一个模块内部各个组成部分全部属于一个整体,并执行同一功能,且各部分对实现该功能都必不可少,则称该模块为功能聚合模块。

将以上各种类型的模块聚合方式从耦合程度、可修改性、可读性和通用性 4 个角度进行一下比较,可以得到表 13-1。

表 13-1 聚合特性比较

| 聚合形式 | 耦合程度 | 可修改性 | 可读性 | 通用性 |
| --- | --- | --- | --- | --- |
| 偶然聚合 | 高 | 差 | 差 | 差 |
| 逻辑聚合 | 高 | 差 | 不好 | 差 |
| 时间聚合 | 较高 | 不好 | 一般 | 差 |
| 过程聚合 | 中 | 较好 | 较好 | 不好 |
| 通信聚合 | 较低 | 较好 | 较好 | 不好 |
| 顺序聚合 | 低 | 好 | 好 | 较好 |
| 功能聚合 | 低 | 好 | 好 | 好 |

在进行模块设计中,应当尽可能提高模块的聚合程度,使每个模块执行单一的功能,以降低模块间的联系,争取获得较高的模块独立性。尤其应该追求模块的功能聚合,如果可能,要将非功能性聚合的模块转化为功能聚合的模块。

- 耦合,耦合用于度量系统内不同模块之间的互联程度。耦合强弱取决于模块间连接形式及接口的复杂程度。模块之间的耦合程度直接影响系统的可读性、可维护性及可靠性。在系统设计中应改进可能追求松散耦合的系统,因为模块连接越简单,错误传播的可能性就会越大,而且在这样的系统中测试、维护任何一个模块并不需要对其他模块有很多了解。

模块之间的连接形式有数据耦合、控制耦合、公共耦合和内容耦合 4 种类型。

- 数据耦合,如果两个模块彼此间通过数据参数(不是控制参数、共公数据结构或外部变量)交换信息,那么这种耦合就是数据耦合。例如,A 模块向子模块 $A_1$、$A_2$ 传递的是数据信息,构成了数据耦合,如图 13-11 所示。
- 控制耦合,如果两个模块彼此间传递的信息中有控制信息,那么,这种耦合被称为控制耦合。控制耦合与数据耦合很相似,只是传递参数中一个仅有数据,另一个还包含了控制信息。控制耦合可以通过适当的方式加以避免,如模块的再分解。例如,模块 A 与子模块 $A_1$、$A_2$ 之间传递的既有数据信息又有控制信息则构成了控制耦合,如图 13-12 所示。

第 13 章 信息系统设计

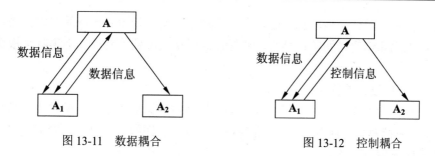

图 13-11 数据耦合　　　　　图 13-12 控制耦合

- 公共耦合，若两个模块之间通过一个公共的数据区域传递信息，则被称为公共耦合或公共数据域耦合。公共数据域实际上就是多个模块公用数据的区域。公共耦合是一种不好的连接形式，尤其当一个公共数据区域被多个模块共同使用时，模块数越多，则其耦合的复杂度越大。这会给数据的保护、维护等带来很大的困难。例如，模块 A、$A_{2.1}$、$Y_1$ 共用公共数据区内的元素，尽管 A 与 $Y_1$ 没有联系，但是它们之间存在着公共耦合，如图 13-13 所示。

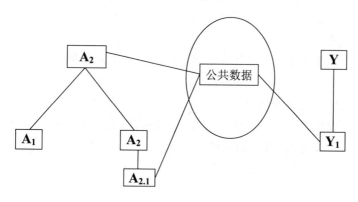

图 13-13 公共耦合

- 内容耦合，如果一个模块需要涉及另一个模块的内部信息时，则这种耦合成为内容耦合。例如，一个模块访问另一个模块的内部数据；一个模块调用另一个模块的部分程序代码等情况。

对这 4 种类型的耦合的优劣对比可以总结在表 13-2 中。

表 13-2　4 种耦合的优劣对比

| 耦合形式 | 可维护性 | 错误扩散能力 | 可读性 | 通用性 |
|---|---|---|---|---|
| 数据耦合 | 好 | 弱 | 好 | 好 |
| 控制耦合 | 一般 | 中 | 不好 | 一般 |
| 公共耦合 | 差 | 强 | 很差 | 很差 |
| 内容耦合 | 最差 | 最强 | 最差 | 最差 |

总之，聚合和耦合是相辅相成的两个设计原则，是进行模块设计的有力工具，模块内的高聚合往往意味模块之间的松耦合。要想提高模块内部的聚合性，必须减少模块之间的联系。

**2. 功能模块设计原则**

提高聚合程度，降低模块之间的耦合程度是模块设计应该遵循的最重要的两个原则。但除此之外，系统模块设计的过程中，还应该考虑其他方面的一些要求，遵循如下以下原则。

（1）系统分解有层次。

首先从系统的整体出发，根据系统的目标以功能划分模块。各个模块即互相配合，又各自具有独立功能，共同实现整个系统的目标。然后，对每个子模块在进一步逐层向下分解，直至分解到最小的模块为止。

（2）适宜地系统深度和宽度比例。

系统深度是指系统结构中的控制层次。宽度表示控制的总分布，即统一层次的模块总数的最大值。系统的深度和宽度之间往往有一个较为适宜的比例。深度过大说明系统划分过细，宽度过大可能会导致系统管理难度的加大。

（3）模块大小适中。

模块的大小一般使用模块中所包含的语句的数量多少来衡量。有这样一个参考数字，即模块的语句行数在 50 行~100 行为最好，最多不超过 500 行。

（4）适度控制模块的扇入扇出。

模块的扇入指模块直接上级模块的个数，模块的直属下级模块个数即为模块的扇出。模块的扇入数一般来说越大越好，说明该模块的通用性较强。对扇出而言，过大可能会导致系统控制和协调比较困难，过小则可能说明该模块本身规模过大。经验证明，扇出的个数最好是 3 或 4，一般不要超过 7，如图 13-14 所示，模块 A 的扇出系数为 3，模块 F 的扇入系数为 2。

（5）较小的数据冗余。

如果模块分解不当，会造成大量的数据冗余，这可能引起相关数据分布在不同的模块中，大量原始数据需要调用，大量的中间结果需要保存和传递，以及大量计算工作将要重复进行的情况，可能会降低系统的工作效率。

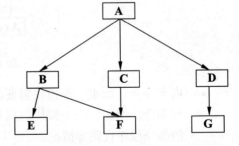

图 13-14　模块的扇入、扇出

**3. 数据流图到模块结构图的变换**

结构化系统设计方法与结构化系统分析有着密切的联系。系统分析阶段，用结构化分析方法获得用 DFD 等工具描述的系统说明书。设计阶段则以 DFD 为基础设计系统的模块结构。本节讨论如何从数据流程图导出初始结构图。

数据流程图有两种典型的结构：变换型（transform）结构和事务型（transaction）结构。对这两种结构，可以分别通过变换分析方法和事务分析方法导出标准形式的结构图。采用这些方法时，都是先设计结构图的顶端主模块，然后自顶向下逐步细化，最后得到满足数据流程图要求的系统结构。

（1）变换分析。

变换结构是一种线性结构。它可以明显地分成逻辑输入、主加工和逻辑输出。图 13-15(a)是一个典型的例子。变换分析（Transform Analysis）过程可以分为三步：找出逻辑输入、主加工和逻辑输出；设计顶层模块和第一层模块；设计中、下层模块。下面分别进行讨论。

① 找出系统的逻辑输入、主加工和逻辑输出。

如果设计人员经验丰富，又熟悉系统说明书，则很容易确定系统的主加工。例如，几股数据流的汇合处往往就是系统的主加工。若一时不能确定哪是主加工，可以用下面的方法先确定哪些数据流是逻辑输入，哪些数据流是逻辑输出。

从物理输入端开始，一步步向系统的中间移动，直至这样一个数据流：它已不能再被看作系统的输入，则它的前一个数据流就是系统的逻辑输入。在图 13-15(a)中，从"原始数据"这个数据流开始向中间移动，逐个分析数据流，发现数据流"P3→P4"不能再被理解为系统的输入了。因此，数据流"P2→P3"是逻辑输入。

同理，从物理输出端开始，逆数据流方向往中间移动，可以确定系统的逻辑输出。介于逻辑输入和逻辑输出之间的加工就是主加工。图 13-15(a)中的处理框 P3 就是主加工。

当然，实际的数据流程图往往比这个例子复杂，输入、输出数据流都可能有多个。这时，需要对每个输入、输出数据流进行分析，确定相应的逻辑输入、逻辑输出。处于这些逻辑输入、逻辑输出之间的处理框就是主加工。主加工可能包括数据流程图中的多个处理框。

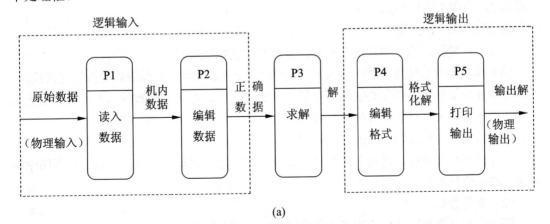

图 13-15 变换分析

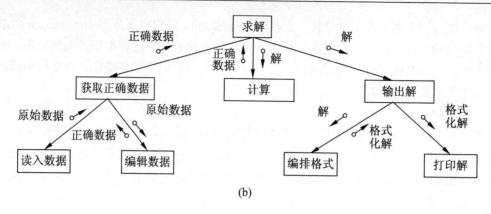

(b)

图 13-15 （续）

从上面的分析过程可以看出，逻辑输入、逻辑输出的划分涉及对数据流的理解。各人的理解不同，结果就有差异，但一般出入不会太大。

② 设计顶层模块和第一层模块

找到主加工之后，遵照"自顶向下，逐步加细"的原则，设计各层的模块。每创建一个模块，必须确定该模块的外部特征：模块的功能、与其他模块的界面（调用时传送的信息）。为每个模块起一个名字，这个名字应当恰如其分地反映出这个模块的功能。

系统的主加工就是系统的顶层模块，其功能就是整个系统的功能。

第一层模块按输入、变换、输出等分支来处理：为每一个逻辑输入设计一个输入模块，其功能是为顶层模块提供相应的数据；为每一个逻辑输出设计一个输出模块，它的功能即是输出顶层模块的输出信息；为主加工设计一个变换模块，它的功能就是将逻辑输入变换成逻辑输出。第一层模块与顶层模块之间传送的数据应该同数据流程图相对应。

图 13-15(a)有一个逻辑输入，一个逻辑输出。所以对应结构图第一层模块共三个，即宽度为 3，如图 13-15 所示。

③ 设计中、下层模块

对输入、变换、输出模块逐个分解，便可得到初始结构图。

输入模块要为系统提供逻辑输入，一般要进行变换，先确定实现最后变换的变换模块。这个变换模块显然又需要某些输入，对每个这样的输入，对应一个新的输入模块。用类似方法依次分解下去，直到最终的物理输入为止。

对输出模块的分解与上面的办法相似。

对变换模块的分解，目前还没有与上面类似的方法。此时，需要研究数据流程图中相应加工的组成情况。

（2）事务分析。

图 13-16 是事务型结构的例子。这种结构中，某个加工将它的输入分离成一串平行的

数据流，分别执行后面的某些加工。对于这种类型的数据流程图，可以通过事务分析得到相应的结构图。

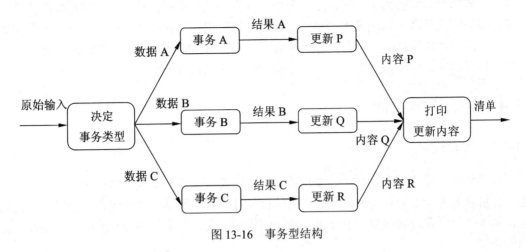

图 13-16　事务型结构

事务分析也是按"自顶向下，逐步细化"的原则进行的。先设计主模块，其功能就是整个系统的功能。下面有一个"分析模块"和"调度模块"。前者分析事务的类型，后者根据不同的类型调用相应的下层模块。这样得到与图 13-16 相应的结构图，如图 13-17 所示。这里作用范围可能在控制范围之外，从而产生控制耦合。对于不太复杂的系统，可以通过采用逐模块判别事务类型来解决这一问题。对于复杂的问题。还得分开设模块。

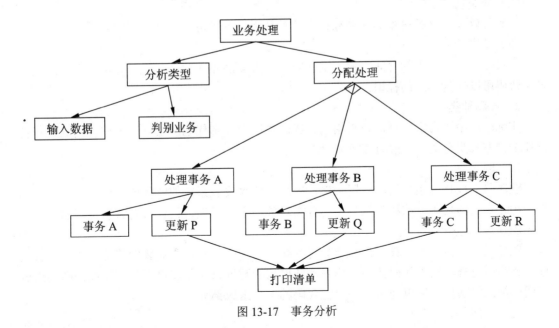

图 13-17　事务分析

前面讨论了变换分析、事务分析。但实际应用中并非这么典型。这两种分析方法往往交替使用。数据流图的某一个局部可能是变换型，另一个局部可能是事务型，如此等等。这时，一般以变换分析为主，辅以事务分析。各个系统有不同的特点，初始结构图的设计方法也不同。凡是满足系统说明书要求的结构图都可以作为初始结构图。这里称之为初始结构图，是因为数据流图并没有完全反映出用户的要求（如查询要求、控制流），因此，按数据流图导出的结构图还要参照说明、查询分析等文档进行调整。

## 13.4 系统详细设计

### 13.4.1 代码设计

代码是代表系统中客观存在的事物名称、属性或状态的一个或一组有序符号，它应易于计算机和人进行识别和处理。组成代码的符号可以包括数字、字母或者混合组成。代码设计是一个科学管理的问题，设计出一个好的代码方案对于系统的开发工作是一件极为有利的事情。

**1. 代码的功能**

（1）唯一标识功能。

唯一标识是代码最基本的特征。在一个信息分类代码标准中，一个代码只能唯一地表示一个对象，而一个分类对象只能有一个唯一的代码。对于相同名称的人和物，也可以用不同的代码加以区分，这样便于信息的存储和检索。

（2）分类功能。

代码可以作为分类对象类别的标识。这是利用计算机进行分类统计的基础。

（3）排序功能。

当按分类对象产生的时间、所占空间或其他方面的顺序关系分类，并赋予不同的代码时，代码可以作为排序的标识。

**2. 代码种类**

实际应用中，常常根据需要采用两种或两种以上基本代码的组合。根据代码的组织特点和编排方式来分类，一般有以下几种。

（1）顺序码。

顺序码又被称为系列码，它用一串连续的数字来代表系统的实体或实体属性。顺序码是一种无实义的代码，这种代码只作为分类对象的唯一标识，只代替对象名称，而不提供对象的任何其他信息。

顺序码的优点是短小精悍，易于管理。缺点是不能反映代码对象的特征，代码本身无任何含义。另外，由于代码按顺序排列，新增加的数据只能排在最后，删除数据则要造成空码，缺乏灵活性，所以通常作为其他代码的一个组成部分。

（2）区间码。

区间码单代码对象的特点把代码分成若干个区段,每一个区段表示代码对象的一个类别。它的优点是信息处理比较可靠,排序、分类、检索等操作易于进行,但这种代码的长度与它分类属性的数量有关,有时可能造成很长的码。

(3) 助忆码。

助忆码用文字、数字或文字数字相结合来描述对象。它用可以帮助记忆的字母和数字来表示代码对象,所以它的优点是直观、便于记忆和使用,甚至可以通过联系帮助记忆,缺点是不利于计算机处理。当代码对象较多时也容易引起联想出错,所以这种代码主要用于数量较少的人工处理系统。

助忆码适用于数据项数目较少的情况(一般少于 50 个),否则可能引起联想出错。此外,太长的助忆码占用存储容量过多,也不宜使用。

(4) 缩写码

缩写码把人们习惯使用的缩写直接用于代码,简单、直观,便于记忆和使用。

此外,根据代码所选用的符号类型,代码又分为字符码、数字码和混合码。

**3. 代码设计的原则**

(1) 唯一性。

一个对象可能有多个名称,也可按不同的方式对它进行描述,但每个对象只能赋予它一个唯一的代码,每一个代码只能唯一地代表系统中的一个实体或实体属性。例如在人事档案管理中,人的姓名很可能出现重名,为了便于计算机识别,解决的方法就是编制职工号。

(2) 标准化。

代码的设计要尽量采用国际或国内的标准,某些行业的代码还应该遵循行业内部的代码标准。采用标准的代码方案,不仅能够减少代码的工作量,还能一定程度上减少系统更新和维护的工作量,而且能够为今后的信息共享创造条件。

(3) 规范化。

代码的结构、类型和代码格式必须严格统一,同时要有规律性,以便于计算机进行处理。在一个代码体系中,代码结构、类型、编写格式必须统一。规范化和标准化是息息相关的,在一个代码体系中,有关代码标准是代码设计的重要依据,已有的标准必须遵循。

(4) 合理性。

代码设计必须与代码对象的分类体系相适应,以保证代码对代码对象的分类具有表示作用。

(5) 可扩展性。

代码所对应的对象总是在不断的变化之中,因此代码体系本身应留有充分的余地,以备将来不断扩充的需要。当然,备用代码也不能留有过多,那样会增加处理的难度。

(6) 简单性。

代码结构要尽可能简单,尽量缩短代码的长度,以方便利用、提高处理效率,并减少各种差错。

（7）实用性。

代码应尽可能反映对象的特点，以利于记忆、便于填写。例如，数据库代码名应尽量采用其相应汉字的汉语拼音头一个字母表示。

**4．代码设计的步骤**

代码设计需要科学的编码思路，进行严谨、全面的调查研究。一般来讲，代码设计可以遵循步骤如下。

（1）确定编码对象和范围。

罗列要进行编码的对象，划清编码范围。

（2）调查是否已有标准代码。

遵循标准化原则，在进行代码具体设计之前调查是否已有相关标准。

（3）确定编排方式和符号类型。

根据代码的使用范围、使用时间等实际情况选择代码的编排方式和代码符号类型。

（4）考虑检错功能。

代码出错将引发非常难以处理的问题，因此代码必须进行校验。代码校验利用在源代码的基础上增设一位或几位校验位的方式来实现。校验位通过事先规定好的数学方法计算出来。

（5）编写代码表。

编制代码表并作详细的说明，通知有关部门组织学习，以便正确使用。

## 13.4.2 数据库设计

数据库的设计质量对整个系统的功能和效率有很大的影响。数据库设计的核心问题是：从系统的观点出发，根据系统分析和系统设计的要求，结合选用的数据库管理系统，建立一个数据模式。设计的基本要求是：

- 符合用户需求，能正确反映用户的工作环境
- 设计与所选用的 DBMS 所支持的数据模式相匹配
- 数据组织合理，易操作、易维护、易理解

**1．数据库设计步骤**

数据库的设计过程可以分为 4 个阶段，即用户需求分析、概念结构设计、逻辑结构设计和物理结构设计。图 13-18 反映和分析了这一设计过程，其中：

- 用户需求分析是对现实世界的调查和分析
- 概念结构设计是从现实世界向信息世界的转换。根据用户需求来进行数据库建模，也称为概念模型，常用实体关系模型表示。
- 逻辑结构设计是从信息世界向数据世界的转化。将概念模型转化为某种数据库管理系统所支持的数据模型。

- 物理结构设计是为数据模型选择合适的存储结构和存储方法。

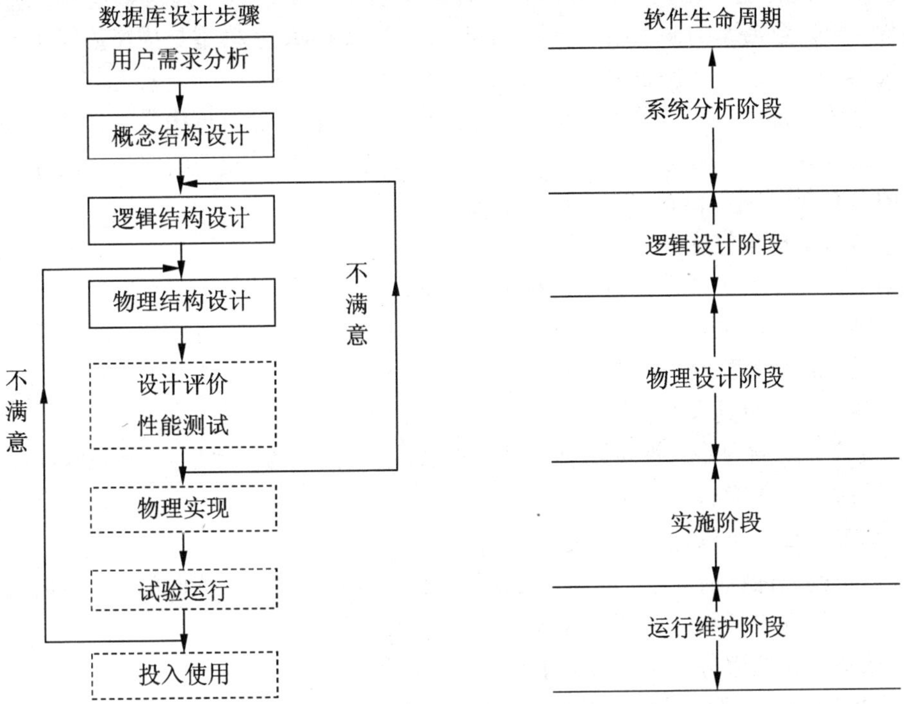

图 13-18 数据库设计步骤

### 2. 用户需求分析

用户需求分析需要结合具体的业务需求分析，确定信息系统的各类使用者以及管理员对数据及其处理、数据安全性和完整性的要求。主要设计如下三方面：

（1）系统应用环境分析。

系统应用环境及系统所服务和运行的特殊组织环境。不同业务单位有不同的组织结构和业务工作流程。环境的特殊性将决定数据库的整体设计思路和风格。

（2）用户数据需求及加工分析。

用户需求及加工分析指用户希望从数据库中获得那些信息以及对信息的处理要求。由此决定数据库中应该存储哪些信息以及对数据需要进行哪些加工处理，包括在处理过程中特定的查询要求、响应时间要求，以及数据安全性、保密性、完整性和一致性等方面的要求，应在此基础上编制数据字典。

（3）系统约束条件分析。

系统约束条件分析及分析现有系统的规模、结构、资源和地理分布，明确现有系统存在的种种限制或约束，从而使系统设计不至于脱离实际条件，确保系统设计顺利实施。

**3. 数据库概念结构设计**

概念结构设计是指由现实世界的各种客观事物及其联系转化为信息世界中的信息模型的过程,即为数据库的概念结构设计。E-R 模型即实体-联系模型是描述数据库概念结构的有力工具。下面结合实例说明 E-R 模型的构建。

在一个政府部门中存在着多个不同科室,每一个由若干名科员构成,每个科室都有一名主管上级领导,科室公务员负责为前来机关办事的群众提供相关的服务。现分别画出各个科室的 E-R 模型图,再画出整个机关的 E-R 模型。

一个科室结构应包括:

(1)实体,即上级领导、科室、科员、群众。

(2)实体联系,主管领导与科室之间是一对多的关系,科室与科员之间的联系也是一对多的关系,科员与群众之间是多对多的关系。

(3)各个实体所具有的属性。

- 主管上级领导,属性可以有编号、姓名、性别、年龄、职务、任职时间、参加工作时间、入党时间、学历
- 科室的属性可以包括科室号
- 科员的属性包括编号、姓名、性别、年龄、职称、参加工作时间、入党时间、学历
- 群众属性包括服务日期、服务事宜、处理结果
- 服务,包括服务日期、服务事宜、处理结果

通过以上分析,可以得到如下的 E-R 模型,如图 13-19 所示(部分属性)。

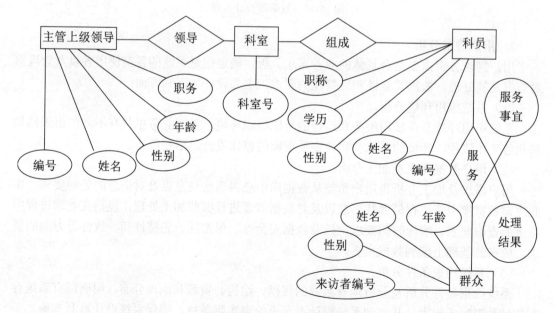

图 13-19 科室 E-R 模式图

**4．数据库逻辑结构设计**

逻辑结构设计的任务是要将概念结构设计阶段完成的概念模型转换成能被选定的数据库管理系统支持的数据模型。现行的数据库管理系统一般支持网状、层次和关系三种数据模型中的一种，其中关系型的数据模型在 DBMS 中的应用和支持较为广泛，已成为主流。

下面简单介绍一下由 E-R 模型转换为关系数据模型的转化规则。在关系数据模型下，数据的逻辑结构是一张二维表，每个关系为一张二维表格。E-R 模型转换为关系数据模型的转化规则如下：

- 每一实体及其属性对应于一个关系模式。实体名作为关系名，实体的属性作为对应关系的属性。所谓关系模式，就是对关系的描述，用关系名（属性1、属性2、属性3，……属性n）来表示。
- 两两实体之间的联系及其属性一般对应一个关系模式，联系名作为对应的关系名，联系的属性作为对应关系的属性；不带属性的联系可以去掉。
- 实体和联系中关键字属性在关系模式中仍作为关键字。

图 13-19 中所示的实体关系图可以按照这些转换规则进行转化得到如下对应的关系模型。

- 主管上级领导，编号、姓名、性别、年龄、职务、任职时间、参加工作时间、入党时间、学历
- 科室，包括主管上级领导编号、科室号
- 科员，包括科室号、编号、姓名、性别、年龄、职称、参加工作时间、入党时间、学历
- 群众，包括来访者编号、姓名、性别、年龄、来访日期、服务事宜
- 服务，包括受理公务员编号、来访者编号、服务日期、服务事宜、处理结果

不同的系统配备的数据库管理系统性能不同，因而必须结合具体 DBMS 的性能和要求将一般数据模型转换成所选用的数据管理系统支持的数据模型，若选用的 DBMS 支持层次、网络模型，则还要完成从关系模型向层次或网络模型的转换。

**5．数据库物理结构设计**

数据库的物理设计以逻辑结构设计的结果为输入，结合关系数据库系统的功能和应用环境、存储设备等具体条件为数据模型选择合适的存储结构和存储方法。从而提高数据库的效率。物理结构设计的主要任务如下。

（1）确定存储结构。

根据用户对数据结构和处理的要求，权衡数据存取时间、空间利用率和维护代价等三方面的利弊，综合考虑存储效率、维护成本等相关因素，从数据库管理系统提供的各种存储结构（例如顺序存储结构、索引存储结构，等等）中，选取合适的结构并加以实现。

（2）选择和调整存储路径。

数据库必须支持多个用户的多种应用，因此必须提供多个存取入口、多条存取路径，

建立多个辅助索引。此过程中需要考虑一些问题，例如如何选取合适的数据项建立索引，如何建立辅助索引从而达到检索效率和存储空间的统一等。

（3）确定数据存储位置。

按照不同的应用可将数据分为若干个组。根据各组数据利用频率和存储要求的不同，各类数据的存放位置、存储设备以及区域划分都应有所不同。应该把存取频率和存取速度要求较高的数据存储在高速存储器上，把存取频率和存取速度要求较低的数据存储在低速存储器上。

（4）确定存储分配。

大多数据库管理系统会提供一些存储分配参数，例如溢出区大小、块大小、缓冲区大小和个数等，设计人员应全面考虑这些参数，以进行物理优化。

（5）确定数据的完整性与安全性约束。

进行物理设计时不仅要考虑所选用数据库管理系统提供的安全机制和完整性约束，还要考虑用户使用制度、应用程序、计算机系统等各个涉及具体应用的方面。

（6）考虑数据恢复方案。

数据库的物理设计阶段也要考虑数据库的恢复问题，采取必要的物理措施和手段，为突发事件和故障后的恢复做好准备，提供必要的物理工具。

### 13.4.3 输入设计

输入设计是信息系统与用户交互的纽带，它对整个系统的功能、质量有着很大的影响。一个良好的输入界面可以为用户提供良好、便捷、人性化的工作环境，提高人机交互的效率。输入数据时整个数据处理过车功能的基础，它将直接影响处理结果的正确性和最终获得信息的可靠性。输入设计要保证将不合法、不完整和不正确的数据拒之于系统之外。

**1. 输入设计的原则**

（1）输入量最小原则。

与计算机对数据的处理速度相比，数据录入速度效率低、成本高、出错的概率高。因此，输入设计必须进行数据输入量的控制，在保证满足处理要求的前提下使系统输入量最小。

（2）输入延迟最低原则。

数据的输入速度往往成为系统运行效率的瓶颈，为提高数据的输入速度，降低输入延迟就将成为关键。

（3）输入数据早校验原则。

为保证输入数据的正确性，在进行输入设计时必须采用校验方法和验证技术，以防止错误的发生。并且，数据校验应尽量在接近原数据发生地点进行，及早发现错误，及时纠正。

（4）输入步骤少转换原则。

为提高系统运行效率，应尽量减少输入步骤，避免不必要的输入步骤，保证现有步骤的完备、高效。同时，应当尽量减少不必要的数据转换，输入数据时采用其处理所需的形式，避免数据转换时发生错误。

（5）输入过程简单化原则。

为用户提供纠错和输入校验功能的同时，必须保证输入过程的简单化，以减轻用户负担，减少发生错误的可能性。

### 2．输入设计的内容

（1）确定输入数据内容。

在系统分析阶段已经基本明确系统需要输入哪些数据。输入设计的主要任务是在系统分析的基础上进一步确定所需输入数据的数据项名称、数据类型、数值范围、精度等，使数据输入满足处理要求。

（2）确定数据的输入方式。

数据输入方式与数据发生地点、时间和处理要求等因素有关。输入方式主要分为脱机输入方式和联机输入方式两种。所谓脱机输入方式，是将数据的输入过程与处理过程分离的输入方式，此时所输入的数据只是存储在一定的载体上，并没有进入系统主数据库。此种方式适合非实时性处理和批处理。

联机输入方式则是数据输入过程和数据处理过程合一的输入方式。数据直接进入系统数据库，系统立即对数据进行处理，并将处理结果反映到数据库中。实时系统一般采用此种输入方式。

（3）确定输入数据的记录格式。

输入数据的记录格式必须按照便于填写、便于归档保存和便于操作的原则进行设计。为了保证输入的准确性，设计记录格式时可以使用块风格、灰显、选择框、颜色和说明等方法。

（4）确定输入数据的正确性校验机制。

只有输入数据正确，才能保证处理和输出的正确。因此，对输入数据必须进行正确性校验，保证输入数据的正确性。并且要同时考虑出错数据的改正问题，并建立纠错机制。

### 3．输入设备

数据必须通过一定的设备才能被输入到系统中，因此，输入设计还需要确定输入设备的类型。随着技术的发展，输入设备的种类越来越多，能够输入到计算机中的信息类型也越来越多。在进行输入设计时，应当根据所需输入数据的类型，从方便用户使用的角度出发，选择合适的输入设备。常用输入设备有键盘、读卡机、磁带机和磁盘机、模拟/数据转换机、光电阅读器以及磁性字体阅读机、语言输入设备、图形数字化仪器、黑白和彩色扫描仪器等。

选择输入设备应考虑如下一些因素：输入的数据量与频度、数据的来源和形式，数据收集环境、输入数据的类型和格式的灵活性、输入的速度和准确性、输入数据的校验方法、纠错的难易程度、可用的设备与相应费用等。

### 4. 数据校验

输入设计中必须考虑到全部输入过程中所可能发生的错误，并建立相应的检验和纠错机制。

（1）输入错误的种类。

- 错误的数据内容，由于原始数据填写错误或其他原因引起的数据输入错误。
- 数据冗余或不足，如数据散失、遗漏或重复等产生的输入错误。
- 数据的延误，指虽然数据的内容和数据量都是正确的，但由于开票、传送等环节的延误而造成的差错，甚至可能导致输出信息毫无价值。

（2）数据校验方法。

数据的校验可以由人工直接检查，也可以由计算机程序校验以及人与计算机两者分别处理后再相互查对校验等多种方法实现。常用的校验方法包括：重复校验、视觉校验、分批汇总校验、控制总数校验、数据类型校验、格式校验、逻辑校验、界限校验等。

（3）差错的纠正。

差错的纠正比校验更困难，也更重要。出错原因不同，纠错方法也不相同。原始数据错误时，应将原始数据送回产生数据的原部门进行修改，不能由输入操作员或原始数据检查员想当然地予以修改。

当有程序自动查错时，由于系统已经处于运行中，恢复也就更为复杂，可分为如下几种方式。

- 输入数据全部校验并改正后，再做处理。舍弃出错数据。
- 进行统计调查和分析时可用此种方法。
- 暂时只处理正确数据，出错数据待修正后再进行处理。
- 剔除出错数据，出错数据留待下次处理时再一并处理。

（4）设计出错表。

任何的检验和纠错都不可能做到绝对正确，因此必须建立动态的跟踪机制，对整个数据处理过程进行全程记录。这就要求程序在发现错误时，能自动地打印出出错信息一览表。出错信息一览表可由两种程序打出：一种是以数据校验为目的的程序，另一种是边处理、边做数据校验的程序。建议在信息系统运行中由专人负责对错误信息和改正情况进行收集、记录、保管，以便于查找、核对。

### 5. 输入设计的评价

因为输入模块是用户和系统交互的纽带，而且输入数据又是系统处理对象，因此对输入设计的评价主要从用户使用的方便性和系统运行的高效、安全性两方面进行评价。

### 13.4.4 输出设计

输出指系统经过对原始数据的加工处理后,最终产生的结果或提供的信息。输出的结果是用户所直接面对和所需要的,输出的信息满足用户需求的程度是衡量信息系统成败的关键。从系统开发的角度看,输出决定了输入,输入信息必须满足输出的种种要求。

**1. 输出设计的内容**

(1) 确定输出内容。

用户是信息的主要使用者,因此,输出内容设计时首先要确定输出信息的使用方式,如使用者、使用目的、输出速度、频率、使用周期、数量、安全性、有效期、保管方法和份数等。在此基础上,根据用户的使用要求,进一步确定输出信息的名称和形式、输出数据结构、数据类型、数据位数、取值范围、数据完整性,等等。

(2) 选择输出设备。

数据信息必须通过特定的设备才能为用户所接受和利用,输出设备的选择应根据实际情况综合考虑。常用的输出设备及主要用途和特点如表 13-3 所示。

表 13-3 常见输出设备

| 性能<br>类型 | 用 途 | 特 点 | 速 度 | 规 格 |
| --- | --- | --- | --- | --- |
| 打印机 | 打印报表 | 打印功能强 | 100~250 行/分钟 | 打印纸:132×66 行 160×66 行 |
| 卡片输出机 | 中间结果<br>卡片保存结果 | 工作可靠<br>便于保存 | 100~200 张/分钟 | 80 字符 |
| 显示器 | 显示信息 | 灵活、功能强<br>人机对话 | 1000 行/分钟 | 12~196 英寸字符<br>240~2191 个 |
| 制图仪 | 绘制图形 | 精度高<br>易操作 | 3~60 英寸/秒钟 | 30×30 英寸 |
| 缩微胶卷 | 输出图形数据 | 体积小<br>易保存 | 1 000~5 000 行/分钟 | 大型<br>小型 |

(3) 确定输出信息格式。

系统设计阶段应当对数据输出的格式做出说明。输出格式设计必须考虑到用户的要求和习惯,满足用户清晰、美观、易于理解和阅读的要求。常用输出格式主要有以下几种。

- 报表,以表格的形式提供,常用来表示较为详细信息,如月终、年终的汇总,上级部门要求上缴的统计数字等。
- 图形,主要有直方图、圆饼图、曲线图、地图等。它适合表示事物的发展趋势,可进行多方面的比较,具有可充分利用大量历史数据等综合信息的表达能力,以及表示方式直观等优点。
- 图标,图标即赋以特定含义的小图例。常用来表示数据间的比例关系和比较情况,具有易于辨认、无需过多解释等优点。其中，报表是最常用的一种输出形式，其具体格式因用途不同而有所不同，但一般都由表头、表体和表尾三部分组成。表头是标题；表体为表格主体，反映具体内容；表尾部分则是补充说明或脚注。报表的格式应当与系统主体所采用的表格形式相一致，与系统总体风格相一致。

报表的输出可采用不同的形式。供单个用户一次性使用的表格，缺乏保留价值，可直接在显示终端输出；供多个用户多次使用的表格，为满足重复利用的需要，应当打印输出。在打印报表时，应当充分考虑保存时间、装订、归档等要求，确定不同的保存形式、保存份数、存储载体以及物理方面的特殊要求等。

**2．输出设计评价**

输出设计的设计质量直接关系到信息系统能否为用户提供满意的信息服务。因此，对输出设计进行评价也应当从用户信息使用质量的角度进行。下面是一些应当考虑的方面：

- 输出设计能否为用户提供及时、准确、全面的信息服务。
- 输出设计是否充分考虑和利用了各种输出设备的功能。
- 数据输出格式是否与现行系统相一致，所进行的修改是否有充足的理由并征得了用户的同意。

### 13.4.5 用户接口界面设计

用户接口界面是人和信息系统联系的主要途径。用户可以通过屏幕显示和系统进行对话，向计算机输入有关的数据，控制系统的处理过程，并将计算机的处理结果反映给用户。用户界面是在用户与计算机之间架起的一座桥梁，因此用户界面的清晰、简洁、熟悉程度，将直接影响系统功能的发挥。而且，用户界面的设计好比商品的包装设计、商店的橱窗布置，给用户一个直观的印象。接口界面设计的好坏关系到系统的应用和推广。友好的用户接口界面是构建成功的信息系统的一个不可忽视的要素。

**1．接口界面设计的原则**

用户界面设计的基本原则是为用户操作着想，而不应只从设计人员方便来考虑。因此，在决定用户框架时，设计人员应考虑如下原则。

（1）统一原则。

指在类似环境中操作方法和界面风格的类似、协调和一致。

（2）简明易学原则。

简单明了将更有利于普通用户的使用。尽量体现人性化、智能化，以降低用户的使用难度。界面要符合用户的需要和习惯。

（3）灵活原则。

用户可以根据需要修改和定制界面方式。当用户修改和扩充系统功能时，系统能够提供动态对话方式作为向导；系统能适时地提供反馈信息、提示信息、帮助信息、出错信息等；系统应该提供友好的学习提示和在线帮助，并为用户提供选择的余地。

(4) 美观原则。

在色彩、图形的设计上要漂亮、悦目、友好。

(5) 宽容原则。

允许用户犯错误，提供逆操作。同时，提供实时的提示信息，帮助用户找到发生错误的可能原因。

(6) 严谨原则。

对某些关键操作，无论操作人员是否有误操作，系统都应进一步确认，进行强制发问。甚至警告、提示用户，得到确认方可执行。

**2. 接口界面设计的内容**

在信息系统的设计阶段，应该首先定义用户接口界面的总框架。这样，作为系统设计者对一个待建的信息系统才能做到"心中有数"。这些框架的内容包括：

(1) 定义界面形式。

界面设计包括菜单界而、图像界面、对话界面、窗口界面以及语言界面等几种类型。

(2) 定义基本的交互控制形式。

界面上基本的交互控制有文本输入框的形状及其操作方式，窗口的形状和操作方式，以及滚动条、列表框等。设计时必须做出选择与定义。

(3) 定义图形和符号。

在图形界面中，常用一些图标表示某些常用的操作（在工具栏中），这些图标及其语义在整个系统中要保持统一和一一对应。

(4) 定义各种操作方式。

定义各种操作方式指定义通用的功能键和组合键的含义及其操作内容、文本编辑的方式、窗口的转换、事件的取消操作、菜单的返回等。

应定义统一的色彩，使界面协调、不混乱。

(5) 定义信息反馈的策略。

(6) 定义 Help 策略。

为用户及时地提供帮助信息，解决信息系统使用时的人机对话问题。

**3. 确定接口界面类型**

用户接口界面的类型主要有问题描述语言、表格、图形、菜单、对话以及窗口等，每一种类型都有不同的特点和性能，它们的形式主要有：

(1) 菜单式。

菜单式的界面主要支持用户选择特定命令，执行功能的上作。常用的菜单界面如下。

- 一般菜单，一般菜单指总是在屏幕的相对固定的位置上出现的菜单，例如在屏幕的中央或者一侧的菜单。该菜单大多呈现多层结构，用户通过单击选择命令项目进行。由于有菜单常驻屏幕，占去了一部分屏幕的空间，目前此类菜单已经很少使用。
- 弹出式菜单，弹出式菜单只有在被需要时，才显示出来供用户选用，完成使命后立即从屏幕上消失。好的系统往往能够给每一个状态设置一组弹出式菜单项，其中每一个菜单项表示用户在该状态下可能做的操作，这样的弹出式菜单非常方便。
- 下拉菜单，这是一种两级菜单，第一级是选择栏，第二级是选择项。选择栏一般排列在 I 屏幕的某个狭小区域上，一般只占一行。用户利用鼠标等选定当前选择栏，在当前选择栏下即显示该栏中的各项功能，即第二级的子菜单项，以供用户进行选择，选完之后子菜单项立即消失。当两极的下拉菜单不够用时，可以使用弹出式菜单和对话窗口作为补充。
- 嵌入式菜单，嵌入式菜单是它所在的系统的应用中的一部分内容。必要时用粗体字或字母突出显示等方式加以突出。例如，字处理程序中单词拼写错误检查，每检查出一个错拼的单词，系统就把它在原来位置上用粗体字或突出显示标记出来，供用户检查。除了某些特殊的应用中，此类菜单应用并不普遍。

（2）填表式。

填表式的界面主要实现用户数据输入、输出的功能。一般系统将要输入的项目显示在屏幕上，然后由用户逐项填入有关的数据，还可以通过表格的方式将要输出的内容排列在屏幕上。它是屏幕进行输入输出的主要形式。通常，在屏幕上显示一张表格，类似于用户熟悉的填表格式，以供用户输入数据。在这种输入数据表格中，对于每一种输入信息，都要有一个标题，用于提示输入信息的内容及位置。用户可使用移位键或特殊定义的功能键控制屏幕上的光标，在各项目中移动、定位。用户输入数据之后，还可以以相同的屏幕格式显示和修改这些数据。

表格的优点是它的视觉布局对于用户比较熟悉，而且只要表格设计得好，操作步骤非常简便，全部信息都可以显示在屏幕上。

（3）对话式。

当系统运行到某一阶段时，可以通过对话框向用户提问，系统根据用户的回答决定下一步操作。这种方法通常用在提示用户确认数据正确与否，询问用户是否继续某项操作的情况。对话框就是系统在必要时显示于屏幕上的一个矩形区域内的图形和正文信息。对话框分为必须回答、警告和无需回答三种类型，根据具体的环节和要求选择使用。

（4）图形式。

在用户界面中，加入丰富的画面，将能够更形像地为用户提供有用的信息。其主要的处理包括图像的隐蔽和再现、屏幕滚动和图案显示。

- 图像的隐蔽和再现，下拉式菜单在展示时，先把将要被遮盖的区域中的原先的屏幕图像隐藏起来，当选取菜单项的工作完成之后，又需要把原来隐藏的图形再显现出来。
- 屏幕的滚动，用于人机交互活动的物理屏幕仅能容纳用户需要显示的内容中的一部分，所以用户必须通过屏幕滚动或其他方法才能看到屏幕的全部内容。
- 图案的显示，在用户操作过程中，适当地配以图案或动画，可以大大提高应用系统的视觉效果。

（5）窗口式。

窗口指屏幕上的一个矩形区域。采用滚动技术，或在同一物弹屏幕 r 设置多个窗口，可以增加用户的查看范围。

一般来说，窗口包括菜单区（Menu Bar）、图标区（Icon Bar）、标题区（Title Bar）、移动区（Move Bar）、大小区（Size Box）、用户工作区（Users Work Area）、横纵滚动区（Horizontal Scroll Bar）、退出区（Quit Box）。用户工作区是在窗口内位于中心的一个最大的区域，窗口内的其他区域都是为用户工作区内的显示内容和在该区所进行的操作服务的。应该尽力减少这些辅助区域所占的空间，以增大工作区的面积。窗口是人机交互界面当中非常人性化的一类，通用性非常强。

### 13.4.6 处理过程设计

系统的处理过程设计是系统模块设计的展开和具体化，要确定各个模块的实现算法和处理过程，并精确地表达这种算法，所以其内容更为详细。通过这样的设计，为编写程序做好准备，并制定出一个周密的计划。当然，对于一些功能比较简单的模块，也可以直接编写程序。

**1. 程序流程图**

程序流程图即程序框图（Flow Chart），是指通过对输入输出数据和处理过程的详细分析，将计算机的主要运行步骤和内容用框图表示出来。程序流程图是进行程序设计的基本依据，因此它的质量直接关系到程序设计的质量。

为了消除程序流程图绘制符号和方法不规范的缺点，对程序流程图定义了很多基本的符号和结构。程序框图包括三种基本成分：加工步骤，用方框表示；逻辑条件，用菱形表示；控制流，用箭头表示。

此外，还规定用结构化的程序设计方法即由三种基本逻辑结构来编写程序流程图。一是顺序型：顺序结构是一种线性有序的结构，由一系列依次执行的语句或模块构成。二是循环型：循环结构由一个或几个模块构成，程序运行时重复执行，直到满足某一条件为止。三是选择型：选择结构是根据条件成立与否选择执行路径的结构，如图 13-20 所示。

图 13-20 所示的几种标准结构反复嵌套而绘制的流程图成为结构化流程图，如图 13-21 所示。

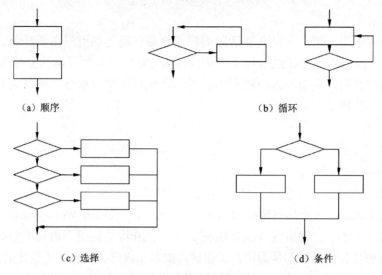

图 13-20 基本逻辑结构

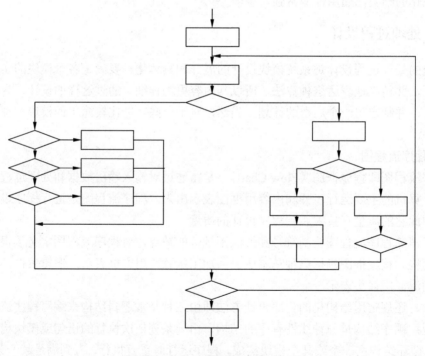

图 13-21 程序流程图示意

## 2. N-S 图

N-S 图是一种符合结构化设计原则的图形描述工具，又称盒图。在 N-S 图中，每个处理步骤用一个盒子表示。盒子可以嵌套。盒子只能从上面进入，从下面走出，除此之外再无其他出入口。所以，盒图限制了控制的随意转移，保证了程序的良好结构。

与程序流程图中的三种基本控制结构列应，盒图中规定了相应的图形构件，如图13-22所示。程序流程图也可用盒图表达。

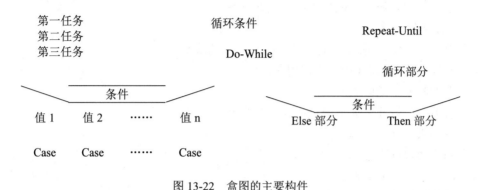

图 13-22 盒图的主要构件

与流程图相比，N-S 图的优点在于：
- 它强制设计人员按结构化程序设计方法进行思考并描述其方案。
- 图像直观，容易理解设计意图，为编程、复查、测试和维护带来方便。
- 简单易学。

**3．程序设计语言**

程序设计语言（Program Design Language）是用来描述模块内部具体算法和加工细节的非正式的、比较灵活的语言。其外层语法是确定的，符合一般程序设计语言常用语句的语法规则，用以描述控制结构；而内层语法不确定，可以使用自然语言中的简单句子、短语和数学符号，用以描述程序的功能。通常情况下，流程图和 N-S 图都可以用程序设计语言的方式来表达。

## 13.5 系统设计说明书

系统设计的最终成果是设计人员提交的系统设计说明书。该说明书作为系统实施的重要依据由系统设计人员提交给系统实施人员，以便进行程序开发和其他实施工作。系统设计说明书审批通过后，实施方案方可生效。系统设计说明书应该包括的内容有两部分，引言和系统总体技术方案。

### 13.5.1 系统设计引言

**1．摘要**

摘要说明所设计的系统的名称、目标和功能。

**2．背景**
- 项目的承担者。
- 用户。
- 本项目和其他系统或机构的关系和联系。

**3．工作条件/限制**

说明本项目开发中所具备的工作条件和受到的限制。
- 硬件/软件/运行环境方面的限制。
- 保密和安全的限制。
- 有关部门的业务人员提供确切的数据及其定义。
- 有关系统软件文本。
- 网络协议标准文本。
- 国家安全保密条例。

**4．参考和引用资料**
- 本项目的已核准的计划任务书或合同和上级机关的批文。
- 属于本项目的其他已发表的文件。
- 本文件中引用的文件资料：列出文件资料的标题、编号、发表日期和制定单位。
- 说明这些文件资料的来源。

**5．专门术语定义：**

列出说明书中所用到的术语。

### 13.5.2 系统总体技术方案

**1．系统配置方案**

（1）网络设计：系统的网络结构。
- 网络计算模式，说明采用的是客户机/服务器（C/S）模式还是浏览器/Web 服务器/数据库服务器（B/W/D）模式。
- 网络拓扑结构，用一张拓扑结构图说明采用的网络拓扑结构，一般有总线型、星型、环状、混合型等。在网络选择上应根据应用系统的地域分布、信息流量进行综合考虑。
- 网络的逻辑设计，用一张逻辑设计图说明系统的网络逻辑设计。将系统从逻辑上分为各个分系统或子系统，然后按需要配备设备，如主服务器、主交换机、分系统交换机、子系统集线器（hub）、通信服务器、路由器和调制解调器等，并考虑各设备之间的连接结构。
- 网络操作系统，说明采用的网络操作系统，常见的有 Unix、Netware、Windows NT 等。

（2）软硬件选择：硬件选择包括计算机主机、外围设备、连网设备，软件包括操作系统：单机操作系统和网络操作系统。

- 使用的网络协议，TCP/IP、OSI 等。
- 数据库产品，说明系统所使用的数据库管理产品，常见的有 Oracle、Sybase、MS SQLServer、Informix，等等。
- 应用软件，罗列信息系统所使用的其他应用软件或中间件产品，说明其功能和相关技术支持。

**2．模块设计**

模块设计阶段中，在系统内部划分成各个基础部分——模块结构，确定系统的总体结构。总体结构与各个分层模块结构的关系是程序实施的重要依据。模块结构采用模块结构图来表示。模块结构图是采用 HIPO 图形式绘制而成的框图。

- 名称，列出系统中各主要功能的结构图名称和它们之间的关系。
- 功能，用文字简单说明主要模块结构应具有的功能。
- 功能说明，说明是用伪码形式还是用结构化语言形式，或者其他自然语言形式描述模块结构图的。
- 评价。
- 验收，指设计人员验收的决定和处理情况。

**3．代码设计**

代码设计是信息系统所必需的前提条件，是不可缺少的重要的内容。它是进行信息分类、较对、总计和检查的关键，它也用于指定数据的处理方法、区别数据类型，并指定计算机处理的内容。

（1）代码的方式和种类：简单说明代码的方式和种类。

（2）功能：从编码的原则要求（如单义性、可读性等）去简单说明代码所体现的功能。

（3）评价：从识别信息、信息标准化、节省存储单元、提高运算速度、节省计算机的处理费用以及代码的特性进行评价。

（4）验收。

**4．输入设计**

输入设计担负着将系统外的数据以一定的格式送入计算机的任务，它直接影响到人工系统和机器系统的工作质量。输入设计的基点是确保向信息系统提供正确的信息。输入必须有必要的介质和设备。

（1）输入项目：说明对本系统的主要的输入项目。

（2）输入的承担者：说明对数据输入工作的承担者的安排，并指出操作人员、维护人员的教育水平和技术专长。如果输入数据同某一接口软件有关，应说明设接口软件的来源。

（3）主要功能要求：从满足正确、迅速、简单、经济、方便使用等方面的要求去说明。

（4）输入要求：简单说明各主要输入数据类型和来源及所用的设备、介质、格式、数值。

（5）输入校验：简述所用的数据校验法和效果。

（6）评价。

(7) 验收。

**5. 输出设计**

输出的含义是把由计算机对输入的原始数据进行处理加工的结果按一定的格式提供给用户。输出不仅有一定的格式要求，而且还必须有必要的介质和设备。

(1) 输出项目：说明对本系统的主要输出项目。

(2) 输出接受者：说明输出的主要项目的数据的接受者。

(3) 主要功能。

(4) 输出要求：说明输出数据类型及所用的设备介质、格式、数值范围、精度等。

(5) 评价。

(6) 验收。

**6. 数据库设计说明**

数据库设计是指数据库应用系统的设计。编制数据库设计说明书的目的是对设计中的数据结构的所有标识、逻辑结构和物理结构做出具体的设计规定。编写提纲和内容要求如下。

(1) 概述。
- 目标，说明开发的意图、应用目标、作用范围以及有关数据库开发的背景材料
- 主要功能，简要说明数据库系统的主要功能。
- 用户的安排，指最终用户。说明操作人员、数据管理人员和维护人员的水平。

(2) 需求规定。
- 性能规定
- 精度，简述对数据精度的要求。
- 有效性，说明对数据库存取数据的有效性的要求。
- 时间要求，如响应时间、数据的转换和传送时间等。
- 其他专门要求。

(3) 运行环境要求。
- 设备，简述运行数据库系统的硬设备及其专门功能。
- 支撑软件，列出支撑软件并说明测试前的软件。
- 安全保密，说明在安全保密方面的全部要求。
- 其他要求。

(4) 设计考虑。
- 逻辑结构设计，简要说明本系统（或子系统）内所使用的数据结构中，有关数据项、记录、文件的标识定义、长度及它们之间的相互关系。
- 物理结构设计，简要说明本系统内所使用的数据结构中有关数据库的存储要求、访问方法、存取单位、存取的物理关系（索引、设备、存储区域）、设计考虑和保密处理。

（5）评价。

简要说明对时间、空间效率、维护代价和各种用户要求进行权衡所产生的方案性能情况。

（6）验收。

**7．实施方案说明书**

系统总体结构设计完成以后就要确定系统实施方案，书写实施方案说明书。信息系统的研制工作就从系统设计阶段转入实施阶段。实施方案说明书就作为系统实施阶段的依据和出发点。

（1）实施方案说明。

- 项目的说明，指对系统名称、子系统名称、程序名称、程序语言、使用的设备等逐项说明。
- 数据项目的说明，指对数据长度、文件名称和形式编号、构成记录的各项名称和内容等逐项说明。
- 处理内容的说明，指对进行程序设计的处理内容进行详细说明。

（2）实施的总计划。

- 工作任务的分解，对于项目开发中须完成的各项工作，包括文件编制、审批、打印、用户培训工作、使用设备的安排工作等，按层次进行分解，指明每项任务的要求。
- 进度，给出每项工作任务（包括文件编制）的预定开始日期和完成日期，规定各项工作任务完成的先后顺序以及每项工作任务完成的标志。
- 预算，逐项列出本开发项目所需要的劳务（包括办公费、差旅费、机时费、资料费、通信设备和专用设备的租金）。

（3）实施方案的审批。

- 参与审议人员，除用户、系统研制人员、程序员、操作员等以外，还包括邀请的专家、管理人员等。
- 审批的实施方案，说明经审批的实施方案的概况和审批人员名单。

# 选择题

1．结构化模块设计的辅助工具不包括_____。

A）系统流程图　　　　　　　B）HIPO 技术

C）数据流程图　　　　　　　D）模块结构图

2．模块间的聚合方式不包括_____。

A）偶然聚合　　　　　　　　B）时间聚合

C）通信聚合　　　　　　　　D）物理聚合

## 思考题

1. 系统分析阶段和系统设计阶段的特点和主要任务各有哪些，两者有什么联系？
2. 结构化系统设计的主要思想是什么，有哪些设计工具来实现这一思想、辅助结构化设计？
3. 数据流图与模块结构图两者之间有什么关系？如何利用系统分析阶段成果完成系统设计阶段的相关任务？例如实现从数据流图到模块结构图的转换。
4. 系统详细设计包括哪些内容？
5. 数据库设计主要有哪几个步骤，各步骤完成什么任务？E-R 模型对应数据库设计的哪个步骤，设计要领是什么？
6. 系统设计说明书的主要内容有哪些，其重要性何在？

# 第 14 章　信息系统实施

系统设计说明书审核通过之后，系统进入实施阶段。这一阶段要把物理模型转换为可实际运行的物理系统。系统实施阶段的工作对系统的质量有着十分直接的影响。本章介绍结构化的实现方法，讨论与程序设计、系统测试和系统转换有关的技术。

## 14.1　系统实施概述

系统设计说明书被审核通过之后，研制工作进入实施阶段。这一阶段要把物理模型转换为可实际运行的物理系统。一个好的设计方案，只有经过精心实施，才能带来实际效益。因此，系统实施阶段的工作对系统的质量有着十分直接的影响。本章将介绍结构化的实现方法，讨论与程序设计、系统测试和系统交付使用的有关技术。

### 14.1.1　系统实施阶段的特点

系统实施必须在系统分析、系统设计工作完成以后，必须具备完整、准确的系统开发文档，严格按照系统开发文档进行。

与系统分析、系统设计阶段相比，系统实施阶段的特点是工作量大，投入的人力、物力多。因此，这一阶段的组织管理工作也很繁重。对于这样一个多工种、多任务的综合项目，合理的调度安排就显得十分重要。

在当前信息系统建设中，项目负责人往往身兼多种角色。在系统分析阶段，他是系统分析员；在设计阶段，他是主要设计师；在实施阶段，他又是组织者。

在系统分析阶段，系统分析员的主要任务是调查研究、分析问题、与用户一起充分理解用户要求；在系统设计阶段，系统设计人员的任务是精心设计、提出合理方案；在实施阶段，他们的任务是组织协调、督促检查。他们要制定逐步实现物理模型的具体计划，协调各方面的任务，检查工作进度和质量，组织全系统的调试，完成旧系统向新系统的转换。

在实际工作中，系统分析员往往是这几个阶段的组织者。作为合格的系统分析员，不仅要有扎实的计算机科学知识、丰富的管理知识和经验，还要有较强的组织能力。系统开发人员对系统开发文档的全部内容要有明确的理解和认识，不仅应了解本人所承担的部分，还应该了解系统总体结构、接口、数据交换等相互联系部分的内容。

## 14.1.2 系统实施的主要内容

系统实施是开发信息系统的最后一个阶段。这个阶段的任务，是实现系统设计阶段提出的物理模型。按实施方案完成一个可以实际运行的信息系统，并交付用户使用。系统设计说明书详细规定了系统的结构，规定了各个模块的功能、输入和输出，规定了数据库的物理结构。这是系统实施的出发点。如果说研制信息系统是盖一幢大楼，那么系统分析与设计就是根据盖楼的要求画出各种蓝图，而系统实施则是调集各种人员、设备、材料，在盖楼的现场，根据图纸按实施方案的要求把大楼盖起来。

具体讲，这一阶段的任务包括以下几个方面内容。

**1．硬件配置**

硬件设备包括计算机主机、输入输出设备、存储设备、辅助设备（稳压电源、空调设备等）、通信设备，等等。要购置、安装、调试这些设备。这方面的工作要花费大量的人力、物力，将持续相当长的时间。

**2．软件编制**

软件设备包括系统软件、数据库管理系统以及一些应用程序。这些软件有些需要购买，有些需要组织人力编写，自行开发的软件还要进行软件测试和系统调试，负责新旧系统的转换。程序设计和软件测试将是这个阶段的主要任务。这需要花费相当多的人力、物力和时间。

**3．人员培训**

主要指用户的培训，用户包括主管人员和业务人员。系统投入运行后，他们将在系统中工作。这些人多数来自现行系统，精通业务、但往往缺乏计算机知识。为保证系统调试和运行顺利进行，应根据他们的基础，提前进行培训、使他们适应、并逐步熟悉新的操作方法。因为有时改变旧的工作习惯比软件的更换更为困难。

**4．数据准备**

数据的收集、整理、录入是一项既繁琐、劳动量又大的工作。而没有一定基础数据的准备，系统调试不能很好地进行。一般说来，确定数据库物理模型之后，就应进行数据的整理、录入。这样既分散了工作量，又可以为系统调试提供真实的数据。实践证明，这方面的工作往往容易被人忽视，甚至系统完成后只能作为摆设放在那里而不能真正运行。这等于建好工厂，但缺乏原料而不能投产。这类例子虽然不能说司空见惯，但也不是绝无仅有。因此，要特别强调这一点，不能把系统的实现仅仅归结为编程序或买机器。这几方面的任务是相互联系、彼此制约的。它们的关系可概括为表 14-1。

表 14-1 系统实施阶段的主要活动及相互关系

| 程序编写 | 硬件配置 | 人员培训 | 数据准备 |
| --- | --- | --- | --- |
| 程序编写 | 提供调试设备 | 培训有关人员<br>试用软件 | 提供试验数据<br>调试程序 |

续表

|  | 程序编写 | 硬件配置 | 人员培训 | 数据准备 |
| --- | --- | --- | --- | --- |
| 硬件配置 | 提供对硬件设备的要求 |  | 培训有关人员接收设备 | 提供存储量和内存要求 |
| 人员培训 | 提供程序培训人员 | 提供培训设备 |  | 提供培训的实验数据 |
| 数据准备 | 规定数据准备的内容、格式 | 提供录入设备 | 提供录入人员 |  |

## 14.1.3 系统实施的方法

系统的实施具有一定的风险，尤其是大型的信息系统，实施阶段的任务比较复杂，风险程度更大。很多系统的失败或部分失败都是在实施过程中出现的，如组织中领导更换而对系统建设不重视、购置的设备不能正常运行、软件开发环境不好、主要技术人员离开企业、基础数据不准确或不规范、管理模式的变化等都会导致系统不能成功地实施。因此，在系统的实施过程中，要特别注意领导的亲自参与、人员的培训与组织，抓好系统的软硬件的选型与采购，做好基础数据规范及制定管理制度等基础性的工作。在此基础上，制定出实施计划，确定进度及所需费用。并且监督计划的执行、保证资金到位。

为了降低风险，在实施方法上要注意以下两点。

（1）尽可能选择成熟的软件产品，以保证系统的高性能及高可靠性。选择基础软件或软件产品时，需要考察软件的功能，它的可扩充性、模块性、稳定性，它为二次开发所提供的工具与售后服务与技术支持等，在此基础上再考虑价格因素及所需的运行平台等。

（2）选择好信息系统的开发工具。选择好开发工具，是快速开发且保证开发质量的前提。在选择开发工具时，要着重考虑如下因素：保证开发环境及工具符合应用系统的环境，最好适应跨平台的工作环境，开发工具的功能及性能，如对数据管理的能力，能否处理多媒体信息，用户界面的生成能力，报表制作的能力，与其他系统接口的能力，对事务处理的开发能力等；当应用系统要扩充时，开发工具应支持对原系统的修改与功能的增加，同时要使用符合国际标准的接口和有关协议，使得能与其他系统集成为一个系统；采用面向对象的方法，减少编程的工作量，提高系统的开发效率，缩短开发周期，开发出的系统便于测试和维护。

## 14.1.4 系统实施的关键因素

### 1．进度的安排

做好实施阶段的进度计划是完成实施的基本保证。由于系统实施阶段任务复杂、工作量大，因此要求进度计划的编制运用科学的方法，并在提高效率的同时能保证质量。因此，要根据人员、任务和环境资源状况，制定详尽的系统实施进度表。系统实施的好坏很大程度上依赖于管理水平。

**2. 人员的组织**

实施阶段需要较多的专业面广的人员，因此需要提前物色和准备，系统实施中需要的人员涉及多方面，包括网络、计算机硬件、软件人员，特别是程序设计人员。实施人员在进行分工后，首先必须仔细地了解并熟悉系统的设计文档。

程序编码是实施阶段的主要任务，它需要较多熟悉某种或几种程序设计语言或软件开发工具的人员。由于大型应用软件具有很大的开发工作量，必须由多人共同合作来完成彼此紧密联系和相关的程序任务。因此必须有所有参与开发人员共同遵守的规范，而且要求参与编码的程序人员能遵守软件开发的共同规范，能开发出具有统一风格的软件。达到上述目标的方法是开展早期培训，在培训中建立起统一的方法、通用规范的技术手段，乃至采用统一的开发工具来完成各自负责的任务。要达到成果的风格一致，除要求参与人员对设计文档的理解和领会统一外，还要求能用统一的方式、方法和工具来实现程序的开发，而更重要的是应在培训中倡导并认可这种统一和一致的必要性。

**3. 任务的分解**

系统实施阶段所面临的可能是一个庞大而复杂的系统，在系统设计阶段已将其分解为子系统和模块分解是将复杂的事务简单化的措施和手段。但在实际实施中仍然需要将不同技术内容的工作或同一类工作中不同性质或有完成顺序要求的工作加以进一步分析并排列好先后顺序，哪些可以并行，哪些必须排序，哪些应该优先排入进度表。任务被分解和排序后，才可能按任务的性质和技术内容分配给能完成相应任务的人员来完成。在任务分解中除按分析和设计中已经明确的划分，即将系统划分为业务系统和技术系统并对两类系统所包含的具体任务进行分解外，还会在实施中遇到必须完成的而在系统分析和设计中却未明确的任务，它们可能包括：数据的收集和准备、系统的调试和测试、业务人员的培训等，而且它们并不是由程序人员来完成，也应列入任务并排列在进度表中。

**4. 开发环境的构建**

系统开发环境包括硬件环境、软件坏境和网络环境等。

按照系统物理配置方案的要求，选择购置该系统所必需的硬件设备和软件系统。硬件设备包括卡机、外围设备、稳压电源、空调装置、机房的配套设施以及通信设备等。软件系统包括操作系统、数据库管理系统、各种应用软件和工具软件等。

计算机硬件设备选择的基本原则是在功能、容量性能等方面能够满足所开发的信息系统的设计要求。值得注意的是，选择计算机系统时要充分进行市场调查，了解设备运行情况及厂商所能提供的服务等。

在建立硬件环境的基础上，还需建立适合系统运行的软件环境，包括购置系统软件和应用软件包。按照设计要求配置的系统软件包括操作系统、数据库管理系统、程序设计语言处理系统等。在企业管理系统中，有些模块可能有商品化软件可供选择，也可以提前购置，其他则需自行编写。

在购买或配置这些软件前应先了解其功能、适用范围、接口及运行环境等，以便做好选购工作。

计算机硬件和软件环境的配置，应当与计算机技术发展的趋势相一致。硬件选型要兼顾升级和维护的要求；软件特别是数据库管理系统，应选择 C/S 或 B/S 模式下的主流软件产品，为提高系统的可扩展性奠定基础。

计算机网络是现代信息系统建设的基础，网络环境的建立应根据所开发的系统对计算机网络环境的要求，选择合适的网络操作系统产品，并按照目标系统将采用的 C/S 或 B/S 工作模式进行有关的网络通信设备与通信线路的架构与连接、网络操作系统软件的安装和调试、整个网络系统的运行性能与安全性测试、网络用户权限管理体系的实施等。

## 14.2 程序设计方法

### 14.2.1 程序设计基础知识

程序设计即编码（coding），也就是为各个模块编写程序。这是系统实现阶段的核心工作。在系统开发的各个阶段中，编程是最容易的、也是人们已掌握得较好的一项工作。根据结构化方法设计了详细的方案，又有了高级语言，初级程序员都可以参加这一阶段的工作。当然，程序员的水平决定了程序的水平。

**1．程序设计概述**

（1）程序设计的概念和要求。

程序设计阶段是系统生命周期中详细设计之后的阶段。系统设计是程序设计工作的先导和前提条件。程序设计的任务是使用选定的语言设计程序，把系统设计阶段所得到的程序设计说明书中对信息处理过程的描述，转换成能在计算机系统运行的源程序。

程序设计又被称为编码，由程序设计人员承担，编码工作与系统分析设计阶段的工作相比，是相对比较容易的。

程序设计人员应当仔细阅读系统全部文档，以保证系统设计与系统实施的一致性；深刻理解、熟练掌握并正确运用程序设计语言和软件开发的环境和工具，保证功能的正确实现。

对程序设计的质量要求如下。

- 程序的正确性。包括正确运用程序设计语言环境和满足系统设计的功能要求。
- 源程序的可读性。便于其他人员能够读懂和维护。
- 较高的效率。程序应较少占用内存而具有较高的运行速度。

程序设计质量的几个方面常常是有矛盾的，因此应该结合具体情况，权衡处理。

（2）程序设计的步骤。

- 了解计算机系统的性能和软硬件环境。
- 充分理解系统分析、系统设计的全部文档。
- 根据设计要求和软硬件环境,选定程序设计语言。
- 编写程序代码。
- 程序的检查、编译和调试。

**2. 程序的标准**

对于什么是"好程序",早期观点与现在有很大不同。早期计算机内存小、速度慢,人们往往把程序的长度和执行速度放在很重要的位置。费尽心机缩短程序长度、减少存储量、提高速度。现在情况有了很大的不同,一般认为好程序应具备下列特点。

- 正常工作。
- 调试代价低。
- 易于维护。
- 易于修改。
- 设计不复杂。
- 运行效率高。

正常工作是最基本的,一个根本不能够工作的程序当然谈不上"好",谈执行速度、程序长度等指标也毫无意义;调试代价低,即花在调试上的时间少,这一条是衡量程序好坏,也是衡量程序员水平的一个重要标志;其他要求程序可读性强,易于理解。

在相当长的一个时期里,人们认为程序是用于给机器执行的而不是给人阅读的。因而程序员中就存在严重的低估编程方法、不注意程序风格的倾向,认为可以随意编写程序,只要结果正确就行了,读这种程序像读"天书"。可读性(readability)是后来提出的新概念,它主张程序应使人们易于阅读,编程的目标是编出逻辑上正确而又易于阅读的程序。程序可读性好,自然易于理解、易于维护,并将大大降低隐含错误的可能性,从而提高程序的可靠性。

要使程序的可读性好,程序员应有一定的写作能力。他应能写出结构良好、层次分明、思路清晰的文章。有人说:"对于程序员来说,最重要的不是学习程序设计语言等,而是英语(日语、汉语)"。程序员在写程序时应该记住:程序不仅是给计算机执行的,也是供人阅读的。

要使程序可读性好,总的要求是使程序简单、清晰。人们总结了使程序简单、清晰的种种技巧和方法,包括的内容如下。

- 用结构化方法进行详细设计。
- 程序中包含说明性材料。
- 良好的程序书写格式。
- 良好的编程风格。

**3．程序设计语言的特性与选择**

程序设计语言是程序设计人员用以求解问题的工具，程序设计人员必须适应特定的程序设计语言的限制。程序设计语言的特性表现为其心理特性、技术特性及工程特性。

程序的实现最终要靠人来完成，因此人的因素对程序的实现质量有很大的影响。语言的心理特性，主要表现在编写程序时对人的影响，包括对程序代码的理解等。它在语言中表现为以下几个方面：

（1）歧义性。

程序设计语言总是以一种确定的方式对源程序的语句进行解释，但程序员可能对其有不同的理解，形成歧义性。歧义影响程序的可读性，容易产生错误。

（2）简洁性。

是指在用某种程序设计语言编写程序时，人脑必须记忆的关于程序的信息量，用来表示简洁性的属性有：该语言是否便于构造逻辑块及结构化程序，有多少种关键字及缩写；有多少数据类型及默认说明；有多少个算术运算符及逻辑运算符；有多少内部函数。简洁性影响程序的理解性、可读性。

（3）局部性与顺序性。

人的记忆能力通常分为综合和顺序两类，综合是指把事物作为一个整体记忆及识别的能力，顺序能力是指预知序列中下一个元素的能力。

局部性是指程序设计语言的综合特性。当语句可以组合成程序块时，当结构化构造可以直接实现时，以及编写出的程序表现出高度的模块化及内聚时，局部性就比较显著。如果语言提供不连续的处理，就要降低局部性。顺序性是指一种心理特性，它会影响到软件的维护工作。当遇到逻辑操作的线性序列时，人们易于理解，而很多的分支或多个循环就违反了处理的顺序性。

（4）传统性。

对某种语言的依赖，影响程序员学习新语言的积极性。

从软件工程的观点来看，程序设计语言特性的表现形式包括如下内容。

（1）是否易于把设计转换为程序，从理论上说，根据系统设计说明去编写程序，其过程应该是明确的。把设计变成程序的难易程度实际上反映了程序设计语言与设计说明相接近的程度。如果该语言能直接实现结构化程序构造，能直接实现复杂的数据结构，能直接实现特殊的输入输出处理、位操作及字符串操作，就能很方便地把设计转换成源程序。

（2）编译效率，程序设计语言的编译器的性能决定了目标代码的运行效率，如果对软件性能要求较高，则配有优化编译器的程序设计语言是很有吸引力的。

（3）可移植性，可移植性是程序设计语言的一种特性，它的含义是，当源程序从一个处理器转换到另一个处理器，或者从一个编译器转换到另一个编译器时，源程序本身不需修改或仅需少量修改。

（4）是否有开发工具，使用开发工具，可以缩短编写源程序的时间，可以改进源程序的质量。这些工具可能包括排错编译器、源程序格式编排功能、内部编辑功能，用于源程序控制的工具，各种应用领域中的详尽的子程序库等。

（5）源程序的可维护性，设计文档是理解软件的基础，但还必须读懂源程序，才能根据设计的改动去修改源程序。是否易于从设计转变为源程序和语言本身的某些规定，是可维护性的两个主要因素。

语言的技术特性对系统开发的各个阶段都有一定的影响。确定系统需求后，要根据项目的特性选择相应特性的语言，有的要求提供复杂的数据结构，有的要求实时处理强，有的要求能方便地进行数据库的操作。特别是系统设计转化为程序代码时，转化的质量往往受语言性能的影响可能还会影响到设计方法。

为一个特定的设计课题选用程序设计语言时，必须从心理特性、工程特性及技术特性几个方面加以考虑。从所要解决的课题出发确定对语言的要求，并确定这些要求的相对重要性。既然一种语言不可能同时满足多个要求，那么就应该分别对各个要求进行衡量，比较各种可用语言的适用程度。

选择程序设计语言通常应考虑的因素有，项目的应用领域、系统开发的方法、算法及数据结构的复杂性、系统运行的环境、语言的性能、开发人员的知识及对语言的熟悉程度。

**4．程序设计风格**

（1）标识符的命名。

标识符是文件名、变量名、常量名、函数名、程序名、段名和程序标号等用户定义的名字的总称。应注意以下规则。

- 命名规则在程序中前后一致。
- 命名时一定要避开程序设计语言的保留字。
- 尽量避免使用意义容易混淆的标识名。

（2）程序中的注释。

① 序言性注释。

在每个程序或模块的开头的一段说明，起对程序理解的作用，一般包括以下内容：

- 程序的标识、名称和版本号。
- 程序功能描述。
- 接口与截面描述，包括调用及被调用关系、调用形式、参数含义以及相互调用的程序名。
- 输入/输出数据说明，重要变量和参数说明。
- 开发历史，包括原作者、审查者、修改者、编程日期、编译日期、审查日期、修改日期等。
- 与运行环境有关的信息，包括对硬件、软件资源的要求，程序存储与运行方式。

② 解释性注释。

一般嵌在程序之中，与要注释的部分匹配。

进行程序注释应注意以下问题。
- 注释一定要在程序编制中书写。
- 解释性注释不是简单直译程序语句,应能说明"做什么"。
- 一定要保证注释与程序的一致性,程序修改时注释也必须修改。

(3)程序的布局格式。

利用空格、空行和缩进等方式改善程序的布局,取得较好的视觉效果。

(4)数据说明。

先说明、后引用,应使数据便于理解和维护。

(5)程序语句的结构。

一般原则是:语句简明、直观,直接反映程序设计意图,避免过分追求程序的技巧性,不能为追求效率而忽视程序的简明性、清晰性。应遵守如下规则。
- 每行写一个语句。
- 避免使用复杂的条件判断。
- 尽量减少使用否定的逻辑条件进行测试。
- 尽量减少循环嵌套和逻辑嵌套的层数。
- 应采用空格、括号等符号使复杂表达式的运算次序清晰直观。

(6)输入和输出。

输入输出注意以下内容。
- 针对用户的不同对象、特点和要求设计人机交互方式。
- 程序在运行过程中应有表明当前状态的说明信息。
- 交互式输入的请求应有明确的提示。
- 对于输出的方式与格式,允许用户进行选择和应答。
- 应设计完备的错误检测和恢复功能。

(7)程序的运行效率。

主要指计算机运行时间和存储空间两个方面,主要注意事项如下。
- 编写程序前应尽量简化算术表达式和逻辑表达式,并尽量用逻辑表达式。
- 尽量选用好的算法。
- 仔细研究循环嵌套,确定语句是否可以移出循环体。
- 尽量避免使用多维数组。
- 尽量避免使用指针和复杂的表。
- 充分利用语言环境提供的函数。
- 使用有良好优化特性的编译程序。

## 14.2.2 结构化程序设计

结构化程序设计被称为软件发展中的第一个里程碑,其影响比前两个里程碑(子程序、高级语言）更为深远。结构化程序设计的概念和方法、支持这些方法的一整套软件工具，构成了"结构化革命"。这是存储程序计算机问世以来，对计算机界影响最大的一个软件概念。对于什么是"结构化程序设计"，至今还没有被普遍接受的定义。通常认为结构化程序设计包括以下 4 方面的内容。

**1. 限制使用 GOTO 语句**

从理论上讲，只用顺序结构、选择结构、循环结构这三种基本结构就能表达任何一个只有一个入口和一个出口的程序逻辑。为实际使用方便，往往允许增加多分支结构、REPEAT 型循环等两三种结构。程序中可以完全不用 GOTO 语句。这种程序易于阅读、易于验证。但在某些情况下，例如从循环体中跳出，使用 GOTO 语句描述更为直截了当。

因此，一些程序设计语言还是提供了 GOTO 语句。无限制地使用 GOTO 语句，将使程序结构杂乱无章、难以阅读、难以理解，其中容易隐含一些错误。

**2. 逐步求精的设计方法**

在一个程序模块内，先从该模块功能描述出发，一层层地逐步细化，直到最后分解、细化成语句为止。

**3. 自顶向下的设计、编码和调试**

这是把逐步求精的方法由程序模块内的设计推广到一个系统的设计与实现。这正是本书介绍的结构化方法的来源。

**4. 主程序员制的组织形式**

这是程序人员的组织形式。一个主程序员组的固定成员是主程序员一人，辅助程序员一人，程序资料员（或秘书）一人。其他技术人员按需要随时加入组内。主程序员负责整体项目的开发，并负责关键部分的设计、编码和调试。辅助程序员在细节上给主程序员以充分的支持。主程序员、辅助程序员必须在程序技术方面和项目管理方面具有经验和才能，必须完全熟悉该项目的开发工作。这种组织方式的好处在于显著减少了各子系统之间、各程序模块之间通信和接口方面的问题。把设计的责任集中在少数人身上，有利于提高质量。

作为这种组织形式中的一个程序员，不仅应具备程序设计的基本知识，还要对项目所在的领域有较深入的了解、熟悉开发的技术环境，因而能承担一定的程序编写工作，更为重要的是必须有高度的组织纪律性和团队精神，使自己的工作融入整个系统，与组内其他成员协调一致地工作。为此，必须严格遵守以下几项规则。

- 不使用可能干扰其他模块的命令或函数。
- 按总体设计的要求传递参数，不随意修改其内容与含义。
- 按规定的统一格式操作公用文件或数据库。
- 按统一的原则使用标识符。
- 按统一要求编写文档。
- 保持程序风格的一致。

### 14.2.3 面向对象的程序设计

传统的过程式程序设计随着软件危机和应用系统的不断膨胀越来越显得力不从心，随着 20 世纪 70 年代 Smalltalk 及 Modula-2 等面向对象的编程语言（Object Oriented Programming Language，OOPL）的出现，以及 C++的发展成熟，面向对象程序设计（Object Oriented Programming，OOP）思想得到了广泛的认同和普及。至 20 世纪 90 年代，各种程序语言或工具都融入了这一思想，其优越性是有目共睹的，它已成为这一时代软件产业的主体技术。

在 OOP 方法中，一个对象即是一个独立存在的实体，对象有各自的属性和行为，彼此以消息进行通信，对象的属性只能通过自己的行为来改变，实现了数据封装，这便是对象的封装性。而相关对象在进行合并分类后，有可能出现共享某些性质，通过抽象后使多种相关对象表现为一定的组织层次，底层次的对象继承其高层次对象的特性，这便是对象的继承性。另外，对象的某一种操作在不同的条件环境下可以实现不同的处理、产生不同的结果：这就是对象的多态性。现有的 OOPL 中都不同程度地实现了对象的以上三个性质。

**1. 封装性**

一般以类（class）来创建一个对象，类表现为一种数据结构。对外提供的界面包括一组数据以及操作这些数据的方法（函数或过程），而隐藏了内部实现的细节，对象操作者只需要了解该对象的界面即可。这样大大增强了模块化程度，很好地实现了软件重用和信息隐藏。

为了更好地保持安全性和独立性，类有部分数据可以被定义为私有数据，其他类的对象或过程不能直接访问私有数据，而一般情况下利用消息机制向对象发送消息，对象所有类就需要定义对应的消息响应函数，主动接受消息并做处理，这也是 OOPL 的一大特点。

**2. 继承性**

类通过继承被定义成不同的层次结构，将相关类的特点抽象出来作为父类，子类继承父类的结构和方法后，再定义各自特定的数据和操作，或者还可以通过重载将父类的某些特殊操作进行重新定义。继承一个单一的父类时叫单继承，如果有两个或两个以上的父类则是多继承。这样做的目的不仅体现了软件重用技术，同时又可最大限度地精简程序、减少冗余代码，极大地提高了程序开发和运行效率。

**3. 多态性**

类的某些操作允许同一名称具有多种语义。OOPL 的这些特点使程序员进行面向对象程序设计时与进行过程式的程序设计有很大的不同，体现在以下这些方面。

- 设计程序不采用顺序性的结构，而是采用对象本身的属性与方法来解决问题。
- 在解决问题的过程中，可以直接在对象中设计事件处理程序（接受事件消息），而不用调用子过程严格地按顺序执行，很方便地让用户实现自由无顺序的操作。
- 数据与程序不是分离的，数据是特定对象的数据，也只有对象的函数或过程才能

- 对数据进行处理，一个对象中的函数或过程共享对象的数据，解决了因调用子过程出现大量数据传递的情况（如函数返回值和较多参数）。
- 不用设计公用程序模块，因特定方法下的公用模块很难再被扩展为更复杂的处理方式，只需设计类就可以实现重用，而且类库中提供大量基类，掌握它们后可以加快开发过程，开发小组还可以按自己设想的基类放入类库共享。
- OOPL 非常适合于 Windows 环境下的程序开发，可以充分利用 Windows 的各种资源来构造应用程序，这也就需要程序员比较熟悉 Windows。

### 14.2.4 可视化程序设计

虽然 OOPL 提高了程序的可靠性、可重用性、可扩充性和可维护性，但应用软件为了适应 Windows 界面环境，使用户界面的开发越来越复杂，有关这部分的代码所占比例也越来越大，因此，微软公司推出 Visual Basic 以后，可视化编程技术得到了极大的欢迎，编程人员不再受 Windows 编程的困扰，能够所见即所得地设计标准的 Windows 界面。

可视化编程技术的主要思想是用图形工具和可重用部件来交互地编制程序。它把现有的或新建的模块代码封装于标准接口封包中，作为可视化编程编辑工具中的一个对象，用图符来表示和控制。可视化编程技术中的封包可能由某种语言的一个语句、功能模块或数据库程序组成，由此获得的是高度的平台独立性和可移植性。在可视化编程环境中，用户还可以自己构造可视控制部件，或引用其他环境构造的符合封包接口规范的可视控制部件。增加了编程的效率和灵活性。

可视化编程一般基于事件驱动的原理。用户界面中包含各种类型的可视控制部件，如按钮、列表框和滚动条等，每个可视控制部件对应多个事件和事件驱动程序。发生于可视控制部件上的事件触发对应的事件驱动程序，以完成各种操作。编程人员只要在可视化编程工具的帮助下，利用鼠标或表单建立、复制、缩放、移动或清除各种已提供的控件，然后使用该可视化编程工具提供的语言编写每个控件对应的事件程序，最后可以用解释方式运行来测试程序。这样，通过一系列的交互设计就能很快地完成一个应用项目的编程。

另外，一般可视化编程工具还有应用专家或应用向导提供模板，按照步骤对使用者进行交互式指导，让用户定制自己的应用，然后就可以生成应用程序的框架代码，用户再在适当的地方添加或修改以适应自己的需求。

面向对象编程技术和可视化编程开发环境的结合，改变了应用软件只有经过专门技术训练的专业编程人员才能开发的状况。它使软件开发变得容易，从而扩大了软件开发队伍。由于大量软件模块的重用和可视控件的引入，技术人员在掌握这些技术之后，就能有效地提高应用软件的开发效率、缩短开发周期、降低开发成本，并且使应用软件界面风格统一，有很好的易用性。

## 14.3 系统测试

信息系统测试是信息系统开发过程中非常重要而且漫长的阶段。其重要性表现在，它是保证系统质量和可靠性的关键步骤，是对系统开发过程中的系统分析、系统设计和实施的最后复查。虽然在开发过程中，人们采用了许多保证信息系统的质量和可靠性的方法来分析、设计和实现信息系统，但免不了在工作中会犯错误，这样所开发的系统中就隐藏着许多错误和缺陷。如果问题不在系统正式投运之前的测试阶段被纠正，那么它迟早会在运行期间暴露出来，这时要纠正错误就会付出更高的代价，甚至造成生命和财产的重大损失。

信息系统测试的漫长性表现在测试工作量往往占开发总量的40%以上，而对于一些特别重要的甚至是人命关天的大型系统，测试的工作量和成本更大，甚至超过系统开发各阶段总和的1~5倍。

本章重点讲述信息系统测试的基本概念、测试目标、测试过程和测试步骤，讨论测试的关键技术和调试技术以及如何设计测试用例和组织实施测试活动。

### 14.3.1 系统测试概述

从表面上看，测试阶段的目的和其他阶段的目的是相反的，测试之前的所有开发活动都是在积极地构造系统，如软件工程师根据设计文档用一种适当的程序设计语言编写出可以实现某些功能的程序代码，及从事所谓的"建设性"活动。但测试人员却是努力找出软件、系统的错误。事实上，查找错误也就是为了纠正错误。测试阶段发现的错误越多，后期的纠错和维护工作越少。所以它们的目的都是一样的，都是为了开发出高质量、高可靠性的系统。

**1. 测试的概念和目标**

什么是软件测试？测试的目标是什么？《软件测试的艺术》的作者 Grenford J.Myers 对测试的目标进行了归纳。

- 测试是为了发现错误而执行程序的过程
- 好的测试方案能够发现迄今为止尚未发现的错误
- 成功的测试将发现至今尚未发现的错误

总之，测试的目标就是希望能以最少的人力和时间发现潜在的各种错误和缺陷。从上述的目标可以归纳出测试的定义是："为了发现错误而执行程序的过程"。通俗地说，测试是根据开发各阶段的需求、设计等文档或程序的内部结构，精心设计测试用例（即输入数据和预期的输出结果），并利用该测试用例来运行程序以便发现错误的过程。

信息系统测试应包括软件测试、硬件测试和网络测试。硬件测试、网络测试可以根据具体的性能指标来进行，而信息系统的开发工作主要集中在软件。所以我们所说的测试更多的是指软件测试。

正确认识测试的目标是非常重要的，这关系到人们的心理作用。如果测试的目标是为了证明程序没有错误，在设计测试用例时就会引用一些不易暴露错误的数据；相反，如果测试是为了发现程序中的错误，就会力求设计出容易暴露错误的测试方案。所谓"好"与"坏"、"成功"与"失败"的测试方案，也同样存在着心理学的问题。所以 Myers 把测试目标定义为"发现错误"、"发现迄今为止尚未发现的错误"、"发现了至今尚未发现的错误"。

**2．测试的类型**

测试有模块测试、联合测试、验收测试、系统测试 4 种类型。

（1）模块测试

模块测试是对一个模块进行测试，根据模块的功能说明，检查模块是否有错误。这种测试在各模块编程之后进行。

模块测试一般由编程人员自己进行，有以下测试项目：

- 模块界面，调用参数（流入数据）数目、顺序和类型
- 内部数据结构，如初始值是否正确、变量名是否一致、共用数据是否有误
- 独立路径，是否存在不正确的计算、不正确的循环及判断控制
- 错误处理，预测错误的产生及后处理，看是否和运行一致
- 边界条件，对数据大小界限和判断条件的边界进行跟踪运行

（2）联合测试。

联合测试即通常所说的联调。联合测试可以发现总体设计中的错误，例如模块界面的问题。按照前面分"版本"的实现方法，这种测试是各个版本实现后完成有关接口的测试。

各个模块单独执行可能无误，但组合起来会相互产生影响，可能会出现意想不到的错误，因此要将整个系统作为一个整体进行联调。联合测试方法有两种，即根据模块结构网由上到下或由下到上进行测试。

- 由上到下，设置下层模块为假模块，检查控制流，较早发现错误，而不至于影响到下层模块。但这种方法要制作的假模块太多，而且不能送回真实数据，可能发现不了内在的错误。
- 由下到上，先设置上层模块为假模块，测试下层模块执行的正确性，然后逐步向上推广。这种方法方便，设计简单，但要到最后才能窥得全貌，有一定的风险。

较好的方法是将两者结合，高层由上到下，低层由下至上，到中层进行会合。

（3）验收测试。

验收测试检验系统说明书的各项功能与性能是否实现和满足要求。

验收测试的方法一般是列出一张清单，左边是需求的功能，右边是发现的错误或缺陷。

常见的验收测试有所谓的 α 测试和 β 测试，这两种测试都是由用户进行的。但前者由使用者在应用系统开发所在地与开发者一同进行观察记录，后者由用户在使用环境中独立进行。

（4）系统测试。

系统测试是对整个系统的测试，将硬件、软件、操作人员看作一个整体，检验它是否有不符合系统说明书的地方。这种测试可以发现系统分析和设计中的错误。如安全测试是测试安全措施是否完善，能不能保证系统不受非法侵入。俗话说"没有不透风的墙"，那么什么才算是安全的呢？即安全的标准是什么？可以这样定义：如果入侵一个系统的代价超过了从系统中获得的利益时，那么这就是一个安全的系统。再例如，压力测试就是测试系统在正常数据数量以及超负荷量（如多个用户同时存取）等情况下是否还能正常地工作。

### 14.3.2 测试的原则

报据测试的概念和目标，在进行信息系统测试时应遵循以下基本原则。

（1）应尽早并不断地进行测试。有的人认为"测试是在应用系统开发完之后才进行"。将这种想法用于测试工作中是非常危险的。由于原始问题的复杂性、开发各阶段的多样性以及参加人员之间的协调等因素，使得在开发各个阶段都有可能出现错误。有的时候表现在程序中的错误，并不一定是由于编码产生的，很有可能是设计阶段，甚至是由需求分析阶段的问题所引起的，而且开发各阶段是连续的，早期出现的小问题到后而就会扩散，最后需要花费不必要的人力、物力来修改错误。尽早进行测试，可以尽快地发现问题，将错误的影响缩小到最小范围。因此，测试应贯穿在开发的各阶段，坚持各阶段的技术评审，这样才能尽早发现错误和纠正错误、消除隐患、提高整个系统的开发质量。

（2）测试工作应避免由原开发软件的人或小组来承担（单元测试除外）。从心理上来讲，人们由于各种原因都不愿否认自己的工作，总认为自己开发的软件没有错误或错误不严重，而测试的目的就是为了发现错误；另一方面，开发人员对功能理解的错误很难由本人测试出来，而且在设汁测试方案时，很容易根据自己的编程思路来制定，具有局限性。所以测试工作由不负责该项目开发的人或其他测试机构来进行会更客观、更有效。

（3）在设计测试方案时，不仅要确定输入数据，而且要从系统的功能出发确定输出结果。把预期的输出结果作为测试方案的一部分可以提高测试的效率，在测试时按照测试方案输入测试数据，其输出结果与预期结果相比较就能发现测试对象是否正确，也能避免由于粗心而把一些似是而非的结果当成正确结果，出现失误。

（4）在设计测试用例时，不仅要包括合理、有效的输入条件，也要包括不合理、失效的输入条件。在测试中人们往往习惯按照合理的、正常的情况进行测试，而忽略了对异常、不合理的、意想不到的情况进行测试，而这些正好是隐患，如果没有排除，在今后的正式运行中就有可能暴露出来。所以利用不合理的输入条件比用合理的输入条件更能发现错误。例如在测试学生成绩录入功能时，也应该将负数作为输入数据进行测试。

（5）在测试程序时，不仅要检测程序是否做了该做的事，还要检测程序是否做了不该做的事。多余的工作会带来相应的副作用、影响程序的效率，有时会带来潜在的危害或错误。例如在测试生成职工工资单这一功能时，程序是否在产生在职职工工资的同时，也把已经调离的职工工资生成出来。

（6）充分重视测试中的群集现象。有的测试人员经过测试发现错误后就认为错误找得差不多了，不再继续进行测试。经验表明，测试后软件中仍存在的错误概率与已经发现的错误数成正比。这个事实可以用米中含沙来比喻，如果我们随便从米袋中抓把米，而米里含有沙时，决不能说沙只有这些。往往是手中的沙越多，说明米袋中的沙含量就越高。根据这一规律，应该对出现错误多的程序段进行重点测试，以提高测试效率。

（7）严格按照测试计划来进行，避免测试的随意性。测试计划应包括测试内容、进度安排、人员安排、测试环境、测试工具、测试资料等。严格地按照测试计划可以保证进度，使各方面都得以协调进行。

（8）妥善保存测试计划、测试用例，作为软件文档的组成部分，为维护提供方便。测试用例都是精心设计出来的，可以为重新测试或追加测试提供方便。当纠正错误、系统功能扩充后，都需要重新开始测试，而这些工作重复的可能性很大，可以利用以前的测试用例或在其基础上修改、扩充测试用例。

### 14.3.3 测试的方法

信息系统测试与工程产品的测试方法一样，常用的有两种方法。一种是不了解产品的内部结构，但对具体的功能有要求，可通过检测每一项功能是否能被正常使用来说明产品是否合格。另一种是知道产品的内部过程，通过检测产品的内部动作是否按照说明书的规定正常运行来考察产品是否合格。前一种方法被称为黑盒测试，后一种方法被称为白盒测试。

对软件进行测试的主要方法如图14-1所示。

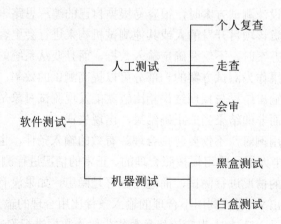

图14-1 软件测试的主要方法

人工测试指的是采用人工方式进行测试。目的是通过对程序静态结构的检查，找出编译时不能发现的错误。经验表明，组织良好的人工测试可以发现程序中30%~70%的编码错误和逻辑设计错误。机器测试是把事先设计好的测试用例作用于被测程序，比较测试结果和预期结果是否一致，如果不一致，则说明被测程序可能存在错误。人工测试有一定的局限性，但机器测试只能发现错误的症状，不能对问题进行定位。人工测试一旦发现错误，就能确定问题的位置及是什么错误等，而且能一次发现多处错误。因此应根据实际情况来选择测试方法。

**1．人工测试**

人工测试又被称为代码复审。可通过阅读程序来查找错误。其内容包括：检查代码和设计是否一致；检查代码逻辑表达是否正确和完整；检查代码结构是否合理，等。主要有以下三种方法。

（1）个人复查，指程序员本人对程序进行检查，发现程序中的错误。由于心理上的原因和思维上的习惯性，一般不太容易发现自己的错误，则更不可能纠正功能理解的错误。因此这种方法主要针对小规模程序，它的效率不高。

（2）走查，通常由 3~5 人组成测试小组，测试人员也是没有参加该项目开发的有经验的程序设计员。在走查之前，应先阅读相关的软件资料和源程序，然后测试人员扮演计算机角色，将一批有代表性的测试数据沿程序的逻辑走一遍，监视程序的执行情况，随时记录程序的踪迹，发现程序中的错误。由于人工检查程序很慢，因此只能选择少量简单的用例来进行，通过"走"的进程来不断地发现程序中的错误。

（3）会审，测试人员的构成与走查类似，要求测试人员在会审之前应充分阅读有关的资料（如系统分析、系统设计说明书、程序设计说明书、源程序等），根据经验列出尽可能多的典型错误，然后把它们制成表格。根据这些错误清单（也叫检查表），提出一些问题，供在会审时使用。在会审时，由编程人员逐句讲解程序，测试人员逐个审查、提问，讨论可能出现的错误。实践证明，编程人员在讲解、讨论的过程中能发现自己以前没有发现的错误，使问题暴露出来。例如在讨论某个问题的修改方法时，可能会发现涉及到模块间接口等问题，从而提高了软件质量。会审后要将发现的错误登记、分析、归类，一份交给程序员，另一份由自己妥善保管，以便再次组织会审时使用。

在代码复审时，需要注意两点：一是在代码审查时，必须要检查被测软件是否正确通过了编译，只有正确了之后才能进行代码审查；二是在代码复审期间一定要保证有足够的时间让测试小组对问题进行充分讨论，只有这样才能有效地提高测试效率，避免走弯路。

**2．机器测试**

机器测试指在计算机上直接用测试用例运行被测程序，从而发现程序错误。机器测试分为黑盒测试和白盒测试两种。

（1）黑盒测试。

黑盒测试也被称为功能测试，将软件看成黑盒子，在完全不考虑软件的内部结构和特性的情况下，测试软件的外部特性。根据系统分析说明书设计测试用例，通过输入和输出的特性检测是否满足指定的功能。所以测试只作用于程序的接口处，进行黑盒测试主要是为了发现以下几类错误：
- 是否有错误的功能或遗漏的功能。
- 界面是否有误，输入是否能够正确接受，输出是否正确。
- 是否有数据结构或外部数据库访问错误。
- 性能是否能够接受。
- 是否有初始化或终止性错误。

（2）白盒测试。

白盒测试也被称为结构测试。将软件看成透明的白盒，根据程序的内部结构和逻辑来设计测试用例，对程序的路径和过程进行测试，检查是否满足设计的需要。其原则是：
- 程序模块中的所有独立路径至少被执行一次。
- 在所有的逻辑判断中，取"真"和取"假"的两种情况至少都能被执行一次。
- 每个循环都应在边界条件和一般条件下各被执行一次。
- 测试程序内部数据结构的有效性等。

### 14.3.4 测试用例设计

**1. 白盒测试的测试用例设计**

白盒测试是对软件的过程性细节做详细检查。通过对程序内部结构和逻辑的分析来设计测试用例。适合于白盒测试的设计技术主要有：逻辑覆盖法、基本路径测试等。下面将介绍逻辑覆盖法。

逻辑覆盖（Logic Coverage）是以程序内部的逻辑结构为基础的测试技术。它考虑的是测试数据执行（覆盖）程序的逻辑程度。由于穷举测试是不现实的，因此，只希望覆盖的程度更高些。根据覆盖情况的不同，逻辑覆盖可分为：语句覆盖、判定覆盖、条件覆盖、判定条件覆盖、多重覆盖、路径覆盖。在讨论这几种覆盖时，均以图14-2所示的程序段为例。这是一个非常简单的程序，共有两个判断、4条不同路径。为了方便起见，分别对第一个判断取假分支，对第一个判断取真分支，对第二个判断取假分支，对第二个判断取真分支并分别命名为b、c、d和e。4条路径表示为abd、acd、abe和ace。其Pascal程序为：

```
PROCEDURE TEST(VAR A,B,X: REAL);
    BEGIN
        IF(A>1 AND B=0) THEN
            X: =X/A;
        IF(A=2 OR X>1) THEN
            X: =X+1;
    END;
```

（1）语句覆盖。

语句覆盖（Statement Coverage）就是设计若干个检测用例，使得程序中的每条语句至少被执行一次。在所举的示例中，只要选择能通过路径 ace 的测试用例即可。如：

A=2，B=0，X=6  （覆盖 ace）

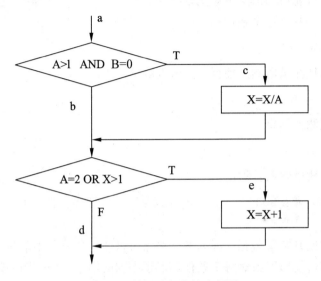

图 14-2  被测试程序的流程图

语句覆盖对程序的逻辑覆盖程度很低，如果把第一个判断语句中的 AND 错写成 OR，或把第二个判断语句中的 OR 错写成 AND，用上面的测试用例是不能发现问题的。这说明语句覆盖有可能发现不了判断条件中算法出现的错误。

（2）判定覆盖。

判定覆盖（Decision Coverage）也被称为分支覆盖，就是设计若干个检测用例，使得程序中的每个判断的取真分支和取假分支至少被执行一次。对上述被测程序来说，需要设计测试用例覆盖路径 acd 和 abe（或 abd 和 ace）。可以选择如下的输入数据：

A=3，B=0，X=3  （覆盖 acd）
A=2，B=1，X=6  （覆盖 abe）

还可以选择另外两组输入数据：

A=1，B=2，X=1  （覆盖 abd）
A=2，B=0，X=6  （覆盖 ace）

判断覆盖比语句覆盖的程度稍高，因为如果通过了每个分支的测试，则各语句也都被执行了。但仍有不足，如上述的测试用例不能发现把第二个判断语句中的 X>1 错写成 X<1 的错误。所以，判断覆盖还不能保证一定能查出判断条件中的错误。因此，需要更强的逻辑覆盖来检测内部条件的错误。

(3) 条件覆盖。

条件覆盖（Condition Coverage）就是设计若干个测试用例，使得被测程序中每个判断的每个条件的所有可能情况都至少被执行一次。

上述被测程序，共有 4 个条件：

A>1，B=0，A=2，X>1

为此，需要设计测试用例，使得 a 点出现测试结果：

A>1，A≤1，B=0，B≠0

并使 b 点出现测试结果：

A=2，A≠2，X>1，X≤1

可以设计两组测试输入数据：

A=1，B=0，X=1（覆盖 abd）
A=2，B=0，X=3（覆盖 ace）

条件覆盖通常比判断覆盖强，因为条件覆盖可以使判断语句中的每个条件都能取两个不同的结果。但有可能出现虽然每个条件都取了不同的结果，但判断表达式却始终是一个值的情况，请看下面两组输入数据：

A=1，B=0，X=6（覆盖 abe）
A=2，B=1，X=1（覆盖 abd）

它们满足条件覆盖，但不满足语句覆盖和判断覆盖的标准（未经历路径 c，那么就发现不了 X=X/A 错写成 X=X/B 的错误）。因此，需要对条件及判断产生的分支兼顾，这就是下面要介绍的判断/条件覆盖。

(4) 判断/条件覆盖。

判断/条件覆盖（Decision/Condition Coverage）是既要满足判断覆盖的要求，又要满足条件覆盖的要求。也就是设计若干个测试用例，使得程序中的每个判断的取真分支和取假分支至少执行一次，而且每个条件的所有可能情况都至少被执行一次。对于图 14-2 而言，下面两组输入数据可以满足判断/条件覆盖的要求：

A=1，B=1，X=1（覆盖 abd）
A=2，B=0，X=3（覆盖 acc）

但这两组数据也是条件覆盖中所举的示例。因此，有时判断/条件覆盖并不比条件覆盖更强，逻辑表达式的错误也不一定能被检查出来。

(5) 多重覆盖。

多重覆盖（Multi-job Coverage）就是设计多个测试用例，使得各判断表达式中条件的各种组合至少被执行一次。就图 14-2 所示的例子而言，要符合多重覆盖的标准，所设计的测试用例必须满足下面的 8 种条件组合：

①A>1, B=0；  ②A>1, B≠0；  ③A≤1, B=0；  ④A≤1, B≠0；
⑤A=2, X>1；  ⑥A=2, X≤1；  ⑦A≠2, X>1；  ⑧A≠2, X≤1

要测试到这 8 种情况，可以选择下列 4 组输入数据：

A=2，B=0，X=3（覆盖 ace，满足①、⑤）
A=2，B=1，X=1（覆盖 abe，满足②、⑥）
A=1，B=0，X=3（覆盖 abe，满足③、⑦）
A=1，B=1，X=1（覆盖 abd，满足④、⑧）

很显然，多重覆盖包含了条件覆盖、判断覆盖和判断/条件覆盖，是前面几种覆盖标准中最强的。但就上面的 4 组输入数据，也没有将程序中的每条路径都覆盖了，如：没有通过 acd 这条路径，所以测试仍不完全。

（6）路径覆盖。

路径覆盖就是设计足够多的测试示例，使被测程序中的所有可能路径至少被执行一次。对上面的例子来说，可以选择这样的 4 组测试数据来覆盖程序中的所有路径：

A=1，B=1，X=1（覆盖 abd）
A=2，B=0，X=3（覆盖 acc）
A=3，B=0，X=3（覆盖 acd）
A=2，B=1，X=1（覆盖 ah）

路径覆盖保证了程序中的所有路径都至少被执行一次，是一种比较全的逻辑覆盖标准。但它没有检查判断表达式中条件的各种组合情况，通常把路径覆盖和多重覆盖结合起来就可以得到查错能力很强的测试用例。如上面的例子，把多重覆盖的 4 组输入数据和路径覆盖中的第 3 组数据组合成起来，形成 5 组输入数据，就可以得到既满足路径覆盖的标准，又满足多重覆盖的标准。

（7）循环覆盖。

上面介绍的只是语句、分支、条件以及它们的组合情况，而循环也是大多数算法的基础：对循环的测试主要检查循环构造的有效性。循环分为简单循环（Simple Loops）、串联循环（Concatenated Loops）、嵌套循环（Nested Loops）和非结构循环（Unstructured Loops）4 种类型，如图 14-3 所示。

对于循环次数为 n 的简单循环。可以采用下列措施进行测试。

- 跳过整个循环。
- 循环次数为 1，2，n–1，n，n+1。
- 任取循环次数为 m，其中 m<n。

对于嵌套循环，如果采用简单循环的测试方法，则测试次数将会成几何级数增长。可以采用以下方法进行测试。

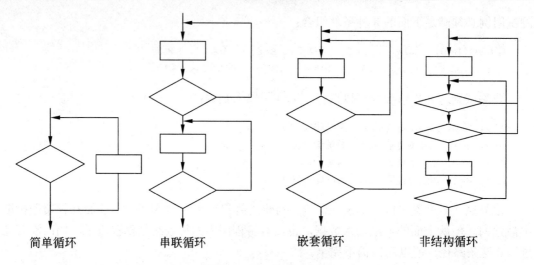

图 14-3 循环的 4 种类型

- 从最内层循环开始测试,对所有外层循环都取最小值,内层循环按简单循环的测试方法进行。
- 由里向外,一层层进行测试,凡是外层的循环都取最小值,该层循环嵌套的那些循环取一些典型的值。
- 直至所有循环测试完毕。

对于串联循环的测试可分成两种情况:如果两个循环是独立的,则采用简单循环的测试方法;反之,如果两个循环不是独立的,则需要用嵌套循环的测试方法来测试,对于非结构循环,一般先把程序结构化之后再进行测试。

**2. 黑盒测试的测试用例设计**

黑盒测试是在测试时把软件看成一个黑盒子,完全不考虑程序的内部结构及其逻辑,重点考察程序功能是否与需求说明书的要求一致。适合于黑盒测试的设计技术主要有:等价类划分、边界值分析、错误推测法、因果图、功能图等。下面重点介绍等价类划分、边界值分析这两种测试技术。

(1)等价类划分。

等价类划分是比较典型的黑盒测试技术。如前所述,输入量的穷举测试是不现实的,那么如何才能既可大大减少测试的次数、又不丢失发现错误的机会是问题的关键所在。等价类划分技术的主要思想就是程序的输入数据都可以按照程序说明划分为若下个等价类,每一个等价类对于输入条件可划分为有效的输入和无效的输入,然后再对每一个有效的等价类和无效的等价类设计测试用例。如果用某个等价类的一组测试数据进行测试时没有发现错误,则说明在同一等价类中的其他输入数据也一样查不出问题;反之,如用某个等价类的测试数据进行测试,并检查出错误,则说明用该等价类的其他输入数据进行测试也一样会检测出错误。所以在测试时，只需从每个等价类中取一组输入数据进行测试即可。

使用等价类划分技术设计测试方案时，首先需要根据程序的功能说明划分出输入数据的有效等价类和无效等价类，然后为每个等价类设计测试用例。在确定输入数据的等价类时常常还需要分析输出数据的等价类，以便根据输出数据的等价类来推导出对应的测试用例。

在划分等价类时，可以按以下原则进行。

- 如果规定了输入数据的范围，则可划分为一个有效等价类和两个无效等价类。如学生年龄输入的范围为 0~100，则有效等价类为"0≤年龄≤100"，两个无效等价类为"年龄>100"或"年龄<0"。
- 如果规定了输入数据的个数，则可划分为一个有效等价类和两个无效等价类。如一个老师在指导毕业设计时必须指导 1~5 个学生，则有效等价类为"学生人数是 1~5 个"，两个无效等价类为"一个都不指导"或"指导人数超过 5 个"。
- 如果规定了输入数据为一组可能的值，而且程序对每个输入值分别进行处理，这时需要为每个输入数据确定一个有效等价类，把除此之外的所有值确定为一个无效等价类。如在教师涨工资的方案中根据职称（教授、副教授、讲师和助教）的不同其增长幅度也不相同，这时需要对每个职称确定一个有效的等价类（共 4 个），还有一个无效的等价类，它包含不满足以上身份的所有输入数据。但是，如果在程序对这些可能值的处理都一样时，只需要确定一个有效等价类（所有合理值）和一个无效等价类（除合理值之外的其他任何值）。
- 如果规定了输入数据必须遵守的规则，则可以划分出一个有效等价类（遵守规则的输入数据）和若干个无效等价类（从不同角度设计得到违反规则的情况）。
- 如果在划分的某等价类中各值在程序中的处理方式不同，则需要将该等价类进一步划分成更小的等价类。

以上列出的原则只是实际情况中很小的一部分。为了正确划分等价类，需要正确分析被测程序的功能。划分等价类的方法是根据每个输入条件（通常是规范说明中的一句话或一个短语）列出两个或更多的等价类，将其填入表 14-2 中，建立等价类表。

表 14-2 等价类表

| 输入条件 | 有效等价类 | 无效等价类 |
| --- | --- | --- |
| …… | …… | …… |
| …… | …… | …… |

根据等价类表设计测试用例，完成下面两个步骤。

- 设计新的测试用例，使其尽可能多地覆盖未被覆盖的有效等价类，重复这一步骤直至所有有效等价类都被覆盖。
- 设计新的测试用例，使其覆盖一个而且仅此一个未被覆盖的无效等价类，重复这一步骤直至所有无效等价类都被覆盖。

之所以这么做，是因为程序在遇到错误之后就不会再检查是否还有其他错误。所以一个测试用例只能覆盖一个无效等价类。

例如，判断是否为三角形的条件是其中任意两个数之和应大于第三个数。假入输入的三个数表示三角形的三个边，可以建立如表 14-3 所示的等价类表。

表 14-3 三角形判断的等价类表

| 输入条件 | 有效等价类 | 无效等价粪 |
| --- | --- | --- |
| 三个正整数 | 任意两个数之和大于第三个数① | 一个两个数之和不大于第三个数② |
| 三个不全为正整数 | | 均为数值型，至少有一个数小于等于③ |
| | | 不全为数值型，含非数字字符④ |
| 变量个数 | 输入三个值⑤ | 输入值不足三个⑥ |
| | | 输入值大于三个⑦ |

根据等价类表可设计如下测试用例：

a=3，b=4，c=5;（覆盖①、⑤有效等价类）
a=1，b=2，c=5;（覆盖②无效等价类）
a=-3，b=2，c=5;（覆盖③无效等价类）
a=2，b=2，c=5;（覆盖④无效等价类）
a=2，b=1;（覆盖⑥无效等价类）
a=1，b=2，c=5，d=3;（覆盖⑦无效等价类）

（2）边界值分析。

边界值分析也是黑盒测试技术，是等价类划分的一种补充。通常，程序在处理边界时容易发生错误。而等价类划分技术是在等价类中随便选择一组数据作为代表，并没有考虑边界情况。边界值分析是指将每个等价类的各边界作为测试目标，使得测试数据等于、刚刚小于、或刚大于等价类的边界值。

边界值分析技术在设计测试用例的原则与等价类划分技术的许多方面类似。需要注意的是，边界值分析技术不仅应注意输入条件的边值，还应根据输出条件的边值设计测试用例（下面的④、⑤原则就是针对输出条件的边值问题）。选择测试用例有以下原则：

① 如果规定了输入数据的范围，则应取等于该范围的边界值，以及刚刚超过这个范围的边界值的测试数据。如某数输入的范围是从 0~1.0，则可选 "–0.01"、"0"、"1.0" 和 "1.01" 作为测试数据。

② 如果规定了输入数据的个数，则应取最大个数、最小个数、比最大个数多 1 和比最小个数少 1 的数作为测试数据。如一个老师在指导毕业设计时必须指导 1~5 个学生，则可选指导人数分别为 0 个、1 个、5 个和 6 个作为测试数据。

③ 如果程序中使用了内部数据结构，则需要选择该数据结构的边界值作为测试用例。

如在程序中使用了一个数组,其下标值的范围为0~20,这就需要选择达到该数组的下标边界值(即0与20)作为测试数据。

④ 根据规格说明的每个输出条件可以使用第①条原则。如某个被测程序的输出值在0~1之间,则需要设计测试用例使得其输出值分别为0和1。

⑤ 根据规格说明的每个输出条件也可以使用第②条原则。如某个被测程序在显示时要求显示的记录数最多为5条,则需要设计测试用例使得其输出的记录数分别为0条、1条和5条。

例如,前面的三角形判断示例中,如果把a+b>c错误写成a+b≥c,等价类划分方法通常无法发现这个错误。使用边界值分析技术,则会选择这样的测试用例:

A=1,b=2,c=3;

这组数据就能发现上述错误。

从这里可以看出,边界值分析与等价类划分技术最大的区别是边界值分析技术在设计测试用例时,将重点检测等价类边界和边界附近的情况,而等价类划分技术只是在每个等价类中随便选择一组测试数据。

在设计测试方案中,通常会把逻辑覆盖、等价类划分和边界值分析等方法结合起来,这样既可以检测设计的内部要求,又可以检测设计的接口要求。

在对非常庞大、复杂的信息系统进行测试时,如果严格按照上面所介绍的测试技术进行,所花费的人力、时间无疑是非常大的。考虑到测试中存在着群集现象以及软件的可重用性,在实际的测试过程中,可以采用抽样测试或重点测试。也就是有针对性地选择具有代表性的测试用例进行测试,或把测试的重点放在容易出错的地方及重要模块上。这样可以以较少资源发现错误,也就提高了测试效率。

### 14.3.5 系统测试过程

由于信息系统的构成可能比较复杂,所涉及的问题比较多,为了保证整个开发任务的按期完成,测试工作不一定只在测试阶段才进行,能提前的应尽量提前。而且可按功能分别进行。例如,硬件、网络等设备在到货后应进行初验,安装后再进行详细的测试,最后结合应用软件等对整个信息系统进行测试。本节将针对信息系统中的硬件系统、网络系统和软件系统中的测试步骤和测试内容进行介绍,重点为软件测试。

**1. 测试过程**

测试是开发过程中一个独立且非常重要的阶段,也是保证开发质量的重要手段之一。测试过程基本上与开发过程平行进行。在测试过程中,需要对整个测试过程进行有效的管理,以保证测试质量和测试效率。一个规范化的测试过程通常包括以下基本的测试活动。

- 拟定测试计划。
- 编制测试大纲。

- 设计和生成测试用例。
- 实施测试。
- 生成测试报告。

要使测试有计划且有条不紊地进行，需要编写测试文档。测试文档主要有测试计划和测试分析报告。

（1）拟定测试计划。

在拟定测试计划时，要充分考虑整个项目的开发时间和开发进度以及一些人为因素和客观条件等，使得测试计划是可行的。测试计划的内容主要有：测试的内容、进度安排、测试所需的环境和条件（包括设备、被测项目、人员等）、测试培训安排等。

（2）编制测试大纲。

测试大纲是测试的依据。它明确详尽地规定了在测试中针对系统的每一项功能或特性所必须完成的基本测试项目和测试完成的标准。无论是自动测试还是手动测试，都必须满足测试大纲的要求。

（3）设计和生成测试用例。

根据测试大纲，设计和生成测试用例。在设计测试用例时，可综合利用前面介绍的测试用例设计技术，产生测试设计说明文档，其内容主要有：被测项目、输入数据、测试过程、预期输出结果，等等。

（4）实施测试。

测试的实施阶段是由一系列的测试周期组成的。在每个测试周期中，测试人员和开发人员将依据预先编制好的测试大纲和准备好的测试用例，对被测软件或设备进行完整的测试。

（5）生成测试报告。

测试完成后要形成相应的测试报告，主要对测试进行概要说明，列出测试的结论，指出缺陷和错误。另外，给出一些建议，如：可采用的修改方法，各项修改预计的工作量及修改的负责人等。

通常，测试与纠错是反复交替进行的。如果使用专业测试人员，测试与纠错可以平行进行，从而节约了总的开发时间。另外，由于专业测试人员有丰富的测试经验，采用系统化的测试方法并能全时地投入，而且独立于开发人员的思维，使得他们能够更有效地发现许多单靠开发人员很难发现的错误和问题。

**2．测试内容**

由于每种测试所花费的成本不同，如果测试步骤安排得不合理，将会造成为了寻找错误原因而浪费大量的时间以及重复测试的情况。因此，合理安排测试步骤对于提高测试效率和降低测试成本有很大的作用，信息系统测试分别按硬件系统、网络系统和软件系统进行测试，最后对整个系统进行总的综合测试。

（1）硬件测试。

在进行信息系统开发中，通常需要根据项目的情况选购硬件设备。在设备到货后，应在各个相关厂商配合下进行初验测试，初验通过后将硬件与软件、网络等一起进行系统测试。初验测试所做的工作主要如下。

- 配置检测，检测是否按合同提供了相应的配置，如系统软件、硬盘、内存、CPU等的配置情况。
- 硬件设备的外观检查，所有设备及配件开箱后，外观有无明显划痕和损伤。这些包括计算机主机、工作站、磁带库、磁盘机柜和存储设备等。
- 硬件测试，首先进行加电检测，观看运行状态是否正常，有无报警、屏幕有无乱码提示和死机现象，是否能进入正常提示状态。然后进行操作检测，用一些常用的命令来检测机器是否能执行命令，结果是否正常。例如，文件复制、显示文件内容、建立目录等。最后检查是否提供了相关的工具，如帮助系统、系统管理工具等。

通过以上测试，要求形成相应的硬件测试报告，在测试报告中包含测试步骤、测试过程和测试的结论等。

（2）网络测试。

如果信息系统不是单机，需要在局域网或广域网运行，按合同会选购网络设备。在网络设备到货后，应在各个相关厂商配合下进行初验测试。初验通过后网络将与软件、硬件等一起进行系统测试。初验测试所做的工作主要如下。

- 网络设备的外观检查，所有设备及配件开箱后，外观有无明显划痕和损伤，这些包括交换机、路由器等。
- 硬件测试，进行加电检测，观看交换机、路由器等工作状态是否正常，有无错误和报警。
- 网络连通测试，检测网络是否连通，可以用 ping、telnet、ftp 等命令来检查。

通过以上测试，要求形成相应的网络测试报告，在测试报告中包含测试步骤、测试过程和测试的结论等。

（3）软件测试。

软件测试实际上分成 4 步：单元测试、组装测试、确认测试和系统测试，它们将按顺序进行。首先是单元测试（Unit Testing），对源程序中的每一个程序单元进行测试，验证每个模块是否满足系统设计说明书的要求。组装测试（Integration Testing）是将已测试过的模块组合成子系统，重点测试各模块之间的接口和联系。确认测试（Validation Testing）是对整个软件进行验收，根据系统分析说明书来考察软件是否满足要求。系统测试（System Testing）是将软件、硬件、网络等系统的各个部分连接起来，对整个系统进行总的功能、性能等方面的测试。

下面将分别对单元测试、组装测试、确认测试和系统测试的内容和要求加以说明。

**3. 单元测试**

单元测试也被称为被模块测试。在模块编写完成且无编译错误后就可以进行。可以选用人工测试或机器测试,当用机器测试时,一般采用白盒测试法,多个模块可以同时进行。

(1) 单元测试的内容。

在单元测试中,主要从模块的 5 个特征进行检查:模块接口、局部数据结构、重要的执行路径、出错处理和边界条件。

① 模块接口,如果所测模块的数据流不能正确地输入、输出,则根本就无法进行其他的测试。所以在单元测试中要考察模块的接口。Myers 提出了接口测试要点如下。

- 调用被测模块的输入参数和形式参数在个数、属性、单位上是否一致
- 调用其他模块时所给的实际参数和被调模块的形式参数在个数、属性、单位上是否一致
- 调用标准函数时所用的参数在属性、数目和顺序上是否正确
- 全局变量在各模块中的定义和用法是否一致
- 输入是否仅改变了形式参数

如果模块完成了外部的输入或输出,还应该再检查以下要点:

- 开/关的语句是否正确
- 规定的 I/O 格式是否与输入输出语句一致
- 在使用文件之前是否已经打开文件或使用文件完毕后是否已关闭文件
- 输入输出的错误是否被检查并处理
- 输出的提示信息是否有误

② 局部数据结构,在单元测试中,局部数据结构出错是比较常见的错误,在测试时应重点考虑以下因素。

- 变量的说明是否合适
- 是否使用了尚未赋值或尚未初始化的变量
- 变量的初始值或默认值是否正确
- 变量名是否有错,例如拼写错误
- 是否出现上溢、下溢或地址异常的错误

如果有可能,还应确定全局变量对模块的影响。

③ 重要的执行路径,在单元测试中,对路径的测试是最基本的任务。由于不能进行穷举测试,需要精心设计测试用例来发现是否有计算、比较或控制流等方面的错误。

计算方面的错误主要有:算术运算的优先次序不正确或理解错误;精度不够;运算对象的类型彼此不匹配;算法不正确;表达式的符号表示不正确等。

比较和控制流是紧密结合的,一般是通过比较来决定控制流的改变。关于这方面的错误主要有:本应相等的量由于精度问题造成不相等;不同类型进行比较;逻辑运算符不正确或优先次序错误;循环终止不正确(如多循环一次或少循环一次)、死循环;不恰当地修

改循环变量；当遇到分支循环时，发生出口错误等。

④ 出错处理，好的设计应该能预测到出错的条件并且有对出错处理的路径。虽然计算机可以显示出错信息的内容，但仍需要程序员对出错进行处理，保证其逻辑的正确性，便于用户维护。对出错的测试应该着重考虑这些常见错误：错误的描述难于理解；错误提示与实际错误不相符；出错的提示信息不足以确定错误或确定造成错误的原因；在对错误进行处理之前，系统已经对错误条件进行了干预等。

⑤ 边界条件，边界条件的测试是单元测试的最后工作，也是非常重要的工作。软件容易在边界出现错误，如一个 n 维数组，在处理数组第 n 个下标时常常发生错误。要仔细选择测试用例，重点考察数据流、控制流在刚好等于、大于或小于最大值或最小值的情况。

模块测试通常由程序员本人来完成。但项目负责人应该注意测试结果，将这些些测试资料妥善保存，为后续的测试工作打下良好的基础。

（2）单元测试的方法。

由于模块不是独立运行的程序，各模块之间存在联系，即存在调用与被调用的关系，在对每个模块进行测试时，需要开发两种模块：

① 驱动模块（driver），相当于一个主程序，用于接收测试用例的数据，将这些数据送到被测模块，输出测试结果。

② 桩模块（stub），也被称为存根模块，桩模块用来代替被测模块中所调用的子模块，其内可进行少量的数据处理，目的是为了检验入口，输出调用和返回信息。

驱动模块和桩模块是测试用的软件，不是要交给用户的软件组成部分，但需要占用一定的开发费用。为了降低成本，对于一些不能用简单的测试软件进行充分测试的模块，可以用下节介绍的增量式测试方法，在组装测试的同时完成对模块的详细测试。

提高模块的内聚度可以简化单元测试。如果每个模块只完成一种功能，对于具体模块来讲，所需的测试方案数目就会显著减少，而且更容易发现和预测模块中的错误。

**4．组装测试**

组装测试也被称为集成测试。即使所有模块都通过了测试，但在组装之后，仍可能会出现问题：通过模块的数据被丢失；一个模块的功能对其他模块造成有害的影响；各个模块被组合起来后没有达到预期功能；全局数据结构出现问题；另外单个模块的误差可以接受，但模块组合后，可能会出现误差累积，最后达到不能接受的程度，所以需要组装测试。

通常，组装测试有两种方法：一种是分别测试各个模块，再把这些模块组合起来进行整体测试，这种方法被称为非增量式集成。另一种是把下一个要测试的模块组合到已测试好的模块中，测试完后再将下一个需测试的模块组合进来进行测试，逐步把所有模块组合在一起，并完成测试。该方法被称为增量式集成。非增量式集成可以对模块进行并行测试，能充分利用人力，以加快工程进度。但这种方法容易混乱，出现的错误不容易被查找和定位。增量式测试的范围是一步步扩大的，所以错误容易被定位，而且已测试的模块可在新的条件下进行测试,程序测试得更彻底。

增量式测试技术有自顶向下的增量方式和自底向上的增量方式两种测试方法。

(1) 自顶向下的增量方式。

自顶向下的增量方式是模块按程序的控制结构,从上到下的组合方式。再增加测试模块时有先深度后宽度和先宽度后深度两种次序。如图14-4所示的自顶向下组合示例中,先深度后宽度的方法是把程序结构中的一条主路径上的模块相组合,测试顺序可以是 $M_1 \rightarrow M_2 \rightarrow M_5 \rightarrow M_6 \rightarrow M_3 \rightarrow M_7 \rightarrow M_4$。先宽度后深度的方法是把模块按层进行组合,测试顺序是 $M_1 \rightarrow M_2 \rightarrow M_3 \rightarrow M_4 \rightarrow M_5 \rightarrow M_6 \rightarrow M_7$。组装过程可分成以下步骤:

- 用主模块作为驱动模块,与之直接相连的模块用桩模块代替。
- 根据所选的测试次序,用下一个模块替换所用的桩模块;而新引入模块的直接下属模块用桩模块代替,构成新的测试对象。
- 结合一个模块测试一个模块。为了避免引入新模块产生新问题,需要进行回归测试,即重复部分或全部已经进行过的测试。
- 所有模块是否已经被组合到系统中,并完成测试。如果没有完成测试,则返回到第二步,重复进行;如果完成测试,则停止测试。

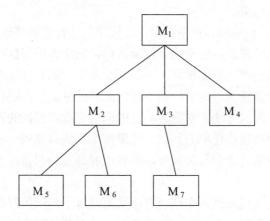

图 14-4 自顶向下的组合示例

自顶向下的增量方式可以较早地验证控制和判断点,如果出现问题可及时进行纠正。在测试时不需要编写驱动模块,但需要桩模块。另外,如果高层模块对下层模块依赖性很大,需要返回大量信息,在用桩模块代替时,桩模块的编写就相对复杂,必然会增加开销。这时可以用下面介绍的自底向上的增量方式。

(2) 自底向上的增量方式。

自底向上的增量方式是从最底层的功能模块开始,边组合边测试,从下向上地完成整个程序结构的测试。其步骤可以概括为:

- 将最底层的模块组合成能完成某种特定功能的模块簇,为每个模块簇设计驱动程序，用驱动程序来控制并进行测试。
- 按从下向上的方向，用实际模块替换相对应的驱动程序，组成新的模块簇，再为该模块簇设计驱动程序，用新的驱动程序进行控制和测试。
- 所有模块是否已经被组合到系统中，并完成测试。如果没有完成测试，则返回到第二步，重复进行；如果完成测试，则停止测试。

自底向上的增量方式可以较早地发现底层关键性模块出现的错误。在测试时不需要缩写桩模块，但需要驱动模块。另外，这种方式对程序中的主要控制错误的发现相对较晚。

组装测试的方法选择取决于软件的特点和进度安排。在工程中，通常将这两种方法结合起来使用，即对位于软件结构中较上层的使用自顶向下的方法，而对较底层的使用自底向上的方法。

**5. 确认测试**

经过组装测试之后，软件就被集成起来，接口方面的问题已被排除，就可以进入软件测试的最后一个环节——确认测试。确认测试的任务是进一步验证软件的有效性，也就是说，检查软件的功能和性能是否与用户的要求一样。系统分析说明书描述了用户对软件的要求，所以是软件有效性验证的标准，也是确认测试的基础。

确认测试的步骤如图 14-5 所示。首先要进行有效性测试以及软件配置审查，然后进行验收测试和安装测试，经过管理部门的认可和专家的鉴定后，软件即可交给用户使用。

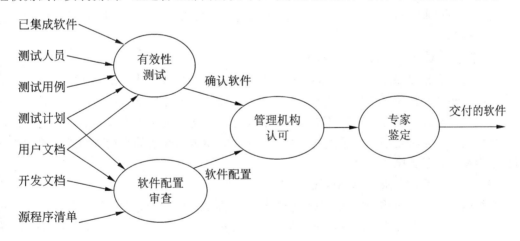

图 14-5　确认测试的步骤

（1）有效性测试。

有效性测试就是在模拟环境下，通过黑盒测试检验所开发的软件是否与需求规格说明书一致。为此，需要制定测试计划，规定要做的测试类型，设计测试用例，组织测试人员对已集成的软件进行测试。在设计测试用例时，除了检测软件的功能和性能之外，还需要对软件的容错性、维护性等其他方面进行检测。测试人员可由开发商的内部人员组成，但最好是没有参加该项目的有经验的软件设计人员。在所有测试用例完成之后，测试结果有两种情况：
- 功能和性能等都满足需求，可以接受。
- 发现测试结果与预期的不符，这时要列出缺陷清单。在这个阶段才发现的严重错误一般很难在预定的时间内纠正，需要与用户协商，寻找妥善解决问题的办法。

（2）软件配置审查。

确认测试的另一个环节是软件配置的审查，主要是检查软件（源程序、目标程序）和文档（包括面向开发和用户）是否齐全以及分类是否有序。确保文档、资料的正确和完善，以便维护阶段使用。

（3）验收测试。

在经过软件的有效性测试和软件配置复查后，就应该开始软件系统的验收测试。验收测试是以用户为主的测试。软件开发人员和质量保证人员也应参加。在验收测试之前，需要对用户进行培训，以便熟悉该系统。验收测试的测试用例由用户参与设计，主要验证软件的功能、性能、可移植性、兼容性、容错性等，测试时一般采用实际数据。

**6. 系统测试**

系统测试是将已经确认的软件、计算机硬件、外设、网络等其他元素结合在一起，进行信息系统的各种组装测试和确认测试，其目的是通过与系统的需求相比较，发现所开发的系统与用户需求不符或矛盾的地方。系统测试是根据系统分析说明书来设计测试用例的，常见的系统测试主要有以下内容：

（1）恢复测试（Recovery Testing）。

恢复测试将检测系统的容错能力。检测方法是采用各种方法让系统出现故障，检验系统是否能按照要求从故障中恢复过来，并在预定的时间内开始处理事务，而且不对系统造成任何损害。如果系统的恢复是自动的（由系统自动完成），则需要验证重新初始化、检查点、数据恢复等是否正确。如果恢复需要人工干预，就要对恢复的平均时间进行评估并判断它是否在允许的范围内。

（2）安全性测试（Security Testing）。

系统的安全性测试用于检测系统的安全机制、保密措施是否完善且没有漏洞。主要是为了验证系统的防范能力。测试的方法是测试人员模拟非法入侵者，采用各种方法冲破防线。例如，以系统的输入作为突破口，利用输入的容错性进行正面攻击；故意使系统出错，利用系统恢复的过程，窃取密码或其他有用的信息；想方设法截取或破译密码；利用浏览非保密数据，获取所需信息，等等。从理论上说，只要时间和资源允许，没有进入不了的系统。所以，系统安全性设计准则是使非法入侵者所花费的代价比进入系统后所得到的好处要大，此时非法入侵已无利可图。

（3）强度测试（Stress Testing）。

强度测试是对系统在异常情况下的承受能力的测试，是检查系统在极限状态下运行的情况下,性能下降的幅度是否在被允许的范围内。因此,强度测试要求系统在非正常数量、频率或容量的情况下运行,例如,运行使系统处理超过设计能力的最大允许值的测试用例;设计测试用例使系统传输超过设计最大能力的数据,包括内存的写入和读出,外部设备等;对磁盘保留的数据,设计产生过度搜索的测试用例;等等。强度测试主要是为了发现,在有效的输入数据中可能引起的不稳定或不正确的数据组合。

(4)性能测试(Performance Test)。

性能测试用于检查系统是否满足系统分析说明书对性能的要求。特别是实时系统或嵌入式系统,即使软件的功能满足需求,但性能达不到要求也是不行的。性能测试覆盖了软件测试的各阶段,而不是等到系统的各部分所有都组装之后,才确定系统的真正性能。通常与强度测试结合起来进行,并同时对软件、硬件进行测试。软件方面主要从响应时间、处理速度、吞吐量、处理精度等方面来检测。

(5)可靠性测试(Reliability Testing)。

对于系统分析说明书中提出了可靠性要求时,要对系统的可靠性进行测试。通常使用以下几个指标来衡量系统的可靠性:

- 平均失效间隔时间(Mean Time Between Failures MTBF)是否超过了规定的时限。
- 因故障而停机时间(Mean Time To Repairs MTTR)在一年中应不超过多少时间。

(6)安装测试(Installation Testing)。

在安装软件系统时,会有多种选择。安装测试就是为了检测在安装过程中是否有误、是否易操作等。主要检测:系统的每一个部分是否齐全;硬件的配置是否合理;安装中需要产生的文件和数据库是否已产生,其内容是否正确等。

最后再强调一下,信息系统的开发过程通常为系统分析、设计、编码实现等阶段。而每个阶段都有可能出现错误,测试过程正好与开发过程相反,其开发和测试的关系如图14-6所示,单元测试主要是发现编码阶段的错误。组装测试主要用于发现设计阶段产生的错误,如果在确认测试中发现系统分析有错误,这就需要重新修改系统分析、设计和编码。这说明越早犯的错误要到最后才能被发现,因此要重视开发的前期工作。

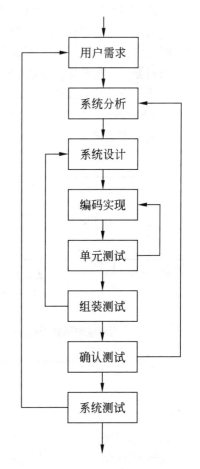

图14-6 测试与开发的各阶段的关系

### 14.3.6 排错调试

测试的目的是为了发现尽可能多的错误,而对于所暴露的错误最终需要被改正。调试的任务就是根据测试时所发现的错误,找出原因和具体的位置,并进行改正。

正如前面所讲的单元测试通常由程序开发人员来进行,对于组装测试、确认测试可以由开发商组织的测试人员或第三方测试中心来进行,在系统测试时需要用户参与共同完成。其原则是除单元测试以外,测试工作应避免由原开发人员或小组来承担。但调试工作主要由程序开发人员来进行,也就是说,谁开发的程序由谁进行调试。

**1. 调试过程**

调试的过程如图 14-7 所示。首先执行设计的测试用例,对测试结果进行分析,如果有错误,需要运用调试技术,找出错误原因和具体的位置。调试结果有两个:一是能确定错误原因并进行了纠正,为了保证错误已排除,需要重新执行暴露该错误的原测试用例以及某些回归测试(即重复一些以前做过的测试);另一种是未找出错误原因,那么只能对错误原因进行假设,根据假设设计新的测试用例证实这种推测。若推测失败,需进行新的推测,直至找到错误并纠正。通常确定错误原因和具体的位置所需的工作量在调试过程中是非常大的,大约占调试总工作量的 95%,而且花费的时间也不确定。

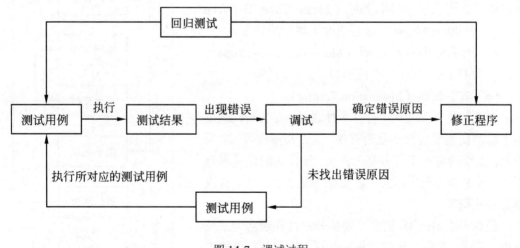

图 14-7 调试过程

**2. 调试方法**

无论哪种调试方法,其目的都是为了对错误进行定位。目前常用的调试方法有如下几种。

(1) 试探法。

调试人员分析错误的症状,猜测问题的位置所在,利用在程序中设置输出语句,分析寄存器、存储器的内容等手段来获得错误的线索,通过一步步的试探和分析来找到错误所在。这种方法效率很低且缓慢,适合于结构比较简单的程序。

(2) 回溯法。

调试人员从发现错误症状的位置开始,人工沿着程序的控制流程往回跟踪程序代码,直到找出错误根源为止。这种方法适合于小型程序,对于大规模程序,由于其需要回溯的路径太多而变得不可操作。

(3) 对分查找法。

这种方法主要用来缩小错误的范围。如果已经知道了程序中的变量在若干位置的预期正确取值,可以在这些位置上用赋值语句或输入语句,给这些变量以正确值,运行程序观察输出结果。如果没有发现问题,则说明从给的变量的正确值开始到输出结果之间的程序没有出错,问题可能在于除此之外的程序中,否则错误就在所考察的这部分程序中。对含有错误的程序段再使用这种方法,直到把故障范围缩小到比较容易诊断为止。

(4) 归纳法。

归纳法就是从测试所暴露的错误出发,收集所有正确或不正确的数据,分析它们之间的关系,提出假想的错误原因,用这些数据来证明或反驳,从而查出错误所在。其步骤为:
- 收集关于程序做得对或不对的所有数据。
- 整理数据,找出规律,主要发现在什么条件下出现错误,什么条件下不出错。
- 提出一个或多个错误原因,如果提不出来,则说明收集的数据不够,需要通过设计和执行附加的测试用例来得到。如果提出了多个错误原因,则应首先选择可能性最大的那个。
- 用假设来解释所有的原始测试结果,如果能解释这一切,则假设将得以证实,也就将找出错误;否则,要么是假设不完备或不成立,要么有多个错误同时存在,需要重新分析,提出新的假设,直到发现错误为止。

(5) 演绎法。

根据测试结果,列出所有可能的错误原因。分析已有的数据,排除不可能和彼此矛盾的原因,对余下的原因选择可能性最大的,利用已有的数据完善该假设,使假设更具体。运用归纳法的第 4 步来证明假设的正确性。

以上这些方法均可辅以调试工具。随着测试技术和软件开发环境的发展,可以提供功能越来越强的自动测试和调试工具,支持断点设置、单步运行和各种跟踪技术,为软件的调试提供了很大的方便。但无论哪种工具都代替不了开发人员对整个文档和程序代码的仔细研究和认真审查所起的作用。

## 14.3.7 系统测试报告

测试工作完成以后,应提交测试计划执行情况的说明。对测试结果加以分析,并提出测试的结论意见。系统测试是系统实施阶段的重要工作,系统测试报告的主要内容包括:

- 概述，说明系统测试的目的。
- 测试环境，有关软硬件、通信、数据库、人员等情况。
- 测试内容，系统、子系统、模块的名称，性能技术指标等。
- 测试方案，测试的方法、测试数据、测试步骤、测试中故障的解决方案等。
- 测试结果，测试的实际情况、结果等。
- 结论，系统功能评价、性能技术指标评价、结论。

## 14.4 系统的试运行和转换

系统的试运行是系统调试工作的延续，一般来讲，用户对新系统的验收测试都将在试运行成功之后。系统试运行阶段的工作主要包括：对系统进行初始化、输入各种原始数据记录；记录系统运行的数据和状况；核对新系统输出和旧系统（人工或计算机系统）输出的结果；对实际系统的输入方式进行考查（是否方便、效率如何、安全可靠性、误操作保护等）；对系统实际运行速度、响应速度（包括运算速度、传输速度、查询速度、输出速度等）进行实际测试。

新系统试运行成功之后，就可以进行系统和旧系统之间互相转换。新旧系统之间的转换方式有三种，分别是直接转换、并行转换和分段转换。

**1. 直接转换**

直接切换就是在确定新系统试运行准确无误时，立刻启用新系统，同时终止旧系统运行。这种方式很节省人员、设备费用。这种方式一般适用于一些处理过程不太复杂，数据不很重要的场合，参见图 14-8（a）。

**2. 并行转换**

这种切换方式是新旧系统并行工作一段时间，并经过一段时间的考验以后，新系统正式替代旧系统，参见图 14-8（b）。由于与旧系统并行工作，消除了尚未认识新系统之前的惊慌与不安。在银行、财务和一些企业的核心系统中，这是一种经常使用的切换方式。它的主要特点是安全、可靠，但费用和工作量都很大。

**3. 分段转换**

分段转换又被称为逐步转换、向导转换、试点过渡法等。这种切换方式实际上是以上两种转换方式的结合。在新系统全部正式运行前，一部分一部分地替代旧系统，其示意图参见图 14-8（c）。那些在转换过程中还没有正式运行的部分，可以在一个模拟环境中继续试运行。这种方式既保证了可靠性，费用又不至于太多。但是这种分段转换要求子系统之间有一定的独立性，对系统的设计和实现都有一定的要求，否则就无法实现这种分段转换的设想。

综上所述，第一种方式简单，但风险大，一旦新系统运行不起来，就会给工作造成混乱，这只在系统较小且不重要或时间要求不高的情况下采用。第二种方式无论从工作安全上，还是从心理状态上均是较好的。这种方式的缺点就是费用高，所以在系统太大时，费用开销更多。第三种方式是克服第二种方式缺点的混合方式，因而对较大系统较为合适，当系统规模较小时不如使用第二种方便。

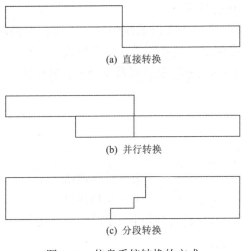

图 14-8　信息系统转换的方式

## 14.5　人员培训

人员的培训是保证系统顺利切换和正常运行的必不可少的条件。因此信息系统实施过程中必须有周密的培训计划，而不能等到一切工作就绪以后，才开始考虑人员的培训问题，否则会造成资源的闲置与浪费。系统实施阶段的培训主要是针对运行管理人员、普通系统操作人员和系统维护人员。

管理人员和操作人员需要了解系统如何工作，怎样使用并理解系统产生的报告，了解系统如何影响其业务活动，新系统所具备的各项功能。这些可以通过模拟实现，使其充分了解和支持新系统，适应新系统的工作。监督人员需要理解系统及其功能，熟悉数据输入、文件维护、处理输出以及排除故障的方法。系统操作人员直接面对的是数据输入、文件维护，输出文档的建立等日常工作。

一般来说，系统实施阶段培训主要包括如下的内容。

- 系统整体结构和系统概貌。
- 系统分析设计思想和步骤。
- 系统的操作与使用。
- 系统所用主要软件（编程语言、工具、数据库等）的使用。
- 数据的收集、统计渠道和口径等，以及运行操作事项。

- 可能出现的故障以及故障排除的方法。

培训的途径可以根据不同的人员采取不同的方法。比如,相对高层次的人员必须经过高校进行专业的正规学习;较低层次的人员可以被安排非正式的专项培训,也可以通过现场实习、讲座报告等形式进行培训。

新旧系统的交替往往会使一些在旧系统中的知识或权力拥有者对新系统产生不良情绪,进行充分的培训和沟通也能调动各相关人员的积极性、创造性,保证系统实施的成功。而且,培训操作人员的过程也是考验及检查系统结构、硬件设备及应用程序的过程。

## 选择题

1. 单元测试又被称为_____。
   A)模块测试　　　　　　　　B)机器测试
   C)联合测试　　　　　　　　D)系统测试

2. 新旧系统同时工作一段时间,经过一段时间的试运行以后,新系统正式替代旧系统的系统转换方式是_____。
   A)直接转换　　　　　　　　B)并行转换
   C)分段转换　　　　　　　　D)分块转换

## 思考题

1. 影响系统实施成功与否的因素有哪几个方面?
2. 好的程序应该有什么样的特点和标准?
3. 结合自己的实践,谈谈程序设计的风格对程序质量好坏的影响。
4. 软件测试有哪些类型和方法?测试的过程是怎样进行的?
5. 黑白盒测试的原理是什么,分别可以发现哪些类型的错误?
6. 如何撰写一份系统测试报告?

# 第 15 章　信息化与标准化

随着信息技术的不断发展，信息化和标准化逐渐进入人们的视野。无论是企业、政府机关、医疗机构等，都迫切地需要信息化的规划。但是信息化的发展是离不开标准化的，只有设定一定的标准，规范信息化的行为，才能使信息化朝着健康、正确的方向发展。本章主要介绍了信息化和标准化的一些基础知识。

## 15.1　信息化战略和策略

当我们出差到异地他乡时，只要带一张信用卡，就可以到当地银行取款；当我们思念亲人时，只要拨一个电话，就可以享受亲情的温暖；当奥林匹克运动会开幕时，我们只要在家中打开电视机，就可以看到现场直播的比赛盛况，你是否意识到，信息革命已经在我们身边悄悄地发生了。

### 15.1.1　信息化

人们在生活和从事生产等活动中不断产生各种消息，接收者通过各种方式了解到的消息被称为信息。信息的传送一般应借助一定的运载工具，并将信息变换成各种表现形式，如语言、文字、图像、声音等。信息是普遍存在的，像空气一样渗透到全球各个角落、各个领域。人们在生活和工作中要随时随地地获取信息、交流和处理信息，并根据它决策或采取行动。企业为了在竞争中求得生存和发展，获取及时可靠的信息将成为第一需要。信息已同能源和材料一起成为现代化社会的三大资源。信息是资源，而且是一种战略资源。信息与材料、能源不同，信息可以被很多人使用，使用的人越多，创造的价值就越高，而且一条信息可以衍生出多条信息，取之不尽。信息与信息资源不同，信息的日常表现是无序的，但是信息本身存在着内在联系和规律，信息只有通过加工处理才能成为有价值的、可利用的信息资源。随着科技的进步和发展，特别是通信技术、电子技术、激光技术、集成电路、计算机等高技术的出现，在加快经济建设和社会发展的过程中，信息的作用越来越突出，信息和我们的日常生活密切相关，获取信息已经成为我们生活、工作中的重要内容，信息在服务于我们的生活的同时，对我们生活方式的影响也越来越大，所以我们称当前的社会为信息社会。由此衍生出了许多新兴的概念。

信息技术是指对信息进行采集、存储、处理、检索、传递、分析与显示的高技术群。信息技术发展的总趋势是数字化、网络化与智能化，并以互联网技术及其应用技术为中心。

信息产业是以现代信息技术为手段，以开发和利用信息资源为中心内容，提供信息产品和信息服务的产业部门。它包括信息产品制造业、软件与信息服务业、通信业。

信息化是指培育、发展以智能化工具为代表的新的生产力并使之造福于社会的历史过程。智能工具一般必须具备信息获取、信息传递、信息处理、信息再生和信息利用的功能。

完整的信息化内涵如下。

（1）信息网络体系，它是大量信息资源、各种专用信息系统及其公用通信网络和信息平台的总称。

（2）信息产业基础，即信息科学技术的研究、开发、信息装备的制造，软件开发与利用，各类信息系统的集成及信息服务。

（3）社会支持环境，即现代工农业生产，以及管理体制、政策法律、规章制度、文化教育、道德观念等生产关系和上层建筑。

（4）效用积累过程，即劳动者素质、国家的现代化水平和人们生活质量不断得到提高，精神文明和物质文明不断获得进步。

通常人们习惯用信息产业部门所制造的收入在国民生产总值中所占的比重和信息从业者占就业人口的比例作为衡量社会信息化程度的指标。粗略认为两者均超过50%以上，其社会已进入信息社会。

## 15.1.2 国家信息化

国家信息化就是在国家统一规划和组织下，在农业、工业、科学技术、国防和社会生活各个方面应用现代信息技术，深入开发、广泛利用信息资源，发展信息产业，加速实现国家现代化的进程。这个定义包含4层含义：一是实现四个现代化离不开信息化，信息化要服务于现代化；二是国家要统一规划、统一组织；三是各个领域要广泛应用现代信息技术，开发利用信息资源；四是信息化是一个不断发展的过程。

国家信息化体系包括6个要素，即：信息资源、国家信息网络、信息技术应用、信息技术和产业、信息化人才、信息化政策、法规和标准。这个体系是根据中国国情确定的，与国外提出的国家信息基础有所不同。

信息资源，是国民经济和社会发展的战略资源，它的开发和利用是国家信息化体系的核心内容，是国家信息化建设取得实效的关键。信息资源开发和利用的程度是衡量国家信息化水平的一个重要标志。

国家信息网络，是信息资源开发利用和信息技术应用的基础，是信息传输、交换和资源共享的重要手段。只有建设先进的国家信息资源，才能充分发挥信息化的整体效益。

信息技术应用，是指要把信息技术广泛应用于经济和社会各个领域。信息技术应用工作量大、涉及面广，直接关系到国民经济整体素质、效益和人民生活质量的提高，是国家信息化建设的重要任务。

信息技术和产业，是指要发展自己的信息技术和产业，这是我国进行信息化建设的基础。信息化建设要立足于自主技术和国产装备,这不仅是国家经济发展的需要,也是国家安全的需要。

信息化人才,是指建立一支结构合理、高素质的研究、开发、生产、应用队伍,以适应国家信息化建设的需要。人才队伍对其他各个要素的发展速度和质量,有着决定性的影响,是信息化建设的关键。

信息化政策、法规和标准,是指建立一个促进信息化建设的政策、法规环境和标准体系,规范和协调各要素之间的关系,以保障国家信息化的快速、有序、健康发展。

我国信息化建设的指导方针是:坚持以邓小平建设有中国特色社会主义理论为指导,全面贯彻邓小平和江泽民同志关于信息化工作的重要指示,认真贯彻信息化建设的"统筹规划、国家主导、统一标准、联合建设、互联互通、资源共享"24字方针,进一步加快国家信息基础设施和信息产业的发展,积极推进"两个根本性转变",提高对外合作水平,为促进国民经济持续、快速、健康发展和社会全面进步发挥更大的作用。

我国信息化的总体目标是:坚持以信息化带动工业化的思路,加快信息化建设步伐,在"十五"期间,我国信息化建设要迈上一个新台阶,初步建成国家信息化体系。"十五"期间具体目标如下:

- 大力发展 IP 宽带网建设。
- 以国内和国际两个市场为目标。
- 继续高速发展信息产业。
- 继续发展有线电话和有线电视。
- 电子商务将有一个较大的发展。
- 电子政务将有很大进展。
- 大力推进社区信息化以及领域信息化。
- 继续推进电信体制改革。
- 促进整个信息产业的稳定发展。
- 加快信息化急需人才的培养和教育。

信息化的发展有力地促进了我国经济增长质量的提高和产业结构的优化,主要表现在:促进国民经济结构(产业结构、就业结构、消费结构、投资结构、贸易结构)软化;促进国民经济生产要素(劳动者+劳动对象+劳动工具+信息要素)配置优化;对国民经济基本资源(能源、物资、人力和资金)的替代作用;对国民经济增长的倍增作用(乘数效应);对国民财富的增值作用,等等。

## 15.1.3 企业信息化

企业信息化指的是挖掘先进的管理理念,应用先进的计算机网络技术去整合企业现有的生产、经营、设计、制造、管理,及时地为企业的"三层决策"系统(战术层、战略层、决策层)提供准确而有效的数据信息,以便对需求做出迅速的反应,其本质是加强企业的

"核心竞争力"。

　　企业的信息化建设可以按照不同的分类方式进行分类。常用的分类方式有按照行业、企业运营模式和企业的应用深度等进行分类。按所处的行业分为：制造业的信息化、商业的信息化、金融业的信息化、服务业务的信息化等。按照企业的运营模式分为：离散型企业的信息化建设和流程型企业的信息化。

　　目前比较流行的企业信息化有企业资源计划（ERP）、客户关系管理（CRM）、供应链管理（SCM）、知识管理系统（ABC），等等。

　　企业资源计划系统（Enterprise Resource Planning，ERP）是指建立在信息技术基础上，以系统化的管理思想，为企业决策层及员工提供决策运行手段的管理平台。ERP系统集中信息技术与先进的管理思想于一身，成为现代企业的运行模式，反映时代对企业合理调配资源、最大化地创造社会财富的要求，成为企业在信息时代生存、发展的基石。

### 15.1.4　我国信息化政策法规

　　在《国家"十五"信息化专项规划》中，信息化被描述为"以信息技术广泛应用为主导，信息资源为核心，信息网络为基础，信息产业为支撑，信息人才为依托，法规、政策、标准为保障的综合体系"。与工业化一样，信息化也是一种与技术、经济和社会变化相联系的动态发展过程，是衡量一个国家现代化水平、国际竞争力和综合实力的重要标志，是经济和社会发展的战略制高点。如何应对全球信息化发展加速、国际竞争日趋激烈的严峻挑战，加快推进我国的信息化建设进程，成为摆在政府和全社会面前的一项重大课题。国家颁布和出台了一系列的政策法规来保障我国信息化建设的健康发展。例如《中国公用计算机互联网国际联网管理办法》、《国际通信设施建设管理规定》、《通信工程质量监督管理规定》等。

　　在2000年10月《中共中央关于制定国民经济和社会发展第十个五年计划的建议》中，首次提出了"以信息化带动工业化"的思想，将信息化战略提到前所未有的高度。"十六大"报告明确提出："坚持以信息化带动工业化，以工业化促进信息化，走出一条科技含量高、经济效益好、资源消耗低、环境污染少、人力资源优势得到充分发挥的新型工业化路子"。

　　信息化政策体系包括信息技术发展政策、信息产业发展政策、信息资源开发和利用政策，以及与信息化有关的法令法规体系的建设。

**1．信息技术发展政策**

　　信息技术是信息化的第一推动力，信息技术政策在信息化政策体系中发挥着重要作用。从20世纪80年代初，国务院就成立了计算机与大规模集成电路领导小组，负责制定我国的信息技术发展政策。在该小组1983年5月召开的一次全国性会议上，提出了我国发展计算机和集成电路技术的基本政策思路，主要内容是：正确处理引进和自主开发的关系，在积极引进国外先进技术的基础上，增强自力更生的能力；计算机技术的开发要以中小型机，特别是微型机、单片机为主要方向；大力加强软件技术开发，迅速形成软件产业；加速人才培养,建立一支强大的科技队伍。会议提出的自主开发与引进相结合的思想成为制定我国信息技术政策的一个基本原则。

为了推动信息技术创新和研究成果的产业化,从 20 世纪 80 年代开始,国家对传统的科技体制进行了改革,主要内容是:大力促进企业成为信息技术开发的主体,积极扶植高新技术企业,特别是信息技术企业的创新活动;加强科技中介服务体系的建设,鼓励信息技术成果的交易和市场推广;加强科技产业化基地,特别是以信息技术为主体的高技术产业园区的建设;鼓励科研院所的信息技术人员自主创业,加快信息技术成果的产业化。

在推进信息技术创新的过程中,国家的科技计划发挥了重大作用,并成为我国信息技术发展政策的一个重要组成部分。除了传统的国家科技攻关计划外,从 20 世纪 80 年代后期开始,国家陆续推出"八六三"计划、火炬计划、国家自然科学基金、"九七三"计划等重大综合型科技计划,在这些计划中,信息技术的研发被列为重中之重,研发经费的投入也在不断地向信息技术项目倾斜,极大地促进了我国整体信息技术水平的提高。

在 20 世纪 90 年代末,国家发展计划委员会和科学技术部会同有关部门、省市,在广泛听取各方面意见的基础上,编制了《当前优先发展的高技术产业化重点领域指南》(以下简称为《指南》)。该《指南》确定了应优先发展的高技术产业化重点领域 138 项,其中信息技术重点领域占了 25 项。该《指南》是引导信息技术发展的指导性文件,对于明确现阶段我国信息技术开发的主要领域和主要方向,有着重要的指导意义。《指南》中确定的重点技术领域包括各种通信设备和通信系统、各种计算机硬件设备、应用软件和各类操作系统、数字类视音频设备、集成电路和新型电子元器件、电子专用设备和仪器以及各种信息应用系统。

**2. 信息产业发展政策**

(1)通信产业政策。

反垄断、放松管制和市场化改革一直是通信产业发展政策关注的核心。1998 年 3 月,国家组建信息产业部,拉开了电信业政企分开、电信重组和公司化运作的序幕。1999 年 2 月,国务院通过中国电信重组方案,分别批复组建中国移动通信集团公司、中国电信集团公司和中国卫星通信集团公司。2000 年 12 月,铁道通信公司也随之成立。至此,原邮电部政企不分、独家垄断的局面被彻底打破,开始形成数网竞争的市场结构。2001 年,经过专家的激烈争论和国家计委等有关部门的反复论证,国家决定对中国电信再次分拆重组。经历这次重组整合后,我国基础电信领域逐步形成中国电信、中国网通、中国移动、中国联通、中国卫星和铁通公司等 6 家基础电信企业相互竞争的市场格局。

在对基础电信业务进行改革重组的同时,通信行业的政策调整还涉及到增值服务市场的放开、通信服务定价政策的调整等。从 20 世纪 90 年代初期开始,无线寻呼、互联网接入和内容服务等电信增值服务逐步向社会开放,外资和民营企业纷纷进入电信增值服务领域。同时,通信服务的定价政策也在发生变化,主要是逐步减小政府对通信服务定价的影响,扩大市场机制的定价范围。从 20 世纪 90 年代中期开始,国家计委和信息产业部先后出台多项价格调整政策,除了极少一部分通信服务项目如市话、长话和移动通信服务依然由政府定价外,其他的服务项目(如互联网接入、IP 电话等服务的价格以及各种通信增殖服务的价格)已经完全放开,固定电话和移动电话的初装费也大幅度地降低了。通信定价机制由政府主导向市场主导方向的转变使得通信资费水平呈现出不断下降的趋势,极大地带动了通信用户和服务需求的快速增长,并对我国信息化的加速发展起到了巨大的推动作用。

(2)信息产品制造业政策。

从 20 世纪 80 年代末开始,信息产品制造业就已经成为竞争性产业,无论是市场准入、产品定价还是外商投资,都已经全面放开。从 20 世纪 90 年代开始,信息产品制造业政策的重心转向产业的重组方面,主要是围绕高技术产业园区,培育国家级开发与生产基地,重点扶植具有市场竞争力的大型企业集团,形成以大公司为主体,带动中小企业共同发展的格局;通过企业的改组和整合,加大企业的开发创新力度,形成高效的创新机制。

进入新世纪后,集成电路和软件产业的发展成为关注的焦点,为此出台了一系列政策措施。2000 年 6 月,国务院颁布了《鼓励软件产业和集成电路产业发展的若干政策》。同年 9 月,财政部、国家税务总局和海关总署联合发布了《关于鼓励软件产业和集成电路产业发展有关税收政策问题的通知》。上述政策涉及软件和集成电路产业的投融资、税收、技术研发、出口、收入分配、人才吸引与培养等方方面面,并就软件企业认定制度、知识产权保护、行业组织和行业管理等提出了具体的实施办法。在 2002 年 7 月召开的国家信息化领导小组第二次会议上,又重点讨论了软件产业的发展问题。会议提出了发展我国软件产业的 5 项政策思路:一是鼓励应用,内需拉动,把培育市场作为发展软件产业的切入点;二是坚持开放,扩大出口,积极参与国际合作与竞争;三是创造工程化环境,促进国产软件标准和质量与国际接轨,保护知识产权,打击走私盗版活动;四是深化改革,鼓励竞争,加快形成一批具有行业特色和优势的软件骨干企业;五是大力培养和广纳高层次的市场开发、经营管理、系统设计等方面人才,充分发挥海外华人和留学生的作用。

**3. 电子政务发展政策**

电子政务是国民经济和社会信息化的一个重要领域,也是信息化发展政策的一个重要方面。在国家信息化领导小组第二次会议上,通过了《关于我国电子政务建设的指导意见》(以下简称为《指导意见》),为我国电子政务的建设提供了基本的政策框架。该《指导意见》指出,推进电子政务不仅对转变政府职能、依法行政、强化政府监管、提高工作效率有重要意义,而且对推动国内信息产业发展,带动整个国民经济和社会信息化进程也将发挥积极的先导作用。《指导意见》提出了"十五"期间我国电子政务建设的基本目标,即初步建成标准统一、功能完善、安全可靠的政务信息网络平台;重点业务系统建设,基础性、战略性政务信息库建设取得实质性成效,信息资源共享程度有较大提高;初步形成电子政务安全保障体系,人员培训工作得到加强,与电子政务相关的法规和标准的制定取得重要进展。《指导意见》还确定了电子政务的建设原则和政策措施,强调发展电子政务,要按照统一规划和标准,明确目标、分类指导、分层推进、分步实施。要从实际出发,需求主导、突出重点、不搞"花架子"、不"刮风"。同时,发展电子政务,还要体现改革精神,要有前瞻性,充分考虑建立和完善社会主义市场经济体制的要求。

**4. 信息化法规建设**

在制定信息化政策时,信息化立法是基础。从总体上看,我国的信息化立法已取得了一定的成就,信息化立法进程也从20世纪90年代末开始明显加快。根据中国信息产业发展研究院的不完全统计,中央各部门和省市地方政府有关信息化的法律文件约2 700件,立法的类型涉及信息安全、信息产业、信息产权、技术标准、电子政务及电子商务信息化建设的各个方面。其中,在信息保密、计算机和网络安全,以及与信息有关的知识产权的立法方面,已经初步形成了较为完整的立法体系。在电信、广播电视、政务信息公开、隐私权保护、电子身份认证和电子化交易等立法方面,也已着手准备,部分立法已经被纳入到正式的立法议程。

## 15.2 信息化趋势

在信息技术变革的驱动下,以互联网络为基础、以电子商务为代表的新经济的迅速兴起,正在深刻地改变着我们工作和生活的方式。目前全球使用互联网的人口已经达到2.6亿,而1996年还不足4 000万。2005年,这个数字将超过10亿。这表明一个基于网络的虚拟社会正在出现,一个全球性的、巨大的商业市场正在形成。

计算机产业与通信产业的融合,推动人类社会由原子到比特转变,推动全球经济由工业经济向信息经济转型。新经济对传统经济既是巨大的挑战,也会带来新的机会。鼓励创新、鼓励竞争,进一步放松对产业的管制,促进多元化投资特别是对民营经济的投资,成为各国政府推动高新技术产业发展和新经济成长的普遍共识。

高新技术特别是信息技术的开发与应用,带来了一系列新的机会。无论是在美国的"硅谷",还是在北欧瑞典的"无线谷";无论是集成电路、个人计算机、无线互联网,还是宽带,新技术正迅速改变着信息产业的结构与商业应用。今天,所有的行业都离不开信息技术。计算机与通信产业自身面临着变革,信息技术的相关产业面临着重组。范围更大、内容更丰富的信息技术应用市场正在创新中形成。互联网将使企业能够集成整个供应链,企业对企业的电子商务市场将世界经济的参与者带到了一个集中的基于网络的位置。电子商务使传统产业发生变革的根本目标是:在原料供应、生产制造、分销批发、客户服务的传统商业流程中,减少中间环节,实现更大的规模、更低的成本、更好的服务。在这个过程中,原料将通过新的、进一步缩短的供应链进行;生产与制造将大量使用企业资源规划(ERP);分销与客户将在网络的基础上,实现一对一的营销。一句话,就是在信息流、资金流的支持下,实现物流的合理配置。

今天,在高新技术产业发展和新经济兴起的过程中,信息技术及产业的发展是重要的核心和基础。信息产业的自身发展及信息技术的应用，推动了全球的经济增长和通货膨胀的降低，促进了全球商业市场的形成。全球化的过程正是信息化的过程，是信息技术的应用及其对传统农业、工业经济的改造与重组的过程。

目前，信息化以互联网技术及其应用技术为中心，朝着数字化、网络化与智能化发展，在信息化的基础上，出现了许多新生的事物、概念和生活方式。

### 15.2.1 远程教育

现代远程教育是随着现代信息技术的发展而产生的一种新型教育形式，是构筑知识经济时代人们终身学习体系的主要手段。

远程教育是指学生和教师，学生和教育机构之间主要采用多种媒体手段进行系统教学和通信联系的教育形式。

相对于传统的面授教育，远程教育具有这样几个显著的特征：在整个学习期间，师生准永久性地分离；教育机构或组织通过学习材料和支持服务两方面对学生的学习施加影响；利用各种技术媒体联系师生并承载课程内容；提供双向通信交流；在整个学习期间，准永久性地不设学习集体，学生主要是作为个人在学习，为了社交和教学目的进行必要的会面。

通常认为，远程教育已经历经了三代：第一代是函授教育；第二代是广播电视教育；第三代的基本特征是利用计算机网络和多媒体技术，在数字信号环境下进行教学活动，被称为"现代远程教育"。现代远程教育的突出特点是：真正不受空间和时间的限制；受教育对象扩展到全社会；有更丰富的教学资源供受教育者选用；教学形式由原来的以教为主变为以学为主。

### 15.2.2 电子商务

电子商务的定义至今仍不是一个很清晰的概念，各国政府、学者、企业界人士根据自己所处的地位和对电子商务的参与程度，给出了许多表述不同的定义。我们所谈及的电子商务，狭义上被称作电子交易（E-commerce），主要是指利用 Web 提供的通信手段在网上进行的商业贸易活动，包括买卖产品和提供服务；广义上则指包括电子交易在内的利用 Web 进行的全部商务活动，也称作电子商业（E-business）。电子商业包括企业内部商务活动，如生产、管理、财务等以及企业间的商务活动，它不仅仅是硬件和软件的结合，更是把买家、卖家、厂家和合作伙伴在 Internet、Intranet（企业内联网）和 Extranet（外联网）上利用 Internet 技术与现有的系统结合起来开展业务，如市场分析、客户管理、资源调配、企业决策等。归纳起来，电子商务是指在全球各地广泛的商业贸易活动中，通过信息化网络所进行并完成的各种商务活动、交易活动、金融活动和相关的综合服务活动。

电子商务涉及到买家、卖家、银行或金融机构、政府机构、认证机构、配送中心机构。网上银行、在线电子支付等条件和数据加密、电子签名等技术在电子商务中发挥着重要的不可或缺的作用。它覆盖的业务范围主要如下。

- 信息传递与交换。
- 售前、售后服务，如提供产品和服务的细节、产品使用技术指南及回答顾客意见等。
- 网上交易。
- 网上支付或电子支付，如电子转账、信用卡、电子支票、电子现金。
- 运输，如商品的配送管理、运输跟踪以及采用网上方式传输产品。
- 组建虚拟企业，组建一个物理上不存在的企业，集中一批独立的中小公司的权限，提供比任何单独公司多得多的产品和服务，并实现企业间资源共享等。

根据电子商务发生的对象，可以将电子商务分为4种类型。

- B2B（商业机构对商业机构的电子商务），企业与企业之间使用Internet或各种商务网络进行的向供应商定货、接收票证和付款等商务活动。
- B2C（商业机构对消费者的电子商务），企业与消费者之间进行的电子商务活动。这类电子商务主要是借助于国际互联网所开展的在线式销售活动。
- C2A（消费者对行政机构的电子商务），政府对个人的电子商务活动。这类电子商务活动目前还没有真正形成。
- B2A（商业机构对行政机构的电子商务），企业与政府机构之间进行的电子商务活动。

### 15.2.3 电子政务

电子政务是政府在其管理和服务职能中运用现代信息和通信技术，实现政府组织结构和工作流程的重组优化，超越时间、空间和部门分隔的制约，全方位地向社会提供优质、规范、透明的服务，是政府管理手段的变革。

电子政务是一项覆盖各级政府部门的大型、复杂的系统工程，它的实现以信息技术作为基础，从政府信息发布、政府网上服务到政府部门间及政府部门内的信息共享和网络办公，都需要不断发展的信息技术作为保障。其目标在于建设一个国家电子政务体系，将现有的和即将建设的各个政府网络和应用系统连接起来，统一相关的技术标准和规范，做到互联互通，成为一个统一的国家政务服务平台。

电子政务建设要合理利用现有资源，适度超前。在它的建设中，网络是基础，应把安全贯穿全过程，并以应用为目的。

电子政务应用系统建设包括信息收集、业务处理、决策支持三个层面的内容，要适应政府机构不断重组、职能不断优化的需求。电子政务发展需要经过三个阶段：

- 第一阶段，政府上网，建立自己的网页用于信息发布。
- 第二阶段，政府在网上开展非交互式的应用，以及政府通过计算机网络提高办公效率等。
- 第三阶段，政府通过网络提供交互式的管理和服务，实现内部各部门的信息共享和协同办公，建成虚拟政府环境。

## 15.3 企业信息资源管理

在以物质资源的开发与利用占主导地位的时代，信息资源是作为物质资源和人力资源的附属物进行管理的。随着信息资源在社会经济生活中的重要性的提高，信息资源管理才作为一个独立的领域逐渐发展起来。

### 15.3.1 信息资源管理的含义

信息资源管理（Information Resources Management，IRM）于20世纪70年代末至20世纪80年代初在美国的政府部门出现，随后迅速扩展到工商企业、科研机构和高等院校等部门。经过20年来的发展，已影响和扩散到世界上许多国家和地区，成为管理领域的新热点之一。

霍顿（F.W.Horton）和马钱德（D.A.Marchand）是美国信息资源管理学家，是IRM理论的奠基人、最有权威的研究者和实践者。他们关于IRM的论著很多，其主要观点如下。

- 信息资源与人力、物力、财力和自然资源一样，都是企业的重要资源，因此，应该像管理其他资源那样管理信息资源。IRM是企业管理的必要环节，应该纳入企业管理的预算。
- IRM包括数据资源管理和信息处理管理。前者强调对数据的控制，后者则关心企业管理人员在一定条件下如何获取和处理信息，且强调企业中信息资源的重要性。
- IRM是企业管理的新职能，产生这种新职能的动因是信息与文件资料的激增、各级管理人员获取有序的信息和快速简便处理信息的迫切需要。
- IRM的目标是通过增强企业处理动态和静态条件下内外信息需求的能力来提高管理的效益。IRM追求"3E"——Efficient、Effective和Economical，即高效、实效、经济；"3E"之间关系密切，相互制约。

总的来说，信息资源管理指的是为了确保信息资源的有效利用，以现代信息技术为手段，对信息资源实施计划、预算、组织、指挥、控制、协调的人类管理活动。信息资源管理的思想、方法和实践，对信息时代的企业管理具有重要意义：它为提高企业管理绩效提供了新的思路；它确立了信息资源在企业中的战略地位；它支持企业参与市场竞争；它成为知识经济时代企业文化建设的重要组成部分。

信息资源管理的目标，总的说来就是通过人们的计划、组织、协调等活动，实现对信息资源的科学地开发、合理地配置和有效地利用，以促进社会经济的发展。对于一个组织，特别是企业组织来说，信息资源管理的目标是为实现组织的整体目标服务的。当前，企业面临的环境复杂多变，市场竞争十分激烈，经济活动全球化、市场国际化的趋势加速，信息资源的开发、配置与利用，要为提高企业的应变能力和竞争能力服务。

## 15.3.2 信息资源管理的内容

一个现代社会组织的信息资源主要有:计算机和通信设备;计算机系统软件与应用软件;数据及其存储介质;非计算机信息处理存储装置;技术、规章、制度、法律;从事信息活动的人,等等。一个信息系统就是这些信息资源为实现某类目标的有序组合,因此信息系统的建设与管理就成了组织内信息资源配置与运用的主要手段。

而面向组织,特别是企业组织的信息资源管理的主要内容如下。

- 信息系统的管理:包括信息系统开发项目的管理、信息系统运行与维护的管理、信息系统的评价等。
- 信息资源开发、利用的标准、规范、法律制度的制订与实施。
- 信息产品与服务的管理。
- 信息资源的安全管理。
- 信息资源管理中的人力资源管理。

## 15.3.3 信息资源管理的组织

由于信息资源是企业的战略资源,信息资源管理已成为企业管理的重要支柱。一般的大中型企业均设有专门的组织机构和专职人员从事信息资源管理工作。这些专门组织机构如:信息中心(或计算中心)、图书资料馆(室)、企业档案馆(室),企业中还有一些组织机构也兼有重要的信息资源管理任务,如计划、统计部门、产品与技术的研究与开发部门、市场研究与销售部门、生产与物资部门、标准化与质量管理部门、人力资源管理部门、宣传与教育部门、政策研究与法律咨询部门等。

在有关信息资源管理的各类组织中,企业信息中心是基于现代信息技术的信息资源管理机构,其管理手段与管理对象多与现代计算机技术、通信与网络技术有关。现代信息技术本身是信息资源的重要组成部分。利用现代信息技术开发、利用信息资源是现代信息资源管理的主要内容。如图 15-1 所示是一个大中型企业的信息中心的组织结构示意图。

## 15.3.4 信息资源管理的人员

(1)信息主管。

由于信息资源管理在组织中的重要作用和战略地位,企业主要高层管理人员必须从企业的全局和整体需要出发,直接领导与主持全企业的信息资源管理工作。担负这一职责的企业高层领导人就是企业的信息主管(Chief Information Officer, CIO)。

(2)中、基层管理人员。

主要包括:企业信息资源管理的中、基层管理人员包括:信息中心(或计算中心)、图书资料馆(室)、企业档案馆(室)等组织机构的负责人,这些机构的分支机构的负责人,企业中兼有重要的信息资源管理任务的组织机构(如计划、统计、产品与技术的研究与开发、市场研究与销售、生产与物资管理、标准化与质量管理、人力资源管理、宣传与教育、政策研究与法律咨询等部门）中分管信息资源（含信息系统与信息技术）的负责人。

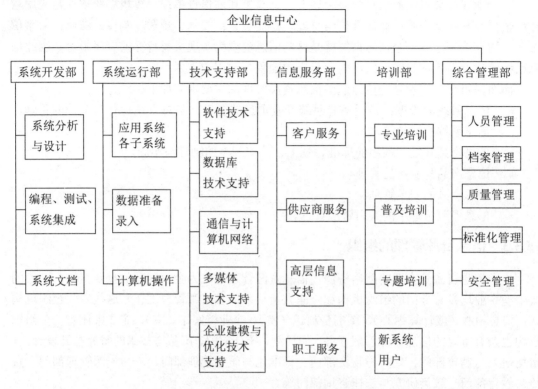

图 15-1　大中型企业信息中心组织结构图

（3）企业管理信息系统的专业人员。

主要包括：系统分析员、系统设计人员、程序员、系统文档管理人员、数据采集人员、数据录入人员、计算机硬件操作与维护人员、数据库管理人员、网络管理人员、通信技术人员、结构化布线与系统安装技术人员、承担培训任务的教师及教学辅助人员、图书资料与档案管理人员、网站的编辑与美工人员、从事标准化管理、质量管理、安全管理、技术管理、计划、统计等人员。

## 15.4　标准化基础

### 15.4.1　标准化的发展

标准化是人类由自然人进入社会共同生活实践的必然产物，它随着生产的发展、科技的进步和生活质量的提高而发生、发展，受生产力发展的制约，同时又为生产力的进一步发展创造了条件。标准化的发展经历了以下三个阶段：

（1）原始社会标准化，在第一次人类社会的农业、畜牧业分工中，由于物资交换的需要，要求一种公平交换、等价交换的原则，决定度、量、衡单位和器具标准统一，逐步从用人体的特定部位或自然物到标准化的器物。当人类社会第二次产业大分工，即农业、手工业分化时，为了提高生产率，对工具和技术规范化就成了迫切要求。

（2）近代标准化，进入以机器生产、社会化大生产为基础的近代，科学技术适应工业的发展，为标准化提供了大量生产实践经验，也为之提供了系统实验手段，摆脱了凭直观和零散的形式对现象的表述和总结经验的阶段，从而使标准化活动进入了定量地以实验数据为基础的科学阶段，并开始推行工业标准化体系，作为提高生产率的途径。1926年在国际上成立了国家标准化协会国际联合会（ISA），标准化活动由企业行为步入由国家管理的状态，活动范围从机电行业扩展到各行各业，标准逐渐扩散到全球经济的各个领域，由保障互换性的手段，发展成为保障合理配置资源、降低贸易壁垒和提高生产力的重要手段。国际标准化组织在1994年正式成立。

（3）现代标准化，工业现代进程中，由于生产和管理高度现代化、专业化、综合化，这就使现代产品或工程、服务具有明确的系统性和社会化，一项产品或工程、过程和服务，往往涉及几十个行业和几万个组织及许多门的科学技术，从而使标准化活动更具有现代化特征。随着生产全球化和虚拟化的发展以及信息全球化的需要，组合化和接口标准化将成为标准化发展的关键环节；综合标准化、超前标准化的概念和活动将应运而生；标准化的特点从个体水平评价发展到整体评价、系统评价；标准化的对象从静态演变为动态、从局部联系发展到综合复杂的系统。现代标准化更需要运用方法论、系统论、控制论、信息论和行为科学理论的指导，以标准化参数最优化为目的，以系统最优化为方法，运用数字方法和电子计算技术等手段，建立与全球经济一体化、技术现代化相适应的标准化体系。

新中国成立以来，党和国家非常重视标准化事业的建设和发展。

1962年国务院发布了我国第一个标准化管理法规——《工农业产品和工程建设技术标准管理办法》。

1963年4月召开了第一次全国标准化工作会议，编制了《1963—1972年标准化发展规划》。

1978年5月国务院成立了国家标准总局，以加强标准化工作的管理。同年以中华人民共和国的名义参加了国际标准化组织（ISO）。

1988年12月29日第七届全国人大常委会第五次会议通过了《中华人民共和国标准化法》，并以国家主席令颁布，于1989年4月1日起施行，这标志着我国以经济建设为中心的标准工作，进入法制管理的新阶段。

至1999年底，我国已有国家标准19 278项，其中强制性国家标准2 653项（占国家标准的13.8%），推荐性标准16 625项，依法备案的行业标准30 000项（其中强制性标准约占 10%）；近 9 000 项地方标准和依法备案的企业标准约 350 000 项。基本形成了以国家标准为主，行业标准、地方标准衔接配套的标准体系。标准的覆盖已从传统的工农业产品、工程建设向着高新技术、信息产业环境保护、职业卫生、安全与服务等领域扩展，同时在农业标准化、信息技术标准化、能源标准化以及企业标准化和消灭无标生产等项工作方面都取得了较好的进展。

### 15.4.2 标准化的定义

标准（standard）是对重复性事物和概念所做的统一规定。标准以科学、技术和实践经验的综合成果为基础，以获得最佳秩序和促进最佳社会效益为目的，经有关方面协商一致，由主管机构或公认机构批准，并以规则、指南或特性的文件形式发布，作为共同遵守的准则和依据。

标准化是在经济、技术、科学及管理等社会实践中，以改进产品、过程和服务的适用性、防止贸易壁垒、促进技术合作、促进最大社会效益为目的，对重复性事物和概念通过制定、发布和实施标准，达到统一，以获得最佳秩序和社会效益的过程。标准化具有抽象性、技术性、经济性、连续性（又称继承性）、约束性、政策性等特性。

标准化的范围和对象是"在经济、技术、科学及管理等社会实践中"的"重复性事物和概念"。有很多标准化对象在现代企业活动中的技术性、群众性、基础性都很强，也根本不能靠行政手段来解决。如：产品的品种、规格、型式、尺寸；产品的性能、质量；包装的尺寸、材质、样式；零件、售后服务等各阶段的管理事项，等等。这些种类繁多的技术性、经济性、管理性的标准化对象，只有标准化才能保证企业各项工作的正常进行，才能使企业活动纳入高效率的轨道。标准化对象一般可分为两大类：一类是标准化的具体对象，即需要制定标准的具体事物；另一类是标准化总体对象，即各种具体对象的总和所构成的整体，通过它可以研究各种具体对象的共同属性、本质和普遍规律。

标准化的实质是通过制定、发布和实施标准而达到的统一。没有统一，就没有所谓标准。"统一"包括以下几个方面：

- 任何标准，都是在一定条件下的"统一规定"。
- 同一功能的同一对象在同一范围、同一标准化级别上只能有一个统一的标准，编一个标准号，而不能制定出相互重复的两个或多个标准。
- 同一标准中统一规定的内容，可根据需要是一种或多种，如产品的分等分级、产品的参数系列等。
- 标准化的统一是相对的。
- 统一的内容和基础是"科学、技术和实践经验的综合成果"。

标准化的目的是"获得最佳秩序和社会效益"。最佳秩序是指一定环境、一定条件的最合理秩序。最佳秩序是企业进行高效率生产和管理的前提条件。标准化的目的之一，就是在企业中建立起最佳的生产秩序、技术秩序、安全秩序、管理秩序。企业每个方面、每个环节都应建立起互相适应的成龙配套的标准体系，就会使每个企业生产活动和经营管理活动井然有序，避免了混乱、克服了混乱。"秩序"同"高效率"一样也是标准化的机能。标准化的另一目的，就是获得最佳社会效益。一定范围的标准，是从一定范围内的技术效益和经济效果的目标制定出来的。因为制定标准时，不仅要考虑标准在技术上的先进性，还要考虑经济上的合理性。

因此，认真执行标准，就能达到预期的目的。一些发达工业国家把标准化作为企业经营管理、获取利润、进行竞争的"法宝"和"秘密武器"。特别是一些著名公司，往往都建立了企业标准化体系，以保证利润和竞争目标的实现。

### 15.4.3 标准化的过程模式

标准是标准化活动的产物，其目的和作用都是通过制定和贯彻具体的标准来体现的。标准化活动过程一般包括标准产生（调查、研究、形成草案、批准发布）子过程、标准实施（宣传、普及、监督、咨询）子过程和标准更新（复审、废止或修订）等子过程。

**1．标准的制定**

这是标准化过程中重要的子过程。由于标准化对象不同，这个过程所包含的活动内容也略有不同。一般包括：制定计划（立项）、起草标准、征求意见、审查、批准发布等标准生成阶段和标准发行、复审、废止或修订等后续阶段。

为了规范国际标准的产生过程，ISO 和 IEC 发布了专门的导向性文件。我国还依据该导向制定了相应的国家标准，以规范国家标准的制定程序。应该说在标准化过程中这个阶段的工作内容是清楚和明确的，这个环节既是政府资源投入的重点，也是关注（干预）的重点。

这个阶段发生的问题，有程序性的（如征求意见、审查等）问题，但更多的是实质性的，即标准的适用性、可行性、先进性方面的问题。

**2．标准的实施**

标准的实施过程包括哪些活动内容，没有统一的规定，通常有标准的宣传、贯彻执行和监督检查等项。有的标准由相关技术组织和管理机构组织宣传，有许多标准并不组织宣传。

在我国，强制性标准的实施是靠强制性的监督检查来推动的。对于推荐性标准的实施尚无有效措施。在发达工业国家，标准都是推荐性的，其实施的推动力一方面来自标准本身的科学性产生的信任，一方面来自产品认证。在这两方面我国都有一定差距。

**3．标准的反馈**

信息反馈是标准化过程的最后一个环节，是过程的终结，同时又是下一个过程的开始，它总结了前一个过程的经验和问题,并依据客观环境的新变化和新要求,提出标准修订的新目标,这是标准化过程永不停息的动力。

### 15.4.4 标准化的级别和种类

标准化工作是一项复杂的系统工程,标准为适应不同的要求构成了一个庞大而复杂的系统。为便于研究和应用,可以从不同角度和属性将标准进行分类。

**1. 根据适用范围分类**

根据适用范围分类,标准分为国际标准、国家标准、区域标准、行业标准、企业标准和项目规范。

(1) 国际标准:(International Standard) 由国际标准化组织(ISO)、国际电工委员会(IEC)所制定的标准,以及 ISO 出版的《国际标准题内关键字索引(KWIC Index)》中收录的其他国际组织制定的标准。

(2) 国家标准:(National Standard) 由政府或国家级的机构制定或批准的、适用于全国范围的标准,是一个国家标准体系的主体和基础,国内各级标准必须服从且不得与之相抵触。如 GB、ANSI、BS、NF、DIN、JIS 等是中、美、英、法、德、日等国的国家标准的代号。

(3) 区域标准:(Regional Standard) 泛指世界上按地理、经济或政治划分的某一区域标准化团体制定,并公布开发布的标准。它是为了某一区域的利益而建立的标准。如欧洲标准化委员会(CEN)发布的欧洲标准(EN)就是区域标准。

(4) 行业标准:(Specialized Standard) 由行业机构、学术团体或国防机构制定,并适用于某个业务领域的标准。又称为团体标准。如美国的材料与试验协会(ASTM)、石油学会标准(API)、机械工程师协会标准(ASME)、英国的劳氏船级社标准(LR),都是国际上有权威性的团体标准,在各自的行业内享有很高的信誉。

(5) 企业标准:(Company Standard) 有些国家又将其称为公司标准,是由企业或公司批准、发布的标准,也是"根据企业范围内需要协调、统一的技术要求,管理要求和工作要求"所制定的标准。如美国波音飞机公司、德国西门子电器公司、新日本钢铁公司等企业发布的企业标准都是国际上有影响的先进标准。

(6) 项目规范:(Project Specification) 由某一科研生产项目组织制定,并为该项任务专用的软件工程规范。如计算机集成制造系统(CIMS)的软件工程规范。

我国标准分为国家标准、行业标准、地方标准和企业标准 4 级。对需要在全国范畴内统一的技术要求,应当制定国家标准。对没有国家标准而又需要在全国某个行业范围内统一的技术要求,可以制定行业标准。对没有国家标准和行业标准而又需要在省、自治区、直辖市范围内统一的工业产品的安全、卫生要求,可以制定地方标准。企业生产的产品没有国家标准、行业标准和地方标准参照的,应当制定相应的企业标准。对已有国家标准、行业标准或地方标准为参照的,鼓励企业制定严于国家标准、行业标准或地方标准要求的企业标准。另外,对于技术尚在发展中,需要有相应的标准文件引导其发展或具有标准化价值,但尚不能制定为标准的项目,以及采用国际标准化组织、国际电工委员会及其他国际组织的技术报告的项目,可以制定国家标准化指导性技术文件。

**2. 根据标准的性质分类**

按标准化的性质分类,标准可分为技术标准、管理标准和工作标准三大类。

对标准化领域中需要协调统一的技术事项所制订的标准被称为技术标准(Technique Standard)。标准化领域中需协调统一的管理事项所制订的标准被称为管理标准(Administrative Standard)。为协调整个工作过程,提高工作质量和效率,针对具体岗位的工作标准制定的标准被称为工作标准(work standard)。

**3. 根据标准化的对象和作用分类**

根据标准化的对象和作用,标准可分为基础标准、产品标准、方法标准、安全标准、卫生标准、环境保护标准、服务标准等。

- 基础标准(Basic Standard),在一定范围内作为其他标准的基础并普遍使用,具有广泛指导意义的标准。
- 产品标准(Product Standard),为保证产品的适用性,对产品必须达到的某些或全部特性要求所制定的标准。
- 方法标准(Method Standard),以各种方法为对象而制定的标准。
- 安全标准(Safety Standard),以保护人和物品的安全为目的而制定的标准。
- 卫生标准(Hygienic Standard),为保护人的健康,为食品、医药及其他方面的卫生要求而制定的标准。
- 环境保护标准(Environment Protection Standard),为保护环境和有利于生态平衡,对大气、水、土壤、噪声、振动等环境质量、污染管理、监测方法及其他事项制定的标准。
- 服务标准(Service Standard),为提高服务质量,使某项服务工作达到要求所制定的标准。

**4. 根据法律的约束性分类**

根据法律的约束性,可以把标准分为强制标准,暂行标准和推荐性标准。

根据法律或法规规定,应强制实施的标准被称为强制性标准。暂行标准是由一个标准化团体暂时制定并公开发布的文件,以使其作为一个标准,在应用中获得必要的经验。暂行标准一般应规定一个试行期限,试行期内达不到的某些要求和指标,可呈报有关部门酌情放宽执行。推荐采用,自愿执行标准是推荐性标准,推荐性标准一般是具有指导意义,但又不宜强制执行的技术和管理要求。

## 15.5 标准化应用

### 15.5.1 标准的代号和编号

**1. ISO 的代号和编码**

ISO 的代号和编码格式为：ISO+标准号+[杠+分标准号]+冒号+发布年号（方括号中的内容可有可无）。例如 "ISO8402：1987"、"ISO9000-1：1994"。

**2. 国家标准的代号和编号**

我国国家标准的代号由大写汉字拼音字母构成，强制性国家标准代号为 GB，推荐性国家标准的代号为 GB/T。

国家标准的编号由国家标准的代号、标准发布顺序号和标准发布年代号（4 位数），如图 15-2 所示。

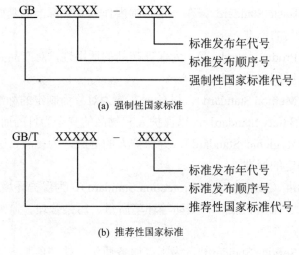

图 15-2　国家标准

**3. 行业标准的代号和编号**

行业标准代号由汉字拼音大写字母组成。行业标准的编号由行业标准代号、标准发布顺序及标准发布年代号（4 位数）组成，如图 15-3 所示。

行业标准代号，由国务院各有关行政主管部门提出其所管理的行业标准范围的申请报告，国务院标准化行政主管部门审查确定并正式公布该行业标准代号。

**4. 地方标准的代号和编号**

由汉字"地方标准""大字拼音 DB"加上省、自治区、直辖市行政区划代码的前两位数字，再加上斜线 T 组成推荐性地方标准；不加斜线 T 为强制性地方标准，如：

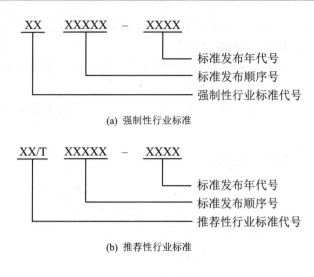

(a) 强制性行业标准

(b) 推荐性行业标准

图 15-3　行业标准

强制性地方标准：DB××

推荐性地方标准：DB××/T

地方标准的编号由地方标准代号、地方标准发布顺序号、标准发布年代号（4 位数）三部分组成。如图 15-4 所示。

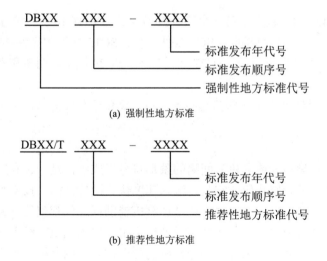

(a) 强制性地方标准

(b) 推荐性地方标准

图 15-4　地方标准

### 5．企业标准的代号和编号

企业标准的代号由汉字"企"大写拼音字母"Q"加斜线再加企业代号组成，企业代号可用大写拼音字母或阿拉数字或两者兼用所组成。企业代号按中央所属企业和地方企业分别由国务院有关行政主管部门或省、自治区、直辖市政府标准化行政主管部门会同同级有关行政主管部门加以规定。例如:"Q/"。

企业标准一经制定颁布,即对整个企业具有约束性,是企业法规性文件,没有强制性企业标准和推荐性企业标准之分。

企业标准的编号由企业标准代号、标准发布顺序号和标准发布年代号(4位数)组成。如图15-5所示。

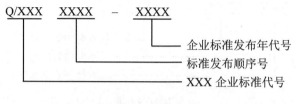

图 15-5  企业标准

### 15.5.2  信息技术标准化

信息技术标准化是围绕信息技术开发、信息产品研制和信息系统建设、运行与管理来开展的一系列标准化工作,主要包括信息技术术语、信息表示、汉字信息处理技术、媒体、软件工程、数据库、网络通信、电子数据交换、电子卡、管理信息系统、计算机辅助技术等方面的标准化。

为此 ISO 和 IEC 为其建立了第一个联合技术委员会(JTC1)并设立了一系列分技术委员会,如:SC2 字符集和信息编码;SC7 软件工程;SC15 标签和文件结构;SC17 识别卡和信贷卡;SC18 文本和办公系统;SC27 加密技术;SC29 图形、图像和多媒体信息的代码表示,等等。

ISO/IEC JTC1 已经制定了一些信息技术标准,现介绍有关信息识别方面的信息技术基础标准。

**1. 条形码**

条形码是由一组黑白(或彩色)间隔的条形符号组成的,是一种利用光电扫描阅读设备给计算机输入数据的特殊代码。它具有输入速度快、准确性高、技术和设备简单、容易推广等一系列优点。实际上,条码技术就是计算机辅助标准化管理的一种形式。

目前,除商业领域应用之外,还被广泛使用于工业自动化生产线上的产品和零部件的信息描述及加工指令的输入;邮件自动分检机的导向控制;图书编目和借阅的自动化;仓储、货运、票证、医院和血库等许多其他领域。

我国于 1988 年 12 月 28 日成立了"中国物品编码中心",负责统一组织、协调和管理全国有关条码方面的工作。1991 年,我国又制定了 GB 12904《通用商品条码》、GB12905《条码系统通用术语条码符号术语》、GB 12906《中国标准书号(ISBN)条码》等条码标准。

## 2. 代码和 IC 卡

代码的主要功能是标识,它是鉴别编码对象的唯一标志;如 21 世纪将普遍赋于的组织机构代码,是依据代码编制规则。赋予国家各机关、企业、事业单位、社会团体及其他组织机构在全国范围内的唯一、始终不变的法定标识,从而可以在计划、财政、税务、金融、劳动、人事、统计、公安、社会保险、资产管理等有关业务活动中应用。因此,代码标准是建设"信息高速公路"必不可少的基础标准。

## 3. EDI

信息技术标准化使"无纸贸易"即通过计算机进行电子数据交换(EDI)成为国际贸易发展的必然趋势,自从 1990 年,国际商会修订发布的《国际贸易术语解释通则》规定:"如买卖双方约定使用电子通讯,合同规定的单证可以由相等的电子单证所代替"后,各国先后把贸易单证格式标准化,实行计算机联网,用半电子单证取代传统的纸介质单据,实现不用纸,不出门而挣天下钱的"无纸贸易"。

## 4. 软件工程

软件工程的范围从只是使用程序设计语言编写程序,扩展到整个软件生存期。软件工程标准化的主要内容包括过程标准(如方法、技术、度量等)、产品标准(如需求、设计、部件、描述、计划、报告等)、专业标准(如职别、道德准则、认证、特许、课程等)、记法标准(如术语、表示法、语言等)、开发规范(准则、方法、规程等)、文件规范(文件范围、文件编制、文件内容要求、编写提示)、维护规范(软件维护、组织与实施等),以及质量规范(软件质量保证、软件配置管理、软件测试、软件验收等)等。

1983 年 5 月我国国家标准总局和原电子工业部主持成立了"计算机与信息处理标准化技术委员会"。和软件相关的是程序设计语言分技术委员会和软件工程技术委员会。现已得到国家标准总局批准的软件工程国家标准如下。

- 软件开发规范 GB 8566—88。
- 软件产品开发文件编制指南 GB 8567—88。
- 计算机软件需求规格说明编制指南 GB 9385—88。
- 计算机软件测试文件编制规范 GB 9386—88。
- 软件工程术语标准 GB/T 11457—89。

### 15.5.3 标准化组织

#### 1. 国际标准化组织

ISO 和 IEC 是世界上两个最大的、最具有权威的国际化标准组织。

国际标准化组织(International Organization for Standardization ISO),是一个全球性的非政府组织,是国际标准化领域中的一个十分重要的组织。ISO 的任务是促进全球范围内的标准化及其有关活动,以利于国际间产品与服务的交流,以及在知识、科学、技术和经济活动中发展国际间的相互合作。其组织机构包括全体大会、主要官员、成员团体、通信成员、捐助成员、政策发展委员会、理事会、ISO 中央秘书处、特别咨询组、技术管理局、标样委员会、技术咨询组、技术委员会等。

IEC 成立于 1906 年，是世界上最早的国际性电工标准化机构，总部设在日内瓦。根据 1976 年 ISO 与 IEC 的协议，两组织都是法律上独立的组织，IEC 负责有关电工、电子领域的国际标准化工作，其他领域则由 ISO 负责。IEC 的宗旨是促进电工、电子领域中标准化及有关方面问题的国际合作，增进相互了解。IEC 的工作领域包括了电力、电子、电信和原子能方面的电工技术。现已制订国际电工标准 3 000 多个。

除此之外，还有国际计量局（BIPM）、联合国教科文组织（UNESCO）、世界卫生组织（WHO）、世界知识产权组织（WIPO）等国际组织。

**2. 区域标准化组织**

随着世界区域经济体的形成，区域标准化日趋发展。区域标准化是指世界某一地理区域内有关国家、团体共同参与开展的标准化活动。目前，有些区域已成立标准化组织，如欧洲标准化委员会（CEN）、欧洲电工标准化委员会（CENELEC）、欧洲电信标准学会（ETSI）、太平洋地区标准大会（PASC）、泛美技术标准委员会（COPANT）、非洲地区标准化组织（ARSO）等。

例如：欧洲电信标准协会（European Telecommunications Standards Institute，ETSI）是欧洲地区性标准化组织,创建于 1988 年。其宗旨是为贯彻欧洲邮电管理委员会(CEPT)和欧共体委员会（CEC）确定的电信政策，满足电信市场各方面及管制部门的标准化需求。

**3. 行业标准化组织**

行业标准化组织是指制定和公布适应某个业务领域标准的专业标准化团体，以及在其业务领域开展标准化工作的行业机构、学术团体或国防机构。如美国电气电子工程师学会（IEEE）、美国电子工业协会（EIA）等。

美国电气电子工程师学会（Insititute of Electrical and Electronics Engineers，IEEE）的前身是 AIEE（美国电气工程师协会）和 IRE（无线电工程师协会），1963 年 1 月 1 日 AIEE 和 IRE 正式合并为 IEEE。

自成立以来 IEEE 一直致力于推动电工技术在理论方面的发展和应用方面的进步。IEEE 是一个非营利性科技学会，拥有全球近 175 个国家 360 000 多名会员。该组织在太空、计算机、电信、生物医学、电力及消费性电子产品等领域中都是权威的标准化组织。

**4. 国家标准化组织**

国家标准化组织是指在国家范围内建立的标准化机构，以及政府承认的标准化团体或者接受政府标准化管理机构指导并具有权威性的民间标准团体。如美国国家标准学会（ANSI）、英国标准学会（BSI）、德国标准化学会（DIN）等。

## 思考题

1. 请简述信息化、国家信息化和企业信息化的概念及关系。
2. 信息资源管理的含义和主要内容是什么？
3. 请简述标准化的概念、级别及种类。
4. 请举出几种常见的标准的代号和编号。
5. 论述一下我国信息化的发展和趋势。

# 第三篇

## 信息系统的管理

# 第 16 章 系统管理规划

本章主要对于系统管理的定义、要求,以及系统管理服务的概念、范围、成本、水平度量等做基本介绍,同时从用户方和运作方两个角度给出应包括的各类系统管理计划。

## 16.1 系统管理的定义

本节主要是阐述信息系统管理的基本要求,包含从管理层面来看,信息系统如何适应企业发展的 IT 战略和策略;从运作层面来看,信息系统管理的计划、范围、方法、工具、预算等方面内容。

### 16.1.1 管理层级的系统管理要求

信息技术的发展,以及企业对信息技术依赖程度的提高,使 IT 成为许多业务流程必不可少的组成部分,甚至是某些业务流程赖以运作的基础。企业 IT 部门地位提升的同时,也意味着要承担更大的责任,即提高企业的业务运作效率,降低业务流程的运作成本。

**1. 企业 IT 管理的层次**

企业的 IT 管理工作,既是一个技术问题,更是一个管理问题。下面的图 16-1 描述了企业 IT 管理工作的三层架构。

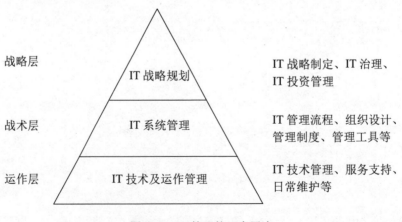

图 16-1 IT 管理的三个层次

目前我国企业的 IT 管理大部分还处于 IT 技术及运作管理层次,即主要还是侧重于对

IT 基础设施本身的技术性管理工作。因此为了提升 IT 管理工作的水平，必须协助企业在实现有效的 IT 技术及运作管理基础之上，通过协助企业进行 IT 系统管理的规划、设计和建立，进而进行 IT 战略规划，真正实现 IT 与企业业务目标的融合。

**2．长期的 IT 规划战略**

企业信息化建设的根本就是实现企业战略目标与信息系统整体部署的有机结合，这种结合当然是可以从不同的层次或者角度出发来考虑，但这种不同层次和角度的结合能够给企业带来的最终效益是不一样的。IT 战略有助于确保 IT 活动支持总体经营战略，使该组织实现其经营的目标和目的。

通过了解企业整体的经营战略、管理模式和组织架构，理解企业生存和发展面临的主要挑战和关键业务策略和计划，同时了解企业信息技术应用现状和目前的信息技术应用对企业业务和管理带来的限制，明确未来企业对信息技术应用的主要需求，并据此分析现状与需求的差距，从而确保信息技术战略的制定从根本上符合企业发展的长远目标。

企业 IT 战略规划进行战略性思考的时候可以从以下几方面考虑。

（1）IT 战略规划目标的制定要具有战略性，确立与企业战略目标相一致的企业 IT 战略规划目标，并且以支撑和推动企业战略目标的实现作为价值核心。如果脱离企业战略目标来谈企业 IT 战略规划，那 IT 战略目标就会成为空谈，也就脱离了信息化建设的真正意义所在。

（2）IT 战略规划要体现企业核心竞争力要求，规划的范围控制要紧密围绕如何提升企业的核心竞争力来进行，切忌面面俱到的无范围控制。如果说企业竞争最终归结于核心竞争力的较量，那企业信息化建设的竞争也就最终表现为如何为企业获得这种核心竞争力的价值贡献问题。

（3）IT 战略规划目标的制定要具有较强的业务结合性，深入分析和结合企业不同时期的发展要求，将建设目标分解为合理可行的阶段性目标，并最终转化为企业业务目标的组成部分。企业信息化建设并不只是企业信息部门的事情，而是在企业发展的不同阶段带有极强业务性特点的业务优化以及管理变革的举措。

（4）IT 战略规划对信息技术的规划必须具有策略性，对信息技术发展的规律和趋势要持有敏锐的洞察力，在信息化规划时就要考虑到目前以及未来发展的适应性问题。企业的信息化规划不再是以前的简单网络架构搭建问题，它有很强的总体规划的行为，包括对网络架构的设计、设备的负荷和容量计算、安全架构体系评估等，以及对网络设备的投资，都有一个详尽而周全的考虑和规划，并最终为企业业务的发展提供一个安全可靠的信息技术支撑策略。

（5）IT 战略规划对成本的投资分析要有战术性，既要考虑到总成本投资的最优，也要结合企业建设的不同阶段做出科学合理的投资成本比例分析，为企业获得较低的投资/效益比。企业信息化建设是个高成本的投资项目，包括了系统软件和网络硬件等物资设备的投入，这个数目往往令企业高层管理者产生"质疑"，并予以慎重考虑，因此，在进行 IT 战略规划的时候，就应该对成本投资进行一个科学性的估算和投资分解，为企业成本的投入提出一个战术性的规划，减少企业一次性投资的风险，权宜出一个可观的投资效益比例。

（6）IT 战略规划要对资源的分配和切入时机进行充分的可行性评估。企业信息化建设是一个在人力、物力和财力上巨大消耗的系统工程，对业务部门人力的投入和调配、时间的保证等，都是保证信息化建设的必要资源和条件，因此企业在 IT 战略规划阶段就必须对不同阶段可分配的人、财、物等资源进行充分的分析和论证，这样才能保证以后的实施具有"天时地利人和"的条件，同时也为建设过程提供了可指引的资源配备要求，也为实施计划的制定和实施切入提供了一个可行性依据。

**3．系统管理的目标和要求**

（1）系统管理的目标。

系统管理指的是 IT 的高效运作和管理，而不是 IT 战略规划。简单地说，IT 规划关注的是组织的 IT 方面的战略问题，而系统管理是确保战略得到有效执行的战术性和运作性活动。系统管理核心目标应是管理客户（业务部门）的 IT 需求，如何有效地利用 IT 资源恰当地满足业务部门的需求是它的核心使命。换句话说，业务部门只需关心 IT 服务有没有满足其要求，没必要关心如何满足。

企业 IT 系统管理的基本目标可分为以下几个方面。

① 全面掌握企业 IT 环境，方便管理异构网络，从而实现对企业业务的全面管理。

② 确保企业 IT 环境整体的可靠性和整体安全性，及时处理各种异常信息，在出现问题时及时进行恢复，保证企业 IT 环境的整体性能。

③ 确保企业 IT 环境整体的可靠性和整体安全性，对涉及安全操作的用户进行全面跟踪与管理；提供一种客观的手段来评估组织在使用 IT 方面面临的风险，并确定这些风险是否得到了有效的控制。

④ 提高服务水平，加强服务的可管理性并及时产生各类情况报告，及时、可靠地维护各类服务数据。

（2）系统管理的要求。

为了实现企业 IT 系统管理的目标，IT 系统管理应该能够达到以下要求。

① 企业 IT 系统管理应可以让企业实现对所有 IT 资源统一监控和管理的愿望，应采用一致性的管理模式来推动企业现代化跨平台体系结构的发展。

② 企业 IT 系统管理应适合于企业大型、复杂、分布式的环境，不但控制了所有技术资源，而且直接可从业务角度出发管理整个企业，管理能力可以延伸到关键的非信息设备（如自动柜员机 ATM 监控、运钞车的运钞情况跟踪、机房湿度与温度控制、用户监测系统监控……）。企业可以随时部署新型应用监控系统，用来规划企业商务目标、维持企业高水平服务，提高业务系统商务响应能力。

③ 企业 IT 系统管理应可以将整个企业基础结构以一个真实世界化的视图呈现给我们，让不同技术经验的人理解，让企业集中精力面对自己的业务而非平台之间的差异，这

样有助于大大提高企业的工作效率。

④ 企业 IT 系统管理应是全集成的管理解决方案，覆盖网络资源、性能与能力、事件与状态安全、软件分布、存储、工作流、帮助台、变更管理和其他的用于传统和分布式计算环境的功能，并可用于互联网和企业内部网。

**4．用于管理的关键 IT 资源**

（1）硬件资源。

硬件资源包括各类服务器（小型机、Unix、Windows 等）、工作站、台式计算机/笔记本、各类打印机、扫描仪等硬件设备，价格从数千人民币到数百万人民币不等。

（2）软件资源。

软件资源就是指在企业整个环境中运行的软件和文档，其中包括操作系统、中间件、市场上买来的和本公司开发的应用软件、分布式环境软件、服务于计算机的工具软件以及所提供的服务等，文档包括应用表格、合同、手册、操作手册等。

（3）网络资源。

网络资源包括下面各部分：通信线路，即企业的网络传输介质；企业网络服务器，运行网络操作系统，提供硬盘、文件数据及打印机共享等服务功能，是网络系统的核心；网络传输介质互联设备（T 型连接器、调制解调器等）、网络物理层互联设备（中继器、集线器等）、数据链路层互联设备（网桥、交换器等）以及应用层互联设备（网关、多协议路由器等）；企业所用到的网络软件，例如网络操作系统、网络管理控制软件、网络协议等服务软件。

（4）数据资源。

数据资源是企业生产及管理过程中所涉及到的一切文件、资料、图表和数据等的总称，它涉及到企业生产和经营活动过程中所产生、获取、处理、存储、传输和使用的一切数据资源，贯穿于企业管理的全过程。数据资源与企业的人力、财力、物力和自然资源一样同为企业的重要资源，且为企业发展的战略资源。同时，它又不同于其他资源（如材料、能源资源），是可再生的、无限的、可共享的，是人类活动的最高级财富。

## 16.1.2 运作层级的系统管理要求

**1．系统管理的功能范围**

IT 系统管理的通用体系架构分为三个部分，分别为 IT 部门管理、业务部门（客户）IT 支持和 IT 基础架构管理。

① IT 部门管理包括 IT 组织结构及职能管理，以及通过达成的服务水平协议（Service Level Agreement，SLA）实现对业务的 IT 支持，不断改进 IT 服务。包括有 IT 财务管理、服务级别管理、问题管理、配置及变更管理、能力管理、IT 业务持续性管理等。

② 业务部门 IT 支持通过帮助服务台（Help Services Desk）实现在支持用户的日常运作过程中涉及到的故障管理、性能及可用性管理、日常作业调度、用户支持等。

③ IT 基础架构管理会从 IT 技术的角度监控和管理 IT 基础架构，提供自动处理功能和集成化管理，简化 IT 管理复杂度，保障 IT 基础架构有效、安全、持续地运行，并且为服务管理提供 IT 支持。

IT 系统管理的三个部分相互支撑，同时支持整个 IT 战略规划，满足业务部门对于 IT 服务的各种需求。

**2. 系统管理的策略与方法**

企业 IT 系统管理的策略是简单的：为企业提供符合目前的业务与管理挑战的解决方案。具体而言包括以下一些内容。

（1）面向业务处理——IT 系统管理的真正需求。

传统 IT 系统管理，是从一个技术的视角来完成。例如，网络管理工具一般只是关注网络的连接和设备的健康性。目前，企业越来越关注解决业务相关的问题，一个业务需要跨越几个技术领域的界限。例如，为了回答简单的问题"为什么定单处理得这么慢"，管理人员必须分析①支持定单处理的应用软件性能；②运行的数据库和系统；③连接的网络。

IT 基础设施的面向业务处理改变了传统的以"资源为中心"的视角。这就允许组织更好地选择 IT 资源信息，来处理业务问题。

（2）管理所有的 IT 资源，实现端到端的控制。

所有 IT 资源必须作为一个整体来管理。管理的成效只能通过对 IT 的各个方面进行便于理解的管理才能实现。IT 系统管理应使企业 IT 部门能够只使用一个管理解决方案，就可以管理企业的所有 IT 资源，包括不同的网络、系统、应用软件和数据库。集中的、有着强壮的管理功能的解决方案横跨了传统的分离的资源。

（3）丰富的管理功能——为企业提供各种便利。

IT 系统管理应包括范围广阔的、丰富的管理功能来管理各种 IT 资源。从网络发现到进度规划，从多平台安全到数据库代理，从万维网服务器管理到负荷平衡，从存储管理到网络性能，从软件的交付到防火墙技术，这些功能提供了丰富的管理能力，可以通过集成在一个开放、面向对象的体系而相互地调用。

（4）多平台、多供应商的管理。

IT 系统管理除了具有丰富的管理功能，同时还须面对各种不同的环境——TCP/IP、SNA、DECNET 和 IPX 网络；Windows NT、Unix 和处理封闭业务的服务器；台式机和大型机；各种厂商的数据库；CISCO 和 BAY NETWORKS 提供的网络设备；微软和网景提供的万维网浏览器；SAP、Oracle 和其他公司提供的应用软件。企业 IT 管理的策略是提供相联系的集成化的管理方式。

**3. 系统管理预算**

系统管理预算的目的是帮助 IT 部门在提供服务同时加强成本/收益分析，以合理地利用 IT 资源、提高 IT 投资效益。企业 IT 预算大致可分为下面三个方面。

- 技术成本（硬件和基础设施）。

- 服务成本（软件开发与维护、故障处理、帮助台支持）。
- 组织成本（会议、日常开支）。

**4．系统管理的工具**

由于企业 IT 系统构涉及到企业内的许多元素，所以对跨越整个企业的 IT 资源和组件进行系统管理就变得尤为重要。良好的自动化管理系统可以有效地监控操作系统环境、网络环境、数据存储环境、信息安全环境和业务应用环境；良好的自动化管理系统可以准确地定位和综合诊断系统异常的原因并提出修复的方案；良好的自动化管理系统可以有力地为企业业务系统保驾护航，让业务应用高枕无忧，从而使企业 IT 部门可以将更多精力投入在服务和推动业务方面。

传统的 IT 管理大量依靠熟练管理人员的经验来评估操作数据和确定工作负载、进行性能调整及解决问题。然而，在当今企业分布式的复杂的 IT 环境下，新的策略需要获得最大化业务效率，这些策略使 IT 环境实现自修复和自调整成为可能。这个需求特别是在当今企业面对诸如高的员工流失率和投资新 IT 资源的可用预算减少等挑战时，尤显突出。

在这种情况下，企业迫切需要对其 IT 环境进行有效地自动化管理，以确保业务的正常运行。企业级的系统管理需要考虑多个因素。

- 自动化管理符合业界的一些最佳实践标准，与 ITIL、COBIT、HP ITSM 参考模型等标准结合，为企业提供更优的自动化管理流程。
- 自动化管理应提供集成、统一的管理体系。
- 自动化管理应包含端到端的可靠性和性能管理能力。
- 自动化管理应能够将 IT 管理与业务优先级紧密地联系起来，从而打破 IT 部门与业务部门之间的隔阂。
- 自动化管理应着重考虑服务水平的管理，从而为用户提供更优质的服务。

## 16.2 系统管理服务

### 16.2.1 为何引入 IT 服务理念

随着企业之间竞争的加剧和世界范围内电子商务的兴起，IT 受到了企业越来越多的重视。一方面，企业不断投资硬件、网络和系统软件；另一方面，对于 ERP、SCM、CRM 和决策支持及知识管理系统的投资日益增多。然而，许多企业发现 IT 并没有达到它们所期望的效果，这就是业界所说的"IT 黑洞"、"信息悖论"等现象。

这些现象的产生，首先是由信息系统本身特点所决定的。现在企业信息系统有几个特点：首先规模越来越大；其次是功能越来越多；再次是变化快；最后是异构性。

其次，从生命周期的观点来看，无论硬件或软件，大致可分为规划和设计、开发（外购）和测试、实施、运营和终止等 5 个阶段。而前三个阶段从时间而言，仅占其生命周期的 20%，其余 80%的时间基本上是在运营。因此如果整个 IT 运作管理做得不好，那么就无法发挥前期投资的收益、带来预期的收益，或为企业增加不必要的成本。

为了改变此种现象，必须转变系统管理的理念，其目的在于使 IT 真正有效地支持企业的业务、强调 IT 对业务处理的渗透。因此 IT 服务理念追求的目标如下。

- 以客户（企业的业务部门）为中心提供 IT 服务。
- 高质量、低成本的 IT 服务。
- 提供的服务可度量、可计费。

### 16.2.2 服务级别管理

**1. 为何引入服务级别管理**

如果 IT 部门不能准确了解业务部门的服务需求，业务部门的客户也同样不能期望 IT 部门能够为其提供令人满意的 IT 服务。因此，为了让 IT 服务级别满足组织的业务需求，IT 服务部门在对 IT 基础架构进行服务级别设计时，必须充分调查和了解组织真实的业务需求。这就是服务级别管理关注的过程。

为了真正了解组织的 IT 服务需求，以及由此决定相应的服务级别，IT 部门与业务部门之间应进行全面沟通，结合客户对当前服务级别的体验，在此基础上帮助客户分析和梳理那些真实存在却又尚未明确的 IT 服务。因为很多时候，用户和客户并不能准确地把握其真实的 IT 服务需求。除了需要明确组织的 IT 服务需求以外，还应结合相关的 IT 成本预算进一步确定组织对 IT 服务的有效需求，从而抑制客户在设备和技术方面"高消费"的欲望，为组织节约成本，提高 IT 投资的效益。

**2. 服务级别管理的基本概念**

服务级别管理是定义、协商、订约、检测和评审提供给客户服务的质量水准的流程。它是连接 IT 部门和客户（业务部门）之间的纽带，不过其直接面对的不是使用 IT 服务的用户（通常是指业务部门内某个具体的职员），而是为 IT 服务付费的客户（通常是指某个具体的业务部门），如图 16-2 所示。

服务级别管理的主要目标在于，根据客户的业务需求和相关的成本预算，制定恰当的服务级别目标，并将其以服务级别协议（Service Level Agreements，SLA）的形式确定下来。在服务级别协议中确定的服务级别目标，既是 IT 服务部门监控和评价实际服务品质的标准，也是协调 IT 部门和业务部门之间有关争议的基本依据。

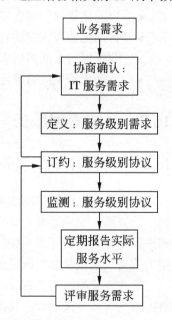

图 16-2　服务级别管理过程

**3．服务级别协议**

服务级别协议（SLA）设定了 IT 服务的数量、质量、费用等相关标准，实现了 IT 部门和业务部门之间的全面协作，努力获得高质量的服务以及最大限度地提高服务效率。SLA 不仅用于企业内部 IT 部门和业务部门之间，而且也将用于企业和第三方服务提供商之间（比如外包、应用开发服务、系统集成服务等）。

结构合理的服务级别协议应该包括下列内容。

- 被明确规定和描述的服务定义。
- 定义每项服务的测量标准：例如数量、质量、可用性、可靠性、安全性、问题解答、支持、备份、恢复时间、偶然性、增长能力、开发请求。
- 此外还应包括服务时间框架；服务成本及计费；对不履行职责所实施的惩罚。
- 依据服务测量方法来监督服务质量。
- 另外服务级别协议中也应包括企业和第三方服务提供商之间的明确职责。

**4．服务级别管理的要点**

企业在 IT 系统管理中应用服务级别管理，应注意以下问题。

（1）强调 IT 对业务的价值。这种价值主要体现在两点：一是在考虑服务级别需求时，要充分考虑业务部门潜在的、隐含的需求，以免因遗漏而影响业务的正常运作；二是在确定服务级别目标时，要确定合适的服务级别、服务质量。

（2）要让业务部门的人员参与进来，因为他们清楚地知道业务对 IT 的需求在哪里，他们能够从业务的角度来看待 IT，弥补 IT 人员从 IT 的角度看待业务的不足。

（3）服务级别管理不是书面文章，关键要落到实处。而这需要更长时间，更复杂、更艰难的监测、评审。通过对 IT 服务的衡量，才能确定各个业务在具体时期的服务级别、服务质量情况，也才能很好地进行监控，或者实施服务改进计划。

（4）对于 IT 部门而言，至关重要的是不要好高骛远——创建能提供的，而不是想提供的服务级别管理。对于业务部门来说，SLA 与业务要求相吻合，才有生命力和执行的必要；而 IT 服务商如果承诺过高，高于自己的 IT 能力，即使承诺了 SLA，也依然无法落实、实现。当然，这些因素都必须考虑到服务成本问题，如果 SLA 的实现超出了 IT 服务提供方所能承受的成本或者盈亏平衡点，最终结果也无法达成双赢，长期来看，必将影响 IT 服务的持续运营。

## 16.3 IT 财务管理

### 16.3.1 为何引入 IT 财务管理

通过信息化增强企业的核心竞争力，信息技术对于企业发展的战略意义逐渐被企业界所认同。然而，当企业豪情满怀地将巨资投在各种"IT 系统"上，期待着"利润滚滚来"

时,他们最后发现,精良的设备和先进的技术有时并没有为企业创造实实在在的效益、提升企业的竞争力。相反,那些昂贵的"IT系统"常常让他们骑虎难下。这种尴尬和无奈被称为"信息悖论"或"IT黑洞"。

那么,如何走出这"信息悖论"的沼泽地呢?专家们给出的答案是:管理重于技术。要改变以往那种"激情澎湃、热血沸腾"式的非理性IT投资方式,就必须对IT项目的投资过程进行理性管理、研究IT项目投资的必要性和可行性、准确计量IT项目投资的成本和效益,并在此基础上进行投资评价和责任追究。

IT财务管理作为重要的IT系统管理流程,可以解决IT投资预算、IT成本、效益核算和投资评价等问题,从而为高层管理提供决策支持。因此,企业要走出"信息悖论"的沼泽,通过IT财务管理流程对IT服务项目的规划、实施和运作进行量化管理是一种有效的手段。

### 16.3.2 IT部门的角色转换

在传统的IT组织架构设计中,IT部门仅作为辅助部门,为业务部门提供IT支持。这种职能定位使得IT部门成为业务部门的"后勤部门",再加上IT部门自身的技术壁垒,使得企业对IT项目的决策、IT项目的预算与成本等失去控制,IT部门成为名符其实的"IT黑洞"。

为了改变此状况,企业要求相应地改变IT部门在组织架构中的定位,即将IT部门从一个技术支持中心改造为一个成本中心,甚至利润中心。这样,就可以将IT部门从一个支持部门转变为一个责任中心,从而提高了IT部门运作的效率。后续关于IT部门职责问题的章节会对此进一步阐述。

### 16.3.3 IT财务管理流程

IT财务管理,是负责对IT服务运作过程中所涉及的所有资源进行货币化管理的流程。该服务管理流程包括三个环节,它们分别是IT投资预算(budgeting)、IT会计核算(accounting)和IT服务计费,IT财务管理流程如图16-3所示。

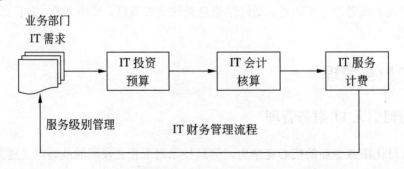

图16-3 IT财务管理流程

**1. 投资预算**

IT 投资预算的主要目的是对 IT 投资项目进行事前规划和控制。通过预算，可以帮助高层管理人员预测 IT 项目的经济可行性，也可以作为 IT 服务实施和运作过程中控制的依据。

IT 能力管理主要是管理及规划 IT 容量，而 IT 服务工作量是 IT 服务成本变化的一个主要原因，因此编制预算的时候必须紧密结合 IT 能力管理。

- 技术成本（硬件和基础设施）。
- 服务成本（软件开发与维护、偶发事件的校正、帮助台支持）。
- 组织成本（会议、日常开支）。

**2. IT 会计核算**

IT 会计核算的主要目标在于，通过量化 IT 服务运作过程中所耗费的成本和收益，为 IT 服务管理人员提供考核依据和决策信息。它所包括的活动主要有：IT 服务项目成本核算、投资评价、差异分析和处理。这些活动分别实现了对 IT 项目成本和收益的事中和事后控制。

对成本要素进行定义是 IT 服务项目成本核算的第一步。成本要素是成本项目进一步细分的结果，如硬件可以进一步分为办公室硬件、网络硬件以及中央服务器硬件等。成本要素一般可以按部门、客户或产品等划分标准进行定义。而对于 IT 服务部门而言，理想的方法应该是按照服务要素结构来定义成本要素。

用于 IT 项目投资评价的指标主要有投资回报率（Return on Investment，ROI）和资本报酬率（Return on Capital Employed，ROCE）等指标。

为了达到控制的目的，IT 会计人员需要将每月、每年的实际数据与相应的预算、计划数据进行比较、发现差异，调查、分析差异产生的原因，并对差异进行适当处理。IT 会计人员需要注意的差异一般包括成本差异、收益差异、服务级别差异和工作量差异。

**3. IT 服务计费**

IT 服务计费是负责向使用 IT 服务的业务部门（客户）收取相应费用。通过向客户收取 IT 服务费用，构建一个内部市场并以价格机制作为合理配置资源的手段，迫使业务部门有效地控制自身的需求、降低总体服务成本，从而提高了 IT 投资的效率。IT 服务计费的顺利运作需要以 IT 会计核算所提供的成本核算数据为基础。

**4. 服务级别与成本的权衡**

服务级别协议（SLA）明确界定了 IT 服务的水平要求及客户的期望。它直接影响到最终服务的范围及水平。服务水平管理与成本管理之间的联系表现在以下方面：服务水平管理提出的目前的服务需求及将来的服务需求决定了成本管理中的服务成本、组织的收费政策及其对客户及最终用户的影响。服务水平协议允许客户对服务水平的需求变动越大，IT 服务的收费范围也越大，预算、IT 会计核算与收费的管理费用也越高。

## 16.4 制定系统管理计划

### 16.4.1 IT部门的职责及定位

**1. IT部门的职责**

IT部门首先要树立IT服务的思想,将IT当作一种服务来提供。以先进的管理理念和方法、标准来为业务部门提供高质量、低成本、高效率的IT支持服务,同时依照事先约定的服务级别协议、监控IT服务,并评价最终结果。IT部门一方面与业务部门根据服务级别协议中量化的服务指标处理与业务部门之间的关系;另一方面也使IT部门所提供的服务透明化,不仅让业务部门,更让企业的高层管理者清楚地知道IT部门提供了什么服务。上述要求看似苛刻,实际上意味着IT部门服务方式的改变,IT服务人员必须把最终用户和业务管理作为自己的"客户",把他们的满意作为自己的最终目标。

IT部门的核心职责在于始终提供并保持高质量的服务;根据对服务和业务优先等级知识的把握,可有效控制不断上升的服务需求的成本;在充分理解业务对于网络、系统和应用性能等能力要求的基础上,制定出符合业务发展的服务水平协议;自动制定出能够真实反映业务动态变化的服务计划。对具体职责而言包括:IT战略规划、企业应用系统规划、网络及基础设施、数据库管理、安全管理、IT日常运作、终端用户支持等,本章后面会做详细阐述。

**2. IT部门的定位**

传统的IT部门仅仅是核算中心,只是简单地核算有些预算项目的投入成本。这种政策的整个IT会计系统集中于成本的核算,从而在无需支出账单和簿记费用的情况下改进了投资决策。然而,这种政策也许不能影响用户的行为,也不能使IT部门能够完全从财务角度进行经营。为了改变这种状况,提高IT服务质量及投资收益,使IT部门逐渐从IT支持角色转变为IT服务角色,从以IT职能为中心转变为以IT服务流程为中心,从费用分摊的成本中心模式转变为责任中心,企业必须改变IT部门在组织结构中的定位,应该将IT部门从一个技术支持中心改造为一个成本中心,甚至利润中心。这样,就可以将IT部门从一个支持部门转变为一个责任中心,从而提高了IT部门运作的效率。

首先界定成本中心和利润中心的概念,成本中心和利润中心均属于责任会计的范畴。成本中心是成本发生单位,一般没有收入,或仅有无规律的少量收入,其责任人可以对成本的发生进行控制;与之相对应,利润中心是既能控制成本,又能控制收入的责任单位,不但要对成本和收入负责,也要对收入和成本的差额即利润负责。

(1)成本中心,当IT部门被确立为一个成本中心时,对其IT支出和产出(服务)要进行全面核算,并从客户收费中收取补偿。这种政策要求核算所有的付现和非付现成本,确认IT服务运作的所有经济成本。

（2）利润中心，作为利润中心来运作的 IT 部门相当于一个独立的营利性组织，一般拥有完整的会计核算体系。在这种政策下，IT 部门的管理者通常可以像一个独立运营的经济实体一样，有足够的自主权去管理 IT 部门，但其目标必须由组织确定。IT 部门从成本中心向利润中心的转变需要清晰地界定服务模式，与业务部门进行充分的内部沟通，定义好关键性的服务等级协议（SLA），充分展现 IT 价值的透明度与可信度。

IT 部门作为相对独立的利润中心，会带来诸多的优势：对于企业来说，可以使企业将精力集中在核心业务上面，同时降低成本、提高边际利润。对于 IT 部门本身来说，可成为一个独立核算的经济实体，通过市场化的运作实现自身的盈利，一方面，对其内部人员形成有效激励；另一方面，可以更好地利用资源，创造更多的社会价值。对于业务部门来说，在市场需求阶段考虑约束，需要考虑成本因素，行为更具有经济性，有利于整体效率的提升。

在实际应用中，将 IT 部门定位为成本中心或利润中心取决于组织业务的规模和对 IT 的依赖程度。一般来说，对于那些组织业务规模较大且对 IT 依赖程度较高的组织，可将其 IT 部门设立为利润中心，以真正的商业化模式进行运作。而对于那些业务量较小且对 IT 依赖程度不高的组织而言，将 IT 部门作为成本中心运作就可以达到成本控制的目的了。

## 16.4.2 运作方的系统管理计划

从 IT 管理部门而言，包括 IT 战略制定及应用系统规划、网络及基础设施管理、系统日常运行管理、人员管理、成本计费管理、资源管理、故障管理、性能/能力管理、维护管理、安全管理等方面。下面简单介绍几类系统管理计划。

**1．系统日常操作管理**

系统日常管理对于确保计算机系统满足业务的需要，并完整、及时地处理有效的操作是必不可少的。操作管理包括对服务器等设备定期维护、定期评价性能报告、备份系统及数据、建立紧急情况处理流程、定期检查系统日志和其他审核跟踪记录，以便发现非正常操作或未经授权的访问、合理安排系统资源满足 IT 需求。另外操作管理还有一项重要制度就是将操作流程制成文件并予以归档，并定期测试、修改。

**2．IT 人员管理**

人员管理的首要目的是 IT 部门内部职责的有效划分、让职员理解自身的职责。其他相关的目的还包括定期的职员业绩评定、与职业发展相关的员工培训计划。

**3．IT 财务管理**

IT 财务管理使管理人员能够进行 IT 成本收益分析，并证明 IT 的价值。包括制订正式的 IT 预算、各企业单位的 IT 成本的测量和评估、按照 IT 组织和各企业单位之间的 SLA，进行 IT 服务计费、比照预算，对实际 IT 成本进行监控，包括差异分析、IT 资产和服务的标准采购程序。

#### 4. 故障管理

故障管理的目的就是在出现故障的时候,依据事先约定的事故处理优先级别尽可能快地恢复服务的正常运作,避免业务中断,以确保最佳的服务可用性级别。所谓故障是指任何不符合标准操作且已经引起或可能引起服务中断和服务质量下降的事件。故障管理流程转变 IT 部门为了企业内部层出不穷的技术故障而疲于奔命的"救火队"的角色。

#### 5. 性能/能力管理

能力管理不仅要考虑企业计算性能对 IT 服务可用性和稳定性的影响,还要综合考虑各 IT 组件及其相互配合关系对整体服务能力的影响,以及为达到一定级别的服务能力所需花费的成本。

从这个角度上讲,从性能管理到能力管理的转变,至少反映了以下两个实质性的进步。

- 能力管理除了关注硬件设备的容量和性能以外,还十分注重 IT 基础架构整体服务能力对业务需求的支持。
- 能力管理并不追求设备的高容量和高性能,而是力图结合业务需求和 IT 成本来确定有效的能力需求,从而为 IT 服务设计和配置合理的服务能力。

#### 6. 资源管理

IT 资源管理主要是摸清企业的各类 IT 资源:硬件资源、软件资源、网络资源、设施及设备资源、数据资源等,并对其进行跟踪。记录 IT 资产的需求、配置、调换、分级以及最终报废的历史情况,提供 IT 资产的生命周期管理,为成本管理提供完整的 IT 资产数据。在此基础之上整合、优化利用企业整个 IT 资源。

#### 7. 安全管理

安全管理主要包括安全制度和组织的设定、物理和系统安全管理、外部通信的安全等方面内容。安全管理确保以下事情:只向授权职员提供访问权;经常评估访问级别和安全违反情况;及时从系统中删除被解雇职员的信息。进行用户账号的设置、修改和及时删除(若员工被解雇)的程序。应用软件的功能限制在与雇员的工作职责相当的程度范围之内。

### 16.4.3 用户方的系统管理计划

#### 1. 帮助服务台

帮助服务台(Service Desk)在为业务部门提供 IT 服务中扮演着一个极其重要的角色,服务台的主要目标是协调客户(业务部门)和 IT 部门之间的关系,为 IT 服务运作提供支持,从而提高客户服务的满意度。

完整意义上的服务台可以理解为其他 IT 部门和服务流程的"前台",它可以在不需要联系特定技术人员的情况下处理大量的业务部门的请求,并可能会使用知识管理系统来协助解决问题。

对用户而言,服务台是他们与 IT 部门的唯一连接点,确保他们找到帮助其解决问题和请求的相关人员。帮助服务台另一方面的功能是记录、解决和监控 IT 服务运作过程中产生的故障问题，主要和故障管理相关联。定期对反复发生的问题进行原因分析和统计，并制定改正计划。供管理层寻找改进的机会。

服务台不仅负责处理事故、问题和客户的询问，同时还为其他活动和流程提供接口。这些活动和流程包括故障管理、系统可用性管理、服务级别管理、配置管理及持续性管理等。

**2．用户参与服务级别管理**

服务级别管理必须使用户充分参与其中，包括最初 IT 部门与业务部门（客户）协商所提供 IT 服务的内容和级别。其次，IT 部门还应定期和业务部门（客户）举行服务评审会，以评价 SLA 中约定的服务级别目标的实现情况和预测将要发生的问题。服务评审会应当重点关注那些未实现的服务级别的环节，查出导致服务失败的原因并制定相应的服务改进计划。然后，若某些服务级别目标未能实现（因目标本身不可实现而造成的），那么 IT 部门应当与业务部门（客户）重新协商，并修改相应的服务级别协议。

**3．IT 性能和可用性管理**

IT 性能和可用性管理可以为错综复杂的 IT 系统提供"中枢神经系统"，这些系统不断地收集有关的硬件、软件和网络服务信息，可以分别从组件、业务系统和整个企业的角度来监控电子商务。该管理计划可以有效识别重大故障、疑难故障和不良影响，然后会通知支持人员采取适当措施，或者在许多情况下进行有效修复以避免故障发生。

**4．用户参与 IT 管理**

企业在进行各类应用系统的开发或实施时，IT 部门必须使业务部门参与开发或实施过程，只有这样才可以确保系统在发布时能较好地满足业务部门的 IT 需求。

另外业务部门与 IT 部门积极沟通共同制定服务级别协议、IT 服务计费标准，则可以有效地推动业务部门参与到 IT 系统管理中来，从而能够有效地执行相关的 IT 管理流程，以实现较高的 IT 服务水平。

**5．终端用户安全管理**

终端用户安全管理由一组关于个人计算机使用的相关制度，主要包括重要数据备份制度、密码规则制度、计算机病毒的防护及预防、入侵监测及防火墙、外部网访问限制等方面。为的是提高终端用户的计算机使用的可持续性，减少 IT 部门支持及故障处理的频率。

**6．终端用户软件许可协议**

IT 部门对终端用户进行关于软件版权的培训，并定期进行软件审查以控制盗版软件以及公司系统的开发副本，保证遵守有关软件许可的法律法规。

## 思考题

1. IT 财务管理的目标及其作用是什么？
2. IT 系统管理的层次、定位、职能范围是什么？
3. 服务级别管理的概念及其在系统管理中的作用是什么？

# 第 17 章 系统管理综述

## 17.1 系统运行

### 17.1.1 系统管理分类

IT 系统管理工作主要是优化 IT 部门的各类管理流程,并保证能够按照一定的服务级别,为业务部门(客户)高质量、低成本地提供 IT 服务。IT 系统管理工作可以按照以下两个标准予以分类。

**1. 按系统类型分类**

(1)信息系统,企业的信息处理基础平台,直接面向业务部门(客户),包括办公自动化系统、企业资源计划(ERP)、客户关系管理(CRM)、供应链管理(SCM)、数据仓库系统(Date Warehousing)、知识管理平台(KM)等。

(2)网络系统,作为企业的基础架构,是其他方面的核心支撑平台。包括企业内部网(Intranet)、IP 地址管理、广域网(ISDN、虚拟专用网)、远程拨号系统等。

(3)运作系统,作为企业 IT 运行管理的各类系统,是 IT 部门的核心管理平台。包括备份/恢复系统、入侵检测、性能监控、安全管理、服务级别管理、帮助服务台、作业调度等。

(4)设施及设备,设施及设备管理是为了保证计算机处于适合其连续工作的环境中,并把灾难(人为或自然)的影响降到最低限度。包括专门用来放置计算机设备的设施或房间。

对 IT 资产(计算机设备、通信设备、个人计算机和局域网设备)的恰当的环境保护;有效的环境控制机制:火灾探测和灭火系统、湿度控制系统、双层地板、隐藏的线路铺设、安全设置水管位置,使其远离敏感设备、以及不间断电源和后备电力供应等。

**2. 按流程类型分类**

(1)侧重于 IT 部门的管理,从而保证能够高质量地为业务部门(客户)提供 IT 服务。这一部分主要是对公司整个 IT 活动的管理,包括 IT 财务管理、服务级别管理、IT 资源管理、能力管理、系统安全管理、新系统转换、系统评价等职能。

(2)侧重于业务部门的 IT 支持及日常作业,从而保证业务部门(客户)IT 服务的可用性和持续性。这一部分主要是业务部门 IT 支持服务,包括 IT 日常作业管理、帮助服务台管理、故障管理及用户支持、性能及可用性保障等。

(3)侧重于 IT 基础设施建设,主要是建设企业的局域网、广域网、Web 架构、Internet

连接等。

### 17.1.2 系统管理规范化

系统管理的规范化涉及到人员职责、操作流程等方面标准的制定，并进行有效的标准化。企业 IT 部门除了 IT 部门组织结构及职责之外，还应该详细制定各类运作管理规章制度，主要包括：日常作业调度手册、系统备份及恢复手册、性能监控及优化手册、输出管理手册、帮助服务台运作手册、常见故障处理方法、终端用户计算机使用制度等与用户息息相关的 IT 支持作业方面的规范制度。此外，还包括服务级别管理手册、安全管理制度、IT 财务管理制度、IT 服务计费及成本核算、IT 资源及配置管理、新系统转换流程、IT 能力规划管理等由 IT 部门执行的以提供高质量 IT 服务为目的的管理流程。

### 17.1.3 系统运作报告

系统运行过程中的关键操作、非正常操作、故障、性能监控、安全审计等信息，应该实时或随后形成系统运作报告，并进行分析以改进系统管理水平。

是否有流程保证对所有不属于标准操作的操作性问题给予记录（在问题管理系统内）、分析和及时处理？

**1．系统日常操作日志**

系统日志应该记录足以形成数据的信息，为关键性的运作提供审核追踪记录，并且保存合理的时间段。利用日志工具定期对日志进行检查，以便监控例外情况并发现非正常的操作、未经授权的活动、作业完成情况、存储状况、CPU、内存利用水平等。

**2．性能/能力规划报告**

企业需要了解其 IT 能力能否满足其业务需要，因此它需要了解系统性能、能力和成本的历史数据，定期形成月度、年度性能报告，并进行趋势分析和资源限制评估，在此基础之上增加或调整其 IT 能力。

性能监控工具应该主动地监控、测量和报告系统的性能，包括平均响应时间、每日交易数、平均无故障时间、CPU、存储器等的使用状况、网络性能等，从而可以有预见性地响应变化的业务需求。

**3．故障管理报告**

企业应定期产生有关问题的统计数据，这些统计数据包括：事故出现次数、受影响的客户数、解决事故所需时间和成本、业务损失成本等，可以供管理层对反复发生的问题进行根本原因的分析，并寻找改进的机会。

另外，对于每次故障处理应该进行数据记录、归类，作为基础，它应包括以下内容。

- 目录，确定与故障相关联的领域，比如硬件、软件等。
- 影响度，故障对业务流程的影响程度。
- 紧迫性，故障需要得到解决的紧急程度。

- 优先级，综合考虑影响度、紧迫性、风险和可用资源后得出的解决故障的先后顺序。
- 解决方法，故障解决的流程、处理方法。

这样有利于使用知识管理系统来协助解决问题。

#### 4. 安全审计日志

为了能够实时监测、记录和分析网络上和用户系统中发生的各类与安全有关的事件（如网络入侵、内部资料窃取、泄密行为等），并阻断严重的违规行为，就需要安全审计跟踪机制来实现在跟踪中记录有关安全的信息。审计是记录用户使用计算机网络系统进行所有活动的过程，它是提高安全性的重要工具。

审计记录应包括以下信息：事件发生的时间和地点；引发事件的用户；事件的类型；事件成功与否。常见的审计记录可能包括：活动的用户账号和访问特权；用户的活动情况，包括可疑的行为；未授权和未成功的访问企图；敏感命令的运行等。

系统运作报告使对 IT 的整个运行状况的评价得以实现，IT 报告应具备涵盖所有 IT 领域的关键业绩指标，例如风险及问题、财务状况、系统利用率、系统性能、系统故障时间、服务级别执行情况、安全审计等，这也为 IT 运作绩效的改进提供了基础。

## 17.2　IT 部门人员管理

### 17.2.1　IT 组织及职责设计

#### 1. IT 组织设计原则

IT 部门组织架构及职责应能充分支持 IT 战略规划并足以使 IT 与业务目标趋于一致、并且应该有明确的职责设计（例如部门划分、岗位职责、与业务部门间的关系等）。因此在进行 IT 组织及职责设计中应注重以下原则：

（1）IT 部门首先应该设立清晰的远景和目标，一个简洁清晰的远景是 IT 管理框架的原动力，它描述了 IT 部门在企业中的位置和贡献。

（2）根据 IT 部门的服务内容重新思考和划分部门职能，进行组织机构调整，清晰部门职责。做到重点业务突出，核心业务专人负责。

（3）建立目标管理制度、项目管理制度，使整个组织的目标能够落实和分解，建立有利于组织生产的项目管理体制。

（4）作为组织机构调整、目标管理制度和项目管理体制的配套工程，建立科学的现代人力资源管理体系，特别是薪酬和考核体系。

（5）通过薪酬和考核体系的建立，促进信息中心的绩效得以提高。

（6）IT 组织的柔性化，能够较好地适应企业对 IT 服务的需求变更及技术发展。

#### 2. IT 组织设计考虑因素

组织结构的设计受到许多因素的影响和限制，同时需要考虑和解决以下问题。

- 客户位置，是否需要本地帮助台、本地系统管理员或技术支持人员；如果实行远程管理 IT 服务的话，是否会拉开 IT 服务人员与客户之间的距离。
- IT 员工工作地点，不同地点的员工之间是否存在沟通和协调困难；哪些职能可以集中化；哪些职能应该分散在不同位置（如是否为客户安排本地系统管理员）。
- IT 服务组织的规模，是否所有服务管理职能能够得到足够的支持，对所提供的服务而言，这些职能是否都是必要的；大型组织可以招聘和留住专业化人才，但存在沟通和协调方面的风险；小型组织虽沟通和协调方面的问题比大型组织少，但通常很难留住专业人才。
- IT 基础架构的特性，组织支持单一的还是多厂商架构；为支持不同硬件和软件，需要哪些专业技能；服务管理职能和角色能否根据单一平台划分。

**3．IT 组织及职责设计**

按照本书第 1 章所讲企业 IT 管理的三个层次：IT 战略规划、IT 系统管理、IT 技术管理及支持来进行 IT 组织及岗位职责设计（如图 17-1 所示）。

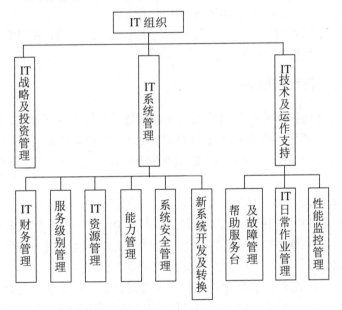

图 17-1  IT 部门组织及职责设计

- IT 战略及投资管理，这一部分主要由公司的高层及 IT 部门的主管及核心管理人员组成，其主要职责是制定 IT 战略规划以支撑业务发展，同时对重大 IT 投资项目予以评估决策。
- IT 系统管理，这一部分主要是对公司整个 IT 活动的管理，主要包括 IT 财务管理、服务级别管理、IT 资源管理、性能及能力管理、系统安全管理、新系统运行转换等职能，从而保证高质量地为业务部门（客户）提供 IT 服务。

- IT 技术及运作支持，这一部分主要是 IT 基础设施的建设及业务部门 IT 支持服务，包括 IT 基础设施建设、IT 日常作业管理、帮助服务台管理、故障管理及用户支持、性能及可用性保障等，从而保证业务部门（客户）IT 服务的可用性和持续性。

企业应做好 IT 部门的人力资源规划及近期人力资源工作计划，要有步骤、有策略地及时推进具体工作，同时还应识别岗位所需要的技能及配备足够的人员以实现目标。招聘的过程中要保证公平、公正的原则，通过市场竞争，以较合适的成本取得 IT 部门持续发展所需要的优秀人才。在对外公开招聘前，可以通过内部竞聘方式从内部选拔人才，内部招聘是一种成本低、效率高，但很容易让人遗忘的发现人才的方式。

IT 人员应清晰地划分到职能，同时岗位的工作职责必须正式定义形成职责说明书，包括定员定岗、编制、及时修订岗位职责说明书、制定科学的绩效考核指标等。科学考核是体现员工创造能力的天平，如何让优秀员工在 IT 部门脱颖而出，是优秀企业要掌握的工作技巧。它需要有一套科学的考核指标体系作为支持。对于以系统设计、程序开发、信息化规划、系统维护、技术支持、网站建设等不同工作内容为主的各个岗位，需要设计出相应的关键绩效考核指标（KPI），才能体现出员工的工作业绩。

总之，要用科学的管理体系激发员工的工作热情，不仅要让 IT 部门的工作绩效得到提升，还要让员工的个人职业生涯发展顺利。

### 17.2.2　IT 人员的教育与培训

IT 部门的人力资源管理是从部门的人力资源规划及考核激励开始的，用于保障企业各 IT 活动的人员配备。然而，在做好了 IT 部门的人力资源规划基础之上，更为重要的是建设 IT 人员教育与培训体系以及为员工制定职业生涯发展规划，让员工与 IT 部门和企业共同成长。

IT 技术的发展日新月异，导致了 IT 从业人员的学习与培训成本明显高于其他部门，这说明了培训工作在 IT 部门的人力资源管理过程中的重要性。IT 部门负责人一定要在加强自身学习的同时，保障本部门员工的必要专业培训工作，这就像为部队的战士更新手中的老式步枪为新式武器一样，可以大大提高 IT"部队"的战斗力。

在这种情况下，IT 部门应该尊重员工的个人发展计划，在其进入企业的时候，及早地了解其发展方向与兴趣，尽量好地与现实工作结合起来，共同制订出员工的个人职业发展生涯规划，及早做好相关的人才储备工作。

### 17.2.3　第三方/外包的管理

**1. 外包商的选择**

外包是一种合同协议，组织提交 IT 部门的部分控制或全部控制给一个外部组织，并支付费用，签约方依据合同所签订的服务水平协议，提供资源和专业技能来交付相应的服务。企业应将外包商看作一种长期资源，对企业具有持续的价值。作为一种资产，将时间和资源用于管理这种关系，并使其价值最大化。企业要从外包关系中获取价值，目标是保持一种长期的有价值的关系，同时应该了解，随着时间的推移，技术和组织的变化可能需要新的合作伙伴或新的结盟。因此公司在努力发展长期关系的同时，可通过发展适当的激励和反激励方法促进与外包商的关系。

外包成功的关键因素之一是选择具有良好社会形象和信誉、相关行业经验丰富、能够引领或紧跟信息技术发展的外包商作为战略合作伙伴。因此，对外包商的资格审查应从技术能力、经营管理能力、发展能力这三个方面着手。

（1）技术能力：外包商提供的信息技术产品是否具备创新性、开放性、安全性、兼容性，是否拥有较高的市场占有率，能否实现信息数据的共享；外包商是否具有信息技术方面的资格认证，如信息产业部颁发的系统集成商证书、认定的软件厂商证书等；外包商是否了解行业特点，能够拿出真正适合本企业业务的解决方案；信息系统的设计方案中是否应用了稳定、成熟的信息技术，是否符合银行发展的要求，是否充分体现了银行以客户为中心的服务理念；是否具备对大型设备的运行、维护、管理经验和多系统整合能力；是否拥有对高新技术深入理解的技术专家和项目管理人员。

（2）经营管理能力：了解外包商的领导层结构、员工素质、客户数量、社会评价；项目管理水平，如软件工程工具、质量保证体系、成本控制、配置管理方法、管理和技术人员的老化率或流动率；是否具备能够证明其良好运营管理能力的成功案例；员工间是否具备团队合作精神；外包商客户的满意程度。

（3）发展能力：分析外包服务商已审计的财务报告、年度报告和其他各项财务指标，了解其盈利能力；考察外包企业从事外包业务的时间、市场份额以及波动因素；评估外包服务商的技术费用支出以及在信息技术领域内的产品创新，确定他们在技术方面的投资水平是否能够支持银行的外包项目。

**2．外包合同管理**

外包合同应明确地规定外包商的任务与职责并使其得到坚持，为企业的利益服务。外包合同应该是经法律顾问评价的契约性协议，并且经过独立审查以确保完整性和风险的级别，在其中明确地规定服务的级别及评价标准，以及对不履行所实施的惩罚；第三方机密性/不泄露协议及利益冲突声明；用于关系的终止、重新评价和/或重新投标的规程以确保企业利益最大化。

外包合同中的关键核心的文件就是服务等级协议（SLA）。SLA是评估外包服务质量的重要标准，可以说，Sony的经验中最可贵的一条就在这里：如果不把问题细化到SLA的层面，空谈外包才是最大的风险。在合同当中要明确合作双方各自的角色和职责，明确判断项目是否成功的衡量标准。同样需要明确的是合同的奖惩条款和终止条款。让合同具有一定的弹性和可测性，根据对公司未来发展状况的预测将条款限定在一个合理的能力范围之内。要保证合同当中包含一个明确规定的变化条款，以在必要的时候利用该条款来满足公司新业务的需求。

根据客户与外包商建立的外包关系可以将信息技术外包划分为：市场关系型外包、中间关系型外包和伙伴关系型外包。

外包合同关系可被视为一个连续的光谱，其中一端是市场型关系，在这种情况下，你的组织可以在众多有能力完成任务的外包商中自由选择，合同期相对较短，而且合同期满后，能够低成本地、方便地换用另一个外包商完成今后的同类任务。另一端是长期的伙伴关系协议，在这种关系下，你的组织与同一个外包商反复制订合同，并且建立了长期的互利关系。而占据连续光谱中间范围的关系必须保持或维持合理的协作性，直至完成主要任务，这些关系被称为"中间"关系。

**3．外包风险控制**

IT外包有着各种各样的利弊。在IT外包日益普遍的浪潮中，企业应该发挥自身的作用、降低组织IT外包的风险，以最大程度地保证组织IT项目的成功实施。具体而言，可从以下几点入手：

（1）加强对外包合同的管理。对于企业IT管理者而言，在签署外包合同之前应该谨慎而细致地考虑到外包合同的方方面面，在项目实施过程中也要能够积极制定计划和处理随时出现的问题。使得外包合同能够不断适应变化，以实现一个双赢的局面。

（2）对整个项目体系的规划。企业必须对组织自身需要什么、问题在何处非常清楚，从而能够协调好与外包商之间长期的合作关系。同时IT部门也要让手下的员工积极地参与到外包项目中去。比如，网络标准、软硬件协议以及数据库的操作性能等问题都需要客户方积极地参与规划。企业应该委派代表去参与完成这些工作，而不是仅仅在合同中提出我们需要哪些。

（3）对新技术敏感。要想在技术飞速发展的全球化浪潮中获得优势，组织必须尽快掌握新出现的技术并了解其潜在的应用。企业IT部门应该注意供应商的技术简介、参加高技术研讨会并了解组织现在采用新技术的情况。不断评估组织的软硬件方案，并弄清市场上同类产品及其发展潜力。这些工作必须由企业IT部门负责，而不能依赖于第三方。

（4）不断学习。企业IT部门应该在组织内部倡导良好的IT学习氛围，以加快用户对持续变化的IT环境的适应速度。外包并不意味着企业内部IT部门的事情就少了，整个组织更应该加强学习，因为外包的目的并不是把一个IT项目包出去，而是为了让这个项目能够更好地为组织的日常运作服务。

## 17.3 系统日常操作管理

### 17.3.1 系统日常操作概述

**1．系统日常操作范围**

系统日常操作管理是整个IT管理中直接面向客户及最为基础的部分，它涉及企业日常作业调度管理、帮助服务台管理、故障管理及用户支持、性能及可用性保障和输出管理等。从广义的角度讲，运行管理所反映的是 IT 管理的一些日常事务，它们除了确保基础架构的可靠性之外，还需要保证基础架构的运行始终处于最优的状态。

（1）性能及可用性管理。性能及可用性管理提供对于网络、服务器、数据库、应用系统和 Web 基础架构的全方位的性能监控，通过更好的性能数据分析、缩短分析和排除故障的时间、甚至是杜绝问题的发生，这就提高了 IT 员工的工作效率，降低了基础架构的成本。从而，让企业可以放心地在一种可靠的并且是优化的基础架构上部署和支持它们的业务设想，服务的中断时间也就大为减少，管理成本和资源成本也就得到了有效控制。

（2）系统作业调度。在一个企业环境中，为了支持业务的运行，每天都有成千上万的作业被处理。而且，这些作业往往是枯燥无味的，诸如数据库备份和订单处理等。但是，一旦这些作业中的某一个出现故障，它所带来的结果可能是灾难性的。例如，库存无法补充，客户无法收到账单，员工在使用数据库时出现信息错误等。IT 在作业管理的问题上往往面临两种基本的挑战：支持大量作业的巨型任务，它们通常会涉及多个系统或应用；对商业目标变化的快速响应。

企业作业管理可以确保支持 IT 基础架构的日常工作过程，诸如文件系统维护、数据库维护、磁盘维护等，可以与业务过程和业务的优先级联系在一起。并且，所有的任务都可以相互统一协调，以一种最有利于业务支持的顺序进行工作。

（3）帮助服务台。帮助服务台可以使企业能够有效地管理故障处理申请，快速解决客户问题，并且记录和索引系统问题及解决方案，共享和利用企业知识，跟踪和监视服务水平协议（SLA），提升对客户的 IT 服务水平。

帮助服务台提供了一个全面的用户支持解决方案，它通过自动处理加快问题解决过程，使服务台人员能够提高生产效率、压缩成本，从而降低企业总成本；它将为服务支持人员提供唾手可得的信息、功能及工具，从而提高工作满意度；提高用户自助能力，凭借强大的知识库及易用的访问界面，最终用户能够自己解决问题；通过增加服务台的灵活性，技术人员收到报警并可远程解决问题。这样，可以同时解决更多问题，提升 IT 人员的工作效率。

（4）输出管理。输出管理的目标就是确保将适当的信息以适当的格式提供给全企业范围内的适当人员。企业内部的员工可以很容易地获取各种文件，并及时取得其工作所需的信息。输出管理的功能包括：安全的文件处理环境，可以对系统中的集中和分布的文件及报告进行统一透明的访问；方便的文档打印、查看和存储功能，全面提高 IT 员工及终端用户的整体工作效率；通过单点控制实现整个企业文件环境的简单管理，免去多种文档管理解决方案和多人管理的麻烦，有效降低文档管理的成本；文档的综合分类能力，确保文件对用户和用户组的正确分发；从文件创建到文件销毁的完整文件支持功能，确保文件和报告的随时随地的可用性；输出管理在确保文档安全性的同时还提供了充分的灵活性，可以随时适应从硬件、操作系统到应用软件的各种新技术的文件需求。

**2．系统日常操作手册**

企业 IT 部门应该有份关于系统日常操作流程的手册，并予以归档保存。系统日常操作手册应该全面涉及作业调度的时间、优先级、帮助服务台的请求、服务等流程、性能的监控方法、报告内容、以及输出管理等，为这些日常操作提供详细的指导手册。

这些日常操作手册应该包括像系统启动和关闭、工作量安排、输出流程、备份和保存的标准、应急程序、对非正常操作的回应、控制台登记、班次轮换和问题上报程序等具体问题的处理方法。同时，应该保障操作人员熟悉操作手册的内容，并且提供持续培训的程序以维持员工的技能发展。

### 17.3.2 操作结果管理及改进

系统日常操作应该形成相应的日志、报告等，进行分析并据此对日常操作予以改进。常见的系统操作结果包括以下内容：

（1）操作日志记录了足以形成数据的信息，并为关键性的运作提供了审核追踪记录。通过定期检查系统日志和其他审核跟踪记录，来发现非正常操作和/或未经授权的访问。

（2）进程安排报告用于追踪并衡量任务的完成、非正常终止、特殊要求和紧急要求，以确保工作表现符合进程安排/任务量中的规定；

（3）利用工具（批处理和实时工具）来主动地监控、测量和报告系统的性能和容量（包括平均响应时间、每日交易数、停电、平均无故障时间、磁盘空间使用、网络性能等）。并且，定期将包含有关性能、容量和可用性的数据的趋势报告提交给 IT 管理层。

（4）故障报告应包括事故的原因、纠正措施，以及未来的防范措施、违背服务标准的统计测量情况（关于处理中的问题、响应速度、问题类型、维修时间），并且定期地提交给 IT 管理层。

### 17.3.3 操作人员的管理

应该清晰划分 IT 日常操作管理职能与其他的 IT 职能（比如基础设施建设、应用程序设计、安全管理、资源管理等），IT 日常操作管理职能，应由专职部门执行。

IT 日常操作人员应该完全了解自己的职务内容和责任，并持续得到培训，同时应保证定期检查人员安排，确保配备足够的操作人员。

IT 日常操作人员应能与其他职能的 IT 人员紧密协作，比如能够及时收到有关应用程序开发、技术工程和其他可能影响操作日程安排和流程的 IT 活动的信息。

## 17.4 系统用户管理

### 17.4.1 统一用户管理

**1. 为何统一用户管理**

当前，信息安全已经引起了大家的重视，防火墙、入侵检测、防病毒等安全技术和产品也得到了广泛地了解和应用,这些技术主要侧重于边界的安全及防御,用来抵御外界的入侵。但是,大量的统计数据表明,安全问题往往是从企业内部出现的,特别是用户身份的盗用,往往会造成一些重要数据的泄漏或损坏。因此如何对各种用户的身份进行管理,是一个越来越重要的问题。

身份认证是身份管理的基础。在完成了身份认证之后,接下来需要进行身份管理。当前,企业在进行身份管理时所出现的问题主要是:每台设备、每个系统都有不同的账号和密码,管理员管理和维护起来困难,账号管理的效率低、工作量大,有效的密码安全策略也难以贯彻;用户使用起来也困难,需要记忆大量的密码;账号密码的混用、泄露、盗用的情况也比较严重,出了安全问题也难以追查到具体的责任人。解决这些安全问题的途径,这就在整个企业内部实施统一的身份管理解决方案。

**2. 统一用户管理的收益**

在许多企业里,某个员工离开原公司后,仍然还能通过原来的账户访问企业内部信息和资源,原来的信箱仍然可以使用。为什么会出现这种现象呢?原因在于,当员工离开公司后,尽管人事部门将其除名,但在IT系统中相应的多个用户授权却没有被及时删除。

对于一个内部用户而言,身份识别管理的时间跨度从员工加入公司开始直到这名员工离开公司。进入公司后,新员工最先接触的系统是人力资源系统,然后会获得门卡、办公设备等工具,然后还会获得网络的授权,通过授权访问公司的资源。这些不同的应用系统可能来自于不同的厂商,而身份管理系统可以把这些资源都集中起来。新员工的资料一旦被添加到人力资源管理系统之后,系统就会自动生成各种密码和授权,基于Web的授权也可以在这个流程中一次性完成,而且还会把这名员工在公司里所做的任何访问活动都记录下来。当员工离开时,网管只需将其从人力资源管理系统中删除,身份识别管理系统就会自动地到所有的后台系统中,把与该员工相关的授权全部删除,这是一个非常自动化的过程,也是目前企业所应关注的统一用户管理系统。统一用户管理的收益如下。

(1)用户使用更加方便。以前用户在登录不同的系统时,需要使用不同用户名、密码;采用统一认证系统后,用户只需要使用同一个用户名、同一个密码就可以登录所有允许他登录的系统;在使用单点登录系统后,用户可以仅需要输入一次用户名、密码,就能对各个应用系统进行访问。

(2)安全控制力度得到加强。管理人员可以集中地对各个系统上的用户进行管理,控制用户的访问范围和权限,并对用户的行为进行审计,使整个系统的安全管理水平得到极大提高。

(3)减轻管理人员的负担,提高工作效率。管理人员不需要再像从前一样,必须登录各个系统,才能进行用户账户、密码的管理和维护;而是可以通过一个统一的管理界面集中地完成,效率得到了提高,也减少由于在大量设备上进行操作,出现人为失误的可能。

(4)安全性得到提高。以前采用静态密码进行认证的方式,变成了采用静态密码加动态密码的双因素认证方式。用户在进行登录时,除了输入用户名外,还要输入静态密码,以及由密码令牌产生或由短信发送的一次性动态密码。

### 17.4.2 用户管理的功能

企业用户管理的功能主要包括用户账号管理、用户权限管理、外部用户管理、用户安全审计等。

**1. 用户账号管理**

用户账号管理主要用于处理用户信息,统一的用户管理可以仅使用一个接口,就可以集中完成账号的创建、以及各个系统上的部署、维护、撤消等工作,从而大大提高其工作效率,减少由于人为操作失误带来的安全风险。

用户账号管理的另一个重要方面是用户密码的管理,密码和账号相关联,被用来鉴别用户的身份。密码应该进行明文规定的格式标准,以便推广强密码(例如,密码由数字、字母字符、大小写字母等混合组成,不包含元音字母),并要定期地变更,才能保证其安全性。用户账号管理还可以实现自我服务,管理用户的个人身份信息以及保密合同,从而能够降低管理用户请求的成本,帮助改善用户体验。

用户账号管理还应有一套正式流程,当员工被解雇或者转职时,人力资源或用户的管理者能及时地通知 IT 部门,从而删除那些被解雇的人员或者其职责和/或责任已经变更的用户账号。

**2. 用户权限管理**

用户权限管理是确定是否允许用户执行所请求操作的流程。用户授权过程出现在认证之后,它使用与用户相关的属性或权限,控制用户进行的访问和操作。授权通常采用基于角色的访问控制(Role based Access Control,RBAC),RBAC 便于组织各种资源上的各种权限,进行灵活精确地权限分配。角色由资源和操作构成,角色通常根据企业内各种职务的需要来制定,从而使管理员能够以一种与企业组织模型相对应的方式,对用户赋予权限,进行访问控制。

**3. 企业外部用户管理**

用户管理其中重要的一个方面是关于企业的外包商、供应商、服务商的账号的分配、撤销及权限管理问题。外部用户管理的原则是要求承包商、第三方服务提供商和商业伙伴签订不泄露、机密性或者卖方信誉协议。外部用户管理还应包含使合同解除的外部用户返还所有公司账号的流程、确保分配给顾问和临时雇员的账号在分配期结束时自动终止。

**4. 用户安全审计**

审计是安全的一个重要手段,通过审计,安全人员可以了解系统内已经发生或正在发生的事件,对有可能产生危害的安全事件进行及时的响应和处理,根据对历史数据的分析,调整安全部署,同时也可以为一些处理和诉讼提供证据。

用户安全审计包括:利用日志工具来检测和报告较差的密码和易猜的密码;定期再检查和重新认证用户对系统(应用软件、数据库、主机系统和网络设备)的访问;利用日志工具检测那些对网络或者关键系统进行的反复的未授权访问；对于所有的系统，主动限制、监测和审核超级用户和/或系统管理员的活动等。

### 17.4.3 用户管理的方法

现在计算机及网络系统中常用的身份认证方式主要有以下几种。

**1. 用户名/密码方式**

用户名/密码是最简单也是最常用的身份认证方法，是基于"what you know"的验证手段。每个用户的密码是由用户自己设定的，只有用户自己才知道。只要能够正确输入密码，计算机就认为操作者是合法用户。实际上，由于许多用户为了防止忘记密码，经常采用诸如生日、电话号码等容易被猜测的字符串作为密码，或者把密码抄在纸上并放在一个自认为安全的地方，这样很容易造成密码泄漏。即使能保证用户密码不被泄漏，由于密码是静态的数据，在验证过程中需要在计算机内存中和网络中传输，而每次验证使用的验证信息都是相同的，很容易被驻留在计算机内存中的木马程序或网络中的监听设备截获。因此用户名/密码方式是一种极不安全的身份认证方式。

**2. IC 卡认证**

IC 卡是一种内置集成电路的芯片，芯片中存有与用户身份相关的数据，IC 卡由专门的厂商通过专门的设备生产，是不可复制的硬件。IC 卡由合法用户随身携带，登录时必须将 IC 卡插入专用的读卡器读取其中的信息，以验证用户的身份。IC 卡认证是基于"what you have"的手段，通过 IC 卡硬件不可复制来保证用户身份不会被仿冒。然而由于每次从 IC 卡中读取的数据是静态的，通过内存扫描或网络监听等技术还是很容易截取到用户的身份验证信息，因此还是存在安全隐患。

**3. 动态密码**

动态密码技术是一种让用户密码按照时间或使用次数不断变化、每个密码只能使用一次的技术。它采用一种叫作动态令牌的专用硬件，内置电源、密码生成芯片和显示屏，密码生成芯片运行专门的密码算法，根据当前时间或使用次数生成当前密码并显示在显示屏上。认证服务器采用相同的算法计算当前的有效密码。用户使用时只需要将动态令牌上显示的当前密码输入客户端计算机，即可实现身份认证。由于每次使用的密码必须由动态令牌来产生，只有合法用户才持有该硬件，所以只要通过密码验证就可以认为该用户的身份是可靠的。而用户每次使用的密码都不相同，即使黑客截获了一次密码，也无法利用这个密码来仿冒合法用户的身份。

动态密码技术采用一次一密的方法，有效保证了用户身份的安全性。但是如果客户端与服务器端的时间或次数不能保持良好的同步，就可能发生合法用户无法登录的问题。并且用户每次登录时需要通过键盘输入一长串无规律的密码，一旦输错就要重新操作，使用起来非常不方便。

#### 4. USB Key 认证

基于 USB Key 的身份认证方式是近几年发展起来的一种方便、安全的身份认证技术。它采用软硬件相结合、一次一密的强双因子认证模式，很好地解决了安全性与易用性之间的矛盾。USB Key 是一种 USB 接口的硬件设备，它内置单片机或智能卡芯片，可以存储用户的密钥或数字证书，利用 USB Key 内置的密码算法实现了对用户身份的认证。

### 17.4.4 用户管理报告

用户安全管理审计主要用于与用户管理相关的数据收集、分析和存档以支持满足安全需要的标准。用户安全管理审计主要是在一个计算环境中抓取、分析、报告、存档和抽取事件和环境的记录。安全审计分析和报告可以是实时的，就像入侵检测系统，也可以是事后的分析。

用户安全管理审计的主要功能包括如下内容。

（1）用户安全审计数据的收集，包括抓取关于用户账号使用情况等相关数据。

（2）保护用户安全审计数据，包括使用时间戳、存储的完整性来防止数据的丢失。

（3）用户安全审计数据分析，包括检查、异常探测、违规分析、入侵分析。

常见的用户安全审计报告包括如下内容。

（1）了解系统通常会发生什么，哪些资源是用户通常要登录访问的，什么时间是用户访问的高峰时段，只有知道自己网络的一些基本信息才可以针对一些异常状况做出有效及时地审核，从而发现问题所在。

（2）正如上面提到，应该有用户通常登录系统的时段的记录，所以当发现个别用户在一个不寻常的时间登录就需要注意了，当然这不能确切地说明受到攻击，但可以为管理员进一步地审核提供线索。

（3）登录失败的审核应该特别引起留意，任何入侵通常不会像正常用户那样，顺利地登录系统，一般都会进行多次尝试，因此对于某个账户在一段时间内多次出现登录失败的记录就应该多加留意。

## 17.5 运作管理工具

### 17.5.1 运作管理工具的引入

所谓"工欲善其事，必先利其器"。IT 系统管理中的"善其事"就是要在 IT 支持业务发展中取得比较好的效果，达到企业对 IT 的期望和商业目标；"利其器"就是说应当寻找或创造合适的工具，充分利用先进的工具或手段，使企业在复杂的 IT 服务管理中实现高效率，取得事半功倍的成果。IT 系统管理中利用各类自动化工具主要基于以下的原因。

（1）业务对 IT 的效率和有效性、依赖性不断增强。首先，客户需要和市场的快速变化，使业务方式和流程不断变化，且日益复杂；其次，企业之间的购并和重组，使得不同企业的 IT 结构需要进一步整合,以适应统一、集中的基础架构管理和流程管理。为此,企业在 IT 管理的快速、有效实施、降低风险方面,需要专业工具的支撑。

(2) IT 基础架构和应用日趋复杂。从最早的基于主机的运算模式,发展到服务器-客户器(Client-Server)的两层结构的运算方式,再到以互联网应用为主的多层分布式结构(N-Tier),以及最近出现的网格运算(Grid)、自主运算(Autonomic Computing),企业应用对基础架构管理的自动化和智能化要求也在不断提高。不同的软硬件产品构筑的 ERP、CRM、SCM 等应用的复杂度,必须通过专业的工具才能够满足管理的需要。

(3) IT 系统管理的需求日益复杂。对 IT 系统管理的需求,从最初的以软硬件产品为中心的诸如软硬件报修、产品升级、补丁等,转变到以提高内部和外部客户满意度为中心的服务。必须对客户的 IT 请求进行快速、有效地反应,并要确保服务品质。为此,需要采用知识库管理工具、服务级别管理工具、流程管理工具等专业的服务工具,来提供高质量的、可控的 IT 服务。

通过采用自动化的管理工具,可以在以下方面极大地提高管理水平、管理质量和客户满意度:通过使业务流程能够有效运作,建立战略合作关系;收集高质量的、可信的、准确的和及时的信息,以用于 IT 系统管理决策;能够更快地分析和呈现系统管理信息,支持服务改进计划;发现和执行预防措施,降低风险和不确定性,提升 IT 可持续服务的能力。

### 17.5.2 自动化运作管理的益处

利用 IT 系统自动化管理工具之后,从以下一些方面对服务提高和过程改进产生影响。

**1. 日常操作自动化**

IT 日常操作过程必须重复、人工操作容易产生问题的操作适合改为自动化操作,通过运用自动化工具可以管理和规范工作流,提高生产率;从这种做法中立即获得收益,譬如:自动磁带管理系统,这个系统保证恢复过程的质量,消除丢失数据文件的可能性,对磁带媒体进行质量控制,通过确保存储信息的位置减少恢复的时间。

**2. 更好地发现和解决故障**

通过工具时刻监控系统"健康状况"及预设一些规则,在问题引起业务停顿之前找到和确定问题的征兆、并且启动规则所设定的问题解决办法。譬如:设定当磁盘空间减小到超过确定的界限时,给出相应警告或自动去掉备份操作。同时,通过对那些有重复解决步骤的问题的自动化处理,从而能够自动更正问题,大大提高生产效率。

通过标准化记录和追踪问题的数据,建立和监测问题队列以更好地对解决方案进行管理,使解决过程的质量得到了提高。

通过对远程 IT 设备进行"远程控制"的工具,加快找到产生问题的范围,减少解决问题的时间,并且减少技术支持的成本。

**3. IT 人员技术分级**

当第一级桌面支持人员有更多的可用的配置信息,并且可以访问更多的基本知识时,他们可以不需要第二级服务支持人员的介入就解决更多的问题、减少解决问题的时间。同时，类似结构的工具和过程可以减轻专家解决问题的负担，允许他们花更多的时间在解决重要问题和从事附加值更大的活动。

**4．提高配置信息的可用性**

对技术支持人员提供详细的当前配置信息，帮助桌面支持人员发现和解决问题。这些配置信息包括硬件组成、系统资源的使用程度和所安装的软件的列表，包括版本信息。

还要注意到资产管理和软件分发有助于对标准配置的建立、维护和实施的支持。这些工作减少了支持和培训的复杂性，同时也可消除使用环境中的系统性的问题——如果在一部机器或一个应用程序中发现问题，这个问题的修补措施（应用程序的升级、供货商的修补程序、病毒数据文件，等等）可以迅速地被发布到有相同配置的其他机器上。

**5．分布式系统管理**

系统管理工具最重要的策略就是分层分布式管理，利用管理工具对整个IT基础设施实现端对端的管理，包括各种服务器、存储设备、网络设备、备份设备、网络流量及负荷等，实现跨地域的远程监控及管理。

### 17.5.3 运行管理工具功能及分类

一个好的系统管理软件必须提供强大、全面的功能，照顾到系统管理的方方面面。下面是对一个全方位解决方案应该涵盖的管理功能的总结。

**1．性能及可用性管理**

性能管理不应只是管理操作系统平台的性能、网络的性能或数据库的性能，而应该是综合的性能管理，能在事务一级对企业系统进行监控和分析，指出系统瓶颈到底是在哪里，并且允许管理员设置各种预警条件，在资源还没有被耗尽以前，系统或管理员就可以采取一些预防性措施，保证系统高效运行，增强系统的可用性。

**2．网络资源管理**

网络是整个信息系统的神经，因此网络管理和监控是整个IT系统管理的基础。网络管理所涵盖的内容包括网络拓扑管理、网络故障管理、网络性能管理和网络设备管理等多个方面。

**3．日常作业管理**

在企业环境中，每天要运行成百上千个作业。系统管理工具应提供一种开放的、可扩充、可调节的作业调度工具，可以在整个企业系统范围内对各种作业进行调度。应实现的主要功能应包括：进度安排功能，作业的监控、预测和模拟，可靠性和容错性管理等。

**4．系统监控及事件处理**

事件的自动处理功能可以实现对控制台消息做全时的监控和自动处理，大大减轻了管理员的负担，并且还可以通过系统提供的远程通知功能，使用BP机、语音信箱、电子邮件等告知管理员，让他们能及时响应软件工具不能解决的问题。

### 5．安全管理工具

安全管理是为了保证正在运行的系统安全而采取的管理措施，它能监视系统危险情况，一旦出现险情就应立即隔离，并能把险情控制在最小范围之内。

安全管理功能包括：用户账号管理、系统数据的私有性、用户鉴别和授权、访问控制、入侵监测、防病毒、对授权机制和关键字的加/解密管理等。

### 6．存储管理

在开放企业的网络环境中，服务器变成了数据中心，系统管理解决方案应该从提高整个企业的存储能力和数据管理水平入手。存储管理包括：自动的文件备份和归档、文件系统空间的管理、文件的迁移、灾难恢复、存储数据的管理等。

### 7．软件自动分发

软件分发功能提供在整个企业范围灵活地集中控制软件和文件的分发和收集，可以用来通过网络自动地安装新软件、补丁或升级，并记录下各种软件的版本，同样能够发送和执行系统管理命令。借助于软件分发的先进功能，能够同时自动处理面向数百个网点的软件分发，降低了成本，不需人工干预，也可以进行逆向操作，在特定条件下删除安装过程中创建的目录和文件。

### 8．用户连接管理

在企业中有大量的局域网，每一局域网都具有一定的管理工具，如何将这众多的实用管理工具集成在系统管理的构架中，使得各种客户机可以连接到系统的主服务器上，使用户可以高效共享系统提供的文件、打印和各种应用服务，这是连接管理应实现的功能。

### 9．资产管理/配置管理

也被称为配置管理，它使用户能够在企业级非均匀分布式网络中高效地配置和查看系统的硬件和软件资源，提供了整个服务器/客户机环境中的硬件和软件部件的企业级视图。而且，还将提供对于变更的管理功能。例如，硬件、软件和配置文件的任何改变都会被容易地发现并触发自动的消息和报警。

### 10．帮助服务台/用户支持

提供自动解答用户问题的功能十分必要。用户可以通过电子邮件、一个直觉的图形界面或 Web 界面向系统提出问题，系统可以自动地搜索知识库，并通过 E-mail 或 Web 向用户返回解答。高级的系统管理软件还带有智能性，具有自学习功能，根据对问题的正确解答实现知识库的自我重构、知识积累。

### 11．数据库管理

数据库的日常管理、性能分析、数据库表空间碎块的清除等工作都非常重要，需要对异构的数据库环境提供较完整的系统管理解决方案，使数据库管理自动化、最优化。

### 12．IT 服务流程管理

服务流程管理工具主要包括 IT 服务计费及服务级别管理，根据事先与业务部门（客户）所约定的服务级别进行 IT 服务计费，转换 IT 部门成为责任中心，同时还能够提供成本分析、资源利用报告、资源监控、能力规划等功能。

## 17.6 成本管理

### 17.6.1 系统成本管理范围

系统成本性态是指成本总额对业务量的依存关系。业务量是组织的生产经营活动水平的标志量。它可以是产出量也可以是投入量；可以使用实物量、时间度量，也可以使用货币度量。当业务量变化以后，各项成本有不同的性态，大体可以分为：固定成本和可变成本。

**1. 固定成本**

企业信息系统的固定成本，也叫做初始成本项，是为购置长期使用的资产而发生的成本。这些成本一般以一定年限内的折旧体现在会计科目中，并且折旧与业务量的增加无关。主要包含以下几个方面。

（1）建筑费用及场所成本，包括计算机房、办公室及其他设备用房如测试室、培训室、空调等；硬件购置、安装成本；软件购置、开发成本。

（2）人力资源成本，主要指 IT 人员较为固定的工资或培训成本。

（3）外包服务成本，即从外部组织购买服务的成本，它可以是购买应用系统开发服务，也可以是数据中心的建设，因此成本中包括硬件软件等不同成本类型，但由于服务提供方不愿提供详细的成本数据等原因，很难将外包服务成本分解为最基本的成本类型，因此将它单独列出作为一类。

**2. 运行成本**

企业信息系统的运行成本，也叫做可变成本，是指日常发生的与形成有形资产无关的成本，随着业务量增长而正比例增长的成本。IT 人员的变动工资、打印机墨盒、纸张、电力等的耗费都会随着 IT 服务提供量的增加而增加，这些就是 IT 部门的变动成本。

### 17.6.2 系统预算及差异分析

成本管理以预算成本为限额，按限额开支成本和费用，并以实际成本和预算成本比较，衡量活动的成绩和效果，并纠正差异，以提高工作效率，实现以至超过预期目标。因此完整的成本管理模式应包括：预算；成本核算及 IT 服务计费；差异分析及改进措施。

**1. 预算**

预算是指组织按照一定的业务量水平及质量水平，估计各项成本、计算预算成本，并以预算成本为控制经济活动的依据，衡量其合理性。当实际状态和预算有了较大差异时，要查明原因并采取措施加以控制。编制预算是以预算项目的成本预测及 IT 服务工作量的预测为基础的。

预算的编制方法主要有增量预算和零基预算，其选择依赖于企业的财务政策。增量预算是以去年的数据为基础，考虑本年度成本、价格等的期望变动，调整去年的预算。在零基预算下，组织实际所发生的每一活动的预算最初都被设定为零。为了在预算过程中获得支持，对每一活动必须就其持续的有用性给出有说服力的理由。即详尽分析每一项支出的必要性及其取得的效果，确定预算标准。零基预算方法迫使管理当局在分配资源前认真考虑组织经营的每一个阶段。这种方法通常比较费时，所以一般几年用一次。

- 预算项目的成本预测。预算项目一般按照成本项目划分，一旦确定一般要保持稳定，这样一是可以使企业了解其成本变动趋势，进行纵向比较，也可以与其他企业之间进行横向比较，二是为成本管理活动提供了一个简单的处理基础，如折旧可以按照成本类型的不同分别进行处理。

  在预算编制时，各预算项目的成本一般都是未知的，如加班工资、外部网收费等，因此必须对其进行预测。预测这些成本是以从前 IT 会计年度的成本数据为基础或以未来工作量的预测为基础进行的。IT 成本管理必须谨慎地估计不可控制的成本的变化。

- IT 服务工作量预测。IT 工作量是成本变化的一个主要原因之一，因此，在编制预算的时候，要预测未来 IT 工作量。不仅成本管理活动需要估计工作量，在服务级别管理和容量管理中也需要对工作量进行预测。工作量预测将以工作量的历史数据为基础，考虑数据的更新与计划的修改，得出未来的 IT 工作量。

**2. 成本核算及 IT 服务计费**

IT 服务计费是指向接受 IT 部门服务的业务部门（客户）收取费用，进行成本效益核算的过程。IT 服务计费包括确定收费对象和选择计算收费额的方法。良好的 IT 服务计费是以存在有效的会计系统、完善的成本核算为前提。如果接受 IT 服务的客户是组织外部的客户，则将收取费用作为提供服务的回报，如果接受 IT 服务的客户是企业内部其他部门，则用模拟方式进入适当的会计科目，以反映 IT 部门的活动效果及其对应部门的活动耗费。

进行 IT 服务计费的目的有两个：防止成本转移带来的部门间责任转嫁，使每个责任中心都能作为单独的组织单位进行业绩评价；IT 服务计费系统所确定的转移价格作为一种价格引导业务部门采取明智的决策，IT 部门据此确定提供产品或服务的数量，IT 服务需求部门据此确定所需要的产品或服务的数量。但是，这两个目的往往存在矛盾。能够满足评价部门业绩的转移价格，可能引导部门经理采取并非对企业而言最理想的决策；而能够正确引导部门经理的转移价格可能使某个部门获利水平很高而另一个部门面临亏损。因此很难找到理想的转移价格，而只能根据企业的具体情况选择基本满意的解决办法。

**3. 差异分析及改进**

IT 会计人员将每月、每年成本、收益、工作量、服务水平等的实际数据与相应的预算、计划数据相比较，确定其差额，发现有无例外情况。对存在的例外情况要进行差异分析。

差异分析是指确定差异的数额，将其分解为不同的差异项目，并在此基础上调查发生差异的具体原因并提出分析报告。通过差异分析，找到造成差异的原因、分清责任、采取纠正行动，以实现降低成本的目的。

### 17.6.3　TCO 总成本管理

确定一个特定的 IT 投资是否能给一个企业带来积极价值是一个很具争论性的话题。企业一般都是只把目光放在直接投资上，比如软硬件价格、操作或管理成本。但是 IT 投资的成本远不止这些。通常会忽视一些间接成本，例如教育、保险、酬金、终端用户平等支持、终端用户培训以及停工引起的损失。这些因素也是企业实现一个新系统的成本的一个很重要的组成部分。另外技术适应性或者综合成本也是企业采用系统时需要充分考虑的一个问题。

准确地估计以及跟踪与一项 IT 投资相关的成本对很多企业来说都是一个很困难的问题。企业核算系统通常也不会跟踪跨企业的 IT 成本。很多企业允许或者鼓励使用部门预算进行 IT 购置。其他企业在功能的或者其他各种各样的商业条目中掩盖了与使用和管理技术投资相关的成本。

TCO 模型面向的是一个由分布式的计算、服务台、应用解决方案、数据网络、语音通信、运营中心以及电子商务等构成的 IT 环境。TCO 同时也将度量这些设备成本之外的因素，如 IT 员工的比例、特定活动的员工成本、信息系统绩效指标，终端用户满意程度的调查也被经常包含在 TCO 的指标之中。这些指标不仅支持财务上的管理，同时也能对其他与服务质量相关的改进目标进行合理性考察和度量。

在大多数 TCO 模型中，以下度量指标中的基本要素是相同的——直接成本及间接成本。所谓的直接成本和间接成本的定义如下。

（1）直接成本。与资本投资、酬金以及劳动相关的预算内的成本。比如软硬件费用、IT 人员工资、财务和管理费用、外部采购管理，以及支持酬劳等。

（2）间接成本。与 IT 服务交付给终端用户相关的预算外的成本。比如与终端用户操作相关的成本，例如教育、培训、终端用户开发或执行、本地文件维护等。与停工相关的成本还包括中断生产、恢复成本，或者解决问题成本。

通过 TCO 的分析，我们可以发现 IT 的真实成本平均超出购置成本的 5 倍之多，其中大多数的成本并非与技术相关，而是发生在持续进行的服务管理的过程中。

TCO 会产生一个与企业成本相关的由货币度量的数值。许多企业希望能将自己的成本信息与其他同类组织的进行比较。事实上，这些数据只有当被用来与其他在 TCO 方面作为行业标杆的组织进行比较，或与本组织之前的度量结果进行比较得出取得进步（或退步）的结论时才能发挥其真正的作用。

## 17.7　计费管理

### 17.7.1　计费管理的概念

IT 服务计费管理是负责向使用 IT 服务的客户收取相应费用的流程，它是 IT 财务管理中的重要环节，也是真正实现企业 IT 价值透明化、提高 IT 投资效率的重要手段。

组织为了向业务部门（客户）收费，根据设立责任中心的政策需要，必须将 IT 部门设立为相应的责任中心——成本中心或利润中心。如果着重考核 IT 服务部门的成本和费用支出、IT 服务部门不形成收入或者不考核其收入的情况下，可以设立成本中心。如果 IT 服务部门被看作一个单独的组织单位来衡量其一定时期的经营业绩——利润，则可以将 IT 服务部门设立为利润中心。

通过向客户收取 IT 服务费用，一般可以迫使业务部门有效地控制自身的需求、降低总体服务成本，并有助于 IT 财务管理人员重点关注那些不符合成本效益原则的服务项目。因此，从上述意义上来说，IT 服务计费子流程通过构建一个内部市场并以价格机制作为合理配置资源的手段，使客户和用户自觉地将其真实的业务需求与服务成本结合起来，从而提高了 IT 投资的效率。

### 17.7.2　计费管理的策略

良好的收费/内部核算体系可以有效控制 IT 服务成本，促使 IT 资源的正确使用，使得稀缺的 IT 资源用于最能反映业务需求的领域。一般一个良好的收费/内部核算体系应该满足以下条件。

（1）有适当的核算收费政策。

（2）可以准确公平地补偿提供服务所负担的成本。

（3）树立 IT 服务于业务部门（客户）的态度，确保组织 IT 投资的回报。

（4）考虑收费/核算对 IT 服务的供应者与服务的使用者两方面的利益，核算的目的是优化 IT 服务供应者与使用者的行为，最大化地实现组织的目标。

实施收费/内部核算，组织内部必须制定一个统一的管理政策，来解决可能存在的各种问题，即制定收费政策，否则实施收费是不会成功的。制定的收费政策一般要求要简单、公平、具有现实的可操作性，制定过程应注意以下方面。

（1）信息沟通。与 IT 服务的客户管理层沟通其消费的 IT 服务的成本及应收取的费用。

（2）灵活价格政策。服务收费标准可以根据情况每年调整。由于每年 IT 服务的需求会发生变化，如果某项服务需求大增时，IT 服务提供者需要进行投资，这时会调整 IT 服务的价格，以弥补新的 IT 投入。

（3）收费记录法。提供 IT 服务时，每次都要向客户开出发票，写明应收取的费用，但并不真正要求客户支付。这种方法主要是为 IT 部门实行以利润为中心，真正实现收费积累经验，熟悉 IT 核算过程以及收费控制等，并及时改正、弥补失误；同时也让 IT 服务客户逐渐习惯 IT 服务收费。这种方法最终要收取费用，否则，IT 会计的作用就发挥不出来。

### 17.7.3　计费定价方法

为 IT 服务定价是计费管理的关键问题，其中涉及下列主要问题：确定定价目标、了解客户对服务的真实需求、准确确定服务的直接成本和间接成本、确定内部计费的交易秩序。

价格策略不仅影响到 IT 服务成本的补偿，还影响到业务部门对服务的需求。灵活适当的价格政策不仅可以补偿服务成本，而且可以为新的服务的推出提供充足的资金。分散经营的组织单位之间相互提供产品或劳务时，需要制定一个内部转移价格。转移价格对于提供服务或产品的生产部门来说代表收入，对于使用这些产品或服务的购买部门来说则代表成本。因此，转移价格会影响到这两个部门的获利水平，使得部门经理非常关心转移价格的制定，并会经常引起争论。制定转移价格的目的有两个：防止成本转移带来的部门间责任转嫁，使每个责任中心都能作为单独的组织单位进行业绩评价；作为一种价格引导各级部门采取明智的决策，IT 部门据此确定提供产品或服务的数量，业务部门据此确定所需要的产品或服务的数量。

常见的定价方法包括以下几种。

（1）成本法。服务价格以提供服务发生的成本为标准，成本可以是总成本，包括折旧等，也可以是边际成本，即在现有 IT 投资水平下，每增加一单位服务所发生的成本。

（2）成本加成定价法。IT 服务的价格等于提供服务的成本加成的定价方法。

$$IT 服务价格 = IT 服务成本 + X\%$$

其中 $X\%$ 是加成比例。这个比例是由组织设定的，它可以参照其他投资的收益率，并考虑 IT 部门满足整个组织业务目标的需要情况适当调整而定。这种方法适用于大型的专用服务项目，可以有效地保护服务提供者的利益。

（3）现行价格法。参照现有组织内部其他各部门之间或外部的类似组织的服务价格确定。这种方法要求必须能够找到参照物。

（4）市场价格法。IT 服务的价格按照外部市场供应的价格确定，IT 服务的需求者可以与供应商就服务的价格进行谈判协商。

（5）固定价格法。也叫合同价格法。IT 服务的价格是在与客户谈判的基础上由 IT 部门制定的，一般在一定时期内保持不变。

### 17.7.4 计费数据收集

该子流程的顺利运作需要以 IT 会计核算子流程为基础。

成本核算是跟踪监测 IT 部门或组织的费用是如何形成的书面记录。包括各种分类账，由会计人员进行管理。会计记录非常重要，它是人们认识、识别与 IT 部门有关的成本，了解费用的去向的工具，可以帮助企业计算向企业内部及外部客户提供每一项服务的成本，指出在提供服务过程中资金的去向，提供 IT 成本效益分析或投资回报分析数据，描述成本的变化趋势。

成本核算最主要的工作是定义成本要素，成本要素是成本项目的进一步细分，例如，硬件可以再分为办公室硬件、网络硬件以及中心服务器硬件。这有利于被识别的每一项成本都被较容易地填报在成本表中。成本要素结构一般在一年当中是相对固定的。定义成本要素结构一般可以按部门、按客户或按产品划分。对IT部门而言，理想的方法应该是按照服务要素结构定义成本要素结构，这样可以使硬件、软件、人力资源成本等直接成本项目的金额十分清晰，同时有利于间接成本在不同服务之间的分配。服务要素结构越细，对成本的认识越清晰。图17-2是一个简单的服务要素结构，底层的服务为上层的服务提供支持，越高层的服务要素的功能与业务关系越密切。

| 业务应用账户 | 业务应用关系管理 | 业务应用市场数据 |
|---|---|---|
| 终端仿真程序<br>IBM 环境 | | 终端仿真程序<br>其他环境 |
| Intranet、Internet、extranet 信息服务 ||| 
| 群件、邮件和目录服务 ||| 
| 一般业务应用 ||| 
| 办公室应用 ||| 
| 文件服务与打印服务 ||| 
| 操作系统 Windows 98 || 操作系统 Windows NT 4.0 |
| 基线 A 工作站<br>高效的台式 PC | 基线 B 工作站<br>标准的台式 PC | 基线 C 工作站<br>笔记本 PC |
| 网络服务 (LAN&WAN) ||| 

（资料来源：John Bartlett,etc. Services Delivery.OGC,2002）

图 17-2 服务要素结构

在确定服务要素结构的基础上识别成本，在各项服务当中分配归集成本，如图17-3所示。

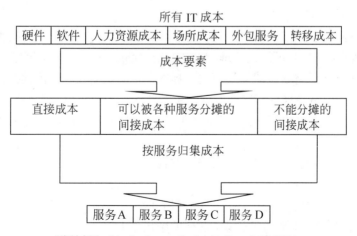

（资料来源：John Bartlett,etc. Services Delivery.OGC,2002）

图 17-3 IT 成本的归集和分配的过程

## 17.8 系统管理标准简介

### 17.8.1 ITIL 标准

OGC 于 2001 年发布的 ITIL 2.0 版本中，ITIL 的主体框架被扩充为 6 个主要的模块，即服务管理（Service Management）、业务管理（The Business Perspective）、ICT（信息与通信技术）基础设施管理（ICT Infrastructure Management）、应用管理（Application Management）、IT 服务管理实施规划（Planning to Implement Service Management）和安全管理（Security Management）。这 6 个模块之间的关系如图 17-4 所示。

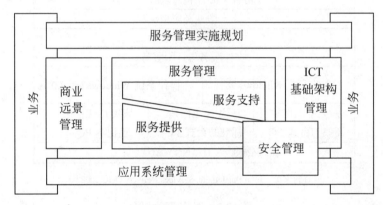

图 17-4　ITIL 框架结构

在这个框架中，服务管理模块在 ITIL 2.0 中处于最中心的位置，该模块包含了 10 个核心流程以及一项 IT 服务管理职能。

这 10 大核心流程从复杂的 IT 管理活动中，梳理出最佳实践企业所共有的关键流程，比如服务级别管理（SLM）、可用性管理（Availability Management）和配置管理（Configuration Management）等，然后将这些流程规范化、标准化，明确定义各个流程的目标、范围、职能和责任、成本和效益、规划和实施过程、主要活动、主要角色、关键成功因素、绩效评价指标，以及与其他流程的相互关系等。这些核心流程和管理职能被分为两个流程集，分别是服务支持和服务提供。

ITIL 作为一种以流程为基础、以客户为导向的 IT 服务管理指导框架，摆脱了传统 IT 管理以技术管理为焦点的弊端，实现了从技术管理到流程管理，再到服务管理的转化。这种转化具体体现为，ITIL 非常强调各服务管理流程与组织业务的整合，以组织业务和客户的需求为出发点来进行 IT 服务的管理。这样的结果使 IT 部门提供的 IT 服务更符合业务的需求和成本效益原则。

## 17.8.2 COBIT 标准

COBIT 标准首先由 IT 审查者协会提出，主要目的是实现商业的可说明性和可审查性。IT 控制定义、测试和流程测量等任务是 COBIT 天生的强项。COBIT 模型在进程和可审查控制方面的定义非常精确，这种可审查控制具有非常重要的作用，它能够确保 IT 流程的可靠性和可测试性。

COBIT 所定义的流程被划分为与 IT 系统实施周期相对应的 4 个独立域。它们分别是：规划和组织、采购和实施、交付和支持以及监测，如图 17-5 所示。

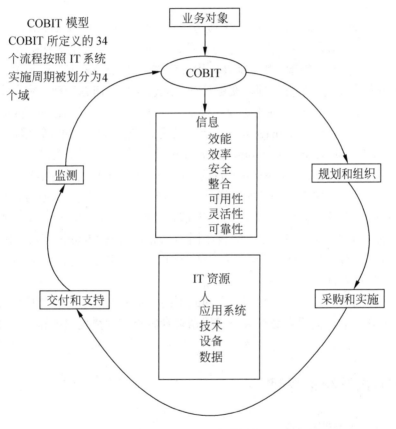

图 17-5  COBIT 实施周期

COBIT 模型包含 34 个流程，其中每个流程都在其父域中有自己的编号，以方便识别。例如，问题管理控制及其相关的标准是交付和支持域定义的第 10 个流程；变化管理是采购和实施域定义的第 6 个流程。

每个 COBIT 流程定义还明确地指出了流程的控制对象、成功实施流程所需要的关键因素、用于测量流程质量改进的具体量化标准，以及针对具体流程的成熟度模型。这种成熟度模型定义了流程的功能特质,即从手动到全自动,再到优化过程的功能特性。

此外,针对具体流程的成功因素和量化改进标准(被称为"关键目标指针和关键性能指针")也都有自己的定义。这两项内容可以用作连续性改进流程的一部分。

### 17.8.3　HP ITSM 参考模型和微软 MOF

ITIL 虽然已经成为了 IT 管理领域的事实上标准,但由于它没有说明如何来实施它,因此以 ITIL 为核心,世界上的一些 IT 企业开发了自己的 IT 管理实施方法论。其中影响较大的有微软公司的 MOF(管理运营框架)和 HP 公司的 HP ITSM Reference Model(惠普 ITSM 参考模型)。

基于 ITIL 理论,惠普提出了关于 IT 服务管理的方法论 ITSM,ITSM 服务管理参考模型分为 4 大部分:包括企业 IT 服务规划与管理、企业 IT 服务的开发及利用、企业 IT 日常运作、业务与 IT 的战略整合。其中涉及可用性管理、IT 规划管理、服务级别管理、成本管理、IT 服务发展计划、配置管理、变更管理、运营管理、问题管理、突发事件管理、实施与测试、业务评估、制定 IT 战略等众多模块。体现在惠普产品里面就是 OpenView 产品家族,涵盖了帮助台、SLA Management、资产管理、变更管理、控制管理等多个工具。

微软的 MOF(Microsoft Operations Framework)在如何对支持关键任务服务解决方案的 IT 操作过程进行规划、部署和维护方面提供了指南。MOF 是一种结构化的、但非常灵活的方法,它是以下述因素为基础的:微软的咨询和支持小组以及他们与企业客户和合作伙伴的协作经验,微软的内部 IT 操作组;IT 基础结构库(ITIL),介绍交付关键任务服务解决方案所必需的过程和最佳方法;来自于国际标准化组织(International Organization for Standardization,ISO)的 ISO 15504(又被称为 SPICE),它提供了一种标准的方法,用于评估软件进程的成熟性。

MOF 和 HP ITSM Reference Model 之间的不同,主要表现为前者是特地针对微软的产品和服务而被开发的,而后者是惠普公司根据自身特点和优势提出的该公司使用的 ITSM 实施方法论。

## 17.9　分布式系统的管理

### 17.9.1　分布式系统的问题

**1. 分布式系统简介**

企业现在会面对这样如此复杂多样的局面:主机、不同类型的网络、多种平台和操作系统、日益扩展的客户机/服务器应用软件纵横交错地纠缠在一起,并且在很多情况下,还有越来越多的 IT 部门希望在已经足够混乱的环境中再加入对 Internet、Intranet 的联接和管理。

一整套新的技术正在成为实际的交流渠道：电子邮件、群件、即时消息、视讯会议，等等。计算机网络，包括 Internet/Intranet，正在迅速地发展，随着连接的计算机的增多而价值也变得越来越高。

网络、数据库、应用软件平台、应用硬软件平台的差异正在扩大。在一个企业里使用的网络，可以有 TCP/IPSNA、DECnet 和 IPX。因此，为了提供相联系、集成的，对于整个 IT 基础设施的管理，IT 系统管理必须能够弥补在一个企业中存在的这些差异。

**2．多种供应商环境**

今天异构的、分布的、在 Internet 上工作的世界是一个比我们以前面对的更为复杂的世界。由于企业 IT 基础设施里部件的数量的增多，企业必须管理日益增大的各种资源：完全不同的操作平台（Unix、Windows、Linux 等）；支持多种协议的通信；不同的数据库解决方案、分布式应用软件和台式机的增多，等等。传统管理的方式一直是针对某一个特定平台的，分别解决某一个问题的，为每一个具体问题，如备份与恢复、容量规划、帮助桌面、性能和可用性等，分别购买单点产品（PointProduct）解决方案。这种方式可能会暂时解决问题，但从中长期观点来看，点产品解决方案成指数地增加了管理的复杂性和费用。

传统管理的方式对分布式系统，特别是对包括各种应用软件、网络、数据库、操作系统和 Internet/ Intranet 开发在内的管理将采取一种分散的管理方法，把它们分割成零零碎碎的部件，你必须与无数不同的厂商打交道，还不能让其他管理应用软件灵活地集成在一起，不能最大限度地发挥用户在企业 IT 管理软件上的投资。

**3．软件的分布性**

软件分发在今天的分布式环境是一个非常重要的功能，主要是因为在分布式环境下手工交付、安装、管理软件的成本往往超过了软件本身的成本。

软件分发功能提供了可跨平台的灵活和可以升级的软件分发、安装和管理。

软件分发可以非常灵活地支持用户化的分布式的进度安排，可供选择的扇出方法、不同的网络协议、不同的操作系统、推拉的分布模式。因此，它能够处理实际的设置和环境。

多层次的管理者/代理体系和它对广域网的支持的结合使得软件可以在极大的环境下分发成为现实。扇出服务器和本地服务器的支持使软件分发可以以控制和安全的方式把软件提供给在数百个远方的办公室里的数以万计的系统。

软件分发还应为这些环境提供完全的监听和许可证监视。软件分发的监听和追踪能力使机构可以鉴别和监视在一个特定的网络中的软件的安装，不管它是由谁安装的。它还能够通过提供完全的监听和控制，鉴别什么时候、什么地点、由谁进行的软件安装。

软件分发的功能应能利用存储在公用对象知识库中的设置信息来智能地分布软件。例如它能够判断哪一个系统可以满足某个硬件和软件的要求，保证交付给系统正确版本的软件。

### 17.9.2 分布式环境下的系统管理

客户机/服务器模型确实增加了一个组织 IT 环境的复杂度。在基于主机的实现中，一个运行在一个硬件集成单元上的应用,需要运行一个操作系统,而客户机/服务器单元包含了更多的复杂性。有一些台式 PC,就其本身而言,是非常复杂且难于配置的,就像很多连接它们的网络元素一样,如网卡、交换式集线器、网桥和路由器等。另外,可能有多种服务器、应用程序和数据库管理系统分布在整个组织中。正是这种新的复杂性使得分布式系统频繁地表现出不足的可用性、可靠性和可维护性,而且增加了成本使得业务利益并不那么明显。

现今的环境带来了新的管理挑战,例如,如何管理复杂的环境、提高管理生产率及应用的业务价值。分布式环境中的管理系统应该能够回应这些挑战,应该在下面几个方面表现出优越特性:

**1. 跨平台管理**

跨平台的管理,可以管理包括 Windows NT、Windows 2000、Windows XP、Windows Sever 2003、所有主要的 Linux 版本、Solaris、AIX、HP-UX、Tru64 和 NetWare。也包括了对适用于数据中心的技术的支持,如监控 64 位 Microsoft SQL、Oracle、IBM DB2 等。

**2. 可扩展性和灵活性**

分布式环境下的管理系统可以支持超过一千个管理节点和数以千计的事件。支持终端服务和虚拟服务器技术,确保最广阔的用户群体能够以最灵活的方式访问系统。可以使用 Windows 2000、Windows XP 或 Windows Server 2003 系统中的基于 MMC 的控制台,也可以使用任何网络浏览器中最新增强的 Web 图形用户界面(GUI)随时随地管理您的环境。

**3. 可视化的管理**

分布式环境下的管理系统应包括独特的可视化能力使您管理环境更快捷、更简易。服务地图(Service Map)显示了 IT 基础设施组件是如何与 IT 服务相连接的,使操作员和应用专家能快速确定根本原因和受影响的服务。已申请专利的活动目录拓朴浏览器(Active Directory Topology Viewer)将自动发现和绘制您的整个活动目录环境。

**4. 智能代理技术**

分布式环境中,每个需要监视的系统上都将被安装代理,性能代理用于记录和收集数据,然后在必要时发出关于该数据的报警。借助其强大的端到端应用响应测量功能,性能代理成为任何服务管理战略的核心支持技术。

同时,可以进行实时的性能监视,性能监视器将允许操作员针对报警配置一些常规操作。一旦收到性能报警,性能监视将启动这些操作,如内存分页或发送电子邮件。它还根据严重程度、类型或系统节点和报警状态更新的间隔,对报警进行过滤。

### 17.9.3 分布式系统中的安全管理

在分布式环境下管理安全是异常重要的、关键的问题。它要求结合各个方面,例如认证、授权和监控,成为一个容易管理的解决方案。它还需要处理跨网络环境的网络、系统、数据库和应用软件的安全,应能提供跨不同环境的一次登录的解决方案。这些不同环境包括大型机、局域网、不同的 Unix 系统和中等范围的业务系统。由于可以一次注册，用户只要一次登录，就可以访问所有认证的系统，不必记忆每个不同的系统中的不同的用户代号和密码。

使用简单的管理工具来管理用户代号和密码，安全功能将提供非常健壮的特性，例如密码废除、最少使用的字符个数和特定的要求、在数次不正确的密码输入后自动失效、不允许公用的名称和密码复用，等等。这样，管理员可以制定密码的规则来达到企业的要求，并在系统中执行。

对于认证，除了扩展的认证方式（不只是标准读写）还提供了用户和资源分组的能力。这些原则可以被进一步修改，方法是通过知识库中的日历对象来确定在某个特定的日期或时间生效。

这些日历对象能够用来安排各种企业管理任务的进度，如网络搜索、批处理作业、软件分发、备份，等等。为企业的功能提供了一个强大的集成机制。

安全管理的认证能力要非常灵活。需要被保护的资源，例如文件、终端、打印机、台式机、TCP/IP 端口、网页等，都能够被定义，然后和一些特定的业务过程和任务相联系（如接受定单）。它们能够被分组到一个业务过程的视图里，例如，允许管理员容易地认证用户，如所有的接受定单的职员和所有要执行这个任务的人。

此外，系统允许管理员来定义他们自己的资源。这在保护可能内建的应用程序安全方面是十分有用的。这个应用软件可以调用安全管理来检查使用者是否有权来做他想做的事。

另外，安全管理的健壮的监控功能，可以使安全检查员来验证规则的执行情况。这些监控的功能提供了合法访问和非法的闯入企图的历史记录。它们还提供了谁在什么时候，触犯哪个安全规则的监视踪迹。结合安全管理的内嵌的强大的普通报表记录，可以让系统管理员准确、有效地完成他们的工作。

安全管理还应可以保护 Web 服务器、Internet 和 Intranet 这些在业务计算中盛行的环境的安全，并具有一系列能力，例如认证、服务信息访问控制、防火墙能力和广泛的监控和报告，以提供一个电子业务的安全环境。

## 思考题

1. IT 系统管理的主要流程包括哪些？它们的作用及相互关系。
2. IT 部门组织设计所需考虑的问题、设计原则是什么？
3. IT 系统日常操作管理主要包括哪些活动？
4. IT 自动化管理工具对于系统管理有何益处？可以辅助哪些工作？
5. IT 服务计费管理的概念及其对 IT 管理的意义是什么？
6. 简单谈谈目前比较成熟的 IT 管理的标准是什么？

# 第 18 章 资源管理

## 18.1 资源管理概述

### 18.1.1 资源管理概念

IT 资源管理就是洞察所有的 IT 资产（从 PC 服务器、Unix 服务器到主机软件、生产经营数据），并进行有效管理。整体洞察能力允许当前 IT 部门执行业务职能而非成本中心职能，这样可以提升自身价值并与它支持的企业合作以增加利润。资源管理可以整合 IT 资产管理及其部署；资产目录和发现；资产对账；软件许可管理；软硬件的维护、移植和处理；IT 财务管理等功能，并用每一项功能来提升整个生命周期的每一项资产的成本效益。

IT 资产管理解决方案可提供完整的洞察力，可以跨 IT 资产及其硬件和软件元素整个生命周期的每个阶段进行洞察。通过全方位的配置控制、业务报表和分析，实现成本控制、效率提升和最大的投资回报。IT 资产管理包括：为所有内外部资源（包括台式机、服务器、网络、存储设备）提供广泛的发现和性能分析功能，实现资源的合理使用和重部署；提供整体软件许可管理（目录和使用），包括更复杂的数据库和分布式应用；提供合同和厂商管理，可以减少文案工作，如核对发票、控制租赁协议、改进并简化谈判过程；影响分析、成本分析和财政资产管理（包括 ROI 报表），为业务环境提供适应性支持、降低操作环境成本。

### 18.1.2 配置管理

IT 资源管理可以为企业的 IT 系统管理提供支持，而 IT 资源管理能否满足要求在很大程度上取决于 IT 基础架构的配置及运行情况的信息。配置管理就是专门负责提供这方面信息的流程。配置管理提供的有关基础架构的配置信息可以为其他服务管理流程提供支持，如故障及问题管理人员需要利用配置管理流程提供的信息进行事故和问题的调查和分析，性能及能力管理需要根据有关配置情况的信息来分析和评价基础架构的服务能力和可用性。

配置管理中，最基本的信息单元是配置项（Configuration Item，CI）。所有软件、硬件和各种文档，比如变更请求、服务、服务器、环境、设备、网络设施、台式机、移动设备、应用系统、协议、电信服务等都可以被称为配置项。所有有关配置项的信息都被存放在配置管理数据库（CMDB）中。需要说明的是，配置管理数据库不仅保存了 IT 基础架构中特定组件的配置信息，而且还包括了各配置项相互关系的信息。配置管理数据库需要根据变更实施情况进行不断地更新，以保证配置管理中保存的信息总能反映IT基础架构的现时配置情况以及各配置项之间的相互关系。

具体而言，配置管理作为一个控制中心，其主要目标表现在4个方面：
- 计量所有IT资产。
- 为其他IT系统管理流程提供准确信息。
- 作为故障管理、变更管理和新系统转换等的基础。
- 验证基础架构记录的正确性并纠正发现的错误。

通过实施配置管理流程，可为客户和服务提供方带来多方面的效益，举例如下。

（1）有效管理IT组件。IT组件是IT服务的基础。每个服务涉及一个或者多个配置项，通过配置管理可以了解这些配置项发生变动的情况。特别是在某个配置项丢失的时候，配置管理可以帮助IT管理人员了解这个配置项的所有人、责任人和应有的状况，从而方便用其他恰当的IT组件加以替换。

（2）提供高质量的IT服务。配置管理可协助处理变更、发现和解决问题以及提供用户支持，减少了出现错误的次数，避免了不必要的重复工作，从而提高了服务质量、降低了服务成本。

（3）更好地遵守法规。配置管理可维护关于IT基础架构中的所有软件的清单，从而可以实现两个目的：一是防止使用非法的软件复制，二是防止使用包含病毒的软件。

（4）帮助制定财务和费用计划。配置管理提供所有配置项的完整列表，根据这份列表我们能够很容易地计算维护和软件许可费用，了解软件许可证过期日期和配置项失效时间以及替换配置项成本。这些信息有助于财务计划的制定。

在IT资源管理及其关键的配置管理有所了解后，下面分别对硬件管理、软件管理、数据管理、网络管理、设施及设备管理予以介绍。

## 18.2 硬件管理

### 18.2.1 硬件管理的范围

近年来，企业IT资源管理（或称系统管理、系统网络管理、系统资源管理，等等）逐渐成为广大CEO（企业首席行政主管）与CIO（企业首席信息主管）所谈论的话题。有效的企业（IT）管理一定是从CEO/CIO自身的需求出发，真正反映用户需求，为用户解决实际管理难题，获得企业效益的解决方案。

众所周知，信息技术产业（Information Technology，IT）的发展历程就是企业CEO/CIO需求发展的过程。从我们引进先进的硬件产品，到购买数据库软件及应用软件，到现在的大量进行的网络基础建设，无一不是由企业的需求所引导的。

进行 IT 资源管理，首先第一步就是识别企业待管理的硬件有哪些？弄清企业的硬件设备有哪些？有哪些设备需要被管理？COBIT 中定义的 IT 资源如下。

（1）数据。是最广泛意义上的对象（如外部和内部的）、结构化及非结构化的、图像、各类数据。

（2）应用系统。人工处理以及计算机程序的总和。

（3）技术。包括硬件、操作系统、数据库管理系统、网络、多媒体等。

（4）设备。包括所拥有的支持信息系统的所有资源。

（5）人员。包括员工技能、意识、以及计划、组织、获取、交付、支持和监控信息系统及服务的能力。

因此，应该对企业的中央计算机以及外部设备进行统计，并且记录下来各计算机和设备的位置信息、配置信息、购买信息、责任人以及使用状况等。然后再记录分布在各个现场的计算机和外部设备，认真清理，并做好相应的设备的纪录——配置信息、位置信息、购买信息、责任人、使用状况等。并且对于以后新购买的计算机与外部设备都应做好相应的记录，将记录登记到系统的硬件登记表中，如图 18-1 所示。对于损毁的部分应该相应地删除，这样便于对企业的信息系统资产的硬件进行管理。

| 设备位置 | 设备名称 | 设备编号 | 配置信息 | 购买时间 | 经销商 | 保修时间 | 价值 | 使用状况 | 责任人 | 备注 |
|---|---|---|---|---|---|---|---|---|---|---|
|  |  |  |  |  |  |  |  |  |  |  |
|  |  |  |  |  |  |  |  |  |  |  |
|  |  |  |  |  |  |  |  |  |  |  |
|  |  |  |  |  |  |  |  |  |  |  |

登记人：
登记时间：

图 18.1　系统硬件登记表

认真识别和清理企业的硬件设备，对企业的信息系统的资产进行管理，便于以后企业资产的管理。一般管理的硬件包括企业所购买的和保管的各种硬件设备（服务器、交换机、计算机、磁盘、打印机、复印机、扫描仪、刻录机、摄像机、录像机、照相机等）。

识别清楚了有哪些资源需要被管理之后，就应该开始对待管理的资源进行管理准备工作，对于硬件资源应逐步进行登记管理，记录相关资产。

### 18.2.2　硬件配置管理

在配置管理中，"配置"和"配置项"是重要的概念，"配置"是在技术文档中明确说明并最终组成软件产品的功能或物理属性。因此"配置"包括了即将受控的所有产品特性，其内容及相关文档、软件版本、变更文档、硬件运行的支持数据，以及其他一切保证硬件一致性的组成要素，相对与硬件类配置，软件产品的"配置"包括更多的内容并具有易变性。

硬件经常被划分为各类配置项（Configuraion Item，CI），这类划分是进行硬件配置管理的基础和前提，CI 是逻辑上组成软件系统的各组成部分。一个系统包括的 CI 的数目是一个与设计密切相关的问题，如果一个产品同时包括硬件和软件部分，一般一个 CI 也同时包括软件和硬件部分。

各 CI 随软件开发活动的进展，会有越来越多的部件进入受控状态。硬件配置管理包括了对各 CI 进行标识并对它们的配置的修改和控制的过程。在变更完成后，要对相应的 CI 进行基线化并形成各类基线。在配置管理系统中，基线就是一个 CI 或一组 CI 在其生命周期的不同时间点上通过正式评审而进入正式受控的一种状态，而这个过程被称为"基线化"。每一个基线都是其下一步开发的出发点和参考点。每个基线都将接受配置管理的严格控制，对其的修改将严格按照变更控制要求的过程进行，上一个基线加上增加和修改的基线内容形成下一个基线，这就是"基线管理"的过程，因此基线具有以下属性：

（1）通过正式的评审过程建立，基线存在于基线库中，对基线的变更接受更高权限的控制，基线是进一步开发和修改的基准和出发点。

（2）第一个基线包含了通过评审的软件需求，因此称之为"需求基线"，通过建立这样一个基线，受控的系统需求成为进一步软件开发的出发点，对需求的变更被正式初始化、评估。受控的需求还是对软件进行功能评审的基础。

注意：在硬件的更新阶段，应出具相应的硬件更新报告、存档，并更改硬件登记表。

### 18.2.3 硬件资源维护

所有硬件设备必须由专人负责管理；管理员必须定期对各种办公设备进行清理检查，确保设备处于正常使用状态；用电设备要按时进行线路检查，防止漏电、打火现象，确保设备、库房的安全，对故障设备应随时登记，并及时向上级汇报后妥善处理。

所有硬件设备应该严格遵循部门制定的硬件管理条例。例如：一律不得擅自外借或挪作非工作事务之用；非本部门人员未经许可不得擅自使用本部门设备及软件；严禁擅自对计算机中的任何数据、程序进行删改，等等。

硬件设备在平时应该定期进行清点和检测，发现有问题的应该及时进行处理。硬件系统应定期进行备份，备份的硬盘要妥善保管、做好标签，以防数据丢失。经常使用的硬件设备应得到清洁和维护。各种设备使用说明、保修卡、用户手册等相关文字材料也应由管理员统一收集整理后立卷归档。

## 18.3 软件管理

### 18.3.1 软件管理的范围

软件资源就是指企业整个环境中运行的软件和文档,其中程序包括操作系统、中间件、市场上买来的应用、本公司开发的应用、分布式环境软件、服务与计算机的应用软件以及所提供的服务等,文档包括应用表格、合同、手册、操作手册等。软件管理系统必须将它们表示出来,才能对其进行管理。软件资源管理,是指优化管理信息的收集,对企业所拥有的软件授权数量和安装地点进行管理。还包括软件分发管理,指的是通过网络把新软件分发到各个站点,并完成安装和配置工作。

要进行企业的软件资源管理,首先就要先识别出企业中的运行的软件和文档,将其归类汇总、登记入档。

在项目管理中,软件资源可重用的程度是CMM衡量的一个重要指标。众所周知,提高软件的重用度也是每一家软件公司所追求的。

首先要搞清楚自己的家底。把各个项目组的负责人召集在一起,把有重用价值的软件模块或控件收集起来,再把相关的资料组织在一起,标注说明、建立索引、由专人负责管理,可重用模块的升级和完善都要建立完整的档案资料,在升级档案中要记录升级前后的主要区别。为重用模块做出贡献的个人都要被记录在册。一个项目在做系统设计任务书时,就要考虑有哪些以往的软件资源可以利用?新一轮的开发有那些功能可以做成可重用模块。这样才能很好地管理企业的软件资源。

### 18.3.2 软件生命周期和资源管理

软件生命周期指软件开发全部过程、活动和任务的结构框架。软件开发包括发现、定义、概念、设计和实现阶段。

选择一个适当的软件生命周期对项目来说至关重要。在项目策划的初期,就应该确定项目所采用的软件生命周期,统筹规划项目的整体开发流程。一个组织通常能为多个客户生产软件,而客户的要求也是多样化的,一种软件生命周期往往不能适合所有的情况。常见的软件生命周期如表18-1所示。

表18-1 常见的软件生命周期

| 软件生命周期 | 优点 | 缺点 | 适合项目 |
| --- | --- | --- | --- |
| 瀑布模型 | 强调开发的阶段性;强调早期计划及需求调查;强调产品测试 | 依赖于早期进行的需求调查,不能适应需求的变化;单一流程,开发中的经验教训不能反馈应用于本产品的过程;风险通常到开发后期才能显露,失去及早纠正的机会 | 需求简单清楚,在项目初期就可以明确所有的需求;阶段审核和文档控制要求做好;不需要二次开发 |

续表

| 软件生命周期 | 优点 | 缺点 | 适合项目 |
|---|---|---|---|
| 迭代模型 | 开发中的经验教训能及时反馈；信息反馈及时；销售工作有可能提前进行；采取早期预防措施，增加项目成功的机率 | 如果不加控制地让用户接触开发中尚未测试稳定的功能，可能对开发人员及用户都产生负面的影响 | 事先不能完整定义产品的所有需求；计划多期开发 |
| 快速原型开发 | 直观、开发速度快 | 设计方面考虑不周全 | 需要很快给客户演示的产品 |

软件开发的生命周期包括两方面的内容，首先是项目应包括哪些阶段，其次是这些阶段的顺序如何。一般的软件开发过程包括：需求分析（RA）、软件设计（SD）、编码（Coding）及单元测试（Unit Test）、集成及系统测试(Integration and System Test)、安装(Install)、实施(Implementation)等阶段。

维护阶段实际上是一个微型的软件开发生命周期，包括：对缺陷或更改申请进行分析即需求分析（RA）、分析影响即软件设计（SD）、实施变更即进行编程（Coding），然后进行测试（Test）。在维护生命周期中，最重要的就是对变更的管理。软件维护是软件生命周期中持续时间最长的阶段。在软件开发完成并投入使用后，由于多方面的原因，软件不能继续适应用户的要求。要延续软件的使用寿命，就必须对软件进行维护。软件的维护包括纠错性维护和改进性维护两个方面。

### 18.3.3 软件构件管理

软件构件是软件系统的一个物理单元，它驻留在计算机中而不是只存在于系统分析员的脑海里。像数据表、数据文件、可执行文件、动态链接库、文档等都可以被称为构件。构件有几个基本属性：

（1）构件是可独立配置的单元，因此构件必须自包容。

（2）构件强调与环境和其他构件的分离，因此构件的实现是严格封装的，外界没机会或没必要知道构件内部的实现细节。

（3）构件可以在适当的环境中被复合使用，因此构件需要提供清楚的接口规范，可以与环境交互。

（4）构件不应当是持续的，即构件没有个体特有的属性，理解为构件不应与其有区别，在任何环境中，最多仅有特定构件的一份副本。

可以看出，构件沿袭了对象的封装特性，但同时并不局限于一个对象，其内部可以封装一个或多个类、原型对象甚至过程，其结构是灵活的。构件突出了自包容和被包容的特性，这就是在软件生产线上作为零件的必要特征。

软件构件要想在实际工作中得到有效利用，还离不开软件平台的支持。这个软件平台包括构件的运行支撑环境、构件开发/组装环境、构件管理环境和基于构件的开发方法以及开发过程等。在这个软件平台上，用户可以按照自己的需求，选择适合的基础服务模块或高级服务模块，按照一定管理模式搭建出一个基础的框架。这个框架承载的就是软件构件模块。基础框架和软件构件模块，共同构成了基础框架平台。例如，微软公司的 COM 就利用 Windows 系统注册表配合几种唯一标识构件的方式，实现了构件的登记、注销、定位。CORBA 规范中有接口池、实现池等规范定义，配合应用登记管理的机制，也能对应用构件实施管理。

### 18.3.4 软件分发管理

当前，IT 部门需要处理的日常事务大大超过了他们的承受能力，他们要跨多个操作系统部署安全补丁和管理多个应用。在运营管理层面上，他们不得不规划和执行操作系统移植、主要应用系统的升级和部署。这些任务在大多数情况下需要跨不同地域和时区在多个硬件平台上完成。如果不对这样的复杂性和持久变更情况进行管理，将导致整体生产力下降，额外的部署管理成本将远远超过软件自身成本。因此，软件分发管理是基础架构管理的重要组成部分，可以提高 IT 维护的自动化水平，实现企业内部软件使用标准化，并且大大减少维护 IT 资源的费用。

技术在飞速发展，企业需要不断升级或部署新的软件来保持业务应用的适应性和有效性。在企业范围内，手工为每个业务系统和桌面系统部署应用和实施安全问题修复已经成为过去。软件分发管理的支持工具可以自动完成软件部署的全过程，包括软件打包、分发、安装和配置等，甚至在特定的环境下可以根据不同事件的触发实现软件部署的回滚操作。在相应的管理工具的支持下，软件分发管理可以自动化或半自动化地完成下列软件分发任务。

**1. 软件部署**

IT 系统管理人员可将软件包部署至遍布网络系统的目标计算机，对它们执行封装、复制、定位、推荐和跟踪。软件包还可在允许最终用户干预或无需最终用户干预的情况下实现部署，而任何 IT 支持人员均不必亲身前往。

无论软件产品是像 Windows XP Professional 这样的操作系统、像 Microsoft Office 这样的完整应用套件，还是由第三方厂商提供的软件或重要的 Windows 系统更新，均可确保软件处于即时更新状态并降低所需的工作量。

**2. 安全补丁分发**

随着 Windows 等操作系统的安全问题越来越受到大家的关注，每隔一段时间微软都要发布修复系统漏洞的补丁，但很多用户仍不能及时使用这些补丁修复系统，在病毒爆发时就有可能造成重大损失。通过结合系统清单和软件分发，安全修补程序管理功能能够显示计算机需要的重要系统和安全升级，然后有效地分发这些升级。并就每台受控计算机所需安全修补程序做出报告，保障了基于 Windows 的台式机、膝上型计算机和服务器安全。

**3. 远程管理和控制**

对于 IT 部门来说，手工对分布空间很大的个人计算机进行实际的操作将是繁琐而效率低下的。有了远程诊断工具，可帮助技术支持人员及时准确获得关键的系统信息，这样他们就能花费较少的时间诊断故障并以远程方式解决问题。

## 18.3.5 文档管理

软件文档（document）也被称为文件，通常指的是一些记录的数据和数据媒体，它具有固定不变的形式，可被人和计算机阅读。它和计算机程序共同构成了能完成特定功能的计算机软件（有人把源程序也当作文档的一部分）。软件文档的编制（documentation）在软件开发工作中占有突出的地位和相当大的工作量。高效率、高质量地开发、分发、管理和维护文档对于转让、变更、修正、扩充和使用文档，对于充分发挥软件产品的效益都有着重要意义。

在整个软件生存期中，各种文档作为半成品或最终成品，会不断地生成、修改或补充。为了最终得到高质量的产品，必须加强对文档的管理。应注意做到以下几点：

（1）软件开发小组应设一位文档保管人员，负责集中保管本项目已有文档的两套主文本。两套文本内容完全一致。其中的一套可按一定手续，办理借阅。

（2）软件开发小组的成员可根据工作需要在自己手中保存一些个人文档。一般都应是主文本的复制件，并注意和主文本应保持一致，在做必要的修改时，也应先修改主文本。

（3）开发人员个人只保存着主文本中与他工作相关的部分文档。

（4）在新文档取代了旧文档时，管理人员应及时注销旧文档。在文档内容有变动时，管理人员应随时修订主文本，使其及时反映被更新了的内容。

（5）项目开发结束时，文档管理人员应收回开发人员的个人文档。发现个人文档与主文本有差别时，应立即着手解决。这常常是由未及时修订主文本而造成的。

（6）在软件开发过程中，可能发现需要修改已完成的文档，特别是规模较大的项目，对主文本的修改必须特别谨慎。修改以前要充分估计修改可能带来的影响，并且要按照提议、评议、审核、批准和实施等步骤加以严格控制。

常见的文档管理工具有 PVCS、Microsoft VSS、Winnote 等。

## 18.3.6 软件资源的合法保护

个人计算机功能的不断翻新，带动了软件开发行业的发展。资源共享已经不再是一个难题。然而，这却使专业的软件开发公司面临着一大难题，那就是他们在不断地投下人力、物力、财力的情况下，却必须承受非法盗版带来的损失。于是，不断出台了一些知识产权保护的办法，来保证公司的正常运营。例如公司间购买软件或者外包业务会分别签订"购买/租用软件许可合同"和"软件开发外包合同"等合同用于保障公司的权益。同时，国家也在出台一系列的政策法规来保护版权。例如我国修订并出台了《计算机软件保护条例》

用于保护知识产权等。

软件资源的状况报告可对哪些应用程序由哪些用户使用、使用多久和基于哪些受控系统等情况加以描述。可对用户或计算机的使用情况进行跟踪，而生成的报告则可将并发使用情况数据与当前许可证所有权进行对比。这有助于将已购买软件同已使用软件进行对照调整，以便做出更加明智的远期采购决策。

## 18.4 网络资源管理

### 18.4.1 网络资源管理的范围

随着企业信息化的不断深入，企业一方面希望众多部门、用户之间能共享信息资源，另一方面也希望各计算机之间能互相传递信息进行通信。这促使了企业信息化向网络化发展，将分散的计算机连接成网、组成计算机网络。

所谓计算机网络，就是把分布在不同地理区域的计算机与专门的外部设备用通信线路互联成一个规模大、功能强的网络系统，从而使众多的计算机可以方便地互相传递信息，共享硬件、软件、数据信息等资源。通俗来说，网络就是通过电缆、电话线，或无线通信等互联的计算机的集合。

因此，企业资产管理里面又增加了企业网络资源管理。要进行企业网络资源管理，首先就要识别目前企业包含哪些网络资源。这里主要识别的是以下几类。

（1）通信线路。即企业的网络传输介质。目前常用的传输介质有双绞线、同轴电缆、光纤等。

（2）通信服务。指的是企业网络服务器。运行网络操作系统，提供硬盘、文件数据及打印机共享等服务功能，是网络控制的核心。目前常见的网络服务器主要有 Netware、Unix 和 Windows NT 三种。

（3）网络设备。计算机与计算机或工作站与服务器进行连接时，除了使用连接介质外，还需要一些中介设备，这些中介设备就是网络设备。主要有网络传输介质互联设备（T 型连接器、调制解调器等）、网络物理层互联设备（中继器、集线器等）、数据链路层互联设备（网桥、交换器等）以及应用层互联设备（网关、多协议路由器等）。

（4）网络软件。企业所用到的网络软件。例如网络控制软件、网络服务软件等。

对于企业网络资源应该进行清点，登记在册，定期进行盘点和维护。

### 18.4.2 网络资源管理与维护

识别完待管理的网络资源之后，下一步需要进行的就是网络资源的登记管理，管理员将网络资源分门别类地记录下来，方便企业资产的管理。应定期记下网络资源的设备材料单、开机／停机情况、位置、成本历史记录、保修期、读数、检验路线、安全方案以及资产单据等信息，可以用来将效率与资产寿命最大化。

在登记过程中，应该按照一定的网络设备命名规则和标准给网络的各个设备标上名称，以方便管理。例如通信线路用 line-double-0001，网络软件用 netsoft-micro-0001，等等。

当前计算机网络的发展特点是规模不断扩大，复杂性不断增加，异构性越来越高。一个网络往往由若干个大大小小的子网组成，集成了多种网络系统（NOS）平台，并且包括了不同厂家、公司的网络设备和通信设备等。同时，网络中还有许多网络软件用于提供各种服务。随着用户对网络性能要求的提高，网络资源的维护管理对网络的发展有着很大的影响，并已成为现代信息网络中最重要的问题之一。

一般说来，网络资源维护管理就是通过某种方式对网络资源进行调整，使网络能正常、高效地运行。其目的就是使网络中的各种资源得到更加高效地利用，当网络出现故障时能及时做出报告和处理，并协调、保持网络的高效运行等。一般而言，网络维护管理有 5 大功能，它们是：网络的失效管理、网络的配置管理、网络的性能管理、网络的安全管理、网络的计费管理。这 5 大功能包括了保证一个网络系统正常运行的基本功能。

现代计算机网络维护管理系统主要由 4 个要素组成：若干被管理的代理（Managed Agents）；至少一个网络维护管理器（Network Manager）；一种公共网络维护管理协议（Network Management Protocol）；一种或多种管理信息库（Management Information Base，MIB）。其中网络维护管理协议是最重要的部分，它定义了网络维护管理器与被管理代理间的通信方法，规定了管理信息库的存储结构、信息库中关键字的含义以及各种事件的处理方法。目前有影响的网络维护管理协议是 SNMP（Simple Network Management Protocol）和 CMIS/CMIP（the Common Management Information Service/Protocol）。

根据企业网络应用情况，企业局域网可执行每天 8 小时运行制或每天 24 小时运行制。但在网络运行期间，企业一定要安排技术人员值班，以便随时处理网络故障、解决网络问题、保持网络畅通、提高网络的可用性和可靠性水平。网络值班可分为现场值班和呼叫（BP机、手机等）值班两种形式：在法定工作时间，应实行现场值班，值班地点最好在网络中心；晚上或节假日期间，视网络应用情况，可设置现场值班或呼叫值班。网络值班要明确职责，规定在正常情况下值班人员应该做些什么工作，在异常情况下又将如何应对，如何填写值班记录和值班交接记录等。

### 18.4.3 网络配置管理

网络配置管理是指管理员对企业所有网络设备的配置的统一管理，通过监控网络和系统配置信息，可以跟踪和管理各种版本的硬件和软件元素的网络操作。目前，管理员大多通过登录方法对网络设备进行配置，并利用设备提供的配置命令完成配置工件。这也是唯一能够完成所有配置任务的方式。设备的制造商会针对不同型号的设备推出一些辅助的配置管理软件工具，简化设备的配置过程。但这往往只能实现部分配置功能，而且只针对特定型号的设备，既缺乏通用性，又没有太大的意义。由于设备的配置参数、方式没有通用的标准和协议,所以没有通用的设备配置管理软件,管理员只能通过各自产品的软件对所有设备进行分别配置。

网络配置管理主要涉及网络设备(网桥、路由器、工作站、服务器、交换机……)的设置、转换、收集和修复等信息。

为了便于日常管理,一般采用网络设备配置图与连接图的方式,如图18-2所示,将整个系统的网络情况绘制成一张系统网络配置连接图,以方便管理员掌握整个网络系统。任何大小的网络流量都处于常量(Constant State)状态。任何网络工程师都可以随时更换交换机和路由器的配置。配置更换会对网络可靠性及服务造成破坏性影响。网络配置管理的目标是节约用户时间并降低网络设备误配置引起的网络故障。网络配置管理系统允许用户控制网络变换,简化网络管理工作并迅速修复配置差错。

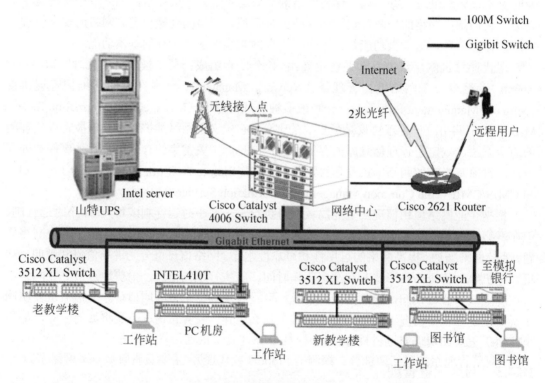

图18-2 网络配置连接图

配置适当设备与网络安全性之间具有直接关系。当今网络配置管理方案主要注重于实现网络自动转换处理、安全保护和设备管理等。无论配置更换是由恶意攻击、手动修正差错引起,还是由网络产品本身的缺限所引起,都会使设备易于遭受攻击并因此影响商业运行。

目前,基本上有两种主要的网络配置工具:一种是由设备供应商提供的工具;另一种是由第三方公司提供的工具。

由供应商提供的工具，如思科的产品，只能与他们自己的对应设备（思科设备）共同使用，这对于同种设备的情形（配置采用单个供应商的设备）而言是个很好的选择。

通常网络中采用的是由多供应商提供的一系列设备。在这种情形下，由第三方公司提供的包含多供应商设备的工具将是一个很好的选择。

### 18.4.4 网络管理

网络管理包含 5 部分：网络性能管理、网络设备和应用配置管理、网络利用和计费管理、网络设备和应用故障管理以及安全管理。ISO 建立了一套完整的网络管理模型，其中包含了以上 5 部分的概念性定义。

（1）性能管理。衡量及利用网络性能，实现网络性能监控和优化。网络性能变量包括网络吞吐量、用户响应次数和线路利用。换句话说，就是管理员通过对网络、系统产生的报表数据进行实时地分析与管理。

（2）配置管理。监控网络和系统配置信息，从而可以跟踪和管理各种版本的硬件和软件元素的网络操作。

（3）计费管理。衡量网络利用、个人或小组网络活动，主要负责网络使用规则和账单等。

（4）故障管理。负责监测、日志、通告用户、（一定程度上可能）自动解决网络问题，以确保网络的高效运行，这是因为故障可能引起停机时间或网络退化等。故障管理在 ISO 网络管理单元中是使用最为广泛的一个部分。

（5）安全管理。控制网络资源访问权限，从而不会导致网络遭到破坏。只有被授权的用户才有权访问敏感信息。安全管理主要涉及访问控制或网络资源管理。访问控制管理指的是安全性处理过程，即妨碍或促进用户或系统间的通信，支持各种网络资源，如计算机、Web 服务器、路由器或任何其他系统或设备间的相互作用。认证过程主要包含认证和自主访问控制（Discretionary Access Control）两个步骤。

常见的网络管理协议主要有由 IETF 定义的简单网络管理协议（SNMP）。远程监控（RMON）是 SNMP 的扩展协议；另一种是由 ISO 定义的通用管理信息协议（CMIP）。典型地，网络管理系统包括两部分：探测器 Probe（或代理），主要负责收集众多网络节点上的数据；控制台 Console，主要负责集合并分析探测器收集的数据，提取有用信息和报告。网络管理结构如图 18-3 所示。

### 18.4.5 网络审计支持

一般来说，网络审计的定义有狭义和广义之分，其中，狭义的网络审计指借助电子计算机的先进的数据处理技术和联网技术，以磁性介质作为主要载体来存储数据以便于用网络来处理、传送、查阅这些数据，使审计工作与计算机网络组成一个有机的整体，从而提高审计的现代化水平。而广义的网络审计是指在网络环境下，借助大容量的信息数据库，并运用专业的审计软件对共享资源和授权资源进行实时、在线地个性化审计服务。

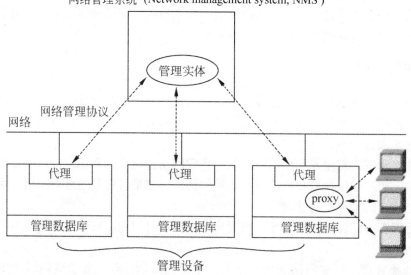

图 18-3　网络管理的结构

在网络经济时代里，电子商务的普及、虚拟企业的不断涌现，使得企业的运作机制发生了根本性改变。作为对企业经营进行监控的审计机构，同样需要建立起适应自身业务系统的集硬件平台、软件平台、网络平台和数据平台于一体的网络化操作平台，并对数据进行仓库式管理和挖掘分析。

网络审计信息系统的运作网络审计信息系统的结构是构建于计算机技术、数据库技术、Internet／Intranet 等现代信息技术基础之上的，旨在满足客户的信息需求。它将经济事项信息通过 Internet、EDI 或者虚拟专用网传递到并保存在信息数据库中，这些信息包括财务信息，也包括非财务信息。然后通过交互式报告生成器，实现信息系统与客户和外界信息使用者之间的交流。

网络安全技术和机制的建立作为一种网络化运营模式而存在，与其他行业的电子商务交易模式一样，同样需要对网络的安全性进行实时监控和维护，这也是网络审计得以产生和发展的必要技术基础。对于网络安全，首先必须具有一个安全、可靠的通信网络，以保证数据信息安全、快速地被传递；其次，要求对数据库服务器有绝对的控制权，禁止未授权客户和黑客的闯入、盗窃和破坏数据信息。网络审计不管从审计软件和数据库等方面都要利用安全技术，并建立起一套安全机制，以保障网络审计的安全。对于安全机制，主要包括接入管理、安全监视和安全恢复等三方面。首先对于接入管理，主要用于处理好身份鉴别（身份真伪和权限）和接入控制，以控制信息资源的使用；其次是安全监视，主要功能有安全报警设置、安全报警报告以及检查跟踪；最后是安全恢复，主要是及时恢复因网络故障而丢失的信息。对于安全技术而言，主要可以使用防火墙、数据认证、数据加密等技术；另外还可以将不断开发出的新型安全技术及时地应用于网络审计中，如将隧道技术充分地运用于虚拟专用网（VPN）等。因此在安全的网络技术和安全机制的控制下，网络审计的产生和发展从技术层面上奠定了坚实的基础。

## 18.5 数据管理

### 18.5.1 数据生命周期

在数据的整个生命周期中，不同的数据需要不同水平的性能、可用性、保护、迁移、保留和处理。通常情况下，在其生命周期的初期，数据的生成和使用都需要利用高速存储，并相应地提供高水平的保护措施，以达到高可用性和提供相当等级的服务水准。随着时间的推移，数据的重要性会逐渐降低，使用频率也会随之下降。伴随着这些变化的发生，企业就可以将数据进行不同级别的存储，为其提供适当的可用性、存储空间、成本、性能和保护，并且在整个生命周期的不同阶段都能对数据保留进行管理。

数据的安全性管理是数据生命周期中的一个比较重要的环节。在进行数据输入和存取控制的时候，企业必须首先保证输入数据的数据合法性。要保证数据的安全性，必须保证数据的保密性和完整性，主要表现在以下 5 个方面：

（1）用户登录时的安全性。从用户登录网络开始，对数据的保密性和完整性的保护就应该开始了。

（2）网络数据的保护。包括在本地网络上的数据或者穿越网络的数据。在本地网络的数据是由验证协议来保证其安全性的。

（3）存储数据以及介质的保护。可以采用数字签名来签署软件产品（防范运行恶意的软件），或者加密文件系统。

（4）通信的安全性。提供多种安全协议和用户模式的、内置的集成支持。

（5）企业和 Internet 网的单点安全登录。

随着时间的推移，大部分数据将不再会被用到。一般情况下，一些无用的数据将被删除以节省空间，或者将有用的数据无限期地存储，以避免数据损失。

### 18.5.2 信息资源管理

信息资源管理（Information Resource Management，IRM）是对整个组织信息资源开发利用的全面管理。IRM 把经济管理和信息技术结合起来，使信息作为一种资源而得到优化地配置和使用。上次我们在谈企业信息化的任务时，说开发信息资源既是企业信息化的出发点，又是企业信息化的归宿；只有高档次的数据环境才能发挥信息基础设施作用、建立集成化的信息系统、落实信息资源的开发和利用。因此，从 IRM 的技术侧面看，数据环境建设是信息资源管理的重要工作。

企业信息资源管理不是把资源整合起来就行了，而是需要一个有效的信息资源管理体系，其中最为关键的是从事信息资源管理的人才队伍建设；其次，是架构问题，在信息资源建设阶段，规划是以建设进程为主线的，在信息资源管理阶段，规划应是以架构为主线，主要涉及的是这个信息化运营体系的架构，这个架构要消除以往分散建设所导致的信息孤岛，实现大范围内的信息共享、交换和使用，提升系统效率，达到信息资源的最大增值；技术也是一个要素，要选择与信息资源整合和管理相适应的软件和平台；另外一个就是环境要素，主要是指标准和规范，信息资源管理最核心的基础问题就是信息资源的标准和规范。

### 18.5.3 数据管理

企业信息资源开发利用做得好坏的关键人物是企业领导和信息系统负责人。IRM 工作层上的最重要的角色就是数据管理员（Data Administrator，DA）。数据管理员负责支持整个企业目标的信息资源的规划、控制和管理；协调数据库和其他数据结构的开发，使数据存储的冗余最小而具有最大的相容性；负责建立有效使用数据资源的标准和规程，组织所需要的培训；负责实现和维护支持这些目标的数据字典；审批所有对数据字典做的修改；负责监督数据管理部门中的所有职员的工作。数据管理员应能提出关于有效使用数据资源的整治建议，向主管部门提出不同的数据结构设计的优缺点忠告，监督其他人员进行逻辑数据结构设计和数据管理。

数据管理员还需要有良好的人际关系：善于同中高层管理人员一起制定信息资源的短期和长期计划。在数据结构的研制、建立文档和维护过程中，能与项目领导、数据处理人员和数据库管理员协同工作。能同最终用户管理部门一起工作，为他们提供有关数据资源的信息。

一般来说，由数据管理员对日常数据进行更新和维护。数据库为了保证存储在其中的数据的安全和一致，必须有一组软件来完成相应的管理任务，这组软件就是数据库管理系统，简称 DBMS，DBMS 随系统的不同而不同，但是一般来说，它应该包括数据库描述功能、数据库管理功能、数据库的查询和操纵功能、数据库维护功能等。为了提高数据库系统的开发效率，现代数据库系统除了 DBMS 之外，还提供了各种支持应用开发的工具。

目前许多厂商提供了相应的 DBMS，便于数据管理员对底层的数据进行维护。例如 MySQL、东软的 OpenBase、金仓的 KingbaseES 等。

### 18.5.4 公司级的数据管理

如何进行信息资源规划？信息资源规划主要可以概括为"建立两种模型和一套标准"。"两种模型"是指信息系统的功能模型和数据模型，"一套标准"是指信息资源管理基础标准。信息系统的功能模型和数据模型，实际上是用户需求的综合反映和规范化表达；信息资源管理基础标准是进行信息资源开发利用的最基本的标准，这些标准都要体现在数据模型之中。

企业信息化的最终目标是实现各种不同业务信息系统间跨地域、跨行业、跨部门的信息共享和业务协同，而信息共享和业务协同则是建立在信息使用者和信息拥有者对共享数据的涵义、表示及标识有着相同的而无歧义的理解基础上。然而，由于各部门、各行业及各应用领域对于相同的数据概念有着不同的功能需求和不同的描述，从而导致了数据的不一致性。数据的不一致性主要表现为：数据名称的不一致性、数据长度的不一致性、数据表示的不一致性以及数据含义的不统一性。

数据标准化是一种按照预定规程对共享数据实施规范化管理的过程。数据标准化的对象是数据元素和元数据。数据元素是通过定义、标识、表示以及允许值等一系列属性描述的数据单元，是数据库中表达实体及其属性的标识符。在特定的语义环境中，数据元素被认为是不可再分的最小数据单元。元数据是描述数据元素属性（即语义内容）的信息，并被存储在数据元素注册系统（又称数据字典）中。数据元素注册系统通过对规范化的数据元素及其属性（即元数据）的管理，可以有效实现用户跨系统和跨环境的数据共享。数据标准化主要包括业务建模阶段、数据规范化阶段、文档规范化阶段等三个阶段。

数据标准化是建立在对现实业务过程全面分析和了解的基础上的，并以业务模型为基础的。业务建模阶段是业务领域专家和业务建模专家按照《业务流程设计指南》，利用业务建模技术对现实业务需求、业务流程及业务信息进行抽象分析的过程，从而形成覆盖整个业务过程的业务模型。该阶段着重对现实业务流程的分析和研究，尤其需要业务领域专家的直接参与和指导。业务模型是某个业务过程的图形表示或一个设计图。

数据规范化阶段是数据标准化的关键和核心，该阶段是针对数据元素进行提取、规范化及管理的过程。数据元素的提取离不开对业务建模阶段成果的分析，通过研究业务模型能够获得业务的各个参与方、确定业务的实施细则、明确数据元素对应的信息实体。该阶段是业务领域专家和数据规范化专家按照《数据元素设计与管理规范》利用数据元素注册系统（或数据字典）对业务模型内的各种业务信息实体进行抽象、规范化和管理的过程，从而形成一套完整的标准数据元素目录。在实现数据元素标准化的同时，还应关注数据元素取值的规范化，以此实现信息表示和信息处理的标准化。

文档规范化阶段是数据规范化成果的实际应用的关键，是实现离散数据有效合成的重要途径。标准数据元素是构造完整信息的基本单元，各类电子文档则是传递各类业务信息的有效载体，并是将分离的标准数据元素信息进行有效合成的手段。该阶段是业务领域专家和电子文档设计专家按照《电子文档设计指南》对各类电子文档格式进行规范化设计和管理的过程，并形成了一批电子文档格式规范。

综上所述，数据标准化所涉及的三个主要阶段缺一不可、彼此密不可分。业务建模是数据标准化的基础和前提；数据规范化及其管理是数据标准化的核心和重点；文档规范化是数据标准化成果的有效应用的关键。

此外，数据标准化也可以采用数据字典、数据指南或信息系统字典等加以统一。数据字典实际上也是以数据表和视图为主要存在形式的，它是关于数据的数据表和视图。管理员可以通过数据字典获得全面的数据库信息。

### 18.5.5 数据库审计支持

数据安全是大型数据库应用系统中必须仔细考虑的一个重要问题，也是数据库管理人员和系统管理人员日常工作中最为重要的一部分。有效的数据库审计是数据库安全的基本要求。企业应针对自己的应用和数据库活动定义审计策略。智能审计的实现对安全管理的意义重大，不仅能节省时间，而且能减少执行所涉及的范围和对象。通过智能限制日志大小，还能突出更加关键的安全事件。

信息系统审计员可以从数据库系统本身、主体和客体三个方面来进行审计，审计对数据库对象的访问以及与安全相关的事件。数据库审计员可以分析审计信息、跟踪审计事件、追查责任以及使用审计服务器记录审计跟踪，并且可以根据审计信息，对审计结果进行统计、跟踪和分析，进行审计跟踪、入侵检测等。

目前许多数据库供应商都提供了支持数据库审计的功能，例如东软公司的 OpenBASE Secure 就提供了十分完善的审计功能。

## 18.6 设施和设备管理

### 18.6.1 电源设备管理

随着近年来计算机业和通信业的飞速发展，交换、传输、数据、无线市话、卫星通信等通信设备及大客户，对供电的质量、种类、稳定性、可靠性等提出了更高的要求，电源系统运行质量的好坏直接关系到企业计算机网络、通信网络的运行质量和安全。供电出现问题轻则影响信息传递质量，重则中断通信，导致企业信息系统全阻，给社会带来不良影响，给企业造成巨大的经济损失。因而在企业日常设施和设备运行维护管理上，应对电源专业管理人员和维护人员在确保通信供电安全上提出更高的要求，各级电源专业管理人员应经常调查、研究、分析、解决在电源设备运行和管理中存在的问题，及时提出确保供电安全和电源设备稳定、可靠运行的措施和解决方案。

企业应注意电源接入设备的日常管理和维护，这个设备比较容易老化和发生问题。同时应准备相应的紧急电源设备，当遇到临时停电或其他突发事件的时候，可以及时启动紧急电源设备或不间断电源，以保证企业网络、通信的日常顺利进行。

计算机机房应设专用可靠的供电线路。它的电源设备应提供稳定可靠的电源，供电电源设备的容量应具有一定的余量，供电电源技术指标应按 GB 2887《计算站场地技术要求》

中的第 9 章的规定执行。若由计算机系统独立配电，宜采用干式变压器。安装油浸式变压器时应符合 GBJ 232《电气装置安装工程规范》中的规定。从电源室到计算机电源系统的分电盘使用的电缆，除应符合 GB 232 中配线工程中的规定外，载流量还应减少 50%。计算机系统用的分电盘应设置在计算机机房内，并应采取防触电措施。从分电盘到计算机系统的各种设备的电缆应为耐燃铜芯屏蔽的电缆。计算机系统的各设备走线不得与空调设备、电源设备的无电磁屏蔽的走线平行。交叉时，应尽量以接近于垂直角度交叉，并采取防延燃措施。计算机系统应选用铜芯电缆，严禁铜、铝混用。若不能避免时，应采用铜铝过渡头连接。计算机电源系统的所有接点均应镀铅锡处理、冷压连接。在计算机机房出入口处或值班室，应备有应急电话和应急断电装置。计算站场地宜采用封闭式蓄电池。使用半封闭式或开启式蓄电池时，应设专用房间。房间墙壁、地板表面应做防腐蚀处理，并设置防爆灯、防爆开关和排风装置。计算机系统接地应采用专用地线。专用地线的引线应和大楼的钢筋网及各种金属管道绝缘，且几种接地技术要求及诸地之间的相互关系应符合 GB 2887 中的规定。机房应设置应急照明和安全口的指示灯。

### 18.6.2 空调设备管理

计算机机房应采用专用空调设备，若与其他系统共用时，应保证空调效果和采取防火措施。空调系统的主要设备应有备份，空调设备在能量上应有一定的余量，应尽量采用风冷式空调设备，空调设备的室外部分应安装在便于维修和安全的地方。空调设备中安装的电加热器和电加湿器应有防火护衬，并尽可能使电加热器远离用易燃材料制成的空气过滤器。它的管道、消声器、防火阀接头、衬垫以及管道和配管用的隔热材料应采用难燃材料或非燃材料，安装在活动地板上及吊顶上的送、回风口应采用难燃材料或非燃材料。新风系统应安装空气过滤器，新风设备主体部分应采用难燃材料或非燃材料。采用水冷式空调设备时，应设置漏水报警装置，并设置防水小堤，还应注意冷却塔、泵、水箱等供水设备的防冻、防火措施。同时还应尽量满足计算机厂商声明的、计算机机房所需要的空调环境。

### 18.6.3 通信应急设备管理

目前，企业用户对于网络应用的要求和依赖程度都在不断提高，因此拥有一个健壮的、在各种特殊危急时刻都能够保障服务通畅的通信网络显得特别重要，尤其是那些特殊行业，比如金融、教育、公安、交通、医疗等。而对于作为提供基础网络服务及各种通信业务的特殊企业——运营商而言，其自身以及为上述企业提供连续不间断业务的能力更是重中之重。应注意企业的主配线架、中间配线架、测试配线架、私有支局交换以及布线等是否符合标准。

企业局域网都应进行结构化布线，以此提高企业局域网的规范性和稳定性水平。网络环境指的就是企业局域网结构化布线系统的周边环境。结构化布线系统由 6 个子系统组成。

（1）工作区子系统。用户设备与信息插座之间的连接线缆及部件。

（2）水平子系统。楼层平面范围内的信息传输介质（双绞线、同轴电缆、光缆等）。

（3）主干子系统。连接网络中心和各子网设备间的信息传输介质（双绞线、同轴电缆、光缆等）。

（4）设备室子系统。安装在设备室（网络中心、子网设备间）和电信室的布线系统，由连接各种设备的线缆及适配器组成。

（5）建筑群子系统。在分散建筑物之间连接的信息传输介质（同轴电缆、光缆等）。

（6）管理子系统。配线架及其交叉连接（hc——水平交叉连接、ic——中间交叉连接、mc——主交叉连接）的端接硬件和色标规则，线路的交连（cross-connect）和直连（interconnect）控制。

对于网络环境来说，现行国家标准《建筑与建筑群综合布线系统工程设计规范》（gb/t 50311-2000）、《计算站场地技术条件》（gb 2887-89）、《电子计算机机房设计规范》（gb 50174-93）、《计算站场地安全要求》（gb 9361-88）有相关的明确的规定，可参照执行。

### 18.6.4　楼宇管理

楼宇管理是指建筑管理及设备管理、运行与维护等。主要包括管理与维护楼宇布线；监控、使用、维护建筑设备；管理通信和网络系统以及管理火灾报警与安全防范系统等。

要注意楼宇中的机房结构，应避开易发生火灾、危险程度高的区域，避开有害气体来源以及存放腐蚀、易燃、易爆物品的地方，避开低洼、潮湿、落雷区域和地震频繁的地方，避开强振动源和强噪音源，避开强电磁场的干扰，避免设在建筑物的高层或地下室，以及用水设备的下层或隔壁，避开重盐害地区，应将机房置于建筑物的安全区内。

计算机机房装修材料应符合 TJ 16 中规定的难燃材料和非燃材料，应能防潮、吸音、不起尘、抗静电等。活动地板应是难燃材料或非燃材料，有稳定的抗静电性能和承载能力，同时耐油、耐腐蚀、柔光、不起尘等。异型活动地板提供的各种规格的电线、电缆、进出口应做得光滑，防止损伤电线、电缆。活动地板下的建筑地面应平整、光洁、防潮、防尘。在安装活动地板时，应采取相应措施，防止地板支脚倾斜、移位、横梁坠落。

楼宇的安全防护要从实体屏障着手，包括门锁、警铃等措施，由于这些屏障只能延迟入侵，而不能防止入侵，因此配合保安系统的建置以减少保安人力，用来弥补较脆弱的屏障，或是在无法或不适合装设屏障的地区，布下防护网，用以发现并警告非法闯入者。

### 18.6.5　防护设备管理

机房应设置好相应的防护设备，如救火设备、防罪犯设备、输电设备、隔音设备等。

安全的机房应设置火灾报警装置。在机房内、基本工作房间内、活动地板下、吊顶里、主要空调管道中及易燃物附近部位应设置烟、温感探测器。A 类安全机房应设置卤代烷 121（1）1301 自动消防系统，并备有卤代烷 121（1）1301 灭火器。B 类安全机房在条件许可情况下，应设置卤代烷 121（1）1301 自动消防系统，并备有卤代烷 121（1）1301 灭火器。

C 类安全机房内应设置卤代烷 1211 或 1301 灭火器。计算机机房除纸介质等易燃物质外，禁止使用水、干粉或泡沫等易产生二次破坏的灭火剂。

有暖气装置的计算机机房、沿机房地面周围应设排水沟，应注意对暖气管道定期检查和维修。位于用水设备下层的计算机机房，应在吊顶上设防水层，并设置漏水检查装置。计算机机房的安全接地应符合 GB 2887 中的规定，相对湿度应符合 GB 2887 中的规定。在易产生静电的地方，可采用静电消除剂和静电消除器。应符合 GB 157《建筑防雷设计规范》中的防雷措施。在雷电频繁区域，应装设浪涌电压吸收装置。在易受鼠害的场所，机房内的电缆和电线上应涂敷驱鼠药剂，房内应设置捕鼠或驱鼠装置。对有防辐射要求的计算机机房，在安全区边界由计算机辐射而产生的电磁场强度不应大于有关标准的规定。应建立严格的防范措施和监视规程。

### 18.6.6　信息系统安全性措施标准

针对信息系统安全，信息产业部出台了许多相关的政策来进行规范和管理，例如《建筑与建筑群综合布线系统工程验收规范》、《计算站场地技术条件》、《电子计算机机房设计规范》、《计算站场地安全要求》等。

## 思考题

1．请简单叙述软件资源应如何进行文档管理。
2．网络资源是如何管理与维护的？
3．简述数据安全管理。
4．举例说明都有哪些设施与设备，应如何管理它们。
5．请结合实际，综合论述一下公司信息资源管理应注意哪些方面。

# 第 19 章　故障及问题管理

## 19.1　故障管理概述

### 19.1.1　概念和目标

**1．故障、故障处理和故障管理**

故障是系统运转过程中出现的任何系统本身的问题，或者是任何不符合标准的操作、已经引起或可能引起服务中断和服务质量下降的事件。

故障处理是指在发现故障之时为尽快恢复系统 IT 服务而采取必要的技术上或者管理上的办法。

故障管理涉及许多 IT 部门和 IT 方面的专家。首先是服务台，作为所有故障的责任人负责监督并记录故障的解决过程。当它不能立即解决发生的故障时，就将其转移给专家支持小组。专家组首先提供临时性的解决办法或者补救措施以尽可能快地恢复服务，避免影响用户正常工作；然后分析故障发生原因，制定解决方案并恢复服务级别协议所规定的服务；最后服务台与客户一道验证方案实施效果并终止故障。

**2．故障特征**

在故障管理中，我们会碰到三个描述故障的特征，它们联系紧密而又相互区分，即影响度、紧迫性和优先级。

- 影响度是衡量故障影响业务大小程度的指标，通常相当于故障影响服务质量的程度。它一般是根据受影响的人或系统数量来决定的。
- 紧迫性是评价故障和问题危机程度的指标，是根据客户的业务需求和故障的影响度而制定的。
- 优先级是根据影响程度和紧急程度而制定的。用于描述处理故障和问题的先后顺序。

**3．故障管理的目标**

故障管理的主要目标是尽可能快地恢复服务级别协议规定的水准，尽量减少故障对业务运营的不利影响，以确保最好的服务质量和可用性。

### 19.1.2　故障管理的范围

在 IT 系统运营过程中出现的所有故障都可被纳入故障管理的范围。前面说过故障包括系统本身的故障和非标准操作的事件，常见的故障如下所示。

**1. 硬件及外围设备故障**
- 主机宕机。
- 设备无故报警。
- 电力中断。
- 网络瘫痪。
- 打印机无法打印。

**2. 应用系统故障**
- 服务不可用。
- 无法登录。
- 系统出现 bug。

**3. 请求服务和操作故障**
- 忘记密码。
- 未做来访登记。

## 19.2 故障管理流程

从在故障监视过程中发现故障到对故障信息地调研，再到故障的恢复处理和故障排除，形成了一个完整的故障管理流程。故障管理即包含了故障监视、故障调研、故障支持和恢复以及故障终止 5 项基本活动，为了实现对故障流程完善的管理，需要对故障管理的整个流程进行跟踪，并做出相应处理记录。故障管理的流程如图 19-1 所示。

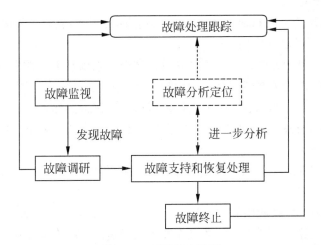

图 19-1　故障管理流程

### 19.2.1 故障监视

故障管理流程的第一项基础活动是故障监视,大多数故障都是从故障监视活动中发现的。

**1．监视的考虑因素**

不同的系统故障有不同的特征,对系统和整个组织或者企业的业务影响程度可能不同,处理解决的难易度也不同。在进行故障监视时要充分考虑故障的影响度、紧迫性,对影响较大的故障类别进行重点监视,采用更先进的自动化监视管理工具,启动更多的系统监视功能,或者投入更多的人力和物力。这样,在相关部门(服务台、系统本身、用户或者其他 IT 部门)发现故障时,才能尽快根据影响度设置故障处理优先级,尽快进入管理流程。

**2．故障接触人员**

故障接触人员在故障监视的过程中有着重要的影响和作用。为了在监视过程中尽快发现和应对故障,同时防止非规范操作扩大故障对系统和业务的影响,需要对故障的接触人员进行严格管理,故障监视应该针对不同的故障接触人员指定监视职责,制定相关操作手册,而故障接触人员应该严格按照规定执行操作和报告。同时,故障接触人员本身及其活动也应当作为监视的项目。故障接触人员如下。

(1)故障现场接触人员,在故障发生的现场的接触人员包括系统运行值班人员、系统用户,还可能包括服务台。

(2)初级支持人员,为故障提供一线的初级支持的有服务台和初级支持小组。

(3)高级支持人员,故障处理专家小组或者提供系统服务的厂商技术专家。

**3．故障原因分类**

美国权威市场调查机构 Gartner Group 曾对造成非计划宕机的故障原因进行分析,并发表了专门报告,主要可以分成以下三大类。

- 技术因素,包括硬件、操作软件系统、环境因素以及灾难性事故。
- 应用性故障,包括性能问题、应用缺陷(bug)及系统应用变更。
- 操作故障,人为地未进行必要的操作或进行了错误操作。

为了便于实际操作中的监视设置,我们将导致 IT 系统服务中断的因素由三类扩展成了 7 类。

- 按计划的硬件、操作系统的维护操作时引起的故障,如增加硬盘和进行操作系统补丁等。
- 应用性故障,包括应用软件的性能问题、应用缺陷(bug)及系统应用变更等。
- 人为操作故障,包括人员的误操作和不按规定的非标准操作引起的故障。
- 系统软件故障,包括操作系统死机、数据库的各类故障等。
- 硬件故障,如硬盘或网卡损坏等。

- 相关设备故障，比如停电时 UPS 失效导致服务中断。
- 自然灾害，如火灾，地震和洪水，等等。

从这 7 个分类我们可以看出，导致系统服务中断的原因中，软件和人为操作因素占了很大的比例，硬件和设备因素只占很小的比例。

**4．监视项目及监视方法**

从以上对故障的原因归类来看，人员、规范操作的执行、硬件和软件是故障监视的重点所在。另外，自然灾害因素由于难以预计和控制，需要进行相关风险分析，可采取容灾防范措施来应对。

（1）对系统硬件及设备的监视包括各主机服务器及其主要部件、专门的存储设备、网络交换机、路由器，等等。对硬件设备监控方法主要是采用通用或者专用的管理监控工具，它们通常具有自动监测、跟踪和报警的功能。

（2）对软件的监视主要针对其应用性能、软件 bug 和变更需求。对软件的性能监控也可以采一些管理监控工具，但由于应用系统主要面向用户，应用系统的缺陷通常由专门的测试工程师负责监视，或者在使用的过程中由用户方发现并提出。变更需求也是在用户使用和监视二合一的过程中发现的。

（3）需要监视的人员包括系统操作员、系统开发工程师、用户、来访者，甚至包括系统所在机房的清洁工和运输公司的职工，等等。要对他们与系统的接触过程中的行为进行跟踪和记录，防止或者及早发现非标准的操作带来的系统故障或者服务故障。

## 19.2.2 故障调研

**1．故障信息搜集**

如图 19-2 所示，故障信息的来源有服务台、系统、用户和其他 IT 部门。这些信息的搜集方式又分为自动搜集和人工搜集。通常系统本身有相应的故障信息搜集功能，可以通过专门的系统监控软件或者系统日志等方式进行自动搜集。另外，系统运行过程中出现的故障会直接反映在系统的用户一方，或者由相关 IT 部门在执行系统检查和维护时发现，这类故障信息的搜集方式便属于人工搜集。

**2．故障查明和记录**

发生故障时服务台要记录相关信息，但主要是标示客户和用户的一些基本信息如姓名、工作地点和电话号码等，而本节所讲的故障管理才详细记录了故障信息，比如故障发生的时间、故障影响到的服务等。这样做的目的一是便于确认故障影响，二是问题管理可以根据这些信息查找故障原因，三是密切跟踪故障进展。此外，这些信息也是服务级别管理所需要的。

一般来说故障查明和记录活动过程如图 19-2 所示。

首先，当用户、服务台员工和其他 IT 部门人员发现某故障时，或者系统检测到某故障时，就将其报告给服务台；服务台将基本信息输入故障数据库并报告给故障处理人员。

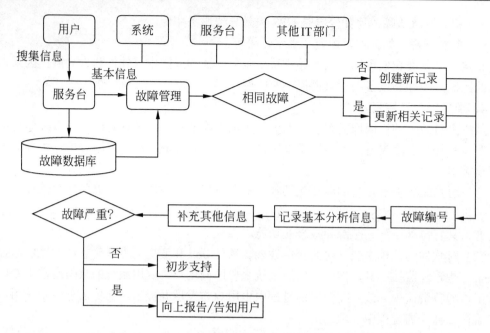

图 19-2　故障查明和记录

接着故障管理人员根据服务台提供的信息和故障数据库信息，判断此故障是否与已有故障相同或相似，如果有就更新故障信息和建立原故障的从属记录，并在必要时修改原故障的影响度和优先级，如果没有则创建新故障记录。

其次，故障管理将给故障一个唯一的编号，记录一些基本的故障分析信息（时间、症状、位置、用户和受影响的服务和硬件等），并补充其他故障信息（与用户的交互信息和配置数据等）。

最后，故障管理需要判断故障是否严重，如果严重就先向管理层报告并告知用户有关情况，再采取进一步行动；如果不严重就直接进入下一步的故障调查和分析。

完整的故障记录应该至少包括以下几项。

- 故障编号。
- 故障类别。
- 记录故障的时间和日期。
- 故障记录人（或组）的姓名（或 ID）。
- 有关用户的姓名、部门、电话和工作地点。
- 回复用户的方式（如电话、电子电子邮件等）。
- 故障描述。
- 目录。
- 影响度、紧迫性和优先级。

- 故障状态（待处理中、处理中和终止等）。
- 相关的配置信息。
- 故障得到解决的日期和时间。
- 终止日期和时间。

随着现代技术的发展，现在的故障监测和报告已可由系统自动完成，故障报告的方式和途径也日趋多样化，甚至用户自己都能直接把故障有关情况记录在故障管理系统中，同时通知故障台有关情况。

### 19.2.3 故障支持和恢复处理

经过故障查明和记录，基本上能得到可以获取的故障信息，接下来就是故障的初步支持。这里强调初步的目的是为了能够尽可能快地恢复用户的正常工作，尽量避免或者减少故障对系统服务的影响。

"初步"包括两层含义：一是根据已有的知识和经验对故障的性质进行大概划分，以便采取相应的措施；二是这里采取的措施和行动不以根本上解决故障为目标，主要目的是维持系统的持续运行，如果不能较快找到解决方案，故障处理小组就要尽量找到临时性的解决办法。

不能通过初步支持来解决的故障在经过故障调查和定位分析后，支持小组会根据更新后的故障信息、提议的权益措施和解决方案以及有关的变更请求，来解决故障并恢复服务，同时更新有关故障信息。

### 19.2.4 故障分析和定位

**1．故障调查分析**

故障的调查分析这一步骤是在故障经由初步支持没有得到解决时进行的。故障的调查分析过程如图 19-3 所示。

一旦故障被分配给某个支持小组，他们应当做好如下工作。

- 确认接收故障处理任务，同时指定有关日期和时间。
- 正常更新故障状态和历史信息。
- 通知客户故障最新进展。
- 说明故障当前所处的状态。
- 尽可能快地把发现的权益措施提供给服务台和客户。
- 参考已知错误、问题、解决方案、计划的变更和知识库等对故障进行评审。
- 必要时要求服务台根据协议的服务级别，重新评价故障影响程度和优先级，并在必要时对他们进行调整。
- 记录所有相关信息，包括以下内容。

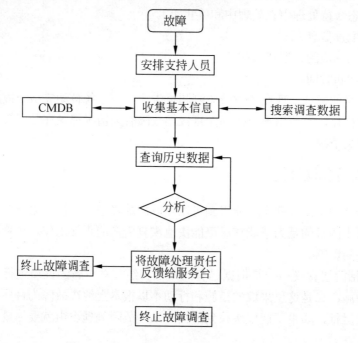

图 19-3　故障调查过程

- ◆ 解决方案。
- ◆ 新增的和修改的分类。
- ◆ 对所有相关事件的更新。
- ◆ 花费的时间。
- 把故障处理责任反馈给服务台以终止故障。

**2．故障定位分析**

系统故障中硬件和各类设备的故障定位过程比较典型，下面就主要的硬件故障举例说明故障的定位分析。

（1）中央处理器的故障定位。中央处理器的故障原因主要是集成电路失效。计算机系统均应配备较完善的诊断测试手段，提供详细的故障维修指南，对大部分故障可以实现准确定位。但由于集成电路组装密度很高，一个集成电路芯片包含的逻辑单元和存储单元数以百万计，诊断测试程序检测出的故障通常定位于一个电路模块和一个乃至几个电路卡，维护人员根据测试结果可能在现场进行的维修工作就是更换电路卡。如现场没有相应的备份配件，可以采取降级运行（如多处理机系统可切除故障的处理机，存储器可切除部分有扩展单元等）的手段使系统保持联系运行，如没有补救手段则需要进行停机检修。

（2）外围设备的故障定位。对外围设备的故障检测应采用脱机检测与联机检测两种方式。脱机检测是指外围设备在逻辑上与中央处理机脱离联系（必要时也脱离物理连接）的情况下，对不同外围设备运行特定的测试程序，进行不含接口部分的功能测试，借助设备的面板或专用测试器显示的信息并参阅维修手册来判断故障所在的部位。外围设备的故障有一类是集成电路失效，可通过更换电路卡排除。第一类是各种外设的特殊故障，常见的如磁盘盘面损伤、读写磁头位置偏离或其运载机构不能正常运动、打印机的打印部位损坏或打印纸传递机构故障等，需根据具体情况进行维修。如脱机测试正常而联机却不能正常运行，则应进行针对该设备的联机测试，运行相应的测试程序，测试该设备与中央处理机的接口部位并检验两者之间的协调关系。必要时还可进行摸拟环路测试，即将外围设备至主机之间的输入输出连线构成回路，以确认故障所在部位是否在接口电路。

（3）电源部件的故障定位。计算机硬件中的各个部分均有专用的电源部件，电源部件中有一部分是大功率的器件，故障率较高，是硬件中常见的故障部位。在检测中央处理器及各种外围设备时，如发现工作异常，应充分注意到电源部件是可能发生故障的主要部位。

### 19.2.5　故障终止

解决故障和恢复服务后，就到故障终止阶段了。在这个阶段的输入是上一阶段更新后的故障记录和已解决的故障，采取的行动主要是和客户一起确认故障是否被成功解决，输出的结果为更新的故障信息和故障记录。

在故障得到解决后，服务台应该确保以下工作
- 有关用于解决故障的行动的信息是准确易懂的。
- 根据故障产生的根本原因对其进行归类。
- 客户口头同意故障解决方案和方案执行的最终结果。
- 详细记录了故障控制阶段的所有相关信息，比如：
  - 客户是否满意和满意度如何。
  - 处理故障所花费的时间。
  - 故障终止的日期和时间。

### 19.2.6　故障处理跟踪

服务台负责跟踪和监督所有故障的解决过程。在这个过程中，服务台要做到以下几点。
- 监督故障状态和故障处理最新进展及其影响服务级别的状况。
- 特别要注意故障处理责任在不同专家组之间的转移。因为这种转移往往导致支持人员之间责任的不确定性从而产生争论。
- 更多地注意高影响度故障。
- 及时通知受影响的用户关于故障处理的最新进展。
- 检查相似的故障。

这样做有助于保证每个故障在规定的时间内或至少尽可能快的时间内得到解决。大规模的服务台甚至可以考虑成立一个专门的故障监测和控制小组。

## 19.3 主要故障处理

本章开头提到,故障包括系统运转过程中出现的系统本身的问题和引起服务中断和服务质量下降的非标准操作事件。对于后者,我们主要利用故障管理的流程对其进行控制,对于系统本身出现的主要问题,下面将介绍处理办法和恢复措施。

### 19.3.1 故障的基本处理

如计算机发生故障导致系统不能运行则应停机进行临时性维修。首先要区分是软件故障还是硬件设备故障。软件故障可能是因为系统软件的某个环节在特定组合条件下不能正常运行引起的,也可能是由多种作业在运行中因争夺资源而出现"死锁"等原因造成的。这类故障一般可采用重启系统或者其他人工干预手段予以恢复和排除。如果是设备性能变差引起的硬件故障,则应切换到备用系统,尽快恢复系统服务。然后使用测试程序检测故障机的各个部件,特别是中央处理器和磁盘存储器两个部件(输入输出部件一般不至于影响整个系统的正常运行),尽快进行故障定位,然后针对故障部位进行后续维修。

### 19.3.2 主机故障恢复措施

主机故障时通常需要启用系统备份进行恢复。根据所提供的备份类型不同,主机服务上可分为三种:热重启(Hot Restart)、暖重启(Warm Restart)和冷重启(Cold Restart)。热启动服务专门针对客户暂时的系统故障,提供立即恢复系统可用性的服务,以完成客户某些紧急的任务。冷启动服务提供商专门解决那些长期的系统问题(例如由于一栋大楼的倒塌使得整个系统完全瘫痪等)。

下面简单介绍一下这三类重启模式。

无论是由硬件还是由软件引发的系统故障,其持续时间长短取决于系统的重启动能力。如果系统采用热重启、暖重启或冷重启模式,故障管理中的处理方式将各不相同。重启模式受事件发生之时系统可用信息量的影响,可用的信息越多,重启速度也就越快。

**1. 热重启**

热重启的恢复时间最快,但也最难实现。在热重启模式下,应用程序保存系统当前运行的状态信息,并将该信息传送给备份部件,以实现快速恢复。应用程序要具备利用这些状态信息实现系统的重启动的能力。

热重启系统中同样需要在故障管理事件之前预先指定备份部件。这在 2N 系统中最为明显,因为该系统的部件与备份部件是一一对应的(见图 19-4)。而在 N+1 系统中,热重启要求备份部件保存多个运行中部件的状态信息,因此备份部件就必须具有额外存储能力,否则就必须采用暖重启模式。

# 第 19 章 故障及问题管理

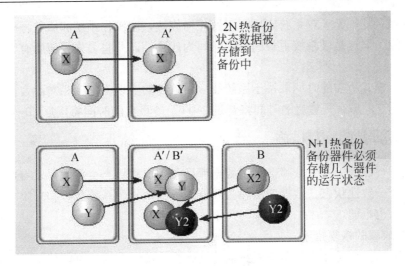

图 19-4　热重启原理示意图

**2．暖重启**

暖重启与热重启类似。在该模式下，应用程序保存系统当前运行的状态信息，见图 19-5 所示。在执行故障管理时指定备份部件。备份部件需配置必要的应用程序和状态信息，这就增加了重启时间，但降低了备份部件的成本。在备份部件与现行部件不完全相同的系统中，更易实现暖重启。

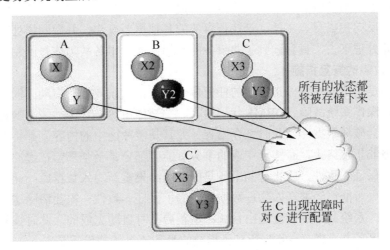

图 19-5　暖重启原理示意图

**3．冷重启**

冷重启是最易于实现的，但需要最长的重启动时间。冷重启意味着备份部件对故障部件的运行状态一无所知，备份部件只能从初始化状态开始。

实现冷重启几乎无须对系统应用程序做任何修改，由操作系统和服务程序实现高可用性软件的功能。但这是以系统更长的重启时间为代价的，并将丢失系统所有当前的运行状态信息。

各种重启模式所需的时间取决于系统及应用软件的实现方法。相对而言，如果热重启模式的时间为 T，那么暖重启的时间将会是 2~3T，冷重启的时间将接近 10~100T。

### 19.3.3 数据库故障恢复措施

当系统运行过程中发生故障，利用数据库后备副本和日志文件就可以将数据库恢复到故障前的某个一致性状态。数据库故障主要分为事务故障、系统故障和介质故障，不同故障的恢复方法也不同。

**1. 事务故障的恢复措施**

事务故障是指事务在运行至正常终点前被终止，此时数据库可能处于不正确的状态，恢复程序要在不影响其他事务运行的情况下强行回滚（rollback）该事务，即撤销该事务已经做出的任何对数据库的修改，使得事务好像完全没有启动一样。事务故障的恢复由系统自动完成。恢复的步骤是：

（1）反向（从后向前）扫描日志文件，查找该事务的更新操作。

（2）对该事务的更新操作执行逆操作，也就是将日志记录更新前的值写入数据库。如果记录中是插入操作，则相当于做删除操作，如果记录中是删除操作则做插入操作，若是修改操作则相当于用修改前的值代替修改后的值。

（3）继续反向扫描日志文件，查找该事务的其他更新操作，并做同样处理。

（4）如此处理下去，直到读到了此事务的开始标记，事务故障恢复就完成了。

**2. 系统故障的恢复措施**

系统故障是指造成系统停止运转的任何事件，使得系统要重新启动。例如，特定类型的硬件错误、操作系统故障、DBMS 代码错误、突然停电等。这类故障影响正在运行的所有事务，但不会破坏数据库。此时主存内容（尤其是缓冲区中的内容）都将被丢失，所有运行事务都被非正常终止，有些已完成的事务可能有部分甚至全部留在缓冲区中尚未被写入磁盘，为了保证一致性，应将这些事务已提交的结果重新写入数据库；此外，一些尚未完成的事务结果可能已经被送入物理数据库，为了保证一致性，需要清除这些事务对数据库的所有修改。系统故障的恢复是由系统在重新启动时自动完成的，此时恢复子系统撤销所有未完成的事务并重做（redo）所有已提交的事务。具体的步骤是：

（1）正向（从头到尾）扫描日志文件，找出故障发生前已经提交的事务（这些事务既有 Begin Transaction 记录，也有 commit 记录），将其事务标识记入重做（redo）队列。同时找出故障发生时尚未完成的事务(这些事务只有 Begin Transaction 记录，无相应的 commit 记录)，将其事务标识记入撤销（undo）队列。

（2）反向扫描日志文件，对每个 undo 事务的更新操作执行逆操作，也就是将日志记录中更新前的值写入数据库。

（3）正向扫描日志文件，对每个 redo 事务重新执行日志文件登记的操作，也就是将日志记录中更新后的值写入数据库。

**3．介质故障的恢复措施**

系统故障常被称为软故障，介质故障常被称为硬故障。硬故障是指外存故障，例如磁盘损坏、磁头碰撞、瞬时强磁场干扰等。这类故障将破坏数据库或部分数据库，并影响正在存取这部分数据的所有事务，日志文件也将被破坏。这类故障比前两类故障发生的可能性要小，但是破坏性最大。恢复方法是重装数据库，然后重做已完成的事务，具体的步骤是：

（1）装入最新的数据库后备副本，使数据库恢复到最近一次转储时的一致性状态。

（2）装入相应的日志文件副本，重做已完成的事务。

介质故障的恢复需要 DBA 的介入，DBA 只需重装最近转储的数据库副本和有关的各日志文件副本，然后执行系统提供的恢复命令，具体的恢复操作仍由 DBMS 完成。

### 19.3.4 网络故障恢复措施

当遇到线路故障或者是网络连接问题时，需要利用备用电路或者改变通信路径等恢复方法，具体的途径如下。

（1）双主干，当原网络发生故障时，辅助网络就会承担数据传输的任务，两条主干线缆的物理距离应当相距较远，来减少两条线缆同时损坏的概率。

（2）开关控制技术，由开关控制的网络可以精确地检测出发生故障的地段，并用辅助路径来分担数据流量，同时，可以通过网络管理控制程序来管理网络，部件故障可以很快显示在控制程序界面上并响应故障。

（3）路由器，一些故障导致必须从别的路径访问别的服务器，这时路由器可以为数据指明流动的方向。

（4）通信中件，通信中件可以使通信绕过网络中发生故障的电路，通过其他网络连接来传输数据。

## 19.4 问题控制与管理

系统运转过程中出现的故障经过处理恢复都得到了暂时解决。其中部分故障可以得到控制解决，这通常是一些故障原因单一的局部性问题，影响也不大；但某些故障出现之后会有同样或者类似的故障接连重复发生，这是故障处理"治标不治本"的后果。要根本解决这类故障，需要从引起这些某一类问题的根本原因出发进行控制，我门将存在这些导致潜在故障的原因的情形称为问题。故障管理后续工作还要延伸到对问题和错误的控制和管理，以及进行故障预防。

### 19.4.1 概念和目标

**1. 主要概念**

（1）问题，问题的是存在某个未知的潜在故障原因的一种情况，这种原因会导致一起和多起故障。问题经常是分析多个呈现相同症状的故障后被发现的。问题也可从单个重要的事物中确认以表示一项错误。这种错误产生的原因虽然未知，但其产生的影响却可能是非常严重的。

（2）已知错误，已知错误是指问题经过诊断分析后找到故障产生的根本原因并制定出可能的解决方案时所处的状态。在这种状态下，一种临时性的权宜措施和永久性的解决方案已经得到确认。如果一个问题转化成了一个已知错误，则应当提出一个变更请求。但是，在通过一项变更将此已知错误永久性地修复之前它仍将作为一个已知错误。

（3）问题控制，问题控制流程是一个有关怎样有效处理问题的过程，其目的是发现故障产生的根本原因（如配置项出现故障）并向服务台提供有关应急措施的意见和建议。

问题控制过程与故障控制过程极为相似并密切相关。故障控制重在解决故障并提供响应的应急措施。一旦在某个或某些事物中发现了问题，问题控制流程便把这些应急措施记录在问题记录中，同时也提供对这些措施的意见和建议。

与故障管理的尽可能快地恢复服务的目标不同，问题管理是要防止再次发生故障，因此，问题管理流程需要更好地进行计划和管理，特别是对那些可能引起业务严重中断的故障更要重点关注并给予更高的优先级。

（4）错误控制，错误控制是解决已知错误的一种管理活动。由于财务和技术方面的原因，影响 IT 基础架构的错误不可能全部得到纠正。错误控制就是要对这些错误进行管理，从而使受其影响的用户能够意识到这些错误的影响。除了消除错误之外，通过错误控制还可能将现有错误的负面影响降到最低。

（5）问题预防，问题预防是指在故障发生之前发现和解决有关问题和已知错误，从而使故障对服务的负面影响其与业务相关的成本降到最低的一种管理活动。通过化被动为主动，IT 支持组织提供了更好的服务并提高了自身的资源使用效率。

**2. 控制和管理目标**

问题管理和控制的目标主要体现在以下三点：

（1）将由 IT 基础架构中的错误引起的故障和问题对业务的影响降到最低限度。

（2）找出出现故障和问题的根本原因，防止再次发生与这些错误有关的故障。

（3）实施问题预防，在故障发生之前发现和解决有关问题。

### 19.4.2 相关逻辑关系

（1）故障是任何不符合标准操作，并且已经引起或可能引起服务中断和服务质量下降的事件。它产生的原因可能比较明显，不需进一步调查就可解决（比如采取补救措施、临时办法和通过变更请求），甚至可不用了解其原因而直接由客户自己解决（比如重启计算机、重新设置通信线路等）。

（2）问题是指，导致一起和多起故障的潜在的、不易发现的原因。问题需要被调查后才能确认，其影响度得确定需要综合考虑它的业务的实际或潜在影响以及起因相同或相似的故障（包括已解决的和未解决的）的数量。故障和问题之间不是一对一的关系，而是多对多的关系：一个故障可能有多种原因，一个故障可能对应着某个问题，同样，一个问题可能是对多个故障的调查后被确认的。

（3）已知错误是一个故障和问题，而且产生这个故障和问题的根本原因已查明，并已找到解决它的临时办法和永久性的替代方案。解决的过程需要提交变更请求，不过在实施变更以永久性解决它之前，它将一直存在。已知错误和问题之间的关系与故障和问题之间的关系类似，也是多对多。

（4）变更请求适用于记录有关变更内容的书面文件和电子文档。这种变更是针对基础架构的配置项以及与基础架构相关的程序和规章制度而进行的。

故障、问题、已知错误和变更请求之间的逻辑关系可用图 19-6 表示

图 19-6　故障、问题、已知错误和变更请求之间的逻辑关系

### 19.4.3　问题管理流程

**1．信息输入**

问题管理所需要的信息输入如下。

- 故障信息。
- 故障处理定义的应急措施。
- 系统配置信息。
- 供应商提供的产品和服务信息。

**2．主要活动**

问题管理流程中的主要活动如下。

- 问题控制。
- 错误控制。
- 问题预防。
- 制作管理报告。

**3. 信息输出**

- 已知错误。
- 变更请求。
- 更新的问题记录（包括解决方案和应急措施）。
- 已解决问题的记录（如果已消除了故障产生的原因）。
- 故障与问题和已知错误的匹配信息。
- 其他管理信息。

问题管理流程主要涉及问题控制、错误控制、问题预防和管理报告 4 种活动，下面分别对这 4 种活动做简要介绍。

### 19.4.4 问题控制

在实际运用 IT 服务过程中，出现问题是无法避免的，比如网络出现线路故障，和随着组织 IT 基础架构复杂性的增加而产生的错误，甚至某些厂商的产品本身的缺陷也可能降低服务质量到不可接受的水平。一旦发现问题，我们必须及时对企业进行控制，分析它产生的原因并在必要时把问题升级为已知错误。问题控制过程如图 19-7 所示

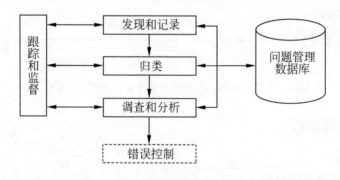

图 19-7 问题控制过程

**1. 发现和记录问题**

问题控制的第一步是发现和记录问题。原则上所有原因未知的故障都可被称为问题，但我们通常将重复发生的和非常严重的故障归类为问题。发现问题的途径有很多种，常见的问题如下。

- 在故障初步阶段和支持阶段没能把故障与问题或者已知错误匹配成功
- 分析故障数据发现重复出现的故障；
- 分析故障数据排除已与存在的问题和已知错误成功匹配的故障；
- 分析 IT 基础架构发现可能导致故障的问题。

问题也可能被问题管理小组以外的人发现。但不管是谁发现的，所有问题都应由问题控制管理流程来处理。

问题记录与故障记录类似，但不包括用户名等信息，同时问题记录应该关联到所有与其相关的故障，故障的解决方案和应急措施也要被记录在相应的问题记录中。

**2．问题分类**

查明和记录问题后，为便于评价问题对服务级别的影响，确定查找和恢复有故障的配置向所需的人力和资源，可先对问题进行归类。以故障归类类似，问题归类的标准仍然涉及以下 4 个方面。

- 目录，确定与问题相关联的领域，比如硬件、软件等。
- 影响度，问题对业务流程的影响程度。
- 紧迫性，问题需要得到解决的紧急程度。
- 优先极，综合考虑影响度、紧迫性、风险和可用资源后得出的解决问题的先后顺序。

**3．调查分析**

调查问题的过程与调查故障的过程类似，但两者的主要目标明显不同：前者是发现故障产生的潜在原因，而后者是尽可能快速地恢复服务。因此，前者比后者调查得更细致深入，需要调查人员掌握更多的经验和技巧，有时还需要专家的支持；同时，问题调查的范围也比故障调查的要广，它包括对故障处理中使用的应急措施的调查等。当发现更好的和新的应急措施时，问题管理还要将其在问题记录中更新以便故障控制使用。

问题调查和分析过程需要详细的数据，而很多时候这些数据只有在故障发生时才能被收集到，这是一个矛盾。为了解决这个矛盾，问题调查人员应该与故障控制和计算机网络控制部门协调好有关情况。

问题分析方法主要有 4 种：Kepner&Tregoe 法、鱼骨图法、头脑风暴法和流程图法。这里我们重点介绍 Kepner&Tregoe 法和鱼骨图法。

（1）Kepner&Tregoe 法。Kepner&Tregoe 是一种分析问题的方法，即出发点是解决问题是一个系统的过程，应该最大程度上利用已有的知识和经验。它把问题分析分为以下 5 个阶段。

① 定义问题。调查是根据定义问题进行的，因此问题定义必须明确指出 IT 服务偏离服务级别协议的情况。在这里我们要避免这样一种情况，即认为产生问题的最可能的原因已经明朗，因而不用经过进一步调查而可直接做出结论。这可能导致一开始就选错调查的方向。

② 描述问题。在定义问题后从以下几个方面表示。

- 标识。哪部分没有良好运行？问题是什么？
- 位置。问题发生在哪里？
- 时间。问题是什么时候发生的？频率多高？
- 规模和范围。问题的规模和范围多大？哪些部分将受到影响？

③ 找出产生问题的可能原因。根据第二步的比较和实施的变更，尽量发现问题产生

的可能原因。

④ 测试最可能的原因。评价每个可能原因以确认其是否就是形成问题症状的原因。

⑤ 验证问题原因。通过上一步的测试后，剩余的可能原因需经进一步测试以确认其是否是产生某个问题的真正原因。一般应优先消除那些可以简单快速验证的起因。

（2）鱼骨图法。鱼骨图法是分析问题原因常用的方法之一。在问题分析中，"结果"是指故障或者问题现象，"因素"是指导致问题现象的原因。鱼骨图就是将系统或服务的故障或者问题作为"结果"、以导致系统发生失效的诸因素作为"原因"绘出图形，进而通过图形分析从错综复杂、多种多样的因素中找出导致问题出现的主要原因的一种图形。因此，鱼骨图又叫因果图法。日本质量管理专家石川馨最早使用了这种方法，故有时特性因素图又被称为石川图。

鱼骨图的做法如下。

① 按具体需要选择因果图中的"结果"，放在因果图的最"右边"（相当于"鱼头"）。

② 用带箭头的粗实线或用表示直通"结果"的主干线。

③ 通过调查分析，判别影响"结果"的所有原因。先画出"大原因"，用直线与主干线相连，并在直线的尾端常用长方形框（或圆圈）框（或圈）起来，在框（或圈）内填入"大原因"的内容；进而依次细分所属的全部原因，直至能采取解决问题的措施为止。各大、小原因之间用不同的直线表示因果之间的关系。

④ 主要的或关键的原因常用框框起来，以表示醒目。根据实际需要，对这些关键的或主要的原因还可以做单独的特性因素图，以便进一步重点深入分析。

综合上述各点，一般的鱼骨图分析模式如图 19-8 所示。

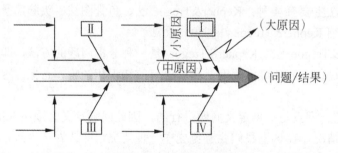

图 19-8　鱼骨图分析模式

（3）头脑风暴法。头脑风暴法是一种激发个人创造性思维的方法，它常用于解决问题的方法的前三步：明确问题、原因分类和获得解决问题的创新性方案。针对问题，我们可以应用头脑风暴法来提出所有可能的原因。

应用头脑风暴法必须遵守下列 4 个原则：畅所欲言、强调数量、不做评论、相互结合。

（4）流程图法。流程图法通过梳理系统服务的流程和业务运营的流程，画出相应的流程图，关注各个服务和业务环节交接可能出现异常的地方，分析问题的原因所在。流程图中应该包括系统服务中涉及到的软硬件设备、文件、技术和管理人员等所有问题的相关因素。

以上每种问题分析方法有其优点和缺点，问题管理人员应选择合适的方法来分析问题。

### 19.4.5 错误控制

错误控制是管理、控制并成功纠正已知错误的过程，它通过变更请求向变更管理部门报告需要实施的变革，确保已知错误被完全消除，避免再次发生故障。错误控制对所有已知错误从其被发现至被解决的全过程进行控制，涉及公司的许多不同部门。错误控制的过程主要分为三个阶段，如图19-9所示。其中跟踪和监督错误活动将覆盖问题的整个生命周期。

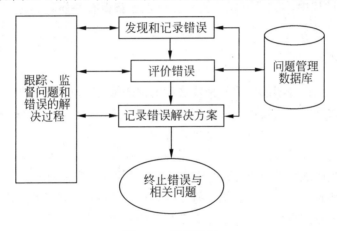

图 19-9 错误控制

**1．发现和记录错误**

一旦确定了问题产生的根本原因，问题就将转变为一项错误；如果找到对付错误的应急措施，错误又将成为已知错误。错误或已知错误的确定是错误控制过程的开始。

错误控制系统中有关已知错误的数据来源主要有两个：运行过程和开发过程。前者主要指在问题控制过程中把某个问题升级为已知错误时，在问题调查和分析阶段记录的数据可直接作为错误控制所需错误信息的基础；后者如应用系统包含了开发阶段形成的错误，但直到正式实施时才会被发现，则有关这些错误的信息应该按要求输入到错误控制系统的数据库中。

**2．评价错误**

发现和记录错误后，问题管理人员与支持组将一道对错误可能的解决方法进行初步评估。如果他们发现不能消除错误，就将通过变更请求向变更管理部门报告有关情况。变更管理部门根据错误对业务的影响、紧迫性、严重性来确定变更管理请求的优先级。

**3. 记录错误解决过程**

错误控制系统应该详细记录每个已知错误的解决过程,特别是与已知错误有关的配置项、症状和解决方案(或替代方案),记录的信息保存于问题管理数据库中。这些信息可用于故障匹配中,为以后的故障调查和解决提供指导,也可用于管理报告中。

**4. 终止错误**

在实施变更已成功消除错误后,可以终止已知错误及其相关的故障和问题,并通过实施后评审确认已知错误的解决效果。对故障来说,实施后评审延续就是简单地打电话询问客户是否满意,但对问题和已知错误来说,实施后评审应该是一个正式的和规范的过程。

**5. 跟踪监督错误解决过程**

变更管理流程将负责处理变更请求,而错误控制需要对已知错误的解决过程进行监控。在整个解决过程中,问题管理需要从变更管理获得有关问题和错误解决情况的正规报告。

### 19.4.6 问题预防

到目前为止,我们说明的主要是一些被动的问题管理活动,事实上,我们完全可以化被动为主动,在故障发生前发现和解决有关问题和已知错误,以尽量减少问题和已知错误对业务的影响,这就是本节要讲的问题预防管理。

问题预防的范围非常广泛,既涉及单个问题,如与系统某一特征相关的重复性故障,也包括有重要影响的战略性决策,如投资建设更好的网络,或者为客户提供多种帮助信息,甚至可以是为问题解决人员提供在线支持以提高他们解决问题的速度、减少用户等待时间。

问题预防的流程主要包括两项活动:趋势分析和制定预防措施。

**1. 趋势分析**

趋势分析的目的是为了能够主动采取措施提高服务质量,它可以从以下几个方面进行:

(1)找出 IT 基础架构中不稳定的组件,分析其原因,以便采取措施降低配置项的故障对业务的影响。

(2)分析已发生故障和问题,发现某些趋势。

(3)通过其他方式和途径分析如下。

- 系统管理工具。
- 会议。
- 用户反馈。
- 与客户和用户的座谈会。
- 客户和用户调查。

## 2. 制定预防措施

通过趋势分析，问题管理人员既可以发现和消除存在于 IT 基础架构中的故障，也可以探明哪些问题是支持小组必须重点关注的。

为了有效地引导有限的服务支持资源配置到恰当的问题领域，问题的方案管理需要调查哪些领域占有了最多的服务支持。通过从整体上对已出现的和可能出现的问题的分析，我们可以确定哪个问题和哪类问题是真正需要重点关注的和优先解决的。比如，当有些故障出现次数多但影响不大，而有些故障出现少而影响巨大，并且解决这类故障的效益更好时，显然应该优先解决后者。因此，我们可以考虑给每一类故障一个"损害指数"作为测度指标，指数大小可以根据以下几点确定。

- 故障出现次数。
- 受影响的客户数。
- 解决故障所需时间和成本。
- 业务损失。

这种方法避免了将过多的精力放在一些数量较大但对业务影响较小的故障和问题上面，从而忽略了那些数量较小但影响巨大的故障和问题。事实上，将服务支持资源投入那些出现次数虽少但影响重大的故障和问题上，往往能取得更大的效益。

在确定服务支持人员应重点关注的问题之后，问题管理人员就应当采取适当的行动以预防其发生。这些行动如下。

- 提交变更请求。
- 提交有关测试、规程、培训和文档方面的反馈信息。
- 进行客户教育和培训。
- 对服务支持人员进行教育和培训。
- 确保问题管理和故障管理规程得到遵守。
- 改进相关的流程和程序。

### 19.4.7 管理报告

问题管理流程应定期或不定期地提供有关问题、已知错误和变更请求等方面的管理信息，这些管理信息可用做业务部门和 IT 部门的决策依据。其中，提供的管理报告应说明调查、分析和解决问题和已知错误所消耗的资源和取得的进展。具体来说包括以下几个方面：

（1）事件报告。支持小组和供应商花费与问题同质、错误控制和问题地方的时间。

（2）产品质量。根据故障、问题和已知错误信息发现经常受错误影响的产品，并确认供应商的产品是否符合要求。

（3）管理效果。说明问题解决前后故障的数量、变更请求数量和解决的已知错误的数量。

（4）常规问题管理与问题预防管理之间的关系。积极的预防比消极的应对故障的出现更能体现出问题管理流程运营的成熟性。

（5）问题状态和行动计划。说明已对问题采取了何种行动、将采取何种行动及所需的时间和资源。

（6）改进问题管理的意见和建议。根据上面的信息，判断问题管理流程是否达到了服务质量计划的目标。如果没有到达，则审计管理流程，提出改进的意见和建议，并估计所需的资源和费用。

最后的管理报告与问题管理的范围有很大关系。如果范围扩展到产品和服务开发阶段，则问题管理甚至从这个阶段就要开始定义和监督已知问题和已知错误，从而管理报告也要包括这个阶段的有关问题和已知错误的解决和预防情况。

## 选择题

1. 主机故障的恢复重启模式包括（　　）。
   A）热重启　　　　　　　　B）冷重启
   C）暖重启　　　　　　　　D）冻重启
2. 数据库故障的类别包括（　　）。
   A）事务故障　　　　　　　B）系统故障
   C）操作故障　　　　　　　D）介质故障

## 思考题

1. 系统故障包括哪些类别？请举例说明。
2. 人员为什么是故障监视的重点？哪些人员应当被纳入故障监视的范围内？
3. 简述网络故障时的处理办法有哪些？
4. 故障管理与问题管理两者之间有什么关系？范围和目标各是什么？
5. 简述 Kepner&Tregoe 问题分析法的分析步骤。

# 第 20 章 安全管理

信息安全是一个动态发展的过程,不仅仅是纯粹的技术,仅仅依赖于安全产品的堆积来应对迅速发展变化的各种攻击手段是不能持续有效的。信息安全建设是一项复杂的系统工程,要从观念上进行转变,规划、管理、技术等多种因素相结合使之成为一个可持续的动态发展的过程。大多数事故的发生,与其说是技术原因,还不如说是由管理不善导致的。安全管理是信息系统安全能动性的组成部分,要贯穿于信息系统规划、设计、建设、运行和维护的各阶段。安全管理的目标是将信息资源和信息安全资源管理好。

## 20.1 概述

安全的最终实现是靠管理,可以说"三分技术,七分管理"。但究竟应该怎么加强信息安全管理却一直被探索中。目前国际上对安全管理也有很多尝试,比较有代表性的有 ISO13335 和 ISO17799 这两个安全管理的标准。对于这两个标准还有很多不同评价,但其参考价值是显而易见的。

一般来说,完整的安全管理制度必须包括以下几个方面:人员安全管理制度;操作安全管理制度;场地与设施安全管理制度;设备安全使用管理制度;操作系统和数据库安全管理制度;运行日志安全管理;备份安全管理;异常情况管理;系统安全恢复管理;安全软件版本管理制度;技术文档安全管理制度;应急管理制度;审计管理制度;运行维护安全规定;第三方服务商的安全管理;对系统安全状况的定期评估策略;技术文档媒体报废管理制度。

### 20.1.1 安全策略

安全策略的目的是保证信息系统的安全,为网络和信息安全提供管理指导和支持,是组织信息安全的最高方针,描述了一个组织高层的安全目标,并且描述了应该做什么而不是怎么去做。

实施策略的选择也是很重要的。应当根据组织内各个部门的实际情况,分别制订不同的信息安全策略。例如,规模较小的组织单位可能只有一个信息安全策略,并适用于组织内所有部门、员工;而规模大的集团组织则需要制订一个信息安全策略文件,分别适用于不同的子公司或各分支机构。信息安全策略应该简单明了、通俗易懂,并形成书面文件,发给组织内的所有成员。同时要对所有相关员工进行信息安全策略的培训,对信息安全负有特殊责任的人员要进行特殊的培训，以使信息安全方针真正植根于组织内所有员工的脑海中并落实到实际工作中。确定组织的安全策略是一个组织实现安全管理和技术措施的前提，否则所有的安全措施都将无的放矢。

安全策略实施是指在组织范围内实施已制定的并得到高层批准的安全策略，使安全策略的条文真正被有效执行。只有坚持执行既定方针、灵活调整实施策略、贯彻落实各项制度、提高员工和客户的安全意识、充分发挥全员的积极性和主动性，信息安全问题才能从根本上得到解决。为了实施安全策略，我们要采取必要的技术手段和各种安全解决方案，比如加密技术、防病毒技术、防火墙技术、入侵检测技术、安全隔离技术等。

### 20.1.2 安全管理措施

**1. 信息系统的安全保障措施**

信息系统的安全保障能力取决于信息系统所采取安全管理措施的强度和有效性，这些措施可以分为如下几个层面。

（1）安全策略。信息安全策略用于描述一个组织高层的安全目标，它描述应该做什么而不是怎么去做。确定组织的安全策略是一个组织实现安全管理和技术措施的前提，否则所有的安全措施都将无的放矢。

（2）安全组织。安全组织作为安全工作的管理、实施和运行维护体系，主要负责安全策略、制度、规划的制订和实施，确定各种安全管理岗位和相应的安全职责，并负责选用合适的人员来完成相应岗位的安全管理工作、监督各种安全工作的开展、协调各种不同部门在安全实施中的分工和合作，以保证安全目标的实现。

（3）安全人员。人是信息安全的核心，信息的建立和使用者都是人。不同级别的保障能力的信息系统对人员的可信度要求也不一样，信息系统的安全保障能力越高，对信息处理设施的维护人员、信息建立和使用人员的可信度要求就越高。

（4）安全技术。安全技术是信息系统里面部署的各类安全产品，它属于技术类安全控制措施，不同保障能力级别的信息系统应选择具备不同安全保障能力级别的安全技术与产品。

（5）安全运作。包括安全生命周期中各个安全环节的要求，包括安全服务的响应时间、安全工程的质量保证、安全培训的力度等。

**2. 健全的管理措施**

一般来说，健全的管理措施应包括以下内容。

（1）定义管理的目的、范围、责任和结果的安全制度。

（2）详细陈述控制的 IT 安全标准，这些控制是实现制度目标所要求的，例如有关访问控制的制度会由以下标准所补充，这个标准就是有关如何实现访问控制的标准（密码、授权程序、监测和审查，等等）。

(3) 制度即为标准和各个平台和工具的具体执行程序。
(4) 制度、标准和程序将被分发给每个工作人员。
(5) 经常审查制度的合理性和有效性。
(6) 更新制度的责任分配。
(7) 监督制度的遵守情况。
(8) 对工作人员进行一般的安全常识和制度要求方面的培训。
(9) 要求用户签订一个声明,声称在访问任何系统之前已经理解了制度并要遵守该制度。

此外,任何信息系统都不可能完全避免天灾或者人祸,当事故发生时,要有效地跟踪事故源、收集证据、恢复系统、保护数据。但除了采取所有必要的措施来应付可能发生的最坏的情况之外,还需要有事故恢复计划,以便在真正发生灾难的时候进行恢复。

紧急事故恢复计划是系统安全性的一项重要元素。应事先拟好系统紧急恢复计划,在事故发生时,按照计划以最短时间、最小的损失来恢复系统。紧急恢复计划的制定要简单明了、便于操作,同时必须确认相关人员充分了解了这份系统紧急恢复计划内容。系统紧急恢复计划应说明当紧急事件发生时,应向谁报告、谁负责回应、谁来做恢复决策,并且在计划中应包括情境模拟。此外,应定期对系统做试验、检查,发现问题或环境有改变时,应立即检查计划并决定是否需要修正,以保证其可靠性和可行性。

**3. 灾难恢复措施**

灾难恢复措施包括。
(1) 灾难预防制度。做灾难恢复备份,自动备份系统的重要信息。
(2) 灾难演习制度。每过一段时间进行一次灾难演习,以熟练灾难恢复的操作过程。
(3) 灾难恢复。使用最近一次的备份进行灾难恢复,可以分为两类,即全盘恢复和个别文件恢复。

**4. 备份策略**

(1) 完全备份。
(2) 增量备份。
(3) 差异备份。

同时,备份应有适当的实体及环境保护,并定期进行测试以保证关键时刻的可用性。备份资料的保存时间及是否永久保存由资料的拥有者来决定。

## 20.1.3 安全管理系统

安全管理系统要包括管理机构、责任制、教育制度、培训、外部合同作业安全性等方面的保证。建立信息安全管理体系能够使我们全面地考虑各种因素,人为的、技术的、制度的、操作规范的,等等。并且将这些因素进行综合考虑;建立信息安全管理体系,使得我们在建设信息安全系统时通过对组织的业务过程进行分析,能够比较全面地识别各种影响业务连续性的风险;并通过管理系统自身(含技术系统)的运行状态自我评价和持续改进,达到一个期望的目标。

通过信息安全管理系统规定各类信息的对于保证业务连续性的重要程度,即所谓的资产赋值,进而使规范的风险分析成为可能;无论 ISO17799 还是 ISO13335,都强调了规范的风险评估的必要性。这一点很值得我们参照,以使我们规划的信息安全系统具合理性。ISO17799 和 ISO13335 也都强调了人的作用,要求对所有相关人员进行经常性的安全培训,以使他们的行为符合整个安全策略的要求,这一点同样非常值得我们借鉴。通过信息安全管理系统明确组织的信息安全的范围、规定安全的权限和责任;信息的处理(包括提供、修改和使用)必须在相应的控制措施保护的环境下进行。

为了增强系统的安全性,也可以采用外部合同作业和外购的策略。外部合同作业要明确规定双方的任务与职责并使其得以坚持。应当制定一份经法律顾问评价的契约性协议,明确规定的期望及成效标准,以及对不履行所实施的惩罚。按照标准来跟踪、管理所签订的协议和成效的职责分派。确定用于关系的终止、重新评价和/或重新投标的规程,以确保单位的利益。如果采取外购策略,则应该确定本单位的外购战略,包括:与企业战略一致的外购目标、外购目的(例如降低成本或者集中于核心能力)、外购范围(例如所有系统或特定的 IT 功能)和报告渠道。

对于整个安全管理系统来说,应该将重点放在主动地控制风险而不是被动地响应事件,以提高整个信息安全系统的有效性和可管理性。

### 20.1.4 安全管理范围

对项目进行的管理,最重要的就是对项目的风险进行管理。项目风险是可能导致项目背离既定计划的不确定事件、不利事件或弱点。项目的风险管理集中了项目风险识别、分析及管理。识别出潜在风险后,风险管理的目的是从时间和成本的角度测定有连带关系的影响。因此,风险管理不仅关系到风险的识别,而且关系到将风险降低至可接受的水平。

对项目风险的管理应当包括:①一个风险管理计划,它至少应强调主要的项目风险(财务、进度、组织、业务调整)、潜在的风险影响、风险管理的可能的解决方案、降低风险的措施;②一个风险预防计划或应急计划,包括降低风险所必需的资源、时间及成本概算;③一个在整个项目周期内自始至终对风险进行测定、跟踪及报告的程序;④应急费用,并将其列入预算。

管理目标的确定和管理措施的选择原则是费用不超过风险所造成的损失。由于信息安全是一个动态的系统工程,组织应实时对选择的管理目标和管理措施加以校验和调整,以适应变化了的情况。

## 20.1.5 风险管理

没有绝对安全的环境，每个环境都有一定程度的漏洞和风险。风险是指某种破坏或损失发生的可能性。潜在的风险有多种形式，并且不只同计算机有关。考虑信息安全时，必须重视的几种风险有：物理破坏；人为错误；设备故障；内、外部攻击；数据误用；数据丢失；程序错误，等等。在确定威胁的时候，不能只看到那些比较直接的容易分辨的外部威胁，来自内部的各种威胁也应该引起高度重视，很多时候来自内部的威胁由于具有极大的隐蔽性和透明性导致更加难以控制和防范。

风险管理是指识别、评估、降低风险到可以接受的程度，并实施适当机制控制风险保持在此程度之内的过程。风险评估的目的是确定信息系统的安全保护等级以及信息系统在现有条件下的安全保障能力级别，进而确定信息系统的安全保护需求；风险管理则根据风险评估的结果从管理（包括策略与组织）、技术、运行三个层面采取相应的安全控制措施，提高信息系统的安全保障能力级别，使得信息系统的安全保障能力级别高于或者等于信息系统的安全保护等级。

**1．风险分析**

风险分析的方法与途径可以分为：定量分析和定性分析。定量分析是试图从数字上对安全风险进行分析评估的方法，通过定量分析可以对安全风险进行准确的分级，但实际上，定量分析所依靠的数据往往都是不可靠的，这就给分析带来了很大的困难。定性分析是被广泛采用的方法，通过列出各种威胁的清单，并对威胁的严重程度及资产的敏感程度进行分级。定性分析技术包括判断、直觉和经验，但可能由于直觉、经验的偏差而造成分析结果不准确。风险分析小组、管理者、风险分析工具、企业文化等决定了在进行风险分析时采用哪种方式或是两者的结合。风险分析的成功执行需要高级管理部门的支持和指导。管理部门需要确定风险分析的目的和范围，指定小组进行评估，并给予时间、资金的支持。风险小组应该由不同部门的人员组成，可以是管理者、程序开发人员、审计人员、系统集成人员、操作人员等。

**2．风险评估**

进行风险评估时需要决定要保护的资产及要保护的程度，对于每一个明确要保护的资产，都应该考虑到可能面临的威胁以及威胁可能造成的影响，同时对已存在的或已规划的安全管制措施进行鉴定。仅仅确定资产是不够的，对有形资产（设备、应用软件等）及人（有形资产的用户或操作者、管理者）进行分类也是非常重要的，同时要在两者之间建立起对应关系。有形资产可以通过资产的价值进行分类，如：机密级、内部访问级、共享级、未保密级。对于人员的分类类似于有形资产的分类。信息安全风险评估的复杂程度将取决于风险的复杂程度和受保护资产的敏感程度，所采用的评估措施应该与组织对信息资产风险的保护需求相一致。

#### 3. 控制风险

对风险进行了识别和评估后，可通过降低风险（例如安装防护措施）、避免风险、转嫁风险（例如买保险）、接受风险（基于投入/产出比考虑）等多种风险管理方式得到的结果来协助管理部门根据自身特点来制定安全策略。制定安全策略时，首先要识别当前的安全机制并评估它们的有效性。由于所面临的威胁不仅仅是病毒和攻击，对于每一种威胁类型要分别对待。在采取防护措施的时候要考虑如下一些方面：产品费用、设计/计划费用、实施费用、环境的改变、与其他防护措施的兼容性、维护需求、测试需求、修复、替换、更新费用、操作/支持费用。

## 20.2 物理安全措施

物理安全是指在物理介质层次上对存储和传输的网络信息的安全保护，也就是保护计算机网络设备、设施以及其他媒体免遭地震、水灾、火灾等环境事故以及人为操作失误或错误及各种计算机犯罪行为导致的破坏过程。物理安全是信息安全的最基本保障，是整个安全系统不可缺少和忽视的组成部分。物理安全必须与其他技术和管理安全一起被实施，这样才能做到全面的保护。物理安全主要包括三个方面：环境安全、设施和设备安全、介质安全。

### 20.2.1 环境安全

确保采取并保证足够的措施以防范环境因素的影响（比如，明火、灰尘、电力、过高的温度和湿度）。应按照适用的国际、国内和当地法律法规采取并保证健康和安全措施。确保重要敏感的商业信息处理设备在电源故障或短期断电事故中仍能持续工作。参见国家标准 GB50173－93《电子计算机机房设计规范》、国标 GB2887－89《计算站场地技术条件》、GB9361－88《计算站场地安全要求》等。

计算机系统对高温非常敏感，计算机系统还会产生大量的热能。数据中心的空气控制装置应该能够维持恒温和恒湿，其功能是根据房间大小以及预计数量的计算机系统所发出的热量被正确计算出来的。应该将空气控制装置设置为在出现故障或在温度超出正常范围时通知管理员。如果水冷凝在空调装置周围，必须将这些水从数据中心清除。

对于数据中心而言，使用喷水灭火装置是不合适的，因为短路会损坏计算机系统。在数据中心，只能使用无水灭火系统。应该将灭火系统配置为隔壁的火灾不会关闭数据中心的系统。如果无水灭火装置过于昂贵，也可以使用干管道系统，在喷水前切断数据中心的电源。咨询当地消防负责人，是否允许这种灭火方式。许多灭火规则都要求无论是否存在其他灭火系统，建筑物的所有空间都要有喷淋系统。如果属于这种情况，则应该将无水灭火系统配置为在喷淋系统启动之前启动。

计算机系统需要电源才能操作。在许多地方，电源供应会出现瞬时尖峰和短时间干扰。

这种干扰可以造成计算机故障,并导致数据丢失。所有敏感的计算机系统都应该有短时停电的保护。此时可以考虑电池备份,它可以提供足够的电力,以便安全地关闭计算机系统。为了保护系统不受到长时间停电的影响,应该使用紧急发电机。在这两种情况下,都应该设置警报,以便通知管理员发生了停电事件。

环境保护控制保证计算机处于适合其连续工作的环境中,并把灾难(人为或自然的)的影响降到最低限度。健全的环境安全管理应包括:①专门用来放置计算机设备的设施或房间;②对 IT 资产的恰当的环境保护,这些资产包括计算机设备、通信设备、个人计算机和局域网设备;③有效的环境控制机制,包括火灾探测和灭火系统、湿度控制系统、双层地板、隐藏的线路铺设、安全设置水管位置(使其远离敏感设备)、不间断电源和后备电力供应;④定期对计算机设备的周边环境进行检查;⑤定期对环境保护设备进行测试;⑥定期接受消防管理部门的检查;⑦对检查中发现的问题进行处理的流程。

## 20.2.2 设施和设备安全

为了保证设施和设备的安全,要在设施设备的使用管理的时候注意保障其安全,还要保证设施在遇到了风险与攻击时的安全。如果有可能的话,可以使用一些专用的安全设备来保障系统安全。

**1. 设备管理**

设备的管理包括设备的购置、使用、维修和存储管理几个方面,并要建立详细的资产清单。信息系统采取有关信息安全技术措施和采购装备相应的安全设备时,应遵循下列原则。

- 严禁采购和使用未经国家信息安全测评机构认可的其他信息安全产品。
- 尽量采用我国自主开发研制的信息安全技术和设备。
- 严禁直接采用境外密码设备。
- 必须采用境外信息安全产品时,该产品必须通过国家信息安全测评机构的认可。
- 严禁使用未经国家密码管理部门批准和未通过国家信息安全质量认证的国内密码设备。

信息系统中的所有设备必须是经过测评认证的合格产品,新选的设备应该符合中华人民共和国国家标准《数据处理设备的安全》、《电动办公机器的安全》中规定的要求,其电磁辐射强度、可靠性及兼容性也应符合安全管理等级要求。

信息系统有关安全设备的购置和安装,应遵循下列原则:

- 设备符合系统选型要求并且获得批准后,方可购置。
- 凡购回的设备均应在测试环境下经过连续 72 小时以上的单机运行测试和联机 48 小时的应用系统兼容性运行测试。
- 通过上面的测试后,设备才能进入试运行阶段。试运行时间的长短可根据需要自行确定。

- 通过试运行的设备,才能投入生产系统,正式运行。

对所有设备均应建立项目齐全、管理严格的购置、移交、使用、维护、维修和报废等登记制度,认真做好登记及检查工作,保证设备管理工作正规化。

每台(套)设备的使用均应指定专人负责,设备应有进出库领用和报废登记,安全产品及保密设备应被单独存储并有相应的保护措施。设备责任人应当保证设备在其出厂标称的使用环境(如温度、湿度、电压、电磁干扰、粉尘度等)下工作。设备责任人要建立详细的运行日志,负责设备的使用登记,登记内容包括运行起止时间、累计运行时间及运行状况等。由责任人负责进行设备的日常清洗及定期保养维护,做好维护记录,保证设备处于最佳状态。一旦设备出现故障,责任人应立即如实填写故障报告,通知有关人员处理。

设备应有专人负责维修,并且建立满足正常运行最低要求的易损件的备件库。根据每台(套)设备的资质情况及系统的可靠性等级,制定预防性维修计划。对系统进行维修时应采取数据保护措施,安全设备维修时应有安全管理员在场。对设备进行维修时必须记录维修对象、故障原因、排除方法、主要维修过程及有关维修情况等。对设备应规定折旧期,设备到了规定使用期限或因严重故障不能恢复,应由专业技术人员对设备进行鉴定和残值估价,且对设备情况进行详细登记,提出报告书和处理意见,有主管领导和上级主管部门批准后方能进行报废处理。

### 2. 设备安全

设备安全主要包括设备的防盗、防毁、防电磁信息辐射泄漏、防止线路截获、抗电磁干扰及电源保护等。所有敏感的计算机系统都应该受到保护,使之不接受非法访问。通常是通过将系统集中到数据中心来实现的,可以采用证件访问或组合封锁访问的方式来限制可以进入数据中心的员工,数据中心的墙壁从屋顶到地面应该是封闭的,入侵者则不能通过不安全的天花板进入数据中心。此外,为了实现设施和设备的安全,还可以使用备份、检测器、防灾设备和防犯罪设备等。

一般来说,备份设施与设备的管理应当包括的内容有。

- 制定有关备份、保存和恢复的规定。
- 为所有平台和应用程序制定正式备份周期(每天、每周、每月)以及生产、开发、测试环境。
- 使用磁带管理系统(在办公现场内外安全保存磁带,且不能破坏环境),定期参照磁带管理库存登记核对备份磁带的实际库存,使用磁带识别标签并制定用来防范意外覆盖磁带内容的流程。
- 备份进程安排必须与业务预期和机构持续性计划保持一致。
- 在系统或程序修改前进行备份。
- 定期把备份送到办公现场外的安全存放地点,备份内容包括:数据、程序、操作系统,以及文档(用户和技术手册、操作流程、灾难恢复计划)。
- 正式的恢复流程、正式的媒介销毁流程、从办公地点取走磁带的流程。

- 定期对备份的恢复能力进行测试,并定期更新磁带库存以消除已损坏的磁带。

其中,将备份存储介质存放在安全位置是非常重要的,但是还要必须保证备份介质可以用于读取信息。例如,大多数机构建立了磁带循环制度,最近的磁带存放地较远,较旧的磁带存放地较近,便于重用。磁带被移走的速度是个关键参数。这个参数取决于机构的风险,即灾难发生时,磁带存放在现场(因此而丢失了)与磁带存放在其他位置,往返存取磁带的交通费用。机构还必须考虑使用备份磁带恢复文件的频率。如果每天都要使用磁带,则应该在手边存放磁带,直到创建了存放了更近的备份文件的磁带为止。

IDS 是实时监测和防止黑客入侵系统及网络资源的检测系统。IDS 主要包括监管中心、基于网络的入侵检测器、基于主机的入侵检测器和人为漏洞检测(误用检测)器。通过对系统事件和网络上传输的数据进行实时监视和分析,一旦发现可疑的入侵行为和异常数据包,将立即报警并做出相应的响应,使用户的系统在受到破坏之前及时截取和终止非法的入侵或内部网络的误用,从而最大程度地降低系统安全风险,有效地保护系统资源和数据。

防灾系统是能利用各种防灾设备(防火设备、防烟设备等)原始数据的一种监视控制系统。中央控制室通过实时对各种设备的数据进行收集、监视、分析来掌握现场情况,从而达到合理、经济、安全使用防灾设备及防灾系统的目的。

### 20.2.3 介质安全

介质安全包括介质数据的安全及介质本身的安全。目前,该层次上常见的不安全情况大致有三类:损坏、泄露、意外失误。

**1. 损坏**

损坏包括:自然灾害(比如,地震、火灾、洪灾)、物理损坏(比如,硬盘损坏、设备使用寿命到期、外力破损等)、设备故障(比如,停电断电、电磁干扰等),等等。

介质库必须符合防火、防水、防震、防潮、防腐蚀、防鼠害、防虫蛀、防静电何妨电磁辐射的安全要求。一、二、三类介质应有多份备份和进行异地存储。介质库应设立库管理员,负责库的管理工作,并将核查使用人员的身份与权限。介质库内的所有介质应当被统一编目、集中分类管理。

解决由于自然的或人为的灾难(包括系统硬件、网络故障以及机房断电甚至火灾、地震等情况)导致的计算机系统数据灾难,避免单点故障的出现,这主要是利用冗余硬件设备保护用户 IT 环境内的某个服务器或是网络设备,备份中心应该考虑到应用、数据和操作系统各级的保护。

常规采用的数据备份容易造成备份的数据与数据库中的数据不一致,使数据库很难恢复。而且,恢复通过磁带备份的数据,需要三天到一个星期的时间,在这阶段,业务将处在停滞状态。同时,由于备份介质与生产系统之间的在线交易在物理上不好分开,所以在机房发生危险(如火灾、水灾以及其他的灾难性事件)时,数据丢失可能会导致业务瘫痪。因而迫切需要解决的问题是:对关键应用来说,如何能保证数据的安全性,以产生抵御灾难性的能力。随着环境的变化，灾难事件的增多，不能将对数据的依赖建立在可能不会出现灾难这样的赌注上，关键业务需要容灾。

因此异地容灾已成为数据可用性解决方案的重要组成部分。异地容灾系统提供了一个远程的应用备份现场，能防止因本地毁灭性灾难（地震、火灾、水灾等）引起的数据丢失。容灾方案的核心是两个关键技术：数据容灾（即数据复制）和应用的远程切换（即发生灾难时，应用可以很快地在异地切换）。其中，数据容灾与应用切换不能截然分开，应用切换应该以数据容灾为基础。我们建议在以后的日子中可以考虑异地容灾。

**2. 泄露**

信息泄漏主要包括：电磁辐射（比如，侦听微机操作过程）、乘机而入（比如，合法用户进入安全进程后半途离开）、痕迹泄露（比如,密码密钥等保管不善，被非法用户获得），等等。

物理访问控制从根本上保护了物理器件和媒介（磁性媒介及文档媒介）免遭损坏或窃取。为防止泄漏所进行的物理安全管理应当包括一下内容。

- 一套物理安全制度，规定了安全控制标准、常识、必须遵守的规定以及出现违规事件时应采取的措施。
- 在大楼、计算机房、通讯室以及大楼以外其他存放场所中，对设备、数据、媒介和文档进行访问的流程。
- 适宜的物理控制机制，可以包括：安全警卫、身份标志、生物技术检测、摄像头、防盗警报、个人计算机和外围设备标签、条形码和锁等。
- 检查监控制度是否得到遵守，包括定期检查事件汇报和登记表。
- 及时审查违反物理访问规定的事件。

显然，为保证信息网络系统的物理安全，除在网络规划和场地、环境等要求之外，还要防止系统信息在空间的扩散。计算机系统通过电磁辐射使信息被截获而失秘的案例已经很多，在理论和技术支持下的验证工作也证实这种截取距离在几百甚至可达千米的复原显示给计算机系统信息的保密工作带来了极大的危害。中华人民共和国保密指南第 BMZ2-2001 号文件《涉及国家秘密的计算机信息系统安全保密方案设计指南》第 8.8 条电磁泄露发射防护规定：计算机系统通过电磁泄露发射会造成信息在空间上的扩散，采用专用接收设备可以远距离接收还原信息，造成泄密。为了防止系统中的信息在空间上的扩散，通常是在物理上采取一定的防护措施，来减少或干扰扩散出去的空间信号。这对重要的政府、军队、金融机构在兴建信息中心时都将成为首要设置的条件。正常的防范措施主要在三个方面。

（1）对主机房及重要信息存储、收发部门进行屏蔽处理。建设一个具有高效屏蔽效能的屏蔽室，用它来安装运行主要设备，以防止磁鼓、磁带与高辐射设备等的信号外泄。为提高屏蔽室的效能，在屏蔽室与外界的各项联系、连接中均要采取相应的隔离措施和设计，如信号线、电话线、空调、消防控制线，以及通风波导、门的关起等。

（2）对本地网、局域网传输线路传导辐射的抑制。由于电缆传输辐射信息的不可避免性，现均采用了光缆传输的方式，大多数均在 Modem 的外接设备处用光电转换接口，用光缆接出屏蔽室外进行传输。

（3）对终端设备辐射的防范。终端机尤其是 CRT 显示器，由于上万伏高压电子流的作用，辐射有极强的信号外泄，但又因终端被分散使用，而不宜集中采用屏蔽室的办法来防止，故现在的要求除在订购设备上尽量选取低辐射产品外，目前主要采取主动式的干扰设备（如干扰机）来破坏对对应信息的窃取，个别重要的终端也可考虑采用有窗子的装饰性屏蔽室，此类虽降低了部份屏蔽效能，但可大大改善工作环境，使人感到类似于在普通机房内工作。

**3．意外失误**

虽然规定了信息设备管理的方法，使操作规程书面化，但意外失误也是难免的。例如，操作失误（比如，偶然删除文件、格式化硬盘、线路拆除等）和意外疏漏（比如，系统掉电、"死机"等系统崩溃）。此时可以采取应付突发事件的计划来指导工作，争取使意外失误造成的损失降到最低，并在最短时间内解决问题，使业务恢复正常。

## 20.3　技术安全措施

技术安全是指通过技术方面的手段对系统进行安全保护，使计算机系统具有很高的性能，能够容忍内部错误和抵挡外来攻击。技术安全措施为保障物理安全和管理安全提供技术支持，是整个安全系统的基础部分。技术安全主要包括两个方面，即系统安全和数据安全。

### 20.3.1　系统安全措施

保障信息系统安全是以信息系统所面临的安全风险为出发点，以安全策略为核心的，即从信息系统所面临的风险出发制定组织机构信息系统安全措施，通过在信息系统生命周期中对技术、过程、管理和人员进行保证，确保信息的机密性、完整性和可用性特征，从而实现和贯彻了组织机构策略，并将风险降低到可接受的程度，达到保护组织机构信息和信息系统资产，进而保障组织机构实现其使命的最终目的。

如下措施可以保护系统安全。

**1．系统管理**

系统管理过程规定安全性和系统管理如何协同工作，以保护机构的系统。系统管理的过程是：软件升级；薄弱点扫描；策略检查；日志检查；定期监视。

要及时安装操作系统和服务器软件的最新版本和修补程序。因为不断会有一些系统的漏洞被发现，通常软件厂商会发布新的版本或补丁程序以修补安全漏洞，保持使用的版本是最新的可以使安全的威胁最小。要进行必要的安全配置，应在系统配置中关闭存在安全隐患的、不需要的服务，比如：FTP、Telnet、finger、login、shell、BOOTP、TFTP等，这些协议都存在安全隐患，所以要尽量做到只开放必须使用的服务，关闭不经常用的协议及协议端口号。要加强登录过程的身份认证，设置复杂的、不易猜测的登录密码，严密保护账号密码并经常变更，防止非法用户轻易猜出密码，确保用户使用的合法性，限制未授权的用户对主机的访问。严格限制系统中关键文件的使用许可权限，加强用户登录身份认证，严格控制登录访问者的操作权限，将其完成的操作限制在最小的范围内。充分利用系统本身的日志功能，对用户的所有访问做记录，定期检查系统安全日志和系统状态，以便及早发现系统中可能出现的非法入侵行为，为管理员的安全决策提供依据，为事后审查提供依据。还要利用相应的扫描软件对操作系统进行安全性扫描评估、检测其存在的安全漏洞，分析系统的安全性，提出补救措施。

**2. 系统备份**

数据存储必须考虑保持业务的持续性，系统故障的出现可能导致业务停顿和服务对象的不满，从而降低单位的信誉。因此，保持业务的持续性是计算机系统备份中心的关键性指标。

系统备份在国内的发展先后经历了单机备份、局域网络备份、远程备份等三个阶段。目前国内政府机关主要还集中在局域网络备份阶段，但是政府的正常运作和数据的安全存储又给备份提出了更高的要求，一些政府机关不约而同地产生了建立专职备份中心的方案。其实，国内的一些商业银行、电信企业、保险和证券已经走在了前面。

现在备份的方法很多，主要有以下一些：文件备份；服务器主动式备份；系统复制；跨平台备份；SQL数据库备份；分级式存储管理；远程备份。

目前的备份的最好解决方案是基于建立备份中心的具有"容灾"性能的远程备份解决方案。"容灾"和"容错"不同。容错就是系统在运行过程中，若其某个子系统或部件发生故障，系统将能够自动诊断出故障所在的位置和故障的性质，并且自动启动冗余或备份的子系统或部件，保证系统能够继续正常运行，自动保存或恢复文件和数据。容灾也是为了保证系统的安全可靠，但是所针对的导致系统中断的原因不同，容灾是为了防止由于自然灾害等导致的整个系统全部或大部分发生问题。

系统备份按照工作方式的不同，可以分成下面的这三种类型。

（1）完全备份。可将指定目录下的所有数据都备份在磁盘或磁带中，此方式会占用比较大的磁盘空间。

（2）增量备份。最近一次完全备份拷贝后仅对数据的变动进行备份。完全备份每周一次，增量备份每日都进行。

（3）系统备份。对整个系统进行的备份。因为在系统中同样具有许多重要数据。这种备份一般只需要每隔几个月或每隔一年左右进行一次，根据客户的不同需求进行。

**3. 病毒防治**

计算机病毒的预防技术是根据病毒程序的特征对病毒进行分类处理，然后在程序运行中凡有类似的特征点出现时就认定是计算机病毒,并阻止其进入系统内存或阻止其对磁盘进行操作尤其是写操作,以达到保护系统的目的。计算机病毒的预防包括两方面:对已知病毒的预防和对未来病毒的预防。目前,对已知病毒预防可以采用特征判定技术或静态判定技术,对未知病毒的预防则是一种行为规则的判定技术即动态判定技术。计算机病毒的预防技术主要包括磁盘引导区保护、加密可执行程序、读写控制技术和系统监控技术等。

预防病毒的攻击固然重要,但是如果有病毒出现在磁盘上时,最重要的就是要消除病毒。杀毒程序必须拥有这种病毒如何工作的信息,然后才能将病毒从磁盘上删除。对文件型病毒,杀毒程序需要知道病毒如何工作,然后计算出病毒代码的起始位置和程序代码的起始位置,然后将病毒代码从文件中清除,文件则将被恢复到原来的状态。

**4. 入侵检测系统的配备**

仅仅使用防火墙技术对于网络安全来说是远远不够的,因为入侵者可以寻找防火墙背后可能敞开的后门,入侵者还有可能就在防火墙内,或者由于性能的限制,防火墙通常不能提供实时的入侵检测能力。此外,防火墙的保护措施是单一的。因此,必须在系统内部网的各个重要网段配备入侵检测系统作为防火墙的补充。入侵检测系统是近年出现的新型网络安全技术,它将提供实时的入侵检测,通过对网络行为的监视来识别网络的入侵的行为,并采取相应的防护手段。入侵检测系统可以发现对系统的违规访问、阻断网络连接、内部越权访问等,还可发现更为隐蔽的攻击。

在本单位的网络系统中安装的入侵检测系统,可以实现以下功能。

(1)实时监视网络上正在进行通信的数据流,分析网络通信会话轨迹,反映出内外网的联接状态。

(2)通过内置已知网络攻击模式数据库,能够根据网络数据流和网络通信的情况,查询网络事件,进行相应的响应。

(3)能够根据所发生的网络安全事件,启用配置好的报警方式,比如 E-mail、声音报警等。

(4)提供网络数据流量统计功能,能够记录网络通信的所有数据包,对统计结果提供数表与图形两种显示结果,为事后分析提供依据。

(5)默认预设了很多的网络安全事件,保障客户基本的安全需要。

(6)提供全面的内容恢复,支持多种常用协议。

(7)提供黑名单快速查看功能,使管理员可以方便地查看需要特别关注的主机的通信情况。

(8)支持分布式结构,安装于大型网络的各个物理子网中,一台管理器可管理多台服务器,达到分布安装、全网监控、集中管理。

- 接入方便,不需要改变网络的拓扑结构,对网络通信毫无影响。
- 基于 Windows 系统提供一系列的中文图形化管理工具,便于操作和配置,可以为管理员提供面向全网段的网络安全监控、防御和记录,对网络系统的安全管理能起到很大的帮助作用。

### 20.3.2 数据安全性措施

在计算机信息系统中存储的信息主要包括纯粹的数据信息和各种功能文件信息两大类。对纯粹数据信息的安全保护,以数据库信息的保护最为典型。而对各种功能文件的保护,终端安全很重要。

**1. 数据库安全**

数据库安全对数据库系统所管理的数据和资源提供安全保护,一般包括以下几点:①物理完整性,即数据能够免于物理方面破坏的问题,如掉电、火灾等;②逻辑完整性,能够保持数据库的结构,如对一个字段的修改不至于影响其他字段;③元素完整性,包括在每个元素中的数据是准确的;④数据的加密;⑤用户鉴别,确保每个用户被正确识别,避免非法用户入侵;⑥可获得性,指用户一般可访问数据库和所有授权访问的数据;⑦可审计性,能够追踪到谁访问过数据库。

要实现对数据库的安全保护,一种选择是安全数据库系统,即从系统的设计、实现、使用和管理等各个阶段都要遵循一套完整的系统安全策略;二是以现有数据库系统所提供的功能为基础构作安全模块,旨在增强现有数据库系统的安全性。

**2. 终端识别**

终端安全主要解决计算机信息的安全保护问题,一般的安全功能如下:基于密码或/和密码算法的身份验证,防止非法使用机器;自主和强制存取控制,防止非法访问文件;多级权限管理,防止越权操作;存储设备安全管理,防止非法软盘复制和硬盘启动;数据和程序代码加密存储,防止信息被窃;预防病毒,防止病毒侵袭;严格的审计跟踪,便于追查责任事故。

终端识别也被称为回叫保护,在计算机通信网络中应用广泛。计算机除了对用户身份进行识别外,还将对联机的用户终端位置进行核定,如果罪犯窃取了用户密码字并在非法地点联机,系统将会立即切断联络并对非法者的位置、时间、电话号码加以记录以便追踪罪犯。

为了鉴别连到特殊地点和便携设备的连接,应当考虑自动终端识别技术。如果一个对话只能从特殊的地点或者计算机终端上启动这点很重要,那么自动终端识别就是一种可以考虑的方法。终端内或者贴到终端上的一个标识可以用来指示是否允许这个特定的计算机终端启动或者接收特殊事项。为保持终端标识的安全,可能需要对计算机终端进行物理保护。也可以用其他的技术鉴别计算机终端。

**3. 文件备份**

备份能在数据或系统丢失的情况下恢复操作。备份的频率应与系统/应用程序的重要性相联系。要进行数据恢复,就需要进行某种形式的数据备份。管理员可以指定哪些文件需要备份以及备份的频率。每当移动设备连接到网络上并进行备份的时候,它会创建一个检查点。如果原有设备丢失或者损坏,设备的精确备份就会从这个检查点开始。

**4. 访问控制**

访问控制是指防止对计算机及计算机系统进行非授权访问和存取,主要采用两种方式实现:一种是限制访问系统的人员;另一种是限制进入系统的用户所能做的操作。前一种主要通过用户标识与验证来实现,而后一种则依靠存取控制来实现。手段包括用户识别代码、密码、登录控制、资源授权(例如用户配置文件、资源配置文件和控制列表)、授权核查、日志和审计。

(1) 用户标识与验证。

访问控制是对进入系统进行控制,而选择性访问控制是进入系统后,对像文件和程序这类的资源的访问进行控制。一般来说,提供的权限有:读、写、创建、删除、修改等。安全级别指定用户所具有的权限,有管理员任务的人拥有所有的权限,最终用户只有有限的权限。

用户标识与验证是访问控制的基础,是对用户身份的合法性验证。三种最常用的方法如下。

- 要求用户输入一些保密信息,如用户名和密码。
- 采用物理识别设备,例如访问卡,钥匙或令牌。
- 采用生物统计学系统,基于某种特殊的物理特征对人进行唯一性识别,包括签名识别法、指纹识别法、语音识别法。

其中,密码是只有系统和用户自己知道的简单字符串,是进行访问控制的简单而有效的方法,但是一旦被别人知道了就不再安全了。除了密码之外,访问控制的特性还包括如下内容。

- 多个密码。即一个密码用于进入系统,另一个密码用于规定操作权限。
- 一次性密码。系统生成一次性密码的清单,例如,第一次用 A,第二次用 B,第三次用 C 等。
- 基于时间的密码。访问使用的正确密码随时间变化,变化基于时间和一个秘密的用户钥匙,密码隔一段时间就发生变化,变得难以猜测。
- 智能卡。访问不但需要密码,还需要物理的智能卡才有权限接近系统。
- 挑战反应系统。使用智能卡和加密的组合来提供安全访问控制/身份识别系统。

(2) 存取控制。

存取控制是对所有的直接存取活动通过授权进行控制以保证计算机系统安全保密机制,是对处理状态下的信息进行保护。一般有两种方法,一是隔离技术法,二是限制权限法。

隔离技术法,即在电子数据处理成分的周围建立屏障,以便在该环境中实施存取规则。隔离技术的主要实现方式包括:物理隔离方式、时间隔离方式、逻辑隔离方式、密码技术隔离方式等。其中物理隔离方式各过程使用不同的物理目标，是一种有效的方式。传统的多网环境一般通过运行两台计算机实现物理隔离。现在我国已经生产出了拥有自主知识产权的涉密计算机，它采用双硬盘物理隔离技术，通过运行一台计算机，即可在物理隔离的状态下切换信息网和公共信息网，实现一机双网或一机多网的功能。还有另外一种方式就是加装隔离卡，一块隔离卡带一块硬盘、一块网卡，连同本机自带的硬盘网卡，使用不同的网络环境。当然，物理隔离方式对于系统的要求比较高，必须采用两整套互不相关的设备，其人力、物力、财力的投入都是比较大的。但也是很有效的方式，因为两者就如两条平行线，永不交叉，自然也就安全了。

限制权限法就是限制特权以便有效地限制进入系统的用户所进行的操作。具体来说，就是对用户进行分类管理，安全密级授权不同的用户分在不同类别；对目录、文件的访问控制进行严格的权限控制、防止越权操作；放置在临时目录或通信缓冲区的文件要加密，用完尽快移走或删除。

## 20.4 管理安全措施

管理安全是使用管理的手段对系统进行安全保护，为计算机系统的安全提供制度、规范方面的保障。管理安全措施为保障物理安全和技术安全提供组织上和人员上的支持，是整个安全系统的关键部分。管理安全措施主要包括两个方面，即运行管理和防范罪管理。

### 20.4.1 运行管理

运行管理是过程管理，是实现全网安全和动态安全的关键。有关信息安全的政策、计划和管理手段等最终都会在运行管理机制上体现出来。运行管理工作主要包括日常运行的管理、运行情况的记录以及对系统的运行情况进行检查与评价。信息系统的运管与维护工作必须由了解系统功能及目标、能与企业管理人员直接接触的信息管理专业人员专职负责。就目前的运行管理机制来看，常常有以下几方面的缺陷和不足。

- 安全管理方面人才匮乏。
- 安全措施不到位。
- 缺乏综合性的解决方案。

一般来说，运行管理内容如下。

**1. 出入管理**

根据安全等级和涉密范围进行分区控制。根据每个工作人员的实际工作需要规定所能进入的区域，无权进入者的跨区域访问和外访者进入机房，必须经过有关安全管理人员的批准。对机房和区域的进出口进行严格控制，根据涉密程度和安全等级采取必要的措施，如设置门卫和电子技术报警与控制装置，对人员进入和离开时间及进入理由进行登记等多种限制措施。

**2．终端管理**

终端管理的目的是：增强对终端用户管理的有效性；提高终端用户的满意度；降低系统运营管理成本；提升企业竞争力。进行终端管理要能够有效地管理软硬件资源，应对各种紧急情况的发生，快速采取统一有效的措施，从而增强系统对主要业务的支持能力，提高可用性。终端管理应该比较严格，不能让设在各处的终端处于失控状态。从今后的发展趋势看，分布式的程度会越来越大，这就预示着未来的信息失控面会越来越大。因此，必须制定明确而具有可操作性的管理办法，使每一台终端都在有监督状态下运行。终端管理可以有效地管理终端用户对资源的使用，应对及预防各种紧急情况和突发事件的发生。从而增强系统对主要业务的支持能力，并提高可用性。

一般来说，终端管理主要包括三个模块：

（1）事件管理。对各种事件的处理模块。事件管理的基本目标就是尽可能快地恢复系统的正常服务并减小对正常业务操作的负面影响，保持信息系统尽可能好的服务质量，维持高可用性。在收到第一个用户的服务请求时就尝试将事故解决掉，从零散的事故中发现潜在的系统问题或危险，并制定出相应的解决方案。

（2）配置管理。内部终端系统软硬件配置的记录和管理模块，提供桌面系统的资产信息，方便对用户终端的统一管理，防止资产流失。通过配置管理模块可以对所有终端用户的配置有一个详细的了解，对终端用户应对紧急情况的能力有一个全面的评估，结合事件处理模块可以制定出预防性的解决方案。

（3）软件分发。一旦制定出对终端用户的安装或升级策略，IT部门就可以方便地利用软件分发功能将相应的链接发送给终端用户，进行自动安装。方便对终端用户进行统一的操作，减少IT部门工程师的维护工作量。结合前两个模块，可以提高应对紧急情况的处理能力，并能通过配置管理检查到各终端的执行情况，以便进行进一步的提示或者采取措施。

**3．信息管理**

运行管理过程中，要对所有信息进行管理，对经营活动中的物理格式和电子格式的信息提供信息分类和信息控制，将所有抽象的信息记录下来并存档。健全的信息管理应当包括如下内容：①数据所有者的制度，至少要包括数据分类（即机密、限制或公开）、数据管理职责、数据保存期限和销毁方法；②数据拥有权限的交互方法；③机密数据的特别处理流程；④数据所有者的责任、对自己数据访问的授权和监督、定义数据备份需求；⑤处理数据输出错误、对数据的错误提交进行更正和重新提交、核对输出、处理冲突；⑥审核过程有利于跟踪最初的源文件或输入数据、跟踪主控文件的更改和更新、跟踪争议和出错信息的更正和处理过程、为现有的需求重新定期评估已有的报告或输出。

## 20.4.2 防犯罪管理

由于计算机信息有共享和易于扩散等特性，它在处理、存储、传输和使用上有着严重的脆弱性，很容易被干扰、滥用、遗漏和丢失，甚至被泄露、窃取、篡改、冒充和破坏，还有可能受到计算机病毒的感染。计算机系统所面临的主要威胁如下。

- 在已授权的情况下，对网络设备及信息资源进行非正常使用或越权使用等。
- 利用各种假冒或欺骗的手段非法获得合法用户的使用权限。
- 使用非法手段窜改计算机系统的数据或程序。
- 改变系统的正常运行方法，减慢系统的响应时间，甚至于破坏计算机系统。
- 线路窃听。

加速信息安全技术在反计算机犯罪中的研究和应用，将对我国在计算机犯罪方面提供技术支持，将有助于有效地打击、遏止和预防计算机犯罪。同时，管理也是安全中非常重要的一环，我们有必要认真地分析管理所带来的安全风险，并采取相应的安全措施。应按照国家关于计算机和网络的一些安全管理条例来制订安全管理制度。责权不明、管理混乱，使得一些员工或管理员随便让一些非本地员工甚至外来人员进入机房重地，或者员工有意无意泄漏他们所知道的一些重要信息，而管理上却没有相应制度来约束。当网络出现攻击行为或网络受到其他一些安全威胁时，无法进行实时的检测、监控、报告与预警。同时，当事故发生后，也无法提供黑客攻击行为的追踪线索及破案依据，即缺乏对网络的可控性与可审查性。这就要求我们必须对站点的访问活动进行多层次的记录，及时发现非法入侵行为。建立全新网络安全机制，必须深刻理解网络并能提供直接的解决方案，因此，最可行的做法是管理制度和管理解决方案的结合。

目前，各国政府普遍意识到信息安全风险对其国家利益可能带来的威胁，因此都在为自身的安全保障进行努力。进行信息安全管理工作规范化和制度化，使网络控制、信息控制、信息资源管理、黑客攻击的防犯罪的打击和泄密的防范上既有法可依，又有技术的支撑。应在立法、组织体系、基础设施保障、技术研发、经费保障、人才培养、意识教育等方面进行大量的工作。

## 20.5 相关的法律法规

为尽快制定适应和保障我国信息化发展的计算机信息系统安全总体策略，全面提高安全水平，规范安全管理，国务院、公安部等有关单位从 1994 年起制定发布了《中华人民共和国计算机信息系统安全保护条例》等一系列信息系统安全方面的法规。这些法规涉及到了信息系统的安全、计算机病毒防治措施、防止非特权存取等几个方面。从事信息化领导工作的人员要对现有的法规有一个系统的、全面的了解，了解有关信息安全标准和规范，以组织日常信息安全隐患的防范工作，有能力领导相关人员制定有关安全策略和方案。

信息安全管理政策法规包括国家法律和政府政策法规和机构和部门的安全管理原则。信息系统法律的主要内容有：信息网络的规划与建设、信息系统的管理与经营、信息系统的安全、信息系统的知识产权保护、个人数据保护、电子商务、计算机犯罪和计算机证据与诉讼。信息安全管理涉及的方面有：人事管理、设备管理、场地管理、存储媒体管理、软件管理、网络管理、密码和密钥管理、审计管理。我国的信息安全管理的基本方针是：兴利除弊、集中监控、分级管理、保障国家安全。

《计算机病毒防治管理办法》是公安部于 2000 年 4 月 26 日发布执行的，共 22 条，目的是加强对计算机病毒的预防和治理，保护计算机信息系统安全。其主要内容如下。

- 公安部公共信息网络安全监察部门主管全国的计算机病毒防治管理工作，地方各级公安机关具体负责本行政区域内的计算机病毒防治管理工作。
- 任何单位和个人应接受公安机关对计算机病毒防治工作的监督、检查和指导，不得制作、传播计算机病毒。
- 计算机病毒防治产品厂商应及时向计算机病毒防治产品检测机构提交病毒样本。
- 拥有计算机信息系统的单位应建立病毒防治管理制度并采取防治措施。
- 病毒防治产品应具有计算机信息系统安全专用产品销售许可证，并贴有"销售许可"标记。

## 20.6 安全管理的执行

信息系统安全管理的第一步是安全组织机构的建设，首先确定系统安全管理员（SSA）的角色，并组成安全管理小组或委员会，制定出符合本单位需要的信息安全管理策略，包括安全管理人员的义务和职责、安全配置管理策略、系统连接安全策略、传输安全策略、审计与入侵安全策略、标签策略、病毒防护策略、安全备份策略、物理安全策略、系统安全评估原则等内容。

执行安全管理要做到如下几点。

- 从管理体制上保证安全策略切实可行，制定安全管理条例，要求每个员工必须遵守。
- 从管理手段上保证安全策略切实可行。
- 从管理成员上保证安全策略切实可行，需要网络管理人员不断提高自己的技术水平，使管理能够得到有效落实。
- 从管理支持上保证安全策略切实可行，可以和国内外大型的安全产品生厂商或者咨询顾问公司建立密切联系。

制定安全管理制度，实施安全管理的原则如下。

- 多人负责原则。每项与安全有关的活动都必须有两人或多人在场。这些人应是由系统主管领导指派的，应忠诚可靠，能胜任此项工作。
- 任期有限原则。一般地讲，任何人最好不要长期担任与安全有关的职务，以免误认为这个职务是专有的或永久性的。
- 职责分离原则。除非系统主管领导批准，在信息处理系统工作的人员不要打听、了解或参与职责以外、与安全有关的任何事情。

## 20.6.1 安全性管理指南

安全管理应尽量把各种安全策略要求文档化和规范化,以保证安全管理工作具有明确的依据或参照,使安全性管理走上科学化、标准化、规范化的道路。可以采取以下方法:

(1) 制定运行管理手册。运行管理手册从人员管理、规章制度、岗位职责等几个方面对安全性管理做出详细规定,使管理人员在工作中的一言一行都有章可依、有据可查,指导管理人员的工作实施。为了不让制度虚设,管理人员应当狠抓落实。

(2) 编写完善、详细的用户手册,使用户可以根据书面的规定来实施操作,在遇到疑问的时候可以找到依据。最好能够设计出简明用户手册和详细用户手册各一份,使受过培训的用户、有一定使用基础的用户和对操作完全陌生的用户能够根据自己的需要进行选择。

(3) 安全性检查清单是进一步的详细信息,为实现安全性而列出了一些推荐做法和最佳实践,使各项设置保持正确。安全性检查清单其实也是一道很好的防火墙,只要配置适当,也可以有效地防止攻击。例如,在这个清单中能够找到的信息可以包括以下实用的主题:在入侵者突破了防火墙的情况下配置 IPSec 策略;通过限制来隔绝那些可以存取 Telnet 服务器的用户以达到保护服务器的目的;为服务器的虚拟目录设置适当的存取控制;进行日志记录,并在日志文件(log file)中设置适当的权限;在 ASP 程序代码中检查窗体输入,以防止恶意输入,等等。

## 20.6.2 入侵检测

为了便于入侵检测的进行,防止系统受到攻击,可以从如下几点来实现:使用目前世界先进的安全技术和产品;设置对文件、目录、打印机和其他资源的访问权限,这样可以防止某些内部的数据丢失;加强密码管理(比如设置其生效期和频繁更改密码等);在网络用户准备登录时,应该对其进行严格的身份认证,可以通过此用户所属的主机以及采取基于一次性密码的用户验证系统(比如 SecurID 等),检查进入网络的用户是否合法,防止非法用户进入网络;通过对网络文件进行严格的访问控制(可以通过操作系统本身的功能和特殊的软件比如 CA 的 Assess Control 等),达到限制用户行为的目的。也就是说,用户只有在得到对某个文件的访问授权之后才能访问该文件。

系统必须建立一套安全监控系统,全面监控系统的活动,并随时检查系统的使用情况,一旦有非法入侵者进入系统,能及时发现并采取相应措施,确定和堵塞安全及保密的漏洞。应当建立完善的审计系统和日志管理系统,利用日志和审计功能对系统进行安全监控。管理人员还应当经常做到这么几点:监控当前正在进行的进程,正在登录的用户情况;检查文件的所有者、授权、修改日期情况和文件的特定访问控制属性;检查系统命令安全配置文件、密码文件、核心启动运行文件、任何可执行文件的修改情况;检查用户登录的历史记录和超级用户登录的记录。如发现异常,及时处理。

进行入侵监测的益处有如下几点。

- 通过检测和记录网络中的安全违规行为，惩罚网络犯罪、防止网络入侵事件的发生。
- 检测其他安全措施未能阻止的攻击或安全违规行为。
- 检测黑客在攻击前的探测行为，预先给管理员发出警报。
- 报告计算机系统或网络中存在的安全威胁。
- 提供有关攻击的信息，帮助管理员诊断网络中存在的安全弱点，利于其进行修补。
- 在大型、复杂的计算机网络中布置入侵检测系统，可以显著提高网络安全管理的质量。

## 20.6.3  安全性强度测试

作为保护信息的工具与手段，确定信息系统的安全保障能力是至关重要的。信息系统的安全保障能力级别取决于信息系统所采取安全控制措施的强度和有效性。根据信息系统正在执行的安全策略级别、安全技术保障能力级别、安全组织保障级别、安全运作能力级别可以综合评定特定信息系统的安全保障能力级别。

为了检验系统的安全保障能力，需要对系统进行安全性强度测试。安全性强度测试主要检测系统在强负荷运行状况下检测效果是否受影响，主要包括大量的外部攻击、大负载、高密度数据流量情况下对检测效果的检测。并根据测试结果来进行分析，得出对系统的安全保障能力的评价。

## 20.6.4  安全性审计支持

为了能够实时监测、记录和分析网络上和用户系统中发生的各类与安全有关的事件（如网络入侵、内部资料窃取、泄密行为等），并阻断严重的违规行为，就需要安全审计跟踪机制的来实现在跟踪中记录有关安全的信息。已知安全审计的存在可对某些潜在的侵犯安全的攻击源起到威慑作用。

审计是记录用户使用计算机网络系统进行所有活动的过程，它是提高安全性的重要工具。审计记录应包括以下信息：事件发生的时间和地点；引发事件的用户；事件的类型；事件成功与否。它不仅能够识别谁访问了系统，还能指出系统正被怎样地使用。对于确定是否有网络攻击的情况，审计信息对于确定问题和攻击源来说很重要。同时，系统事件的记录能够更迅速和系统地识别问题，并且它是后面阶段事故处理的重要依据。另外，通过对安全事件的不断收集与积累并且加以分析，有选择性地对其中的某些站点或用户进行审计跟踪，以便对发现或可能产生的破坏性行为提供有力的证据。

因此，除使用一般的网管软件和系统监控管理系统外，还应使用目前以较为成熟的网络监控设备或实时入侵检测设备，以便对进出各级局域网的常见操作进行实时检查、监控、报警和阻断，从而防止针对网络的攻击与犯罪行为。

维护安全性是一个进行中的过程，必须定期检查及访问。维护系统安全性需要非常警惕，因为任何系统默认的安全性配置都会随着时间的逝去而越加趋向公开。所以要定期审计系统的安全性状态（可以通过手工方式也可以通过自动方式）。例如，在加强一个全新安装的系统的安全性之后，可以在 5 天后执行软件审计命令以确定系统安全性是否已更改（与安全性配置文件所定义的状态不同）。审计安全性的频繁程度取决于环境的紧急程度与安全策略。有些用户每小时、每天或者每月进行一次审计运行操作。而有些用户每小时运行一次最小扫描（仅检查有限数量），每天运行一次完整扫描（进行全部检查）。

在某些情况下，会发现在加强已部署系统的安全性之前检查其安全性状态是很必要的。例如，如果是在接管之前由他人管理的已部署系统，则应检测系统以了解其状态，如果必要的话可以使它们与其他系统所使用的相同安全性配置文件相兼容。

此外，还需要审计重要组件以维护已部署系统的安全性状态。如果不定期审计安全性状态，则由于平均信息量或者修改会不知不觉或恶意地更改所需的安全性状态，导致配置随之变化。如果不进行定期检查，则不会发现这些更改并采取相应的纠正措施。这将导致系统的安全性降低，便更容易受到攻击。

除了定期审计之外，在升级、安装修补程序与其他的重要系统配置发生更改后也需要进行审计。

## 选择题

1. 制定安全管理制度，实施安全管理的原则有哪几项？
   A）多人负责原则          B）领导权威原则
   C）任期有限原则          D）职责分离原则
   E）增多交流原则

2. 除了采取所有必要的措施来预防事故发生之外，还需要制定_____，以便在真正发生灾难的时候进行恢复。
   A）风险管理计划          B）灾难恢复计划
   C）持续性计划            D）维修计划

## 思考题

1. 安全管理措施包括哪些方面和哪些内容？
2. 风险管理包括哪些方面和哪些内容？
3. 物理安全措施包括哪几个方面的内容？对每个方面进行举例说明。
4. 系统安全措施和数据安全性措施都有哪些？
5. 怎样实现管理安全？

# 第 21 章 性能及能力管理

## 21.1 系统性能评价

### 21.1.1 性能评价概述

**1. 含义**

计算机系统性能评价技术是按照一定步骤，选用一定的度量项目，通过建模和实验，对计算机的性能进行测试并对测试结果做出解释的技术。计算机系统性能评价没有统一的规范。进行评价可以是为了不同的目的。不同的人员可能采用不同的度量项目、不同的测试方法和测试工具，对测试结果将做出不同解释。在 IT 系统的管理中，计算机系统的性能评价技术是十分重要的。

**2. 重要性**

IT 系统的运营管理要考察系统的运营状况，根据需要调整和改善系统软硬件和环境条件，以提高系统的业务支持能力；或者调整 IT 资产结构，在保障系统有效运转的前提下降低 IT 系统总体成本。IT 系统运营管理的根本目的是以尽可能低的花费为组织的业务提供足够的和可靠的 IT 服务支持。

为了保障对业务提供持续可靠并且经济的 IT 支持，需要对系统性能进行科学而有效的管理。性能评价技术是在必要的时候（例如，新硬件设备采购的评测、定期系统能力评价、业务需求变更之时的能力评测和规划）作为性能管理的支撑技术出现的。

### 21.1.2 性能评价指标

**1. 计算机系统工作能力指标**

反映计算机系统负载和工作能力的常用指标主要有三类，具体如下。

（1）系统响应时间（Elapsed Time）。

时间是衡量计算机性能最主要和最为可靠的标准，系统响应能力根据各种响应时间进行衡量，它指计算机系统完成某一任务（程序）所花费的时间，比如访问磁盘、访问主存、输入/输出等待、操作系统开销，等等。

响应时间为用户 CPU 时间和系统 CPU 时间之和：

$$T = T_{user} + T_{sys}$$

系统时间主要是指访问磁盘、访问主存和 I/O 等待的时间，因此衡量响应时间主要是衡量用户 CPU 时间。用户 CPU 时间取决于三个特征：时钟周期 $T_C$，指令平均时钟周期数

CPI 以及程序中总的指令数 $I_N$,用公式可以表示为:
$$T_{cpu} = I_N \times CPI \times T_C$$

CPI 为平均指令时钟周期,可以表示为:
$$CPI = \frac{\sum_{i=1}^{n}(CPI_i \times I_i)}{I_N} = \sum_{i=1}^{n}(CPI_i \times \frac{I_i}{I_N})$$

其中 n 为指令的种类数量,$CPI_i$ 是第 i 种指令的 CPI,$I_i$ 是第 i 种指令使用的数量。

举个例子,A 机执行的程序中有 20%转移指令($2T_C$),转移指令都需要一条比较指令($1T_C$)配合,B 机中转移指令已经包含了比较指令,但 $T_C$ 比 A 机慢 15%。需要比较 A 机、B 机哪个工作速度快。按照上述公式我们可以得出下面的计算结果:

A 机:$T_{CPUA} = I_{NA} \times (0.2 \times 2 + 0.2 \times 1 + 0.6 \times 1) \times T_{CA} = 1.2\ I_{NA} \times T_{CA}$

B 机:$T_{CPUB} = 0.8 I_{NA} \times ((0.2/0.8) \times 2 + (1 - 0.2/0.8) \times 1) \times 1.15 T_{CA} = 1.15\ I_{NA} \times T_{CA}$

从比较的结果来看,B 机比 A 机工作速度要快,因此,不能仅按 CPU 的主频衡量系统性能。

(2)系统吞吐率(Throughput)。

吞吐率指标是系统生产力的度量标准,描述了在给定时间内系统处理的工作量。系统的吞吐率是指单位时间内的工作量。例如,处理器的吞吐率是按每秒处理多少百万条指令(MIPS 或者 MFLOPS)来度量的。对于在线事务处理系统,吞吐率的度量是每秒处理多少事务(Transaction per second,TPS)。对于通信网络,吞吐率是指每秒传输多少数据报文(PPS)或多少数据位(BPS)。

系统的额定能力是指理想状态下,系统可承受的最大可能吞吐率。一般,我们都不期望让系统达到额定能力,因为此时响应时间太短,输出的显示也太快,以至于用户无法感觉到系统已经发生了响应。能使用户高效工作的能力被称为可用能力。可用能力与额定能力之间的比例就称为系统的效率。

吞吐率指标与系统的负荷之间的关系如图 21-1 所示。最初,在系统的负荷较小时,吞吐率指标增长很快。到某个点时,吞吐率指标的增长率会降低。该点的吞吐率称为拐点能力。继续增加负荷,到某一点时,吞吐率会逐步降低,即此时系统出现超负荷现象。

吞吐率指标是要按照工作单位(即作业、任务、指令等)来定义的。还有,时间性指标与吞吐率指标之间存在相互依赖的关系,响应比较敏捷的系统通常具有较高的吞吐率。

下面介绍一下 MIPS、MFLOPS、TPS 等几个反映系统吞吐率的概念。

① 每秒百万次指令(Million Instruction Per Second, MIPS)。

MIPS 可以用公式表示为:

MIPS = 指令数/（执行时间×1 000 000）

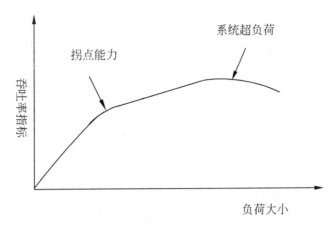

图 21-1　负荷与吞吐率指标之间的关系

MIPS 的大小和指令集有关，不同指令集的计算机间的 MIPS 不能做比较，因此在同一台计算机上的 MIPS 是变化的，因程序不同而变化。MIPS 中，除包含运算指令外，还包含取数、存数、转移等指令。相对 MIPS 是指相对于参照机而言的 MIPS，通常用 VAX-11/780 机处理能力为 1MIPS。

② 每秒百万次浮点运算（Million Instruction Per Second，MFLOPS）。

MFLOPS 可以用公式表示为：

MFLOPS = 浮点指令数/（执行时间×1 000 000）

1MFLOPS 约等于 3MIPS。MIPS 只适宜于评估标量机，不能用于评估向量机，而 MFLOPS 则比较适用于衡量向量机的性能。但是 MFLOPS 仅仅只能用来衡量机器浮点操作的性能，而不能体现机器的整体性能。例如编译程序，不管机器的性能有多好，它的 MFLOPS 不会太高。MFLOPS 是基于操作而非指令的，所以它可以用来比较两种不同的机器。例如 100%的浮点加要远快于 100%的浮点除。单个程序的 MFLOPS 值并不能反映机器的性能。

③ 位每秒（Bits per second，BPS）。

计算机网络信号传输速率一般以每秒传送数据位（Bit）来度量，简写为 BPS。更大的单位包括 KBPS（Kilo bits per second）和 MBPS（Million bits per second）。

④ 数据报文每秒（Packets per second，PPS）。

通信设备（例如路由器）的吞吐量通常由单位时间内能够转发的数据报文数量表示，简写为 PPS。更大的单位包括 KPPS（Kilo packets per second）和 MPPS（Million packets per second）。

⑤ 事务每秒（Transaction per second，TPS）。

即系统每秒处理的事务数量。

（3）资源利用率（Utilization Ratio）。

资源利用率指标以系统资源处于忙状态的时间为度量标准。系统资源是计算机系统中能分配给某项任务的任何设施，包含系统中的任何硬件、软件和数据资源。例如，CPU 的利用率指标应是 CPU 忙的时间总量 t 除以运行时间总量 T。系统资源未被利用的时间片段被称为空闲时间。对于一个平衡的系统而言，系统空闲与忙的时间片均匀地分布在整个运行时间内，因此系统资源既不会太忙也不会太闲。

**2．其他综合性能指标**

（1）可靠性。

系统可靠性通常反映系统处理用户工作的可用性或处理过程失败或错误的概率。系统可用的那部分时间被称为正常运行时间，系统不可用的时间被称为停机故障时间。平均故障间隔时间 MTBF（Mean Time Between Failure）是系统在相邻两次故障之间工作时间的数学期望。通常我们更要关注两次故障之间工作时间的分布特征。有时，MTBF 相对较短，但分布图上可能显示出在个别情况下，相邻故障之间的时间会较长，此时的代价会很大。

（2）可维护性。

系统失效后在规定时间内可被修复到规定运行水平的能力。可维护性用系统发生一次失败后，系统返回正常状态所需的时间来度量，它包含诊断、失效定位、失效校正等时间。一般用相邻两次故障间工作时间的数学期望，即平均修复时间（Mean Time Between Failure，MTTR）来表示。

（3）可扩展性。

系统的软硬件的扩充能力，可提高系统性能，如扩展槽允许增加插件板到系统上，又如操作系统支持增加处理器、内存及其他资源，等等。

（4）可用性。

可维修系统在某时刻能提供有效使用的程度。主要包括使用方便程度以及系统的稳定程度等。有时也指系统实际可用时间与计划提供使用时间的比例。

（5）功耗。

系统电能消耗量。世界环保组织已制定了计算机及相关设备的一些功耗限额。

（6）兼容性。

系统现有的硬件或软件与另一个系统或多种系统的硬件和软件的兼容能力和经过整合进行共同工作的能力。

（7）安全性。

程序和数据等信息的安全程度，如数据不被破坏和不被非法修改等。

（8）保密性。

确保系统内信息和数据不被非法人员存取，在系统内设置的保密措施，如使用保密锁、保密码等，使个人或组织有保护和使用他们的数据的专门权利。

（9）环境适应性。

系统对环境的适应能力，即外界环境改变时系统为保持正常工作的进行调节的能力。

以上列出的系统性能指标中，系统的可靠性、可维护性、可用性和功耗都有定量指标，兼容性、安全性、保密性和可扩展性属于定性指标。

由于性能度量指标的重要程度与具体系统的用户的需求有关，例如军用、商用或者民用的系统之间均会有不同的权重顺序。可以按照具体需求分级别和顺序设置性能评价指标。

## 21.1.3 设置评价项目

系统性能评价尽管包括许多综合性指标和定性的评价指标，但这些都是建立在对系统硬件和软件的众多具体性能指标的监视和评价基础之上的，因此对性能评价项目进行识别和设置是进行性能评价的基础工作。

计算机系统的性能集中体现在处理器、内主存和外存磁盘几大件上，它们的性能以及相互之间的工作支持情况基本决定了系统的整体性能，因此系统性能监视评价的项目主要是CPU、主存、磁盘，此外，越来越多地运行在网络上的分布式计算机系统的性能还极大地依赖于网络，因此网络也是性能评价的一个重要项目。

**1．CPU**

CPU即中央处理器，它是计算机系统的核心部分。刚才所列的系统性能评价指标都是围绕CPU的。当然，这些指标的评价结果是建立在CPU与其他系统部件（如内存）的协同工作的基础上的。单就CPU而言，考察它在系统中的工作性能要关注CPU利用率、队列长度、每秒中断次数，等。

**2．内存**

除了CPU，内存也是影响系统性能的最常见的瓶颈之一。看系统内存是否够用的一个重要参考就是分页文件的数目，分页文件是硬盘上的真实文件，当操作系统缺少物理内存时，它就会把内存中的数据挪到分页文件中去，如果单位时间内此类文件使用频繁（每秒个数大于5），那就应该考虑增加内存。具体考察内存的性能的参数包括内存利用率、物理内存和虚拟内存的大小。

**3．磁盘**

需要关注跟磁盘的性能有关的几个参数：硬盘忙和空闲的时间比例、每秒读写次数、每次传输平均耗时和硬盘队列长度等。时间越长、队列越长，说明硬盘越忙，硬盘应用时的性能越差。如果硬盘忙不是因为内存缺乏导致频繁交换的话，就要采取相应的措施。

**4．网络**

衡量网络性能的主要参数是看网络发送、接收的数据量、带宽的利用情况等。

### 21.1.4 性能评价的方法和工具

系统性能的评价方法大致可分为两类：模型法和测量法。

**1. 模型法**

用模型法对系统进行评价，首先应对要评价的计算机系统建立一个适当的模型，然后求出模型的性能指标，以便对系统进行评价。此法既可用于已建成并在运转中的系统，也可用于尚在规划中而并未存在的计算机系统，可以比较方便地应用于设计和改进。模型法与测量法是相互联系的，在模型中使用的一些参数往往来源于对实际系统的测量结果。

模型法又分为分析模型法和模拟模型法两类。

分析模型法是在一定假设条件下，计算机系统参数与性能指标参数之间存在着某种函数关系，按其工作负载的驱动条件列出方程，用数学方法求解。分析模型法中使用得最多的是排队模型。排队模型包括三个部分。

- 输入流。指各种类型的"顾客"按什么样的规则到来。
- 排队规则。对于来的顾客按怎样的规则次序接受服务，例如实现顺序服务还是按顾客的急迫程度服务。
- 服务机构。指同一时刻有多少服务设备可接纳顾客，为每一顾客需要服务多少时间。一般，服务机构过小，不能满足顾客的需要，将使服务质量降低；服务机构过大，人力物力的开支增加，因此产生了顾客需要和服务机构之间的协调问题。怎样才能做到既满足顾客的需要，又使服务机构的费用最低，是"排队论"要研究解决的问题。在计算机系统中，把需要处理的各种作业、命令等当作"顾客"，把计算机的各种软、硬部件如中央被处理机、存储器、输入输出设备、编译模块等当作"服务员"，当某作业在中央处理机中被处理时，就意味着作业（顾客）在接受这个"服务员"的服务。至于排队规则，也可以是先到先服务或有某些优先级的服务。这样就可以把"排队论"的许多成果应用于计算机系统性能评价。

为了使模型的使用对系统的评价有价值，必须解决以下三个问题。

- 设计模型。根据对系统和工作负载的分析、测量来设计恰当的模型。一般设计出的模型只是部分地反映出系统的特性，而且是所要关心的那部分特性。
- 解模型。如果有现成的"排队论"结论，就可以直接使用。不然，则需要提出新的解决办法。
- 校准和证实模型。为了使模型化研究的结果可靠，其精度必须经过校准和证实，以达到可接受的程度。

模拟分析法和分析模型法不同，它不是用一些数学方程去刻画系统的模型，而是用模拟程序的运行去动态表达计算机系统的状态，并进行统计分析，得出性能指标。这种模型可以更加详细地刻画出原来的计算机系统，并且也可以比较灵活地加以控制，但构造模拟模型的费用较大，每次使用时还必须运行模拟程序。

这种模型法需要有一个建立模型并编制模拟程序的过程,然后校准和证实模型,才能计算出所要的性能指标。

**2. 测量法**

通过一定的测量设备或测量程序,测得实际运行的计算机系统的各种性能指标或与之有关的量,然后对它们进行某些计算处理得出相应的性能指标,这是最直接最基本的方法。要使用测量方法,要解决以下问题。

(1) 根据系统评价目的和需求,确定测量的系统参数。

(2) 选择测量的方法和工具。测量的方式有两种,一种为采样方式。即每隔一定的时间间隔,对计算机系统的一些参数进行一次测量,另一种为时间跟踪方式,先规定一些要测量的事件,如一个作业开始执行、某个寄存器具有某种模式等,以后每当计算机系统中出现这种事件时就进行一次测量。

常用的测量工具可分为硬件测量工具、软件测量工具、固件测量工具以及混合型测量工具。目前许多测量工具已成为定型产品,可以直接购买和使用,有不少软件测量工具也已被结合到系统软件之中。

(3) 在测量时工作负载的选择。为了使测量所得的结果有代表性,在测量时,计算机系统应处于测量者要求的工作负载情况。为此,有两种方法:一种是让计算机系统在日常的使用状况下运行,但选择某些与测量者要求相接近的时间区间。例如要测量系统在中负载条件下的性能,就应选择在每天系统使用最忙碌的时段进行测量。另一种是由测量者编写一组能反映他们要求的典型程序,或者选择市场上已有的一些适合他们要求的典型程序,例如对于字处理和文件服务、数据库处理、图像处理、科学和工程计算等都有一些已编制好的基准程序(benchmark)。两种工作负载相比,前一种工作负载常在做系统性能监控时使用;后一种工作负载在比较各种系统或选购新系统时使用。

测量法、分析模型法和模拟模型法三者得出的结果可以相互起到证实的作用。

**3. 用基准测试程序来测试系统性能**

常见的一些计算机系统的性能指标大都是用某种基准程序测量出的结果。下面介绍几类系统性能的基准测试程序,按评价准确性递减的顺序给出。

(1) 实际的应用程序方法   运行例如 C 编译程序、Tex 正文处理软件、CAD 工具,等等。

(2) 核心基准程序方法(Kernel Benchmark)   从实际的程序中抽取少量关键循环程序段,并用它们来评价机器的性能。

(3) 简单基准测试程序(Toy Benchmark)   简单基准测试程序通常只有 10~100 行而且运行结果是可以预知的。

(4) 综合基准测试程序(Synthetic Benchmark)   是为了体现平均执行而人为编制的,类似于核心程序,没有任何用户真正运行综合基准测试程序。

(5) 整数测试程序 Dhrystone   用 C 语言编写,100 条语句。包括各种赋值语句、各种数据类型和数据区、各种控制语句、过程调用和参数传送、整数运算和逻辑操作。VAX-11/780 的测试结果为每秒 1 757 个 Dhrystones 即：

1VAX MIPS＝1757 Dhrystones / Second

（6）浮点测试程序 Linpack　用 FORTRAN 语言编写，主要是浮点加法和浮点乘法操作。用 MFLOPS（Million Floating Point Operations Per Second）表示，GFLOPS、TFLOPS Top500 用这些程序进行测试。

（7）Whetstone 基准测试程序　Whetstone 是用 FORTRAN 语言编写的综合性测试程序，主要由执行浮点运算、整数算术运算、功能调用、数组变址、条件转移和超越函数的程序组成。Whetstone 的测试结果用 Kwips 表示，1kwips 表示机器每秒钟能执行 1 000 条 Whetstone 指令。

（8）SPEC 基准测试程序　SPEC 是 System Performance Evaluation Cooperative 的缩写，是几十家世界知名计算机大厂商所支持的非盈利的合作组织，旨在开发共同认可的标准基准程序。

（9）SPEC 基准程序是由 SPEC 开发的一组用于计算机性能综合评价的程序。以对 VAX11/780 机的测试结果作为基数，其他计算机的测试结果以相对于这个基数的比例来表示。SPEC 基准程序能较全面地反映机器性能，有一定的参考价值。SPEC 版本 1.0 是 1989 年 10 月被宣布的，是一套复杂的基准程序集，主要用于测试与工程和科学应用有关的数值密集型的整数和浮点数方面的计算。源程序超过 15 万行，包含 10 个测试程序，使用的数据量比较大，分别测试应用的各个方面。SPEC 基准程序测试结果一般以 SPECmark（SPEC 分数）、SPECint（SPEC 整数）和 SPECfp（SPEC 浮点数）来表示。其中 SPEC 分数是 10 个程序的几何平均值，SPEC 整数是 4 个整数程序的几何平均值，SPEC 浮点数是 6 个浮点程序的集合平均值。1992 年在原来 SPECint89 和 SPECfp89 的基础上增加了两个整数测试程序和 8 个浮点数测试程序，因此 SPECint92 由 6 个程序组成，SPECfp92 由 14 个程序组成。这 20 个基准程序是基于不同的应用写成的，主要测量 32 位 CPU、主存储器、编译器和操作系统的性能。1995 年，这些厂商又共同推出了 SPECint95 和 SPECfp95 作为最新的测试标准程序，之后又不断推出新版本。

（10）TPC（Transaction Processing Council）基准程序　TPC 是 Transaction Processing Council（事务处理委员会）的缩写，TPC 基准程序是由 TPC 开发的评价计算机事务处理性能的测试程序，用以评价计算机在事务处理、数据库处理、企业管理与决策支持系统等方面的性能。TPC 成立与 1988 年，目前已有 40 多个成员，几乎包括了所有主要的商用计算机系统和数据库系统。该基准程序的评测结果用每秒完成的事务处理数 TPC 来表示。TPC 基准测试程序在商业界范围内建立了用于衡量机器性能以及性能价格比的标准。

## 21.1.5 评价结果的统计与比较

利用不同基准测试程序对计算机系统进行测试可能会得到不同的性能评价结果,对这些评价结果进行统计和比较分析,可以得到较为准确的接近实际的结果。

性能评价的结果通常有两个指标,一个是峰值性能,一个是持续性能,其中持续性能最能体现系统的实际性能。

**1. 峰值性能**

峰值性能是指在理想情况下计算机系统可获得的最高理论性能值,它不能反映系统的实际性能,而实际性能往往只有峰值性能的 5%~35%。

**2. 持续性能**

表示持续性能常用的三种平均值是算术平均、几何平均和调和平均。

(1) 算术性能平均值 $A_m$ 就是简单地把 n 个程序组成的工作负荷中每个程序执行的速率(或执行所费时间的倒数)加起来求其对 n 个程序的平均值。

$$A_m = \frac{1}{n}\sum_{i=1}^{n} R_i = \frac{1}{n}\sum_{i=1}^{n}\frac{1}{T_i}$$

(2) 几何性能平均值 $G_m$ 就是各个程序的执行速率连乘再开 n 次方得到结果。

$$G_m = \sqrt[n]{(\prod_{i=1}^{n} R_i)} = \sqrt[n]{(\prod_{i=1}^{n}\frac{1}{T_i})}$$

(3) 调和性能平均值 $H_m$ 就是算出各个程序执行速率倒数(即执行时间)和的平均值的倒数。因为 $H_m$ 与所有测试程序时间总和成反比关系,所以 $H_m$ 最接近 CPU 的实际性能。

$$H_m = \frac{n}{\sum_{i=1}^{n}\frac{1}{R_i}} = \frac{n}{\sum_{i=1}^{n} T_i} = \frac{n}{T_1+\cdots+T_n}$$

在上面的三种表示方式中,只有 $H_m$ 的值是真正与所测程序的运行时间总和成反比的,因此采用调和性能平均值来衡量计算机系统的性能是较为精确的。当对各种计算机性能进行比较而对其性能规格化时,用 $G_m$ 几何平均值表示法更能方便反映真实情况。

## 21.2 系统能力管理

系统性能评价围绕计算机系统本身开展,将对其系统基础设施的工作性能指标进行综合评测,并采取必要的技术和管理措施使系统资源效能最大化。前一节所述的系统性能评价和调优实际上作为能力管理流程中的一个步骤为 IT 系统的能力管理提供技术分析和支持。能力管理从一个动态的角度考察组织业务与系统基础设施之间的关系,它要考虑这三个问题:

- IT 系统的成本相对于组织的业务需求而言是否合理。
- 现有 IT 系统的服务能力能否满足当前及将来的客户需求。
- 现有的 IT 系统能力是否发挥了其最佳效能。

### 21.2.1 能力管理概述

**1. 能力管理的范围**

能力管理是一个流程，是所有 IT 服务绩效和能力问题的核心。它所涉及的管理范围包括：

（1）所有硬件设备，包括 PC、工作站和各类服务器等。

（2）所有网络设备，包括 LAN、WAN、交换机和路由器等。

（3）所有外部设备，包括各种的大容量存储设备、打印机等。

（4）所有软件，包括自主开发和外购的系统和应用程序软件。

（5）人力资源，所有参与 IT 系统运营的技术人员和管理人员。

能力管理的流程将涵盖以上每一项内容。IT 系统的业务支持能力不仅取决于 IT 系统的各类基础设施的良好运转，还离不开一套规范的能力管理流程和技术、管理人员对技术和管理流程的正确把握。

**2. 能力管理的目标**

能力管理的目标是确保以合理的成本及时地提供 IT 资源以满足组织当前及将来的业务需求。具体而言能力管理流程的目标有以下几点：

（1）分析当前的业务需求和预测将来的业务需求，并确保这些需求在制定能力计划时得到了充分的考虑。

（2）确保当前的 IT 资源能够发挥最大的效能、提供最佳的服务绩效。

（3）确保组织的 IT 投资按计划进行，避免不必要的资源浪费。

（4）合理预测技术的发展趋势，从而实现服务能力与服务成本、业务需求与技术可行性的最佳组合。

### 21.2.2 能力管理活动

能力管理的过程是一个由一系列需要反复循环执行的活动组成的流程。图 21-2 中显示了这一流程的各个环节，即各项具体的技术和管理活动，它们包括能力数据监控、能力评价和分析诊断、改进调优和实施变更。这些活动的前提是构建一个存储所有业务、管理、技术和财务等类型数据的能力数据库作为管理和评价的平台，规划和构建这个数据库也是能力管理中的一项重要准备活动。

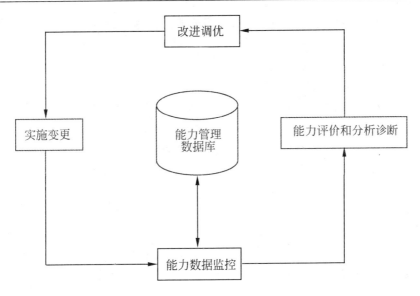

图 21-2  能力管理中的循环活动

## 21.2.3  设计和构建能力数据库

**1. 能力数据库的作用**

能力数据库是成功实施能力管理流程的基础。能力管理需要将管理流程中采集到的各类与系统运营有关的数据存入能力数据库中。这些数据主要包括技术数据、业务数据、资源利用情况数据、服务数据以及财务数据。规划和构建能力管理数据库时应当考虑如下问题。

（1）用于集中式数据存储的硬件和软件的可用性。

（2）指定专人负责能力数据库的更新和维护，其他人只有查阅权限。

（3）定期对能力数据库的内容进行审查和核对。

能力数据库可能是一个概念上的数据库，它可能由许多个物理上被彼此分开的存储空间组成。造成这种状况的原因很可能是不同的硬件和软件上的监控工具记录数据的格式不一致，从而很难转移到同一个存储空间。

能力管理数据库中的数据信息有两个用途：第一，为制作提交给管理层和技术人员的绩效报告和能力管理报告提供基础；第二，用于预测未来的能力需求。

**2. 能力数据库的结构和存储**

一个成功的能力管理流程的基础是能力管理数据库。该数据库中的数据被所有的能力管理的子流程存储和使用，因为该信息库中包含了各种类型的数据，即业务数据、服务数据、技术数据、财务数据和应用数据。

能力数据库中的数据构成了性能评价和能力管理报告的基础，这些报告将会提交给技术和管理部门。同时这些数据也用来进行更多的能力预测,为将来的能力需求规划提供支持和依据。

(1) 能力数据库的输入数据。

能力数据库中输入的数据类型如下所示。

① 业务数据。拥有高质量的业务数据对于系统能力管理和规划十分重要,因为 IT 系统乃至整个企业组织的管理层需要考虑组织当前和未来的业务计划对 IT 系统的容量的影响,从而一方面对 IT 系统进行能力规划,另一方面有效、合理地指导财务和人力预算,更好地进行成本控制。这些业务数据也可以用来预测和证实业务驱动的变更是如何影响系统的能力和绩效的,一般而言,业务数据包括如下的内容。

- 系统服务的用户数量
- 公司分支机构的数目及位置
- 系统注册用户的数目
- 终端 PC 的数量
- 预期工作量的季节性变化
- 业务交易网站的数目

② 服务数据。能力管理流程要不断考虑 IT 架构对于用户工作的影响。为了使能力管理做到以服务为导向,服务数据需要被存储到能力数据库中。举个例子,交易响应时间是一种典型的服务数据,说它是服务数据的关键在于它是与一定服务级别相对应的,反映了服务的水平状况。

另一个服务数据的例子是对作业进行批处理的时间。总的来说,在服务级别协议和服务级别需求中确定的要求将会提供能力管理流程需要记录和监控的数据,为了保证达到服务级别协议中的服务目标,服务级别管理的阈值应该被包括进去,这样监控活动就能根据这些阈值进行测量然后产生异常报告。

通过设置高于或低于实际目标的阈值,可以唤起一个系统动作或人为操作来避免破坏既有的服务级别协议。

③ 技术数据。IT 系统的大部分组件的使用都应受到一定的限制。如果不考虑使用级别的限制,资源一旦被过度使用,就会影响使用这些资源的服务的质量。例如,推荐的 CPU 的最大利用率为 80%,一个共享的局域网带宽的使用不能超过 40%。

当然某些组件还有物理上的使用限制,例如通过一个网关的最大连接数不能超过 100,对某种类型的硬盘的使用不能超过其物理容量 15 GB。这种对于独立的组件的物理约束和限制,可以被监控活动用来作为产生警告和异常报告的阈值。

④ 财务数据。能力管理数据库里还可能存有财务数据。比如,能力计划中实现 IT 基础设施组件升级所需耗费的成本的信息、目前的每期 IT 预算等信息。这些财务数据的来源如下。

- 财务计划,降低 IT 服务成本的长期规划

- IT预算，包含下一年软硬件采购预算信息
- 外部提供商，新的软硬件升级的花费

这些数据应该在 IT 系统的财务管理中已有充分体现，在这里出现是因为能力管理需要考虑 IT 服务能力的调整来应对未来的业务需求的变化。

⑤ 资源应用数据。系统中包含的资源数据种类繁多，能力管理数据库中应该能提供有关各类资源组件的按分钟、小时和天等各个时间粒度存储的使用状况的应用数据。考虑丰富的粒度结构的同时要考虑一个数据过时合理丢弃的问题。举个例子，上一周的按分钟粒度搜集的数据这周可能不再有用，上个月按天粒度搜集的数据可能不再有用，不过上个月每天平均的数据却可能需要通过统计并保存起来。无用数据的不断累积是对数据库资源的极大浪费，应该定时丢弃，而有用的历史信息仍然需要被存储。能力数据库应该考虑这些需求并提供相应支持。

资源应用数据的搜集应当是针对每一个组件和每一项服务的，我们举例如表 21-1 所示。

**表 21-1　应用数据举例**

| 对象 | 可搜集的应用数据举例 | | |
|---|---|---|---|
| 大型机 | CPU 使用率 | 换页率 | I/O 速度 |
| 应用程序 | 作业请求数 | 响应时间 | |
| Unix 服务器 | CPU 使用率 | 内存使用率 | 进程数 |
| 中间件 | 平均队列长度 | 事务数 | |
| 网络 | 带宽使用率 | 连接数 | 错误率 |
| 数据库 | 内存占用率 | 每秒查询数 | |
| PC 客户机 | CPU 使用率 | 内存使用率 | |

能力管理将存储一切与 IT 系统、服务和客户相关的数据。目前已有很多跨平台的监控和存储性能数据的软硬件工具，对这些工具的选择一定要基于对能力管理需要的考虑。

（2）能力数据库的输出数据

对应于输入的数据能力数据库也有数据输出。能力数据库主要提供与系统能力和性能相关的数据信息，供决策者和其他相关管理部门在其他管理流程中使用。这些信息主要以报告的形式提供。

① 服务和组件报告。每个基础组件都应该有相应的负责控制和管理的技术人员和负责整体服务的管理人员。生成的报告说明服务和相应的组件的运转性能和最大性能的使用情况。

② 例外报告　例外报告在某一组件或者服务的性能不可接受时作为能力数据库的输出产生。例外可以是针对任何存储在能力数据库中的组件、服务和评测。举个例子，某台服务器的 CPU 的使用率连续 3 个小时超过 70%，这远远地超过了预期，因此会产生一个例外报告。例外报告可以作为判断服务级别是否被打破的数据来源。

③ 能力预测。为了保证 IT 服务提供商提供持续可靠的服务水平，能力管理流程必须对未来的成长需求进行预测，必须具体对每个组件和每项服务做出预测。预测方法很多，因具体组件技术的不同而不同。由新的系统功能引起的负载变更应当被认为是业务需求的成长带来的负载变更。举个简单的例子，服务器 CPU 的使用率与企业的系统用户数之间就是这个关系，通过分析这类数据可以发现用户数量的增加对系统配置中各组件的负载影响。

如果对未来能力需求的预测显示需要增加某类系统资源，那么这项需求就应该被加入 IT 预算中。

### 21.2.4 能力数据监控

对每个组件运行和系统整体运营进行持续性监控的目的在于保证所有的软件和硬件都能得到最佳利用，确保所有的为业务服务的目标都能被实现。并且能够根据监控结果对组织业务量进行合理预测。在选择监控对象时，如果对所有组件都进行监控，其成本是相当昂贵的，也是相当难以实施的。因此，必须选择基础设施中对关键业务提供支持的组件进行监控。

**1. 主要监控性能数据**

监控中最常见的性能数据如下：

- CPU 使用率。
- 内存使用率。
- 每一类作业的 CPU 占用率。
- 磁盘 I/O（物理和虚拟）和存储设备利用率。
- 队列长度（最大、平均）。
- 每秒处理作业数（最大、平均）。
- 请求作业响应时间。
- 登录和在线用户数。
- 网络节点数量（包括网络设备、PC 和服务器等）。

这些监控数据大体上被分为两类，一类是监控系统容量（比如吞吐量），另一类是监控系统的性能（比如响应时间）。

对部分组件的监控活动应当设有与正常运转时所要求基准水平，亦即阀值。一旦监控数据超过了这些阀值，应当触发警报，并生成相应的例外报告。这些阀值和基准水平值一般根据对历史记录数据的经验分析得出。一种情况是为特定的组件设定监控阀值，比如监控一个 CPU 在某一小时内的使用率不超过 80%；另一种情况是为特定系统服务设定基准水平，比如监控某一项在线服务的响应时间不超过 2 秒，或者该系统服务一小时内处理的服务请求数不能超过 10 000。

以上这些阀值必须低于不影响该项资源（或者该项服务所依赖的资源）正常运转的最大值，或者低于服务级别协议（SLA）中规定的相应值。因此，超过阀值的时候应该还有机会采取纠正措施，以防止超过 SLA 规定，使得系统性能进一步恶化。

**2．响应时间的监控策略**

很多的系统服务级别协议都将终端用户响应时间（user response time）列为监控对象，但对这项监控需求的支持往往不力，在这介绍几种获取系统和网络服务的用户响应时间的方案：

（1）在客户端和服务器端的应用软件内植入专门的监控代码。这可以提供"端到端"的服务响应间隔或者定时采样，将系统总体响应分解为各个组成部件的响应。这类工具提供对应某一项服务的用户端真实的响应时间。

（2）采用装有虚拟终端软件的模拟系统。这类客户端系统上装有终端模拟软件和专门用于检测作业响应时间的软件，它们可以提供"端到端"的服务响应时间，尤其针对复杂的多阶段作业可以提供具有代表意义的时间响应值。与前一种相比，这里提供的响应时间是虚拟的，而不是真实的。

（3）使用分布式代理监控软件。分散在网络各节点（比如 Internet 上不同的国家）的代理组成了一个分布式监控系统，它可以生成大量来自不同地域的作业，并不定期对它们进行监控评测。这类响应时间数据也不是真实用户的响应时间。

（4）通过辅助监控设备来跟踪客户端样本。这种方法依赖于网络监控系统，即通常被安插在合适的网络节点位置的"嗅探器"。"嗅探器"可以定时监控和记录通过某一网络节点处的通信量。而对这些记录下来的通信量做进一步分析便可以得到服务的响应时间。这类响应数据与真实世界的数据的相似和接近程度取决于"嗅探器"在系统基础架构中的物理和逻辑位置。

当然在很多情况下，以上这些系统或者方法常常会被混合使用。由于 IT 系统涉及到众多的单位和部门，以及种类繁多的信息技术，对响应时间的监控是一个相当复杂的过程。

### 21.2.5 能力分析诊断

首先，能力监控活动获得了有关系统本身运行的部分性能指标，其中包含各类监视项目的具体性能参数。这些项目既包括各类服务器的 CPU、内存、磁盘，也包括网络交换机、路由器，还可能包括服务器运行环境中的各类电力和空调等辅助设备。利用这些数据采用本章第一节中相关合适的性能评价方法和工具，可以完成部分或所有的系统工作能力评价任务。

除此之外，更重要的是，经过对由监控活动所搜集的数据进行的分析可以得出其有关情况的变化趋势，从而帮助确定系统服务正常的使用情况或服务级别，或者为它们制定基准线。通过定期的监控并将监控结果与这些基准线进行比较，可以确定单个设备或组件的使用情况或服务运营的异常情况，从而据此报告对 SLA 的履行情况。此外，根据这些分析的结果还可以预测未来资源的使用量以及比照预期增长率来监控实际的业务增长率。

对监控数据进行分析主要针对的问题包括如下项。

- 资源争夺（数据、文件、内存、处理器）。
- 资源负载不均衡。
- 不合理的锁机制。
- 低效的应用逻辑设计。
- 服务请求的突增。
- 内存占用效率低。

对每一类资源和服务的使用需要分别从短期、中期和长期三个角度进行考虑，考虑它们在每一个时间跨度上的最大、最小及平均占用情况。通常，短期可以理解为一天 24 小时，中期为一周到一个月，长期为一年。这样，不同 IT 服务的使用情况随时间跨度上的变化便可以一目了然。

分析某一项资源的使用情况时，既要考虑该资源的总体利用情况，还要考虑各项不同服务对该项资源的占用情况。这样，在某些系统服务需要做出变更时，我们可以通过分析该服务目前的资源占用情况对变更及其对系统整体性能的影响进行预测，从而对系统变更提供指导。举个例子，如果一个被 A、B 两项服务占用的处理器在高峰时段的使用率是 75%，我们需要知道这 75% 的处理器资源被 A、B 两项服务各自占了多少。假设系统本身占用 5%，那么剩下的 70% 如果被 A、B 两项服务均分为 35% 和 35%，不管 A 还是 B 对处理器占用翻倍，处理器都将超出负载能力；如果剩下的 70% 中 A 占 60%，B 占 10%，A 对处理的占用翻倍会导致超载，但 B 对处理器的占用翻倍并不会导致处理器超载。

### 21.2.6 能力调优和改进

在对监控活动采集的数据进行分析后，应当确认可以对哪些配置项进行调整以提高系统资源的利用效率和改进相关 IT 服务。

在实施调优方案之前，最好对调优方案进行测试以验证它的可行性和必要性。通过测试可以了解是否可以通过需求管理来避免实施有关调整，或者在实施前通过模拟测试表明计划的某项变更的有效性。

下面是一些有用的调优策略。

- 均衡负载。作业请求可能会通过某一特定网关到达服务器主机，这取决于请求开始的位置。通过平衡到达各个网关的作业比例，可以达到调优目的。
- 均衡磁盘 I/O。有效和有策略地存储数据，减少对数据的竞争使用。
- 定义一套良好的锁规则说明锁的级别以及何时应该用锁。一般来讲，尽量延迟锁的使用（比如延迟至记录更新之时）可以提高其性能。
- 有效利用内存。根据实际情形调整应用对内存的占用大小。

关于有效利用内存的问题,一个进程调用已被读入内存的数据而进行处理比顺序读取数据文件的效率高,况且,进程也会竞争更多的内存资源,过多的请求还会导致页面交换时 CPU 使用率超载和延迟。

此外,在执行调优措施之前,最好充分考虑是否有别的特殊的调整办法可以达到同样的目的,这样不必实施上面所述的这些变更,从而节省成本和精力。

### 21.2.7　实施能力变更

实施的目的主要在于将监控、分析和调优活动所确定的变更引进实际的服务运营之中。任何变更的实施都必须通过一个严格而正式的变更流程来进行,这样,可以将变更的影响及响应的风险控制在可接受的水平内。

在实施有关变更后,仍然需要进一步地监控以便合理评估变更的影响。根据评估结果,管理人员可以决定是否需要进一步实施其他变更或撤销已经实施的变更。系统实施变更后将会影响其提供给客户的主要应用服务。这些类型的变更所带来的影响和风险会大于其他类型的变更,在一个正式的变更管理流程的控制下来实施变更会带来以下好处。

- 对使用该服务的用户将会产生较少的不利影响。
- 提高用户的效率。
- 提高 IT 部门的工作效率。
- 强化对关键应用服务的管理和应用。

在实施有关变更后,仍然需要进一步地监控以便合理评估变更的影响。根据评估结果,管理人员可以决定是否需要进一步实施其他变更或撤销已经实施的变更。

### 21.2.8　能力管理的高级活动项目

能力管理的高级活动项目包括需求管理、能力测试和应用选型。

**1．需求管理**

需求管理的首要目标是影响和调节客户对 IT 资源的需求。需求管理既可能是由于当前的服务能力不足以支持正在运营的服务项目而进行的一种短期的需求调节活动,也可能是组织为限制长期的能力需求而采取的一种 IT 管理政策。

短期需求管理,一般在 IT 基础设施内某个关键组件发生局部性故障时进行,而长期需求管理一般发生在进行某个组件的升级显得很必要却又似乎"不划算"的情况下。需求管理需要掌握有哪些服务项目在多大程度上需要依赖某项 IT 资源,以及各项服务必须运营的时间安排。这样,需求管理才能确定对某些资源进行调节所带来的影响。

**2．模拟测试**

模拟测试的目标是分析和测试未来情况发生变更对能力配置规划的影响。在能力管理流程中,它可以帮助能力管理人员在系统资源和系统服务的管理上回答"如果……怎么办"

一类的问题，从而增强能力规划的前瞻性和适应性。

### 3. 应用选型

应用选型作为能力管理的一种活动也是整个应用系统设计开发过程的一个基本部分，进行应用选型的主要目的在于对计划性应用系统变更或实施新的应用系统所需的资源进行估计，从而确保系统资源的配置能够满足所需服务级别的需求。

应用选型要考虑的第一个问题是在初始的系统分析和设计阶段就必须确定所需的服务级别。这样可以保证在应用系统设计开发过程中可以采取恰当的技术和手段，从而更好地满足期望的服务级别。在应用系统设计开发周期的开始而不是后来的某个时候考虑所需的服务级别，可以降低整个系统开发过程的成本和难度。

应用选型需要考虑的另一个问题是新建应用系统的弹性。有时候单个组件的故障可能导致整个IT基础设施的瘫痪，但如果在资源管理中充分考虑到IT基础设施中脆弱但关键的那些组件并采取适当的预防措施，就可以降低单个组件的故障对整个系统的影响，从而提高IT基础设施的弹性。

## 21.2.9 能力计划、考核和报告

### 1. 编制能力计划

开展能力管理流程中的各项活动的同时，活动产生的信息一方面被存储到能力数据库中，另一方面还必须根据这些数据信息编制和更新能力计划。编制能力计划的主要目的是记录当前资源利用程度及服务绩效，以及在充分考虑业务战略和计划后预测组织未来IT服务所需要的IT资源。

能力计划的编制和更新必须按照规定的时间间隔进行。重要的是，它作为一个投资计划必须根据业务员或预算周期每年发布一次，并且要在新的预算谈判开始之前完成。同时，为了反映业务计划的变更，每个季度对能力计划进行一次更新也是必要的，季度能力计划更新还可以表明以前所做预测的准确性并据以制定或修改有关建议。

一份典型的能力计划应该包括，计划范围、假设条件、管理概要、业务说明、服务概要、资源概要、服务改进方案、成本核算模型及建议等内容，其中服务概要和资源概要均包括对当前情况的介绍和对未来情况的预测两部分。

### 2. 能力评价考核

管理人员需要定期对能力管理流程实施的效率和效果进行评价和考核，以确保能力管理流程的运营符合成本效益原则。

### 3. 编制管理报告

在对能力管理流程的运营结果进行评价和考核之后，能力管理人员应当向IT服务提供方和组织的高层管理人员制作和提交能力管理报告。能力管理报告的内容主要包括能力计划实施的控制信息、流程实施中所用的资源以及有关服务能力和绩效改进活动的进展等方

面的情况。

此外，当能力管理流程的过程中出现特殊情况时，还应针对以下情况提交有关例外事项报告。

- 能力的实际利用程度与计划利用程度之间的差异
- 上述差异的变化趋势
- 上述差异对服务级别的影响
- 能力利用程度预期在长期和短期内上升或下降的情况

## 选择题

1. MIPS 这一性能指标的含义是____。
   A）每秒百万次指令         B）每秒百万次浮点运算
   C）每秒数据报文           D）位每秒
2. 能力数据库中存储的数据类别有哪些？
   A）业务数据               B）财务数据
   C）技术数据               D）服务数据
   E）资源应用数据

## 思考题

1. 计算机的工作性能指标有哪些？评价适用性如何？
2. 常用的系统性能评价方法有哪些，说出它们的原理和评价步骤。
3. 能力管理的循环过程中包括哪些活动，各自的活动内容是什么？
4. 能力数据库在系统能力管理中所起的作用是什么？
5. 考察目前 IT 系统运营的普遍现状，分析当前全面实施能力管理流程的必要性和可行性。

# 第 22 章 系 统 维 护

在系统投入正常运行之后,就开始了生命周期,即短至 4~5 年、长达 10 年的系统运行与维护阶段。系统的管理与维护由企业中专门的信息系统管理机构负责。系统维护的目的是要保证管理信息系统正常而可靠地运行,对系统进行评价,并能使系统不断得到改善和提高,以充分发挥系统的作用。系统维护的任务就是要有计划、有组织地对系统进行必要的改动,以保证系统中的各个要素随着环境的变化始终处于最新的、正确的工作状态。

## 22.1 概述

### 22.1.1 系统维护的任务和内容

系统维护的任务就是要有计划、有组织地对系统进行必要地改动,以保证系统中的各个要素随着环境的变化始终处于最新的、正确的工作状态。

信息系统维护的内容可分为以下 5 类。

(1) 系统应用程序维护。系统的业务处理过程是通过程序的运行而实现的,一旦程序发生问题或业务发生变化,就必然引起程序的修改和调整,因此系统维护的主要活动是对程序进行维护。

(2) 数据维护。业务处理对数据的需求是不断发生变化的,除系统中主体业务数据的定期更新外,还有许多数据需要进行不定期的更新,或随环境、业务的变化而进行调整,数据内容的增加、数据结构的调整,数据的备份与恢复等,都是数据维护的工作内容。

(3) 代码维护。当系统应用范围扩大和应用环境变化时,系统中的各种代码需要进行一定程度的增加、修改、删除以及设置新的代码。

(4) 硬件设备维护。主要是指对主机及外设的日常管理和维护,都应由专人负责,定期进行,以保证系统正常有效地运行。

(5) 文档维护。根据应用系统、数据、代码及其他维护的变化,对相应文档进行修改,并对所进行的维护进行记载。

### 22.1.2 系统维护的方法

系统的可维护性对于延长系统的生命周期具有决定意义,因此必须考虑如何才能提高系统的可维护性,为此需从 5 个方面入手。

(1) 建立明确的软件质量目标和优先级。可维护的程序应是可理解的、可靠的、可测试的、可更改的、可移植的、高效率的、可使用的。要实现所有这些目标，需要付出很大的代价。对于信息系统，更强调可使用性、可靠性和可修改性等目标，同时规定其优先级。这样有助于提高软件的质量，并对软件生命周期的费用产生很大的影响。

（2）使用提高软件质量的技术和工具。模块化是系统开发过程中提高软件质量、降低成本的有效方法之一，也是提高可维护性的有效技术。它的优点是，如果需要改变某个模块的功能，只需改变这个模块，而对其他模块影响很小，如果需要增加某些功能，仅需增加完成这些功能的新的模块或模块层，同时程序错误也容易被定位和纠正。结构化程序设计则把模块化又向前推进一步，不仅使得模块结构标准化，而且将模块间的相互作用也标准化了。采用结构化程序设计可以获得良好的程序结构，提高现有系统的可维护性。

（3）进行明确的质量保证审查。质量保证审查对于获得和维持系统各阶段的质量，是一项很有用的技术。审查还可以检测系统在开发和维护阶段内发生的质量变化，可对问题及时采取措施并加以纠正，以控制不断增长的维护成本，延长系统的有效生命周期。

（4）选择可维护的程序设计语言。程序是维护的对象，要做到程序代码本身正确无误，同时要充分重视代码和文档资料的易读性和易理解性。因此，要注意编码规则、编码风格，尽量采用结构化程序设计和通用性高的程序设计语言，把与机器和系统相关的部分减少到最低限度。

（5）系统的文档。系统文档是对程序总目标、程序各组成部分之间的关系、程序设计策略、程序实现过程的历史数据等的说明和补偿。因此，在开发过程中各阶段产生的文档资料要尽可能采用形式描述语言和自动的文件编辑功能。文档是维护工作的依据，文档的质量对维护有着直接的影响。一份好的文档资料应能正确地描述程序的规格，描述的内容必须细化，并且易读、易理解。

完成各项系统维护工作后，应及时提交系统维护报告，就所做的系统维护的具体内容进行总结，并将其加入到系统维护的有关文档中。

## 22.2 制定系统维护计划

在进行具体的系统维护之前，要首先制定好详细的系统维护计划，将维护工作的各个方面都考虑清楚。

### 22.2.1 系统的可维护性

**1. 信息系统的可维护性**

系统的可维护性是对系统进行维护的难易程度的度量，影响系统可维护性主要有三个方面。

（1）可理解性。外来人员理解系统的结构、接口、功能和内部过程的难易程度。

（2）可测试性。对系统进行诊断和测试的难易程度。

(3）可修改性。对系统各部分进行修改的难易程度。

**2．系统可维护性的度量**

系统可维护性的三个方面因素是密切相关的，只有正确地理解，才能进行恰当地修改，只有通过完善的测试才能保证修改的正确，这样才能防止引入新的问题。

虽然通过上面三个方面的因素对于系统的可维护性很难量化，但是可以通过能够量化的维护活动的特征，来间接地定量估算系统的可维护性。比如国外企业一般通过把维护过程中各项活动所消耗的时间记录下来，用以间接衡量系统的可维护性，详细内容如下。

- 识别问题的时间。
- 管理延迟时间。
- 维护工具的收集时间。
- 分析、诊断问题的时间。
- 修改设计说明书的时间。
- 修改程序源代码的时间。
- 局部测试时间。
- 系统测试和回归测试的时间。
- 复查时间。
- 恢复时间。

通过对系统可维护性的分析可见，提高系统可维护性应当从系统分析与设计开始，直至系统实施的系统开发全过程，在系统维护阶段再来评价和注意可维护性已为时已晚。企业应特别强调提高系统可维护性的工作必须贯穿系统开发过程的始终。

### 22.2.2 系统维护的需求

在制定系统维护计划之前首先要充分了解系统维护的需求，只有这样，才能制定出正确的系统维护计划。系统维护的需求主要源于决策层的需要、管理机制或策略的改变、用户意见及对信息系统的更新换代。而在了解系统维护需求之前，要先确定系统维护项目是什么和该项目相应的维护级别。

**1．设置系统维护项目**

系统的维护的项目如下。

（1）硬件维护：对硬件系统的日常维修和故障处理。

（2）软件维护：在软件交付使用后，为了改正软件当中存在的缺陷、扩充新的功能、满足新的要求、延长软件寿命而进行的修改工作。

（3）设施维护：规范系统监视的流程，IT 人员自发地维护系统运行，主动地为其他部门，乃至外界客户服务。

其中，系统维护的重点是系统应用软件的维护工作，按照软件维护的不同性质划分为 4 种类型，即纠错性维护、适应性维护、完善性维护和预防性维护。根据对各种维护工作分布情况的统计结果，一般纠错性维护占 21%，适应性维护占 25%，完善性维护达到 50%，而预防性维护及其他类型的维护仅占 4%。可见系统维护工作中，半数以上的工作是完善性维护。

**2．设置维护项目相应的级别**

根据系统运行的不同阶段可以实施 4 种不同级别的维护。

（1）一级维护：即最完美的支持，配备足够数量工作人员，他们在接到请求时，提供随时对服务请求进行响应的速度，并针对系统运转的情况提出前瞻性的建议。

（2）二级维护：提供快速的响应，工作人员在接到请求时，提供 24 小时内对请求进行响应的速度。

（3）三级维护：提供较快的响应，工作人员在接到请求时，提供 72 小时内对请求进行响应的速度。

（4）四级维护：提供一般性的响应，工作人员在接到请求时，提供 10 日内对请求进行响应的速度。

对于试运行状况或软件大面积推广状态的项目，阶段时间可能存在问题较多且可能严重影响用户日常工作的项目（例如财务软件跨年时期），其维护级别为一级。要求在"维护项目申请单"中明确维护级别，一级维护的联系人必须能够随时被联系。维护级别可以由申请维护部门根据具体情况予以申请调整。根据用户具体的请求，"软件维护工作单"的填写人根据具体情况填写紧急程度一栏时可以参照维护级别。

## 22.2.3　系统维护计划

系统的维护不仅范围广，而且影响因素多。通常，在设计系统维护计划之前，要考虑下列三方面的因素：

（1）维护的背景。包括系统的当前情况、维护的对象、维护工作的复杂性与规模。

（2）维护工作的影响。包括对新系统目标的影响、对当前工作进度的影响、对本系统其他部分的影响、对其他系统的影响。

（3）资源的要求。包括对维护提出的时间要求、维护所需费用（并与不进行维护所造成的损失比是否合算）、维护所需的工作人员。

做系统维护的计划要考虑很多个方面，包括维护预算、维护需求、维护系统、维护承诺、维护负责人、维护执行计划、更替等。

**1．维护预算**

系统维护具有很高的代价，一般来讲，系统维护的费用占整个系统生命周期总费用的 60% 以上。

（1）有形的代价直接来自维护工作本身

维护工作可分为非生产性活动和生产性活动两部分，前者主要是理解源程序代码的功能，解释数据结构、接口特点和性能限度等。这部分工作量和费用与系统的复杂程度（非结构化设计和缺少文档都会增加系统的复杂程度)、维护人员的经验水平以及对系统的熟悉程度密切相关；后者主要是分析评价、修改设计和编写程序代码等。其工作量与系统开发的方式、方法、采用的开发环境有直接关系。因此，如果系统开发途径不好，且原来的开发人员不能参加维护工作，则维护工作量和费用将呈指数上升。统计表明，60%~70%的软件费用花在维护方面。

（2）许多无形的代价来自维护所产生的效果和影响上。

由于越来越多的系统维护工作束缚了系统开发人员和其他开发资源，开发的系统越多，维护的负担越重，将导致完全没有时间和精力从事新系统的开发，从而耽误甚至丧失了开发良机。此外，合理的维护要求不能及时被满足，将引起用户的不满；维护过程中引入新的错误，使系统可靠性下降等问题将带来很高的维护代价。

要根据本单位的实际情况进行系统维护预算，包括系统的情况、系统开发人员的能力水平及是否有相关经验、项目维护的级别等。

### 2. 维护需求

在制定维护计划前，要先确定详细的维护需求，列出维护需求单。维护需求单中包含的内容有：需求提出部门、需求提出人员姓名、需求提出时间、拟修改子系统名称、拟修改功能名称、具体修改要求、系统负责人签字、功能完成情况记录、功能完成人员姓名、功能完成时间，等等。认真填写该表，充分了解维护需求，以便制定出正确的维护计划。

### 3. 维护承诺

通过维护实施人员与提出维护要求的人进行具体讨论，可以达成一定的协议与共识，由此制定详细的维护承诺书并签字。维护实施人员要按照维护承诺来完成维护工作，如果维护过程中有任何影响维护承诺实现的问题，并且经多方努力无法解决的，则应该及时与委托方联系。

### 4. 维护负责人

系统的维护工作一定要慎重，并且对维护人员要求较高。因为系统维护所要解决的问题可能来自系统整个开发周期的各个阶段，因此承担维护工作的人员应对开发阶段的整个过程、每个层次的工作都有所了解，从需求、分析、设计一直到编码、测试等。此外，他们还应具有较强的程序调试和排错能力。这些对维护人员的知识结构、素质和专业水平都有较高的要求。

每项维护工作都应由专人负责，并且通过一定的批准手续。维护工作的审批者要对系统非常熟悉，并且能够判断各种维护的必要性、影响范围和产生的后果。当有关人员完成维护修改任务后，由维护小组组织测试并与用户共同验收成果。通过验收后，新的成果可正式投入使用，系统的相应文档应被更新、归档。

### 5. 维护执行计划和更替

根据维护预算、维护需求、维护承诺、维护负责人员情况和现有的设备、技术等各方面条件来制定系统的维护执行计划，这个计划应涉及执行过程中的步骤和细节，应当尽量减少维护期间对系统的正常运行所造成的影响。需要注意的是，采用本地或全局方式把站点资源移至备用站点，就可以完全避免为升级和维护而执行计划内停机。

系统中的数据、软件和硬件都有一定的更新、维护和检修的工作规程。这些工作都要有详细的、及时的记载，包括维护工作的内容、情况、时间、执行人员等。这不仅是为了保证系统的安全和正常运行，而且有利于系统的评价及进一步扩充。

### 22.2.4 系统维护的实施形式

系统维护的实施形式有 4 种，即：每日检查、定期维护、预防性维护、事后维护。

根据实际情况决定采用哪种实施方式。对于最重要、最常用并且容易出故障的软件、硬件和设施可以采用每日检查的维护方式；对于运行情况比较稳定的软件、硬件或设施，可以采用定期维护的方式，例如每个月维护一次；预防性维护是对那些还有较长使用寿命，目前正常运行，但可能将要发生变化或调整的系统进行的主动的维护，预防性维护也要定期进行一次；事后维护是在问题已经发生了的情况下，对系统进行维护，这种方式是被动的。某 IT 出问题了，系统的用户是第一个发现的人，打电话给 IT 部门，IT 部门再去解决问题。不仅工作被动，效率低下，更严重的是造成某些其他后果。应当规范系统监视的流程，IT 人员自发地维护系统运行，主动地为其他部门、乃至外界客户服务。将 CIO 们的角色由急诊大夫晋升为保健医生，也使 IT 部门由被动转化为主动，成为企业赢利的前沿部门。

## 22.3 维护工作的实施

系统维护工作是乏味的重复性工作，很多技术人员觉得缺乏挑战和创新，因此更重视开发而轻视维护。但系统维护的实施是信息系统可靠运行的重要技术保障，必须予以重视，在信息系统维护方面也应注意系统维护人员的稳定性。

### 22.3.1 执行维护工作的过程

系统维护工作的程序如图 22-1 所示。

用户的维护申请都以书面形式的"维护申请报告"向维护管理员提出的。对于纠错性维护，报告中必须完整描述出现错误的环境，包括输入/输出数据以及其他系统状态信息；对于适应性和完善性维护，应在报告中提出简要的需求规格说明书。

维护管理员根据用户提交的申请，召集相关的系统管理员对维护申请报告的内容进行核评。情况属实，则按照维护性质、内容、预计工作量、缓急程度或优先级以及修改所产生的变化结果等，编制维护报告，并将其提交给维护管理部门审批。

维护管理部门从整个系统出发，从合理性和技术可行性两个方面对维护要求进行分析和审查，并对修改所产生的影响做充分地估计。对于不妥的维护要求要在与用户协商的条件下予以修改或撤消。

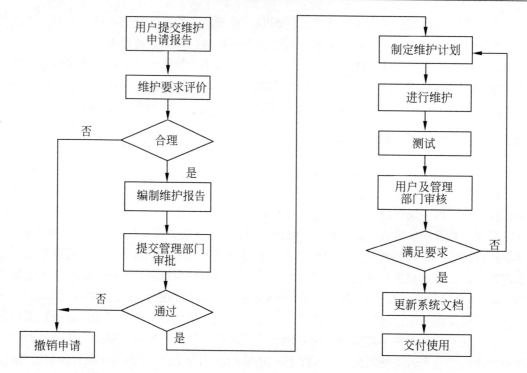

图 22-1 系统维护的工作程序

通过审批的维护报告，由维护管理员根据具体情况制定维护计划。对于纠错性维护，估计其缓急程度。如果维护要求十分紧急，严重影响系统的运行，则应安排立即开始修改工作；如果问题不是很严重，可与其他维护项目结合起来从维护开发资源上统筹安排；对于适应性或完善性维护要求，高优先级的将被安排在维护计划中，优先级不高的可视为一个新的开发项目被组织开发。维护计划的内容应包括：工作的范围、所需资源、确认的需求、维护费用、维修进度安排以及验收标准等。

维护管理员将维护计划下达给系统管理员。要建立维护监督机制，系统维护工作严禁单人操作，在确定项目维护人员的同时，必须指定维护监督人，以保证系统的安全。在真正地执行维护工作之前，系统管理员要根据单位的实际情况制定一个维护实施计划，计划维护工作的具体实施步骤与细节。然后由系统管理员按实施计划进行具体的维护、修改工作。系统维护时，要对数据采取妥善的保护措施，例如：数据转储、抹除、卸下磁盘磁带，维护时安全人员必须在场，等等。远程维护时，应事先通知。修改后应经过严格测试，以验证维护工作的质量。测试通过后，再由用户和管理部门对其进行审核确认，不能完全满足要求的应返工再进行修改。只有经确认的维护成果才能对系统的相应文档进行更新，最后交付用户使用。

为了评价维护的有效性、确定系统的质量、记载系统所经历过的维护内容，应将维护工作的全部内容（如维护目的、维护措施、维护对象、维护规模、语言、时间、维护人和监督人签字、运行和错误发生的情况、维护所进行的修改情况，以及维护所付出的代价等）以规范化文档的形式记录下来，形成历史资料备查，并撰写一份最终的维护总结报告。

维护产生的修改对于系统有三方面的副作用，如下所示。

- 对源代码的修改可能会引入新的错误。
- 对数据结构进行修改可能会带来数据的不匹配等错误，在修改时必须参照系统文件中关于数据结构的详细描述和模块间的数据交叉引用表，以防局部的修改影响全局的整体作用。
- 任何对源程序的修改，如不能对相应的文档进行更新，造成源程序与文档的不一致，必将给今后的应用和维护工作造成混乱。

另外，系统维护人员应职责明确，保持人员的稳定性，对每个子系统或模块至少应安排两个人共同维护，避免对个人的过分依赖。在系统未暴露出问题时，就应着重于熟悉掌握系统的有关文档，了解功能的程序实现过程，一旦提出维护要求，应立即高效优质地实施维护。

最后，应注意系统维护的限度问题。即当系统生命周期结束时，应及时采用新系统。

### 22.3.2 软件维护

系统维护工作的对象是整个系统的配置。由于问题可能来源于系统的各个组成部分，产生于系统开发的各个阶段，因此系统维护工作并不仅仅是针对源程序代码，而且还包括了系统开发过程中的全部开发文档。所以，一旦业务处理出现问题或发生变化，就要修改应用程序及有关文档。软件维护是系统维护最主要的内容。

**1. 软件维护管理**

（1）任何人员不得擅自对系统文件进行删除或修改。软件操作人员不得对系统文件进行任何内容的操作。

（2）系统管理员对软件系统进行全面维护，并进行记录。

（3）定期对系统进行病毒检查。

（4）建立故障报告制度。系统运行或软件操作中发生故障，如属简单故障，由系统管理员现场解决；现场无法解决的，由第一发现者进行故障登记，部门负责人会同系统管理员制定处理方案（方案包括：故障分析、拟采取措施、保障数据安全防范措施等），经核算中心分管主任批准后实施。对于无法排除的故障，由系统管理员及时联系相关单位解决。

（5）对软件进行修改、升级时，首先要全面备份系统的数据，做好新旧系统数据的衔接工作。

**2. 按照维护的具体目标分类**

（1）完善性的维护。完善性维护就是在应用软件系统使用期间为不断改善和加强系统的功能和性能，以满足用户日益增长的需求所进行的维护工作。在整个维护工作量中，完善性维护居第一位。

（2）适应性维护。适应性维护是指为了让应用软件系统适应运行环境的变化而进行的维护活动。适应性维护工作量约占整个维护工作量的 25%。

（3）纠错性维护。纠错性维护的目的在于，纠正在开发期间未能发现的遗留错误。对这些错误的相继发现，对它们进行诊断和改正的过程被称为纠错性维护。这类维护约占总维护工作量的 20%。

（4）预防性维护。其主要思想是维护人员不应被动地等待用户提出要求才做维护工作，而应该选择哪些还有较长使用寿命的部分加以维护。

**3．按照开发方分类**

自己公司开发的软件、合同开发的软件、市场买的软件，这三种软件的维护途径可以是不同的。

自己公司开发的软件一般由原开发人员进行维护。

按合同开发的软件产品交付后，开发方应依据开发时签定的合同，负责软件的维护和软件版本升级工作。维护活动一般包括：对顾客使用中出现的软件故障进行测试、分析和修复；在维护阶段，按顾客提出的功能和性能改进要求进行软件版本升级，升级后的软件版本应纳入配置管理，并保存软件维护、升级记录。

若购买了某种软件产品且该软件在产品支持周期内，则还可以购买该软件公司的软件维护服务。软件公司为软件产品用户推出专业技术支持服务，服务一般由公司具有丰富产品知识和实践经验的资深软件工程师协同技术中心专家组成专业技术团队共同提供，目的是帮助客户及时、快速、可靠地解决在软件系统的维护过程中所遇到的技术问题，使得客户的软件系统可以更加安全稳定地运行，以保障和促进客户业务的顺利开展并取得更大的成功。

软件维护合同一般包括软件的更新和技术支持。两者捆绑在一起每年统一收取一笔费。客户需要签定软件维护合同，以获得技术支持和将来的升级服务。在多数情况下合同的主要目的是软件的更新。

系统维护中经常会遇到一些问题。系统维护中的编码本身造成的错误比例并不高，仅占 4%左右，而绝大部分问题源于系统分析和设计阶段。通常，理解别人编写的程序是很难的，且难度随着软件配置文档的减少而增加；绝大多数系统在设计和开发时并没有很好地考虑将来可能的修改，如有些模块不够独立，牵一发而动全身；系统维护工作相对缺乏挑战性，使系统维护人员队伍不稳定。所以，一般来说，系统维护人员应当就是系统的原开发人员中的一部分。

### 22.3.3 硬件维护

如果硬件出现故障，则应及时分析、判断故障，并进行硬件修复，或者调换。如硬件在出厂保质期内，应保留保修单，并按照出厂方规定保修。

也可以找专业的硬件维护工程师对硬件进行维护，可选择与其所在的公司签订硬件维护协议。根据协议，该公司可提供快速无限的现场维护服务，以确保客户的硬件正常工作。也可以提供硬件的常规维护，即定期地对硬件进行维护，内容包括：计算机硬件检查、磁盘清洁、打印机清洗，等等，以保证设备健康运行。或者在硬件出现故障时，提供热线支持。

此外，在维护设备清单中指明的特别重要的设备需要安排备用设备，备用设备的配置应能满足替代相应设备正常运行。备用设备的存储要有专人负责，防潮、防火、并防止设备的丢失和损坏，以便在原硬件设备出现故障时，能够及时找到好用的备用设备来替换。

硬件维护管理的要求如下：

① 核算中心网络应配备不间断电源。工作场地应配备必要的火警设施、消防器材，严禁烟火。

② 操作人员应每天保持设备及环境的清洁整齐，要爱护设备。在系统管理员的指导下，每周进行设备保养。

③ 系统管理员每周全面检查一次硬件系统，做好检查记录，发现问题及时处理，以保证系统正常运行。

④ 每月对计算机场地的安全进行检查，包括电源、消防、报警、防鼠、防电磁波、防雷击、防静电等设备和措施，及时消除隐患。

## 选择题

1. 系统维护的类型包括_____。
   A）纠错性维护              B）适应性维护
   C）完善性维护              D）增值性维护
   E）预防性维护
2. 系统维护的内容不包括_____。
   A）应用程序                B）数据
   C）计算机设备              D）文档

## 思考题

1. 科学规范的信息系统管理和维护工作的重要性何在？
2. 系统维护的内容包括哪些？有哪几种方法和类型？
3. 系统的可维护性如何解释，如何进行度量？
4. 简述执行系统维护的流程。

# 第 23 章 新系统运行及系统转换

在信息化建设过程中，随着技术的发展，原有的信息系统不断被功能更强大的新系统所取代。从两层结构到三层结构，从 Client/Server 到 Browser/Server。所以，需要进行系统转换。系统转换，也被称为系统切换与运行，是指以新系统替换旧系统的过程，即旧系统停止使用，新系统开始运行。它包括系统交付前的准备工作、系统转换的方法和步骤等。系统转换的任务就是保证新旧系统进行平稳而可靠的交接，最后使整个新系统正式交付使用。各单位所进行的系统转换中有成功的也有失败的，系统转换与系统的需求定义、系统开发和测试是同样重要的，其失败将会直接影响单位的运作和信誉。

## 23.1 制定计划

在新系统运行以及系统转换之前，为保证工作能够顺利实施，对新系统运行及系统转换的流程实施进行规划是非常必要的，此外还要明确工作中的角色分配和责任划分。在规划阶段要付出辛勤的劳动，方案和进度往往要反复几次才能定型。不过，这样可以减少风险并增加成功的机会。项目组在该阶段中要不断地发现风险并解决新出现的风险。

### 23.1.1 系统运行计划

制定系统运行计划之前，工作小组的成员要首先了解单位现有的软、硬件和所有工作人员的技术水平和对旧系统的熟悉的情况，并充分学习和掌握新系统的功能与特性，结合本单位的实际情况来制定新系统的运行计划，计划的内容包括：运行开始的时间、运行周期、运行环境、运行管理的组织机构、系统数据的管理、运行管理制度、系统运行结果分析等。系统运行计划可以手工制定，也可以用运行计划软件来制定。

### 23.1.2 系统转换计划

新旧系统的转换必然带来许多问题，如旧系统的处理、新系统的选择及对日常工作的冲击等。为使新版本的系统有计划、有步骤地投入系统转换应用状态，应充分了解新系统的特点和新旧系统的差别，包括：对新旧系统的功能、数据、输入处理方式等的比较，文件或数据的转换，业务规章的调整，等等。

系统转换计划包括的内容有：系统转换项目、系统转换负责人、系统转换工具、系统转换方法、系统转换时间表（包括预计系统转换测试开始时间和预计系统转换开始时间）、系统转换费用预算、系统转换方案、用户培训、突发事件/后备处理计划等。系统转换计划详细地描述了用户及信息服务人员的义务和责任，同时规定了时间限制。系统转换工作应当在最短的时间内完成，并监控这个期间系统的运行状况。对可能发生的故障，必须胸有成竹、有备无患，整个转换要求安全、平稳，尽量争取能够在系统不间断的情况下成功完成转换任务，确保业务的正常操作。

此外，在进行系统转换计划时，还要考虑转换成本。这个成本是在旧系统向新系统转换的过程中发生的，是除了因新系统安装一次性发生的软硬件、网络设备以及集成费用之外的各种相关成本。例如因系统转换引起的业务中断、额外发生的培训费用等。

## 23.2 制定系统运行体制

系统的操作方法在系统开发完成后就已经确定了，而系统运行体制则可以根据本单位的现有条件与业务需求来自行制定。系统运行体制是整个系统运行的方法、流程和规定。系统的运行同系统的开发一样，也是一项复杂的系统工程。

先进的工具必须要有科学的管理方法才能真正发挥它的作用，在选择新系统的同时就应该考虑更科学的运行管理方法。此外，在制定系统运行体制的同时，还要制订一套系统日常维护制度，以规范系统日常维护工作；使系统维护人员全面了解系统的设计思想、数据结构、体系结构，力求新业务需求的实现与原设计思想统一；定期收集系统的运行报告，及时了解和掌握业务政策和操作办法的变化，了解系统对业务的满足程度，据此得出系统改进与完善的目标与计划，并负责组织实施。因此，制定系统运行体制的负责人，应当具有敬业精神和一整套科学的工作方法，既要懂业务，又要懂技术，还要懂管理，同时还要带出一支学习型的队伍。只有这样，才可能保证管理好、运行好、维护好信息系统。

## 23.3 系统转换测试与运行测试

在真正实施系统转换之前，首先要进行转换测试和运行测试。如果转换测试结果或者运行测试结果不理想，则应当多方面查找其原因并及时解决。负责系统转换的工作人员要特别关注新旧系统的转换时间、方法、并行运行的时间（当采用了并行转换的方式时）、新旧系统的维护、新系统的验证、新旧系统数据一致性、试运行中遇到的重大问题的处理方法、问题响应处理等问题。

### 23.3.1 系统转换测试

系统转换测试是转换工作的排练，是为了系统转换而进行的程序功能检查。新系统在没有试用过的时候，是没有真正负担过实际工作的，因此在转换的过程中很有可能会出现事先预想不到的问题。所以，要在新系统投入使用之前进行转换测试。此外，在最初的新旧系统转换时和新系统试运行阶段中，必须要与系统的开发方结合，共同完成。在系统运行正常后，应逐步由用户方独立承担系统的运行与维护工作，完成系统的全面移交工作。

系统转换测试工作可以按照如下步骤进行。

**1. 调研转换到本环境下的大致影响**

系统转换工作是在系统软件、硬件、操作系统、配置设备、连接设备、网络环境这些方面的现有条件下，使用新的系统，并进行系统转换测试与运行测试。所以，此时要对当前状态下的环境进行一次审查（有时也被称为发现），搜集关于系统软件、硬件、操作系统、配置设备、连接设备、网络环境等方面的信息，系统转换计划就需要在这个环境下运行。设立基准对于系统转换来说是重要的，因为在开始着手规划如何进展之前，必须要清楚本单位目前处于什么位置。转换测试时，如果不能全面测试系统所有方面的性能或者这样做不划算，则可以采用仿真技术来评估系统转换所造成的影响。

此外，还要维护各种用户进程配置默认环境。这里需要特别注意的是，为了保证系统中所有的功能模块都能正确运行，系统管理员在系统试运行阶段时就需要注意各种用户进程的配置方法。因为尽管系统开发方会提供《操作手册》和《技术手册》，但考虑到在大多数情况下，开发方在上系统的时候都会对代码做或多或少的修改，而这些修改是很难及时反应到《手册》中的，所以，在进行系统转换时，管理员很有必要备份这些设置。

**2. 选择可用的系统**

当准备选择一个新系统来代替旧系统时，新系统的选择可以根据本单位的当前状况、业务需求、资金计划、时间要求、人员情况等因素来考虑，并充分了解所有可供选择的系统的功能与特性，由 IT 部门和业务人员经过详细讨论，然后将讨论结果汇报给决策者，做出最终决定。

选定了新系统以后，就可以着手准备系统的转换了，但还要考虑到由于使用新系统而受到影响的一些相关系统。例如，新系统可能要求安装在更高版本的操作系统上，则操作系统需要转换成更高版本；或者某些专用软件与新系统不兼容，则需要改用与新系统兼容的软件。也就是说，转换新系统的同时还要转换受影响的相关系统。

执行系统是直接用来完成各种工艺动作或生产过程的系统，若企业转换了新系统，则还要考虑转换执行系统是否也需要转换，以适应新系统的要求。

用户方软件开发管理者应当参与系统移交的管理工作，选派人员进行应用系统的接管。移交应包括产品、技术、文档的全面移交。移交将会有一个时间过程。新系统正常运行后，必须要了解其运行情况，及时解决运行中发现的问题，并完成应用系统日常的维护工作；了解新的业务需求，设计或完善原有系统，以满足业务的变化。

此外，新的计算机系统的投入使用是否包括硬件、系统、网络、终端系统、外围接口的更新或升级，这些方面必须要得到考虑。建议是将问题孤立，能先进行的转换（如网络、终端设备等）先进行，这样有助于转换风险的分解，便于问题的分析判断。转换范围的确定是转换中所要仔细研究并慎重选择的问题。

**3．选择验证项目，准备判定标准**

在系统转换测试之前，首先要选择验证项目，这些项目可以是软件、数据库、文件、网络、服务器、磁盘设备等。充分了解要验证的项目的特性，确保熟知所有需要测试的指标或者问题，并据此设计测试方案，制定测试工作的处理精度、数据精度、转换处理时间、测试规模和范围等。

此外，要在系统转换前制定系统转换的判定标准，形成书面的验收标准和文档标准，来判定系统转换是否成功。主要是从以下几个方面来考虑：系统转换是否达到预期的目标；系统转换是否产生了副作用；是否实现了成本效益原则。

**4．准备转换系统**

进入系统转换的前提条件包括技术上和组织上（或称业务上）的准备。

技术方面工作的前提是：
- 新系统已开发完成并经过各项测试（单元测试、功能测试、集成测试、压力测试）。
- 数据转换程序已开发完成并经过各项测试（单元测试、功能测试、集成测试）。
- 新系统在数据转换后的数据基础上进行了实际数据的测试。

技术方面的准备工作如下。
- 准备好转换作业到新系统所需的程序组，该程序组可以将作业转换到新系统中运行，以便测试新系统的运行情况。
- 准备好转换前后验证转换结果的程序组，该程序组可以对作业转换到新系统前后的运行结果进行比较，来测试新系统的运行是否正确。

技术上的准备对新系统顺利转换的保证是必要的，但不可能充分，必须清醒地认识到：我们不可能做到程序上的完全正确。错误可能来自程序，也可能来自需求。组织工作做得好，技术上的问题可以得到及时反映并被解决；组织工作做得差，很小的技术问题可能就会被放大并引起动荡。

组织上的准备工作如下。
- 组织落实（指各级部门成立相应的领导小组和工作小组，最高层成立统一的、包括各部门负责人的指挥中心）。
- 业务操作手册、规章制度、管理办法的制定。
- 培训手册的编写与培训。
- 模拟运行的计划制定与实施。

**5．执行转换测试**

在将转换的系统最终引入实际运作环境之前，可以先根据工作指南手册执行转换，并执行系统转换计划中所包括的测试和检查活动。把质量标准、检查点和审查作为转换测试工作的组成部分，进行严格的测试和验收，包括：功能测试、运作测试、品质测试和综合测试。在许多情况下，这些方面的测试和验收要在独立的"测试环境"中进行。转换测试应当由独立的业务人员和 IT 人员来执行，对系统的安装流程进行测试和对新系统的功能进行测试,测试系统是否安装正确和系统是否可以按照要求运行。此外,转换测试还要涵盖所有业务的功能,能体现在不同的环境下系统的性能指标,能反映系统对边界值的出错处理能力,能反映接口的完整性,能反映系统对非法用户的抵抗能力等。可以使用需求报告、业务重组报告中主要的关系映射图来构造部份测试方案,特别是对相关业务、相关部门间衔接部分的测试。

测试应当覆盖整个安装流程和相应系统的功能集成过程,并且要完成关于记录、跟踪和事后重现的工作。每个测试阶段都要有一个完成标记。应当保留系统测试阶段的全部测试报告(包括失败、出错记录)、所有测试用例及测试结果报告,为今后的系统运行、维护扩充创造条件。此外,转换测试过程所用时间和所需资源可能会与计划中的有差别,也要将这方面的实际情况记录下来。

这阶段必须注重测试方案是否合理、全面;特别关注系统功能、性能、响应速度等。要严格把握整个测试阶段的时间,防止在不具备条件的情况下提前进入联合测试或提前结束测试。对在测试阶段暴露的设计、开发、数据、系统等问题给予高度重视,会同各方积极研究解决,为后续的系统转换、试运行做好充分准备。

**6. 评价转换测试结果**

通过评价转换测试的结果,可以帮助判断新系统的运行是否正常、新系统是否能够实现其功能、新系统的性能如何。有的时候,系统运行时会出现一些局部性的问题,这是正常现象,系统工作人员对此应有足够的准备,并做好记录。系统只出现局部性问题,说明系统是成功的,反之,如果出现致命的问题,则需要对系统转换计划进行重新考虑。

利用度量标准评估工作质量并检测测试活动的有效性,如果效果不理想,则可以考虑采用其他测试方法或者使用自动工具来提高测试的效率和有效性。根据转换测试结果可以估计相关的系统转换工作量,并进一步评价系统转换计划是否可行,得到对最终系统转换计划的改善建议。

### 23.3.2 运行测试

新系统是否优于旧系统还需要进一步接受实践的检验,因各单位的具体情况不同,新系统不一定比旧系统更适合于单位的特点,甚至购买或自行开发的系统还不如人工系统更适合企业的经营特点。

运行测试是转换到新系统后的试运行环节,其目的是测试新系统转换后的运行情况,也是对采用新系统后产生的效果的检测。可以建立各种不同的运行测试环境来进行全方位的测试,由系统执行检查工作,并采用跟踪、记录的方式总结运行中的问题,然后通过各方面的协调来进行系统运行计划的修正。运行测试结束后,写出完整的运行测试报告并存档。

运行测试包括对系统临时运行方式的测试、评价和对正常运转期间的系统运行进行测试、评价。测试系统的临时运行方式时,可以采用并行运行的方式,即旧系统和新系统同时运行,以便检验新的计算机系统。此时可以通过对比新旧系统的运行方式,来对新系统的运行情况进行评价。当系统已经完成系统转换并正式投入使用时,可以定期测试正常运转期间的系统运行,有助于进行新系统的维护。

## 23.4 系统转换

新的计算机系统在投入使用、替换原有的手工系统或旧的计算机系统之前,必需经过一定的转换程序。在系统转换之际,应制定一个详细的系统转换计划,并采取有效的控制手段,做好各项转换的准备工作(例如旧系统的结算汇总、人员的重新配置、新系统需要的初始数据的安全导入等)。

### 23.4.1 系统转换计划

系统转换的组织是一个较复杂的过程,必须根据详细的系统转换计划进行,根据事先确定的转换范围以及在设计阶段设计的转换步骤进行综合考虑,并根据以往的测试情况和测试数据精确地估计转换中的每一个步骤所需要的时间,然后根据依赖关系设定每一个步骤的先后次序、并行关系,最终确定转换的每一个步骤的内容、起止时间和责任人。并要求将转换方案细化到单个任务的命令清单和验证清单。此外,新旧系统的转换应尽量在最短的时间内完成,因而,系统转换方案要被制定得非常细致,每一个任务都明确了移植工作的内容、开始和完成的时间、每一个网点、每一个任务都要上报指挥中心。

系统转换计划和进度安排是一个动态的和持续的过程,应当在实际的操作过程中不断地进行修改和完善。

系统转换计划可以包括以下几个方面。

**1. 确定转换项目**

要转换的项目可以是软件、数据库、文件、网络、服务器、磁盘设备,等等。这几种项目的转换方法是不同的。在系统转换之前,要确定转换项目,并充分了解转换该项目的基本经验和注意事项。

此外,还要做好转换准备,做好系统数据转换前的工作,并建立相关系统运行、内部支持和业务权限划分等系统管理制度,将培训贯彻到相关用户。

**2. 起草作业运行规则**

作业运行规则根据单位的业务要求和系统的功能与特性来制定。可以先根据业务人员和技术人员的讨论结果起草一个临时规则,在以后的实践过程中可以随时对其进行修改。

系统转换时,可以先以原系统的作业为正式作业,新系统处理做为校对;然后以新系统处理为正式作业,原系统作业做为校对。

**3. 确定转换方法**

系统转换的方法有 4 种:直接转换、试点后直接转换、逐步转换、并行转换。

(1) 直接转换。在确定新系统运行准确无误后,用新系统直接替换旧系统,终止旧系统运行,中间没有过渡阶段。这种方式最简单最节省人员和设备费用,但风险大,很有可能出现想不到的问题。因此,这种方式不能用于重要的系统。

(2) 试点后直接转换。某些系统有一些相同部分,例如系统中包括多个销售点、多个仓库等。转换时先选择一个销售点或仓库作为试点,试点成功后,其他部分可同时进行直接转换。这种方式风险较小,试点的部分可用来示范和培训其他部分的工作人员。

(3) 逐步转换。它的特点是分期分批地进行转换。既避免了直接转换的风险性,又避免了平行转换时费用大的问题。此方式的最大问题表现在接口的增加上。由于系统的各部分之间往往相互联系,当旧系统的某些部分转换给新系统去执行时,其余部分仍由旧系统来完成,于是在已转换部分和未转换部分就出现了如何衔接的问题。所以,需要很好地处理新、旧系统之间的接口。在系统转换过程中,要根据出现的问题进行修改、调试,因此它也是新系统不断完善的过程。

(4) 并行转换。这种方式安排了一段新、旧系统并行运行的时期。并行运行时间视业务内容及系统运行状况而定,一般来说,少则一两个月,多则半年。直到新系统正常运行有保证时,才可停止旧系统运行。其优点是可以进行两系统的对比,发现和改正新系统的问题,风险小、安全、可靠;缺点是耗费人力和设备。

许多新系统的实施不只是简单的功能转换,还是一个全新设计,新旧交易难以一一对比,新旧凭证差异较大。而且整个系统转换的范围可能是硬件、网络、系统软件、数据库、应用系统的复杂组合,实现新旧系统并行有一定困难。

并行转换的转换风险较小,但投入较大,而且新旧并行的条件较苛刻,要求做到主机的新旧并行;主机系统的新旧并行;网络的新旧并行;终端设备的新旧并行;主机应用系统的新旧并行;终端应用系统的新旧并行;对外接口的新旧并行;操作管理办法的新旧并行。

**4. 确定转换工具和转换过程**

转换工具可以使系统转换的工作更有效率、更快地完成,在系统转换之前应当确定转换所用的工具。这种工具包括:基本软件、通用软件、专用软件以及其他软件,这几个种类的工具可以同时使用。

系统转换过程是系统转换计划中比较重要的部分,描述了执行系统转换所用的软件过程、设置运行环境的过程、检查执行结果的过程。在制定系统转换计划的时候,要准确地制定好系统的转换过程,在此基础上制定更详细、可不断修改的工作执行计划。

**5. 转换工作执行计划**

转换工作执行计划是执行系统转换工作的一个具体的行动方面的计划,规定了在一定长度的时间内需要完成的一项一项的工作。转换过程中每一步骤要有检查核对手段,确认这一步正确后才能进行下一步。为了验证整个转换成功与否,转换后需进行内部试运行。

同时也要做好新系统的初始化工作。需要注意的是，转换时点的选择与实际操作很重要，是关系转换成败的重要内容。

由于系统转换成功与否是非常重要的，所以在制定转换工作计划时，对转换的风险和困难要有充分的思想准备，仔细分析转换中的每一步骤中可能的风险点，制定相应的防范措施，设置恢复点，制定出现问题后的应对措施，并在整个转换时间上考虑一定的缓冲时间。技术应急方案和配套制度要在转换之前准备好，以备不时之需。应急方案中必须有恢复到初始点的能力，保证万一转换失败能恢复到启点以保证次日的正常使用。应急方案还包括投入使用后新系统中的应急措施。

转换期间的配套制度是另外一个成功关键点。为保证系统的顺利实施，在系统转换前，针对软件特点，对参与系统转换流程的人员、应用开发经理、项目经理、将服务导入业务领域的运作层用户，以及需要新服务满足业务需要的业务用户进行培训（包括事前的业务和管理培训、系统新功能培训、业务操作差异讲解）。同时要考虑系统整合与其他并购过渡方案的关系，包括时间上的关系、做法上的步骤等。

**6. 风险管理计划**

为了确保系统转换的万无一失，不仅要在前期做很多次的模拟测试，对于最后的转换过程，也需要制定周密的风险管理计划，一般至少要包括以下这些方面。

（1）系统环境转换。保证原来所有到旧系统的访问，都能被转换到新系统上，这不仅包括应用系统的前端，还包括各类周边的相关应用系统，必须要同时指向新的应用系统。如果这方面出现问题，则只好退回到原有系统上。通常这方面的问题在多次的测试过程中能够得到有效解决，但在向生产系统正式转换时，还是不可掉以轻心。

（2）数据迁移。原有的旧系统从启用到被新系统取代，在其使用期间往往积累了大量珍贵的历史数据，其中许多历史数据都是新系统顺利启用所必需的。另外，这些历史数据也是进行决策分析的重要依据。数据迁移，就是将这些历史数据进行清洗、转换，并装载到新系统中的过程。在银行、电信、税务、工商、保险以及销售等领域发生系统转换时，一般都需要进行数据迁移。数据迁移的质量不仅仅是新系统成功上线的重要前提，同时也是新系统今后稳定运行的有力保障。如果数据迁移失败，新系统将不能被正常启用；如果数据迁移的质量较差，没能屏蔽全部的垃圾数据，对新系统将会造成很大的隐患，新系统一旦访问这些垃圾数据，可能会由这些垃圾数据产生新的错误数据，严重时还会导致系统异常。相反，成功的数据迁移可以有效地保障新系统的顺利运行，能够继承珍贵的历史数据。

将业务数据从旧系统迁移到新的系统中，不仅要保证在数据转换过程中保持数据逻辑的一致性（如果新、旧系统的数据逻辑不同），而且在实际转换过程中，还要保证新旧系统之间数据的同步，保证在转换之前新旧系统的数据是一致的，在转换之后，新产生的业务数据都能反映到新的系统中，不会有任何遗漏。为了准备在出现意外时能够将新的业务数据传回到旧系统中，需要充分做好数据备份，做好数据从新系统向旧系统转换的准备，而且也要充分考虑到数据同步的问题。其实将新系统转换回旧系统,其面临的风险和需要解决的问题,基本上是相同的。在新旧系统之间的数据转换工作,可以在前期的测试中完成,但新旧系统之间的数据同步,只有在实际转换时才能完成,所以一般都会受到项目管理者的高度重视,成为大家关注的焦点。

(3)业务操作的转换。由于新旧系统在业务操作方面可能会存在较大的变化,无论对业务人员做多少前期的培训,也难以完全改变旧的操作习惯,所以在转换到新的系统之后,还可能出现人为的业务操作方面的问题,导致业务处理方面出现差错。所以在系统转换后的相当时期内,仍然需要对业务处理进行跟踪检查,及时发现由于业务操作可能导致的问题。

(4)防范意外风险。在风险管理中,除了计划内考虑到的可能的风险,还可能出现许多意料不到的风险,所以在风险管理计划中,不仅要有对已经识别的风险的应对措施,还要有防范其他意外的应对措施,这主要就是一种管理上的措施,一旦出现事先没有考虑到的情况,仍要能够有条不紊地应对,各种资源保持就位,随时注意发现异常情况,对于出现的问题及时报告,明确对各类问题做出判断和决策的责任归属。也就是说,要具备一套能够应对各种风险的报告、决策机制。

**7. 系统转换人员计划**

转换工作涉及的人员有:转换负责人、系统运行管理负责人、从事转换工作的人员、开发负责人、从事开发的人员、网络工程师和数据库工程师。

系统转换之前,要确保系统转换工作得到高级领导层的充分支持,并具有专职的、称职的、经授权的、有经验的负责人和精干的、有经验的工作人员,以及企业代表及技术代表的配备(若新系统是从其他公司购买的产品)。工作人员所应具备的素质有:实用经验;行业经验;分析技能;具体的技术专长;领导才能及经验。系统转换不仅是机器的转换、程序的转换,更难的是人工的转换,所以要提前做好人员的培训工作。

新旧系统的转换是一项严密的系统工程,组织、协调工作相当重要。首先,带领好这个团队所需要具备的条件有:正式的任务和职责;培训及知识共享举措;任务目标、计划、进度、问题及风险的传达;对人员配备水平、变化、缺少量及工作量的监控。然后要通过建立强有力的组织体系来保证各级组织严格按照预定程序或指令执行,遇到问题时能及时、准确地报告。组织体系中的指挥中心非常重要,整个上线工作如同是一次全方位的协同作战,需要一个由各方面人员组成的指挥中心来统一指挥、统一协调。

### 23.4.2 系统转换的执行

用新系统替换旧系统,从实施工作量到复杂程度都要大于单纯上一个新系统,因为要在面临如何解决好在不停止正常运作的情况下,或者是使业务的暂停时间最短的情况下,顺利实现系统转换。还面临着如何使业务人员在最短的时间内,放弃多年来在旧系统应用中已经形成的观念、业务流程和操作方法,熟练使用新的系统等问题。

为了顺利地执行系统转换，需要以下的要素。
- 一套包括转换结束后的审查阶段在内的转换管理方法。
- 一个包括任务、资源及时间安排等方面在内的系统转换计划。
- 由负责质量监督或内部审计的人员完成的实施后审查。
- 使用模板并进行调查，以收集转换结束后的资料，并征求转换工作参与者的反馈。
- 在阶段和/或转换工作完成后，召开项目结束后的审查会议。
- 召开汇报会以交流实施后审查的成果，确保将改进措施编入现有方针、规程及未来的项目。

系统转换的执行要由转换负责人、系统运行管理负责人、从事转换工作的人员、开发负责人、从事开发的人员、网络工程师和数据库工程师等共同合作完成。由于在制定系统转换计划的时候，就已经确定了转换项目、作业运行的规则、转换方法、转换过程、转换工具、转换工作执行计划、系统转换人员计划，所以在实际的系统转换实施的时候，就只需要按照先前设计的系统转换计划来进行工作。在进行系统转换的同时还要建立系统使用说明文档。系统使用说明文档应当使用简明、通用的语言说明系统各部分应如何工作、维护和恢复，主要使用说明文档有：用户操作手册（用户使用说明书）、计算机操作规程、程序说明书。

### 23.4.3 系统转换评估

系统转换完成后，要对转换后系统的性能进行评估，我们所关心的系统的性能主要是在 CPU、主存、I/O 设备、线路（速度、线数、流率）、工作负载、进度与运行时间区域等方面。

新系统实际地运转起来，从而可以对新系统的各方面性能进行监测，得到实际的数据。分析这些数据，得到对系统的各方面指标评价的结论。最后可以确定是否达到了系统转换的要求，鉴别出有可能进一步改进的领域以及项目的优点和缺点，以便进行改进。

## 23.5 开发环境管理

开发环境的管理和维护有时很容易被忽略。然而对于一个大型的应用开发项目来说，则需要用很长的时间来进行所需软件的安装、调试以及维护等工作。有时用于建立环境的时间甚至比真正编程开发的时间还要长，而且可能遇到的问题又非常难以预测。此外，也需要注意不同软件之间的连接，以及软件版本之间的差别。易于安装、管理和维护对于一个应用开发环境来说是至为重要的。

一个理想的应用开发环境应该是这样的：基于优秀的平台之上，与生产系统充分隔离，易于管理和维护，并且还应有较好的性能价格比。为了达到这个目标，应当做好开发环境的配置工作，并加强对开发环境的管理。

## 23.5.1 开发环境的配置

开发环境是开发人员每天生活、工作的环境,也就是他们努力工作争取多出成果的环境,因此,他们需要最好的工具以及最少的工作障碍。开发阶段的环境配置工作用来配置项目开发的环境,包括所涉及到的过程和工具。开发环境由开发团队管理,可以供开发人员日常使用并且可以在必要时进行升级以执行他们的测试。根据项目的特点和所选择的开发工具的特点,可以设计出具体的开发环境配置方案。

开发集成运行时环境可以供开发人员在硬件和软件上测试他们的应用程序,它类似于目标生产环境。在这种环境中进行测试有助于发现与开发系统和生产系统之间的细微差别有关的问题,并且可以测试部署程序。集成开发运行时环境将被配置成能以尽可能小的规模和复杂性反映生产环境。

系统测试环境是精心控制的正式测试环境。规范化是系统测试环境的关键。这种环境的目的是保证应用程序将在需要时候,真正地被部署和运行在生产中。因而,系统测试团队负责测试系统的方方面面,包括功能性需求和非功能性需求。

在系统的转换阶段,转换工作开始前首先要对当前状态下的环境进行一次审查,然后配置转换后的系统将要运行的实际运作环境。环境配置好以后,还要进行运行测试,以测试新系统转换后的运行情况,也是对采用新系统后产生的效果的检测。可以建立各种不同的运行测试环境来进行全方位的测试。

最后,结合转换测试阶段的成果,建立并配置最终的运行阶段的环境。为了确保系统运行、应用的安全可靠性,在配置系统运行环境时,可以通过 Web-应用-数据库三层服务器体系架构,利用集群和分流技术,从技术上保证系统运行的安全可靠性。

注意,在紧急变更发生后,应保证有程序将紧急变更应用到开发/建立环境中。

## 23.5.2 开发环境的管理

不但要将开发环境正确地配置,还要对其进行完善的管理。要实时监控或定期检查开发环境的各方面情况,并对其进行定期备份,以免在发生故障或意外事故的时候难以恢复。

可以使用工具来辅助工作人员对开发环境进行管理。例如主机目标机连接配置器不但可以使开发者轻松地设置和配置一定的开发环境,也提供了对开发环境的管理。此外,还可以使用管理软件来进行开发环境的管理。目前,应用管理软件可以分为适用于开发环境的管理软件和适用于生产环境的管理软件。适合开发环境的软件和相关厂商提供的服务可以做到在应用中的问题发生前解决问题,典型的厂商有 Mercury、Quest、Borland 等。

需要注意的是,在进行开发环境的管理工作时,应明文规定开发环境管理工作各有关机构和人员的职责和权限,包括管理者为确保体系有效实施与控制而提供必要的人力资源和专业技能、技术和设备设施、财力资源,以及任命能胜任工作的环境管理者代表、界定其职责和权限,以确保体系的建立、实施、保持与持续改进。

### 23.5.3 系统发行及版本管理

发行就是将软件产品的各部分交付给用户。在建构阶段的末尾将软件整合到可以发行的程度，是处理整合失败和不良质量的基本方法。首先要判断到达发行状态的标准是什么，缺陷应减少到让软件可以对外公开发行并且能够完成应该处理的问题。可以通过统计技巧和缺陷统计来判断。其次，要准备软件达到发行标准时的发行事务，即发行的各项准备工作和建立安装程序。发行的准备工作主要是文档资料（例如，文件、说明、手册，等等）的准备，并可以使用发行检查清单（包括工程活动、品管活动、发行活动、文件说明活动以及其他活动等）来避免软件发行阶段的疏忽，还可以让所有相关人员签定发行认可文件。在将系统发行给用户之前，还要在各种环境下模拟安装，检查移植性。

版本管理主要负责协调项目经理的日程，以及将产品从最终测试阶段转移到加工制造阶段，完整记录开发过程中各项更改历程并实现版本变更的快速追踪。版本管理应该在程序的设计阶段就被引入，并且可以使用版本管理软件来进行版本管理。版本管理应完成以下主要任务：建立项目；重构任何修订版的某一项或者某一文件；利用加锁技术防止覆盖；当增加一个修订版时要求输入变更描述；提供比较任意两个修订版的使用工具；采用增量存储方式；提供对修订版历史和锁定状态的报告功能；提供归并功能；允许在任何时候重构任何版本；设置权限；建立晋升模型；提供各种报告。

## 思考题

1. 新系统的运行与系统转换工作的实施大致可以分为几个步骤？每个步骤的工作主要有哪些？
2. 系统转换测试目的和步骤分别是什么？运行测试的目的是什么？
3. 系统转换计划包括哪几个方面？执行系统转换的过程中应当注意些什么？
4. 谈谈你对开发环境管理的认识。

# 第 24 章　信息系统评价

随着信息技术的不断发展，不少企业纷纷上马 MIS、ERP、CRM、SCM 等信息系统。那么，如何评价信息系统的运行效率呢？怎样的信息系统才算是一个合格的信息系统呢？应该从哪些方面来评价一个信息系统的运行质量呢？

所谓系统评价，是指根据预定的系统目的，在系统调查和可行性研究的基础上，主要从技术和经济等方面，就各种系统设计的方案所能满足需要的程度及消耗和占用的各种资源进行评审和选择，并选择出技术上先进、经济上合理、实施上可行的最优或满意方案。根据评价与系统的关系，可以区分出评价类型，如表 24-1 所示。

表 24-1　系统评价的类型

| 评价与系统的关系 | 评价的类型 |
| --- | --- |
| 评价与决策 | 决策前评价；决策中评价；决策后评价 |
| 评价与系统发展过程 | 事前评价；中间评价；事后评价 |
| 评价与信息特征 | 基于数据的评价；基于模型的评价；基于专家知识的评价；基于数据、模型、专家知识评价 |

评价任何问题都必然要涉及以下基本要素：评价者、评价对象、评价目标、评价指标、评价原则和策略。各个基本要素的有机组合被称为一个评价系统。

## 24.1　信息系统评价概述

### 24.1.1　信息系统评价的概念和特点

系统评价就是对系统运行一段时间后的技术性能及经济效益等方面的评价，是对信息系统审计工作的延伸。评价的目的是检查系统是否达到了预期的目标，技术性能是否达到了设计的要求，系统的各种资源是否得到充分利用，经济效益是否理想，并指出系统的长处与不足，为以后系统的改进和扩展提出依据。

信息系统中包含了信息资源、技术设备、任何环境等诸多因素，系统的效率是通过信息的作用和方式表现出来的，而信息的作用又要通过人在一定的环境中，借助以计算机技术为主体的工具进行决策和行动表现出来的。因此信息系统的效能既有有形的，也有无形的，既有直接的，也有间接的；既有固定的，也有变化的。因此，信息系统的评价具有复杂性和特殊性。

根据信息系统的特点、系统评价的要求与具体评价指标体系的构成原则，可从技术性能评价、管理效益评价和经济效益评价等三个方面对信息系统进行评价。

### 24.1.2 信息系统的技术性能评价

信息系统技术性能评价的内容主要包括以下几个方面：

（1）系统的总体技术水平。包括网络的结构、系统的总体结构；所采用技术的先进性、实用性，系统的正确性和集成程度等。

（2）系统的功能覆盖范围。对各个管理层次及业务部门业务的支持程度，满足用户要求的程度、数据管理的规范等。

（3）信息资源开发和利用的范围和深度。包括是否优化了业务流程，人、财、物的合理利用，对市场、客户等信息的利用率等。

（4）系统质量。人机交互的灵活性与方便性，系统响应时间与信息处理速度满足管理业务需求的程度，输出信息的正确性与精确度，单位时州内的故障次数与故障时间在工作时间中的比例，系统结构与功能的调整、改进及扩展、与其他系统交互或集成的难易程度，系统故障诊断、故障恢复的难易程度。

（5）系统安全性。保密措施的完整性、规范性与有效性，业务数据是否会被修改和被破坏，数据使用权限是否得到保证。

（6）系统文档资料的规范、完备与正确程度。

### 24.1.3 信息系统的管理效益评价

管理效益即社会效益，是间接的经济效益，是通过改进组织结构及运作方式、提高人员素质等途径，促使成本下降、利润增加而逐渐地间接获得的效益。

管理效益评价可以反过来从系统运行所产生的间接管理作用和价值来进行评价。

（1）系统对组织为适应环境所做的结构、管理制度与管理模式等的变革所起的作用。

（2）系统帮助改善企业形象、对外提高客户对企业的信任度，对内增强员工的自信心和自豪感的程度。

（3）系统使管理人员获得许多新知识、新技术与新方法和提高技能素质的作用。

（4）系统对实现系统信息共享的贡献，对提高员工协作精神及企业的凝聚力的作用。

（5）系统提高企业的基础管理效率，为其他管理工作提供有利条件的作用。

### 24.1.4 信息系统成本的构成

信息系统的成本主要根据系统在开发、运行、维护、管理、输出等方面的资金耗费以及人力、能源的消耗和使用来确定。简单地说，系统的成本构成应该如下。

- 系统运行环境及设施费用。

- 系统开发成本。
- 系统运行与维护成本。

为了对其进行更好的分析，可以从功能属性角度将其划分为：基础成本（开发阶段所需投资和初步运行所需各种设施的建设费用，如开发成本、基础设施购买费、信息材料成本费）、附加成本（指运行、维护过程中不断增加的新的消耗，如材料耗损费、折旧费、业务费）、额外成本（由于信息的特殊性质而引起的成本耗费，如信息技术以及信息交流引起的通信费）和储备成本（在信息活动中作为储备而存在的备用耗费，如各种公积金等）。具体而言，包含以下要素。

（1）开发成本。指在信息系统的分析、设计过程中的耗费，包括市场调研费、人力耗费等。

（2）基础设施购买费。在信息系统建立之初对各种硬件设备的购买费用，可以说是一次性投入的物质耗费，作为固定资产而存在。

（3）信息材料成本费。对信息活动中所需利用的信息资料的购买费用。

（4）各种耗损费。在信息系统的运行过程中涉及的软、硬件耗损费用，包括如下。

- 信息材料耗损费。包括因材料的时效性和材料使用程度而引起的损耗。
- 物质材料耗损费。包括能源耗费和原材料（如纸张、磁带等）的损耗。
- 固定资产耗损、折旧费。包括各项固定资产（如通信设备、办公设备等）的折旧。

（5）通信费用。为进行系统内外交流引起的费用，如联网所交纳的上网费、软件购买费等。

（6）调研费用和咨询费用。包括上级部门委托或自身需要或接受外来委托所进行的调研、咨询过程中产生的耗费，也被称为业务费。

（7）劳务费。包括职工工资、离退休人员工资及出差的差旅费等。

（8）各种管理费。对人员的管理如职工医药费等福利措施以及对系统内部资源的维护与管理费用。

（9）税金。向税务部门所缴纳的税额。

## 24.1.5 信息系统经济效益来源

信息系统的效益主要从创收和服务活动中获得，按其属性可分为固有收益（指能长期进行的产品服务或科研基金的申请）、直接收益（从各种服务或信息产品销售中直接获得）、间接收益（信息产品或服务的成果被再次利用所产生的收益）。具体有以下要素。

（1）科研基金费即科学事业费。指进行科研后所获得的收入或上级部门直接拨款用于信息系统的自身建设费用。

（2）系统人员进行技术开发的收入。包括系统人员开发出的成果带来的收入以及参加各种比赛所带来的收入等。

（3）服务收入。接受用户委托所进行的信息服务收取的服务费,包括作为网络结点收取费用、接受咨询、检索等服务带来的收入。

（4）生产经营收入。有的信息系统还兼办别的服务项目,如复印、打字、代译等。有的还开展出版印刷、自行创刊等服务。

（5）其他收入。除以上获取的收入外,从别的途径所得到的收入,如税后留利。

### 24.1.6 信息系统经济效益评价的方法

**1. 投入产出分析法**

这是经济学中衡量某一经济系统效益的重要方法。它的分析手段主要是采用投入产出表。根据系统的实际资源分配和流向,列出系统的所有投入和产出,并制成二维表的形式。该方法适用于从系统角度对系统做经济性分析,因其数据来源一般为系统硬指标,如设备、数据库、人员的消耗费用等。

**2. 成本效益分析法**

成本效益分析即用一定的价格,分析测算系统的效益和成本,从而计算系统的净收益,以判断该系统在经济上的合理性。这种方法的分析结果比较直观,易于理解和接受,操作起来相对容易。其中,关键是效益值的测算问题。信息系统既带来直接效益,又带来间接效益。因此,这里的效益应包括各种有形经济效益,如系统为用户提供服务获得的各种货币收入及信息系统带来的检索速度的提高、工作人员的减少等;也包括某些无形的社会效益,如信息系统的建立有助于产生正确的决策、有助于改善人们的知识结构等。无形效益的计量难度较大,一般是通过用户调查以定性方式测得,再通过某种变换转换为定量数据。

**3. 价值工程方法**

价值工程的基本方程式可以简单表述为:一种产品的价值(V)等于其功能(F)与成本(C)之比,即 $V=F/C$。由方程可知,价值是功能与成本的综合反映。信息系统要获得最佳经济效益,必须使得方程式中的功能和费用达到最佳配合比例。

价值工程方法的实现是将功能、成本定量化,然后求出比值。成本(C)是用货币表示的各种消耗,数量化相对容易;而功能(F)常常指技术或效用指标,是难以量化的,一般采取的方法是分析系统的功能,对每一功能确定质量评价指标,如检索功能可用检全率、检准率来描述,存储功能可用存储总量、存储增长速度等来描述;然后通过调查,请专家、核心用户对这些功能的各项指标进行打分、评价,由此确定各功能的权值及功能系数。

这种方法为功能和成本提供了可比性,对于信息系统比较适用,且从两个角度评价均可用此法。值得一提的是,为改进现有系统而进行工作评价时,用价值工程方法分析功能、成本的变动对价值的影响尤为有效。但这种方法需要有参照系统使其价值具有可比性。$V \geq 1$ 只是表示方案的可行,并不代表方案为最优。

### 24.1.7 信息系统的综合评价

由于信息系统是一个复杂的社会技术系统，它所追求的不仅仅是单一的经济性指标。除了费用、经济效益和财务方面的考虑外，还涉及技术先进性、可靠性、适用性和用户界面友善性等技术性能方面的要求，以及改善员工劳动强度和单位经营环境、改进组织结构及运作方式的管理目标。

多指标综合评价的理论和方法的研究是一个正在发展的领域。有关它在信息系统评价中的应用研究则更有待人们的工作，在这里我们只讨论系统综合评价的框架轮廓和基本方法。

所谓的信息系统多指标综合评价是指对信息系统所进行的一种全方位的考核或判断，它具备以下特征：

- 它的评价包含了多个独立指标。
- 这些指标分别体现着信息系统的不同方面，通常具有不同的量纲。
- 综合评价的目的是对信息系统做出一个整体性的判断，并用一个总体评价值来反映信息系统的一般水平。

一般说来，信息系统多指标综合评价工作主要包括三方面的内容：一是综合评价指标体系及其评价标准的建立，这是整个评价工作的前提；二是用定性或定量的方法（包括审计的方法）确定各指标的具体数值，即指标评价值；三是各评价值的综合，包括综合算法和权重的确定、总评价值的计算等。

在确定指标以后，再确定各指标的权重，并用审计结果结合定性分析给各指标打分，最后确定该系统的总分和等级，总结建设该系统的经验教训，并指出下一步的发展方向。

## 24.2 信息系统评价项目

### 24.2.1 建立评价目标

评价活动是有目标的，但评价本身不是目的，评价的最终目标是为了做出决策。因此在信息系统周期的不同阶段，应用绩效评价的作用是不同的。在系统规划期，重点关注如何识别满足业务目标的 IT 系统，同时规划战略目标，并从不同的层面沟通和管理，建立良好的组织架构和技术基础架构是必不可少的；在系统设计期，在于理解 IT 战略后，识别、开发或获取、实施 IT 解决方案，保持项目的方向；在系统转换期，主要是对已有系统的变更与维护，以确保系统生命周期的持续改进；在系统运行期，重点在于考核系统找出问题反馈修正系统，关注服务的价值交付，以及应用系统的实际数据处理流程及系统的安全性。

对于一个信息系统的运行评价，首先应该确立相应的系统评价者、评价对象、评价目标、评价指标和评价原则及策略等，编写相应的《信息系统评价计划书》。无论是内部评价，还是外部评价，所有的信息化评价都要遵循一定的工作程序，工作程序是指从确定评价对象至完成整个评价工作的过程。一般包括如下步骤：

（1）确定评价对象，下达评价通知书，组织成立评价工作组和专家咨询组。评价通知书是指评价组织机构（委托人）出具的行政文书，也是企业接受评价的依据。评价通知书应载明评价任务、评价目的、评价依据、评价人员、评价时间和有关要求等事项。

（2）拟定评价工作方案，搜集基础资料。评价工作方案是评价工作组进行某项评估活动的工作安排，其主要内容包括：评价对象、评价目的、评价依据、评价项目负责人、评价工作人员、工作时间安排，拟用评价方法、选用评价标准、准备评价资料以及有关工作要求等。

（3）评价工作组实施评价，征求专家意见和反馈企业，撰写评价报告。评价工作组依据企业报送的资料进行基本评价。如果是企业内部进行评价，可以只对部分内容进行评价，受企业委托的职责而定。如果是外部评价，则要有委托部门的指令，按照计划行事。

（4）评价工作组将评价报告报送专家咨询组复核，向评价组织机构（委托人）送达评价报告和选择公布评价结果，建立评价项目档案等。

评价工作正式开始前，评价工作组可以按照评价基本要求，组织企业有关人员进行自测。企业自测带有自愿和预备性质，自测报告应该有完整的工作底稿备查。

评价工作组取得的评价结论应该与企业自测结论进行对照，及时对评价结论进行补充和修改，对评议工作组的评价结论和企业自测结论相差较大的，要进行基础资料的核对，找出差异原因，如依据充分应该对评价结论进行必要调整。

系统评价的主要方法如图 24-1 所示。

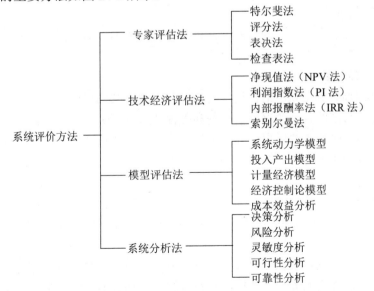

图 24-1　系统评价的方法

## 24.2.2 设置评价项目

一般地，确定评价对象、下达评价通知书后，应组织成立评价工作组和专家咨询组，开始对系统进行评价。评价小组主要负责审定系统效率、系统有效性、解题周期、响应时间、信息的关联、输入输出的分配及控制、输入输出的格式和内容、文件、记录和数据库的结构、更新和后备措施、系统资料的通用性等内容。关于需要进一步改进的不足之处和建议都要编制成文件，并提交给相应的业务领域的管理人员。IT 项目评估应该按照 IT 项目的特点来进行，从硬件、软件、网络、数据库以及运行等各个方面对 IT 项目进行全方位的评估。

在测试过程中，应组成一个完整的评估项目组织结构，如图 24-2 所示。

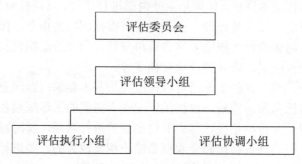

图 24-2 评估项目组织结构

**1. 评估委员会**

由具有多年信息系统评估经验的专家组成。它将依据评估执行小组所提交的所有关于受评估系统的证据，对受评估系统做出评估。

**2. 评估领导小组**

由评估机构领导成员和申请评估方的信息部门主管共同组成。评估领导小组的职责主要是审核受评估系统的各项测评评估计划和受评估系统测试计划。监督整个评估项目的进度并考察项目各个阶段点的成果。并对最终所形成的现场核查报告和综合评估报告进行审查，评价结果及结论的合理性。

**3. 评估执行小组**

进行具体的核查与测评工作，为系统评估提供足够证据。主要工作职责为：制定信息系统测评计划、实施信息系统测评计划、制定信息系统测评报告、制定信息系统评估报告。

**4. 评估协调小组**

由申请评估方委派相关人员组成，该小组成员至少有一名具备一定的信息系统经验，同时具有一定组织能力的人员，能够在必要时有效调动其他部门人员。评估协调小组的主要工作职责为：为评估执行小组准备必要的测试环境；为评估执行小组提供必要的测试及核查条件,如提供合法账号、管理实施依据、安排会议地点,等等。

目前,我国国家信息化测评中心已经正式推出了中国第一个信息化指标体系——《企业信息化测评指标体系》,以全面评价中国境内各企业的信息化发展和应用水平。该体系包括三部分:一套基本指标、一套补充指标即效能评价和一套评议指标即定性评价。其核心部分是补充指标,也就是效能评价。可以参考这个指标来设置相应的评估标准。

## 24.3 评价项目的标准

企业信息化评价基准是准确衡量信息化绩效的尺度,基准的正确选择对企业信息化评价结果具有较大影响,评价基准的制定既是企业信息化评价体系建立的主要环节,也是企业信息化评价具体工作所面临的一个重要工作步骤。

### 24.3.1 性能评价标准

信息系统的性能究竟是怎么样的呢?它可以承担用户所要求的条件吗?这是信息系统被建设完成之后,许多客户都要问的问题,也是我们信息系统的评价的一个方面。

性能评价时机一般选在项目结束一段时间后,以实际的数据资料为基础,重新衡量信息化建设,为以后相关决策提供借鉴和反馈信息。

指标体系包括如下内容。
- 系统的可靠性,软件硬件系统的可靠性以及数据可靠性,一般采用评价时间点上的测试结果作为可靠性指标的评价结果。
- 系统效率,反映系统完成各项功能所需的计算资源,如周转时间、响应时间、吞吐量等系统效率指标。
- 系统可维护性,确定系统错误并进行修正的努力程度。
- 系统可扩充性,是指系统处理能力和系统功能的可扩充程度,分为系统结构、系统硬件和系统软件功能可扩充性评价指标。
- 系统可移植性,指系统从一个硬件(软件)环境移植到另一个硬件(软件)环境的难易程度。
- 系统实用性,是指系统运行对组织各部门的业务处理效率的提高等的支持程度如何,以及对系统分析、预测和控制的建议有效性如何。
- 系统适应性,在运行环境、约束条件或用户需求有所变动时的适应能力。
- 系统安全保密性,对用户无意操作或系统软硬件工作安全性的保护措施,以及对自然灾害和外部黑客攻击的安全保密防护。

下面介绍几个常见指标的概念。

(1)事务处理响应时间。

事务处理响应时间描述的是作业输入系统到系统输出结果所需要的时间周期。而时间周期又与系统的用户数量有密切关系。主要测评事务处理响应时间是否在一个可接受的范围内,事务处理响应是否受负载的影响,事务处理响应时间是否在已定义的性能服务级别内等几方面内容。

可以使用两个基本原则来准确地和可预见性地测量和监控服务——主动监控和被动监控。主动监控意味着创建"人工事务处理",该事务处理通过指定的间隔周期定期执行主动测试服务。被动监控则在事务处理以及事务处理交互发生时监控事务处理及其交互。主动监控具有固有的可预见性,它在发现错误之前不需要等待一个错误的实际发生,甚至在其实际影响服务间交互之前即可发现错误。经验表明同时使用这两种技术可以得到最佳效果。

例如,IBM 的 TPC-C 基准测试,可以用来测量每一个事务的响应时间,以及用来模拟键入时间及思考时间,键入时间是指在终端上录入数据所花费的时间,思考时间是指操作人员在终端读取事务的结果,进行下一个事务请求之前所花费的时间。每一个事物都有一个最小键入时间和最小思考时间。

(2)作业周转时间。

作业周转时间是常见的一个企业测评指标。在信息系统中,它指的是一个作业到下一个作业所需要的时间。周转时间测量与企业的性质有关。例如一个流通型的企业,需要测量供给量、订货周期、操作周期、配送入店周期等。

(3)吞吐量。

系统吞吐量描述的是在给定时间内系统处理的工作量。对于在线事务处理来说,吞吐量是每秒处理多少事务;对于通信网络来说,吞吐量是指每秒传输多少数据包或多少数据位。所以吞吐量的衡量单位是按工作单位(作业、人物、指令)来定义的。性能测评时往往将吞吐量作为主要的度量标准。例如 TEMS Evaluation 就提供了系统吞吐量的测评。

(4)故障恢复时间。

一般指平均故障恢复时间,表示信息系统从发生故障到恢复规定功能所需要的时间。但必须说明,随着信息系统规模的增大,修复时间可能会加长。所以修复时间是一个随机变量。

(5)控制台响应时间。

控制台响应时间,指的是控制台响应事务的时间。

除了上面几个测量标准之外,还有许多其他的测量标准,例如利用率、可靠性等。利用率指标以系统资源处于忙状态的时间为度量标准。系统资源是指计算机系统中能分配给某项任务的所有设施,包括系统中的硬件、软件和数据资源。系统未被利用的时间被称为空闲时间。对一般的系统而言,系统空闲与忙的时间片均匀地分布在整个运行时间内,因此系统资源既不能太忙,也不能太闲。可靠性指标用于描述系统处理用户工作的可用性或处理过程失败或错误的概率。一般人们更关注两次故障之间的工作时间分布特征。

现在许多厂商都提供系统性能监控、测量的工具,我们可以采用这些工具对系统性能进行测评。

## 24.3.2 运行质量评价标准

系统运行质量评价是指，从系统实际运行的角度对系统性能和建设质量等进行的分析、评估和审计。系统评价的步骤为：先根据评价的目标和目的设置评价指标体系，对于不同的系统评价目的应建立不同的评价指标体系，然后根据评价指标体系确定采用的评价方法，围绕确定的评价指标对系统进行评价，最后给出评价结论。

信息系统在投入运行之后要不断对其运行状况进行分析评价，并以此作为系统维护、更新以及进一步开发的依据，大致有如下一些指标。

**1. 预定的系统开发目标的完成情况**

对照系统目标和组织目标检查系统上线后的实际完成情况；是否满足了科学管理的要求？各级管理人员的满意程度如何？有无进一步的改进意见和建议？为完成预定任务，用户所付出的成本（人、财、物）是否被限制在预定范围内？实施过程是否规范，各阶段文档是否齐全？功能与成本比是否在预定范围内？系统的可维护性、可扩展性、可移植性如何？系统内部各种资源的利用情况怎样？

**2. 运行环境的评价**

运行环境的效率如何？数据传输、输入、输出、加工处理的速度是否匹配？各类设备资源的负荷是否平衡，利用率如何？

**3. 系统运行使用性评价**

系统是否稳定可靠？系统的安全性、保密性如何？用户对系统操作和故障恢复的性能如何？系统功能的实用性和有效性如何？系统运行结果对各个部门的生产、经营、管理、决策和提供工作效率的支持程度如何？对系统的分析、预测和控制的建议有效性如何，实际被采纳的程度如何？系统运行结果的科学性和实用性分析。

**4. 系统的质量评价**

系统质量指的是在特定环境下，在一定的范围内区别某一事物的好坏。质量评价的关键是要定出质量的指标以及评定优劣的标准，质量的概念是相对的，对管理信息系统可以定出如下质量评价的特征和指标。

（1）系统对用户和业务需求的相对满意程度。系统是否满足了用户和管理业务对信息系统的需求，用户对操作的过程和运行结果是否满意。

（2）系统的开发过程是否规范。指开发各个阶段的工作过程以及文档资料是否规范。

（3）系统功能的先进性、有效性和完备性。这是衡量信息系统的关键。

（4）系统的性能、成本、效益综合比。这是综合衡量系统质量的首选指标，它集中反映了系统的质量好坏。

（5）系统运行结果的有效性和可行性。考察系统运行结果对于解决预期的管理问题是否有效和是否可行。

（6）结果是否完整。处理结果是否全面满足各级管理者的需求。

（7）信息资源的利用率。系统是否最大限度利用了现有的信息资源并充分发挥了它们在管理决策中的作用。

（8）提供信息的质量如何。考查系统所提供信息（分析结果）的准确程度、精确程度、响应速度以及推理、推断、分析、结论的有效性、实用性、准确性。

（9）系统实用性。考察系统对管理工作是否实用。

也许随着信息化的进一步发展和全球经济的进一步融合，信息系统也会像计算机硬件行业一样产生各种生产标准，会产生专门对各类系统进行评价的系统，那么用户在选择应用系统的时候就有的放矢了。

### 24.3.3 系统效益评价标准

系统效益评价，指的是对系统的经济效益和社会效益等做出评价，可以分为经济效益评价和社会效益评价。经济效益的评价又称为直接效益的评价；社会效益的评价又称为间接效益的评价。这里主要介绍经济效益的评价。

从经济学的角度，企业管理信息化对于企业的作用可归结为企业生产经营产值的提高或生产成本的降低，进一步可归结为企业生产经营系统所获得的额外的净收益。对系统经济效益的评价采用的是定量方法，成本-效益分析法是较常用的评价方法。

成本-效益分析法就是用系统所消耗的各种资源与收获的收益做比较。主要步骤有：明确企业管理信息化的成本和收益的组成；将成本和收益量化，计算货币价值；通过一定技术经济分析模型或公式，计算有用的指标；比较成本和收益的平衡关系，做出经济效益评价的结论。

企业信息化的成本包括如下。

- 设备购置费用。购置计算机系统硬件、软件、外设及各种易耗品等。
- 设施费用。指安装、调试和运行系统需建立的支撑环境的费用，如软件硬件的安装费用、机房建设费、网络布线、入网费等。
- 开发费用。指开发系统所需的费用，如人员工资、咨询费等。
- 系统运行维护费用。指系统运行、维护过程中经常发生的费用，如系统切换费用、折旧费用、培训费、管理费、人工费、通信费等。

企业信息化的收益包括如下。

- 产值增加所获得利润收益，由于系统实施而导致的销售产值的增加，和获得的利润。
- 产品生产成本降低所节约的开支，如采购费用的降低、库存资金的减少、人工费、通信费的减少，以及由于决策水平的提高而避免的损失。

在成本和收益确定之后，通过简单开支率、回收期、项目补偿期以及净平均收益率等指标的计算，比较成本和收益。

现今常用的评价方法有以下几种，但无论哪一种，都旨在比较投入与产出、收入与成本的关系，它们或者是用两者之差额来比较绝对值，或者是用两者之比值来比较相对值。一旦我们能够按一定方法折算出前述的成本或效益，就可以用这些方法之一进行效益评价。

（1）差额计算法。

差额计算法以绝对量形式来评价。以可能收入与可能支出的差额来表示：经济效益=可能收入−可能支出。这种方法忽略货币时间价值，可用在信息系统初步构想时的粗略概算。

（2）比例计算法。

比例计算法以相对量表示：经济效益=产出/投入。比例分析的核心是为了控制成本，管理部门必须更多地注意相对数，而不是绝对数，可以根据一个普通标准，对整个时期结果进行比较。此式反映了系统生产经营的盈利能力，可用在评价信息系统的技术经济效益上。

（3）信息费用效益评价法。

此法又称为现值指数法，是对净现值法的一个补充。此方法主要用于公共事业，也可用于具体技术是否采用的经济分析。因为信息系统中很多部门的服务还属于公益性服务，对这些服务的经济评价，或者是对某一种最新信息技术何时采用以及是否立即更新设备等方面做决策分析时，都可采用此方法。

（4）边际效益分析。

不同情况下，边际分析特点不同，在此只阐述最理想状态即完全竞争状态下的边际分析。边际成本是每变动一个单位的生产量而使成本变动的数量。边际效益是每变动一个单位的生产量而使收益变动的数量。若每单位生产增加时，其边际效益大于边际成本，则表示这一单位的生产所获在扣除成本后仍有剩余，因此总利润增加，则愿意生产，反之则减少生产。只有当两者相等时，才能稳定，此时虽无利润可赚，但总利润最大。此时边际效益实际上就是该产品市场均衡价格，即 MR=P。

（5）数学模型法。

在某些条件不适合以上简单方式的情况下，可自行建立数学规划模型，即将各种约束条件联立组合而生成目标函数，求出可能解，用以分析成本和效益之间的关系。具体有图解法、线性模型法等。它有着清晰的特点，可以根据图形给出解，进而推测未来以及比较各个时期的成果，从而用于长期经营决策之中，尤其对以上方法中不易求得的边际成本、边际收入等数值的求解较方便。大多用于确定信息产品价格以及产品组合、库存之类经营决策的分析。

社会效益主要体现在企业管理信息化对企业内部经营管理能力产生的影响。

## 24.4 系统改进建议

在信息化评价工作完成后，评价小组应该根据上面的评价指标，搜集相应的评价数据，然后根据指标和实际数据，检测开发过程中的缺陷，形成一个总的评价报告。评价报告是由评价工作组完成全部评价工作后，对信息化的运行状况、效益状况和价值贡献等进行对比分析，客观判断形成的综合结论的文本文件，并提出改进建议。

评价报告由正文和附录两部分组成。报告正文的主要内容包括企业系统基本情况描述、主要各项绩效指标对比分析、评价结论、评价依据和评价方法等。报告附录包括有关评价工作的基础文件和数据资料。评价报告要维护被评价企业的正当商业秘密。

评价报告必须客观、公正、准确地描述企业信息化的投入产出状况、后续发展能力等，并做出发展趋势预测。评价工作组在拟定评价报告的过程中应该充分听取专家组的意见。对影响经营的客观情况应该在报告中予以充分说明。

评价报告应该由独立的审计人员进行符合性审核，即：评价工作程序是否完整、评价方法是否正确、选用评价标准是否适当、评价报告是否符合规范等。

常见的系统改进建议有下列两类。

（1）系统修改或重构的建议。系统重构和设计彼此互补。重构可以补充"设计"的不足。评价小组根据评价的测评结果，和开发过程中出现的缺陷和问题，对系统重构和修改提出相应的改进建议，生成系统修改或重构的建议书。

（2）系统开发说明书的建议。 评价小组根据系统开发说明书，结合实际运行过程中出现的问题和缺陷，提出更为有效的开发改进建议，生成系统开发说明书的建议。

系统改进建议是系统运行评价的最后一个环节，它是评价的最终结果，也是系统评价的成败所在，因此，应根据要认真考核的实际数据，结合事先制定的指标，给出相应的、合理的评价建议。

评价结果应该反馈给企业决策部门，作为信息化投资决策、经营管理改善和绩效监管的参考依据；并作为对 IT 人员绩效考核的依据，同时也为政府有关部门提供信息咨询和管理参考。

## 思考题

1. 请简述应如何建立信息系统的评价。
2. 信息系统的评价标准是什么？
3. 请举出两种以上的计算机性能评价的工具，并以此为例，解释性能评价的方法。
4. 计算机性能评价的指标有哪些？请举出 5 类以上。
5. 请简单解释一下什么是系统能力管理。

# 第 25 章　系统用户支持

随着信息产业的不断完善，用户支持作为一个企业的重要服务内容，也日益增强。它指的是企业客户支持团队提供现场、电话及电子邮件等形式的技术帮助，对不同的软件客户提供技术支持和帮助，回答用户的问题，针对用户的技术问题制定解决方案。

系统用户支持首先需要解决的就是从用户角度需要看清什么的问题，要确定用户能够看到的内容的范围。然后有针对性地提出相应的支持。为用户提供良好的支持环境，丰富企业的服务内容。

## 25.1　用户角度的项目

系统用户支持首先需要解决的就是从用户角度需要看清什么的问题，要确定用户能够看到的内容的范围。只有这样才能明确用户支持的服务范围，提供客户满意的用户支持。

首先，应该设定软件服务支持的宗旨、服务目标和服务任务，只有明确了服务的方向，才能找到客户支持的角度和方式。例如，IBM 提出 IBM 软件升级与远程技术支持服务的目标是："及时、快速、可靠地解决在软件系统的维护过程中所遇到的技术问题，使客户的软件系统可以更加安全稳定地运行，以保障和促进客户业务的顺利开展并取得更大的成功。"找准了服务目标和方向，就像在黑暗的大海中行驶的船舶找到了航标一样，只有这样才能确定准确的服务范围。

然后，就可以根据企业软件服务支持的宗旨、服务目标、任务，结合软件客户和企业自身客户支持的实际水平，确认用户角度看到的项目是怎么样的，确立相应的用户支持范围。从用户角度出发，确定用户角度看到的项目是怎么样的，会遇到些什么样的问题，这样才能找准客户问题的症结，及时快速解决客户的问题，让客户满意。同时，又要从企业实际水平出发，不能超出企业水平给予客户一些不切实际的承诺，这只能招致客户的反感和不满。

确立好客户角度看到的项目问题，并确立好用户支持的范围和手段之后，就可以建立用户支持团队，准备相应的客户支持服务了。

## 25.2　用户支持

要提供用户支持，必须弄清企业对用户支持的范围是什么，通过哪些方式进行用户支持,即明确项目范围、清晰界定用户的需求。这点看似简单,但实际操作者却需要相当有经验,能够判断自己所拥有的资源;能够在既定时间内完成多少工作;能够与客户有技巧地谈判将其需求控制在最恰当的水平并维持到项目结束。

一般来说,用户支持应该先确定用户支持的范围,例如可以提供软件产品的安装、软件产品的基本日常维护和使用管理、软件产品的基本配置、软件技术问题的根源分析与诊断、提供软件本身问题的修正性软件、软件升级与远程技术支持基础服务等范围内的软件服务。

用户支持包括如下内容。

(1)软件升级服务。在服务期限内客户可根据自己的需要免费升级到新的版本和移植到新的平台。

(2)软件技术支持服务。提供基于 Internet 的电子化支持,提供 5×8 小时及 7×24 小时(仅限严重程度的问题)远程电话支持服务等。

(3)远程热线支持服务(SupportLine for Middle-Ware)。提供基于 Internet 的电子化支持,7×24 小时远程电话支持服务等。

(4)全面维护支持服务(EPSA for Middle-Ware)。提供基于 Internet 的电子化支持提供 7×24 小时远程电话支持服务,提供客户现场技术服务。

(5)用户教育培训服务。对于软件的使用用户提供软件的使用培训,制定相应的教育培训计划,提供相关人员进行实施。

(6)提供帮助服务台,解决客户的一些常见问题。例如设定"常见问题解答",用户可通过电子邮件、ftp(文件传送)以及 6~7 个有关的讨论小组获得这些服务信息。企业在采用这种方法提供用户支持时,须遵循问题与解答必须简明扼要、文件的开头应列出所有的问题以及及时更新信息三大原则。

此外,一个较为先进的用户支持 Web 网站至少要包括以下这些功能。

- 可提供技术支持最新消息 用户只要用鼠标单击有关按钮,就能够连接到包括新产品、新技术以及新价格的超文本文件。
- 可提供解决各种技术问题的答案 用户能简捷地从问题解决信息库找到最新的解决方案。
- 可提供邮递表功能 用户可以通过电子邮件订阅企业发布的快讯或简报。公司利用邮递表工具,自动将最新的用户支持信息定期发送到用户的电子邮箱。
- 可向用户提供浏览其他公司有关信息的链接 用户可通过该 Web 网站去浏览分布在 Internet 上与解决当前问题有关的各种信息。

## 25.3 用户咨询

目前,许多企业都提供了用户咨询服务,以方便用户。总的说来,用户咨询服务的主要目的是企业以各种方式帮助用户利用它所提供的各种资源和服务，更好地使用企业为用户提供的产品。

要准备一个可以运行的用户咨询服务，必须要先准备好用户服务的环境。例如，要在网上提供用户咨询，应该准备好相应的服务器、客户服务人员、在线问答方式等，才能够为用户提供相应的咨询服务。

一般来说，主要提供下列用户咨询方式。

(1) 直接咨询服务（Reference Service）。

直接咨询方式是常见的咨询方式，它指的是企业设立专门的用户咨询部，接受用户的咨询。一般来说，这些工作人员具有一定的专业知识与用户咨询服务知识。这种方式具有下列优点：用户亲自到企业提出咨询问题，与服务人员进行面对面的交流与沟通，便于服务人员清楚明了用户的真实意图与要求，有利于问题的解决。对一些重要问题的咨询，多是通过这种方式进行。这种方式的缺点是：用户必须亲自到企业，它无法对远距离用户提供服务；另外，它对一些不擅长口头表达的用户，也会有一些不便。

(2) 电话服务（Telephone Service）。

电话方式可以方便地服务于远距离用户，让用户不必亲自到企业来而是通过电话提出咨询问题，工作人员记录问题并进行回答。这种方式的条件是必须在企业有专门的咨询中心安装供用户咨询的电话，并有专门的服务人员负责接听。这种服务方式的优点在于能远距离提出问题，免去距离带来的不便；同时，电话交谈可以进行语言沟通，杜绝许多问题的歧义。但缺点也是明显的，即服务时间有限，由于咨询问题的难易程度不一样，咨询人员对问题的解答可能不及时或最终解答时间不能确定，往往会导致用户不能在某一确定时间获取答案，造成用户进行多次电话询问。

(3) 公告板（BBS）或讨论组（Group）。

由于网络技术的发展与应用，现在可采用 BBS 系统或 Group 形式。这种形式的具体做法是，企业网站提供这些功能，用户可以自由地在企业的这些系统中提出自己的问题，并将问题发布在网页上，企业咨询人员则定期浏览、回答用户的问题，如不能回答，也可将其发往讨论组中或咨询企业其他部门的专业人士，寻求问题的答案。这方面形式多样，如有 FAQ（常见问题解答）、Q&A（问题与解答）、网上咨询、BBS 论坛等。这种方式的优点是，用户只要能够连接企业网页，均可发布自己的咨询要求，并且由于是文字提交方式，用户有较多时间仔细考虑问题提出的细节与要求，一般提问会较为准确。咨询人员回答方便且时间充裕，它能通过电子邮件或仍以公告板方式将答案返回给客户。这些问题的解答也可以长时间地被保留在系统中，某一类具有代表性的问题，可以起到同时解答多人的作用，并形成数据库，可加入 FAQ 或 Q&A 页面中。它的缺点是，很难回答一些隐密性强的问题（网页上不便发布的）。

(4) 电子邮件（E-mail）。

电子邮件方式是最普通也是最常用的一种咨询服务方式，它主要在网站主页或某些网页上设立"参考咨询"或"询问相关人员（Ask）"链接，通过该链接可将咨询问题以电子邮件方式发送给相应的咨询人员，咨询人员以电子邮件方式将答案返回用户。它的优点在于具有很好的方便性和隐秘性，用户只要有自己的电子信箱，就可以通过这种方式提出咨询要求，用户有足够的时间整理自己的提问。同时自己的问题要求，也不会为别人所获知。对于远距离的不能亲自到企业咨询的用户，较为便利。但是这种方式可能会由于处理时间的原因，用户对于咨询问题所获得的回答会不及时，有一定时间差，对于用户的帮助会显得较迟；再者，这种方式必须有电子邮件信箱才能接受服务，不是交互式的，从问题提出到收到咨询结果，这中间可能出现的一些误差、歧义无法得到及时的纠正与再答复。

除此之外，还有许多别的咨询服务方式，例如网上表格（Web Form）、网上实时咨询服务（Real-time Reference Service）、网络会议咨询服务（Video Conferencing Reference Service）、专家咨询服务（Ask-A-Service）、合作的数字参考服务（Coll-aborative Digital Reference Service）等方式。

然而，随着技术的发展，用户的需求是在不断增长和变更的，任何一家公司或者企业都无法完全预计用户的需求，任何需求和服务都是在不断完善中的。对于客户提出的以前并未发现的需求，应予以标识、记录在案，为以后的系统改进做准备。

标识用户的新需求应先标识用户需要哪些信息，需要的时间和频率，以及以何种格式来显示。这将帮助企业先了解这些用户的需求是否能得到满足，找到不当之处。然后提示，确保已标识所有用户需求，并与潜在的用户一起进行讨论和测试。输入相应数据，使用报表查看数据。

## 25.4 帮助服务台

服务台，即通常所指的帮助台和呼叫中心，是一种服务职能而不是管理流程。对服务提供方而言，服务台可以处理很多用户的请求和询问，节约资源并及时向客户和用户传递有关服务的各种情况；对客户和用户而言，在碰到任何问题或疑问时，只要通知和联系服务台，就可以由服务台指导和协调下一步工作。

服务台（Service Desk）拓展了服务的范围，通过提供一个全球集中的服务联络点促进了组织业务流程与服务管理基础架构的集成。它不仅负责处理事故、问题和询问，同时还为其他活动和流程提供接口。包括客户变更请求、维护合同、软件协议、服务级别管理、配置管理、可用性管理和持续性管理等。

具体而言，服务台的主要职能是：

- 接受客户请求（可以通过电话、传真、电子邮件等）。
- 记录并跟踪事故和客户意见。
- 及时通知客户其请求的当前状况和最新进展。
- 根据服务级别协议，初步评估客户请求，尽力解决它们或将其安排给有关人员解决。
- 根据服务级别协议要求,监督规章制度的执行情况并在必要的时候对其进行修改。
- 对客户请求从提出直至验证和终止的整个过程进行管理。
- 在需要短期内调整服务级别时及时与客户沟通。
- 协调二线支持人员和第三方支持小组。
- 提供管理方面的信息和建议以改进服务绩效。
- 根据用户的反馈发现IT服务运营过程中产生的问题。
- 发现客户培训和教育方面的需求。
- 终止事故并与客户一道确认事故的解决情况。

服务台是服务提供方和用户的日常联络处,负责报告事故和处理服务请求,它与多个服务管理流程密切相关,如图25-1所示。

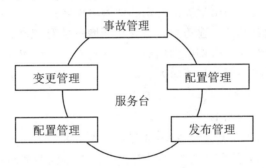

图25-1 服务台与服务管理流程之间的关系

服务台负责跟踪记录各种事故,并负责协调二线支持小组和三线支持小组处理和解决事故,与事故管理关系紧密;同时它参与了配置管理等记录事故、验证事故记录正确性的活动;发布管理时收取软硬件安装费用也需要服务台的帮助;服务台还可以协助实施变更管理,如通知用户有关情况,在一定范围内代为实施变更。

服务台的分布模式主要有分布式、集中式和虚拟式三类。

服务台员工的素质要求是服务台的任务和结构决定的,通常有下列几类。
- 接线员。这类人员只记录呼叫,不提供解决办法,而只是把呼叫转移给特定的部门。
- 初级服务员。按照标准规程记录、处理或转移呼叫。
- 中级服务员。可按照文档化的解决方案处理许多事故,当不能解决时把事故转移给相应的支持小组。
- 高级服务员。拥有IT基础架构方面的专业知识和经验,能够独立解决大部分的事故。

客户和用户满意度是评价服务台工作的主要指标,可以从下面几个方面进行评价。
- 电话应答是否迅速。

- 呼叫是否按时传送给二线支持。
- 是否按时恢复服务。
- 是否及时通知用户正在实施的变更和将来需要实施的变更。
- 首次修复率。
- 服务台员工接电话是否有礼貌。
- 用户是否得到预防事故发生的建议。

## 25.5 人员培训服务

随着信息服务的不断发展,越来越多的 IT 公司重视在售后对客户进行人员培训。为了使用户可以更好地掌握软件产品和技术,许多公司专门设立了培训课程和认证服务,定期开设集中的培训课程,也可为用户提供特别的现场培训服务。

IT 企业通过专业化的培训,全方位地传递公司软件的管理理念和方法。讲师一般由经验丰富的专家和有实践经验的咨询顾问组成。课程都是 IT 公司软件使用经验的总结和提炼,可操作性强,能够在培训后将所学内容运用到实际工作中,从而帮助用户全面提高控制和管理软件的能力。

一般地,培训可以分为如下内容。

- 经理管理级的培训(A 级)。对各部门管理人员的培训着重于计算机管理系统对管理的影响,具有什么样的意义,计算机管理系统的业务流程、票据流转规范等。同样强调确保录入数据正确的重要性和意义。因为实际上许多数据是由各部门管理人员来整理、提供的。例如,成品信息表、物料信息表、供应商信息表等。

  从使用角度出发,经理管理级人员是将目前手工管理模式与计算机信息管理模式接轨的重要人员。如果经理们不能理解信息化管理的真正含义,难以号召和带动下属员工积极使用信息管理系统,也就不可能达到信息管理系统的根本目标。所以这一环节的培训至关重要。

- 使用人员级的培训(B 级)。使用人员即后台操作员,他们将负责本部门所有票据的录入、校对及报表打印等工作,同时还要负责管理、指导所在部门的前台操作员,他们的工作技术性相对较强。

  后台操作员的培训,除按后台操作手册的有关内容讲解以外,还将反复向他们强调保障录入数据正确的重要意义。因为系统正式运行前后的所有票据、表格都要由他们录入。他们工作的好坏直接关系到系统能否真正有意义地运转。

  这个培训主要针对使用人员,即各部门使用人员、核算员与财务人员等。培训的目的是为了让使用人员真正能上岗工作,能担当主要业务,并确保各个环节不出问题,为本企业稳步获取效益做出保障。

- 系统维护员的培训(C 级)。系统管理员是整个系统的高级管理员,他们的工作除了日常例行的事务外还要能够处理许多意外的情况，例如，数据出现混乱、差错、数据库系统、操作系统发生故障以及计算机硬件设备方面的故障。对于处理不了的问题，要能够正确地记录下有关信息及现象并与有关方面取得联系，以造成损失最小的方式加以解决。所以系统管理员应当具有足够的操作系统、数据库系统、计算机网络、计算机硬件等知识储备，另外系统管理员还必须了解企业的各个业务流程。

对于系统管理员的培训，主要着重于计算机管理系统的总体结构、参数设备、系统安装等方面工程实施单位的技术人员，进行整个工程的实施过程也是对系统管理员的培训过程。理想情况下，系统管理员应能在系统正式运行后的短时期内接手所有工程实施单位有关技术人员的工作，这样对于用户和工程实施方都有益。

培训可以采取下列方式。

- 职业模拟培训模式。职业模拟就是假设一种特定的工作情景，由若干个受训者组织成小组，代表不同的组织或个人，扮演各种特定的角色，例如总经理、财务经理、营销经理、秘书、会计、管理人员，等等。他们要针对特定的条件、环境及工作任务进行分析、决策和运作。这种职业模拟培训旨在让受训者身临其境，以提高自身的适应能力、处理工作的能力和实际工作能力。
- 实际操作培训模式。在实际运作中教会大家如何操作。
- 沙盘模拟培训模式。将软件的内容简化在沙盘上，教会大家使用。

除此之外，还有许多模式的教学。人员培训作为当前 IT 企业重要的服务模式被越来越多的人所接受，成为 IT 企业中不可或缺的服务步骤。

## 思考题

1. 试从用户角度考虑，他们需要看到什么样的项目？
2. 用户支持的一般内容是什么？
3. 请简单介绍三类以上的用户咨询服务方式。
4. 请简述服务台与服务管理流程之间的关系。
5. 简单论述一下，怎么进行人员售后培训服务。

# 参 考 文 献

1. 王玉龙. 计算机导论. 北京：电子工业出版社，2005 年 1 月
2. 张丽芬. 操作系统原理与设计. 北京：北京理工大学出版社，2001 年 10 月
3. 王亚平，刘强. 数据库系统工程师教程. 北京：清华大学出版社，2004 年 7 月
4. 谭浩强. C 程序设计语言. 北京：清华大学出版社，2003 年 1 月
5. Alfred V.Aho，Ravi Sethi，Jeffrey D.Ullman，李建中，姜守旭译. 编译原理. 北京：机械工业出版社，2003 年 8 月
6. 严蔚敏，吴伟民. 数据结构（C 语言版）. 北京：清华大学出版社，2003 年 5 月
7. 徐孝凯，贺桂英. 数据结构（C 语言描述）. 北京：清华大学出版社，2004 年 10 月
8. 张晓乡，俞会新. 多媒体计算机技术. 北京：中国水利水电出版社，2004 年 1 月
9. 林福宗. 多媒体技术基础. 北京：清华大学出版社，2002 年 9 月
10. Tanenbaum A.S. 潘爱民译. 计算机网络(第 4 版). 北京：清华大学出版社，2004 年 8 月
11. 相明科. 计算机网络及应用. 中国水利水电出版社，2003 年 8 月
12. 雷威甲. 网络工程师教程. 北京：清华大学出版社，2004 年 7 月
13. 萨师煊，王珊. 数据库系统概论（第三版）. 北京：高等教育出版社，2000 年 2 月
14. 王珊，陈红. 数据库系统原理教程. 北京：清华大学出版社，1998 年 5 月
15. 戴宗坤，罗万伯. 信息系统安全. 北京：机械工业出版社，2002 年 11 月
16. 周学广，刘艺. 信息安全学. 北京：机械工业出版社，2003 年 3 月
17. Marc Farley，Tom Stearns，Jeffrey Hsu，李明之译. 网络安全与数据完整性指南. 北京：机械工业出版社，1998 年 4 月
18. 惠特曼，徐焱译. 信息安全原理. 北京：清华大学出版社，2004 年 3 月
19. 左美云，邝孔武. 信息系统的开发与管理教程. 北京：清华大学出版社，2001 年 4 月月
20. 张维明，陈卫东，肖卫东等. 信息系统原理与工程. 北京：电子工业出版社，2002 年 1 月
21. 邝孔武，邝志云等。管理信息系统分析与设计. 西安：西安电子科技大学出版社，2004 年 6 月
22. Grady Booch，James Rumbaugh，Ivar Jacobson. 邵维忠，麻志毅，张文娟，孟祥文译. UML 用户指南. 北京：机械工业出版社，2001 年 6 月
23. 甘仞初. 信息系统开发. 北京：经济科学出版社，1996 年 8 月
24. 朴顺玉，陈禹. 管理信息系统. 北京：中国人民大学出版社，1995 年 5 月
25. 薛华成. 管理信息系统(第三版). 北京：清华大学出版社，2003 年 2 月
26. 侯卫真. 电子政务系统建设与管理. 北京：中国人民大学出版社，2004 年 8 月
27. 盛定宇. 信息系统分析与设计·题解·综合练习. 北京：机械工业出版社，2004 年 6 月
28. 常晋义. 信息系统开发与管理. 北京：机械工业出版社，2004 年 5 月

29. 谭伟贤. 信息系统工程监理 设计・施工・验收. 北京：电子工业出版社，2003 年 5 月
30. 郑人杰. 软件工程. 北京：清华大学出版社，1999 年 8 月
31. 金江军. 企业信息化与现代电子商务. 北京：电子工业出版社，2004 年 10 月
32. 郭咸刚. 企业标准化管理体系 GMS2003 流程范本(精). 北京：广东经济出版社，2003 年 9 月
33. 孙强，左天祖，刘伟. 北京：IT 服务管理概念、理解与实施. 北京：机械工业出版社，2004 年 1 月
34. M.Looijen. 耿继秀，张璇，周清华译. 信息系统管理、控制和维护. 北京：电子工业出版社，2002 年 11 月
35. 陈国青，雷凯. 信息系统的组织・管理・建模. 北京：清华大学出版社，2002 年 7 月
36. 孟广均，沈英. 信息资源管理导论. 北京：科技出版社，2000 年 6 月
37. 王景光. 信息资源管理. 北京：高等教育出版社，2002 年 12 月
38. 林东岱，曹天杰. 企业信息系统安全：威胁与对策. 北京：电子工业出版社，2004 年 1 月
39. 陈伟强，黄求新. 企业信息安全指南. 北京：暨南大学出版社，2003 年 7 月
40. 胡越明. 计算机组成与结构. 北京：电子工业出版社，2002 年 3 月
41. 林闯. 计算机网络和计算机系统的性能评价. 北京：清华大学出版社，2001 年 4 月
42. 左天祖. 中国 IT 服务管理指南. 北京：北京大学出版社，2004 年 9 月
43. 邝孔武，王晓敏. 信息系统分析与设计(第 2 版). 北京：清华大学出版社，2002 年 9 月
44. 苏选良. 管理信息系统. 北京：电子工业出版社，2003 年 1 月
45. 孙强，陈伟，王东红. 信息化绩效评价：框架、实施与案例分析. 北京：清华大学出版社，2004 年 10 月